Ii

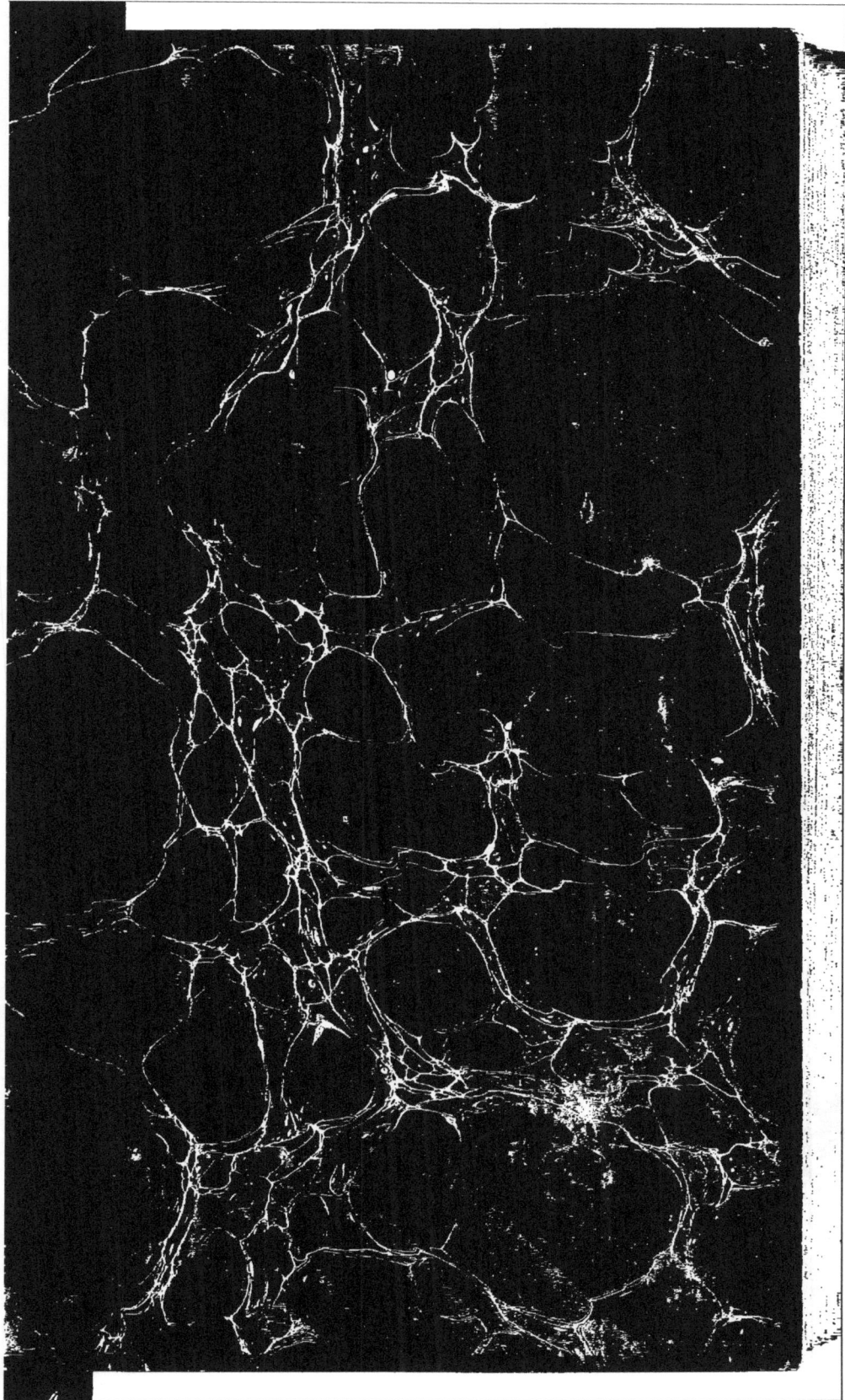

S

Ⓒ

COURS

D'AGRICULTURE

V.

PARIS. — IMPRIMERIE D'E. DUVERGER
RUE DE VERNEUIL, N° 6

COURS
D'AGRICULTURE

PAR

LE Cte DE GASPARIN

PAIR DE FRANCE,

Membre de l'Académie des Sciences, de la Société centrale d'Agriculture, etc.

TOME CINQUIÈME

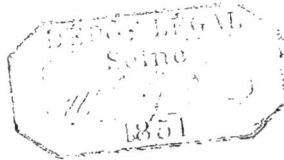

PARIS

DUSACQ, LIBRAIRIE AGRICOLE DE LA MAISON RUSTIQUE

RUE JACOB, N° 26

Et chez tous les Libraires de la France et de l'Étranger.

1851

COURS

D'AGRICULTURE

AGRICULTURE

TROISIÈME PARTIE.

THÉORIE DES ASSOLEMENTS.

Nous venons d'étudier séparément chacun des végétaux soumis à la culture; nous avons apprécié les difficultés et les avantages qu'ils présentent, leurs convenances locales et climatériques; nous pouvons maintenant décider quelle est la plante qui s'adaptera le mieux aux circonstances dans lesquelles nous nous trouvons, et qui y donnera le plus haut profit. Mais alors, le choix étant fait, pourquoi ne pas s'attacher exclusivement à la culture de cette plante? Pourquoi ne pas rejeter toute association d'autres végétaux moins avantageux? Pourquoi n'occupe-t-elle pas indéfiniment le terrain, se succédant sans relâche à elle-même? N'est-ce pas ainsi que l'on en use pour la vigne qui se perpétue sur le même sol, soit par les provins, soit par les replantations? Les champs qui avoisinent les fabriques de sucre indigène

ne sont-ils pas soumis le plus souvent à une succession non
interrompue de récoltes de betteraves? La garance n'est-elle
pas cultivée, sans intermédiaire, et autant qu'on peut se
procurer d'engrais dans certaines terres du Vaucluse? Cette
conduite ne serait-elle pas la plus naturelle et la plus lucrative, ne serait-elle pas adoptée généralement, si quelques
difficultés n'étaient venues y mettre obstacle? C'est qu'en
effet ces difficultés existent et sont de plusieurs natures :
insuffisance d'engrais pour alimenter une végétation dont les
produits sont exportés et ne restituent pas au sol les éléments nutritifs qu'ils consomment; propagation croissante
de plantes adventices, inutiles ou nuisibles, mêlées aux cultures des bonnes plantes dont la maturité devance la leur et
qui souillent de plus en plus le terrain par la dissémination
de leurs graines; difficulté économique ou matérielle d'obtenir le nettoiement du sol dans les conditions de certaines
cultures; époque de la récolte de la plante choisie, trop rapprochée de celle de l'ensemencement qui doit suivre et ne
permettant pas d'ameublir et de nettoyer complétement la
terre.

Bornons-nous pour le moment à signaler ces trois difficultés : elles nous suffisent pour comprendre comment le principe exclusif a pu être abandonné, et comment s'est introduit le système des alternances de culture. Supposons que la
plante qui, dans notre climat, sur notre sol, avec nos circonstances commerciales, donne le plus fort produit, quand
on la cultive bien, soit le blé-froment, et qu'ainsi comparée à
ses produits toute autre plante lui soit inférieure; il est évident que, dans ce cas, cultiver sans interruption le blé serait
la meilleure spéculation agricole.

Mais il faut alors se procurer l'engrais qui représente la
partie de la récolte de blé exportée, ou dilapidée; pour cela
s'offrent trois moyens : attendre que le sol ait pu s'emparer
des éléments gazeux de l'atmosphère, qui lui sont apportés par
les pluies ou les rosées, ou fabriquer des engrais au moyen des

produits du sol lui-même, ou importer des engrais fabriqués au dehors. Les deux premiers moyens entraînent une suspension de la culture de la plante favorite; en effet, l'accumulation d'engrais atmosphérique nécessaire pour continuer la culture sans désavantage, suppose l'exposition à l'air et sans produit des molécules de la terre pendant un an au moins (jachère); la fabrication d'engrais suppose que l'on a obtenu du sol les matériaux de ces engrais, c'est-à-dire des tiges, des feuilles, dont l'usage définitif est d'être soumis à la fermentation qui désagrége leurs éléments, en les faisant servir à la nourriture des animaux, ou en les enfouissant dans le sol; c'est encore une suspension de la culture la plus avantageuse, à laquelle on a substitué une culture qui, isolément, n'est pas aussi productive. C'est ainsi qu'a été introduite la culture intercalaire du fourrage.

Le troisième moyen suppose que nos voisins se livrent spécialement à la fabrication des engrais, ce qui revient à dire que l'alternance des produits, au lieu de se faire sur le même champ, se fait entre deux champs voisins. Dans tous les cas la nécessité de pourvoir à l'alimentation de la plante s'oppose à la généralité de la culture.

Mais ce n'est pas tout : plusieurs espèces de plantes annuelles croissent avec le blé et mûrissent avant lui, la nielle, l'avoine folle, l'ivraie, le bluet, plusieurs vesces, etc. Leurs graines se multipliant à chaque génération du blé, s'empareraient de plus en plus du sol à son détriment, sans des sarclages multipliés et coûteux, ou des cultures répétées dans des semis en lignes. On se demande alors, s'il ne serait pas plus avantageux de suspendre la culture du blé pendant une année, de lui substituer une autre plante qui, semée et récoltée à d'autres époques, permît d'arrêter la multiplication des plantes rivales du blé; et la question n'est plus de savoir si le produit de cette plante sera supérieur à celui du blé, mais si le produit net du blé exempt des frais de sarclages trop répétés, ou de cultures délicates, combiné à celui de la

plante inférieure en produit, ne sera pas plus élevé que celui
de deux années de blé soumis à tous ces inconvénients.

C'est ainsi qu'ont été introduites les cultures jachères de
printemps, les cultures des racines et celles des graines légumineuses.

Mais dans les climats où la récolte de blé est retardée jusqu'à la fin d'août, il est difficile de faire en grand les cultures
nécessaires pour ensemencer de nouveau les terres en octobre
ou même en septembre. Il faut le temps de rompre les guérets, d'ameublir le sol, et le temps manque.

On remet alors les semailles au printemps, et un blé de mars,
ou une avoine, ou une orge, ou toute autre plante succèdent
au blé d'hiver.

On voit donc évidemment que le principe absolu de cultiver la plante qui donne le plus haut produit, ne peut pas être
suivi dans tous les cas, et qu'il a dû être si fréquemment modifié, qu'il n'est plus, pour ainsi dire, que l'exception, et que
l'alternance est devenue la règle.

Nous entendons par *cours de culture* la succession des
plantes qui se succèdent sur le même terrain pendant une
période d'années, au bout de laquelle on reprend la même
succession de plantes, et dans le même ordre. Ainsi, le cours
de culture triennal est celui-ci :

    Première année........ Jachère.
    Deuxième année...... Blé.
    Troisième année...... Avoine ou blé de mars.

Nous entendons par *assolement* la division du champ
d'un même domaine en parties égales entre elles et au
nombre des années de culture, de manière que, dans la
première année, par exemple, la première partie soit en jachère, la deuxième en blé, la troisième en avoine, et que,
se succédant les unes aux autres chaque année, le cours de
culture se perpétue, et présente toujours la même étendue
pour chacun de ces emplois. Ainsi, le cours de culture

ci-dessus suppose le tableau suivant de la rotation combinée avec l'assolement.

	Soles.		
...	n° 1...........	n° 2.....	n° 3.
Première année...	Jachère.....	Blé....	Avoine.
Deuxième année..	Blé........	Avoine.	Jachère.
Troisième année...	Avoine.....	Jachère.	Blé.

Après l'expiration de ces trois années, chaque partie de terrain que l'on appelle *sole*, a passé par les trois états : jachère, blé, avoine, et l'on a terminé ce que l'on appelle une rotation ; on reprend, pour les quatrième, cinquième et sixième années, l'ordre que l'on a suivi pour les trois premières, et l'on a alors une seconde rotation. Ainsi, l'*assolement* exprime dans l'étendue ce que le *cours de culture* exprime dans le temps, et la rotation est l'accomplissement, dans le temps et dans l'étendue, de la succession de culture sur toutes les terres de l'assolement.

D'après ces définitions, nous devrions plutôt donner à cette partie de notre ouvrage le titre de *Théorie* des successions de culture que celui de *Théorie* des assolements. En effet, les principes que nous exposons s'appliquent très-bien à un terrain qui ne serait pas assolé, mais sur lequel on ferait succéder la jachère, le blé et l'avoine, tandis que les *soles* supposent la succession de culture. Ce qui a fait prévaloir l'expression d'assolement, c'est que c'est un mot simple, tandis qu'il en faut trois dans notre langue pour exprimer l'idée de succession des cultures ; celle-ci est bien cependant l'expression la plus générale et celle qui doit être logiquement préférée.

Ce traité des assolements comprend deux divisions : la première renferme l'histoire de la pratique et de la théorie de cette branche importante de la science agricole ; elle sera historique et critique ; dans la seconde, nous chercherons à établir les lois qui doivent régir la succession des cultures,

PREMIÈRE DIVISION.

HISTOIRE DES ASSOLEMENTS.

—

CHAPITRE PREMIER.

Pratique des assolements chez les différents peuples.

Les Grecs suivaient l'assolement biennal : 1°, jachère, 2°, blé, qui est encore celui de tous les pays du midi de l'Europe. Xénophon, dans ses *Économiques*, décrit cette culture avec détail et précision, comme s'il avait sous les yeux la pratique habituelle de nos métayers ; il n'y a rien à retrancher ni à ajouter à ses tableaux (1). C'est que la nature n'a pas changé et que telles circonstances données, il y a un système de culture qui s'y adapte et qui donne le plus grand produit net possible. L'Italie suivait les mêmes habitudes. Les anciens savaient que l'atmosphère restituait à la terre en deux ans les éléments nutritifs propres à produire une récolte de blé suffisante pour payer une fois et demie la valeur des travaux ; mais que si l'on voulait obtenir immédiatement une seconde récolte de blé, succédant à la première, elle ne donnerait plus qu'exactement de quoi payer le travail, et qu'une troisième ne le payerait pas. Ainsi, l'appropriation du sol et le désir d'en obtenir une *rente* faisait en réalité la police de l'agriculture, et conduisait le propriétaire à exiger un repos intermédiaire entre deux récoltes de blé. L'absence d'appropriation qui dispense du payement d'une rente, est ce qui conduit à leur ruine les propriétés communales. Le redoublement des semailles de céréales, appelé *restouble* dans notre midi, le *restibilis* des Romains, était soigneusement proscrit : *Restibilis ager fit, qui continuo biennio seritur*

(1) *Économiques*, cap. XVI, XVII, XVIII.

*farreo spico, id est aristato ; quod non fiat, solent qui prædia
locant excipere* (1).

Mais les anciens savaient aussi comme nous, que toutes les
plantes n'empruntaient pas à la terre tous les éléments que
l'on retrouve dans leur composition, et qu'il était avantageux d'intercaler dans l'année de jachère quelqu'une de ces
plantes moins épuisantes; *quæ minus sugunt terram*, qui
sucent moins la terre, ainsi que le dit Varron (2). Caton
même allait plus loin, en indiquant les qualités améliorantes
des légumineuses qui restituent à la terre plus qu'elles ne lui
prennent : *segetem stercorant lupina, faba, vicia* (3); le lupin, la fève, la vesce engraissent la terre.

Cette alternance des **légumineuses** et des **céréales** était admise par tous les agriculteurs de l'antiquité, et Virgile, venant à l'appui de Caton, nous dit :

> Alternis idem tonsas cessare novales,
> Et segnem patiere situ durescere campum :
> Aut ibi flava seres mutato sidere farra,
> Undè priùs lætum siliquâ quassante legumen,
> Aut tenues fœtus viciæ, tristisque lupini
> Sustuleris fragiles calamos, sylvamque sonantem.
> Urit enim lini campum seges, urit avenæ,
> Urant lethæo perfusa papavera somno.

« Laissez reposer vos champs de deux en deux ans, dit-il,
vous les réparez par le repos; ou bien faites suivre le froment
par une récolte de légumes qui retentissent dans leurs
gousses quand ils sont agités par le vent; de vesces au grain
fort menu, ou d'une forêt de tiges de lupin. Mais gardez-
vous d'y mettre du lin, de l'avoine ou du pavot, qui épuisent
la terre. »

Ainsi, les bons cultivateurs admettaient alors que certaines plantes pouvaient occuper l'année de jachère sans nuire

(1) Festus, voce *Restibilis*.
(2) Varron, cap. 44.
(3) Cap. 37.

à la récolte de blé; ils indiquaient déjà avec précision celles que l'on pouvait admettre et celles que l'on devait exclure; ils ne proscrivaient même pas définitivement ces dernières, si on rendait à la terre les éléments qu'elles y avaient puisés, des engrais azotés et alcalins :

Sed tamen alternis facilis labor ; arida tantùn
Ne saturare fimo pingui pudeat sola, neve
Effœtos cinerem immundum jactare per agros.

Nous examinerons plus tard la valeur des vers qui terminent cette tirade :

Sic quoque mutatis requiescunt fœtibus arva, etc.

La terre se repose en changeant de production.

. Le même auteur nous apprend comment les anciens savaient profiter d'un sol préparé par une plante, pour en obtenir une seconde :

Vere fabis satio : nunc te quoque, medica, putres
Accipiunt sulci, et milio venit annua cura.

On semait les fèves au printemps, et dans les sillons encore meubles on jetait de la graine de luzerne qui ne devait produire que les années suivantes, ou du millet que l'on récoltait dans l'année. Voilà donc les récoltes dérobées qui complètent tout ce que l'on peut désirer dans l'assolement d'un agriculteur actif et industrieux.

Columelle nous donne la formule d'un assolement trèsavancé : « Nous ensemençons d'abord le champ de vesces ou de navets, dit-il; l'année suivante de froment, et la troisième année de vesces mêlées de graine de fève (1). » Ainsi, nous trouvons chez les anciens toutes les bonnes pratiques de l'agriculture. Dans les arts essentiels à l'existence même de l'homme, exercés depuis si longtemps, et où tant d'intelligences ont apporté leurs efforts, il est difficile d'inventer. Ce que nous avons fait de plus que nos devanciers, c'est d'a-

(1) Lib. II, cap. 18.

voir introduit un plus grand nombre de plantes dans la grande culture, de pouvoir ainsi varier davantage nos combinaisons, et enfin, grâce à l'association des sciences positives, d'avoir substitué des chiffres exacts à des tâtonnements, et de pouvoir calculer ce qu'ils ne pouvaient que soupçonner et deviner; mais nous entrons seulement et depuis peu de temps dans cette dernière période de l'art.

Les principes des Romains se conservèrent sans doute dans les parties de l'Europe qui furent le moins désolées par l'invasion des barbares. On trouve au moyen âge, dans la Provence et le Languedoc, l'assolement biennal suivi sans discontinuité: le blé alternant avec la jachère. Le plateau central des Gaules conservait les pratiques celtiques du repos prolongé de la terre après plusieurs récoltes successives obtenues avec ou sans écobuage; pratiques qui sont les plus profitables dans les pays où la population est rare, la rente presque nulle, et que nous retrouvons dans le nord de l'Afrique. Le nord de la Gaule profitant de la faveur d'un climat qui lui accordait des printemps assez pluvieux pour y assurer le succès des semis faits dans cette saison, n'avait plus qu'une jachère tous les trois ans, suivie d'un blé, puis d'une récolte d'avoine ou d'orge. Cette formule n'était praticable qu'en consacrant toutes les céréales de ces troisièmes récoltes à la nourriture du bétail. On annexait aussi à la ferme, des prairies non comprises dans la culture et dont les produits en engrais se déversaient sur les terres cultivées.

Les choses marchaient ainsi dans la route tracée des améliorations. Des changements furent introduits dans les pays prospères: c'est ainsi que la Flandre, siége d'un si grand commerce, d'une population compacte, riche de tant de capitaux, créa peu à peu cette agriculture qui étonna le monde, quand il eut enfin des yeux assez clairvoyants pour distinguer cet admirable ensemble, qui s'était formé sourdement et sans éclat, au milieu de la barbarie générale. Mais ces progrès étaient encore inaperçus, quand, au seizième siècle, le

premier éveil d'une théorie agricole se produisit à Venise.
Les États de cette république jouissaient depuis longtemps
d'un repos refusé à ses voisins ; ils s'étaient accrus en population et en richesse, et, comme les Flamands, ses agriculteurs
avaient senti le besoin d'utiliser l'année de jachère. C'est
ainsi qu'ils faisaient succéder au blé, du millet, des fèves,
des haricots, et qu'ils prenaient même après le blé une récolte dérobée de sarrasin et de millet ; de sorte que la formule de leur assolement était : 1, millet ou légume ; 2, blé
suivi de millet (1). Mais les ressources en engrais fourni
par les prairies n'étaient pas en proportion de cette consommation des sucs de la terre, et l'état d'épuisement du sol
de la terre ferme de Venise était devenu très-sensible. Il
préoccupait le gouvernement au point que Tarello, ayant
publié (1566) un ouvrage (*Ricordo d'Agricoltora*), où il proposait un nouvel assolement qui devait restaurer la fertilité du sol, le sénat de Venise lui accorda à perpétuité, pour
lui et ses descendants, un droit de quatre pièces d'argent
(*marchetti*) pour chaque champ qui aurait été semé d'après
son procédé. F. Ré, l'auteur du *Dictionnaire des auteurs
agricoles italiens*, prétend (2) que cette faveur fut cause de
l'insuccès de cette tentative. Il est dû bien plutôt à ce que
l'assolement Tarello réduisait l'espace réservé aux cultures
alimentaires, et qu'une population nombreuse et croissante
ne pouvait admettre cette réduction. L'assolement du seizième
siècle règne encore dans ce pays, seulement on y a remplacé
le millet de la première année par le grand maïs, et celui de
la récolte dérobée par le maïs quarantain. D'ailleurs, tout sé-
duisant qu'il était en théorie, l'assolement de Tarello était
encore inférieur à l'assolement populaire. C'est ce que nous
allons démontrer après avoir analysé ses propositions.

(1) Yvart se trompe en disant (*Assolements*, page 4) que l'assolement vénitien était alors le triennal. Il suffit de lire Tarello pour se
convaincre qu'il était tel que nous le décrivons ici.

(2) *Dizion.*, voce Tarello.

Cet auteur reconnaissait deux causes à la décadence de fertilité des terres dont on se plaignait :

1° Le défaut d'ameublissement et d'exposition de la terre à l'air. En effet, dit-il, vous récoltez en septembre les millets ou sarrasins de la récolte dérobée ; vous avez cinq mois pour préparer la terre à la semaille de mars ; vous récoltez celle-ci en juin et juillet, et vous n'avez que deux mois pour exécuter les labours qui doivent préparer les semailles de blé ; or l'auteur trouvait que quatre labours étaient insuffisants pour mettre la terre dans l'état d'ameublissement et de netteté convenables, il en exigeait huit avec une plus grande quantité d'engrais que celle que l'on distribuait à ces terres épuisées. Il proposait donc de diviser le domaine en quatre soles : la première serait une jachère cultivée pendant dix mois et recevant huit cultures ; la deuxième serait en blé ; la troisième était ensemencée en trèfle au printemps, et devait porter l'année suivante sa pleine récolte et constituer la quatrième sole. Tarello comptait donc principalement sur les labours fréquents, sur les influences atmosphériques, et un peu sur les engrais, pour obtenir du quart de son terrain une récolte de blé qui compensât les faibles récoltes de la totalité. C'était une erreur complète, surtout en semant le trèfle seul à la troisième année, et ayant ainsi deux années sur quatre presque sans produit. Nous le verrons plus tard quand nous ferons l'estimation de cet assolement.

Notre auteur conseillait un assolement pour les prairies qui jusqu'alors avaient été permanentes. Se reposant sur les récoltes de foin fourni par le trèfle, il conseillait d'écobuer le quart des prairies. Il y semait, la première année, du millet ; du seigle, la deuxième année ; faisait ensuite trois récoltes consécutives de froment et puis rétablissait la prairie. C'était une succession de culture bien exigeante, si on la compare aux prescriptions méticuleuses qu'il indiquait pour les terres arables. Au reste, il justifiait ce riche assolement en montrant qu'il était déjà pratiqué dans les terres irrigables des environs de Brescia, que l'on louait chèrement pour y semer du lin et du millet. Cet assolement est encore celui des prairies arrosées de ce pays : 1, lin et millet ; 2, maïs ; 3, froment ; 4, pré permanent ; ou bien : 1, froment et trèfle ; 2, trèfle ; 3, lin et millet ; 4, maïs ; 5, pré. Dans la différence de ces deux traitements appliqués aux terres arables et aux prairies, on voit que l'auteur était très-frappé de l'état d'épuisement des premières, qu'il accordait trop de vertus à l'effet des labours pour les en retirer, qu'il ignorait la véritable manière de se servir du trèfle, et enfin que séduit par le grand produit des prairies de Brescia alternées avec la culture et voulant en obtenir de pareils de ses terres arables, il n'avait pas compris la différence qui se trouvait entre la quantité d'engrais fournie dans le premier cas par les trois quarts de la surface et dans le second par le quart seulement destiné à produire de l'herbe. Cette seule comparaison lui aurait fait sentir le vice de son système.

Mais ne cherchez pas à Tarello le mérite d'avoir connu d'avance les chiffres relatifs de la réparation et de l'épuisement. Son vrai mérite, celui qui lui est propre, c'est d'avoir compris que ce qui n'était qu'une exception sur les champs de Brescia pouvait devenir la règle générale ; que cette division des terres en terres à blé et terres à fourrage, qui n'empiétaient jamais les uns sur les autres, pouvait disparaître ; et quelque timide que fût l'application qu'il en proposait, il faut lui tenir compte de l'avoir fait, quand, avant lui, l'alternance des récoltes alimentaires et fourragères, adoptées sur les terrains arrosés, n'existait pas sur les terres sèches, et qu'encore aujourd'hui, dans les contrées méridionales, une certaine quantité de prairies arrosées est affectée à une étendue donnée de terrain arable pour lui fournir le fourrage et l'engrais. Ainsi Tarello ne faisait que généraliser une pratique spéciale ; mais cette généralisation était importante et contenait le secret des assolements ; et il a senti que c'était son mérite quand il terminait son opuscule en disant : « Il

n'était venu à la pensée ni à Virgile, ni à aucun autre de faire
alterner la culture et les prairies sur les 3/5 au moins de la
terre ; j'ai fait comme Christophe Colomb, j'ai passé les colonnes d'Hercule, et selon le mot de Charles V : *plus ultrà.* »
Cet ouvrage remarquable a eu un grand nombre d'éditions
italiennes ; il a été traduit librement en français et inséré
dans les *Mémoires de la Société économique de Berne*, année 1761.

Ainsi, dans le seizième siècle, nous trouvons des assolements de plusieurs années avec succession de plantes fourragères et alimentaires ou industrielles, établis dans les
pays où la richesse était la plus développée, et qui par la
faveur du climat, ou celle des irrigations, jouissaient de
terres fraîches, propres à ce genre de culture. La Toscane, qui
ne possédait pas ces derniers avantages, appliquait ses capitaux au développement d'un autre système de culture, l'assolement simultané des arbres et des plantes annuelles. A la
même époque les protestants de Flandre, persécutés par le
duc d'Albe, introduisaient dans le Palatinat la culture du
trèfle, qui était la base des assolements de leur pays natal ;
mais les progrès agricoles marchent si lentement, que ce
ne fut qu'un siècle plus tard que cette plante fut connue en Bavière, en Alsace et en Angleterre, où elle fut introduite par le comte de Portland (1633) (1), et la réforme
agricole ne prit une marche déterminée et rapide que quand
elle fut proclamée et systématisée par les bons auteurs agronomiques : Arthur Young en Angleterre ; Thaër, en Prusse ; en
France, par les noms les plus illustres de la *Société centrale
d'Agriculture*, Gilbert, Yvart, Bosc, etc., auxquels il faut
joindre les écrits lumineux que Pictet publiait à Genève.
Ces noms resteront à la tête de cette grande réforme, à peine
commencée parmi nous, et qui consiste à ne plus faire de
distinction entre les champs et les prés, mais à faire circuler

(1) *Voyez* tome IV, article *Trèfle*, page 445.

les différents produits sur la totalité des terres, par des rotations plus ou moins variées, quand les circonstances locales ne s'y opposent pas. Nous examinerons la portée de ce grand changement en parlant des systèmes de culture dans la suite de cet ouvrage.

On peut donc affirmer qu'aujourd'hui l'adoption des cours de culture se généralise en Europe, que la conviction de leurs avantages est acquise et que les progrès de cette doctrine suivront désormais ceux de la richesse agricole. Mais au milieu de tant de formules proposées de toutes parts, quand il fallut choisir entre tant de plantes introduites dans la culture, apprécier leurs avantages, leurs exigences et leurs besoins relatifs, les agriculteurs restèrent dans le vague des appréciations les plus fautives. On sentait vivement le besoin d'obtenir des données exactes, propres à remplacer les conjectures ; plusieurs tentatives furent faites dans ce but et nous devons en rendre compte.

Thaër fut le premier qui chercha à porter la précision du calcul dans les spéculations agricoles, et à fonder la pratique des assolements sur des principes scientifiques : 1° Les plantes, dit-il, tirent de la décomposition des matières animales et végétales contenues dans le sol les matériaux de leur nutrition ; ces substances disparaissent du sol, à proportion de ce que les plantes en absorbent, ou, ce qui revient au même, à proportion de ce qu'elles en contiennent (§ 251) ; 2° réciproquement, la force de végétation et la quantité de chaque produit est déterminée par la proportion de suc nourricier répandu dans le sol (§ 252) ; 3° la dissipation du suc nourricier varie non-seulement selon le volume, mais encore selon la nature des produits ; elle est en proportion du gluten, de l'amidon, du mucilage sucré qu'ils contiennent (§ 253). Ces trois principes renferment sans doute la meilleure partie de la théorie de la nutrition des plantes dans ses rapports avec le sol. Mais la chimie organique était trop peu avancée pour que notre auteur pût bien déterminer la différence qui existait entre les trois substances qu'il confondait ensemble relativement à l'épuisement du sol. Il négligeait aussi les matières fixes non combustibles (§ 250), croyant qu'elles n'étaient pour rien de sensible dans la végétation, ne les regardant que comme des matières inertes, et nullement comme faisant partie intégrante des organes vitaux des plantes.

C'est d'après les analyses d'Einhoff que Thaër établit ses proportions. Si nous mettons en regard les résultats qu'il obtint, et ceux que nous donne l'analyse élémentaire, nous trouvons les tableaux suivants du rapport des matières nutritives de différentes plantes, en y comprenant les matériaux de la paille.

	Selon Einhoff.	Selon l'analyse élémentaire.
Blé-froment.......	0,78.............	0,780
Seigle...........	0,70.............	0,755
Orge...........	0,65 à 0,70.......	0,673
Avoine..........	0,58.............	0,716
Lentilles........	0,74.............	1,610
Pois...........	0,755............	3,534
Haricots........	0,85.............	1,400
Fèves de marais...	0,685............	2,068
Fèves de cheval....	0,73	
Pommes de terre...	0,062............	0,146

L'erreur fondamentale de cette théorie, la confusion de tous les principes combustibles en une seule masse, altérait tous les calculs agronométriques, et ne permettait pas de prendre la méthode de Thaër pour base. Nous-même ayant suivi avec soin la comptabilité agronométrique de nos champs pendant plusieurs années, nous fûmes obligé d'y renoncer, par les écarts qui se reproduisaient sans cesse dans les résultats. Nous les rendrons sensibles par cet exemple :

Thaër prenait une échelle arbitraire telle que les sucs contenus dans 100 kilog. de froment fussent représentés par 30 degrés.

dans	100	—	de seigle	—	par	29
dans	100	—	d'orge	—	par	20,2
dans	100	—	d'avoine	—	par	21,5

Il supposait qu'une voiture de fumier de 9,400 kilog. (20,000 liv. de Berlin) accroissait la fertilité de 10°

Cette quantité réparait l'épuisement causé par 33,33 kil. de blé. Il supposait ainsi que cette quantité de fumier ne contenait que 0,87 kil. d'azote; elle en renferme 3,76 kil.; plus de quatre fois davantage.

Il admettait que la jachère rend à la terre une fertilité proportionnée à sa richesse déjà acquise, et qui, pour le terrain produisant 560 kil. de blé par hectare, déduction faite de la semence, quantité qui répond à 168° de son échelle, serait de 15°, ce qui était son *maximum*. Or, 15° répondent à 50 kil. de froment ou à 1,31 kil. d'azote, tandis que d'après son observation la terre reçoit 4,50 kil. d'azote de l'atmosphère.

Nous avons un excellent moyen d'éprouver le degré d'erreur de la formule de Thaër, en l'appliquant à l'assolement triennal de Brie. Dans les terres bien tenues et bien cultivées on récolte 20 hectolitres (1,560 kil.) de blé, et jusqu'à 50 hectolitres d'avoine (2,200 kil.) après une année de jachère et une fumure de 20,000 kil. de fumier de ferme. Ainsi nous avons :

	La terre reçoit :	La terre rend :	
20,000 k. de fumier évalués d'après Thaër à	217°	1,560 k. blé	468°
La jachère.........................	15	2,200 k. avoine	473
	232°		941°
Déficit.....	709°		

La comparaison des deux termes de l'équation montre combien sont erronés les éléments dont on s'est servi.

Les résultats de notre analyse réelle nous donnent :

	La terre reçoit :		La terre rend :	
2,000 k. de fumier,	80 k. d'azote	1,560 k. de blé	40,87 d'azote
		2,200 d'avoine	48,53
			89,40
une jachère complète et 2 demi-jachères	33,84	Perte par évaporation ou absorption des engrais	24,44
	113,84		113,84

La perte d'un quart environ sur les engrais lents se mani-

feste habituellement dans tous leurs emplois. On peut l'at--
tribuer à l'évaporation de l'ammoniaque et à son absorption
par les argiles non saturées.

Cette précision suffit pour prouver l'exactitude des éléments
du calcul. Souvent les mauvaises cultures et les intempéries
du printemps diminuent beaucoup le rendement de l'avoine,
mais alors la terre s'enrichit, et la rotation suivante rend en
blé ce que la précédente a fait perdre en avoine. Nous n'in-
sistons pas plus longtemps sur le système agronométrique de
Thaër; s'il n'a pas touché au but, néanmoins ce sera pour
lui un éternel honneur d'avoir reconnu et proclamé les vrais
principes.

Quand M. de Woght commença sa carrière agricole près
de Hambourg, il essaya aussi de se servir de la méthode de
Thaër pour apprécier ses assolements ; mais ne pouvant parvenir à concilier ses résultats avec ceux de la pratique, il
chercha dans ces résultats eux-mêmes, et par la voie lente de
l'observation, de nouveaux principes agronométriques. Après
plusieurs années de travaux obstinés, il fit connaître au public sa nouvelle méthode dans une série de publications et d'articles de journaux. En parlant de l'appréciation des terres,
nous avons analysé cette méthode dans le premier volume de
cet ouvrage. Nous savons que M. de Woght avait cru atteindre son but en décomposant en deux facteurs, *richesse* et
puissance, le résultat de la récolte qu'il appelait *fécondité*.
Nous avons montré l'erreur qu'il avait commise en ne s'a-
percevant pas que son prob'ème était indéterminé. Mais enfin, par une série de tâtonnements, il en était venu à admettre
que sur ses champs d'expériences :

	degrés.
100 kil. de blé exigeaient une fécondité de	44,2
— de pommes de terre —	4,5
— de colza —	41,2
— de seigle —	44,2
— d'orge —	44,2
— d'avoine —	49,0

v. 2

et que

	degrés.
100 kil. de blé emportaient.....	19,68 de cette fécondité
— de pommes de terre....	1,68
— de colza..............	26,40
— de seigle.............	17,62
— d'orge.	17,68
— d'avoine.............	19,68

Selon lui, 100 kilog. de fumier ajoutaient $0°,25$ à la richesse. Mais la puissance était toujours un terme indéterminé et flexible, qui expliquait tous les écarts. Il l'estimait moyennement à $8°$ pour ses terrains; mais selon les saisons, les années, les cultures, elle descendait ou montait, pour ainsi dire, à volonté. Ces observations faites, voyons comment les chiffres de M. de Woght s'appliquent à l'assolement triennal dont nous avons parlé.

1560 kil. de blé supposent une fécondité de $689°52$, et en admettant une puissance de $8°$, nous avons une fertilité de $\frac{689,52}{8} = 86°2$. Ces 1560 kil. de blé ont consommé une fertilité exprimée par $\frac{15,60 \times 19,68}{8} = 38°37$. De plus les 2,200 kil. d'avoine consomment une fertilité exprimée par $\frac{22,00 \times 19,68}{8} = 54°12$; la perte totale de fertilité aurait donc été dans ces deux récoltes $38,37 + 54,12 = 92°,45$. On la répare au moyen de 20,000 kil. de fumier donnant $50°$ de fertilité. Le déficit sera donc de $42°49$ à chaque rotation; mais pour obtenir l'égalité, il suffirait de changer le chiffre de la puissance et de supposer qu'elle fût de $14°,799$, car nous avons alors $\frac{15,60 \times 19,68 + 22,00 \times 19,68}{14,799} = 50°$.

Or, comment se décider entre le chiffre 8 et le chiffre 14,799? Ce terme de la puissance qui n'a pas d'autre mesure réelle que les besoins du calcul, sera toujours arbitraire et répandra son incertitude sur toute la méthode. Aussi, après quelques années de tentatives pour appliquer à l'exploitation de Grignon la méthode de M. de Woght, a-t-on fini par y renoncer. Elle laissait un champ trop vaste ouvert aux hypothèses pour que des esprits éclairés ne s'en dégoûtassent pas bientôt.

Il fallait d'autres travaux pour satisfaire les agriculteurs éclairés, il fallait que l'esprit expérimental pénétrât dans leurs opérations avec le mètre et la balance ; il fallait qu'à l'imitation des autres arts, cessant d'être livrée à l'empirisme, l'agriculture prit le besoin et le goût de l'exactitude. Les travaux d'Ingenhousz, de Priestley et surtout ceux de T. de Saussure avaient prouvé que les végétaux s'assimilaient le carbone de l'atmosphère, et que c'était en grande partie à cette source qu'ils puisaient celui qui entrait dans leur composition ; qu'ils y absorbaient aussi l'oxygène de l'acide carbonique ; qu'en décomposant l'eau, ils s'appropriaient une partie de l'oxygène et de l'hydrogène qui la composent ; mais que l'eau et l'air puisés dans l'atmosphère étaient des aliments insuffisants pour opérer l'entier développement des plantes, et qu'il fallait qu'elles pussent trouver dans le sol une plus grande abondance de ces principes, qu'elles en extrayaient au moyen de leurs racines (1). A cette époque on savait déjà que certaines parties des végétaux contiennent aussi de l'azote ; on signalait, en particulier, le gluten des céréales comme possédant cet élément ; mais on regardait ce cas comme une exception et l'on admettait, qu'en général, la présence de l'azote était le caractère propre des substances animales. Si l'on ajoute à ce que nous venons de dire que Th. de Saussure avait analysé les cendres des plantes et y avait trouvé les alcalis, les sels terreux que l'on retrouve dans les sols arables, on aura l'idée exacte du point auquel on était alors arrivé relativement à l'alimentation végétale, et l'on reconnaîtra que c'est de cet

(1) Ingenhousz, *Expériences sur la végétation ;* Senebier, *Traité de physiologie végétale ;* de Saussure, *Recherches sur les végétaux.*

excellent observateur que datent les progrès de la théorie
agricole, progrès tels, qu'en comparant la science actuelle
à ce qu'elle était avant lui, on a pu dire : *Exiguum tempus si
computes annos ; si vices rerum, œvum putes.*

Une petite note de M. Gay-Lussac (1) servit de point de départ à de nouveaux progrès. Il annonça que le caractère prétendu de l'animalité n'était pas univoque, que toutes les semences des plantes contenaient de l'azote, même quand elles ne
contenaient pas de gluten. « C'est là, dit-il, ce qui explique la
qualité si nutritive des graines ; l'étonnante fertilité, comme
engrais, des résidus qu'elles laissent après l'extraction de
l'huile, et réciproquement aussi la nécessité, dans les engrais,
de matières animales. Plus cette matière sera abondante et
plus les engrais auront de puissance végétative, surtout à
l'égard des plantes dont les semences et *quelquefois les feuilles,*
comme dans le tabac, s'assimilent une grande quantité de
matières animales. Enfin, on comprend plus aisément l'é-
puisement du sol, plus grand pour certaines plantes que pour
d'autres ; l'avantage de ne pas laisser se développer les graines inutiles, etc. La présence d'une matière azotée dans les
semences est sans doute une condition essentielle de leur fécondité et de leur développement, qui doit avoir lieu pour
tous les corps organisés. »

Cherchant par la voie expérimentale quel peut être le rôle
de la matière azotée dans l'organisation des végétaux,
M. Payen constata alors que cette matière est d'autant plus
abondante dans les différentes parties d'une plante, que les
tissus sont plus jeunes ou doués d'une plus grande énergie
vitale. Il en conclut que les principales fonctions de la vie
des plantes sont accomplies sous l'influence de matières
azotées ou quaternaires, analogues par leur composition aux
substances qui forment les organes des animaux, et qu'enfin
la vitalité des plantes diminue à mesure que les parois des

(1) *Annales de chimie,* 1855, tome 55, page 110.

cellules ou des fibres s'épaississent par la sécrétion de cellulose pure ou injectée de matière ligneuse (1). Ces recherches analytiques où il retrouvait les matières azotées dans les cellules et les vaisseaux, dans les membranes de tous les organes des végétaux, liaient définitivement la physiologie végétale aux recherches qu'il avait déjà faites en 1824 sur les engrais azotés et sur leur évaluation tirée de leur dosage en azote (2). Davy avait montré de son côté la grande efficacité du carbonate d'ammoniaque sur la végétation, et l'avait attribuée à ce que ce sel renferme tous les éléments constitutifs des plantes : le carbone, l'hydrogène, l'oxygène et l'azote. Tout conspirait donc à modifier les idées que l'on s'était formées de la nutrition végétale et par là aussi de la théorie de l'agriculture.

On en vint à comprendre que le meilleur aliment des végétaux, aliment auquel on donnait le nom d'engrais, est celui dont la composition se rapprochait le plus de la leur ; que parmi les éléments qui composent cet engrais, l'azote doit être en surabondance, parce que les plantes ne peuvent le tirer d'une autre source, comme elles le font pour le carbone, l'oxygène et l'hydrogène ; et que d'ailleurs il s'y trouve généralement sous la forme de carbonate d'ammoniaque, fort sujet à s'évaporer si l'on n'use de grandes précautions ; que d'un autre côté, il fallait éviter aussi que l'azote ne fût engagé dans des corps non susceptibles de fermentation, et par conséquent de désagrégation, qui ne pourraient le céder aux plantes ; c'est ainsi que la houille inattaquable aux agents atmosphériques n'est pas un engrais quoiqu'elle soit azotée, comme le remarque M. Boussingault ; enfin, comme l'azote est, de tous les principes des engrais le plus rare, le plus difficile à obtenir et le plus cher, il était tout simple qu'il devînt l'unité de mesure pour juger de leur valeur positive et relative.

(1) *Mémoires des savants étrangers*, t. VIII, p. 163 et suiv.
(2) *Dictionnaire technologique*, tome XVII, p. 414 (1830).

A ces doctrines à priori, il fallait la confirmation de l'expérience agricole. MM. Boussingault et Payen entreprirent d'abord l'analyse d'un grand nombre d'engrais pour déterminer la proportion d'azote qu'ils contenaient, et dès lors l'identité de leur valeur commerciale et de leur teneur en azote pouvait sembler un préjugé favorable; car la valeur commerciale résulte de l'opinion que l'on s'est formée de l'utilité de l'objet, et se rapproche par conséquent de la valeur réelle. Ce n'était pas assez : M. Boussingault voulut compléter la démonstration par les résultats de la pratique en grand. Tous les produits agricoles d'une ferme furent pendant plusieurs années soumis à l'analyse, ainsi que les engrais fournis aux terrains, et c'est de cette grande expérience que l'on peut véritablement dater l'époque de l'établissement définitif de la théorie agricole. Tous les principes posés par Thaër, toutes les prévisions de la théorie furent confirmés, et avec cette belle démonstration on obtint des chiffres exacts pour la localité, suffisamment approchés pour les autres lieux, au moyen desquels il fut possible de donner un appui aux calculs agronométriques.

Remarquons ici que les engrais ont fourni moins de substances combustibles et gazeuses et plus de matières fixes oxygénées que les plantes n'en contenaient. Le complément des premières est indubitablement fourni par l'atmosphère, sans quoi la culture s'appauvrirait graduellement. De plus, l'on exporte chaque année par la vente une partie considérable des produits, soit les graines, soit les racines, et les fourrages eux-mêmes, sous forme de lait et de chair. Il y a donc un véritable déficit auquel il faut pourvoir; et dans ce cas l'auteur le comblait au moyen de cendres de tourbe achetées, te du fourrage de prairies naturelles, qui, profitant seulement des principes fertilisants apportés par les eaux et l'atmosphère, déversaient leurs produits sur les terres cultivées. Ainsi, l'exportation par la vente étant chaque année de 6 kil. d'acide phosphorique, et de 9 kilog. d'alcali par hectare, et

TABLEAU

DES DIVERSES CULTURES DE M. BOUSSINGAULT.

Les cultures qui faisaient l'objet des études de M. Boussingault sur le domaine de Bechelbronn près de Haguenau se divisent en cinq assolements différents :

I.
1 pommes de terre
2 froment
3 trèfle
4 froment et navets
5 avoine

II.
1 betteraves
2 froment
3 trèfle
4 froment et navets
5 avoine

III.
1 pommes de terre
2 froment
3 trèfle
4 froment et navets
5 pois
6 seigle

IV.
1 jachère
2-3 froment

V.
topinambours, clos séparé.

Les produits principaux et les produits accessoires (paille, tiges), les résidus des récoltes (chaumes, racines), furent pesés à l'état *normal* (à l'état de dessiccation où on les amène au moyen de l'exposition à l'air et au soleil) et à l'état complètement sec. Ils furent incinérés ; on fit l'analyse complète de tous ces produits jusques et y compris les cendres ; puis on soumit les engrais aux mêmes recherches. Pour nous borner aux résultats obtenus du premier assolement, il faut joindre aux 5 hectares sur lesquels il avait lieu, 2 hectares de topinambours qui concouraient avec eux à compléter une fraction de l'exploitation totale de 7 hectares d'étendue. Enfin, l'auteur ne fait pas entrer individuellement dans ses calculs les résidus accessoires des récoltes : nous avons dû les calculer proportionnellement à ces récoltes d'après le tableau de la récolte de 1859 (1).

	carbone	hydrog.	oxyg.	azote	acides			chaux	magnés.	potasse et soude	silice et fer
					phosph.	sulfure	chlore				
Éléments des produits et des résidus des 5 hecl.	8383,1	973,3	7172,9	250,7	82,8	30,1	18,6	126,2	62,0	246,0	340,5 (2)
Tubercules de topinambours	4763,0	635,0	4763,0	274,2	71,2	14,6	10,6	15,2	11,8	293,6	85,8
Total	13146,1	1611,3	11935,9	524,9	154,0	44,7	29,2	141,4	73,8	539,6	426,3
Éléments des engrais	7105,7	821,9	5048,8	391,4	189,0	659,6	68,2	1141,5	225,0	720,3	11794,0
Différence	−6040,4	−789,4	−6887,1	−133,5	+35,0	+614,9	−39,0	+1000,1	+151,2	+181,7	+11367,7

(1) *Économie rurale* de M. Boussingault, t. II, p. 318.

(2) Voyez *ibid.*, t. II, p. 336 et 301.

chaque hectare de prairie rendant 4,000 kilogrammes de foin produisant :

acide carbonique......	17,8
— phôsphorique....	13,2
— sulfurique.......	6,6
chlore...............	6,5
chaux...............	43,7
magnésie............	17,6
silice...............	76,9
oxyde de fer.........	4,6
potasse et soude.......	57,5,

on voit qu'il fallait l'engrais produit par 1 hectare de prairie pour fournir le supplément de phosphore à 2 hectares de terre en culture, et cet engrais produisait aussi l'alcali nécessaire à 5 hectares de terre.

Dans le tableau ci-dessus, on voit aussi que l'ensemble des récoltes présente un excédant de 135,5 kil. d'azote sur celui des engrais, quantité d'azote sur laquelle les topinambours fournissent 86 kilog. pour 52,880 kilog. de tubercules ou 0,16 kilog. sur 100 kilog. de tubercules récoltées. M. Boussingault admet comme probable que les plantes soutirent à l'atmosphère une quantité de matières organiques supérieure à ce que l'on pouvait imaginer (1), et cette expérience le met hors de doute. Nous avons vu (2) que c'est l'ammoniaque et les nitrates répandus dans l'atmosphère qui sont la source de cette restitution des matières azotées. Cette ammoniaque est absorbée par le sol, principalement quand il est argileux ou chargé d'oxyde de fer ou de terreau, et quand il est ameubli pour les cultures ; elle l'est aussi par les feuilles des plantes vivantes selon leur propre force de succion, qui varie selon les espèces. On ne pouvait compléter la théorie des assolements qu'en cherchant le chiffre exact de ces absorptions. Nous avons déterminé nous-même, pour nos départements du

(1) *Économie rurale*, t. II, p. 259.
(2) Tome I, pages 121 et suivantes, deuxième édition.

midi et par l'observation en grand, ce que les terres gagnent par les travaux de la jachère ; nous avons ensuite cherché dans les expériences des auteurs les plus accrédités les résultats de l'absorption des différentes plantes. L'avenir perfectionnera chaque jour ces données.-

Il y avait aussi un élément de calcul indispensable pour arriver à des déterminations suffisamment exactes.

Le sol ne se trouve pas complétement épuisé après une récolte quelconque ; la culture du blé, quand elle réussit, ne s'empare, par exemple, que des 0,29 de l'azote contenu dans nos engrais de ferme ; mais chaque plante a une aptitude particulière à s'emparer d'une aliquote plus ou moins considérable de l'engrais, aptitude qui varie selon les saisons, mais dont il fallait au moins déterminer la moyenne ; c'est ce que nous avons cherché avec soin dans la partie de cet ouvrage qui traite de la *Phytologie*. C'est le résultat de ces trois ordres de recherches que nous avons fait saillir et qui complète pour nous la théorie des assolements. 1° Quelle est l'absorption de substances fécondantes de l'atmosphère faite par le sol cultivé? 2° Quelle est celle opérée par les plantes? 3° Quelle aliquote de fertilité les plantes puisent-elles dans la masse totale d'engrais contenu dans le sol ? Les analyses nouvelles, les observations faites en différents temps et en différents lieux et sous l'influence de circonstances variées, serviront à corriger et à rectifier nos chiffres ; mais, dès à présent, nous possédons des appréciations assez satisfaisantes pour qu'on puisse s'en prévaloir et sortir du vague dans lequel la science agricole était plongée.

Est-ce la paresse d'esprit? est-ce le peu d'habitude des calculs? est-ce la défiance des résultats obtenus par des savants aussi éclairés que les Liebig, les Boussingault, les Payen, et avec tous les moyens de la science moderne? est-ce un préjugé fatal contre l'application des procédés scientifiques à l'agriculture, qui retient encore tant d'honorables et habiles cultivateurs dans l'ancienne ornière? Quand nous interro-

geons les élèves, ceux même des écoles célèbres, que nous
leur demandons la quantité d'engrais que requiert la culture d'une plante donnée, ce qu'elle laisse en terre, ce qu'elle
reproduit, et que nous trouvons leurs réponses toujours ba-
sées sur les plus vieilles et les plus incomplètes données,
sur des fumures, des demi-fumures, des quarts de fumure,
dont ils ignorent la force et la propriété ; quand nous les
voyons estimer d'une manière si erronée les restitutions produites par les plantes améliorantes et la valeur relative de
leurs fourrages, il nous semble encore être aux temps où
les disciples d'Aristote poursuivaient ceux de Descartes, et
où, plus tard, les Cartésiens persistaient à soutenir le roman
de leurs tourbillons contre l'évidence des calculs de Newton.

CHAPITRE II.

SYSTÈMES POUR EXPLIQUER LA THÉORIE DE L'ALTERNANCE.

Antipathie supposée des plantes.

Nous avons signalé dans le chapitre précédent les pas qu'a
faits avec tant de lenteur la théorie des assolements. Avant
d'en développer les conséquences pratiques, nous devons
exposer l'histoire des hypothèses, qui marchent parallèlement avec la théorie, qui obtiennent encore plus de crédit
que celle-ci dans l'esprit de beaucoup de cultivateurs ; il
faut les apprécier, les juger, admettre ce qu'elles ont de
vrai, et condamner sans pitié les idées fausses qui encom-
brent encore le champ de la science.

La première de ces hypothèses consiste dans une cause
occulte qui fait dépendre la nécessité de la succession de différentes plantes, de l'antipathie qu'elles ont pour elles-
mêmes, ou qu'elles ont pour d'autres plantes. C'est ainsi,
dit-on, que plusieurs récoltes de céréales ne peuvent pas se
succéder sans s'amoindrir graduellement, même en leur

fournissant les engrais qu'elles nécessitent ; c'est ainsi que le blé réussit moins bien après la pomme de terre et la betterave, qu'après les fèves et les pois ; que sa farine est moins belle après le trèfle et la luzerne. Mais, tout en admettant la réalité de plusieurs de ces faits, il est bon de voir jusqu'à quel point ils s'étendent, celui où ils s'arrêtent, celui où ils disparaissent, afin de pouvoir substituer des règles physiques à ce mot vague d'antipathie qui n'explique rien que l'impuissance de ceux qui s'en contentent.

La croyance des antipathies était déjà admise dans l'antiquité ; Virgile, après avoir décrit la culture ordinaire, celle qui procure à la terre un repos d'un an après une récolte de blé, après avoir montré que, cependant, on pouvait, au moyen des engrais, lui faire porter une récolte intermédiaire d'une autre espèce, et que c'était ainsi que les champs se reposaient par le changement des semences, aussi bien que par la jachère, Virgile exprime l'idée d'antipathie dans ce vers :

Sic quoque mutatis requiescunt fœtibus arva.

Virgile n'admet pas que, même avec les engrais, une seconde récolte de blé eût pu être aussi profitable. Ce fait qui se présente le plus généralement dans la culture n'est pas sans exemple, et il faut en examiner les circonstances avant d'établir en principe l'antipathie du blé pour lui-même.

Nous avons cité un champ près de Nîmes, cultivé pendant quarante ans de suite en céréales. Chancey constate qu'un cultivateur des environs de Lyon avait semé du froment pendant vingt années consécutives dans un champ, et avait recueilli annuellement une bonne moisson (1). Mais sans recourir à ces exemples extraordinaires, nous avons journellement sous les yeux, dans notre midi, ces répétitions de culture sur les défrichements de prairies et dans les assole-

(1) Yvart, *Assolements*, page 42.

ments avec luzerne ; dans celui de Nîmes, on répète le blé
trois ou quatre ans de suite après ce fourrage et deux ou trois
fois après le sainfoin. Il y a donc une cause qui fait réussir
dans certains cas et échouer dans d'autres les récoltes successives de blé. Cette cause, c'est que, dans ces contrées, la
moisson se fait en juin et que l'on a tout le temps de labourer la terre, de l'ameublir, de détruire les herbes adventives qui poussent après les pluies de septembre et d'octobre,
pour confier les nouvelles semences à un sol bien préparé,
dans la seconde moitié d'octobre et la première de novembre. Si les cultures préparatoires sont mal faites, les récoltes
de blé se souillent de plus en plus de ces herbes sauvages qui
mûrissent et se disséminent avant la moisson, et l'on voit
évidemment, par le résultat de cultures bien faites, que ce
n'est pas l'antipathie du blé pour lui-même, mais l'hostilité de
la végétation hétérogène, maîtresse du sol, qui étouffe le blé et
diminue ses produits. Moins il reste de temps, par l'effet du
climat ou de la nature du sol, entre les moissons et les semailles, plus l'humidité précoce de l'été et la douceur de l'automne favorise la reproduction des plantes adventives, et
moins le blé peut immédiatement se substituer à lui-même ;
et l'on voit que, pour l'expliquer, on n'est pas obligé de recourir à la cause occulte d'une antipathie prétendue.

C'est évidemment au même phénomène de la concurrence
d'espèces rivales, plus ou moins promptes à germer, à gran-
dir, à s'emparer du terrain que l'on doit rapporter ce que
l'on a nommé les assolements naturels des forêts, ou plutôt
l'alternance des diverses espèces d'arbres ; de sorte que le
bouleau et le tremble succèdent au chêne sur le terrain qui
a été dépouillé de ce dernier ; que les arbres résineux empiètent sur les terrains des arbres feuillus et réciproquement. Dans ce genre, l'exemple le plus cité est celui de
l'envahissement des terrains peuplés de chêne par le hêtre
après l'extirpation du chêne et quoiqu'on ait réservé à celui-
ci de nombreux porte-graines. Cela s'explique tout natu-

rellement par la disposition des fruits de hêtre à germer à l'abri de la lumière et par la répugnance de ceux de chêne à pousser dans de telles circonstances. Il suffit donc de quelques hêtres pour peupler le terrain de cette essence sous le couvert épais des chênes qui ne peuvent s'y propager, et après la coupe, on voit le chêne remplacé par les jeunes plants de hêtre déjà en possession du terrain. C'est ce qui arrive dans les coupes sombres du système allemand, et ce que l'on ne voyait pas dans les coupes avec baliveaux de l'ancien système, où le chêne se maintenait indéfiniment d'âge en âge, en possession du même sol. L'histoire et la tradition font foi de la perpétuité des essences dans nos anciennes forêts. C'est aussi pour la même raison que le chêne succombe dans son association avec l'épicéa et le sapin, dont les graines ont les mêmes dispositions que celles du hêtre, tandis que le hêtre, le sapin et l'épicéa croissent, prospèrent et se multiplient ensemble sur le même terrain. D'un autre côté, le chêne et le châtaignier repoussent de pied et persistent, quand les arbres verts viennent à disparaître. La légèreté des graines du bouleau et des trembles, transportées par les vents, ensemencent les vieilles futaies, et une génération nombreuse de bois blanc remplace tout à coup les arbres durs.

La diminution progressive des récoltes de blé non interrompues, sur un sol qui ne possède pas un degré indéfini de fertilité, s'explique tout naturellement par l'épuisement de cette fertilité. Cet épuisement n'est pas subit, il n'est que graduel, parce que le blé n'emprunte que les 0,29 de l'engrais ; il finit ainsi par trouver son terme quand le prélèvement de fertilité fait par la récolte se trouve égal à l'apport qui est fait par l'atmosphère. Nous avons dit que la jachère restituait à la terre 9,27 kil. d'azote par hectare et 18,54 kil. pour 2 ans. Un hectolitre de blé enlève 2,05 kil. d'azote ; ainsi donc quand la récolte sera réduite à $\frac{18,54}{2,05} = 9^{hect.},04$

dans l'assolement alterne avec jachère, elle se maintiendra
à ce niveau.

Mais cette persistance observée dans toutes les terres
soumises de temps immémorial à la culture unique du blé,
prouve bien que la diminution progressive qui l'a précédée
ne provient pas de la prétendue antipathie, mais rentre dans
les règles ordinaires de l'épuisement. Nous n'avons fait entrer dans ce raisonnement que l'épuisement de l'azote ; nous
aurions obtenu des résultats analogues de l'épuisement des
autres éléments, et c'est ainsi, par exemple, que l'exportation
prolongée du grain de froment aurait appauvri le sol de
magnésie et de phosphates, qui pourraient manquer aux récoltes subséquentes, si l'on n'en faisait pas la restitution ;
c'est ainsi que le pâturage des vaches laitières épuise le
sol plus rapidement encore de phosphates, exportés avec
leur lait.

Ces mêmes faits d'épuisement servent à résoudre une
foule de cas que l'on a voulu expliquer par des antipathies ;
prenons les plus apparents.

Quand Schübert eut introduit la culture du trèfle en Bavière et imprimé par là un mouvement si remarquable à son
agriculture, on crut s'apercevoir que, dans l'assolement
qu'il avait indiqué (1 pommes de terre, 2 orge, 3 trèfle, 4 blé),
le trèfle s'affaiblissait à chaque retour et qu'un intervalle de
quatre ans était insuffisant pour rétablir le sol et lui permettre d'en porter de nouveau. La terre, disait-on, se rassa-
siait de trèfle. Cette observation a été réitérée dans un grand
nombre de lieux. Thaër (§ 370) fut le premier à repousser
cette imputation. Il affirma qu'après une expérience de vingt
ans, le trèfle semé tous les quatre ans à la même place devenait de plus en plus beau, si on l'établissait sur un terrain
bien net, bien travaillé et bien fumé. Mathieu de Dombasle
cite l'exemple du fermier Leroy qui semait du trèfle dans
une terre suffisamment riche, enterrait la dernière coupe
en vert, et par ce moyen voyait prospérer constamment

cette plante (1). La Flandre entière et l'Angleterre voient revenir le trèfle sans interruption dans les assolements quadriennaux.

On ne peut pas dire ici que le fait du prétendu rassasiement vienne d'un épuisement absolu, car il se ferait sentir sur les autres genres de récolte, ce qui n'a pas lieu, et les céréales, par exemple, continuent à donner les produits ordinaires dans ces assolements. Mais si l'on considère la grande consommation que la pomme de terre fait de potasse et combien le trèfle en est avide, on pourra soupçonner, avec M. Boussingault (2), que si l'on se borne à rendre au sol les engrais produits par le fumier dont on emprunte une grande partie de la récolte, un déficit de 2480 kilog. de potasse et de soude résultant de la continuité d'une rotation, ne soit la véritable cause de ce défaut de réussite ; à moins qu'à l'imitation des Flamands on n'ait recours aux engrais extérieurs ou qu'on n'ajoute en nature aux engrais les éléments qui leur font défaut. La preuve en est d'ailleurs, que dans les terrains naturellement riches en alcalis, dans ceux qui sont arrosés par des eaux qui en contiennent, les trèfles garnissent abondamment le fond des prairies, s'y maintiennent et s'y propagent à perpétuité, tandis qu'ils manquent et sont remplacés par des graminées dans les sols où les alcalis et la chaux viennent à faire défaut. Donnez des cendres et du plâtre ou de la chaux à ces prairies et vous y faites reparaître le trèfle comme par enchantement.

La luzerne présente une modification de ce phénomène. On sait que la terre se *rassasie* aussi de cette plante et que ce n'est qu'après un assez grand nombre d'années qu'elle revient avec succès sur le sol qu'elle a occupé une fois, et cependant si le terrain a été bien fumé, le semis sera aussi épais et aussi beau à la dixième qu'à la première fois; mais la plante

(1) *Annales de Roville*, t. VIII, p. 289.
(2) *Économie rurale*, t. 2, p. 342.

paraît évidemment souffrir à mesure qu'elle avance en âge, et sa durée est beaucoup moins longue qu'elle ne l'était auparavant. C'est que la luzerne ayant peu de radicelles latérales se nourrit par l'extrémité de son pivot, qui s'allonge toujours et parvient ainsi dans les couches profondes déjà épuisées par les anciennes luzernes, et que les engrais n'ont pu pénétrer jusqu'à ces profondeurs. Cela est si vrai que si l'on plante de la luzerne en coupant son pivot, et la forçant ainsi à pousser des racines latérales et à se nourrir dans la couche supérieure du sol, elle prospère et produit également dans la terre qui a été *rassasiée* et dans celle qui n'a jamais porté cette plante. Cela est si vrai que le véritable moyen d'établir et de perpétuer un assolement avec luzernes sur un terrain, c'est de ne pas les laisser vieillir, mais de les défricher encore dans leur jeunesse et dans toute leur vigueur à la fin de la quatrième année au plus tard, et avant qu'elles n'aient pénétré dans les couches du sol que ne peuvent atteindre les extraits solubles des engrais.

Le même effet se représente dans les pépinières des arbres à long pivot. M. Evon cite, pour appuyer l'hypothèse de l'alternance des forêts, un fait qui mérite d'être remarqué (1). Dans ses pépinières de mélèzes, ses arbres étaient enlevés à deux ans, ayant acquis alors la taille d'un mètre; si l'on replantait le même terrain en mélèzes, ils étaient déjà moins forts que les premiers; si l'on en replantait une troisième fois, on en perdait un grand tiers, et ceux qui restaient étaient petits et chétifs après la période de deux ans. Le fumier ne réparait pas le terrain mais si on l'ensemençait en avoine et puis en trèfle, qu'on eût soin d'enfouir celui-ci par un labour, on pouvait y repiquer des mélèzes avec un plein succès; et ici, dit l'auteur, il n'y avait pas épuisement du terrain, puisque l'avoine et le trèfle y donnaient de belles productions. Non, sans doute, il n'y avait pas épuisement de

(1) *Journal d'agriculture pratique*, juillet 1846, p. 559.

de masse du terrain, pas plus par le mélèze que par la luzerne à laquelle succédait de beau blé, mais il y avait épuisement des couches profondes ; quand le pivot du mélèze y était arrivé, il cessait d'y trouver sa nourriture, et il fallait que la filtration et le mélange eussent rétabli leur richesse pour qu'une nouvelle culture de cet arbre y devînt possible.

Les mêmes causes agissent sur le lin pour empêcher son retour immédiat. Il doit être d'autant plus retardé que le terrain est plus profond et que la racine s'enfonce davantage (1). En Belgique, on croit ne pouvoir semer du lin que tous les neuf ans ; dans l'Aisne, où le sol a moins de profondeur, il revient tous les trois ans. Le lin puise principalement dans le sol les phosphates et les silicates alcalins, et la luzerne s'approprie surtout les sels calcaires et ammoniacaux ; il en résulte que ces deux plantes à racines profondes peuvent se succéder l'une à l'autre sans inconvénient. Pour constater encore mieux ces effets, nous avons fait huit récoltes consécutives de lin, dans un terrain bien fumé qui était placé sur un pavé sous-jacent à une profondeur de 20 centimètres, et la dernière s'est comportée comme les précédentes, sans apparence que le terrain fût rassasié de cette plante.

Si l'on en croit quelques auteurs, les pois forment un exemple remarquable. M. Sageret dit que dans la plaine du Point-du-Jour, près de Paris, les cultivateurs craignent de semer cette plante dans des terres qui en ont porté dix ans auparavant, et louent beaucoup plus cher celles qui n'en ont jamais porté (2). Schwerz ne cite pas ses propres expériences que nous croirions volontiers ; mais il rappelle deux passages, l'un d'Arthur Young, qui remarquait que généralement les pois réussissent mal lorsqu'ils reviennent à de trop courts intervalles dans le même terrain, et qui, pour cette raison,

(1) Tome IV, page 348.
(2) Yvart, *Assolements*, page 268.

V. 3

conseillait un intervalle de neuf à dix ans ; l'autre, de Koppe, qui affirmait que partout où l'on faisait revenir les pois sur un terrain avant un intervalle de six ans, il remarquait qu'ils rendaient en paille, mais bien peu en grains (1). A ces allégations, Thaër a répondu d'avance ainsi qu'il suit : « Quelques personnes sont dans l'opinion que les pois ne réussiraient pas dans un champ qui n'en aurait pas encore rapporté, et, en conséquence, les sèment sur les terres où, depuis longtemps, elles ont l'habitude de les cultiver. Cela est un pur préjugé, si d'ailleurs il n'y a pas d'autres causes qui rendent les autres champs impropres à la culture des pois. D'autres, au contraire, craignent que les pois ne dégénèrent s'ils reviennent souvent à la même place ; mais l'expérience ne confirme pas cette opinion, si, entre deux, on fume et que l'on donne au terrain une culture accomplie (2). »

Voici maintenant le résultat de nos observations. Sur les bords de la Durance, on sème, chaque année et de temps immémorial, les pois sur le même terrain ; nous sommes entourés ici à Orange, et sur des sols sablonneux de qualité inférieure, de cultures non interrompues de pois ; M. Blanc, qui nous aide dans nos observations météorologiques, a cultivé vingt ans de suite des pois sur le même terrain. Il est facile de se rendre compte de ce qui arrive à cette culture, beaucoup plus facile à manquer que tant d'autres, si l'on ne saisit pas bien ce qui fait son caractère principal. Si l'engrais est insuffisant, la récolte reste chétive ; s'il est trop abondant, on produit des tiges, des feuilles et point de fruits ; c'est ce que Koppe signale comme le non-succès qui suit les récoltes réitérées de pois. Pour obtenir 100 kil. de pois, il faut fournir à la terre 2,15 kil. d'azote, et le produit en grains et en paille, dose 11,20 kil. d'azote. C'est donc sur les engrais atmosphériques qu'il faut compter principalement. Or,

(1) *Culture des grains farineux*, page 374.
(2) Thaër. § 1094.

ces engrais dépendent entièrement des saisons, des pluies, des rosées plus ou moins chargées d'ammoniaque. C'est surtout à cet égard que les années se suivent et ne se ressemblent pas. Tous les produits dépendant de ces causes incoërcibles sont des produits chanceux. Ainsi, il est probable que sur une succession d'années, il y en aura un certain nombre dont la récolte sera mauvaise : de là des observations superficielles. On attribue à la récolte qui a précédé le non-succès qui l'a suivi; et si l'on veut s'assurer une bonne récolte par des engrais plus abondants, l'on n'a plus qu'un magnifique fourrage sans graines. Telle nous paraît être l'explication des préjugés répandus sur les cultures des pois, cultures dans lesquelles avec un peu d'attention on voit les causes naturelles remplacer les causes occultes toujours si bien accueillies par l'ignorance et la paresse.

Que la culture réitérée de la garance sans engrais épuise le terrain, et que ses produits baissent à chaque retour, c'est ce qui ne doit étonner personne. Mais que cette diminution de produit ait lieu aussi sur des terrains que l'on fume abondamment, quand on veut réitérer plusieurs fois la culture sans intermédiaire, sur le même terrain, tandis qu'elle réussit bien, avec une somme moins considérable d'engrais, si l'on intercale entre ses cultures une luzerne, un sainfoin, plusieurs récoltes de blé, etc.; voilà ce qui semblerait plus difficile à expliquer, si une observation attentive ne nous avait conduit à trouver la raison de ce phénomène.

On se rappelle que pour assurer les récoltes de racines de patate, nous les avons plantées sur un terrain battu, et que sur une terre ameublie profondément, elles ne nous donnaient que des fibres et de très-petits tubercules; nous avons aussi éprouvé un effet pareil avec les pommes de terre; un labour profond compromet leur production, les tiges deviennent magnifiques, mais on n'a que des racines fibreuses et peu de tubercules; tandis que le *lazy-bed* des Irlandais, c'est-à-dire la plantation sur un gazon non retourné donne des récoltes assurées, si le terrain est suffisamment riche. La garance n'échappe pas à cette loi qui régit toutes les racines dans un terrain profondément ameubli par les travaux qu'exigent l'arrachage de cette plante; un nouveau semis multiplie des radicelles très-minces qui ne peuvent constituer un produit; les tiges deviennent luxuriantes et l'on a travaillé comme si l'on avait pour but d'obtenir du fourrage et non des racines, d'autant plus fortes et plus ramassées qu'elles sont moins nombreuses pour chaque plante.

Ainsi après une récolte de garance, il conviendra de cultiver des fourrages artificiels, comme la luzerne et le sainfoin qui, durant plusieurs années, laissent au terrain le temps de s'asseoir, de se plomber, avant de revenir à une nouvelle culture de garance :

Mais si les prétendues antipathies dont nous venons de parcourir la série ne peuvent se soutenir; si elles dépendent toutes de vices dans les moyens de nutrition fournis à la plante; si elles sont des effets de disette et de surabondance, ou enfin de la facilité qu'elle éprouve à s'étendre dans un terrain ameubli, il y en a quelques-unes qui sont marquées d'un caractère particulier et dont l'examen nous conduit à de nouvelles conclusions. Qui n'a vu des champs de luzerne où il se forme des vides par places circulaires gagnant toujours en étendue, les plantes étant atteintes, du centre à la circonférence, d'une maladie contagieuse qui les fait périr? Si l'on arrache une des plantes malades, on trouve son pivot couvert d'un réseau de filets violets, production d'une plante parasite qui se nourrit sur ses racines; et il faut que les germes de ce cryptogame soient bien persistants: car après plusieurs années d'intervalle, on voit une nouvelle génération de luzerne en être atteinte à son tour, quoique la terre soit restée à l'état de labour pendant l'intervalle qui l'a séparé de la génération précédente. Cet effet désastreux qui exclut nombre de terrains de la riche production de la luzerne, n'a rien de commun avec les antipathies des plantes entre elles.

Le mûrier présente un phénomène analogue. On le voit quelquefois périr subitement au moment de sa plus grande vigueur. Les feuilles se dessèchent, ainsi que le liber qui noircit; les racines se couvrent d'une pellicule blanchâtre. Les mûriers voisins sont successivement attaqués du même mal, et l'on voit ainsi périr de longues files d'arbres, sans qu'un seul soit épargné, si l'on ne prend pas des mesures promptes pour interrompre les communications entre les racines. Si l'on plante de jeunes mûriers à la place qu'avaient occupée les anciens, ils ne tardent pas à éprouver le même sort. On n'a pas encore bien défini cette maladie. La pellicule blanche dont nous avons parlé est-elle un végétal parasite des racines? ou bien y a-t-il un état de décomposition des tissus semblable à la gangrène, qui altère le suc de l'arbre primitivement malade, et par le contact se propage chez ses voisins? mais comme les mûriers sains succèdent fort bien aux mûriers sains avec la précaution de rendre au terrain la fertilité qu'il peut avoir perdue, et de bien le nettoyer des racines des arbres arrachés, racines qui vivent fort longtemps quoique séparées de l'arbre, on ne peut pas non plus attribuer l'accident dont nous avons parlé à ces prétendues antipathies.

D'autres parasites des tiges et des graines ne seraient pas moins à craindre, si, comme le dit Decandolle (1), la poussière du charbon des graminées tombait à terre pour y être absorbée l'année suivante par la nouvelle génération des plantes de cette famille et y déterminer le retour de l'infertilité, ce qui expliquerait, au reste, le peu de succès que l'on éprouve quelquefois du chaulage des grains.

Le tabac, le chanvre, les fèves sont menacés par la propa-

(1) *Physiologie*, page 1149.

gation des orobanches; les légumineuses par celle de la cuscute.

D'un autre côté, des insectes destructeurs s'attachent à certaines plantes et se multiplient d'autant plus que leur culture est plus étendue. L'altise n'apparaît souvent qu'après plusieurs années de la culture en grand des crucifères dans un pays, mais alors elle devient leur fléau ; les pucerons de la fève, le *Colapsisater* de la luzerne, la pyrale et les autres insectes destructeurs de la vigne apparaissent souvent au milieu des grandes cultures de ces plantes ; les rats se multiplient dans les localités où les prairies artificielles occupent de grandes étendues. Tous ces faits peuvent suggérer au cultivateur d'introduire plus de variété dans ses cultures, une répétition moins fréquente des mêmes plantes dans les assolements, sans impliquer l'antipathie des plantes.

En voyant la pomme de terre se succéder indéfiniment dans les parcelles du paysan irlandais ; la betterave se perpétuer autour de nos sucreries indigènes ; la patate dans les cultures des nègres de nos colonies ; les raves, les choux, les fèves, le maïs, le chanvre, la vigne dans une foule de lieux ; les herbes dans nos prairies pérennes, ne devrait-on pas être prémuni contre la généralisation de deux ou trois faits équivoques, ceux qui concernent le blé, la luzerne, le lin, dont l'analyse vient de montrer la véritable signification ? Nous ne craignons donc pas d'affirmer maintenant, que les prétendues antipathies des plantes de même espèce sont un véritable préjugé, provenant de traditions mal fondées, d'observations incomplètes, et qui doit se dissiper à la lumière d'une saine appréciation. En sera-t-il de même de l'antipathie de certaines plantes d'espèce différentes les unes pour les autres ? c'est ce que nous allons examiner dans le chapitre suivant.

CHAPITRE III.

Hypothèse de l'antipathie des plantes d'espèces différentes, les unes pour les autres.

L'antipathie la plus absolue citée par les auteurs serait celle qui existerait entre tous les genres de plantes et la famille des euphorbiacées; selon eux, aucune végétation ne peut prospérer, si elle succède à une abondante production de plantes de cette famille. Nous regardons, en effet, les euphorbiacées comme des plantes adventices fort nuisibles, mais pas plus nuisibles que les pavots, par exemple, ou les crucifères dont les générations se succèdent rapidement et qui infestent les champs mal cultivés. Les unes et les autres sont des plantes qui produisent en grande abondance des graines à périsperme charnu, huileux et très-azoté. Aussi infestent-elles et épuisent-elles à la fois les champs; mais l'expérience nous apprend qu'avec des engrais convenables on remédie à cet épuisement. Ainsi le ricin entre dans la culture en grand de plusieurs territoires de nos environs (Roquemaure, par exemple), et leurs habitants sont trop bons cultivateurs pour n'avoir pas apprécié les résultats de sa production sur les récoltes qui doivent suivre. Il y a quelques années, d'après le conseil de M. Decandolle, nous cultivâmes l'*euphorbia lathyris* comme plante huileuse. Elle réussit bien, produisit une grande abondance de graines, mais nous abandonnâmes cet essai à cause de la difficulté de la récolte. Les graines mûrissent successivement pendant l'été, les capsules éclatent et disséminent les semences; il faut recueillir, chaque jour, celles qui approchent de la maturité; mais le blé qui succéda aux euphorbes qui avaient été bien fumés réussit parfaitement.

Les cultivateurs savent que certaines plantes semblent mieux réussir après telle plante qu'après telle autre; ainsi le froment est plus beau après l'avoine de printemps, qu'après l'orge d'hiver (1), quoique la préparation du sol puisse se faire

(1) Thaër, § 366.

infiniment mieux après cette dernière, puisque la moisson est plus précoce que celle de l'avoine. L'aliquote de l'orge d'hiver et de l'avoine sont les mêmes ; mais si l'on suppose une récolte égale de part et d'autre, 100 kil. de grains d'orge emporteraient 2,74 kil., d'azote, et 100 kil., d'avoine seulement 2,206 kil. C'est donc une question d'épuisement, puisque l'orge a puisé dans le sol 23 pour 100, plus d'un quart en plus de l'avoine. C'est par la même raison que l'avoine succède très-bien à l'avoine, tandis qu'on obtient un chétif produit de l'orge semée sur l'orge et un très-beau de l'orge semée sur le froment dont l'aliquote n'est que de 0,29 et a beaucoup moins épuisé le champ.

Thaër cite encore (§ 366) une série de récoltes qui présentent des exemples d'antipathies apparentes. Selon lui, on a remarqué que l'orge réussissait moins bien après la carotte qu'après d'autres racines ; mais qu'en revanche les pois réussissent bien après les carottes, et qu'après les pois l'orge donnait de bonnes récoltes sans fumier. Examinons ce qui se passe dans ces différents cas : supposons un champ dont la fertilité soit représentée par 100 kil. d'azote, les carottes y prennent une aliquote de 0,40 ou 40 kil. de fertilité ; si l'on y sème alors de l'orge d'hiver qui prélève 0,56 de l'azote restant, il n'y prendra que 33,6 kil. d'azote, et l'on aura une récolte de 1,300 kil. d'orge. Semons des pois sur le champ qui vient de porter des carottes : ceux-ci ne prennent rien à la terre et leurs détritus suffisent pour lui restituer au moins les sucs que la récolte y puise ; il est donc naturel que l'orge réussisse bien après eux, pour peu que la terre soit en bon état quand on les a semés. Ainsi se trouve justifiée l'opinion des cultivateurs mecklenbourgeois rapportée par Thaër.

On se plaint que le blé réussit moins bien après la pomme de terre qu'après la jachère, même quand le terrain retient encore une dose suffisante de fertilité, qui devrait procurer une bonne récolte. On fait les mêmes reproches à la betterave ; mais ce fait tient à la récolte tardive de ces racines. Les jabours sont alors donnés à la terre dans un état d'humidité qui ne permet pas de l'ameublir, de mettre les semences des mauvaises herbes à découvert pour les forcer à germer avant le labour d'ensemencement ; il en résulte que le blé se trouve obligé de plonger ses racines dans des tranches de terre durcie, et qu'au printemps, quand les gelées ont brisé les mottes, le champ est infesté d'une abondante production d'herbes adventices. Cela tient aussi, pour les pommes de terre en particulier, à la consommation considérable de potasse que fait cette plante. Si la récolte de ce tubercule a été bonne et si le terrain ou les engrais ne sont pas riches en alcalis, le blé doit y trouver difficilement ceux qui sont nécessaires à sa nutrition. On assurerait sans doute alors la récolte du blé, par l'incinération des tiges de pommes de terre, sur le champ qui les a portées et qui doit recevoir les céréales.

On a eu raison de dire que le blé venu après la luzerne et le trèfle était moins pesant, que son grain était moins plein, et sa farine moins belle ; mais ce n'est pas parce qu'il a succédé à ces plantes fourragères, mais bien parce qu'il est venu dans un terrain riche ; le même inconvénient se présente dans les terres fortement fumées. Cet état de fertilité favorise la végétation herbacée ; le périsperme des graines se développe aux dépens de son contenu. Qui ne sait que le meilleur grain, le plus recherché des boulangers est celui qui vient dans des terres sèches et pauvres ?

Nous ne faisons ici qu'indiquer la méthode par laquelle on peut analyser les faits qui se présentent dans les assolements divers. Leur étude attentive démontre que, malgré leur apparence anormale, ils rentrent avec facilité dans un de ces cas : ou défaut de bonne culture, ou défaut d'éléments nutritifs ; c'est ainsi que les exemples de prétendues antipathies se rangent dans la série des phénomènes les plus habituels du règne végétal.

CHAPITRE IV.

Théorie des assolements basée sur la variété des aliments des plantes.

Nous avons mentionné dans le livre de l'Alimentation végétale (1), que les plantes avaient une faculté d'élection qui leur faisait absorber, dans des proportions différentes, les éléments solubles contenus dans le sol, et qu'ainsi,
pour prendre un exemple simple, dans un engrais qui renferme   40 d'azote et 50 de potasse et de soude,
le blé prendra   12   id.   8 de potasse
la pomme de terre 17   id.   22   id.

Mais ce n'est pas ainsi que l'entendaient la masse des cultivateurs, quand ils attribuaient des aliments différents aux différentes plantes. Ils croyaient qu'en effet un suc d'une nature particulière était affecté à chaque végétal, qui seul était
apte à l'absorber par la succion de ses racines ; et que quand
ces aliments convenaient à deux espèces de végétaux, le premier privait l'autre de sa nourriture propre, sans nuire aux
végétaux qui venant ensuite se nourrissaient d'un suc différent, auquel les précédentes plantes n'avaient pas touché.
Cette hypothèse n'est pas soutenable. Nous savons que les
plantes absorbent à la fois toutes les substances solubles dans
l'eau, même celles qui sont vénéneuses ; mais que les racines
sont des filtres qui, soit par la différence de leurs calibres,
soit par leurs propriétés vitales, ne les admettent pas toutes
dans la même proportion ; qu'il se fait une élection entre
tous les éléments, et qu'ainsi le résultat de l'assimilation ne
présente plus les mêmes proportions qui existaient dans la
solution absorbée : c'est ce que nous avons démontré dans le
chapitre indiqué ci-dessus (Alimentation végétale, chap. II)
et ce que l'on peut lire en détail dans les Recherches sur la
végétation de Th. de Saussure (2). Mais des sucs particuliers

(1) Tome 1, chap. *de l'alimentation végétale.*
(2) Page 255.

distincts des principes bien connus, sucs qui fourniraient des composés organiques spéciaux, sucs qu'aucune analyse n'a pu découvrir et qui n'existent en réalité que pour le besoin de l'hypothèse et par l'effet de l'imagination, ne sauraient être admis sérieusement dans la discussion.

Modifiée d'après les principes que nous venons d'admettre, l'opinion d'une faculté absorbante, spéciale à chaque plante, présente un côté de vérité qui doit entrer dans une théorie des assolements. Examinons, en effet, ce qui se passe dans la succession des cultures : supposons que nous voulussions faire plusieurs récoltes successives de pommes de terre, dans un sol qui aurait reçu un fumier normal de ferme dosant 4 kil. d'azote et 5,226 kil. d'alcalis (1); comme on a dans

	Azote.	Potasse et soude.
100 tubercules frais.......	0,56	0,48
25 fanes fraîches........	0,03	0,09
	0,59	0,57

il est clair que l'engrais sera épuisé d'alcali, quand nous aurons $\dfrac{522,6}{0,57x} = 1$, ce qui nous donne $x = \dfrac{522,6}{0,57} = 916,8\,\text{k}$ de tubercules; mais alors nous n'aurons employé d'azote que $\dfrac{0.39 \times 916,8}{100} = 3,57$ kil. On voit donc qu'avec cette plante la consommation de la potasse va plus vite que celle de l'azote, et qu'elle vivra de plus en plus difficilement, si on n'ajoute pas de l'alcali à la dose que le fumier en possède naturellement.

Voyons maintenant ce qui se passe dans la culture du blé. Nous avons un engrais composé de 4 kil. d'azote, 2 d'acide phosphorique, 2,412 kil. de magnésie et 5,226 kil. d'alcalis minéraux. L'engrais sera épuisé quand l'élément qui est, rela-

(1) Tome 1, page 599, deuxième édition.

tivement, en moins forte proportion dans l'engrais que dans la récolte, sera lui-même épuisé ; or, les éléments de l'engrais étant

	Azote.	Acide phosphorique.	Magnésie.	Potasse.
	100	100	100	100
ceux du blé seront	75	79	44	38

C'est l'acide phosphorique qui ferait défaut le premier et l'engrais cité plus haut serait épuisé quand nous aurions $\dfrac{2,00}{1,58\,x} = 1$; d'où $x = \dfrac{2,00}{1,58} = 1,27$q^1.mét. de blé. Mais alors on n'aurait employé que $0,75 \times 1,27 \times 4 = 3,80$ kil. d'azote, $0,44 \times 1,27 \times 2,412 = 1,359$ kil. de magnésie, et $0,38 \times 1,27 \times 5,226 = 2,522$ kil. de potasse. Ainsi il faudrait ajouter au fumier de ferme destiné au blé une certaine quantité d'acide phosphorique (1), puis d'azote, ensuite de magnésie, pour que tous les éléments marchassent de pair avec la consommation de la potasse ; ou mieux, il faudrait faire succéder à la culture du blé, celle des pommes de terre qui, consommant plus de potasse et moins des autres éléments, rétabliraient l'équilibre. Sans ces précautions, le blé finirait par ne pas trouver les conditions nécessaires à sa nutrition complète.

Dans le but d'éprouver la vérité de la doctrine qui base

(1) Nous croyons avoir indiqué le premier (t. 1, p. 97, 2ᵉ édition) que le phosphate se dissolvait dans l'eau chargée d'acide carbonique. On se procure en grand cet acide par différents moyens. Nos cuves vinaires en dégagent en abondance, ainsi que les fours à chaux. En débouchant des bouteilles pleines d'eau dans l'atmosphère de ce gaz, les laissant vides à demi, et agitant ensuite, on a de l'eau propre à la dissolution des os, dont on arrose les engrais.

Nous avons trop peu d'analyses complètes de végétaux pour dresser une table où serait exprimée la prééminence de leurs éléments ; mais le temps n'est pas loin où les nouveaux travaux de la chimie nous permettront de remplir cette lacune de la science. En attendant, on trouve dans ce que nous venons de dire la forme de calcul que l'on pourra suivre pour régler les doses des engrais des différentes plantes.

les assolements sur les éléments de nutrition des plantes,
M. Macaire, savant physicien de Genève, à qui nous devons
les belles observations qui feront le sujet du chapitre suivant,
résolut de la soumettre à une expérience décisive. Voici comment il la décrit(1) : « Nous avons semé un carreau de terrain
en froment, et après avoir soigneusement scié la récolte, nous
avons pesé séparément la balle et la paille produites.
Nous avons ensuite réparti dans le terrain en le labourant à
la profondeur ordinaire, tout le produit de la récolte, blé,
paille et balle, après avoir haché la paille et prévenu la germination du grain en l'étuvant à la température de l'eau
bouillante. Cette opération ayant restitué au terrain tout ce
qui en avait été retiré en éléments organiques et inorganiques et tout ce qui avait pu être puisé dans l'atmosphère, il
est impossible de supposer que la récolte l'ait en aucune manière appauvri. S'il n'y a réellement rien de délétère dans une
culture de blé pour une nouvelle culture de la même céréale,
il nous semble que l'on ne voit aucun motif, toutes circonstances météorologiques égales d'ailleurs (ce dont on peut
s'assurer en comparant le produit du champ voisin cultivé
selon la méthode ordinaire); il n'y a aucun motif, disonsnous, pour que le produit éprouve une diminution. Néanmoins, une diminution assez notable de produit a été constatée, pour que, malgré le peu de temps qu'a duré l'expérience, on puisse conclure qu'il y a, dans la succession des
plantes de familles diverses, quelque action favorable, et dans
la succession des mêmes espèces ou de la même famille, quelque chose de nuisible à la végétation. »

Il est fâcheux que l'auteur ne nous donne pas le chiffre de
la récolte qu'il a obtenue; mais à son défaut, nous allons le
faire et montrer ce qui peut avoir influé sur les résultats.

Les débris de la récolte n'ayant été soumis à aucune désagrégation, à aucune fermentation avant d'être mis en terre,

(1) *Bibliothèque universelle*, oct. 1845, p. 364.

ne ressemblaient en rien à un engrais vert, pourvu de son eau de végétation et fermentant promptement. Ainsi, dès la première année, ils n'ont pu fournir, à la récolte suivante, en aliquote de fertilité tout*ce que la précédente y avait puisé ; peut-être n'en a-t-elle pris qu'une partie insensible. Supposons, en effet, que ce terrain possédait d'abord une fertilité représentée par 100 kil. d'azote ; la première récolte y a pris 29 kil. d'azote donnant : $\dfrac{100 \times 29}{2,62} = 1106,9$ kil. de blé et laissant en terre 71 kil. d'azote ; si le quart seulement des éléments de la récolte enterrée a été utilisé (et la durée des fumiers en terre rend cette proportion évidemment exagérée), nous avons pour la deuxième récolte

$71 + \dfrac{29}{4} = 78,25$ kil. d'azote, dont la nouvelle récolte prendra les 0,29 ou 22,69 kil., et cette récolte sera $\dfrac{22,69}{2,62} =$ 866 kil. : c'est un quart de moins que la récolte précédente. Ce n'est donc pas sur le produit d'une seule récolte qu'il faudrait juger le principe, mais sur celui des récoltes consécutives, en continuant à donner à la terre toute la masse de la production, en maintenant le sol dans un état complet de netteté et en tenant compte des parties des éléments entraînés dans la profondeur du sol ou évaporés dans l'atmosphère. Sans ces conditions on ne réussira pas dans l'expérience.

CHAPITRE V.

Hypothèse de MM. Macaire et Decandolle sur les déjections excrémentielles des plantes.

Brugmann avait observé le premier que si l'on plaçait un pied de violette-pensée (viola tricolor) dans un vase transparent, on voyait, pendant la nuit, suinter des gouttelettes de l'extrémité des racines. Plenck ayant étendu cette observa-

tion aux euphorbiacées, aux chicoracées et aux scabieuses,
et ayant remarqué qu'il se formait à l'extrémité des racines
des grumeaux de matière, leur donna le nom de matière fé-
cale des plantes. Cet auteur et M. de Humboldt virent dans
ces excrétions la cause de l'antipathie que certaines plantes
témoignent les unes pour les autres. Selon eux, c'était ce qui
rendait incompatibles l'avoine et le chardon ; le lin, la sca-
bieuse et l'euphorbe ; la carotte et l'aunée ; le froment, l'é-
rigeron âcre et l'ivraie. Ces plantes suintaient des matières
nuisibles à la végétation les unes des autres (1). Decandolle
alla plus loin, et dans sa Physiologie végétale (2) il attribua
à ces excrétions la répugnance que les plantes de la même
espèce avaient à se succéder sur le même terrain. La séve
du végétal, redescendant après lui avoir fourni toute la partie alimentaire, entraînait un résidu de particules impropres
à la nutrition ; ses excrétions devaient lui nuire autant que feraient les excrétions d'un animal que l'on force-
rait à s'en nourrir. Cet effet ne serait pas borné aux individus de même espèce ; mais les espèces, analogues par leur organisation, devaient souffrir lorsqu'elles absorbaient une
matière rejetée par les êtres qui leur étaient les plus voisins
dans l'ordre naturel, tout comme un animal mammifère répugne, en général, à toucher aux excréments des autres
mammifères. Si un arbre ne produisait pas sur lui-même un
tel résultat, c'était que ses propres racines, s'allongeant sans
cesse, rencontraient de nouvelles veines de terre qui n'avaient
pas été souillées de ses excréments. Telle était, en abrégé, la
théorie sur laquelle ce savant botaniste basait la nécessité
des alternances des plantes.

Avant d'aller plus loin, il fallait constater la réalité des
excrétions radicellaires des plantes. M. Macaire entreprit des
expériences dans ce but (3). En faisant végéter dans l'eau des

(1) Plenck, *Phys. vég.*, p. 64.
(2) Pages 1493 et suiv.
(3) *Annales de chimie*, t. LII, p. 225 et suiv.

plantes vigoureuses de *chondrilla muralis*, de seigle, d'orge,
de haricots, de *sonchus oleraceus*, de coquelicot, de pavot
blanc, d'*euphorbia cyparissias et peplus*, de pommes de terre,
de pin, de fèves et de blé, dont les racines avaient été débar-
rassées de terre, en faisant ensuite évaporer cette eau, il obtint
des extraits de différentes espèces, gommeux, résineux, qui,
selon lui, résultaient de l'excrétion des plantes. Cette excrétion était plus abondante la nuit que le jour. Enfin, pour
mieux vérifier encore l'existence de cette excrétion, il fit
tremper une partie des racines d'une plante de mercuriale
dans un flacon qui contenait une légère solution d'acétate de
plomb, tandis qu'une autre partie plongeait dans l'eau pure.
La plante végéta fort bien pendant quelque temps ; après
quoi, l'eau pure traitée par l'hydrosulfate d'ammoniaque
abandonna un principe noir abondant, ce qui indiquait
qu'elle avait reçu du sel de plomb qui, après avoir passé
dans la plante, était descendu dans les racines.

Il constata de la même manière, l'absorption et l'excrétion
de l'eau de chaux et de sel marin. Ces expériences semblaient
prouver, en effet, que les racines avaient la propriété d'ex-
créter les substances superflues ou nuisibles entraînées par
la séve dans les vaisseaux des plantes.

M. Braconnot répéta et varia ces expériences (1) ; et il obtint des résidus presque en tout semblables à ceux qui avaient
été annoncés par M. Macaire, mais il les attribua aux débris
de chevelu des racines qui avaient végété dans l'eau et s'y
étaient décomposés. Quant à l'expérience qui semble prouver
que la plante a excrété par une partie de ses racines les substances vénéneuses absorbées par l'autre, il montra qu'elle
cessait de réussir si l'on enveloppait le collet de la plante de
papier gris, l'eau pure ne témoignant alors aucune sensibi-
lité aux réactifs. Il était donc évident que l'eau passait d'un
vase à l'autre par l'attraction capillaire des écorces sans pas-

(1) *Annales de chimie*, t. LII, p. 27.

ser par les vaisseaux des plantes, comme on aurait pu le faire,
au moyen d'une mèche de coton trempée dans l'un et l'autre
vase. En effet, M. Macaire n'avait jamais pu trouver de trace
de ces excrétions en faisant végéter les plantes dans du sable ;
et M. Boussingault, répétant cette expérience, ne put non
plus trouver trace de matière organique dans du sable qui,
pendant plusieurs mois, avait servi à faire végéter du froment
et du trèfle: résultats qui, dit-il, peuvent faire douter du
fait même de l'excrétion des racines. Ce savant soupçonne
que l'excrétion que l'on a constatée en tenant les plantes
dans l'eau provenait d'un état morbide des racines (1).

Cependant de nouvelles expériences semblent confirmer
l'existence des excrétions radicellaires. M. Chatin ayant fait
végéter des plantes dans un sol imprégné d'acide arsénieux, et
les ayant transportées ensuite dans un sol naturel, les a vues
éliminer le poison qu'il a retrouvé sous forme d'arséniate de
soude et de potasse, dans la terre où avait eu lieu la trans-
plantation. L'acide arsénieux n'avait pas agi sur l'albumine
des plantes (2). Il est difficile, d'ailleurs, de se refuser au
raisonnement qui porte à admettre les excrétions radicellaires des plantes. En considérant l'uniformité des éléments
absorbés par les végétaux et puisés dans le sol, et l'énorme
différence que présentent leurs analyses, on ne peut s'en
rendre compte qu'au moyen de la faculté d'élimination de
telle ou telle substance au moment de l'absorption. A défaut
d'analyses spéciales, que l'on nous permette de raisonner
d'après quelques analogies ; la marge qu'elles offriront sera
si large que l'on ne pourra craindre de se tromper.

Un chou du poids de 1,2 kil. ayant des feuilles de 1,826 m.
d'étendue, évapora en six mois 10,956 kil. d'eau (3). D'a-
près l'analyse du colza par Sprengel, ce chou contiendrait 92,4 gr. de matière sèche ; 0,3456 gr. de potasse de

(1) *Mémoires de l'Académie des sciences*, t. XVIII, p. 355.
(2) *Comptes rendus*, t. XX, p. 21 et suiv.
(3) Hales, *Stat. des végét.*, p. 11.

soude ; et 0,8736 gr. de chaux. Selon l'analyse de la séve de
l'orme de Vauquelin les 10,956 kil. d'eau évaporée auraient
transporté dans le végétal 46 gr. de potasse, plus de dix fois
ce qui en est resté dans le chou ; 4,5 g. de chaux, cinq fois plus
que n'en contient le chou à l'état sec. Or, quelles que soient les
différences qui existent entre les séves, comme elles résultent
l'une et l'autre de la dissolution des parties solubles de la
terre dans l'eau, elle ne peut être aussi énorme entre les deux
plantes que celle qui résulte de ce rapprochement. Il nous
paraît donc évident qu'il y a une forte élimination des matières transportées par la séve, et qu'elle ne peut avoir lieu
que par le moyen des excrétions. Mais il y a loin de là à
comparer ces excrétions aux matières fécales des animaux ;
et si on voulait admettre ce rapprochement, resterait l'objection capitale de M. Boussingault : c'est qu'une matière
soluble, comme le seraient les excrétions, ne manquerait
pas de se putréfier sous l'influence de la chaleur et de l'humidité du sol ; et que l'année suivante, au retour de la culture des plantes congénères, celles-ci ne trouveraient plus que
les éléments de l'excrétion désagrégés, et qui ne pourraient
avoir les effets nuisibles des excréments des animaux ingérés
dans l'état frais (1).

L'effet produit par les excrétions se réduirait donc à celui
que nous avons décrit dans le chapitre précédent : l'absorption
plus grande de certains principes comparativement à d'autres ; l'appauvrissement du sol relativement aux premiers et
la nécessité de les leur rendre et de rétablir leur proportion
si l'on veut continuer la culture.

(1) *Mémoires de l'Académie des sciences*, t. XVIII, p. 557.

CHAPITRE VI.

Hypothèse de Rozier, fondant la théorie des assolements sur la forme des racines.

Dans l'article *Alterner* de son Dictionnaire d'agriculture, Rozier indique le premier, l'identité de forme et de dimension des racines, comme la cause qui rend difficile le retour des mêmes plantes sur le même sol. Les plantes, dit-il, ont des racines *pivotantes* qui plongent assez avant dans la terre, ou *fibreuses* qui ne pénètrent qu'à 10 ou 15 centimèt. de profondeur ; la luzerne, le trèfle, etc., sont dans le premier cas, et le blé dans le second. Ainsi, quand on alterne une luzerne, un trèfle, une racine avec du blé, on est sûr que la récolte suivante sera copieuse, parce que les racines de ces plantes n'absorbent les sucs de la terre qu'à une profondeur plus considérable que celle où le blé avait puisé la sienne.

« Mais, dit Pictet (1), si l'on enfouit la couche qui était supérieure et dont le blé a consommé les sucs, comment cette couche appauvrie nourrira-t-elle la racine pivotante de la récolte qui suivra ? Et comment, en revanche, les racines traçantes et fibreuses du blé iront-elles chercher assez bas la couche qui était supérieure pendant la végétation du trèfle et de la luzerne ? Le fait est que les deux couches se confondent, que le blé et la luzerne se nourrissent dans la même masse de terre. » Et ailleurs : « Les graminées des prés-gazons ont des racines fibreuses tout comme le blé ; et le chevelu en est si serré qu'au lieu d'améliorer le terrain, elles l'épuiseraient entièrement des sucs nécessaires au blé, et cependant celui-ci réussit admirablement sur les défrichés de gazons (2). »

Nous ne pensons pas cependant qu'il faille écarter absolument l'opinion de Rozier, quoiqu'il ait généralisé une observation qui est toute spéciale. Il est certain que les plantes à racines pivotantes, qui pénètrent plus profondément

(1) *Traité des assolements*, p. 42.
(2) *Ibid.*, p. 50.

que la culture, épuisent par elles-mêmes et pour leurs semblables les couches inférieures du sol que la culture et les
engrais n'atteignent que difficilement, et qu'on ne peut pas
faire succéder, sans précaution, des racines de ce genre ;
mais la réciproque manque de justesse. On peut toujours
restituer les substances enlevées aux couches supérieures, les
labours y pénètrent aisément, les engrais s'y distribuent sans
peine ; il n'en est pas de même pour les couches profondes.
Ainsi les plantes à racines pivotantes ne donnent pas de bons
résultats cultivées les unes après les autres : il faudra attendre
que, par l'action lente de l'imbibition, les extraits des engrais,
les eaux chargées de matières nutritives, aient pénétré les
couches profondes ; tandis que les plantes à racines fibreuses peuvent succéder aux plantes à racines pivotantes et se
succéder à elles-mêmes avec un succès égal à celui qui avait
signalé leur première apparition.

Ainsi, toute fautive que soit la théorie de l'alternance donnée par Rozier, elle ne laisse pas de présenter un point de
vue qui n'est pas à négliger dans la pratique des assolements.

CHAPITRE VII.

Hypothèse qui prend pour base de la théorie des assolements l'action des racines sur le sol.

Les racines absorbent par leur extrémité les matières en
solution dans l'eau, sans cesse aspirée par les feuilles à la
surface desquelles a lieu une évaporation constante. Comme
on leur a attribué une action mystérieuse, appelée vitale,
qui agirait sur le sol et ses composés, et provoquerait des effets qui ne paraissaient pas pouvoir s'expliquer par les simples
actions physiques, il ne sera pas inutile d'examiner les fon-
dements de cette opinion.

Gazzeri ayant pris deux vases remplis de la même terre, y

méla, dans chacun d'eux, en même dose, des raclures d'ongles de cheval. Dans le premier, il sema des fèves, l'autre ne reçut aucune semence. Les deux pots furent exposés, dans les mêmes circonstances, à l'action des météores. Les fèves se maintinrent en bonne végétation et se chargèrent de fruits. Après la récolte, ayant examiné comparativement la terre des deux vases, il trouva que le vase qui n'avait pas porté de plante, contenait encore 13 grammes de matière animale, des 85 grammes qu'il y avait déposés; cette matière avait complétement disparu dans le vase qui avait nourri des fèves.

Taddei répéta ces expériences. Il se servit d'albumine coagulée par la noix de galle et de tournure d'ivoire. Il prit quatre vases. Le premier et le deuxième reçurent des quantités égales d'albumine mélangée avec la terre; le troisième et le quatrième furent fertilisés avec de la tournure d'ivoire. Dans les uns et les autres, la terre qui servait de base, était composée artificiellement de chaux éteinte exposée longtemps à l'air, de sable siliceux et de brique pilée. Le premier et le troisième vase furent ensemencés de cinq grains de froment; le second et le quatrième ne reçurent aucune semence. Après la récolte, les résidus des matières fécondantes du premier et du deuxième vase furent dans le rapport de 7 à 13; ceux du troisième et du quatrième de 11 à 16 (1).

Nous ne pouvons admettre ces résultats avec confiance, quant aux chiffres relatifs qui sont indiqués. Des essais que nous avons faits nous-mêmes, nous prouvent la difficulté de telles expériences. Comment a-t-on constaté la perte? quels moyens a-t-on pris pour discerner dans la masse de terre les débris restants de la matière animale? Est-ce seulement par la combustion? et alors quels soins particuliers a-t-on pris, soins qu'il fallait nous faire connaître, pour déterminer le degré de dessiccation des terres et des matières, pour qu'il

(1) *Atti della società dei georgofoli*, t. III.

fût le même avant et après l'opération ? Nous avons trop peu de temps au moment où nous reprenons cet examen pour renouveler ces tentatives avec tous les moyens de la science et surtout avec l'analyse élémentaire du sol avant et après la récolte. Mais l'on conçoit très-bien que sans avoir besoin de recourir à l'action mystérieuse des racines, il suffit de se rappeler l'aspiration répétée des plantes, provoquée par l'évaporation, pour comprendre qu'une plus grande quantité d'extrait des matières animales a été entraînée des vases où des plantes végétaient; tandis que l'eau de pluie et d'arrosement croupissait ou se desséchait dans les vases sans végétation, et qu'il ne s'élevait de sa surface que de l'eau pure, qui laissait en dépôt toutes les matières solubles. Ainsi, nous admettons parfaitement un plus grand épuisement de sucs de terrain chargé de plantes, et nous ne nions pas que les végétaux divers n'aient une plus grande force d'aspiration des sucs végétaux, force indiquée par l'intensité de leur transpiration et non par aucune qualité occulte de leurs racines.

Mais les racines ne se bornent pas à agir sur les substances réellement nutritives, on remarque aussi leurs effets sur les substances minérales. Dans les défrichements de forêts, on remarque des souches d'arbres et des racines couvertes d'une forte incrustation de chaux et d'oxyde de fer, et on a voulu les attribuer à des acides excrétés. M. Fournet a donné l'explication de ce phénomène, et nous ne pouvons mieux faire que de répéter ses paroles (1). « Ne perdons pas de vue, dit-il, que les expériences de Th. de Saussure ont démontré que les racines possèdent un pouvoir déterminé d'exclure en excès des corps dissous dans le liquide qu'elles absorbent, à moins que ces corps ne soient de véritables poisons capables de les altérer. On peut donc concevoir qu'il doit s'opérer

(1) *Annales de la Société d'agriculture de Lyon*, 1845, t. VIII, p. 412.

autour d'elles, en vertu de cette seule circonstance, une accumulation de ces corps primitivement dissous, sans qu'il soit indispensable de faire intervenir des réactifs obscurs ou incertains.

« Pour mieux faire concevoir la puissance du végétal sous ce rapport, il suffira de l'assimiler pour un moment à un paquet de fibres capillaires plongeant par le bas dans un bain convenable, tandis que les parties supérieures s'épanouissent dans l'air et subissent l'influence évaporante. De là une aspiration continuelle d'où résultera un appel, qui, amenant de proche en proche toutes les matières solubles contenues dans le bain, en amoncellera une partie autour de l'extrémité inférieure de la plante, par suite de la faculté qu'elle a d'interdire le passage à tout excès nuisible. Si donc l'aspiration est forte, ou bien si elle se prolonge un certain nombre d'années comme cela a lieu pour le chêne, et si enfin le sol contient beaucoup de sels calcaires solubles, il pourra se former des croûtes épaisses, de véritables masses pierreuses, dont on trouvera au besoin des exemples dans ces concrétions volumineuses et si bizarrement perforées, dans ces souches incrustées qui sont demeurées implantées dans le sol de quelques plateaux jurassiques des environs de Nancy, après la destruction des forêts dont elles sont le dernier vestige. Ici l'on conçoit bien que le développement de ces énormes pétrifications ait pu contribuer à stériliser le sol par la solidification de ses parties solubles et incohérentes; mais ces sortes de produits ne se rencontrent pas indifféremment dans tous les terrains. Il faut que ceux-ci soient doués d'une composition toute spéciale pour se prêter à ces développements; ils doivent contenir une assez grande proportion de diverses bases telles que la chaux, l'oxyde de fer, capables de se prêter facilement à la dissolution, puis à la précipitation. Enfin, il est nécessaire que le même végétal soit maintenu pendant des années sur le même point, afin d'y accumuler le produit de ses triages, autrement ce phénomène n'aurait pas lieu. C'est ce qui arriverait, par exemple, pour un champ qui ne porterait que des fibrilles grêles dont le mouvement annuel aurait le pouvoir de déplacer en même temps les dépôts incohérents et d'ailleurs si exigus de la période précédente; ou bien pour celui qui, étant de nature essentiellement siliceuse et sableuse, ne se prêterait pas à des actions chimiques de ce genre. »

Certes on ne peut pas mieux dire. Cependant on conçoit que ce qui se passe en grand pour les arbres doive aussi se passer pour les moindres fibrilles; que ce qui a lieu pour les solutions calcaires et ferrugineuses doive aussi exister pour les silicates solubles. La végétation tend donc sans cesse à changer, à modifier la nature physique du sol. Elle agrége, tandis que la culture désagrége; elle rapproche des substances dispersées et en fait des masses qui par leur composition chimique ne ressemblent plus aux molécules primitives du sol. Mais quand elles se passent sur une petite échelle, ces influences sont combattues par des influences d'un autre ordre. Au premier rang de ces dernières, nous devons mettre la production de l'acide carbonique par les végétaux et par leurs débris et l'énergie avec laquelle l'eau carbonatée attaque les sels calcaires, les phosphates, les silicates eux-mêmes pour les rendre solubles; sans cette influence du terreau, le sol des forêts, celui des prairies permanentes tendraient de plus en plus à un état de séparation des éléments solubles et de leur groupement à part des éléments insolubles, état qui finirait par changer les conditions de la culture. Mais dans l'état où se trouvent nos connaissances à l'égard de ces modifications, il est impossible d'entrevoir l'application que l'on en pourrait faire à la théorie des assolements.

DEUXIÈME DIVISION.

LOIS DES ASSOLEMENTS.

INTRODUCTION.

L'histoire de la pratique des assolements et celle des théories qui nous ont occupé dans la première division de ce traité nous ont déjà mis en contact avec toutes les raisons qui déterminent à alterner les récoltes, avec les circonstances qui influent sur le résultat des cultures qui se succèdent sur un même sol. La critique que nous avons faite des divers systèmes par lesquels on a voulu expliquer les phénomènes naturels que présente la culture nous a conduit à développer, à l'occasion de chacun d'eux, le peu de vérité qu'ils renfermaient et à établir les principes généraux qui régissent la matière. Il nous reste maintenant à rechercher les lois qui ressortent de l'examen de toutes les influences diverses qui agissent sur l'entreprise agricole.

Les plantes exigent pour se développer complétement un sol ameubli, net de végétaux parasites, pourvu de substances nutritives. Nous devrons considérer sous ces trois points de vue les cours de récolte que l'on peut se proposer d'essayer. Les lois que nous serons ainsi conduit à formuler seront les lois *physiologiques* des assolements.

Mais il ne faut pas se borner à considérer les convenances seules des plantes; nous devons penser à leurs rapports avec l'homme qui les élève et les cultive. Comme les plantes exigent l'emploi de forces différentes, distribuées dans différentes saisons, les assolements doivent être déterminés de manière à utiliser le plus complétement possible les forces

dont on dispose. Ces considérations nous conduisent à rechercher les lois *culturales* des assolements, qui ne peuvent
pas d'ailleurs être séparées des lois *économiques*, car il s'a-
git d'obtenir de l'entreprise agricole le plus haut produit
net possible.

En dernier lieu, les circonstances météorologiques dans
lesquelles on se trouve placé tendent à modifier profondément les cours de culture, car les phénomènes atmosphériques agissent souvent sur les récoltes de manière à déran-
ger complétement les convenances les mieux étudiées. Nous
aurons donc aussi à rechercher les lois *météorologiques* des
assolements.

CHAPITRE PREMIER.

Lois dérivant de la nécessité d'ameublir le sol.

Après avoir enlevé la récolte d'un champ, on s'occupe des
travaux nécessaires pour le disposer à donner une nouvelle production. Les cultivateurs qui conservent l'usage des jachères
intermédiaires ont tout le temps nécessaire pour les effectuer;
la plupart abusent même de cette latitude et, n'appréciant pas
assez les heureux effets de l'hiver sur une terre fortement la-
bourée, en font un pacage dans cette saison et ne commencent qu'au printemps suivant à donner les premiers labours. Mais alors même, ils ont plusieurs mois pour opérer
leurs cultures, et quand ils ont saisi les moments favorables
et opéré avec de bons instruments, la terre est très-bien
préparée ; mais la jachère ne peut être admise que dans les
pays où la rente de la terre est à bas prix et la main-d'œuvre
chère, ou sur des terrains tenaces et difficiles à ameublir ;
l'accroissement de la population, l'abondance des capitaux,
le perfectionnement des moyens mécaniques amèneront nécessairement son abolition.

Quand on intercale une demi-jachère entre une récolte et

un ensemencement, c'est-à-dire, quand on fait succéder un ensemencement fait au printemps à une récolte faite l'été précédent, on a tout l'automne et une partie de l'hiver pour préparer la terre si le terrain n'est pas humide ; et dans tous les cas, il est bien difficile que l'on ne trouve pas en six mois, le moment opportun pour faire le labour de défoncement et les travaux d'ameublissement.

Il en est tout autrement quand on veut faire succéder immédiatement un semis d'automne à une récolte faite en été ; et pour admettre cette succession de cultures, il faut bien connaître son terrain et son climat, sous peine de se préparer des mécomptes. En particulier, la négligence de cette précaution est ce qui amène tant de non-succès des blés d'hiver après la récolte des racines. S'il reste peu de temps entre la levée de la récolte et l'ensemencement, on risque de labourer les terres dans un état trop humide, de *latter* le terrain, c'est-à-dire d'y lever des tranches de terre qui se solidifient tout d'une pièce et se dessèchent, et que l'on a beaucoup de peine à émietter, ou bien qui restant humides ne peuvent être attaquées par la herse. On devra craindre que dans les années communes, les travaux d'ameublissement ne puissent pas avoir lieu convenablement, partout où, dans les mois qui s'écoulent entre la récolte et les semailles, l'évaporation ne sera pas supérieure à la quantité de pluie tombée ; alors on devra renoncer aux ensemencements de l'automne, après les récoltes qui auront lieu plus tard que le mois même où l'évaporation surpasse encore la quantité de pluie.

Prenons, par exemple, le climat de Paris. A partir du mois d'octobre où se font les récoltes de pommes de terre jusqu'à novembre où se font les semailles du blé d'hiver, nous avons :

	Octobre.	Novembre.
Pluie..........................	44$^{mill.}$	47$^{mill.}$
Évaporation...................	44	18

On n'aurait donc qu'une faible partie du mois d'octobre

pour faire les travaux après la récolte de pommes de terre.

A Londres nous avons :

	Octobre.	Novembre.
Pluie......................	71,5mill.	64,9mill.
Évaporation.................	46,2	30,0

Ici, la culture des blés d'hiver devient impossible apres les racines, si ce n'est dans les terres sableuses, légères, retenant peu l'humidité, qui sont toujours propres à être cultivées.

A Orange, où la récolte des pommes de terre tardives se fait aussi en octobre, nous avons

	Octobre.	Novembre.
Pluie......................	104,8mill.	87,5mill.
Évaporation.................	125,5	86,6

Il y a deux mois pour la préparation du sol.

Ainsi, à Paris, la culture du blé d'hiver, après les pommes de terre, est excessivement chanceuse ; à Londres, elle est impossible, sauf des cas exceptionnels ; à Orange, elle est facile. A Paris et à Londres, il faut faire succéder des blés de printemps à la pomme de terre, à la betterave, à la carotte ; et les blés d'hiver doivent être précédés d'une récolte qui se fasse en juillet au plus tard. Alors on trouve

	PARIS.					**LONDRES.**				
	Juillet.	Août.	Sept.	Octob.	Novemb.	Juillet.	Août.	Sept.	Octob.	Novemb.
	mill.	mill.	mill.	mill.	mill.	mill.	mill.	mill.	mill.	mill.
Pluie........	59,4	51,4	50,5	37,4	46,9	56,5	48,5	50,4	71,5	64,9
Évaporation....	128,6	98.4	81,2	44,0	36,1	104,4	100,6	78,0	46,2	30,0

On a donc trois mois à Paris et deux à Londres pour préparer convenablement la terre. Ainsi, à Paris, la pomme de terre peut être suivie du blé d'hiver ; et à Londres, ce blé succède au turneps qui se récolte au printemps et aux pois que l'on recueille au mois d'août.

Mais, d'un autre côté, la sécheresse oppose aux cultivateurs du midi des obstacles non moins grands que l'humidité à ceux du nord, s'ils ne peuvent, au moyen de l'irrigation, modifier le degré considérable de ténacité que le terrain peut acquérir en été. Il faut alors qu'ils attendent les premières pluies d'automne pour amollir la terre, et tous leurs travaux se trouvent accumulés sur la même époque de l'année : arrachage des racines, cultures préparatoires, ensemencement, à moins qu'ils n'aient eu l'attention de tenir leurs cultures jachères dans un état d'ameublissement complet, au moyen de binages répétés, ce qui prévient l'endurcissement du sol et permet de faire le premier labour préparatoire des semences, immédiatement après la récolte du printemps ou du commencement de l'été. Cette prolongation de sécheresse est un obstacle assez grand à la bonne réussite du blé après le blé ; la terre moissonnée étant ordinairement plus tassée encore que celle qui a porté des récoltes binées, le labour préparatoire ne se fait que tard et d'une manière défectueuse. L'incendie des chaumes laissés un peu haut modifie la surface du sol desséché, permet de pratiquer des scarifications successives avec l'araire ou le scarificateur, et permet ensuite d'attaquer la terre plus profondément avec la charrue, même avant les pluies. Dans les circonstances que nous venons de décrire c'est la pratique la plus avantageuse que l'on puisse suivre pour continuer la culture du blé après le blé.

On voit donc que pour régler d'avance un plan de culture sous le rapport de la propreté du sol, il faut avoir la connaissance exacte du nombre de jours de travail qu'il nécessitera dans chaque saison de l'année et du nombre de jours où il sera possible de travailler pendant ces saisons. Cette dernière connaissance pourrait résulter de l'examen des tableaux météorologiques ; mais il est rare qu'on les possède, et c'est plutôt par le dépouillement d'une comptabilité bien tenue qu'on y suppléera en indiquant le nombre de jours de travail par année moyenne. Nous nous occuperons plus tard de ces questions ; mais en ce qui concerne les assolements, nous nous bornons à poser cette règle :

Entre la récolte qui précède et la semaille qui la suit, il

*doit se trouver un espace de temps propre aux bonnes cultures,
suffisant pour qu'on puisse les accomplir.*

CHAPITRE II.

Lois dérivant de la nécessité de nettoyer le sol

Nous devons supposer que les plantes vivaces frutescentes
ont disparu dans les travaux de défrichement, que celles
qui pourraient encore se rencontrer sont arrachées à la pio‑
che avant les labours, et qu'enfin ce genre de plantes n'existe
plus dans une terre soumise à la culture régulière. Il y a
d'autres plantes vivaces plus difficiles à faire disparaître,
telles que le chiendent, l'avoine à chapelet, le tussilage, le
roseau, le jonc. Le chiendent et l'avoine à chapelet, dont les
racines sont rampantes, cèdent à des cultures légères, mais
répétées, faites en été ; ces cultures mettent les racines à dé‑
couvert, les exposent à l'ardeur du soleil qui les dessèche.
Le tussilage, le roseau, les joncs sont plus tenaces, parce
qu'elles ont les racines entrées très-profondément dans la
terre, qu'elles échappent ainsi à l'action de la charrue ; mais
de bonnes cultures répétées ne leur donnent pas le temps de
se développer, et elles s'affaiblissent graduellement faute d'a‑
voir une végétation aérienne suffisante ; leur persistance tient
d'ailleurs à l'état d'humidité des couches inférieures et in‑
dique la convenance de tranchées souterraines qui assainis‑
sent et dessèchent le sol. Ce n'est pas de toutes ces plantes
qu'il peut être question dans un terrain définitivement assolé.
Il s'agit ici des plantes adventices annuelles, dont les
germes transportés par les vents, ou enfouis depuis long‑
temps dans le sol, se reproduisent dans les terres les mieux
tenues, et se multiplient même au point de devenir nuisibles
si l'on ne tient pas compte de leur multiplication dans les
lois des cours de culture.

Les générations successives d'herbes adventices apparaissent chaque fois que le terrain ayant été ameubli, leurs semences amenées près de la surface par les labours, dégagées de la gangue terreuse dans laquelle elles étaient entourées par la pulvérisation des mottes, se trouvent en outre humectées par la pluie, et sous l'influence d'un degré de chaleur qui leur convient et qui est de + 12 de température moyenne, au moins pour le plus grand nombre.

De ces plantes les unes ont une végétation très-courte, fleurissent, se mettent bientôt en graine et ont plusieurs générations par année; ce sont les plus épuisantes et celles qui exigent les cultures les plus répétées pour prévenir la multiplication et la dissémination de leurs graines, et épuiser le dépôt de leurs semences dans la terre. De ce nombre sont les pavots, les crucifères, les renonculacées.

D'autres ne mûrissent qu'une fois l'an, telles sont les ombellifères, les graminées et les composées. De celles-ci les unes sont printanières, d'autres estivales, d'autres seulement automnales.

Les plantes à floraison répétée et pressée cèdent aux binages multipliés, renouvelés chaque fois que leur végétation recommence sur le sol et avant la maturité de leurs graines. C'est assez dire que les cultures des plantes semées en ligne, sont particulièrement propres à les détruire. Les fourrages qui se coupent plusieurs fois dans l'année, comme la luzerne et le trèfle, débarrassent aussi la terre de ces plantes, mais cependant d'une manière moins complète, parce que si l'on détruit celles qui poussent et si l'on prévient leur multiplication, les graines qui sont dans le sol ne sont pas sollicitées à germer par les cultures et ne manquent pas de reparaître plus tard. Cependant les fourrages à coupes multiples détruisent bien les plantes à graines ailées, comme les chardons, à mesure de leur production. Mais aussi ces fourrages permettent l'extension des plantes à tiges radiciformes, traçantes, telles que le chiendent ; et les gra-

minées vivaces se multiplient au milieu d'eux, les changent
en gazon et se substituent aux plantes légumineuses fourragères, si l'on ne les arrête par de fréquentes scarifications.

Enfin on nettoie le terrain des plantes adventices annuelles, au moyen des cultures des plantes à feuilles épaisses,
fournies, ayant de la disposition à se coucher et à feutrer pour
ainsi dire le terrain, plantes que nous appelons *étouffantes*, telles que la vesce, le pois, etc.

Les plantes qui occupent longtemps la terre, comme par
exemple les céréales quand elles se sèment à la volée, favorisent la multiplication de toutes les herbes adventices à
floraison multiple, et de toutes celles dont la maturité précède la leur. Ainsi, après une récolte de blé, la terre est
plus disposée à produire des coquelicots, des moutardes,
des sisymbres, des nielles, des ivraies, qu'elle ne l'était auparavant. Il faut donc ou se donner le moyen de les détruire à mesure qu'elles se montrent de nouveau en faisant
succéder des cultures en lignes aux cultures à la volée, ou
des fourrages à coupes fréquentes aux céréales, ou bien
enfin en multipliant les cultures entre deux céréales consécutives de manière à faire périr ces germes qui menaceraient
l'avenir des récoltes.

Les fourrages qui ne se fauchent qu'une fois, comme le
sainfoin dans le midi, les pois secs à une coupe, voient
se multiplier toutes les graminées grossières dont la maturité est la plus tardive et brave les sécheresses de l'été ;
c'est ainsi que les bromes finissent par les envahir et que
la pimprenelle y devient peu à peu l'herbe dominante. Mais
dans tous les cas que nous venons de décrire, nous pouvons
remarquer, ce que nous retrouverions au reste dans l'examen de toutes les cultures particulières, c'est que chacune
d'elles est propre à détruire une certaine classe de plantes
adventices et à en favoriser une autre, ce qui résulte évidemment des époques diverses de leur ensemencement, de
leur durée en terre, et du traitement qu'elles reçoivent. Il

s'ensuit la conséquence que rien n'est plus propre à faire disparaître les herbes adventices et à procurer un parfait nettoiement du sol que la succession des différentes cultures.

Il y a encore une attention fort importante à avoir pour assurer le complet nettoiement du terrain. Les semences des plantes que l'on veut cultiver ont besoin, pour germer, d'une température plus élevée ou moins élevée que celle de + 12° que nous avons dite être celle à laquelle poussent la plupart des herbes adventices et au-dessous de laquelle elles cessent de germer. Si la plante à cultiver exige une température élevée, il est évident qu'elle ne devra être semée en automne qu'après des labours d'ameublissement qui aient mis les herbes adventices dans la meilleure situation pour germer; qu'après que des pluies auront favorisé leur apparition et qu'on aura pu les détruire par la culture : alors la plante semée au moment de leur destruction pourra prendre l'avance, s'emparer du terrain avant qu'une nouvelle génération n'apparaisse. Ainsi la luzerne, le sainfoin semés en automne, et avant ces travaux indispensables, sont sujets à être envahis par les herbes sauvages, parce que la température suffisant à la germination de celles-ci se maintient longtemps encore, après qu'elle est devenue insuffisante pour procurer un prompt développement à la luzerne et au sainfoin; tandis qu'au printemps la température suffisant pour la germination des herbes sauvages précède celle nécessaire pour les fourrages et permet par conséquent de les détruire avant l'ensemencement de ces derniers. D'ailleurs, quand la luzerne et le sainfoin commencent à pousser, l'augmentation de la température favorise leur prompt développement et les rend bientôt maîtres du terrain.

Si au contraire la plante à cultiver germe avec une basse température, il faut retarder le semis d'automne jusqu'à ce que la température soit descendue au-dessous de + 12° pour qu'elle y croisse seule et sans mélange d'herbes adventices; au printemps il faut semer bien avant que la température moyenne parvienne à ce degré, pour que la plante cultivée soit maîtresse du terrain avant l'époque de l'apparition des autres plantes. C'est ainsi que l'on ne doit pas semer le blé en automne avant l'abaissement, et au printemps après l'élévation de la température à + 12°.

Quant aux plantes semées en lignes ou en poquets, dès que la température est suffisante pour les faire germer on n'a plus rien à consulter : les binages successifs qui peuvent se pratiquer dans les intervalles suffisent pour assurer le nettoiement du terrain.

De ces observations nous tirons cette loi : *Dans les assolements qui doivent recevoir des plantes semées à la volée, non* ÉTOUFFANTES, *on doit choisir en automne les plantes germant à une basse température pour les ensemencer seulement quand la température moyenne est devenue inférieure à* + 12°, *et au printemps avant qu'elle n'y soit parvenue ; les plantes ne germant qu'avec une température plus élevée, ne doivent être semées au printemps qu'après que la température a procuré la sortie de la végétation parasite, c'est-à-dire un peu plus tard que l'arrivée de la température moyenne à* + 12°.

Les plantes étouffantes semées de bonne heure et les plantes semées en lignes à l'époque absolue qui leur est le plus favorable, sortent de cette règle.

CHAPITRE III.

Lois dérivant de l'épuisement du sol.

Les végétaux devant trouver dans le sol, à l'état soluble, une partie considérable des éléments de leur nutrition, le cultivateur doit toujours être informé de l'état de son terrain et de l'approvisionnement de ces substances qu'il renferme, pour le comparer aux besoins des plantes qu'il veut cultiver. Cette nécessité suppose qu'il connaît la composition des plantes et celle des engrais qu'il leur applique ; qu'il a déposé les engrais en terre dans un état où ils ne perdent par l'évaporation qu'une partie des principes gazeux essentiels (1); elle suppose enfin qu'il peut se rendre un compte exact de l'état antérieur du terrain, indiqué par le chiffre des récoltes successives. Sans ces précautions on agit en aveugle, et on ne peut expliquer des succès et des revers qui ne doivent pas cependant tous être attribués machinalement aux influences atmosphériques.

Nous possédons déjà quelques analyses complètes des plantes, chaque année voit augmenter leur nombre. Mais si l'on compare la composition des mêmes espèces, nées dans des circonstances et sur des sols différents, on voit que les analyses ne donnent que des indications plutôt que des chiffres exacts. Ainsi M. Boussingault a trouvé 2,30 p. 100 d'azote dans son blé de 1838 à l'état sec, blé qui avait été cultivé dans des terres non fumées, et 3,18 p. 100 dans celles qui avaient été fumées abondamment. MM. Will et Fresenius ont trouvé des doses différentes de substances dans l'analyse des cendres de dix tabacs de Hongrie; les plantes cultivées dans les terrains salifères renferment beaucoup de soude qui se substitue à la potasse, et la masse de tous ces produits influe à son tour sur les engrais composés de leurs résidus.

(1) Voyez tome I, page 596 ; deuxième édition.

Si donc le cultivateur praticien peut prendre ces différentes analyses comme renseignements, le cultivateur éclairé voudra s'assurer par lui-même de la composition de ses plantes et de ses engrais, et en répétera souvent l'analyse.

Si l'on ne prend pas cette précaution et que l'on se borne à accepter les chiffres qui résultent des analyses connues, on trouve ici une première cause d'inexactitude dans les calculs, dont il ne faut pas sans doute exagérer l'importance, qui se corrige par les résultats des récoltes, mais que l'on aurait tort aussi de regarder comme indifférente; puisque nous voyons que dans un même lieu, elle pouvait causer une erreur de 230 à 318 ou 27 p. 100 sur le blé de M. Boussingault.

La seconde cause d'erreur, c'est l'aliquote que la plante puise en terre, qui peut laisser des doutes sur la quantité d'engrais à lui fournir. Cette aliquote varie d'une année à l'autre, selon l'influence des saisons. Nous l'avons déterminée pour le blé à 0,29 p. 100 de l'engrais soluble dans le nord de la France, et à 0,20 seulement dans le midi. Mais ces chiffres ne sont que des moyennes, qui devront être modifiées pour chaque localité par la comparaison exacte du chiffre de l'engrais et de celui de la récolte, continuée pendant plusieurs années.

Enfin, cette aliquote elle-même n'est encore donnée que pour l'azote. Or, il est tout à fait inexact de dire que la consommation des autres éléments soit dans la même proportion, et nous ne la connaissons que pour un petit nombre de plantes. Ainsi, soit le blé : si nous comparons la composition de cette plante à celle du fumier de ferme, nous trouvons qu'une masse de fumier qui dosait 8,79 kil. d'azote renfermait :

4,42. . . . . d'acide phosphorique
2,82. . . . . d'acide sulfurique
12,66. . . . . de chaux
5,30. . . . . de magnésie
11,48. . . . . d'alcalis minéraux

et que le blé avait pris sur cette masse :

k.			
2,15	d'azote..............	ou 0,29	de la quantité totale.
1,35	d'acide phosphorique..	0,30	
0,14	d'acide sulfurique.....	0,05	
1,09	de chaux............	0,09	
1,71	potasse	1,73......	0,15
0,02	soude		

Ainsi, pour ce qui concerne le blé, on pourrait être certain qu'en employant le fumier tel que celui décrit et analysé par M. Boussingault, et des plantes qui présentassent la même composition que les siennes, il resterait toujours dans le sol une quantité proportionnelle égale d'acide phosphorique et une beaucoup plus grande proportion des autres substances comparativement à l'azote absorbé, et qu'ainsi il suffirait de baser son calcul sur la déperdition de l'azote, bien sûr que les autres substances ne manqueraient pas aux récoltes futures.

Sur ce même engrais la pomme de terre aurait pris :

	k.		
Azote...........	2,63	ou 0,30 de la quantité totale de l'engrais.
Acide phosphorique	0,77	0,18	
Acide sulfurique...	0,47	0,17	
Chaux...........	0,04	0,003	
Potasse.........	3,51	0,31	

Ainsi la déperdition de la potasse marcherait du même pas que celle de l'azote pour cette plante.

Mais les engrais employés dans la culture ne sont pas toujours semblables au fumier normal de M. Boussingault que nous avons pris pour exemple. On peut même dire qu'ils diffèrent tous les uns des autres, selon le genre de nourriture que reçoivent les animaux qui les produisent. Cela nous conduit donc à recommander aux agriculteurs instruits, l'analyse réitérée des plantes de leur culture, et celle de leurs engrais. Ce n'est que par ce moyen qu'ils pourront

tenir la balance exacte entre leur production et leur consommation.

Cette analyse qui consiste dans le dosage de l'azote, et l'incinération et l'analyse des cendres, exige, il est vrai, des opérations de laboratoire qui ne sont pas à la portée du plus
grand nombre des cultivateurs.

Pour ceux qui ne pourraient pas ou ne voudraient pas se
livrer à ce travail, nous allons donner les moyens approxi-
matifs d'y suppléer.

C'est d'abord, pour la composition des plantes, d'admettre
les analyses qui ont été faites par d'habiles chimistes et dont
nous allons présenter un tableau qui les résume d'une manière suffisamment claire.

Si on compare entre elles les analyses d'une même plante
faites par plusieurs mains et en différents lieux, on trouve
des différences qui tiennent à l'influence du sol et des engrais; cependant, elles ne sont jamais assez grandes pour
changer l'ordre d'importance des éléments essentiels. Ainsi,
dans cinq analyses de la graine de fève de marais, différents
expérimentateurs ont trouvé :

Auteurs des analyses.	Acides		Chlore.	Alcalis.	Chaux.	Silice.
	sulfurique.	phosphorique.				
1 De Saussure...	«	18,90	«	25,00	«	«
2 Du même.....	1,34	37,94	1,51	39,88	7,26	2,46
3 Bichon........	1,66	25,67	0,75	47,14	5,33	0,51
4 Boussingault...	«	39,11	«	45,46	4,72	0,47
5 Buchner......	2,28	35,47	«	42,78	5,38	1,48

Dans les résultats de chacune de ces analyses, on voit
prédominer les alcalis et l'acide phosphorique, sauf les variations de dose provenant, comme nous l'avons dit, de circonstances probablement locales.

Cette observation faite, on comprendra dans quelles limites d'approximation seront renfermés tous les calculs, toutes
les spéculations qu'il sera possible d'établir sur les chiffres
contenus dans le tableau suivant.

TABLEAU de la composition des plantes par 100 de la plante sèche

NOMS DES PLANTES.	Alcalis.	Chaux.	ACIDES			Azote.	AUTEURS DES ANALYSES.
			sulfurique.	phosphorique.	silicique.		
Froment, graine.......	0,72	0,07	0,02	1,14	0,05	2,29	Boussingault.
— paille....	0,66	0,59	0,07	0,22	5,71	0,35	Id.
Seigle, graine.........	0,88	0,07	0,05	1,123	0,02	1,69	Bichon.
— paille.	0,62	0,30	0,01	0,006	2,35	0,30	Fresenius.
Orge, graine	0,84	0,14	0,01	1,667	0,09	2,02	De Saussure.
— paille...........	0,40	0,12	«	0,167	2,39	0,30	Id.
Avoine, graine........	0,51	0,15	0,04	0,592	0,21	2,24	Boussingault.
— paille........	0,14	0,37	«	0,029	2,76	0,58	Id.
Maïs, graine...........	0,538	0,141	«	0,551	0,088	2,00	Boussingault
— paille et tiges ...	0,27	«	«	0,208	0,900	0,24	Id.
Millet, graine.........	0,26	0,20	0,07	0,437	0'014	2,00	Potek.
Haricots, graine.	1,59	0,18	0,07	0,984	0,014	4,30	Levy.
Fèves, graine..........	1,29	0,23	0,04	1,214	0,078	5,50	Bichon.
— paille...........	1,06	0,24	«	0,176	0,956	2,51	Id.
Pois, graine..........	1,43	0,08	0,15	1,595	0,019	4,18	Id.
— paille.	5,43	2,17	0,74	0,045	0,779	2,31	Erdurum.
Lentilles..............	4,02	0,52	«	3,024	0,111	4,40	Levy.
Pommes de terre sèches.	2,00	0,771	0,270	0,440	0,220	1,50	Boussingault.
Pommes de terre nervales avec 0,75 d'eau.	0,58	0,02	0,064	0,105	0,052	0,36	Id.
— fanes sèches....	0,57	4,62	«	0,089	5,306	2,50	Id.
— fanes fraîches...	0,14	1,10	«	0,021	1,273	0,55	Hartwig.
Betteraves sèches.......	2,54	0,20	0,153	0,149	0,520	1,66	Elti.
— fraîches.....	0,31	0,02	0,018	0,018	0,063	0,21	Id.
Topinambour sec.......	2,64	0,15	0,064	0,013	0,772	1,57	Boussingault.
— frais. ,...	0,55	0,05	0,013	0,003	0,162	0,53	Id
Navets, racines fraîches.	5,28	1,52	1,520	0,805	0,890	1,68	Id.
— feuilles sèches..	3,16	2,55	«	0 118	0,614	5,70	Id.
Navets, racines fraîches.	0,04	0,001	«	0,006	0,007	0,15	Id.
Colza, graines........	1,14	0,586	0,241	2,086	0,306	5,685	Rumlsberg.
— paille sèche.....	1,456	1,044	0,396	0,248	0,044	0,550	Id.
Madia, graines........	0,942	0,551	«	2,496	«	«	Buchner.
Garance d'Alsace, racine.	1,567	1,200	0,128	0,018	0,058	1,55	Kœchlin.
Garance de Zélande.....	1,165	0 650	0,114	0,672	0,655	«	Id.
Chanvre, tiges.........	0,570	1,900	0,050	0,150	0,500	1,74	Kane.
Lin, tiges.............	0,980	0,610	0,150	0,540	1,070	0,56	Id.
Fève de pré de Becbelin.	1,058	1,224	0,144	0,318	2,002	1,54	Boussy.
Luzerne..............	1,733	1,996	0,107	1,702	0,070	2,55	Buchner.
Trèfle...............	2,102	1,909	0,154	0,488	0,411	2,06	Boussy.
Sainfoin..............	2,167	2,482	0,154	2,006	0,088	1,60	Id.

Supposons maintenant que nous ayons à déterminer approximativement les éléments contenus dans le fumier d'une ferme qui a nourri, pendant les trois mois de la confection de ces engrais, douze bœufs, vingt vaches à lait, huit chevaux, lesquels ont reçu la nourriture suivante, dosant comme on le voit dans le tableau suivant :

Douze bœufs ont reçu :

	k.	Alcalis. k.	Chaux. k.	Acides sulfurique.	phosphorique.	silicique.	Azote.
2160 luzerne, donnant à l'état sec. 1814 dosant :		31,527	36,207	1,941	30,874	1,970	42,62
6480 de foin.	5514	55,159	65,045	7,652	16,898	106,586	71,24
10800 pommes de terre.	2592	31,840	19,984	6,998	11,405	5,702	56,88
6480 paille.	5508	36,355	32,497	5,856	12,118	204,347	19,48
	15228	174,879	153,751	20,447	74,295	317,705	171,89

Vingt vaches à lait ont reçu :

	k.	Alcalis. k.	Chaux. k.	Acides sulfurique.	phosphorique.	silicique.	Azote.
13140 foin réduit à l'état sec.	11169	115,934	136,708	16,083	35,517	223,605	149,66
12000 pommes de terre.	2880	57,600	22,205	7,776	12,672	6,556	45,20
12000 topinambour.	3000	79,200	3,900	1,920	3,900	23,160	47,10
12000 betterave.	2760	70,404	3,520	4,928	4,022	14,352	45,35
	19809	322,858	168,333	30,007	56,111	267,451	285,29

Huit chevaux ont reçu :

	k.	Alcalis. k.	Chaux. k.	Acides sulfurique.	phosphorique.	silicique.	Azote.
7200 foin réduit à l'état sec.	6462	67,075	79,094	9,305	20,549	129,549	86,59
1800 paille.	1512	11,880	10,620	1,260	3,960	66,780	6,56
2367 avoine.	2075	10,575	3,109	0,829	12,376	4,353	46,45
	9847	89,528	92,825	11,394	36,885	200,682	139,58

	k.						
TOTAL GÉNÉRAL.	44884	587,245	414,887	61,850	164,291	785,838	594,36

Une simple addition devrait nous donner maintenant les principaux éléments du fumier, si les animaux restituaient entièrement dans les déjections les éléments des fourrages qu'ils ont consommés; mais l'expérience, d'accord avec la théorie, nous prouve qu'il y a plusieurs déductions à faire avant d'obtenir un résultat définitif.

D'abord, quant au poids des matières consommées réduites à l'état sec, l'animal restant constamment dans l'étable, une grande partie du carbone se change en acide carbonique dans l'acte de la respiration. L'oxygène et l'hydrogène se combinent aussi en partie pour former de l'eau; et l'expérience a montré que, pour le cheval, on ne retrouve dans les excréments *secs* que les 0,544 du poids des aliments secs. Chez les vaches, les aliments secs se réduisent à 0,417 de fumier sec (1).

Quant aux éléments de l'engrais, il faudra : 1o les réduire aussi dans la même proportion que le précédent; mais, en outre, on retranchera 0,17 de l'azote pour les chevaux et 0,13 pour les vaches (2), perdus par la transpiration et autres déperditions cutanées. Nous supposons, sans en avoir la preuve expérimentale, que la déperdition des éléments fixes est dans le même rapport.

2o Les excrétions ne sont pas entièrement proportionnelles au temps pendant le travail et pendant le repos à l'écurie; cependant, si le travail est long, on peut admettre, sans grande erreur, que les excrétions sont proportionnelles au temps. Il y aura donc à déduire encore du total des fourrages, restant après la première réduction, une quantité en rapport avec le temps de travail, ou de l'absence de l'étable.

3o Pour chaque 100 kil. d'excédant du poids acquis pour

(1) Boussingault, tome II, page 555.
(2) Boussingault, tome II, pages 555 et 556.

les animaux, on retranchera 1,0 d'acide phosphorique, 5,0 de chaux, 1,3 d'alcalis (1) et 3,64 d'azote (2).

4° 100 kil. de laine lavée des toisons entraînent une réduction de 17,71 kil. d'azote.

5° La production de 100 litres de lait donnera lieu à une soustraction de 0,087 kil. d'alcali; 0,137 d'acide phosphorique et 0,57 d'azote.

6° Celle de 100 kil. d'œufs (2,000 œufs de poule environ) exigera encore une réduction de 99, 1 kil. d'azote.

Ce n'est qu'après avoir opéré ces rectifications que l'on possédera la véritable situation, et que l'on obtiendra un tel degré d'exactitude, qu'après les avoir faites sur les résultats d'une grande exploitation donnés en détail dans les comptes de Grignon (3), nous sommes arrivés exactement aux poids donnés pour ces comptes, et au dosage donné par l'analyse.

Appliquons ces principes à l'exemple ci-dessus : le poids des engrais secs sera réduit, pour les chevaux et les bœufs qui ont travaillé pendant 400 heures, sur les 2160 heures dont se compose le trimestre, qui sera les 0,185 du temps, d'abord aux 0,544, et ensuite aux 0,185 de cette dernière quantité ou aux 0,443 de la quantité totale.

Le poids pour les vaches sera réduit aux 0,417 de leurs aliments.

Nous avons donc, pour le poids de l'engrais réduit :

	k.
Bœufs.....................	12,440,82
Chevaux	8,025,30
Vaches..................	8,260,03
Fumier sec.........	28,696,15

Leurs éléments seront réduits pour les bœufs et les chevaux de 0,17 ou resteront les 0,83 de ce qu'ils étaient; si

(1) Boussingault, tome II, page 419.
(2) Boussingault, tome II, page 627.
(3) *Annales de Grignon*, 9ᵉ liv., pages 46 et suiv.

on en retranche en outre les 0,185 perdus dans leur travail, ils deviendront les 0,645 des éléments des fourrages.
Pour les vaches, nous retranchons 0,13 des éléments de l'engrais, ce qui revient à dire qu'ils seront réduits aux 0,87 ;
mais de plus, nous retranchons pour la production de
10,595 litres de lait, 9,218 kil. d'alcali, 14,515 d'acide
phosphorique, et 60,39 kil. d'azote. Ces comptes deviendront
alors ce qui suit :

			Acides			
Poids du fourrage sec.	Alcalis.	Chaux.	sulfur.	phosph.	silicique.	Azote.
k.	k.	k.	k.	k.	k.	k.
Bœufs.. 12,410,82	112,796	99,136	13,189	45,985	204,919	110,869
Chevaux 8,025,30	57,746	59,870	7,349	23,790	129,439	89,900
Vaches . 8,260,03	271,651	146,499	26,106	34,301	232,682	186,070
28,696,15	442,193	305,505	46,644	104,076	567,040	386,839

Ainsi le fumier sec dosera $\dfrac{386,839}{28696,150} = 1,48$ p. 100 d'azote,

ou bien :

Avec 0,80 d'eau comme le fumier normal de M. Boussingault. . 0,27
Avec 0,67 d'eau comme le fumier de Grignon. 0,445
Avec 0,6058 d'eau comme dans le fumier des analyses du Midi. . 0,53

Pour 100 de ces engrais nous avons :

		Acides			
Alcalis.	Chaux.	sulfurique.	phosphorique.	silicique.	Azote.
1,540	1,063	0,163	0,363	1,975	1,348

On voit, par cet exemple, l'énorme perte des éléments de
l'engrais occasionnée par l'absence des animaux de l'écurie
et par la production du lait. Si, avant d'avoir fait l'analyse
de l'engrais ou avant d'avoir effectué le calcul ci-dessus, on
avait cru pouvoir prendre le fumier normal de M. Boussingault pour base de calculs agronométriques, l'erreur aurait
été grande, puisqu'au lieu d'un dosage de 0,60 p. 100, nous
n'en trouvons plus qu'un de 0,27. On aurait accusé ces calculs d'erreurs tandis qu'il n'aurait fallu nous en prendre
qu'à notre négligence.

Nous trouvant, maintenant, en possession du fumier

décrit ci-dessus, supposons que nous voulions i appliquer à la production de 3,000 kil. de blé. Pour obtenir cette récolte il faudrait les éléments suivants :

A l'état normal k.	à l'état sec k.	Alcalis. k.	Chaux. k.	sulf. k.	phosph. k.	silicique k.	Azote k.
Grain... 3000	2685	19,332	1,879	0,537	30,609	0,805	61,486
Paille... 6810	4511	29,772	22,104	3,158	9,924	167,358	15,788
		49,104	23,983	3,695	40,533	168,163	77,274

(colonne "Acides" regroupe sulf., phosph., silicique)

Nous supposons le terrain dans un état de fertilité équilibré, tellement qu'il suffira de l'entretenir et de lui rendre pour chaque récolte ce qu'elle lui fait perdre ; pour obtenir 77,274 k. d'azote de notre engrais, il faut en employer 5732,5 k. ; ce qui nous donne les éléments suivants :

	Alcalis.	Chaux.	sulf.	phosph.	silicique.	Azote
	88,273	60,931	9,343	20,807	113,207	77,267
Différence avec le dosage de la récolte exigée.	+39,069	+36,948	+5,648	—19,726	— 54,956	— 0,007

(colonne "Acides" regroupe sulf., phosph., silicique)

Cette fumure présente un excédant pour les alcalis, la chaux, l'acide sulfurique ; et un déficit pour les acides phosphorique et silicique. Ce sont de pareils déficit qui, quand ils sont répétés au point que le terrain lui-même est épuisé de certaines substances, causent des insuccès certains qui font condamner comme infertiles des terres qui produiraient abondamment si on leur restituait les éléments qui leur manquent. C'est ainsi que s'expliquent aussi les récoltes opulentes que produisent les terres quand on leur fait ces restitutions ; quand, par exemple, au moyen de noir animal, on leur donne, dans un état facilement soluble, les phosphates qui faisaient défaut.

Nous avons déjà indiqué comme un moyen de mettre les phosphates solubles à la disposition des plantes, celui de faire dissoudre les os dans une eau chargée d'acide carbonique, et on dispose d'une grande quantité de ce gaz dans les pays vignobles, au moment de la fermentation du vin. On arrose les fumiers avec cette dissolution. On peut aussi se procurer du phosphate de potasse et du biphosphate de chaux en traitant 12 parties d'os calcinés et pulvérisés par neuf parties d'acide sulfurique; on ajoute de l'eau après l'action de l'acide; au bout de deux ou trois jours, on passe au travers d'une toile sur laquelle reste le sulfate de chaux, on sature la liqueur avec du carbonate de potasse jusqu'à ce qu'elle donne une réaction légèrement alcaline. On arrose le fumier avec cette liqueur, ou bien on la fait évaporer, on dessèche et on répand le résidu sec et pulvérisé sur le sol.

Quant à la silice soluble, principe essentiel et qui manque à un grand nombre de terrains, on l'obtient soit en grillant des roches feldspathiques, soit en la fabriquant de toutes pièces. On forme un silicate de potasse à forte proportion d'alcali, et pour cela on fond 15 parties de sable quartzeux, 10 parties de potasse du commerce et 2 de charbon; il faudrait ici 91,7 kil. de ce verre soluble pour obtenir les 55 kil. de silice soluble qui nous manquent. Dès que les bonnes méthodes de manipulation des engrais se répandront, ces substances supplémentaires seront produites facilement et à bon marché par les fabriques de produits chimiques ou par des usines spéciales.

Comme nous l'avons vu, le fumier obtenu dans les fermes d'animaux travailleurs, ou paissant au dehors, ou de femelles produisant du lait, de bestiaux s'accroissant en poids, et donnant de la laine, ne reproduit jamais, ni en poids, ni en substances élémentaires, les aliments qui leur ont été consacrés. Dans l'exemple que nous avons choisi, on a vu combien l'engrais obtenu était loin de valoir même le fumier normal de M. Boussingault. Il est bien important de ne se faire aucune illusion à cet égard, car on la payerait par la perte d'une partie des récoltes sur lesquelles on aurait compté, soit en partant d'un type convenu, comme celui du fumier normal, soit en se fiant sur la masse et le volume des aliments consommés. L'analyse offre le moyen le plus certain de dissiper tous les doutes; mais à son défaut il ne faut pas manquer au moins de s'éclairer au moyen des calculs dont nous venons d'offrir le modèle. Les opérations agricoles y gagneront un degré de certitude dont sont bien éloignés les cultivateurs routiniers qui calculent par voitures de fumier et leur supposent à toutes une valeur identique. C'est le plus souvent assimiler un sac de billon à un sac d'écus. Nous le répétons encore, pour ceux qui sont dans l'erreur, l'agriculture, comme toutes les industries, est une science de faits exacts qui doivent tous être soumis au calcul. Celui qui le dédaigne commence par douter de la science et finit par renoncer à l'art qui le trompe.

Après avoir calculé la dose et la nature des engrais à employer dans chaque culture que l'on a l'intention de faire, il faut aussi calculer l'assolement entier de manière à ce que l'on puisse toujours fournir aux différentes soles, le maximum de la quantité qu'elles en peuvent consommer. C'est à cette condition que la culture donne tout ce que l'on peut en attendre. Il vaudrait mieux cultiver des végétaux dont les produits seraient moins riches, et les cultiver dans ces conditions, que d'avoir des récoltes chétives de végétaux recherchés, avec des travaux qui sont tout aussi coûteux que si la terre était assez féconde pour porter une entière récolte. On se procure ces engrais ou par l'importation, ou par la consommation des produits qui entrent dans l'assolement. Quand on peut acheter des engrais à des prix convenables, l'assolement est entièrement libre sous le rapport de la nutrition des plantes; mais dans le plus grand nombre des situations, la position topographique, les frais de transport, et la concurrence des acheteurs d'engrais obligent à ne se servir que de ceux que l'on fabrique soi-même.

On remarquera que beaucoup de cultures ne restituent qu'une faible partie de l'engrais qu'elles ont emprunté au sol, parce que l'on vend leurs produits principaux ; que d'ailleurs elles n'empruntent pas toutes des principes fertilisants à l'atmosphère ; et qu'enfin dans la consommation elle-même, une partie de ces principes disparaissent, soit par leur assimilation avec les animaux qui les consomment, soit par la respiration. On en conclut donc que si l'on ne fait pas intervenir dans les assolements une part considérable de plantes améliorantes, de celles qui savent soutirer une large dose de principes atmosphériques suffisante pour compenser les pertes, l'équilibre ne pourrait être conservé entre les principes fertilisants soustraits, et ceux rendus au sol.

Ainsi, pour continuer sans relâche et avec tous ses avantages l'ancien assolement des Romains, conservé dans le Midi : 1° jachère, 2° blé, nous trouvons que si depuis longtemps les récoltes moyennes se soutiennent à 720 k. de blé (9 hectolitres), ce produit en grain avec sa paille dosant 18,36 k. d'azote et le blé ne prenant qu'une aliquote de 0,20, la fertilité du champ est représentée par $\dfrac{18,36}{0,20} = 91,8$k. d'azote. Pour faire produire au champ 3000 k. de blé dosant 76,5 k., il faut qu'il possède une richesse initiale de $\dfrac{2,55^1 \times 30}{0,20} = 381$ k.

d'azote ; c'est une première mise nécessaire et qui sera entretenue par l'addition bisannuelle de 76,50 k. d'azote dont 18,86 k. fournis par la jachère. Il reste donc à se procurer, tous les deux ans, des engrais dosant 57,65 k. d'azote. Au prix actuel des engrais dans le Midi, la première avance de 381 k. d'azote s'élève à 617 fr. par hectare. Elle est ordinaire parmi nos paysans opulents du Midi, qui achètent des terrains en mauvais état. Nous avons vu un d'entre eux, possesseur d'une somme de 6,000 fr., acheter un hectare de terre pour 3,000 fr., et refuser d'acheter l'hectare voisin,

(1) Dosage de 100 kil. de blé avec sa paille.

parce que, disait-il, il lui fallait pour 3,000 fr. d'engrais
afin de porter celui qu'il achèterait au degré de fertilité
convenable pour y établir ses cultures jardinières. Une
somme beaucoup moindre aurait été nécessaire s'il n'avait
eu dessein que d'y continuer la culture du blé. Voyons
maintenant ce qui se passerait à l'égard de l'assolement une
fois établi. Il nous faut chaque année 57,65 k. d'azote; les
pailles en restituent 20,7 k., et il reste à combler un déficit
de 36,95 k. Il ne peut l'être qu'au moyen de clos extérieurs
de prairies, qui après avoir pourvu à leur propre entretien
en engrais, puissent fournir cet excédant, ou un engrais dosant 18,47 k. d'azote par an. Soit une prairie sèche donnant
6000 k. de foin, laissant disponible après prélèvement fait
de son propre engrais 0,90 k. d'azote pour 100 k. de foin ;
il nous faudra $\dfrac{18,47}{0,90} = 2052$ k. de foin ou environ un tiers
d'hectare de prairie par hectare de terrain en culture, si
l'on veut pousser le blé à son maximum de produit.

Si nous appliquons le même calcul à l'assolement triennal, nous trouvons que la production devra être :

		Produisant.	Dosant.	Restituant.
1re année.	Jachère.	0	0	18,86
2e année.	Blé.	3000	76,50	20,70
5e année.	Avoine.	2948	70,75	18,57
			147,25	58,13
	Reste à fournir...........			89,12 d'azote.

Ainsi, il faudrait chaque année le tiers de 89,12 ou
29,70 k. d'azote, ou $\dfrac{2970}{6000} = 0,49$ hectare de prairies produisant 6000 k. de foin pour entretenir cet assolement en
supposant que le grain de l'avoine ne fût pas consommé par
la ferme.

Si nous n'avons pas recours aux clos séparés et qu'il faille
pourvoir à la fertilisation des terres au moyen des terres

arables elles-mêmes, nous sommes obligés d'introduire des plantes améliorantes dans la culture; c'est ce qu'a cherché à faire l'assolement quadriennal anglais :

	Produisant.	Dosant.	Restituant.
1. Navets consommés sur place.	64,000 kil.	153,60	230,40
2. Orge....................	2,525	54,07	17,87
3. Trèfle................	6,000	92,40	158,40
4. Blé...................	3,000	76,50	20,70
		376,50	477,37

Si l'on considère les pertes que peuvent éprouver les engrais, on verra que cet assolement a fait le poids de ses engrais.

L'assolement de Nimes nous donne les résultats suivants, en supposant la luzerne consommée dans la ferme :

	Produisant.	Dosant.	Restituant.
5. Luzerne......	64,000 kil.	1266 k. d'azote	1996 k. d'azote.
3. Blé.........	9,000	229	53
2. Sainfoin......	15,000	202	367
2. Blé.........	6,000	153	41
		1850	2457

Il y a ici production d'une quantité excédante d'engrais qui est employée aux vignobles.

L'assolement d'Orange présente les résultats suivants :

	Produisant.	Dosant.	Restituant.
5 hect. Garance...	3,000 kil.	66 k. d'azote	29 k. d'azote
1 hect. Blé......	3,000	77	17
4 hect. Luzerne..	48,000	950	1497
2 hect. Blé......	6,000	153	41
2 hect. Avoine...	5,896	141	37
		1387	1621

Cet assolement se suffit donc pleinement et fait faire des progrès notables à la fertilité du terrain.

L'assolement d'Anvers, dans lequel les pommes de terre sont vendues et non consommées dans la ferme, donne :

		Produisant.	Dosant.	Restituant.
1 hect.	Pommes de terre.	29,000 kil.	242 k. d'azote	38 k. d'azote
1 hect.	Seigle.........	2,592	66	15
	Navets.........	30,000	72	108
1 hect.	Avoine.........	2,948	71	19
1 hect.	Trèfle.........	9,142	141	241
1 hect.	Blé...........	3,000	76	20
	Navets.........	30,000	72	108
			740	519

Cet assolement ne pourrait se soutenir sans une importation d'engrais.

Les considérations que nous venons de présenter nous conduisent donc à poser ces principes :

Les terrains devant être toujours pourvus du degré de fertilité nécessaire pour pouvoir obtenir les produits maxima de chaque récolte ; si l'on peut importer à des prix avantageux les engrais nécessaires, la culture peut être libre sous le rapport des engrais, et on doit chercher seulement à y intercaler les plantes qui puissent donner les produits nets les plus avantageux.

Quand l'exploitation doit fournir les engrais qui lui sont nécessaires, il faut considérer si en raison des qualités différentes des terres, de la facilité plus grande des uns et des autres à produire des fourrages ou d'autres produits, il y a lieu de séparer la production fourragère de la production des récoltes épuisantes ; l'étendue de la première doit être réglée sur les besoins de la seconde.

Quand les qualités identiques des terres ne portent pas à faire cette séparation, l'assolement doit être combiné de manière à ce que la reproduction des engrais soit égale à leur consommation.

Le tableau suivant servira à établir les calculs provisoires sur la consommation d'engrais et la restitution qu'en font les plantes, ainsi que nous l'avons fait dans tout ce chapitre.

TABLEAU des engrais.

Nota. Les chiffres du dosage des plantes sont pris aux sources que nous avons indiquées dans le cours de cet ouvrage. Toutes les fois que l'on fera soi-même les analyses des produits et des engrais, on substituera leurs chiffres aux moyennes que nous indiquons. Ceux des restitutions devront être diminués d'un cinquième quand il s'agira des plantes consommées par les bestiaux, l'expérience montrant que les fumiers ne contiennent que 0,80 de l'azote des fourrages, en supposant même qu'ils soient parfaitement recueillis.

NOMS des PLANTES CULTIVÉES. (100 kil. du produit à l'état normal.)	DOSAGE des PRODUITS.	Aliquote de l'engrais pris par les plantes.	Engrais à fournir.	Engrais restant.	Restitution des pailles.	Restitution atmosphérique.
			k.	k.		
Blé.	1,96					
227 kil. paille	0,59	2,55	0,29	8,79	6,24	0,59
Epeautré.	1,65					
111 kil. paille	0,29	1,94	0,40	4,85	2,91	0,29
Seigle.	1,96					
222 kil. paille	0,58	2,54	0,55	7,26	4,72	0,58
Orge, pris frais.	1,76					
122 kil. paille	0,30	2,06	0,55	5,88	3,82	9,30
Orge d'hiver.	1,76					
186 kil. paille	0,56	2,52	0,56	4,14	1,82	0,56
Avoine.	1,77					
162 kil. paille	0,63	2,40	0,53	4,53	2,13	0,63
Sarrasin.	2,10					
72,4 fanes sèches	0,55	2,45	0,36	6,80	4,35	0,36
Riz.	1,20					
150 kil. paille.	0,31	1,51	0,29	5,20	3,69	0,51
Millet.	1,77					
235 kil. paille.	1,81	3,58	0,01	5,87	2,29	1,81
Maïs.	1,64					
206 kil. tiges.	0,39	2,03	0,57	5,50	3,47	0,59
Sorgho.	1,77					
158 kil. tiges	0,26	2,55	0,61?	4,18	1,63	0,52
576 kil. de tiges basses.	0,52					
Haricots.	5,91					
100 kil. paille.	1,10	5,01	0,07	7,48	2,47	1,10
Fèves.	5,02					
100 kil. paille.	2,03	7,05	5,72*	1,89	?	2,03
Pois.	5,82					
350 kil. paille.	7,38	11,20	5,22	2,14	?	7,58
Vesces.	4,37					
280 kil. paille.	2,88	7,25	4,50	1,68	?	2,88
Lentilles.	4,00					
140 kil. paille.	1,41	3,41	?	?	?	?
Pommes de terre.	0,56					
25 kil. fanes.	0,13	0,49	0,46	107	0,38	0,13
Patates.	0,20					
100 kil. de tiges.	0,76	0,96	0,39	2,46	0,50	0,70
Topinambours.	0,35					
96 kil. feuilles et tiges.	0,37	0,70	1,46	4,70	?	0,37

Restitution atmosphérique (colonne) : Sarrasin 1,21 ; Fèves 6,50 ; Pois 8,50 ; Vesces 6,00 ; Topinambours 0,22.

* Les aliquotes des plantes améliorantes dépassent naturellement 1, puisqu'elles puisent une partie de leurs éléments dans l'atmosphère.

TABLEAU des engrais.

NOMS des PLANTES CULTIVÉES. 100 kil. do produit à l'état normal.	DOSAGE des PRODUITS.	Aliquote de l'engrais pris par les plantes.	Engrais à fourair.	Engrais restant.	Restitution des pailles.	Restitution atmospherique.
			k.	k.		
Betteraves.............	0,21 0,45	0,66	0,33	2,00	1,54	0,45	
100 kil. feuilles........							
Carottes	0,30 0,29	0,59	0,40	1,47	0,88	0,59	
35 kil. fanes vertes......							
Navets................	0,13 0,11	0,24	1,20	0,20	0,04	0,24	0,12
40 kil. de feuilles.......							
Rutabaga..............	0,17 0,19	0,36	0,67	0,52	0,16	0,36	0,06
68 kil. feuilles..........							
Chou.................	0,28	0,28	0,54	0,37	0,09	0,28	0,06
Colza.................	3,31 0,82	4,13	0,56	11,48	7,33	0,82	
165 kil. paille...........							
Pavot.................	3,05 1,26	4,31	0,27	15,96	11,65	1,20	
256 kil. tiges...........							
Madia................	3,69 1,68	5,37	0,44	12,19	6,85	1,68	
318 kil. tiges							
Ricin.................	2,03 4,00	6,03	0,50?	12,06	6,03	4,00	
1512 kil. feuilles et tiges..							
Courges	0,20 0,38	6,58	0,38	1,52	0,85	0,38	0,20
50 kil. fanes...........							
Oignon...............	1.18	1,18	0,60	1,97	0,79	?	
Safran (p. de)2736 k. bul.	32,83	32,83	0,12?	273,58	240,75	?	
Cardène, 100 k. de......	6,60	6,60	0,50	19,80	17,20	5,00	
Houblon commun......	8,82 1,91	10,75	0,70?	22,51	11,58	1,91	
737 kil. feuilles et tiges...							
Carthame.............	5,00 0,40	5,40	0,61	8,51	3,14	0,40	
100 kil. tiges...........							
Garance, racines.......	1,23 0,99	2,22	0,175	12,08	10,46	0,99	
150 kil. tiges...........							
Persicaire, 100 kil. feuilles fraiches ou 0,75 k. d'ind.	0,54	0,54	0,29	1,86	1,32	0,54	
Maurelle, 100 kil. chiffous.	6,40	6,40	0,50	12,80	6,49	6,40	
Pastel...............	0,54	0,54	0,80	5,00	3,00	0,00	
Gaude, 100 k. tiges sèches.	2,00	2,00	0,40	14,66	9,38	2,28	
Tabac, 100 kil. feuilles...	3,00	5,28	0,36	97,97	34,59	26,85	»
100 kil. tiges et racines...	2,28					31,00	
Chanvre, 100 k. de filasse.	0,00						
Extrait perdu dans le rouloir..................	32,58	63,58	0,70	8,42	7,30	0,56	
Feuilles..............	31,00						
Lin, 100 kil. tiges......	0,56	1,12	1,33	8,42	7,30	1,15	1,00
Sourceau 0 kil., 094....	0,56						
Prairies pérennes mélangées de ligneuses.....	1,15	1,15	1,61	1,29	1,12	1,97	1,14
Luzerne...............	1,97	1,97	1,53	1,29	»	1,54	1,10
Trèfle.	1,54	1,54	1,15	1,20	»	1,10	1,10
Trèfle incarnat.........	1,15	1,15	1,50	0,59	»	1,35	0,54
Sainfoin..............	1,33	1,33	1,67	0,78	»	1,14	0,51
Vesces...............	1,14	1,14	1,45	0,89	»	1,17	
Spergules.............	1,17	1,17	1,32	3,03	2,05	0,36	
Ivraie vivace..........	0,98	0,98	0,29	4,55	3,17	1,98	
Seigle, fourrage........	1,36	1,36	0,50	3,00	1,50	1,50	
Moha................	1,50	1,97	0 50	1,54	0,67	0,67	
Maïs, fourrage....... ...	0,67	5,00	0,50	0,67	0,13	5,40	

CHAPITRE IV.

De l'aliquote des plantes fourragères.

Dans le livre de la phytologie agricole, nous avons porté au compte de chaque plante sa consommation en engrais ; mais nous n'avons indiqué que d'une manière générale la quantité d'engrais dont le terrain devait être approvisionné, en faisant sentir seulement que le succès dépendait de son abondance.

Dans la culture des plantes fourragères, nous ne sommes pas enchaînés, aussi étroitement que dans celle des plantes qui doivent porter des graines, par la crainte de voir la végétation foliacée faire avorter, par son luxe et sa prolongation, la fructification des plantes.

Cependant, il est aussi un point, où l'herbe étant fournie, les tiges restent molles et le fourrage verse et pourrit quelquefois par le pied, si on ne le coupe pas avant sa maturité. Ce point est subordonné à l'espèce des fourrages et au climat dans lequel on les cultive. Dans le Midi, nous ne craignons pas des coupes de 9,000 kil., par hectare de nos prairies naturelles. A Lille, M. Kuhlmann paraît déjà redouter celles de 6,500 kil. (1).

Quand on sème du trèfle, des vesces, du seigle ou maïs fourrage, il ne faudrait pas se contenter de leur appliquer un engrais égal à celui que ces plantes consommeraient, et qui suffirait si l'on ne voulait obtenir que des graines ; il faut l'excéder beaucoup pour obtenir le maximum de la production fourragère. Mais, ici encore, nous trouvons une limite, c'est celle des besoins des récoltes qui doivent suivre ; et si c'étaient des céréales, on risquerait, en effet, de dépasser le terme auquel on doit en attendre un produit considérable et assuré.

(1) *Expériences chimiques*, pag. 59 et 61.

Les plantes fourragères à racines profondes ne présentent pas une très-grande régularité dans leurs rapports avec la fertilité du sol ; leurs produits successifs, pendant les années de leur durée, se ressentent aussi du degré de perméabilité plus ou moins grande du terrain, et de la facilité que l'extrait des engrais trouve à pénétrer dans les couches inférieures. C'est surtout à cette cause que l'on doit attribuer les anomalies que nous observons dans leur rendement ; ainsi :

	Dose de la fumure par hectare. k.	Produit total en foin.	Produit pour t kil d'azote. k.	Dosage du pro. de 1 k. k.
(1)Luzerne de Gilbert (durée de 4 ans).	199	6,619	52,70	0,658
Nos luzernes (durée de 5 ans)....	824	64,000	77,60	1,505
Celles de Crud................	590	44,000	123,00	2,598
Nos luzernes arrosées..........	824	155,000	185,00	3,607
Arthur Young................	1050	215,175	203,00	4,000

Dans ce tableau, nous voyons d'abord la tendance des récoltes à augmenter avec la masse de l'engrais qui leur est distribué, mais le produit n'est pas proportionné à l'engrais, puisque Crud obtient 123 kil. de fourrage par kil. d'azote, en n'employant que 390 kil. de fumier, tandis que nous n'en avons eu que 77 kil. 60 avec 824 kil. de fumier. Nous nous rendons parfaitement compte de cette différence, en comparant nos terres compactes avec les terres meubles et profondes de la Romagne. Nous voyons, en second lieu, que le dosage des fourrages ne tarde pas à surpasser de beaucoup celui de l'engrais, qui n'est, pour cette plante, comme pour toutes celles que nous appelons améliorantes, que la nourriture du premier âge des bourgeons, avant que, s'étant développés, ils puissent la soutirer de l'atmosphère. Il n'y a donc véritablement pas d'aliquote pour ces plantes légumineuses fourragères ; et en les cultivant il sera avantageux de pousser la dose des engrais jusqu'à leur dernière limite, qui

(1) Voyez tome III page 432.

serait celle où l'on cesserait d'obtenir un accroissement proportionnel de récoltes.

Il n'en est pas de même pour les plantes fourragères d'une autre classe : le maïs fourrage, le seigle, l'orge coupés en fleur, les prairies naturelles, principalement composées de graminées, ne dépassent pas l'aliquote dans ces plantes cultivées pour leurs graines.

La culture des céréales qui suit une fumure très-abondante en engrais solubles, est exposée aux dangers du versement, et à une abondance excessive en paille, aux dépens de la production des graines. Mais il n'en est pas de même de celle qui suit une récolte de fourrages abondamment fumés. Le champ reste alors dans un état de fertilité très-élevé; mais les éléments solubles des engrais ont été absorbés par les plantes, et la fertilité qui reste est produite par des débris ligneux et des racines qui ne se décomposent que progressivement, et ne font pas courir les mêmes chances aux récoltes céréales. Ainsi, après une luzerne fumée avec un engrais contenant 796 kil. d'azote, le champ qui a fourni 64,000 kil. de fourrage dosant 1248 kil. d'azote, reste enrichi :

1° des racines représentant....... 294 kil.,40 d'azote
2° des débris de feuilles.......... 409   60
                                    ────────────
                                    704 kil., »

En supposant que tout l'engrais fourni ait disparu, le champ conserve encore la fertilité primitive à 91,4 kil. d'azote près. Certes, le blé qui aurait reçu 704 kil. d'azote en fumier soluble, ne présenterait qu'un fourrage épais, qu'il faudrait faucher de bonne heure, mais après la luzerne; nous pouvons percevoir trois récoltes consécutives de grains, qui ne versent pas, et ces récoltes laissent encore la terre dans un excellent état de fertilité. Ainsi, la vertu des récoltes fourragères serait de substituer, à un engrais trop soluble, un engrais qui l'est moins, dont l'effet se prolonge pendant plusieurs années, sans qu'il éprouve des pertes sensibles.

Elles permettent l'emploi de fumiers considérables qui, agissant d'abord sur la production des fourrages, se reproduisen en restant en réserve pour être distribués, plus tard, sur une production successive de plantes épuisantes. Les fourrages légumineux, en un mot, régularisent l'emploi de la richesse sans la consommer, en remplaçant tout le produit en foin qu'on enlève par l'absorption qu'elles font des substances gazeuses de l'atmosphère.

Ces réflexions étaient nécessaires, pour la recherche des lois qu'il faut suivre dans le choix des plantes qui doivent se succéder les unes aux autres.

CHAPITRE V.

Lois dérivant des forces disponibles pour les cultures.

Le système de culture que nous avons adopté, les arrangements économiques qui ont été faits par l'administration du domaine, mettent à la disposition du cultivateur une certaine masse de forces dans chaque saison de l'année ; quelquefois il peut la dépasser, si le pays offre le moyen d'obtenir des ouvriers extérieurs; d'autres fois, il est y rigoureusement renfermé. Ces forces ne sont pas toujours constantes, et elles varient quelquefois, selon les saisons ; celles de l'intérieur de la ferme quand, par exemple, on se sert de bœufs que l'on engraisse en hiver, et que l'on ne remplace qu'à la fin de l'été suivant ; et celles de l'extérieur, quand les bras des ouvriers sont occupés, pendant certains intervalles de temps, à des travaux d'un autre genre : tels sont ceux de la récolte des vers à soie, ou ceux de la vendange, dans certaines localités. Il est donc bien important, avant d'arrêter un assolement, de savoir avec exactitude le nombre de journées d'hommes et d'animaux disponibles dans chaque saison, pour ne pas éprouver ensuite des embarras inextricables.

Il faut encore déterminer, aussi exactement que possible, le nombre des journées que la culture, que l'on veut adopter, emploiera dans ces différentes saisons. Nous avons dressé ce tableau pour les contrées que nous habitons, mais nous ne pouvons le donner comme une règle. Dans le Midi, nous faisons en hiver, certains labours qui ne seraient pas possibles au Nord, l'humidité du sol ou la gelée y feraient obstacle ; il faut donc les faire en automne, ou les réserver pour le printemps, et le choix d'une de ces époques tient à une foule de convenances locales. Ici, l'on veut profiter de la dépaissance des terrains pendant l'hiver ; là, les travaux de semences se prolongent si avant dans la saison, qu'il ne resterait plus le temps nécessaire pour préparer les terres qui devraient être semées au printemps. La marche de la végétation oblige à répartir les binages entre le printemps et l'été dans le Nord ; ils doivent être faits au printemps dans le Midi, etc. Enfin, ici on fait les travaux à bras, et ailleurs au moyen d'instruments tirés par les chevaux. Toutes ces disparates doivent nous servir d'excuse pour ne pas donner ici des tableaux qui ne pourraient, en réalité, convenir qu'à nous-même ; mais tous les agriculteurs, qui ne s'abandonnent pas à une indolente routine, sentiront la nécessité de faire pour eux-mêmes le tableau de la répartition des travaux de chaque culture, entre les différentes saisons, pour ne placer dans leur assolement que les plantes que l'on sera sûr de pouvoir cultiver. Nous avons vu de superbes récoltes de colza périr sur pied faute de bras pour les recueillir, dans un pays où la moisson des blés se fait au moyen des bras montagnards, qui ne descendent dans la plaine qu'à une époque fixe, postérieure à la maturité du colza. D'autres fois, les forces auxiliaires sont si coûteuses qu'elles emportent tout le profit des récoltes. Une sérieuse attention sur la répartition des travaux et les forces disponibles est donc une des conditions de succès.

Cette comparaison nous apprendra, non-seulement si un assolement est possible, mais elle nous servira encore à juger de l'équilibre qu'un sage arrangement doit faire régner entre les saisons. Appliquons, par exemple, les chiffres des travaux à l'assolement biennal du Midi. Les labours pour ouvrir la terre, qui devraient se faire en automne, se font ordinairement à la fin de l'hiver; nous avons vu que deux hectares, dont un en jachère et l'autre en blé, nécessitaient l'emploi d'un tiers d'hectare en prairie, nous aurons :

	HIVER.			PRINTEMPS.			ÉTÉ.			AUTOMNE.		
	Mat. de tr.	hommes.	femmes.	bét. de tr.	hommes.	femmes.	bét. de tr.	hommes.	femmes.	bét. de tr.	hommes.	femmes.
0,35 prair. nat.	3,0	2	0	0,3	1	1	0,3	1	1	0,3	1	1
1 hect. jachère.	18,0	6	0	8,0	4	0	»	»	»	»	»	»
1 hect. blé.....	»	»	»	»	»	»	10,4	8,3	1	10,2	4	»
	21,0	8	0	8,3	5	1	10,7	9,3	2	10,5	5	1

La masse des travaux tombe ici sur l'automne et l'hiver. Il en résulte qu'il y a beaucoup de jours non employés dans es deux autres saisons, surtout relativement au petit nombre des intempéries du climat; et l'on conçoit pourquoi, dans le pays où cet assolement est encore suivi, on multiplie les labours légers, au lieu d'ouvrir vigoureusement la terre en automne et de n'avoir plus qu'à la maintenir en bon état par des coups de scarificateur et d'extirpateur au printemps et en été. On y faisait et on y fait encore six à sept labours avec un araire, ce qui distribue les travaux sur toutes les saisons de l'année; mais avec nos moyens perfectionnés, cet assolement ne peut se soutenir qu'en admettant d'autres occupations pour les attelages au printemps et en été, ou en réduisant leur nombre dans ces deux saisons. C'est ce qui fait l'avantage de l'association des vignes, des vergers d'oliviers, etc., aux terres à blé. Les labours de ces clos extérieurs occupent les attelages pendant toute la belle saison; et comme les terres en sont en général plus légères et plus sèches pendant la partie de l'hiver où ils seraient oisifs, nos terres sèches du Midi ne facilitent pas autant l'introduction des cultures jachères; les légumes y sont

généralement relégués sur les terres fraîches ou arrosées.

Appliquons la même méthode à l'examen de l'assolement triennal du nord de la France.

hect.	HIVER bét. de tr.	HIVER hommes.	HIVER femmes.	PRINTEMPS bét. de tr.	PRINTEMPS hommes.	PRINTEMPS femmes.	ÉTÉ bét. de tr.	ÉTÉ hommes.	ÉTÉ femmes.	AUTOMNE bét. de tr.	AUTOMNE hommes.	AUTOMNE femmes.
0,50 prairies natur.	5,0	3,0	0,0	0,0	0,0	0,0	0,5	1,5	1,5	0,5	1,5	1,5
1 jachère........	»	»	»	18,0	6,0	0,0	8,0	4,0	0,0	»	»	»
1 blé..........	»	20,0	»	»	»	»	3,0	4,0	2,0	10,5	5,0	»
1 avoine........	10,2	21,6	»	»	»	»	1,0	2,5	4,0	20,0	6,5	»
	15,2	44,6	»	18,0	6,0	»	12,5	12,0	7,5	31,0	13,0	1,5

C'est sur l'automne que tombent ici les plus grandes masses de travaux et la nécessité d'avoir recours à des ouvriers auxiliaires. Le reste de l'année présentant beaucoup moins d'occupation, ces ouvriers auxiliaires doivent être des étrangers ou avoir d'autres exploitations à leur compte dans lesquelles les cultures maraîchères ou sarclées leur donnent beaucoup d'occupation. C'est ce qui explique les cultures du lin, des pavots, etc., auxquelles se livrent les manouvriers des pays à grandes cultures et qui ne les occupent plus dans la saison où la grande culture réclame leurs bras, c'est-à-dire, pendant l'hiver, pour le battage en grange.

En admettant un assolement quadriennal avec une récolte jachère sarclée, la pomme de terre cultivée à bras, on a :

	HIVER bét. de tr.	HIVER hommes.	HIVER femmes.	PRINTEMPS bét. de tr.	PRINTEMPS hommes.	PRINTEMPS femmes.	ÉTÉ bét. de tr.	ÉTÉ hommes.	ÉTÉ femmes.	AUTOMNE bét. de tr.	AUTOMNE hommes.	AUTOMNE femmes.
1° Pommes de terre	10,0	5,0	0,0	0,0	44,0	2,0	21,5	13,0	0,0	12,0	4,0	0,0
2° avoine..	10,2	21,6	»	»	»	»	1,0	2,5	5,0	20,0	6,5	»
3° trèfle..........	»	»	»	1,0	3,0	3,0	1,0	2,0	3,0	1,0	2,0	4,0
4° blé............	»	17,0	»	»	»	»	21,9	4,0	2,0	10,5	5,0	»
	20,2	43,6	0,0	1,0	47,0	5,0	45,4	21,5	9,0	43,5	17,5	4,0

Nous trouvons ici les travaux à bras reportés sur deux saisons principales, l'hiver et le printemps, et les travaux du bétail sur l'été et l'automne. Cet assolement placé à côté du précédent profite des bras de ses ʼuvriers dans ces deux saisons ; et si l'on laboure avec des bœufs, on les engraisse pendant l'hiver pour en acheter de nouveaux à l'entrée de l'automne. Mais quoique satisfaisant mieux à l'équilibre de l'ensemble agricole, on voit qu'il ne pourrait pas plus que les précédents, marcher isolé et avec un personnel fixe, par la nécessité d'entretenir toute l'année des forces qui seraient oisives pendant un laps de temps fort long ; mais si le battage des grains se fait au moyen de machines, et le binage avec des forces animales, alors l'équilibre est rétabli entre les différentes saisons ; mais les travaux sont moins bien faits et le produit brut des plantes sarclées moins considérable ; nous avons alors :

	HIVER.			PRINTEMPS.			ÉTÉ.			AUTOMNE.		
	bét. de tr.	hommes.	femmes.	bêt. de tr.	hommes.	femmes.	bêt. de tr.	hommes.	femmes.	bêt. de tr.	hommes.	femmes.
1. pommes de terre.	10,0	5,0	»	2,0	9,0	0	2,0	9,0	0,0	16,0	8,0	8,0
2. avoine.	11,2	9,6	»	»	»	»	1,0	2,5	4,0	20,0	6,5	0,0
3. trèfle.	0,0	»	»	1,0	3,0	3,0	1,0	2,0	3,0	1,0	2,0	4,0
4. blé.	1,0	5,0	»	»	»	»	3,0	4,0	2,0	10,5	5,0	»
	22,2	19,6	»	3,0	12,0	3,0	7.0	17,5	9,0	47,5	21,5	12,0

Les travaux des hommes sont beaucoup mieux répartis, mais il est évident que pendant certaines saisons il faut un renfort de forces animales, ce qui s'accorde parfaitement avec les besoins en viande de la société.

Il n'est pas douteux que les considérations résultant de l'équilibre des forces entre les saisons n'entrent pour une grande part dans l'adoption des assolements, et que la facilité et la difficulté d'accroître et de réduire à volonté les forces qui sont nécessaires aux travaux, ne soit une grande entrave pour les faiseurs de projets, qui croient pouvoir faire lutter leurs formules contre la force des choses. Nous ne saurions donc trop réitérer la recommandation de se faire un tableau exact des travaux des différents genres nécessaires pour chacune des cultures que l'on veut entreprendre, et de s'assurer d'avance des moyens d'y satisfaire. On pourrait payer bien cher l'inobservation de ce conseil. Nous venons déjà d'en citer un exemple relatif à la perte de belles récoltes de colza dans un pays où les montagnards ne descendent dans la plaine qu'à l'époque de la maturité du blé, que précède celle du colza, et où le reste de l'année il est difficile de se procurer sur-le-champ un grand nombre d'ouvriers. Le sarclage des rizières sur nos côtes méridionales rencontrera, je le crains bien, des difficultés du même genre.

La proximité de deux contrées qui ont dans les mêmes saisons des cultures et des sols différents, facilitent beaucoup ces arrangements; ainsi les pays vignobles offrent une grande abondance de bras aux terres en culture; les récoltes des montagnes et leurs travaux ne se font pas dans le même temps que celles des plaines; c'est ainsi que les habitants des Alpes et des Cévennes aident ceux du littoral, et que ceux des Ardennes et des Flandres se répandent à diverses époques dans nos plaines du Nord.

De ce qui précède, nous tirerons la conclusion *que partout où l'on ne peut se procurer à volonté, en toute saison et à des prix convenables, les forces nécessaires à l'exploitation, l'assolement doit être combiné de manière à égaliser le plus possible les travaux entre les différentes saisons de l'année; que quand les forces animales ne sont utiles que pendant une saison, il faut faire la culture au moyen d'animaux que l'on puisse facilement vendre et racheter en temps convenable; et que quand on ne peut pas se procurer aisément les forces humaines auxiliaires, on doit éviter les cultures qui en exigent impérieusement l'emploi, et leur substituer, quand cela est possible, l'action des attelages.*

CHAPITRE VI.

Lois dérivant du produit des cultures.

L'industrie agricole, comme toutes les industries, se propose d'obtenir, d'un capital donné, le plus grand profit, c'est-à-dire le plus grand produit, dégagé des frais de production, et qui prend le nom de *produit net*. Ainsi, après avoir mis d'un côté la rente de la terre, qui représente les capitaux engagés de longue main sur le sol, les intérêts du cheptel, ou capital engagé en achats des animaux et du mobilier employés aux cultures, le fonds de roulement, ou les dépenses faites dans l'année, en payement d'ouvriers, de semences, d'engrais et de frais d'administration ; et, de l'autre côté, la valeur *d'échange* ou *en usage* des produits, suivant leur mode de réalisation et en soustrayant la première somme de la seconde, il faut que ce qui reste de ces produits, soit le plus élevé possible. Le produit brut est ici très-indifférent : récolter 100 hectolitres de blé, dont il reste 10 hectolitres seulement entre les mains de l'industriel, ou récolter 50 hectolitres avec le même reste, sont pour lui exactement la même chose, si ce n'est que le plus grand produit lui a donné un peu plus d'embarras.

Le produit net le plus élevé n'est pas toujours le produit brut le plus élevé possible, pour une étendue de terre déterminée. Les circonstances locales peuvent faire varier infiniment les profits que l'on peut recueillir sur un espace de terrain, sans altérer le profit que l'on peut faire sur le capital employé. Le haut prix de la rente et des travaux, comparativement à celui des engrais, peut conduire à une culture très-intensive, dans laquelle on fera produire à un seul hectare autant qu'à deux placés dans d'autres circonstances ; le haut prix des engrais, le bas prix de la rente et des travaux nous amènera, au contraire, à économiser les engrais et à cultiver de plus vastes surfaces. Nous étudierons bientôt ces variations de système ; mais, en ce moment, nous allons nous mettre dans le point de vue actuel de l'agriculture européenne ; et, pour faciliter l'application du calcul aux différentes formes d'assolement, nous avons dressé des tables dont on ne se servira qu'avec les réserves que nous allons indiquer :

La deuxième colonne indique les produits d'une nature de culture des divers genres énoncés dans la première. Ces produits sont les produits *maxima* que l'on obtient assez fréquemment pour en faire comme le but auquel doit tendre une bonne culture. Il n'y a pas d'inconvénient à les faire entrer dans des calculs de comparaison, mais il y en aurait à les employer pour déterminer le produit réel que l'on peut attendre d'une exploitation donnée. Dans ce cas, il faut réduire les chiffres de cette colonne aux *maxima* habituels des pays que l'on habite, donnés par l'expérience.

La seconde colonne contient la valeur commerciale *moyenne* de ces produits, exprimée en kilogrammes de blé; la troisième colonne est la somme des valeurs des produits principaux et accessoires de chaque culture.

La quatrième colonne contient la valeur de ces mêmes produits consommés dans la ferme et réduits en kilogrammes de blé; la cinquième colonne renferme la somme des valeurs des produits principaux et accessoires de chaque culture également consommés dans la ferme.

La sixième colonne nous indique la valeur des travaux opérés pour obtenir les récoltes, d'après les bases établies dans nos chapitres précédents; la septième, celle des semences ou plants; la huitième, celle des engrais : ici nous avons deux observations principales à faire : 1° le prix des engrais varie dans les différents pays, selon l'abondance de la production et la fréquence de l'emploi que l'on en fait; nous les avons estimés sur le pied de 7,5 kil. de froment par kilogramme d'azote de l'engrais. Si, dans le pays où l'on cultive, ce prix est plus élevé ou moindre, il sera facile de réduire la somme totale au moyen d'une simple règle de proportion; —2° Cette valeur de l'engrais est formée de deux parties, la valeur de l'engrais consommé par la récolte, et le dixième de la valeur de l'engrais total consacré à la récolte et sur lequel elle n'a puisé qu'une certaine aliquote. Ainsi, pour la culture du blé, nous avons un produit total de 3000 kil. de blé et de 6810 kil. de paille, dosant d'après le tableau donné, page 83.

$$2,55 \times 30 = 76,50 \text{ kil. d'azote.}$$

Nous avons fourni en totalité
8 kil., 79 d'azote $\times$ 30 ou 263 k., 7 dont le dixième   26,37

                                    Total de l'engrais.   102,87

dont la valeur est 102,87 $\times$ 75 = 771,49 kil. de blé.

3° La totalité de l'engrais ne profite pas dans toutes les terres et dans toutes les circonstances. Il faut une terre suffisamment argileuse, saturée d'engrais, et des saisons exceptionnelles pour retrouver dans les récoltes tous les éléments azotés de l'engrais. Il importe beaucoup, dans les exploitations, de connaître positivement le rendement de l'engrais. Nous aurons l'occasion de revenir sur ce point important dans le livre de l'administration; mais, pour ce moment, nous nous bornons à rappeler que dans nos expériences (1) nous avons obtenu de 115 kil. d'azote, un excédant de 800 kil. de blé sur le produit des terres non fumées; 800 kil. de blé absorbant 20,40 kil. d'azote, le reste paraît être absorbé par l'argile non saturée ou perdu dans l'atmosphère. Ainsi, le fumier ne vaut dans ce cas que les $\dfrac{20}{115} = 0,174$ de ce qu'il vaudrait s'il était profitablement consommé. Dans une autre expérience, où la déperdition était bien moindre, 0,80 k. d'azote nous avait produit 10 kil. de froment dosant 0,225 kil. d'azote : ici la valeur relative était de $\dfrac{225}{800} = 0,281$ du prix total; c'est sur ce pied que nous avons trouvé la valeur de l'engrais à 7,50 kil. de blé par kilogramme d'azote qu'il renferme. Ainsi, l'expérience indiquant la valeur relative de l'engrais, pris sur l'ensemble des récoltes qui en ont profité, on pourra opérer la réduction du prix porté

(1) Tome Ier, page 669.

dans nos tables. Ainsi, nous avons pour la valeur de l'engrais, dans le premier cas cité,

$$281 : 6,7 :: 174 : x = 4,11 \text{ kil. de blé;}$$

ou si l'on voulait opérer sur le chiffre de la table elle-même

$$174 : 621,42 :: 281 : x = 1003,55 \text{ kil.,}$$

nombre qu'il faudrait substituer à 621,42 kil. dans le tableau.

La neuvième colonne totalise les dépenses dans lesquelles ne sont pas compris la rente de la terre et les frais généraux, et la dixième donne le produit net au marché; il faudrait donc en retrancher la rente et les frais généraux, pour qu'il fût ramené à la vérité. Dans ce tableau, le kilogramme d'azote renfermé dans les substances destinées aux engrais est compté pour 7,5 de fumure, ce qui résulte du prix du fumier dosant 0,80 d'azote pour 100, et valant 1,625 kil. de blé, les 100 kil., dans ce pays où le blé vaut 27 fr. les 100 k.; nous avons, en effet, $\dfrac{1,625}{0,27 \times 0,80} = 7,5.$

Les 100 kil. de foin dosant 1,15 p. 100 d'azote, valant 14,54 kil. de blé, le kil. d'azote des fourrages vaudra $\dfrac{14,54}{1,15} = 12,64$ de blé.

Le blé dosant 1,96 kil. d'azote, le kilogramme d'azote, dans les matières alimentaires, vaudra $\dfrac{100}{1,96} = 51$ k. de blé.

Si toutes ces modifications à nos tables sont nécessaires pour les appliquer à des situations agricoles réelles, il n'en est plus de même quand on veut seulement comparer des assolements entre eux, et alors on peut les supposer mis en action dans une position normale égale pour tous. On pourra donc se servir des chiffres des tables elles-mêmes. C'est ce que nous allons faire dans l'examen des différents assolements.

v.   7

TABLEAU des produits d'un hectare de terrain, soumis à différentes cultures.

NATURE DES CULTURES.	Produit maximum en kilog.	Valeur en kil. de blé.	Somme des valeurs.	Valeur en consommant les produits.	Sommes des valeurs.	Valeur des travaux.	Valeur des semences ou plantes.	Valeur des engrais.	Totalité des dépenses.	Produit net au marché.	Produit net de consom.
	k.	k.	k.	k.	k.	k.	k.	k.	k.	k.	
Blé, grain.........	5000	5000	3225	3000 / 106	5106	460	160	771	1331	1892	1775
— paille........	6810	225									
Épeautre, grain......	3548	5004	5206	3000 / 96	3096	460	152	644	1256	1950	1840
— paille....	6192	202									
Seigle, grain........	2592	1788	1962	2596 / 83	2679	460	90	635	1185	777	1494
— paille........	5754	174									
Orge, grain.........	2625	1365	1528	1224 / 87	1511	460	131	522	1113	415	198
— paille........	5149	163									
Avoine, grain........	2948	2318	2557	2667 / 114	2781	460	138	631	1229	1528	1552
— paille........	4893	239									
Sarrasin, grain......	2925	1330	1457	3131 / 76	3207	95	22	421	538	919	2669
— paille......	2106	127									
Riz, grain..........	7500	3750	4045	4590 / 140	4730	741	105	1141	1987	2058	2743
— paille........	9750	295									
Millet, grain (récolte).	4200	2226	3196	3855 / 462	4317	607	5	1459	2049	1147	2268
Jachère, paille......	9870	971									
Millet, g. (réc. dérob.).	2380	1260	1805	2122 / 544	2666	500	3	744	1047	758	1619
— paille........	5593	544									
† Maïs, grain.........	5250	3832	4141	4391 / 137	4692	1017	1017	1015	2032	2109	2585
— paille........	10815	120		164							
— spathe........	1371	189									
Sorgho, grain........	2244	1743	8421		»	547	547	500	1950	7374	»
— balais........	3095	6678									
Haricots ramés, grain.	3850	3850	4135	**7650 / 285	7935	616	115	814	1545	2590	6390
— fanes.	3850	285									
Fèves, graines.......	2640	1227	1902	***1664 / 675	2559	588	78	540	906	996	1433 6826
— fanes........	2640	675									
Pois, grains.........	2750	5254	5768	5355 / 2354	7889	198	488	475	861	4907	7028
— fanes..........	9625	2534									
Vesces, graines......	2550	1633	2348	1400 / 715	2115	254	119	243	616	1732	1498
— fanes........	5400	715									
Lentilles, graines.....	1275	4067	4294	2601 / 227	2828	153	405	?	558	3736	2270
— fanes.....	1785	227									
Pommes de t., tuberc.	29000	3059	5554	5504 / 275	5579	445	405	1159	1844	1490	3735 556
— fanes...	6670	275									
Topinambour, tuberc..	60000	»		2496 / 1552	4048	268	»	2117	2385	1825	1663
— tiges...	57600	»									
Betteraves, racines...	100000	8300	8867	2648 / 1567	3215	1166	114	5762	7042		5827
— feuilles...	100000	1567									
Carottes, racines.....	49000	»		1853 / 2900	4755	622	?	2418	3040		1715
— feuilles...	17294	»									
Navets, racine.......	100000	»		1659 / 1412	3051	529	?	938	1467		1584
Jachère, récolte faite.	40000	»									
Navets, racine.......	50000	»		492 / 423	914	329	?	315	6441		270
Récolte dérobée, faite.	12000	»									
Rutabaga, racines....	80000	»		1715 / 1917	5652	666	182	2100	2948		684
— feuilles....	54400	»									

† Pour le maïs qui croîtrait en récolte dérobée, la moitié des nombres du grand maïs,
** Consommation humaine. — *** Consommation du bétail.

TABLEAU des produits d'un hectare de terrain, soumis à différentes cultures.

NATURE DES CULTURES.	Produit maximum en kilog.	Valeur en kil. de blé.	Somme des valeurs.	Valeur en consommant les produits.	Sommes des valeurs.	Valeur des travaux.	Valeur des semences ou plantes.	Valeur des engrais.	Totalité des dépenses.	Produit net au marché.	Produit net de consom.
	k	k.	k.	k.	k.	k.	k	k.	k.	k.	k.
Chou.............	135000	10000		4767	4767	666	182	2632	3580	6620	1387
Colza, graines........	2956	4200	4377	»		681	358	1125	2163	2234	
— paille.........	4712	177									
Pavot, graines.......	1725	3388	3553	»		651	4	765	1420	2133	
— tiges........	4416	165									
Madia, graines......	2733			3716	4061	651	12	1350	2013	2048	
— tiges.........	8690			345							
Ricin, graines......	625	1137	1324	»		651	?	337	988	336	
— tiges et feuilles.	9450	187									
Courges, feuilles.....	100000			2522	5334	459	?	3975			1359
— tiges........	50000			2812							
Oignons, bulbes......	9000	5418	5418	5406	5406	544	416	930	1690	3728	3716
Safran, pistils........	34	10306	10306	»		3983	105	150	4238	6228	
Cardite, capit........	1000	3700	3700	»		567	?	643	1210	2490	
Houblon, capit.......	3590	19255	19255	»		4172	»	3295	7467	11788	
Garance, racine......	6096	16761	17517	»		5039	303	1590	4932	12585	
cult. à bin. en 3 ans, f.	9144	756									
Garance, racine......	3000	8250	8749	»		1547	303	785	2635	6114	
c. à la ch. en 3 ans, f..	6000	499									
Persicaire, indigo....	97,5	8872	8872	»		2588	342	5532	8262	610	
Pastel, feuilles sèches	5225	4754	1754	»		1195	?	2392	3587	1167	
Gaude, tiges sèches...	3800	3458	3458	»		196	?	712	908	2550	
Tabac, feuilles sèches..	3850	11011	11011	»		1892	454	1942	4288	6723	
Chanvre, filasse......	1300	5434	5434	»		1872	71	7147	9090	5656	
Lin, tiges sèches.....	3550	1952	2626	»		871	336	538	1745	881	
— graines......	280	674									
Prairies pesantes....	7500			1082		140	»	292	432		650
Luzerne, 5 ans.......	64000			15876		1848	218	4605	6671		9206
Trèfle...............	9142			1777		87	200	392	679		1095
Trèfle incont.......	5800			844		103	91	315	511		353
Sainfoin, 2 ans......	15000			2547		470	300	273	1043		1504
Vesce, fourrage.....	10000			1437		550	164	510	1031		406
Spergule...........	4000			593		157	50	255	455		138
Ivraie vivace........	9000			1109		151	80	862	1093		16
Seigle, fourrage......	13500			2306		219	160	1830	2209		97
Moha...............	10000			1911		524	45	1350	1719		192
Maïs, fourrage.	2433			1050		397	199	1140	1736		680

* La rente du sol irrigué augmenté de la valeur de l'eau vaut 4 fois la rente du terrain sec.

A leur point de départ les pàturages produisent dans un rap-
ort composé de la fertilité du sol et de la facilité du terrain à
ournir de l'herbe. D'après Thaër (§ 288), les terres du Holstein
ui ont une fertilité de 85 kil. d'azote pouvant produire 12 hect.
e blé par hectare donnent de l'herbe évaluée en foin dans la
roportion suivante :

	Les plus sèches.	Les plus fraîches.
Première année	3664	4252
Deuxième année	6184	4531
Troisième année	6184	4551
Quatrième année	3664	4252
Cinquième année	4858	3776

Les terres qui étaient fumées de manière à produire 000 kil. de blé et qui par conséquent auraient encore une ertilité de 183,5 k. d'azote devraient produire :

Première année	9154	12182
Deuxième année	9755	13314
Troisième année	9755	13314
Quatrième année	9154	12182
Cinquième année	8130	10458

Mais les faits montrent que le pâturage ne peut pas s'élever à une pareille production. Si nous les consultons comme nous l'avons fait pour déterminer le *maximum* des produits des autres cultures, nous trouverons que Thaër ne croit pas devoir admettre un produit annuel plus fort que celui de 6,184 kilog. de foin et que les bons herbages de Normandie donnent une herbe équivalente à 5,400 kilog. de foin (1). Dans le Midi, l'ivraie vivace, venue spontanément sur une jachère après plusieurs récoltes de blé, a donné jusqu'à 9,000 kilog. dans de bonnes terres; mais ce fourrage peu riche n'est que l'équivalent de 7,000 kilog. de foin normal (2); ce nombre serait réellement le maximum obtenu avec une haute fertilité.

Plus la terre est nette, plus il est difficile que le pâturage soit abondant dès la première année, il lui manque les germes nécessaires pour qu'il se peuple; aussi le pâturage des terres avec jachère alterne a-t-il peu de valeur. La première condition des assolements avec soles de pâturages est donc une succession de récoltes salissantes, ils s'accordent mal

(1) Tome IV, page 565.
(2) Tome IV, page 497.

avec la perfection des autres cultures. Quoi qu'il en soit, on voit par le tableau de Thaër que l'on pourra compter sur une quantité de fourrage égale au nombre de kilogrammes d'azote représentant la fertilité multipliée par 73 dans les terrains fumés, et par 53 dans les terrains secs; pour la moyenne de plusieurs années successives de pâturages, jusqu'au point où le produit dépasserait 7,000 kilog., maximum obtenu. On ne gagnerait donc plus rien à avoir une fertilité plus grande que 96 kilog. d'azote, fertilité qui produirait 17 hectolitres de blé; au-dessous de ce terme, nous aurions, par exemple, pour les terrains traités par la jachère, produisant 9 hectares et demi de blé et possédant après la récolte, un reste de 46 kilog. d'azote, une récolte moyenne de fourrage de 2,438 kilog.

Quant à la valeur de ce fourrage recueilli sur les pâturages, elle est en raison inverse de la quantité de foin qui se trouve sur une étendue donnée de terrain. Ainsi, l'herbe des pâturages qui présentent 5 à 6,000 kilog. de foin par hectare, se vend à 11,36 kilog. de blé (2 fr. 70 c.) les 100 kilog.; tandis que, s'il n'y a que 3,100 kilog. de foin, elle ne vaut plus que 6,8 kilog. de blé (1 fr. 50 c.), c'est une augmentation de valeur de 0,15 kilog. de blé pour chaque 100 kilog. de foin qui se trouvent sur l'hectare en sus de 3,100 kilog. ; et si le pâturage ne contient plus qu'en minimum 2,448 kilog. de foin pendant la moitié de l'année (pâturages de la Crau d'Arles); le prix du foin n'est plus que de 4,5 k. (1 fr.) les 100 kilog., la décroissance n'est plus que de 0,08 kilogrammes de blé pour 100 kilogrammes de foin au-dessous de 3,100 kilogrammes.

Ces règles pourront servir à apprécier la valeur d'un pâturage. Mais le moyen le plus sûr d'y parvenir, moyen qui est indépendant de la connaissance du plus ou du moins de fraîcheur du sol, c'est de connaître ou d'apprécier le poids du bétail que l'on peut entretenir sur un espace donné. — 100 kil. de poids d'herbivores consomment par jour 4,5 kil.

de fourrage : ainsi, l'espace qui sera pàturé *complétement* et *régulièrement* dans un jour, indiquera le fourrage contenu sur cette surface, et donnera la valeur du pàturage, en se réglant sur les prix que nous avons établis après avoir triplé la quantité de fourrage obtenu pour une seule pâture dans les terrains frais, doublé cette quantité dans ceux qui sont d'une sécheresse moyenne, et en s'abstenant de la multiplier dans les terres les plus sèches ; car, dans les meilleures pâtures, ce n'est pas en une seule fois qu'on obtient 6,000 kilog., mais en faisant revenir trois fois le bétail sur le même terrain pendant l'année. Ainsi, soit un terrain tel, que dans une épreuve bien faite, deux vaches pesant ensemble 600 kilog. mangent en un jour, à la corde, 150 mètres carrés de terrain, nous saurons qu'ayant consommé 27 kilog. de foin, l'hectare en contient 1,800 kilog. et en trois pàtures 5,400 kilog. ; le pàturage vaut donc $\dfrac{5,400 \times 11,36}{100} = 613,64$ kilog. de blé par hectare ou 135 fr. l'hectare.

Nous porterons le maximum de la pàture à 6,000 kilog. d'une valeur de 681,6 kilog. de blé.

Le tableau que nous venons de présenter pourrait déjà donner lieu à des observations importantes sur le choix à faire entre les cultures, nous les réservons pour le chapitre suivant où nous pourrons les combiner avec celles qui résultent du capital qu'elles exigent. En adoptant les chiffres qu'il renferme comme un moyen de comparaison, nous avons pour *l'assolement biennal* porté à son maximum :

	Produit.
1 hectare en jachère..........	0 kil. de blé.
1 hectare de blé.............	1892
0,33 hectare en prairie........	581
2,33	2473

ce qui, en divisant par 2,33, pour avoir le produit d'un hectare, donne 1,061 kilog. ou 233 fr. 08 dont il faut retrancher la rente de la terre et les frais généraux.

Pour l'assolement triennal.

1 hectare en jachère.........	0 k. de blé.
1 hectare en blé.............	1892
1 hectare en avoine..........	1528
0,50 hectare en prairie........	871
3,50	4091

à diviser par 3,50 = 1,169 ou 264 fr. 88, moins la rente et les frais généraux.

Pour l'assolement quadriennal.

1 hectare pommes de terre..........	1490
1 hectare avoine...................	1328
1 hectare trèfle...................	779
1 hectare blé.....................	1892
4	5489

à diviser par 4 = 1,372 kilog. ou 301 fr. 84 c., moins la rente et les frais généraux.

Pour l'assolement de Nismes.

5 hectares luzerne..........	9206 kil. de blé.
3 hectares blé.	3676
2 hectares sainfoin..........	1504
2 hectares blé.............	5784
12	20170

à diviser par 12 = 1,681 kil. ou 369 fr. 82, moins la rente et les frais généraux.

Pour l'assolement de M. Favier à Orange.

4 hectares luzerne.............	9206 kil. de blé.
2 hectares blé.................	3984
2 hectares avoine.	2656
3 hectares garance à la charrue...	6114
1 hectare blé.................	1892
12	23852

à diviser par 12 = 1,988 kil. ou 437 fr. 36, moins la rente et les frais généraux.

Pour l'assolement des environs d'Anvers.

1 hectare pommes de terre..........	1490
1 hectare seigle...................	777
navets...................	270
1 hectare avoine...!................	1328
1 hectare trèfle.......'...........	779
1 hectare blé.....................	1892
navets.................	270
5	6806

à diviser par 5 = 1,361 kil. ou 299 fr. 42, moins la rente et les frais généraux.

La conclusion à tirer de ceci, c'est que, quand l'assolement pourra d'ailleurs se soutenir par ses propres engrais ou par des engrais achetés, et que l'on aura les forces nécessaires pour exécuter les cultures, il faudra toujours préférer les plantes qui présentent le plus haut produit net.

Mais comme le produit net n'est pas le même pour toutes les plantes, si l'on en porte le produit au marché ou si on le fait consommer, il faudra aussi bien distinguer dans le calcul le cas dans lequel on veut se placer : ainsi soit l'assolement suivant :

	Prix de vente.	Consommation.
1 Fèves..............	996	1431
1 Blé...............	1892	1775
1 Pommes de terre.....	1490	556
1 Blé............... .	1892	1775
4	6266	4427
par hectare	1565	par h. 1106

La notable différence qui se trouve entre ces chiffres, devra fixer l'attention des cultivateurs. Il y a des denrées qui se vendent plus cher que leur valeur réelle en consommation ; telle est la paille de blé, à cause de son aptitude

particulière à former des litières propres et absorbantes ; les
pommes de terre se vendent moins qu'elles ne valent comme
nourriture humaine ; mais beaucoup plus, si on ne les considère que comme nourriture du bétail.

Ainsi nous poserons encore ce principe : *considérer dans
l'évaluation du produit net, la destination que l'on donnera
à une récolte, et l'avantage qu'il y a à refuser de porter au
marché toutes les récoltes dont le prix vénal est inférieur au
prix qu'elles acquièrent par la consommation.*

CHAPITRE VII.

Lois résultant des avances à faire pour les cultures diverses

Dans l'agriculture comme dans le monde, il ne suffit pas
d'aspirer à un but élevé pour l'atteindre, s'il est plus haut
que nos bras, il nous faut monter sur une échelle ; et si
celle-ci fait défaut, on s'adresse à un objet plus à portée si
l'on est sage, ou bien l'on perd son temps à faire des efforts
inutiles si on ne l'est pas. Cette échelle, c'est le capital qui,
pour l'agronome, se résout en travaux, en semences, en
engrais. C'est à nous à juger si nous avons le capital nécessaire pour une culture, et, dans le cas contraire, nous devons nous rabattre sur une autre qui donne moins de profit,
mais qui n'exige pas d'aussi fortes avances. C'est pour faciliter
cet examen, que nous avons dressé le tableau placé à la fin
de ce chapitre, et disposé par ordre de l'importance du capital nécessaire pour faire une entreprise dans les conditions
les plus favorables.

Les trois premières colonnes de chiffres de ce tableau indiquent les avances faites pour les travaux, les semences et
les plantes, et les engrais ; cette dernière colonne contient,
non pas seulement les engrais consommés pour la récolte et
qui seuls étaient compris dans le tableau du revenu net,

mais la totalité de l'engrais que doit renfermer le champ et sur lequel la récolte ne prélève qu'une aliquote plus ou moins forte. La quatrième colonne totalise les trois précédentes ; la cinquième et la septième mettent en regard des avances le revenu net déjà trouvé, et la sixième et la huitième, la partie des avances qui représente le revenu net.

Ce tableau nous montre d'abord que l'importance des avances n'est pas en rapport direct avec celle du revenu net. Ainsi, la betterave, qui est à la tête du tableau, a un produit qui n'est que les 0,11 des avances ; et les pois, qui sont presque à la fin du tableau, en ont un qui s'élève à 5,9 fois la somme des avances.

Le chiffre élevé des avances dépend surtout de la grande quantité d'engrais qu'exigent certaines cultures et sur laquelle elles ne prennent qu'une faible aliquote. C'est ainsi, par exemple, que la betterave, qui exige une quantité d'engrais ayant une valeur de 15,000 kil. de blé, n'en consomme cependant que pour une valeur de 5,762 kil. Nous n'avons pas besoin de rappeler que l'on cultive souvent, avec des avances bien inférieures à celles indiquées dans ce tableau ; mais aussi avec quels misérables résultats ! Ainsi, dans la culture négligée de nos métayers, on cultive le blé avec le seul secours de l'engrais atmosphérique qui produit tous les deux ans 720 kil. de blé, résultant de la présence dans le sol de 91,8 kil. d'azote. Cette avance, que le propriétaire fournit au cultivateur, représente une valeur permanente de 678,50 k. de froment, au prix actuel des engrais. Comparons maintenant les résultats des avances complètes et de ces avances minimes, nous avons :

	Travaux.	Semen.	Engrais.	Total des avances.	Produit net.	Rapport du prod' aux avanc.
Froment fumé au maxim.	460	160	1980	2600	1892	0,73
From. n'ayant que l'engr. atmosphérique.	242	160	678	1080	224	0,21

Ainsi, avec une avance de 2600 kil. de blé, nous avons un

produit net de 1892 kil.; ce qui constitue une rente de
416 fr., le blé étant à 22 fr. les 100 kil.; avec une avance
de 1080 kil. seulement un produit net de 224 kil. de blé ou
49 fr. 28 c.

On possède quelquefois certains genres d'avances et on
manque des autres. Ainsi, l'on peut avoir des bras en abondance et peu d'engrais; une culture comme celle du safran,
qui emploie pour 3,983 kil. de travaux et seulement pour
704 kil. d'engrais, tout en donnant le produit net de
6,228 kil. ou 1,30 fois la somme des avances est ainsi naturellement indiquée aux familles nombreuses et pauvres, surtout si l'on considère que la plupart des travaux peuvent être
faits par des femmes ou des enfants.

D'autres fois, on a presque pour rien des engrais abondants. C'est ce qui fait, par exemple, la richesse de l'Égypte
où les cultures légumineuses et oléagineuses sont à la portée
du dernier paysan. Donnons-en un exemple moins frappant,
mais que nous pouvons réduire en chiffres; notre si regretté
collègue Oscar Leclerc nous décrit la culture du chanvre
dans les îles de la Loire; on y obtient, au prix de 825 kil. de
blé (182 fr.), la jouissance d'un hectare de terre qui contient
une avance de 732 kil. d'azote, susceptible de produire
780 kil. de filasse de chanvre (1). Or, le prix moyen de cet
engrais serait de 5,490 kil. de blé. On conçoit qu'en une telle
situation la culture du chanvre puisse être profitable, tandis
qu'au prix moyen de l'engrais, et avec la déperdition que
l'on fait dans le rouissage des principes des tiges, cette culture met indubitablement en perte.

C'est en comparant ainsi les ressources dont on dispose
avec les avances nécessitées par les cultures que l'on pourra
se décider sur les plantes à faire entrer dans l'assolement et
qui devront être celles dont les avances seront proportionnées
aux moyens de l'exploitant.

(1) *Agriculture de l'Ouest*, pages 304 et 197.

TABLEAU des avances à faire pour les diverses cultures portées au maximum.

NATURE DES CULTURES.	Par ordre de l'importance des avances.			Le prix des avances est indiqué en kilogrammes de blé.				
	Valeur des travaux.	Semences des plantes.	Totalité de l'engrais à fournir.	Total des avances.	Produit net au marché.	Quotient des produits par les avances.	Produit net en consommation.	Quantité des produits par avances.
	k.	k.	k.		k.			
Betteraves........	1166*	114	15000	16280	1825	0,11	3827	
Courges..........	459	»	11403	11859			1359	
Tabac............	1892	454	9252	11579	6723	0,58		
Chanvre..........	1872	71	9351	11195	3656	3,15		
Houblon..........	4172	»	5669	9833	11788	1,29		
Garance à bras.....	3059	305	5809	9151	12585	1,57		
Luzerne..........	1848	218	6192	8258			9206	
Carottes..........	622	?	5390	6012			1715	
Seigle, fourrage....	219	160	4590	4969			16	
Safran...........	3983	105	704	4792	6228	1,30		
Persicaire........	2588	342	1823	4753	610	0,13		
Choux...........	666	182	3739	4587	15413		1387	
Garance à la charrue.	1547	303	2859	4409	6114	1,39		
Rutabaga.........	666	182	3120	3968			684	
Riz..............	741	105	2923	3771	2058	0,55	2743	
Colza............	681	358	2456	3495	2234	0,64		
Lin..............	871	336	2236	3443	881	0,25		
Maïs.............	1017	10	2152	3179	2109	0,66	2583	
Pommes de terre...	445	240	2320	3005	1490	0,49	5733	
Haricots..........	616	115	2157	2888	2590	0,86	6390	
Pavot............	681	4	2064	2749	2153	0,77		
Moha............	324	45	2250	2619			192	
Froment..........	460	160	1980	2600	1892	0,73	1775	
Millet (jachère).....	607	3	1848	2458	1147	0,47	2268	0,92
Ivraie vivace......	151	80	2070	2301			97	0,04
Madia............	651	12	1598	2261	2048	0,91		
Oignon...........	544	416	1830	2080	3728	1,79	3716	1,78
Cardère..........	567	?	1484	2051	2490	1,21		
Navets (jachère)....	529	?	1500	2029			1584	0,78
Seigle............	460	60	1400	1950	777	0,40	1494	0,76
Epeautre.........	460	152	1291	1903	1950	1,02	1840	0,96
Maïs, fourrage.....	597	199	1243	1839			620	2,97
Orge.............	460	131	1155	1746	413	0,24	198	0,11
Sainfoin..........	470	300	900	1670			1504	0,90
Gaude............	196	?	1463	1639	2550	1,55		
Sarrasin..........	95	22	1492	1609	919	0,57	2669	1,66
Avoine...........	460	138	1002	1600	1528	0,83	1552	0,97
Trèfle............	414	200	823	1437			779	0,54
Pastel............	1195	?	262	1457	1167	0,80		
Millet (récolte dér.).	300	5	1000	1305	758	0,58	1619	1,24
Sorgho...........	547	5	703	1255	7376	5,88		
Ricin............	651	»	595	1246	336	0,27		
Vesces, fourrage....	357	154	585	1096			406	0,38
Topinambour....	268	»	704	972			1663	1,71
Lentilles..........	153	405	300	858	3736	4,35	2270	2,64
Fèves............	588	78	570	856	996	1,19	6826	8,16
Pois.............	198	188	440	826	4907	5,94	**7028	8,51
Navets (réc. dérob.).	329	?	450	779			270	0,35
Vesces...........	254	119	321	694	1732	2,49	*1198	2,16
Trèfle incarnat.....	116	91	351	558			360	0,67
Spergule.........	150	50	267	467			138	0,30

* Consommation du bétail. — ** Consommation humaine.

CHAPITRE VIII.

Lois dépendant des moyens de réalisation des récoltes.

Dans le tableau précédent, nous avons distingué la valeur des produits consommés et celle des produits vendus sur le marché. C'est, qu'en effet, une foule de produits ne trouvent pas un débit assuré au marché sous la forme dans laquelle ils sont récoltés. Les racines, par exemple, et les plantes qui doivent être consommées en vert, les choux, les rutabagas, les navets, ne trouvent d'acheteurs qu'aux portes des grandes villes, où il existe des établissements de nourrisseurs; les fourrages eux-mêmes ne peuvent être transportés au loin, sans occasionner des frais considérables; or, l'organisation d'une bonne agriculture, fabriquant elle-même ses engrais, exige que l'on fasse entrer ces plantes pour une forte part dans l'assolement des terres. Il faudra donc les faire consommer; il faudra joindre l'industrie de l'éleveur à celle de l'agriculteur, et alors il faudra se rendre compte des avances nécessaires à cette consommation, avances qui devront se joindre à celles que nous avons déjà indiquées.

On peut compter sur 1,416 kil. de foin normal ou son équivalent, par l'entretien en état d'engraissement ou de travail de 100 kil. de chair vivante.

La consommation de 1,416 kil. de foin exigera les avances suivantes :

1° Prix d'achat moyen de 100 kil. d'animal vivant. . . . 76 fr. »
2° Emplacement pour loger les animaux; prix moyen entre les différentes espèces . . . . 66 »

ou 645 kil de blé; et une dépense annuelle de . . . . 142 fr. »
1° Assurance du prix de l'animal à 8 p. 100, dans les conditions d'un pays sain et sans mortalité extraordinaire. . . . . 6 fr. 08
2° Intérêt et entretien des bestiaux. 6 60
3° Soins et garde. 10 00

22 fr. 68

C'est donc 645 kil. de blé qu'il faudra ajouter aux avances générales du cheptel, et 103 kil. de blé aux avances annuelles des cultures pour chaque 1,416 kil. de foin récolté ; et pour 100 kil. de foin 45,6 d'avances primitives et 7,2 kil. d'avances annuelles.

Ainsi, chaque hectare de terre cultivé en luzerne, produisant en moyenne 64,000 kil. de fourrage en 5 ans ou 12,500 kil. par an, exigerait une première mise de 5,700 kil. de blé (1254 fr.), et une avance annuelle de 900 kil. de blé (198 fr.). On se rappellera de plus, que si certaines denrées ont un prix de consommation supérieur à celui du marché (les graines légumineuses, par exemple), d'autres, et en particulier les pailles et les fourrages, ont surtout près des villes un prix de beaucoup supérieur.

Mais la consommation des produits n'entraîne pas seulement un accroissement d'avances, elle conduit aussi nécessairement à une limitation de certaines cultures ; nécessité qu'il ne faudra pas perdre de vue dans l'organisation de l'assolement. L'observation a appris que le cheval en bonne santé consomme 2 kil. d'eau pour 1 de fourrage à l'état complétement sec, et qu'il boit tout ce qui manque à cette proportion dans les fourrages à l'état où ils lui sont distribués ; la vache laitière consomme 7,2 d'eau pour 1 de fourrage à l'état complétement sec (1). Ainsi, quand nous nourrissons nos chevaux avec du maïs vert, qui contient 19,72 pour 100 d'eau, l'animal ne boit plus et après quelques jours, il se dégoûte d'une nourriture qui l'affaiblit, ce qui n'arrive pas si on lui donne en même temps une certaine proportion de fourrage sec ; la vache laitière elle-même, qui soutient mieux et plus longtemps cette nourriture, cesse de boire et donne un lait très-aqueux ; le chou, qui contient 92 pour 100 d'eau, est une exagération encore plus grande de la nourriture aqueuse. Le cheval du poids de 450 kil. qui con-

(1) Boussingault, tome II, pages 355 et 356.

somme 17 kil. d'eau en 24 heures, devrait donc ne recevoir
que 18 kil. de choux pour ne pas dépasser sa ration nécessaire d'eau. Or, cette ration ne doserait que 50 grammes d'a-
zote, et le cheval en consomme au moins 200 ; il faudra donc
ajouter à sa ration 13 kil. de foin sec, dosant 150 grammes
d'azote pour compléter sa nourriture. Ainsi, le chou ne pouvant servir que 6 mois de l'année, nous aurons besoin seulement de 3,276 kil. de choux pour un cheval de 450 kil. de
poids, ou de 728 kil. par 100 kil. de poids vivant d'animal,
produit de $\frac{5}{1000}$ d'hectare. Un hectare de choux bien venant, produisant 1,350 quintaux de choux, suffirait donc pour
rationner 5,870 jours un cheval, ou pendant six mois 32
chevaux tels que celui que nous avons décrit. La vache du
même poids, consommant 3,6 fois plus d'eau que le cheval,
pourra recevoir 64,8 kil. de choux dosant 181 d'azote,
sa ration sera complétée par 10,5 kil. de foin sec. Un hectare
de choux donnera 2,315 journées de nourriture d'une telle
vache et en nourrira 13 pendant six mois. On voit donc
combien l'étendue des nourritures vertes destinées aux bestiaux sera réduite pour les soins d'une bonne hygiène.

Quelque avantageux que soient les produits des graines
légumineuses destinées à la consommation humaine, leur
culture trouvera aussi des limites étroites dans les besoins de
la famille et des agents de l'exploitation elle-même. On emploie la farine de fèves mélangées au pain ou en pollente, ou
la fève en entier, dépouillée de la première écorce (1) et
assaisonnées au beurre ou à l'huile. Dans les ménages du
Midi qui font habituellement usage de légumes secs, la fève
et le haricot entrent pour 88 kil. par année dans la ration
d'un homme. Un hectare peut donner 2640 kil. de fèves et

(1) Nos ouvriers dépouillent leurs fèves de leur première peau quand
elles sont encore à l'état frais ; ils font sécher les cotylédons qui offrent
ainsi une bonne nourriture, facile à réduire en purée.

3,500 kil. de haricots; c'est-à-dire fournir à 30 ou 40
hommes. La fève, le pois, la vesce ne peuvent entrer que
pour une part dans le régime des animaux, parce que ces
graines, offrant beaucoup de nourriture sous un petit volume,
ne lesteraient pas assez leur estomac. Les meilleurs nourrisseurs ne donnent pas plus de la moitié de la nourriture en
graine; si l'animal reçoit 48 gr. d'azote par 100 kil. de pois,
on en donnera 24 en fèves, c'est-à-dire 0,48 de fèves dosant
24 gr. d'azote et 22 kil. de foin dosant aussi 24 gr. d'azote.
Un hectare de fèves fournira donc 5,500 journées de 100 kil.
de chair vivante, ou 1,222 journées d'un animal pesant 450 k.
L'hectare de fèves consacrées à la consommation humaine,
donne un produit net de 6,826 k. de blé. Celui que l'on destine à la nourriture des animaux, 1,433 k.; mais celui dont
on vend le produit au marché ne donne que 996 kil. de blé
de produit net. Ceci posé, si nous cultivons un domaine de
20 hect., sur lequel nous avons à nourrir deux hommes et
quatre bêtes de travail seulement, et que nous voulions soumettre le quart du domaine à la culture des fèves, nous ne
pouvons pas nous en promettre le revenu maximum; mais
voici ce qu'il sera réellement. Deux hommes ne consomment
que les fèves de 1 quinzième d'hectare, 4 chevaux à peu près
celles de 1 hect. 20, nous avons donc pour le revenu net:

0 hect., 07 consommation humaine.........	457 kil. de blé.
1 hect., 20 consommation des animaux......	8191
1 hect., 13 vente au marché..............	3117
3 hect., 00	11765
Par hectare moyen.............	2353 kil.

Il faudrait examiner s'il n'y aurait pas lieu d'augmenter
la consommation animale, en prenant du bétail à l'engrais;
car il est évident que plus la quantité proportionnelle de
fèves vendues au marché augmente, plus le produit net
diminue, *et vice versa*. Quant aux fèves consommées par les
hommes, leur étendue est nécessairement limitée; chacun

de nos ouvriers n'en cultive que ce qui est nécessaire à son ménage.

Les cultures des produits qui servent à différentes industries et sont en grande partie exportés hors du domaine, nécessitent un grand développement de cultures fourragères, soit pour réparer les pertes d'engrais qu'elles occasionnent, soit pour leur fournir les quantités initiales de ces engrais dont elles ont besoin pour donner de pleins produits. Cette fourniture d'engrais est un obstacle à l'extension indéfinie de leur culture quand on n'est pas à portée d'un marché où l'on puisse en acheter. Ainsi, mettant de côté une première mise qui se retrouve dans les cultures subséquentes, la consommation annuelle de 953 kil. d'azote pour un hect. de chanvre, qui, si l'on n'avait pas les engrais d'une ville et les engrais naturels des alluvions, supposerait la consommation de 828 quintaux de fourrages résultant de 9 hect. de beau trèfle, indiquerait assez qu'alors cette plante ne pourrait entrer que pour une faible proportion dans les assolements.

D'autres difficultés attendent ceux qui veulent entreprendre les cultures industrielles dans des lieux où elles ne sont pas usitées, où leur commerce n'est pas organisé. Ils sont alors obligés d'expédier au loin, pour leur compte, les produits qu'ils ont recueillis. Ils tombent entre les mains de commissionnaires, qui les ménagent d'autant moins qu'ils n'agissent pas pour des négociants de profession. Dans nos Mémoires d'agriculture (1) nous avons donné le compte de revient d'une partie de garance ainsi expédiée. On y voit que quand cet article était à un haut prix à Rouen (200 fr. les 100 kil.), il n'en est revenu que 153 fr. à l'expéditeur. Les frais emportent le quart du produit ; à plus forte raison en est-il ainsi quand les prix sont bas, car la plupart des frais restent les mêmes. Les frais fixes étaient, d'Orange à

(1) Tome II, page 306.

Rouen, de 36 fr. par 100 kil., c'est-à-dire plus de la moitié du prix moyen de la racine dans le pays, et les frais proportionnels de 7 0/0 du prix de vente.

On éprouve aussi des obstacles sérieux pour les produits qui ont besoin de certaines préparations avant d'être mis en vente. Ainsi celui qui produit des cocons dans un pays où l'industrie de la soie n'est pas connue, sera dans l'obligation de les filer; la culture de la betterave en grand devra être accompagnée de la fabrication du sucre; le chanvre doit être préparé; la matière colorante de la morelle doit être déposée sur des chiffons ou drapeaux; celle de l'indigo, du persicaire doit être extraite avant de paraître sur le marché. Il faut bien se rendre compte de toutes ces circonstances avant de se livrer à des cultures qu'on ne pourrait pas utiliser.

De tous ces faits nous tirons les conclusions suivantes :

1° Quand on n'est pas à portée d'un marché sur lequel on puisse vendre les produits des cultures dans l'état où ils ont été récoltés, il faut d'abord se rendre compte des avances que nécessitera leur consommation, et les ajouter aux avances des cultures pour s'assurer que le total ne dépasse pas les moyens dont on dispose;

2° Les assolements avec nourriture verte d'hiver doivent être combinés de manière que cette nourriture verte soit en proportion avec la nourriture sèche à laquelle elle doit être associée;

3° Les cultures dont on exporte les produits ne peuvent être entreprises que dans les lieux où l'on peut acheter à un prix favorable les engrais qui remplacent les principes exportés, ou bien si l'on fait entrer dans l'assolement, des prairies de nature améliorante, et d'une étendue suffisante pour ce remplacement;

4° Les cultures des plantes industrielles ne peuvent être établies avec sécurité, qu'après qu'on s'est assuré des débouchés, qu'on a calculé les frais de transport et de négociation. Il faut aussi se préoccuper des préparations que plusieurs de ces plantes exigent, et de la possibilité de les exécuter.

CHAPITRE IX.

De l'ordre dans lequel les plantes doivent se succéder dans les assolements.

Pour déterminer l'ordre dans lequel les plantes doivent se suivre dans les assolements, il faut avoir égard à deux natures de considérations : l'état d'ameublissement du sol, après la récolte de la plante qui précède, relativement aux convenances de celle qui doit suivre, et l'aménagement des engrais destinés aux plantes.

Après une récolte donnée, le sol se trouve dans un des états suivants : 1° Profondément remué, présentant des vides nombreux résultant de la superposition de mottes encore entières, n'ayant pas eu le temps de se pulvériser : c'est ainsi que se trouve la terre quand on vient d'arracher une garance, une vigne, des carottes, des betteraves à sucre, des pommes de terre, etc., etc. 2° Tassé dans les couches inférieures, mais très-ameubli à sa surface : le sol se trouve ainsi disposé après la récolte des plantes sarclées, les légumes, le maïs, le pavot, etc.; 3° Tassé à sa surface et dans ses profondeurs, comme après les récoltes qui n'ont pas exigé de cultures pendant leur croissance, telles que les céréales, les prairies temporaires et les autres plantes semées à la volée, sans intervalles.

1° Les plantes qui se trouveront le mieux dans les terrains profondément défoncés seront celles qui auront aussi de longues racines : c'est ce qui indique si bien les prairies artificielles et surtout la luzerne et le sainfoin après les fortes cultures; c'est ce qui engage les cultivateurs à faire succéder la betterave à la betterave, etc. Dans nos bons assolements du Midi, nous semons la luzerne après la garance, dans une avoine de printemps. Quand le sol se trouve ainsi soulevé, et dans les terres qui se pulvérisent mal, dont les mottes laissent des vides dans lesquels les semences tombent et se perdent, qui ensuite ont des tassements qui déplacent les racines , on a remarqué que les céréales d'hiver les plus délicates, comme le froment, le seigle, l'orge, sortent clair-semées, à moins que par de nombreux labours on n'ait ameubli la terre, et qu'on l'ait tassée par un fort roulage.

2° Quand le sol est ameubli à sa surface, mais non dans sa profondeur, on cultive avec succès toutes les plantes à racines subhorizontales, et la liste en est nombreuse. Les céréales réussissent particulièrement bien après les récoltes sarclées.

3° Si la surface du sol est tassée, on ne peut rien entreprendre avant d'avoir donné plusieurs façons à la terre, d'autant plus qu'un sol pareil une fois labouré ne tarde pas à se couvrir d'herbes adventices, dont il faut détruire la génération avant de procéder à un nouveau semis. Dans les pays où les saisons ne laissent pas un intervalle suffisant entre l'époque de la récolte et celle de l'ensemencement, on est donc réduit à renvoyer celui-ci au printemps suivant. Alors les céréales de printemps succèdent au froment comme dans l'assolement triennal, ou bien les récoltes sarclées succèdent aussi au froment, comme dans l'assolement quatriennal anglais. Les prairies temporaires défrichées de bonne heure, après leur première coupe, laissent la possibilité de préparer la terre pour des ensemencements d'automne.

Sous le rapport de l'aménagement de la partie azotée des engrais, nous devons rappeler que les plantes laissent après elles dans le sol une plus ou moins forte partie de l'engrais qu'elles y ont trouvé, selon qu'elles y puisent toute leur nourriture avec une plus ou moins grande avidité et selon qu'elles en prélèvent une partie dans l'atmosphère. Il en résulte que tantôt une fumure sera peu épuisée et pourra servir pour les cultures suivantes ; que tantôt, au contraire, il faudra ajouter un supplément à ce qui restera en terre pour obtenir au *maximum* la récolte qui suivra. La table suivante facilitera l'intelligence des explications que nous avons à donner. Elle porte dans la première colonne le nom des cultures ; dans la deuxième la quantité d'engrais à fournir pour obtenir le maximum des produits (cet engrais exprimé, comme dans les autres colonnes, en kil. d'azote) ; la troisième colonne indique l'engrais restant après la récolte ; la quatrième, l'engrais absorbé par la récolte ; et la cinquième rappelle l'indice de l'aliquote de l'engrais absorbé relativement à la quantité fournie.

TABLEAU des quantités d'engrais.

NATURE DES CULTURES.	Engrais à fournir.	Engrais restant.	Engrais consommé.	Aliquote.	NATURE DES CULTURES.	Engrais à fournir.	Engrais restant.	Engrais consommé.	Aliquote.
	kil. k.	kil. k.	kil. k.			kil. k.	kil. k.	kil. k.	
Froment.	264	187	77	0,29	Madia.	333	186	147	0,44
Epeautre.	172	103	69	0,40	Ricin.	78	59	59	0,50?
Seigle.	188	122	30	0,35	Courges.	1520	1030	490	0,38
Orge de print.	154	124	30	0,35	Oignons.	177	71	106	0,60
Orge d'hiver.	109	48	61	0,56	Safran.	103	82	21	0,12?
Avoine.	133	63	70	0,53	Cardère.	198	172	26	0,30
Sarrasin.	199	163	36	0,36	Houblon.	756	392	364	0,70?
Riz.	510	278	232	0,29	Garance à la main	773	637	136	0,175
Millet (jachère).	246	96	150	0,61	Garance à la char	380	314	66	0,175
Millet dérobé.	140	54	86	0,61	Persicaire.	181	128	53	0,29
Maïs.	289	180	109	0,37	Pastel.	3ç0	68	282	0,80
Sargho.	91	37	57	0,61?	Gaude.	190	114	76	0,40
Haricots.	161	95	66	0,67	Tabac.	564	361	203	0,36
Fèves.	50	119	— 69	3,72	Chanvre.	1275	447	826	0,70
Pois.	59	233	—174	5,22	Lin.	615	259	356	0,133
Vesces.	45	155	—110	4,50	Prairies perm.	168	150	18	1,61
Lentilles.	?	?	?	?	Luzerne.	885	729	156	1,55
Pommes de terre	310	168	142	0,46	Trèfle.	110	101	9	1,15
Topinambours.	282	132	150	1,46	Trèfle incarnat.	44	52	— 8	1,50
Betteraves.	2000	1340	660	0,33	Sainfoin.	121	163	—44	1,67
Carottes.	720	431	289	0,40	Vesces, fourrage	78	54	+24	1,45
Navets (jachère)	200	160	40	1,20	Spergule.	36	16	20	1,32
Navets dérobés.	60	48	12	1,20	Ivraie vivace.	272	186	88	0,29?
Rutabaga.	416	170	246	0,67	Seigle, fourrage.	611	428	182	0,30
Chou.	499	202	297	0,54	Moha.	300	156	150	0,30
Colza.	328	209	119	0,36	Madia.	166	83	83	0,50
Pavot.	275	207	68	0,27					

Supposons que l'on voulût cultiver de l'avoine et du blé, et qu'on se demandât laquelle de ces plantes devrait précéder l'autre dans l'assolement, nous aurions :

Engrais à fournir.		Engrais restant après la récolte.
Froment............	264	187 — 133=54
Avoine............	»	117 = 54+63
Dépense en engrais...	264	
A retrancher........	117	
Reste........	147	

L'avoine ne demande que 133 kilog. d'azote dans la fumure ; la quantité laissée après la récolte de froment est surabondante : aussi la récolte d'avoine a lieu sans nouvelle addition d'engrais.

nous commencions par l'avoine, nous aurions :

	Engrais à fournir.	Engrais restant.
Avoine............	133	63
Froment............	201	187
	334	
A retrancher........	187	
Reste........	147	

Le froment exigeant 264 kilog. d'azote, il faudra ajouter à l'engrais restant après la récolte d'avoine, un supplément de 201 kilog.

Ainsi, dans le premier cas, il faudra fournir, dès la première année, 264 kilog. d'azote, et à la fin de l'assolement la terre en conserve 117 kilog. ; dans le second cas, il faudra fournir, la première année 133 kilog. et la seconde 201 kil. d'azote, et la terre en conservera 187 kil. à la fin de l'assolement. Le second assolement répartit mieux les engrais, les distribue plus convenablement sur chaque année ; il les expose moins aux déperditions provenant de l'évaporation et de l'infiltration souterraine.

Examinons, d'après ces données, les divers assolements que nous avons déjà considérés sous d'autres rapports. Nous ne parlerons pas de l'assolement biennal, qui demande une mise uniforme d'engrais tous les deux ans; ni de l'assolement triennal, dont l'exemple ci-dessus donne la formule.

Assolement quatriennal.

	Engrais à fournir.	Engrais restant.
1 Pommes de terre......	310	168
2 Avoine...............	»	98
3 Trèfle.	12	101
4 Blé.................	163	187
	485	
A déduire..........	187	
	298 kilog.	

Cet assolement, fait sur une seule sole, mettrait une grande irrégularité dans la distribution des engrais; mais fait sur quatre soles, la distribution devient uniforme et se réduit à 70 kilog. d'azote par an.

Assolement d'Anvers.

		Engrais à fournir.	Engrais restant.
1 hectare	pommes de terre..	310	168
1 —	seigle.	20	122
—	navets, ...	»	74
1 —	avoine.	59	63
1 —	trèfle.	37	101
1 —	blé.............	163	187
1 —	navets	»	139
		589	
	A déduire.......	139	
		450	

Cet assolement répartit mieux l'engrais que le précédent

Assolement de Nismes.

	Engrais à fournir.	Engrais restant.
1 hectare luzerne (5 ans)......	885	729
1 — blé................	»	652
1 — blé................	»	575
1 — blé................	»	498
1 — sainfoin (2 ans)	»	542
1 — blé................	»	470
1 — blé................	»	400
	885	
à déduire....	400	
Reste....	485	

Cet assolement se conduit avec une seule fumure faite la première année ; on voit que sans les usages locaux, et sans la consommation d'engrais faite par les mauvaises herbes qui souillent les blés répétés, il pourrait se conduire beaucoup plus loin. Les terres, d'ailleurs, restent en excellent état.

Assolement d'Orange.

	Engrais à fournir.	Engrais restant
1 hectare luzerne (4 ans).......	885	761
1 — blé................	»	691
1 — blé................	»	621
1 — garance (3 ans).....	»	555
1 — blé................	»	485
1 — blé................	»	415
1 — avoine.............	»	345
1 — avoine.............	»	275
	885	
à déduire....	275	
Reste....	610	

Cet assolement pourrait supporter une troisième récolte de blé, après la garance ; c'est l'invasion de la végétation spontanée qui abrége l'assolement.

Le défaut d'égale répartition de l'engrais entre les années successives d'un assolement, serait très-sensible si l'exploitation était conduite en une seule sole. Mais il s'efface quand on a autant de soles qu'il y a d'années dans l'assolement; alors, quoique chaque hectare reçoive d'une année à l'autre une quantité différente d'engrais, l'ensemble du domaine n'a à fournir que la même quantité moyenne chaque année. Ainsi, dans ce cas, l'inconvénient disparaît. Cet inconvénient est même un avantage dans certains cas. Ainsi, l'assolement de Nîmes mené, comme il l'est, sur une seule sole et sur un petit nombre d'hectares, par des fermiers citadins et avec des attelages loués, leur permet d'accumuler leurs travaux et leurs soins sur la première année, et de se dégager pour celles qui suivent de soucis répétés, d'une surveillance qu'ils cherchent à amoindrir.

Mais les fumures considérables et à long terme, quand elles ne sont pas appliquées à des prairies temporaires de nature améliorante, ont le défaut d'occasionner une forte déperdition d'engrais. Dans les terrains filtrants, on ne peut pas la porter à moins d'un huitième de la quantité existante dans le sol, pour chaque année de la rotation. Cette observation doit donc faire pencher vers l'emploi plus réitéré et moins abondant des engrais. C'est à cette conclusion que sont arrivés les bons agriculteurs anglais. Les fourrages légumineux qui abandonnent tant de racines et de débris de feuilles dans le sol, modifient ce principe, parce qu'ils convertissent les engrais diffusibles, en substances végétales, dont la décomposition plus lente prolonge les effets des engrais et les soustrait aux agents de destruction. Nous en conclurons donc :

1° *Qu'excepté le cas où les prairies légumineuses reviennent souvent dans l'assolement, il faut se borner à rétablir, chaque année, les terres dans cet état de fertilité que comporte le maximum de la récolte que l'on veut obtenir, les engrais excédants étant exposés à des pertes qu'il faut éviter;*

2° *Dans un assolement, les plantes à fortes aliquotes doivent succéder, autant que possible, à celles à aliquotes faibles, pour profiter immédiatement des engrais restants, laissés par les premiers;*

3º *Les cultures céréales qui ne peuvent être entreprises sans risques sur un terrain qui présente un état de fertilité considérable, parce qu'elles sont alors exposées à verser, doivent être précédées par des récoltes épuisantes, qui réduisent la terre à l'état de richesse que les céréales peuvent supporter ;*

4º *Mais après les fourrages légumineux, les céréales peuvent être placées immédiatement, quoique la richesse de la terre soit beaucoup plus grande que celle qu'elles demandent, parce qu'elle consiste alors en débris végétaux, lents à se décomposer, et qui ne fournissent que graduellement, à mesure des besoins, les principes qu'ils contiennent.*

CHAPITRE X.

Lois météorologiques des assolements.

§ 1er. *Influence du climat sur le choix des plantes cultivées.*

Les plantes cultivées ont toutes un tempérament spécial qui exige certaines conditions météorologiques nécessaires à leur développement et propres à leur rendre la vie plus facile, plus complète; en l'absence de ces conditions, leur culture est peu profitable. Les prohibitions légales, les exclusions systématiques, la difficulté des transports, l'infériorité de l'industrie des autres nations ont pu quelquefois nous rendre la culture de végétaux souffrants plus avantageuse que celle des produits propres à notre climat; nous avons pu appliquer plus d'art, plus de dépenses à obtenir des résultats que le climat semblait nous refuser. Mais ces barrières factices mises entre les États tendent chaque jour à s'abaisser, et il est facile de prévoir que le moment viendra où chaque point du globe pourra se livrer sans rivalité possible à la culture des plantes les plus appropriées à sa situation météorologique. Nous avons sous les yeux des exemples frappants des effets que peuvent avoir les circonstances administratives et politiques sur le sort des cultures.

Le Midi de la France produit d'excellent tabac, le Nord en produit d'inférieur. Il a fallu des règlements administratifs, des lois prohibitives, pour que le Midi fût dépossédé en bien grande partie de la supériorité que lui assurait sa position. Les cultures les plus étendues de tabac sont aujourd'hui établies dans le Nord, et l'on préfère aller demander à l'Amérique les qualités supérieures qui doivent remédier aux défauts des tabacs indigènes, plutôt que d'obtenir de notre agriculture des masses de produits pareils à ceux de Tonneins et qui n'auraient besoin d'aucun correctif. Dans ce cas, des considérations financières viennent mettre obstacle à la nature des choses : elles sont sans doute d'un ordre supérieur ; mais il est facile de prévoir que tôt ou tard on trouvera, pour parer à la fraude, des moyens plus raisonnables que celui de priver une partie de notre sol des avantages qu'il peut tirer de ses qualités naturelles.

Quoique la vie moyenne de l'olivier soit bornée en France à une durée assez limitée, on l'y cultive encore avec avantage, grâce à deux circonstances : les droits d'entrée qui frappent les huiles étrangères, et l'état retardé de l'industrie chez les autres peuples du littoral de la Méditerranée. Avec une culture plus énergique et plus abondante en engrais, l'olivier braverait encore l'abaissement des droits de douane; mais si les lumières agricoles et les capitaux s'appliquaient à l'olivier d'Afrique et de la Corse, n'est-il pas visible que cet arbre disparaîtrait du sol de la France ?

Enfin, si la betterave à sucre lutte aujourd'hui contre les sucres coloniaux, cet avantage ne lui échapperait-il pas le jour où des moyens plus économiques de culture et des procédés plus habiles de fabrication seraient introduits dans le traitement des cannes à sucre?

On voit donc que les circonstances de climat ne sont pas toujours une raison d'exclure, de l'agriculture d'un pays, des plantes qui n'y trouvent pas les meilleures conditions d'existence. Le champ des cultures est rétréci ou agrandi par des causes économiques ou commerciales qui dépendent des préjugés, des besoins des populations et de leur avancement relatif dans les voies de l'industrie. L'admission des cultures doit donc être réglée définitivement par le calcul des produits moyens que l'on peut en attendre, calcul dans lequel les effets du climat entrent pour leur part.

Cependant, comme les éléments qui servent de base à ces supputations sont loin d'être bien éclaircis, comme le calcul d'un produit moyen dépend des variations que l'on n'a pas eu le temps de bien apprécier depuis le peu d'années que l'agriculture possède de bons observateurs, il faut toujours accueillir avec une certaine défiance les nouvelles cultures qui craignent les extrèmes des variations météorologiques.

Leur consacrer sans de longs essais toutes les ressources dont nous pouvons disposer, c'est un jeu qui peut tourner à notre ruine. Ainsi, l'olivier est, sans contredit, un des végétaux dont les chances ont été le mieux étudiées; nous savons, à la fois, les produits que l'on peut tirer de l'arbre devenu adulte et la durée moyenne de sa vie dans son état productif. Mais ce n'est pas toujours sur le résultat de ces calculs que se fondent les planteurs; ils admettent des chances heureuses, des intervalles d'hivers doux qui ne se vérifient quelquefois pas. Et cependant, combien n'avons-nous pas vu de propriétaires fiers, au mois de novembre, de la beauté de leurs oliviers, pleurer en janvier sur leur richesse perdue! Le père de famille prudent ne hasardera jamais qu'une partie de ses ressources à ces spéculations aléatoires.

En général, il faut se défier des cultures dominantes dans une autre région météorologique que celle où nous cultivons, à moins que de fortes raisons commerciales et économiques ne puissent diminuer les dangers que leur adoption peut nous faire courir. C'est ainsi que la luzerne ne doit être admise qu'avec prudence dans la région céréale, et surtout en avançant vers le nord de cette région, et que le trèfle échoue très-souvent au midi de la région de la vigne et dans la région des oliviers, si le climat n'y est pas modifié par l'irrigation. C'est ainsi que le chou, plante sarclée par excellence dans la région des pâturages, ne donne que des résultats insignifiants dans la région de la vigne, et ce produit n'y réussit bien qu'au moyen de l'irrigation. La vigne ne subsiste au nord de sa région que par la difficulté des transports qui renchérissent les vins du Midi; le maïs, tant de fois essayé dans la région céréale, n'y mûrit que rarement et imparfaitement ses épis; le mûrier, transporté dans la région céréale, ne peut y donner utilement que des récoltes bisan-nuelles de feuilles; enfin nos variétés de céréales du Midi, trop sensibles aux grands froids, peuvent faire courir de grands dangers aux approvisionnements des pays du Nord, si on en répand trop la culture. Toutes ces importations de cultures demandent à être faites avec la plus grande prudence.

C'est que, en effet, outre l'influence des températures extrêmes, il faut aussi calculer la somme de températures diurnes nécessaires pour obtenir les récoltes de plantes cultivées. Cette recherche suppose que l'on possède des tables météorologiques des pays où l'on cultive, et que ces tables contiennent tous les genres d'observations nécessaires à ces calculs; ables que nous ne possédons encore que pour un petit nombre de localités.

Quand on les aura, on pourra voir, par exemple, que l'on ne peut espérer une réussite passable en Provence, ni du coton frutescent qui exige une somme du 5,500° de température moyenne, ni même de coton d'Égypte qui en exige 4,500° entre l'époque où la température moyenne de l'air dépasse $+12,5°$ et celle où elle descend en automne à $+13°$. Le climat de Provence n'offre pas cette somme de température. La maturité du maïs ne peut être obtenue d'une manière certaine à Paris, faute d'une assez grande somme de chaleur totale (1).

(1) Tome II, page 341.

Quand on ne possède pas les éléments de calcul nécessaires pour déterminer l'époque de la maturité des plantes,
il faut s'en assurer par des essais directs.

§ 2. *Récoltes dérobées. Durée de la saison végétative.*

Ce n'est pas seulement à connaître la possibilité de certaines cultures que se borne l'utilité de la connaissance positive d'un climat; elle nous donne encore le moyen de juger
celle de faire succéder dans la même année, sur le même
terrain, plusieurs récoltes les unes aux autres : ces récoltes
successives s'appellent récoltes *dérobées*. C'est ici le lieu d'en
établir la théorie.

Dans les pays où la rente de la terre est très-élevée, il
importe de profiter de tout le temps dont on paye la location
et de multiplier les produits sur le même terrain. Pour
que plusieurs récoltes puissent se produire dans une même
année, il faut : 1° que la durée de la saison végétative soit
assez grande pour embrasser la durée de la production de
ces récoltes; 2° que l'état de la terre après la première
récolte soit tel qu'il soit possible de faire immédiatement
les cultures pour la récolte qui doit suivre; 3° que l'on
puisse disposer d'engrais suffisants pour obtenir la production de ces récoltes successives.

Dans l'hémisphère boréal, la température moyenne de
l'atmosphère atteint son point moyen au printemps,
vers le 18 avril; il revient à cette moyenne, en automne, vers
le 16 octobre. La température va croissant du 18 avril au
4 août, et en décroissant du 4 août au 16 octobre. Ainsi
l'époque du maximum, le 4 août, partage la période comprise entre les deux moyennes, en deux portions : la semi-
période croissante de 108 jours, celle de chaleur décroissante
de 73 jours.

En prenant pour exemple, Paris et Orange, nous pouvons

représenter la période entière et les demi-périodes par les chiffres suivants :

	PARIS		ORANGE.	
Température moyenne...............	10o,865		13o,000	
Sommes des températures moyennes du 18 avril au 16 octobre.........		par jour		par jour
	2954,37	moyen. 160,32	3422,50	moyen. 180,90
Sommes des températures de la demi-période croissante................	1747,85	16,19	2045,90	18,94
Sommes des températures de la demi-période décroissante.............	1206,52	16,55	1376,60	17,49

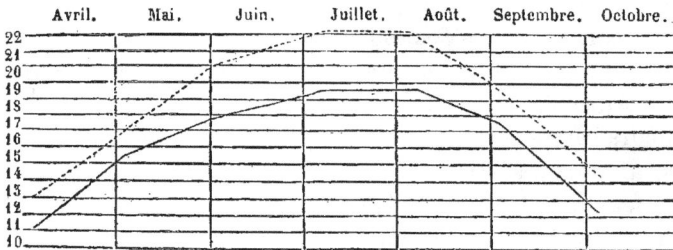

Paris.

La courbe ci-dessus représente la marche de température moyenne. Maintenant, si nous nous enquérons de la marche des températures totales (la moyenne composée du minimum des jours et du maximum au soleil), nous avons :

	PARIS.		ORANGE.	
Température totale moyenne.......	3633,60 par j. m.	20,07	4780,00 par j. m.	26,41
Somme des températures croissantes.	2147,60	19,89	2810,00	26,01
Somme des températ. décroissantes.	1486,00	20,36	1970,00	26,98

Le phénomène est représenté par les courbes suivantes :

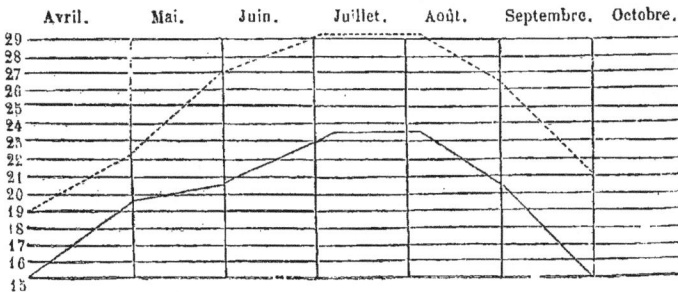

Paris.

Ce qui est remarquable dans ces deux périodes, c'est la lente progression de l'accroissement de chaleur, et son rapide décroissement.

Supposons, maintenant, une plante qui se développe au commencement de la période croissante : elle éprouvera un accroissement graduel de température, se couvrira d'organes foliaires, s'approvisionnera de sucs, jusqu'au moment où l'évaporation plus vive n'étant plus alimentée par l'humidité du sol, sa séve s'épaissira, les nœuds des tiges se rapprocheront et finiront par devenir des épis ou des pétales de fleurs. Ainsi, le blé fleurit à $+$ 16° de température, s'il a d'ailleurs reçu 1,413° de chaleur totale ; les semences commencent alors à se former ; et, quand la plante a reçu 2450° de chaleur totale, ou même 1,500 à 1,600° en retranchant les nuits, sa maturité est complète.

Si le blé était semé au commencement de la période décroissante, sa végétation foliaire ferait des progrès bien plus rapides, pressée par une haute température ; mais quand, à partir du 4 août, il aurait reçu 1,413° de chaleur totale, il aurait atteint le mois d'octobre, nécessaire pour la floraison ; il ne pourrait plus accumuler les 2,450° qui devraient procurer sa maturité ; il continuerait donc à se développer en feuilles et ne fructifierait que l'année suivante. C'est ainsi que la marche des températures ne permettrait pas à Paris la fructification d'un blé semé plus tard que le 20 de mai et le 10 de juillet à Orange, en supposant que la plante trouve toujours dans le sol, la quantité d'humidité nécessaire aux diverses périodes de son accroissement. Ainsi, sous le rapport de la température, les semis des plantes doivent être combinés de manière que ces plantes puissent recevoir la somme de chaleur nécessaire à la fructification, et de plus que l'époque de la floraison arrive encore au moment où la chaleur sera assez élevée pour favoriser la formation de la fleur et de la graine.

Mais nos deux semi-périodes offrent une différence tout

aussi frappante que celle de leur température, c'est celle de leur humidité et de l'humidité du sol. Celle-ci est à son maximum au commencement de la période croissante et à la fin de la période décroissante. Il fait le plus sec possible à la fin de la période croissante et au commencement de la période décroissante. Or, la germination, le développement radicellaire et foliaire des plantes exige un état relatif plus grand d'humidité, la maturation des graines un état relatif plus grand de sécheresse : d'où il suit que la première période est, dans les terrains ordinaires, la plus favorable à la marche naturelle de la vie des plantes qui doivent porter des graines ; et que la seconde période, d'abord peu favorable à la germination, arrête ensuite le développement de la plante, au moment où l'humidité serait nécessaire pour son développement foliacé et radicellaire.

Mais, quand par le moyen de l'irrigation on peut, à volonté, mettre un terrain dans l'état d'humidité convenable, les deux périodes pourront être également favorables à la production des organes verts des plantes, si on arrose vers la fin de la période croissante et au commencement de la période décroissante ; il arrivera aussi que l'on pourra se procurer des récoltes de grains dans le courant de la deuxième période, en semant au milieu de la première avec le secours de l'irrigation. Ainsi pour que cette faculté puisse être utilisée, dans le but d'avoir une récolte dérobée, il faut que la récolte de printemps soit faite assez à temps pour que la somme des températures nécessaires à la récolte d'été qui la suivra, soit obtenue dans la partie encore sèche et chaude de la période décroissante.

Si nous cultivons dans le midi de la France, où la récolte du blé a lieu, année moyenne, du 20 au 30 juin, nous pourrons disposer d'un mois de la période croissante et de toute la période décroissante ; c'est-à-dire de 3,697° de chaleur totale, pourvu que nous mettions la terre dans un état d'humidité suffisant pour permettre une semaille immédiate.

Ainsi :

Le maïs quarantain exige	3,300
Le millet..	1,850
Le haricot..	1,400
Les fèves.	2,500
Les pommes de terre.....................	2,920
Les betteraves.	1,433
Un grand nombre de fourrages, maïs, avoine, vesce, etc............................	1,500

Toutes ces plantes, et d'autres encore, peuvent être obtenues, dans le midi de la France, en récolte dérobée, après la moisson du blé, dans les terres irrigables à cette époque.

Mais si la nature du sol ou le défaut d'irrigation ne permettent pas de commencer les semailles avant le milieu de septembre, il ne reste plus que 626° de chaleur totale à employer et l'on ne peut cultiver que des plantes qui continuent à végéter au-dessous de la température de $+ 13°$, savoir le sarrasin, la pomme de terre, les navets. Ces dernières récoltes sont les seules dont les pays du Nord puissent profiter quand la moisson des céréales n'est terminée qu'au mois d'août.

Une des récoltes dérobées les plus précieuses, est sans doute celle qui, en soutirant une grande masse de principes de l'atmosphère, peut devenir d'un utile secours pour les récoltes subséquentes, en fournissant aux terres un abondant engrais vert. Les engrais verts, employés comme récolte principale de l'année, sont une ressource trop coûteuse, et nous avons dit qu'il fallait leur préférer des fourrages qui, consommés par les animaux, donnaient un produit bien supérieur, puisque l'azote des fourrages se réalise au prix de 12,61 kil. de blé et celui des engrais à 7,50 kil. seulement; mais il n'en est pas de même des engrais verts en récolte dérobée. Ainsi, dans les terrains et les situations où le lupin réussit, nous avons vu des successions de récoltes céréales obtenues par l'intermédiaire de cette légumineuse, semée immédiatement après les moissons, et enfouie un peu avant les semailles. Sur les sols arrosés, on peut aussi se procurer un excellent engrais par les récoltes dérobées de fèves ; si le terrain est en bon état, on aura en octobre un champ bien garni de fèves en fleur que l'on enterrera par un labour, sur lequel on sèmera le blé.

Dans le Nord, on peut destiner le sarrasin au même emploi ; c'est aussi une plante améliorante, mais ses tiges ne parviennent pas au même développement que celles des légumineuses et absorbent avec moins d'intensité l'azote de l'atmosphère.

CHAPITRE XI.

Récapitulation des lois des assolements.

En résumant les théories que nous avons exposées dans les chapitres précédents et en élaguant les détails dans lesquels nous avons dû entrer et qu'il ne faut pas perdre de vue, nous trouvons que le meilleur assolement est celui qui donne le produit net le plus élevé des capitaux que l'on emploie à sa réalisation, et qu'on y parvient :

1° En adoptant les cultures que la nature du sol et le climat permettent d'introduire, et qui, dans les circonstances données, fournissent le produit net le plus élevé, mais aux conditions suivantes :

2o Que l'on sera en état de faire les avances indispensables à ces cultures, et celles qu'exigeront la conservation ou la transformation de leurs produits en produits échangeables, si cela est nécessaire ;

3° Que l'on pourra les continuer, et qu'ainsi on sera en mesure de leur fournir la quantité d'engrais nécessaire, soit en achetant, soit en produisant ces engrais ;

4° Que si l'on doit produire les engrais, la masse des restitutions faites au sol sera, au moins, égale à la masse des principes enlevés ;

5° Que cette restitution se faisant avec lenteur dans les couches profondes, on ne jugera pas de l'état de fertilité de ces couches par celui de la surface, et qu'ainsi un intervalle plus ou moins grand doit séparer le retour des plantes à racines pivotantes ;

6° Que l'on pourra toujours et économiquement se procurer les forces nécessaires pour exécuter les travaux, soit en distribuant ceux-ci d'une manière égale entre les saisons, si l'on a une masse fixe et invariable de forces disponibles, soit en se procurant en temps utile les suppléments de forces qu'exigent les cultures qui n'occupent qu'à certaines époques de l'année ;

7° Que les récoltes successives auront entre elles un intervalle de temps suffisant pour ameublir et nettoyer le terrain, et en ne laissant cependant que la durée indispensable pour le bon accomplissement des travaux.

CHAPITRE XII.

Examen de quelques formules d'assolement.

Nous achèverons d'éclaircir les principes que nous venons de poser, et de familiariser nos lecteurs à leur emploi, en les appliquant à diverses formules d'assolement recommandées par les auteurs, ou usitées avec succès dans différentes contrées de l'Europe. Nous ne reprendrons pas celles qui ont été les types de nos déductions dans les chapitres précédents, savoir : l'assolement biennal et triennal avec jachère, l'assolement quadriennal, l'assolement de Nismes, celui d'Orange, celui d'Anvers ; mais nous examinerons les formules rapportées par A. Young, John Sinclair, Thaër, Schwerz, Burger, et par des auteurs plus récents Matthieu de Dombasle, Rieffel, Bella. Toutefois, nous avons dû nous borner à choisir les plus saillants et les plus riches, dans l'innombrable variété de ces types d'assolements, que chacun se croit appelé à imaginer chaque jour. L'application de nos calculs à ces cadres symétriques qui plaisent tant à l'œil des commençants, dissipera bien des illusions ; et prouvera qu'un assolement digne d'être mis en pratique est une œuvre qui mérite de sérieuses réflexions, et que les circonstances locales qui font varier les moyens d'exécution, le rendent souvent inapplicable ailleurs que dans la situation spéciale pour laquelle il a été conçu. Rappelons toujours à nos lecteurs que les éléments des différentes nourritures distribuées aux animaux subissent des pertes par la transpiration, par l'absence des animaux des étables ; par la production du lait, de la chair et de la laine : pertes que nous avons indiquées plus haut, et qui sont telles, que pour des animaux en repos et ne produisant pas de lait, il faut compter 0,17 de perte sur les engrais, pour ceux qui travaillent toute l'année et ne passent que la nuit dans les étables, une perte de 0,28, ou une perte proportionnelle à leur absence des écuries ; et pour les vaches laitières, une perte de 0,38, tout compris. Ce n'est qu'après ces déductions variables que l'on pourra être assuré que l'assolement pourvoit à son approvisionnement d'engrais.

1. HUNTINGDON. — *Assolement d'un cultivateur expérimenté* (John Sinclair, t. II, p. 240).

	Produit.	Azote		Produit net.	Avances.
	kil.	employé.	restitué.	kil. de blé.	
1 Vesces (fourrages).	10000	114,00	168,00	406	694
2 Blé..............	3000	76,50	17,70	1775	2600
3 Trèfle...........	9142	140,78	241,34	779	1457
4 Fèves consommées.	2640	186,52	225,00	996	856
5 Blé.	3000	76,50	17,70	1775	2600
		594,10	669,74	5731	8167
Engrais total excédant......		75,64			

Les engrais laissent un trop faible excédant, le produit net est de 1146 kil. de blé par hectare (252 f., le blé valant 22 fr. les 100 kil.) ; il faut 1633 kil. d'avances (359 fr.) par hectare, non compris la rente du terrain.

2. Suffolk. — *Terres riches et profondes*
(John Sinclair, t. II, p. 246).

	Produit.	Azote		Produit net.	Avances.
	kil.	employé.	restitué.	kil. de blé.	
1 Navets ..	100000	240	360	1584	2029
2 Orge....	2625	54,07	7,87	415	1746
5 Fèves ...	2640	186,32	225,00	996	836
4 Blé......	5000	76,50	17,70	1775	2600
5 Orge....	2625	54,07	7,87	415	1746
6 Trèfle...	9142	140,78	241,34	779	1437
7 Blé	5000	76,50	17,70	1775	2600
		828,24	877,48	7739	12994
Engrais total excédant.		49,24			

Les engrais laissent si peu d'excédant, qu'en comprenant
les pertes qu'ils subissent, le terrain doit s'appauvrir si l'on
n'y pourvoit par des engrais extérieurs. Le produit net est de
1107 k. de blé par hectare (243 fr.); il faut 1857 kil. de blé
d'avance par hectare (408 fr.) non compris la rente.

3. Edimburgh, Aberdeen (John Sinclair, t. II, p. 248).

	Produit.	Azote		Produit net.	Avances.
	kil.	employé.	restitué.	kil. de blé.	
1 Vesces.	10000	114,00	168,00	406	694
Navets.	50000	72,00	108,00	270	779
2 Blé de printemps.....	5000	76,50	17,70	1775	2600
		262,50	293,70	2451	4073
Engrais total excédant.		31,20			

Cet assolement se suffit en engrais, si l'on fait consommer
sur la ferme; son produit net est alors de 1225 kil. de blé
(269 fr. 50).

Cependant Sinclair estime ce produit de 980 à 1225 fr.
par hectare. Cela doit tenir au haut prix des denrées, du
fourrage, du lait, aux environs des grandes villes, à celui
du blé en Angleterre, et aussi probablement à ce que l'on y
achète le fumier à bon compte. Les avances seraient de 2036 k.
de blé (448 fr.) par hectare.

4. Kensington. — *Choux et pommes de terre vendus à la ville*
(John Sinclair, t. II, p. 248).

	Produit.	Azote		Produit net.	Avances.
	kil.	employé.	restitué.	kil. de blé.	
1 Choux............	155000	578	81	5413	4587
Pommes de terre.	29000	142	57,7	1490	5005
2 Blé.............	5000	76,5	17,7	1775	2600
		596,5	156,4	8678	10192

Déficit total d'engrais. 460,1

Cet assolement exige une forte importation d'engrais ; mais
il n'est praticable que près des villes et avec la possibilité de
vendre en entier au marché, et pour la consommation humaine, les choux et les pommes de terre. Son produit net
est de 4339 kil. de blé (954 fr.) par hectare ; il exige 2036 kil.
de blé d'avance par hectare (448 fr.).

5. Wurtemberg. (Forêt-Noire.)

	Produit.	Azote		Produit net.	Avances.
	kil.	employé.	restitué.	kil. de blé.	
1 Choux écobués et fumés.	155000	578	551	1587	4587
2 Seigle.	2592	65,84	15,05	777	1950
3 Lin (tiges)............	5550	59,76	»	881	5445
4 Seigle fumé...........	2592	65,84	15,05	777	1950
5 Pommes de terre.......	29000	142,00	142,00	556	5005
6 Avoine.	2948	70,75	15,57	1528	1600
7 Trèfle.	9142	140,78	241,54	779	1457
8					
9 } Prairies.	18000	207,00	587,00	1080	1200
10					
		1109,97	1166,94	7565	19172

Engrais total excédant. 56,97

Cet assolement se suffirait tout juste pour ses engrais si ceux-
ci ne subissaient aucune déperdition ; tous les produits, excepté
les graines et le lin, sont consommés sur la ferme. En supposant les cultures portées au *maximum* du produit, on voit que
le produit net serait de 756 kil. de blé (166 fr.) par hectare,
moins la rente ; mais nous ne croyons pas à un tel résultat.
Il y a 1917 kil. de blé d'avances par hectare (422 fr.).

6. ALSACE.

		Rente.	Azote		Produit net.	Avances.
		kil.	employé.	restitué.	kil. de blé.	
1	Pavot..	1725	74,33	21,73	2133	2749
2	Blé.....	3000	76,50	17,70	1892	2600
3	Fèves..	2640	186,32	225,00	996	838
4	Blé. ...	3000	76,50	17,70	1892	2600
5	Tabac...	5850	203,28	87,78	6725	11379
6	Blé. ...	3000	76,50	17,70	1892	2600
7	Trèfle..	9142	140,78	241,34	779	1457
8	Blé.....	3000	76,50	117,70	1892	2600
			910,75	646,65	18199	27001

Déficit total d'engrais. 264,08

Cet assolement, qui n'est qu'une des nombreuses formules usitées en Alsace, ne peut se soutenir qu'au moyen d'une abondante importation d'engrais; les récoltes étant développées au maximum, ses produits nets sont de 2275 k. de blé (500 fr.) par hectare, non compris la rente. Les règlements fiscaux ne permettent pas d'obtenir du tabac un produit aussi élevé que celui que nous lui assignons; plusieurs antres récoltes sont loin d'atteindre aussi le chiffre maximum; ce chiffre exige 3375 kil. de blé d'avance (742 fr.), non compris la rente.

7. BELGIQUE.—*Assolement que Schwerz considère comme un des meilleurs. (Instructions, page 298.)*

		Rente.	Azote		Produit net.	Avances.
		kil.	employé.	restitué.	kil. de blé.	
1	Navets..........	100000	24	360	1384	2029
2	Avoine..........	2948	70,75	15,57	1328	1600
3	Trèfle...........	9142	140,78	241,34	779	1457
4	Blé.............	3000	76,50	17,70	1775	2600
	Navets..........	30000	72,00	108,00	270	779
5	Lin.............	3350	59,76	»	881	3445
6	Blé.............	3000	76,50	17,70	1775	2600
7	Seigle..........	2592	65,84	15,05	777	1950
	Navets..........	30000	72,00	108,00	270	779
8	Pommes de terre..	29000	142,00	142,00	556	3005
9	Blé.............	3000	76,50	17,70	1775	2600
10	Gesse et seigle....	10000	114,00	168,00	1498	694
	Navets..........	30000	72,00	108,00	270	779
			1258,63	1319,04	13538	24295

Engrais total excédant. 60,41

Cet assolement est au-dessus du pair pour les engrais ; il donne 1354 kil. de blé de produit net (297 fr.); il exige 2429 kil. d'avance par hectare (534 fr.).

8. ASSOLEMENT avec pâturage du Holstein (1).

	Produit.	Azote		Produit net.
	kil.	employé.	restitué.	
1 Avoine.............	2948	70,75	18,57	1328
2 Jachère............	»	»	9,18	»
3 Blé................	3000	76,50	17,70	1892
4 Orge..............	2625	51,07	14,70	415
5 Avoine............	2948	70,75	18,57	1328
6 Trèfle à faucher....	9142	140,78	241,51	1095
7 8 9 10 } Pâturages........	24000	276,00	516,00	2726
		688,85	836,06	8784
Par hectare.....		68,88	83,61	8784 (193 f. 25 c)
Engrais excédant.		14,73		

La grande déperdition d'engrais qu'occasionne le pâturage quand on n'en prend pas soin, et celle que causent les vaches laitières, nous font penser que les engrais sont à peine suffisants.

9. ASSOLEMENT avec pâturage du Mecklenbourg.

	Produit.	Azote		Produit net.
	kil.	employé.	restitué.	
1 Jachère.............	»	»	9,18	»
2 Blé................	3000	76,50	17,70	1892
3 Blé de printemps.....	3000	76,50	17,70	1892
4 Jachère.............	»	»	9,18	»
5 Blé................	3000	76,50	17,70	1892
6 Blé de printemps......	3000	76,50	17,70	1892
7 8 9 { Trèfle et pâturages. }	18000	207,00	387,00	2044
		513,00	476,00	9612
Par hectare.........		57,00	52,89	1068 (234 f. c.96.)
Déficit d'engrais....		4,11		

(1) Thaër, § 325 et suivants.

L'assolement du Holstein attache plus de prix à l'élève du bétail, celui du Mecklenbourg à la production des grains qui doivent être plus nets, mais donner une récolte plus faible, car l'engrais est réellement insuffisant pour obtenir des récoltes *maxima*. Ces assolements se recommandent par une très-grande régularité dans les opérations et par l'uniformité des produits. Une telle exploitation bien établie, l'inspection et la direction deviennent très-faciles, et Thaër pense que 4000 hectares ainsi assolés demanderaient moins d'attention et de soins que 400 dirigés d'une autre manière. Mais c'est une machine qui ne souffre aucun dérangement, aucun changement, et elle ne peut marcher qu'à la condition que le terrain se prêtera à la production des herbes. Si le terrain ne se gazonne pas facilement et rapidement, si dès la seconde année le pâturage n'atteint pas un produit convenable, il faut renoncer à ce système mixte et adopter un système complet avec cultures.

10. — Assolements italiens (1).

Terrains arrosés.

1. Province de Lodi, Melguanello.

	Produit.	Azote		Produit net.
	kil.	employé.	restitué.	kil. de blé.
1 Lin (tiges)..........	3550	59,76	19,88	881
2 Blé.............	5000	76,50	17,70	1892
Millet..............	2580	88,20	42,84	1147
3 Blé...............	5000	76,50	17,70	1892
Maïs quarantain.....	2625	158,28	10,24	1054
4 }				
5 } Prairie	22500	258,75	483,75	2010
6 }				
		597,89	589,11	8876
Par hectare.		99,65	98,02	1479(281 f. 50 c).
Déficit d'engrais.			1,63	

Ces terrains conservent bien leur fertilité ; il faut croire que

(1) Burger, *Agriculture du royaume lombardo-vénit ien*, p. 35 e suivantes.

les eaux, par les éléments qu'elles charrient, compensent le léger déficit d'engrais.

2. Province de Pavie, San-Nuovo.

	Produit.	Azote		Produit net.
	kil.	employé.	restitué.	kil. de blé.
1 Maïs..............	5250	106,57	20,47	2109
2 Trèfle.............	9142	140,78	241,34	559
3				
4 } Riz............	22500	270,00	69,75	6174
5				
6 Blé...............	5000	76,50	17,70	1892
		593,85	349,26	10734
Par hectare.		98,94	58 21	1789 (393 f. 58 c.)
Déficit d'engrais.			40,73	

Il est bien évident que ce grand déficit d'engrais ne peut être couvert que par la richesse des eaux d'irrigation.

II. *Terrains secs.*
1. Milan, Côme, Varèse.

	Produit.	Azote		Produit net.
	kil.	employé.	restitué.	kil. de blé.
1 Maïs..............	5250	106,57	20,47	2109
2 { Blé.............	1500	38,25	8,85	946
{ Maïs quarantain.	1312	20,14	15,12	1527
3 Blé.............	1500	38,25	8,85	946
4 Maïs............	2625	58,28	10,24	1054
5 Trèfle...........	4571	70,39	120,67	279
6 Blé.............	3000	76,50	17,70	1892
Maïs quarantain....	2625	58,28	10,24	1054
		466,56	202,14	8807
Par hectare.....		77,72	33,36	2202 (484 f. 44 c.)
Déficit d'engrais.			64,36	

Ces terres épuisées par des récoltes aussi répétées ne produisent que 1350 kilog. de maïs par hectare au lieu de 5250 kilog. et à peine 1000 de blé. Les engrais atmosphériques réunis à la petite quantité que l'on en fabrique, soutiennent cette production. Les produits des mûriers permettent seuls de continuer une semblable culture. En général, l'agriculture lombarde n'est remarquable que par ses terrains arrosés et ses cultures arbustives ; la culture commune est fort en arrière des autres pays. — Du produit net ci-contre, il faudrait soustraire la valeur de 44 kilog. d'azote du fumier par hectare ou 330 kil. de blé (96 fr. 80 c.).

2. Vicence.

	Produit.	Azote		Produit net.
	kil.	employé.	restitué.	kil. de blé.
1 Maïs........	5250	106,57	20,47	2109
2 Blé.........	5000	76,50	17,70	1892
3 Trèfle......	9142	140,78	241,31	559
4 Blé........	5000	76,50	17,70	1892
		400,35	297,21	6452
Par hectare..		100,09	74,30	1613 (354 fr. 86)
Déficit d'engrais.			25,79	

Il ne faut pas oublier que cette rotation exige un sol aussi profond et aussi fertile que celui de Vicence, dit Burger. Encore ici un énorme déficit d'engrais. Cependant le produit du maïs est de 2600 kilog. par hectare et celui du blé de 1600 kilog., grâce à l'excellence du terrain.

11.—Assolements de Roville.

Matthieu de Dombasle, fondateur d'une école célèbre d'agriculture, en entreprenant l'exploitation des terres de Roville, manquait, il faut l'avouer, de pratique ; et quoique possédant toute la science agricole de son temps, il ne pouvait deviner les précieux résultats qu'a produits son alliance avec les sciences physiques, et il en était réduit à ces tâtonnements qui font tant de mal aux entreprises de tout genre, parce qu'elles font perdre à la fois le temps et l'argent. Il serait bien intéressant de suivre les différentes fluctuations de son esprit dans la tâche d'arrêter un assolement pour ses terres de Roville ; mais afin de ne pas étendre outre mesure cette étude, nous la bornons à ce qu'il appelait ses terres légères, véritables glaises, qui se lattaient par la culture, quand elles étaient molles, faisaient alors des mottes dures sur lesquelles les gelées n'agissaient pas, et qui ne se dissolvaient qu'à la longue après de fortes pluies ; à l'état sec, c'étaient des terres friables, faciles à cultiver. On trouvait l'eau à 60 centimètres au-dessous du sol.

Son premier assolement de 18 ans avait pour but, en multipliant les soles, de placer les plantes cultivées dans des situations différentes, de sorte, par exemple, qu'on pût apprécier la réussite d'un blé de printemps placé après les pommes de terre, d'un blé d'hiver placé après le trèfle, le trèfle incarnat, ou après le colza. Ce but était excellent, comme objet d'étude ; mais sur l'ensemble d'un domaine où l'on avait à ménager les intérêts des actionnaires, il y avait d'autres considérations à combiner (1). Dès la seconde année, M. Matthieu de Dombasle s'aperçut bien que son assolement ne reproduisait pas l'engrais qui pouvait le maintenir ; il adopta alors un assolement de cinq ans, où il admettait deux récoltes sarclées consécutives et seulement deux années de froment d'hiver (2). A la troisième année, l'insuffisance des engrais se manifestant de plus en plus, l'assolement de cinq ans fut changé en assolement de sept ans, avec trois ans de pâturage (3). Quatre ans venaient à peine de s'écouler depuis le commencement de son entreprise, et il était tombé dans un état de doute relativement à la nécessité d'avoir un assolement régulier (4). Mais, dans le fait, il abandonnait l'idée de ses pâturages permanents de trois ans, il réservait un neuvième de terrain pour la pâture et les autres huit neuvièmes étaient cultivés alternativement en récoltes sarclées et en froment. Les fourrages avaient disparu, mais il y avait pourvu en mettant en luzerne des terres de coteau, c'est-à-dire que pour celles de la plaine, il entrait dans un système agricole avec importation d'engrais. Nous trouvons à la septième année, qu'il a persisté dans cette

(1) *Annales de Roville*, t. 1er, pag. 204.
(2)   *Idem*,   t. II, pag. 93.
(3)   *Idem*,   t. III, pag. 69.j
(4)   *Idem*,   t. IV, pag. 78.

espèce d'assolement biennal, en réduisant cependant à sept ses neuf divisions. Voilà par quelles alternatives a passé cet esprit éminent.

Les chiffres déduits des formules agricoles vont mettre en pleine évidence les causes de ses hésitations et de ses non-succès.

PREMIER ASSOLEMENT.

	Produits.	Azote		Produit net	Avances
				en k. de blé.	en k. de blé.
	kil.	employé.	restitué.	kil.	kil.
1 Pommes de terre....	29000	142,00	142,00	556	3005
2 Blé de printemps. ...	3000	76,50	17,70	1892	2600
3 Trèfle.	9142	140,78	241,34	779	1437
4 Blé	3000	76,50	17,70	1892	2600
5 Colza..............	2856	117,95	15,42	2234	3495
6 Blé...............	3000	76,50	17,70	1892	2600
7 Trèfle.............	9142	140,78	241,34	779	1437
8 Colza.	2856	117,95	15,42	2234	3495
9 Blé...............	3000	76,50	17,70	1892	2600
10 Pommes de terre. ...	29000	142,00	142,00	556	3005
11 Blé de printemps....	3000	76,78	17,70	1892	2600
12 Trèfle incarnat.	5800	66,70	95,70	353	538
13 Blé.	3000	76,50	17,70	1892	2600
14 Trèfle incarnat......	5800	66,70	95,70	353	538
15 Pommes de terre....	29000	142,00	142,00	556	3005
16 Blé de printemps....	3000	76,50	17,70	1892	2600
17 Pommes de terre...	29000	142,00	142,00	556	3005
18 Blé de printemps. ...	3000	76,50	17,70	1892	2600
		1831,14	1414,52	24092	43760

Déficit.   416,62

Produit par hectare. 1338 k. (294 fr. 36 c.).
Avances par hectare 2431 k. de blé (535 fr.).

L'exploitation était composée de 18 soles de 4 hectares et demi chacun, ci´81 hectares. Ces terres étaient loin d'être en état de saturation d'engrais; mais en l'admettant, voyons quelles sont les ressources qu'il comptait leur appliquer.

C'étaient, selon lui, 675 voitures de fumier de 500 kilog. chacune ou 337500 kilog. de fumier qui, en le supposant de 0,40 d'azote pour 100, donnerait 1350 kilog. d'azote. Il y aurait donc encore un déficit de 481 kil. d'azote. L'auteur le sent et il désirerait augmenter d'un cinquième, ce qui ne suffirait pas encore. Toujours est-il bien certain que cet assolement ne pouvait marcher sans le secours d'engrais importés d'autres terrains. Il le reconnut sans doute, quand il adopta l'année d'après l'assolement suivant :

DEUXIÈME ASSOLEMENT.

	Produits.	Azote		Produit net en k. de blé.	Avances en k. de blé.
	kil.	employé.	restitué.	k:l.	kil.
1 Pommes de terre........	29000	142 00	142,00	556	5005
2 Pavots (pois ou maïs)....	1725	75,55	21,75	2155	2749
5 Froment...............	5000	76,50	17,70	1892	2600
4 Trèfle.................	9142	140,78	241,54	779	1437
5 Froment...............	5000	76,50	17,70	1892	2600
		511,13	440,47	7252	12591

Déficit. 70,66

Produit par hectare. 1450 k. (319 fr.)

Avances par hectare. 2478 k. (545 fr.).

Quoique moins considérable que dans le précédent assolement, l'insuffisance d'engrais était encore patente, surtout si l'on considère la perte de près d'un quart que subissent les restitutions quand elles passent dans la consommation des animaux. Matthieu de Dombasle se décide alors à modifier cet assolement de la manière suivante :

TROISIÈME ASSOLEMENT.

	Produits.	Azote		Produit net en k. de blé.	Avances en k. de blé
	kil.	employé.	restitué.	kil.	kil.
1 Pommes de terre..........	29000	142,00	142,00	556	5005
2 Plante sarclée et parée et surtout le pavot............	1725	75,55	21,75	2155	2749
5 Froment.................	5000	76,50	17,70	1892	2600
4, 5, 6 Pâturage (1)........	9142	140,78	241,54	1167	1437
7 Froment.................	5000	76,50	17,70	1892	2600
		511,13	440,47	7060	12591

Cette modification était insignifiante à cause du faible produit relatif des pâturages, mais elle donnait le moyen de

(1) Ce pâturage, composé de ray-grass, de millet et de trèfle blanc, est porté dans les comptes du produit net pour moins de moitié d'un trèfle.

faire paître le troupeau et diminuait la masse des cultures à exécuter.

L'assolement de Roville fut enfin et graduellement modifié comme on le voit ci-après :

QUATRIÈME ASSOLEMENT.

		Produits.	Azote		Produit brut en k. de blé.	Produit net.	Avances.
		kil.	employé.	restitué.			
1 Colza		2856	117,95	15,42	4377	2234	3495
2 Froment		3000	76,50	17,70	3106	1892	2600
3 Betteraves	un tiers	33300	220,00	220,00	1355	1276	5427
Pommes de terre	pour	9666	46,66	46,66	1111	185	1002
Maïs	chacun.	1750	36,33	6,82	1380	703	1059
4 Froment		3000	76,50	17,70	3106	1892	2600
5 Sarrasin		2925	73,12	45,92	5207	2669	1609
6 Froment		3000	76,50	17,70	3106	1892	2600
7 Pâturages		3017	46,66	80,44	592	1389	1457
			770,22	468,36	20340	10580	21829
Déficit				311,86			

Produit net par hectare 1511 k. (332 fr. 42 c.)
Produit brut par hectare 2906 k. (639 fr. 76 c.)
Avances par hectare 7276 k. (1600 fr.)

Le déficit d'engrais est encore plus considérable, et l'assolement ne se soutient que par des engrais importés des autres parties du domaine. Cela seul peut expliquer que le produit brut des 129 hectares du domaine ne se soit porté qu'à 23,424 fr. (1) en 1830, ou 181 fr. par hectare, tandis qu'il devait être de 639 fr. 76 c., quoique ce compte comprenne des ventes de graine de betterave et de ray-grass, produits extraordinaires. Que l'on remarque d'ailleurs que le capital agricole, les avances pour les cultures de Roville n'étaient que de 30,000 fr. ou 232 fr. par hectare, tandis que cette culture aurait exigé 639 fr.; la faiblesse des moyens explique celle des résultats.

12. — ASSOLEMENT DE GRIGNON.

Nous prenons cet assolement tel qu'il est définitivement arrêté dans la sixième livraison des Annales de Grignon ; on

(1) *Annales de Roville,* tome VII, page 12.

pourra voir aussi, pour compléter les données nécessaires, les autres cahiers des Annales et l'ouvrage de M. Caffin d'Orsigny, intitulé : *Quinze ans d'exploitation à Grignon*. Les produits réels du domaine sont des données tirées des différents comptes rendus.

THÉORIE.

	Récoltes théoriques.	Valeur des produits en kil. de blé.	Frais.	AZOTE		Produit en k. de blé.
				employé.	restitué.	
	kil.	kil.		kil.	kil.	kil.
1 Pommes de terre..	29000	3544	1159	142,00	37,70	1490
2 Froment de mars..	3000	3106	1331	76,50	17,70	1892
3 Trèfle.............	9142	1777	592	140,78	241,34	1098
4 Froment.........	3000	3106	1331	76,50	17,70	1892
5 Fèves...........	2640	1902	906	186,12	225,19	996
6 Colza.............	2856	4377	1125	117,95	15,42	2163
7 Blé..............	3000	3106	1331	76,50	17,70	1892
8 Sole de fourr. divers	7500	1082	432	86,25	161,25	650
	21790	8007	902,50	754,00		12273
Par hectare	2724	1001	112,81	91,75		1469
	(599 f. 28)	(220 f.)				(353 f 76)
Déficit par hectare.......................				21,06		

FAITS RÉELS.

	Récolte moyenne.	Valeur en kilogr. de blé.	Frais.	Produit net.
	kil.	kil.	kil.	kil.
1 Pommes de terre........	20540	2561	1550	811
2 Froment de mars.......	2010	2081	454	1627
3 Trèfle.................	2444	475	125	350
4 Froment	2010	2081	454	1627
5 Fèves...............	1256	913	466	447
6 Colza.................	1414	2167	1617	550
7 Blé.................	2010	2081	454	1627
8 Sole de fourrages divers..	4902	707	7	700
	12866	5127		7739
Par hectare.................	1608	641		967
	(325 f. 18)	(141 f. 02)		(212 f. 75)

En réalité, et en y faisant entrer les frais généraux, la va-

V. 10

leur de la récolte a été de 371 fr. 60, et la dépense de 264 fr.
dans lesquels sont compris 98 fr. 50 de fermage, ainsi :

```
141 fr. 02 frais de culture
 98    50 fermage
 24    48 frais généraux
─────────────
264 fr.  » dépense
```

Nous trouvons dans les comptes rendus, que de 1828 à 1841,
on a recueilli 30,342,275 kil. de fumier d'écurie. Nous avons
analysé ce fumier et nous avons trouvé qu'avec 0,67 d'eau il
dosait 0,38 pour 100 d'azote, ou à l'état sec, 1,593 d'azote pour
100. Nous avons aussi calculé son dosage d'après les tableaux
renfermés dans la neuvième livraison des Annales de Grignon, pages 46 et suivantes ; ces calculs nous ont conduit à
un résultat presque identique à celui de l'analyse élémentaire. Ainsi en treize ans on aurait disposé de 115,300 kil.
d'azote sur 240 hectares ou 480 kil. par hectare et par an
environ 30 kil. De plus, il a été acheté pendant ce temps pour
93,000 fr. d'engrais ou pour près de 30 fr. par an; et le prix
du fumier de ville étant de 0 fr. 40 les 100 kil., c'est par hectare une addition de 7,500 kil. de fumier qui, en lui supposant le même dosage, donnerait 28,5 kil. d'azote. En totalité
donc, on a disposé de 58,50 kil. d'azote par hectare, au
lieu de 112,81 kil. qu'aurait exigés cet assolement traité au
maximum. La valeur réelle des produits bruts a été de
1608 kil. de blé au lieu de 2724 kil. Ce qui s'explique aisément par la différence des fumures. Le produit brut a même
été un peu plus fort que le fumier employé ne l'aurait fait
supposer ; en effet, nous avons 113 : 58 : : 2724 : 1798. Loin
d'être excessive, la quantité de bétail n'est donc pas suffisante.
Si nous ne nous trompons, la moitié au moins des pommes
de terre ne sont pas consommées dans la ferme et par conséquent ne peuvent compter comme fourrage, et il reste alors
une beaucoup trop petite proportion de ressources fourragères, relativement à l'étendue des cultures.

13. Assolement des fermes détachées de Grand-Jouan.

Personne n'a mieux étudié les landes de Bretagne, n'a plus expérimenté, n'a plus réfléchi sur les moyens de les mettre en culture que l'honorable directeur de Grand-Jouan, M. Rieffel. Après de nombreux essais, après avoir lutté courageusement contre toutes les difficultés, il a fini par s'arrêter à un plan qui, tout en favorisant les véritables progrès des élèves de son école, peut donner les résultats les plus avantageux. Réservant une partie de terrain autour du chef-lieu de l'école qui restera sous sa direction spéciale, il en a remis une seconde portion à son directeur, qui y sera secondé par les élèves de l'institut; ceux-ci, quand ils seront assez avancés dans leurs connaissances agricoles, seront chargés tour à tour de l'inspection de petites métairies de 25 hectares, entre lesquelles M. Rieffel a divisé les 300 hectares de terre qui lui sont restés après la constitution des deux grandes exploitations. Ainsi les élèves voient tour à tour les grandes cultures dirigées selon les procédés avancés de l'agriculture, puis les métayages confiés à des colons et à leur famille. Le plan d'instruction nous paraît admirablement bien conçu et bien adapté à la situation de ce pays, et ajoutons : à celle d'une grande partie de la France. Notre territoire est divisé en petites exploitations, et soumis en grande partie au métayage. Il faut que les élèves de nos écoles d'agriculture sachent bien le parti que l'on peut tirer de cet ordre de choses; et qu'appelés à diriger la fortune territoriale de grands propriétaires, ils puissent leur proposer autre chose que de congédier leurs tenanciers, de réunir leurs métairies en vastes exploitations, de laisser détruire les petits bâtiments des colons pour construire de vastes et grandes fermes. Cette belle conception d'éducation agricole nous a paru mériter d'être mieux connue. Nous la signalons ici avec grand plaisir, en profitant pour cela de l'examen de l'assolement suivi sur les métairies ; voici comme il est établi (1) :

	Produits maxima.	Produit en kil. de blé.	Frais.	Produit net.	Azote employé.	Azote restitué.	Produit, d'après Rieffel, en k. de blé.
	kil.	kil.	kil.	kil.	kil.	kil.	kil.
1 Chou........	135000	4767	3380	1387	378	459	407
2 Sarrasin.......	2925	1457	558	919	61,66	45,92	407
3 Froment	5000	3223	1331	1892	76,50	17,70	1225
4 Avoine d'hiver.	2948	2557	1229	1328	70,75	18,57	728
5 Trèfle, Ray-gr.	9142	1777	679	1098	140,78	241,34	
6 Pâturage	6000	681	000	681	69,66	129,00	
	14462	7157	7305		797,35	911,55	2358
Par hectare.....	2410	1193	1217		129.06	143.83	
	(330 f. 20)	(262 f. 46)	(267 f. 74)				

Engrais excédant par hectare..... ....   44,77 kil.

Les frais de la culture de M. Rieffel étant de la moitié du produit, il lui resterait en produit net 1,179 kil. de blé, plus un bénéfice qu'il évalue au minimum à 50 fr. (227 kil. de blé), en totalité 1,406 kil. de blé ; c'est le cinquième seulement du produit net à son maximum, et seulement 234 kil. de blé par hectare (51 fr. 48). Mais il faut considérer que M. Rieffel agit sur un sol pauvre et qui n'a pas reçu cette première avance qui pourrait le saturer, qu'ainsi une partie des engrais est absorbée par les argiles, qu'il est bien loin encore d'atteindre à la production de fourrages et d'engrais nécessaires pour avancer vite vers le but, et qu'il lutte perpétuellement contre la nonchalance de ses métayers, qui n'établissent leurs fourrages qu'à contre-cœur. Il faudra donc bien du temps et de la persévérance pour que ces terres arrivent à l'état de perfection agricole ; mais déjà, dans cet état médiocre, elles dépassent en produit les autres terres du pays. Il n'est pas très-certain qu'en faisant sur les engrais les déductions du temps de travail des bêtes d'attelage, de celui passé au pâturage, du lait des vaches, et des déperditions par la trans-

(1) Situation de la Colonie agricole de GRAND-JOUAN, *Journal d'A-griculture pratique*. 1re série, t. VI, p. 481 et suiv., mai 1845.

piration, l'assolement pût se suffire entièrement; nous croyons que la suppression de l'année de pâturage et la substitution d'un fourrage légumineux au sarrasin le rendraient aussi parfait que possible. Nos paysans des montagnes du Midi ont quelque chose d'analogue : ils plantent leurs choux dans leurs semis de froment, les enlèvent en hiver, sèment au printemps du trèfle sur le même froment qu'ils hersent; leur assolement est donc : 1° choux et froment, 2° blé, 3° trèfle; ou bien ils sèment des vesces et du trèfle, et ils ont : 1° vesces, 2° trèfle, 3° blé et choux, 4° blé et choux; mais sans doute le climat favorise de telles combinaisons.

QUATRIÈME PARTIE.

DES SYSTÈMES DE CULTURE.

Pour croître et fructifier, il faut au végétal de la place, une température qui soit adaptée à son tempérament, et des principes alimentaires suffisants et dissous dans l'eau : c'est, comme pour les animaux, un logis, de la chaleur extérieure, des vêtements qui empêchent la dissipation de la chaleur produite intérieurement, et de la nourriture. C'est la nature qui fait seule les frais de ces éléments de la vie végétale, dans les forêts, dans les pâturages, dans les steppes; mais la nature est aveugle dans la dissémination des germes, elle les entasse quelquefois sans mesure et sans choix, et les plantes qui pourraient nous être le plus utiles sont étouffées ou au moins gênées par celles qui ne sont pas à notre usage. Dans la distribution des plantes elle est prodigue de carbone, mais elle est avare d'azote; elle nous donne donc beaucoup de bois, beaucoup d'herbes plus ou moins ligneuses, mais peu de grains, peu de fruits. Elle ne sait point modérer les effets du climat, et la végétation subit ou toute la chaleur ou toute la froidure, ou toute l'humidité ou toute la sécheresse du site où l'action des causes aveugles a porté les germes des plantes ; il faut donc ou que nous acceptions ses produits tels qu'elle nous les donne, ou que nous cherchions à corriger, à modifier son action.

Dans le premier cas l'homme se contente de récolter; dans le second, il met en œuvre lui-même les forces de la nature, forces mécaniques, forces physiques, forces chimiques, ou l'une ou l'autre séparément, ou toutes ensemble. Il prépare la station des plantes par les labours, il leur crée des abris ou des irrigations, et transforme le climat qui les entoure; il rassemble, prépare, met à leur portée des aliments qui, pour le règne végétal, prennent le nom d'engrais. Le choix que fait l'homme des procédés par lesquels il exploitera la nature, soit en la laissant agir, soit en la dirigeant avec plus ou moins d'intensité dans ces différents sens, est ce que nous appelons *Système de culture*, et l'on voit que cette définition comprend l'ensemble des opérations agricoles qui constituent une exploitation, et la nature des moyens physiques et mécaniques que nous mettons en usage, soit pour faire croître, soit pour récolter et utiliser les végétaux.

Les systèmes de culture peuvent donc se distribuer sous ces titres différents :

Systèmes physiques 1o Forces spontanées de la nature.........	{ Système forestier....... 1 { Système des pâturages.. 2
Systèmes andro-physiques. 2o Travail de l'homme, aidé des forces chimiques de la nature.	Système celtique....... 3 Étangs. .... 4 Jachères.............. 5 Cultures continues...... 6
Systèmes androctyques. 5o Travail de l'homme avec création de moyens chimiques et physiques supplémentaires de ceux de la nature.................	Engrais extérieurs...... 7 Engrais produits....... 8

Nous aurions pu créer un beaucoup plus grand nombre de subdivisions, mais elles rentrent naturellement dans ce

cadre général, et sa simplicité, la facilité avec laquelle il se
dédoublera au gré de ceux qui voudront s'occuper plus spécialement des détails ne sera pas son moindre mérite.

L'adoption d'un système de culture adapté aux circonstances locales dans lesquelles on se trouve, peut être considérée
comme l'œuvre principale de l'intelligence agricole. Nous
l'avons vu suppléer souvent des qualités que l'on regarde
comme essentielles au succès ; et nous avons reconnu que,
faute d'un bon système, les qualités les plus précieuses, la connaissance de la théorie et de ses applications, un bon choix
d'assolement, une administration éclairée et active ne produisaient que de faibles résultats. Nous pouvons citer un grand
nombre de changements de systèmes qui ont modifié considérablement la valeur des propriétés, les uns en bien, les
autres en mal, selon qu'ils étaient appliqués avec habileté ou
qu'ils n'étaient que le fruit d'un caprice irréfléchi.

Par cela même qu'un changement de système entraîne un
arrangement spécial dans le nombre et la qualité des agents,
dans la valeur des capitaux, dans la durée du temps pour
lequel ils sont engagés, dans la nature des débouchés, enfin
dans toutes les conditions qui constituent une entreprise industrielle, ce changement est une opération des plus délicates
et qui ne peut être tentée à la légère. Nous avons vu les
hommes les plus hardis hésiter devant une telle perspective
et se borner à perfectionner le système existant, tant ils crai-
gnaient de s'égarer, ou de manquer de la force et de la résolution nécessaires ; et c'est en effet le meilleur parti à prendre, si l'on n'est pas bien affermi dans sa conviction, bien
déterminé, bien maître de son temps, de ses forces, de ses
capitaux ; mais nous n'avons jamais vu les grands résultats,
ceux qui font la fortune d'un agriculteur, obtenus autrement
que par des changements de systèmes. C'est aux terrains
soumis à de faux systèmes que s'adressent les spéculateurs
intelligents.

Les perfectionnements d'un bon système ne sont pas à

dédaigner ; mais c'est l'opération la plus ordinaire, celle
pour laquelle les efforts peuvent être successifs, graduels,
proportionnés à des ressources bornées, dans laquelle on peut
reconnaître à temps les fautes pour les réparer, les bons procédés pour y persister. Un système établi que l'on perfec-
tionne souffre les tâtonnements qui ne causent que des délais
ou des pertes légères en conduisant à une amélioration presque certaine du revenu. Un homme ordinaire, ayant les
connaissances nécessaires, de la prudence et de la patience,
suffit à ce genre de progrès.

Il en est tout autrement d'un changement de système :
nous marchons à tâtons dans de nouvelles voies où rien
ne nous guide, où tout tend et conspire à nous égarer ;
si l'on se trompe de chemin, c'est souvent un désas-
tre complet, tout ce que l'on a fait est perdu et il faut
de nouveaux sacrifices pour rétablir l'état de choses antérieur. Tant de projets n'ont qu'une apparence spécieuse
et trompent de folles espérances, s'ils ne sont pas fondés sur
des appréciations exactes ! Ce n'est donc point aux novices
à entreprendre ces grands changements de front, et malheureusement ce sont eux qui, dans leur inexpérience et leur
présomption, les tentent le plus souvent. C'est à ces essais peu
réfléchis que l'on doit attribuer surtout le discrédit où était
tombée l'agriculture des *messieurs*. Ce n'est pas trop des plus
complètes connaissances agricoles, météorologiques, économiques, unies à l'étude toute spéciale et longtemps prolongée du pays où l'on opère ; ce n'est pas trop d'avoir établi
un plan raisonné accompagné de devis estimatifs, basés sur
des prix réels et passés au crible d'une triple censure, pour
se décider à ces grands changements : il faut encore compter
sur la constance de nos vues, sur la certitude que nous ne
nous laisserons décourager par aucun obstacle, que nous
essuierons sans être ébranlés ces moments de crise qui arrivent toujours dans l'exécution et qui semblent le prélude de
la défaite à la veille même du triomphe ; il faut enfin s'être

assuré que les fonds ne manqueront pas, et ne pas escompter d'avance des profits imaginaires.

Malgré ces difficultés, nous sommes loin de conseiller à nos lecteurs une pusillanimité qui les empêcherait d'entreprendre un changement avantageux de système. Si, après avoir pris les précautions que nous venons d'indiquer, ils se sentent armés d'une forte conviction des avantages que leur présente le plan qu'ils ont conçu, ils doivent agir avec résolution, sans plus se laisser arrêter par des objections de détail auxquelles l'étude leur a déjà fourni la réponse.

Cette notion claire des systèmes agricoles est nécessairement la première qui préoccupe l'homme qui entreprend la culture dans un pays neuf. Elle n'a pas encore été abordée dans son ensemble dans les traités d'agriculture. Leurs auteurs sont toujours partis du point de vue que la question de système était décidée, et ils ont écrit dans la sphère d'idées préconçues soit du système des jachères, soit du système continu de cultures, etc. Ils ont toujours confondu les systèmes avec les assolements qui en sont complétement distincts. Dans chaque système on peut suivre plusieurs formules d'assolement, mais un changement d'assolement n'implique pas l'idée d'un changement de système; la notion d'assolement est subordonnée à celle du système de culture et ne se confond pas avec elle. Un système, c'est le mode dans lequel les forces naturelles ou artificielles, les unes sans les autres, ou les unes et les autres, se manifestent, se distribuent aux plantes; l'assolement, c'est le choix des plantes que l'on soumet à l'action de ces forces, l'ordre de leur succession dans la part qu'elles prennent au bénéfice de cette distribution. L'une et l'autre idée se trouvent nécessairement dans toutes les opérations de la culture. Aussi, quoique nos prédécesseurs eussent négligé l'analyse complète des systèmes, il était impossible qu'ils parcourussent le champ étendu de la science sans en signaler plusieurs. Par exemple, aucun d'eux n'a manqué à distinguer le système des jachères de

celui de la culture continue. Thaër avait sous les yeux l'alternance des pâturages et de la culture dans le nord de
l'Allemagne, et il l'a décrite dans ses ouvrages; mais cette
pratique où la prairie, composée d'herbes variées remplace
la prairie *monophyte*, se confond ainsi par sa base avec toutes
les autres formules d'assolements, rentre dans le cadre de
ceux-ci et ne constitue pas un *système* à part. Schwerz a saisi
ce qui constitue vraiment le système celtique, qui est le retour
de la culture à longues périodes sur un terrain qui dans l'intervalle a été abandonné à l'action de la nature. Il l'a désigné sous
le nom d'*agriculture sauvage* (wilde Wirthschaft). Il décrit
ensuite les assolements avec pâturage, puis le système de
jachères, et enfin les assolements de différents ordres, comprenant ceux à plantes alimentaires qu'il distingue de ceux à
plantes commerciales. Ainsi son instinct agricole l'a conduit
à discerner quatre de nos systèmes : 1° celui des pâturages
naturels; 2° le système celtique; 3° celui des jachères; 4° le
système continu. Toutefois, dans son analyse un peu con-
fuse, il mêle sans cesse les notions d'assolement et celles de
système.

Des auteurs allemands ont voulu ramener tous les systèmes agricoles à deux types uniques dont M. Moll, dans un
excellent article, traduit les dénominations par celles de
système intensif et *système extensif* (1). Il définit le système
intensif, celui qui tend à créer un grand produit brut sur
une minime étendue de terre, et qui dans ce but accumule
sur cette petite superficie une somme considérable de travail
et de dépenses quelconques; il définit le système extensif,
celui qui cherche avant tout à diminuer les frais d'exploitation, réduit le plus possible la somme de travail appliqué à
la terre, et consent à n'en tirer qu'un produit brut minime,
à la condition de n'y consacrer qu'une dépense plus minime
encore. Il est facile de reconnaître ici deux grandes divisions

(1) *Journal d'Agriculture pratique*, juin 1844; 2ᵉ série, t. I, page
529, article sur les *Assolements*.

de l'ordre naturel des systèmes : le système intensif des Allemands n'est en réalité que notre troisième division et quelquefois notre seconde dans lesquelles le travail humain concourt avec les forces de la nature; le système extensif n'est autre que notre première division où l'agriculture laisse agir les forces spontanées de la nature. Les définitions que nous venons de citer mènent à cette conclusion. Mais quand M. Moll entre dans de plus grands détails, quand il nous dit que le système extensif consiste dans la culture d'une partie minime du sol, absence ou restriction des récoltes qui exigent beaucoup de travail, emploi de tous les moyens qui peuvent diminuer celui-ci, mise en pâturage ou en plantations d'une partie notable des terres, nourriture du bétail au pâturage le plus longtemps possible, etc. (1); quand, disons-nous, il complète ainsi son idée, nous ne pouvons plus voir dans son système extensif que l'accouplement de deux systèmes : une partie du terrain soumise à une culture plus ou moins intensive, c'est-à-dire à un système avec travail de l'homme, au moyen des engrais obtenus sans travail, et une autre partie du terrain abandonnée aux forces spontanées de la nature, c'est-à-dire soumise à un système purement *physique*. En effet, sur la partie cultivée du système extensif il se fera tout autant de travaux, il se répandra tout autant d'engrais que sur les terres du système intensif, si l'on veut en tirer profit ; il s'en fera quelquefois davantage. Les deux systèmes sont également intensifs dans la partie cultivée ; dans le second, il y a seulement une partie de la surface que l'on ne peut cultiver utilement soit faute de moyens, de bras, de capitaux, soit parce que, par la nature du sol, elle refuse de donner des produits susceptibles de payer la culture ; cette portion de la surface est en conséquence livrée au système forestier ou à celui des pâturages. Sous ce point de vue nous n'admettons

(1) *Journal d'Agriculture*, juin 1844, page 530.

pas la division des systèmes intensif et extensif tels qu'ils résultent du développement de M. Moll; et, si nous nous bornons à l'idée qu'en donnent ses premières définitions, ils ne sont que deux des grandes divisions de notre tableau, comprenant d'une manière générale ce que nous avons cherché à préciser en en prenant la base dans la nature.

Dans le siècle dernier, les économistes de l'école de Quesnay se sont beaucoup occupés de la grande et petite culture, mais ils n'étaient pas bien d'accord sur la définition à donner à ces deux termes (1). Tantôt, pour eux, la petite culture était celle qui employait des bœufs au lieu de chevaux; tantôt celle qui était faite à bras; puis celle où la terre était divisée en petites fermes; enfin celle qui était sous le régime du métayage, ou celle dans laquelle le propriétaire avançait le *capital inerte.* Croyaient-ils, par hasard, que toutes ces définitions fussent identiques? Ils définissaient la grande culture celle qui avait lieu par des fermiers avec un capital de 10,000 fr. par charrue, et sur une étendue d'au moins 120 arpents (41 hectares). Nous devons d'abord écarter tout ce qui concerne le mode de gérance. Un fermier, un métayer, un propriétaire peuvent cultiver mal ou bien, selon leur force ou leur intelligence; mais nous voyons que la prédominance des forces humaines ou de celles des animaux introduit un grand changement dans le mode et le genre de culture. C'est donc à ce caractère que nous reconnaissons la grande et la petite culture.

Tels sont les seuls travaux venus à notre connaissance dans lesquels nous ayons trouvé trace de l'idée des systèmes agricoles de culture. Nous allons maintenant parcourir la série de ceux que l'analyse nous a fait caractériser.

(1) *Encyclopédie,* article Grains.

PREMIÈRE DIVISION.

FORCES SPONTANÉES DE LA NATURE.

1. Système forestier.

Abandonnée à elle-même, la nature revêt la couche extérieure de la terre de végétaux différents, selon l'état d'ameublissement et d'hygrocospicité de cette couche. Ainsi quand la couche meuble, la seule que puissent pénétrer les racines, soit parce qu'elle est trop mince, soit parce qu'elle est privée d'humidité faute de pluie ou d'irrigation, se trouve pendant une grande partie de l'année dans un état presque absolu de sécheresse, elle ne porte que des lichens, comme sur les rochers nus, ou des herbes à racines pérennes qui conservent une vie latente pendant la saison aride, ce qui constitue les *llannos,* les *steppes*, les *craux*, noms sous lesquels on désigne cet état intermittent de végétation, tantôt verdoyante et tantôt desséchée.

Si, par le fait du climat, la couche meuble reste fraîche toute l'année, ou que, par sa profondeur, elle conserve de l'humidité dans une partie au moins de son épaisseur, les végétaux ligneux apparaissent et leur taille se proportionne au développement que peuvent prendre les racines selon le plus ou le moins de profondeur du sol ; dans le sol qui est le plus mince, ce sont des bruyères, des landes, des genêts ; ce sont des arbres à troncs élevés, dans les sols plus épais.

Le bois, substance si précieuse dans un état de civilisation avancé, est un véritable embarras pour une civilisation naissante. Celui qui est nécessaire à la consommation de cette dernière est peu considérable, et la difficulté de défricher le sol couvert de forêts devient un obstacle à l'extension de la culture. Les pionniers américains, en lutte continuelle contre la vieille

forêt et contre la forêt sans cesse renaissante, savent combien
est pénible cette guerre de l'homme contre les arbres. L'immense étendue de bois qui couvre la Pologne et une partie
de la Russie ne laisse à la culture que des éclaircies pénible-
ment disputées à l'envahissement des végétaux ligneux. Mais
à mesure que la civilisation et la population s'accroissent,
l'empire des arbres disparaît devant le leur; le pâturage et
l'agriculture s'emparent du sol, et il ne reste de bois que ceux
qui sont devenus nécessaires au nouvel ordre de choses. Le
long espace de temps qu'exigent le repeuplement et la croissance des forêts, et surtout des futaies, a mis souvent en défaut les calculs qu'ont faits les nations pour fixer l'étendue de
ces réserves; il est arrivé un moment où la valeur des bois de
charpente s'est élevée assez pour faire regretter l'avidité des
générations qui avaient déshérité l'avenir au profit du présent. L'action de cette prévoyance, exercée par les gouvernements, a établi, dans bien des lieux, un conflit entre les lois
qui protégent l'intérêt permanent, et les populations qui
le sacrifient à leur intérêt actuel; mais souvent ce dernier
a obtenu la victoire. Aussi peut-on affirmer que la civilisation fait disparaître les bois en grandissant, et que leur absence est le signe le plus certain d'une civilisation ancienne
et avancée. L'Angleterre n'a plus de bois que dans les parcs
de ses grands seigneurs; ceux de l'Italie avaient disparu sous
la domination romaine; les forêts de la France, réduites sans
cesse en étendue, n'existeraient déjà plus sans la concurrence
que leur fait la houille dans le chauffage domestique et dans
l'industrie, et elles finiront par disparaître par les progrès
de la culture qui élèvent le prix du sol qu'elles occupent et
par les besoins des gouvernements dont les dépenses tendent sans cesse à dépasser les recettes possibles.

Les forêts se conservent dans les pays où la population
est peu nombreuse et pauvre, sans communications faciles
avec des contrées plus peuplées et plus riches; là, aucun
intérêt ne peut porter à une œuvre aussi pénible que celle

du défrichement. Elles se conservent aussi quand elles recouvrent un sol pauvre dont la culture ne donnerait pas des produits suffisants pour payer la culture. Cependant, comme l'on est sujet à se tromper sur la valeur du sol forestier, il arrive souvent que l'on défriche des bois venus sur un mauvais sol que l'on abandonne plus tard. Malheureusement le reboisement spontané s'opère très-lentement et le parcours des bestiaux rend sa destruction irremédiable.

Les forêts disparaissent dans les pays riches, sur les terrains fertiles, dans le voisinage des populations qui consomment beaucoup de bois. Dans l'état relatif des produits agricoles et forestiers, on regarde comme pouvant être défriché tout terrain bien garni qui ne produit pas annuellement plus de 2,800 kil. de bois par hectare. Les forêts disparaissent aussi dans les contrées montagneuses voisines des plaines chaudes et sèches dont les nombreux troupeaux recherchent et payent bien ces pâturages d'été. Cette cause a amené le déboisement des montagnes de l'Espagne, du midi de la France, de l'Italie, de la Grèce, etc. Dans ces pays, le pâturage a une valeur bien plus grande que ne le serait le produit forestier, qui, faute de voies de communication, ne peut pas être mis à la portée des consommateurs. Le repeuplement en bois des pâturages des Alpes méridionales serait aujourd'hui une véritable expropriation, puisqu'il leur enlèverait une grande partie de leur valeur.

Il ne faut pas espérer d'ailleurs que de nouveaux ensemencements puissent reconstituer les futaies. Celles-ci ne sont possibles que dans un pays neuf, sans population et sans culture. La famille n'a plus aujourd'hui ces garanties de durée qui identifiaient dans l'esprit de nos aïeux le produit des jeunes chênes aux intérêts des troisième et quatrième générations. Le faisceau des associations naturelles s'est dissous sans que celui des associations de convention ait pu se former. Les gouvernements eux-mêmes sont devenus viagers et leurs engagements sont plus périssables encore. De-

puis l'exemple donné par de grandes nations, l'Amérique et
la France, de la violation des contrats les plus saints, aucune spéculation à long terme, basée sur la foi publique, n'est
plus possible ; or, la création des forêts est une spéculation
de cette nature. D'ailleurs ce genre de propriété est sujet
à devenir la proie des maraudeurs et des populations insu-
bordonnées. Il semble que le bois étant un produit naturel
doive faire partie du domaine public. On ne pense pas qu'il
représente souvent le sacrifice de longues années de jouissance
pendant lesquelles le propriétaire aurait pu obtenir un produit, soit en rapprochant l'époque de ses coupes, soit en faisant pâturer le sol, soit enfin en le cultivant.

On doit donc s'attendre à la destruction progressive des
futaies, qui s'avancera toujours à mesure de l'augmentation
du prix du bois de service ; et quand les forêts les mieux si-
tuées seront détruites, on tirera le bois de plus loin et des
pays étrangers. Les métaux remplaceront le bois dans la
plupart des usages de la vie. Ceux-ci peuvent être produits
au moyen de la houille ou du charbon de bois que l'on fabrique dans les taillis éloignés dont on ne pourrait plus obtenir
des pièces de charpente.

Il y a cependant une nature de bois qui tendra à se reconstituer, à mesure que la houille et le bois de chauffage deviendront plus rares. Je veux parler des taillis de bois feuillus et
des arbres verts que l'on trouve avantageux d'établir sur des
terrains pauvres, jadis défrichés, mais ne produisant qu'un
pâturage de la dernière qualité. Cette création de bois commencera dans les contrées les plus voisines de la consommation
et les plus favorisées par les routes. On est entré dans cette
voie en Sologne, dans le Maine, la Normandie, dans la Cham-
pagne même. Ce mouvement s'étendra de plus en plus, et les
arbres verts y céderont de plus en plus la place aux arbres
feuillus susceptibles d'être plus utilement transformés en
charbon. Un grand nombre de mauvaises landes, de mauvais
pâturages gagneraient évidemment à cette transformation.

C'est presque le seul moyen de tirer parti de ces terrains.

Quand la formation d'un bois a pour but d'abriter les terrains en culture, d'en modifier le climat, elle rentre dans la classe des amendements de même que les haies, et ce travail ne peut plus être considéré comme formant un système de culture.

2. Système des Pâturages.

Dans les terrains propres à porter des arbres et qui en ont été dépouillés, il faut un laps de temps bien long, il peut s'écouler des siècles avant qu'ils se regarnissent et redeviennent un bois, une forêt. En fait d'arbres, les semis et les plantations étendues sont les procédés qui réussissent le mieux. Mille ennemis s'attaquent à la pousse isolée, et la dissémination naturelle des germes de la plupart des grands arbres se fait par un mouvement excentrique très-lent. Les terres se couvrent alors des arbustes les plus prolifiques, tels que les bouleaux, les saules marceaux, etc.

Mais, le plus souvent, après la destruction des bois, l'introduction des pâturages vient mettre un obstacle insurmontable au repeuplement; le sol se garnit seulement d'herbes et devient un pacage. Si le terrain est trop sec une partie de l'année pour avoir jamais porté des arbres, il ne peut être alors qu'un pâturage de l'arrière-saison. Il y a donc deux espèces de pâturages: ceux qui sont continus, sur les terrains, dont la végétation se maintient vivante toute l'année, grâce à la nature et à l'humidité du sol; ceux qui sont discontinus, sur les terrains qui n'ont de fraîcheur qu'une partie de l'année. Les premiers sont ceux où le système forestier a jadis existé et où il pourrait se reproduire encore sans difficulté, si ce n'est quand le terrain est uligineux; les seconds sont ceux qui n'ont pu produire que des plantes annuelles ou des arbustes ayant peu d'évaporation, comme les genêts, pour les landes, les bruyères. Si la sécheresse du terrain est permanente, comme dans les sables d'Afrique, toute végétation est impos-

- sible. Ainsi, sans les travaux de l'homme, la surface entière de la terre serait ou une forêt, ou une lande et un pâturage, ou un *sahara*. Mais l'homme a souvent transformé le pâturage en champ cultivé; plus rarement il a rendu le champ cultivé au pâturage. Quels sont les motifs qui peuvent le déterminer à ces transformations? Prenons quelques exemples qui rendront nos déductions plus frappantes.

En Irlande, l'existence antique des forêts est attestée par leurs débris nombreux que l'on trouve au fond des tourbières. Mais depuis longtemps les arbres ont fait place au gazon, et la constance de l'humidité, la douceur des hivers y entretiennent des tapis verdoyants où les bestiaux peuvent paître sans interruption toute l'année. Avec un marché où pourrait se vendre toute la viande que l'île serait susceptible de produire, celui de l'Angleterre, il semblerait que l'éducation du bétail dût être sa principale industrie. Si l'on s'en rapporte à un ancien document, le *Livre des droits* qui fixe, en 1450, les revenus du roi de Munster à 6,240 bœufs, 6,000 vaches, 4,000 moutons et 5,000 cochons, équivalant tous ensemble à 13,115 têtes de gros bétail, on voit que les produits animaux formaient exclusivement la richesse de l'île. Aujourd'hui la moitié de la surface est en culture, ce qui s'explique fort bien par la nécessité de nourrir une population rapidement croissante sous l'influence d'un aliment abondant bien adapté au climat, la pomme de terre. Les propriétaires, obtenant un revenu bien plus grand des terres défrichées que des pâturages, ont étendu leurs cultures; à mesure que les champs de pommes de terre ont gagné du terrain, la population s'est accrue dans la même proportion, à peine entravée par le retour des fléaux qui frappent les récoltes. Avec une population moindre et le système agricole des pâturages, l'Irlande serait dans l'état le plus prospère, et c'est ce que prouve une simple comparaison (1).

(1) Nous prenons les chiffres suivants dans la *Statistique de la Grande-Bretagne*, par M. de Moreau de Jonnès.

Le bétail de toute espèce que contient cette île peut se réduire à 2,063,667 têtes pesant moyennement 200 kil. (1), ou 4,127,334 quintaux métriques de chair vivante. La consommation de 100 kil. d'animal en vie est de 1,416 kil. de foin. Nous avons donc pour la consommation totale du bétail irlandais 58,443,049 quintaux nets de foin. Le foin consommé revient au nourrisseur au prix de 3 fr. 20 c. (2). Nous aurions donc pour revenu net des prairies et pâturages d'Irlande 187,017,757 fr. L'étendue de ces pâturages étant de 3 millions d'hectares, le revenu net d'un hectare monte à 61 fr. L'hectare ne produirait que 1,900 kil. de foin à côté de l'Angleterre dont les herbages fournissent 7,500 kil., grâce aux soins dont ils sont l'objet. Et, si l'on considère combien le climat de l'Irlande est encore plus favorable à la production de l'herbe que celui de l'Angleterre, on ne peut s'empêcher de dire qu'il serait facile d'y tripler le nombre de ses bestiaux, sans rien changer à l'état de ses pâtures. Pourquoi cet accroissement n'a-t-il pas lieu? C'est que le terrain est trop pauvre, et que les propriétaires sont trop inquiétés par l'état politique et social du pays pour y exposer des capitaux.

Passons maintenant à l'état des terres en culture de ce pays. La statistique assigne un revenu brut de 1,214,450,000 fr. à 4 millions d'hectares de terres en culture, ou 303 fr. par hectare sur lesquels on prélève 215 fr. pour les frais de toute espèce. Il reste donc un revenu net de 88 fr. Les propriétaires perçoivent beaucoup moins; les tenanciers payent beaucoup plus; les fermiers intermédiaires (middelmann) perçoivent la différence. Mais on voit qu'on pourrait sans grands efforts obtenir de la pâture, la rente que procure la culture, si la question agricole était dégagée de la question politique.

Pendant qu'en Irlande on défrichait les pâturages pour

(1) Moreau de Jonnès, t. I, p. 179.
(2) *Cours d'agriculture*, t. IV, p. 369.

les soumettre à la culture, un mouvement inverse se produisait en Écosse : on y rendait les terres cultivées au pâturage. Jusque vers le milieu du dix-huitième siècle, la haute
Écosse était soumise au régime féodal. Les seigneurs, chefs
de clans, étaient par la position topographique du pays, très-
indépendants du pouvoir central, et en état de guerre perpétuelle entre eux. L'autorité des lois était insuffisante, et,
pour conserver ses biens, il fallait être en état de se faire
craindre et de repousser la force par la force. Celui qui n'a-
vait pas à son service des hommes prêts à le défendre, ne
tardait pas à succomber sous les attaques de ses voisins. Le
but unique des possesseurs du sol était d'engager une nombreuse suite à prendre leur défense et à combattre avec eux.
Ils avaient donc cherché à multiplier le nombre de leurs
vassaux et à se les attacher en divisant leurs terres en très-
petites fermes dont la valeur s'appréciait non par le prix de
la rente qui était minime, mais par le nombre d'hommes
qu'elles pouvaient mettre sur pied. Cet état de choses cessa
après la bataille de Culloden. Le gouvernement anglais oc-
cupa militairement les Highlands et, sous la protection assurée des lois, les propriétaires vécurent en sécurité et com-
mencèrent à comparer l'état de leurs revenus à ceux des
basses-terres (1).

La haute Écosse est essentiellement un pays de pâturage,
en général trop peu riche pour l'engraissement du bétail,
mais très-propre à nourrir et à élever des moutons que
l'on vend, quand ils ont atteint l'âge convenable, aux fermiers des basses-terres qui les engraissent. Le climat y est
peu favorable à la production des grains ; mais sous un régime où la population était pressée et croissante, les troupeaux n'auraient pu suffire à sa nourriture ; on n'y connaissait pas encore la pomme de terre et l'on cultivait seulement
l'avoine qui était le principal aliment des montagnards.

(1) Lord Selkirck, *Observations of the present state of Scotland,*
London, 1808.

L'intérêt évident des propriétaires était donc de renoncer à la culture qui suffisait à peine à nourrir le cultivateur sans laisser aucune rente et de lui substituer le pâturage. C'était une grave résolution que celle de se séparer des fidèles soldats qui avaient versé leur sang pour leur famille, l'avaient protégée et s'étaient identifiés avec elle au point de porter tous son nom. Il fallut plusieurs générations pour accomplir cette œuvre d'ingratitude, mais de salut, pour le pays ; il fallut que la noblesse ayant abandonné ses montagnes, ayant vécu à Londres et à Édimbourg, séparée de cette famille féodale, eût perdu la mémoire et le souvenir du passé, eût contracté des besoins de luxe qui la rendraient sourde aux cris de désespoir de toute une population humaine qui allait être remplacée par des moutons. Aujourd'hui, ce pays de désordre et de violence est devenu le séjour de l'ordre et de la paix ; un peuple sage, instruit, religieux y a remplacé une nation turbulente qui ne vivait que de guerres et de brigandages. Le bonheur habite l'Écosse parce que l'Écosse est rentrée dans l'ordre naturel. Les pâturages en occupent la plus grande partie, les magnifiques bois des montagnes sont exportés par la navigation ; les côtes qui peuvent profiter de l'engrais des herbes marines et les vallées qui entourent les villes offrent des modèles d'une bonne culture. John Sainclair a introduit dans le nord de l'Écosse une excellente race de moutons venus du Northumberland, la race Cheviot qui paraît bien appropriée à ce climat rigoureux, et celle des moutons à tête noire qui est encore plus douce et vit sur des pâturages si pauvres qu'on ne les croirait pas susceptibles de pouvoir être exploités. Ainsi, en Écosse, le changement de système agricole, la substitution du pâturage à la culture, celle du système forestier au pâturage quand le terrain était trop mauvais, ont décuplé peut-être la rente brute du pays et centuplé le revenu net en remplaçant une population misérable par une population heureuse. Nous avons vu l'effet contraire produit en Irlande par la substitution de la culture au pâturage, parce que là on s'éloignait du vœu de la nature auquel on revenait en Écosse.

Nous avons déjà dit comment les forêts ont fait place aux pâturages dans les régions alpines où la production des bois se trouvait sans valeur, par la difficulté des transports; ces pâturages eux-mêmes ne subsistent qu'à la faveur du voisinage des terres basses du midi dont les troupeaux viennent y chercher, dans l'été, la nourriture qui manque aux plaines desséchées. C'est cet échange de bestiaux entre les pays voisins, ce déplacement semestriel qui prend le nom de *transhumance*; il est pratiqué sur toutes les rives de la Méditerranée et donne une valeur aux pâturages de la plaine comme à ceux de la montagne qui, sans ce secours réciproque, ne présenteraient qu'une ressource incomplète. Faites disparaître les terrains vacants de la Crau d'Arles, supprimez les jachères de la Camargue, et du même coup, les pâturages des environs de Gap et de Barcelonnette devenus inutiles, sont rendus à la production des forêts. Supprimez les pâturages des Alpes, et ceux de la Crau et de la Camargue restent sans valeur, et il faut songer à en tirer un autre parti, soit en les reboisant, soit en les irriguant. On cherche les moyens de reboiser les Alpes, et ces moyens seront toujours coûteux et difficiles tant que la production fructueuse des bois aura à lutter contre l'exploitation lucrative des herbages; mais des canaux d'irrigation dans nos plaines du midi peuvent faire pousser des arbres sur une étendue de montagnes cinq à six fois plus grande que celle qu'ils arroseront.

On a accusé le déboisement des Alpes de la destruction de ces montagnes, de l'érosion, du ravinement de leurs flancs. Cette accusation était injuste tant que des gazons bien entretenus ont recouvert les pentes et que ces montagnes ont été exclusivement réservées à la pâture. Celles qui forment des propriétés particulières et qui par leur étendue sont susceptibles de recevoir un troupeau transhumant en été, sont les

moins exposées aux dégradations ; l'herbe qui les couvre forme
un toit qui garantit leur relief aussi bien que feraient les forêts elles-mêmes. Il n'en est pas de même des propriétés frac-
tionnées, des pâturages communaux les plus rapprochés des
centres de population, que l'imprévoyance a partout partagés entre les habitants, vendus ou amodiés par parcelles. Ici
ont eu lieu, avec le défrichement, tous les effets destructeurs
qui ont ruiné les vallées en les couvrant de débris, les montagnes en les décharnant, et les plaines inférieures en augmentant la vitesse des crues, la fréquence et la force des débordements. Un pâturage défriché donne plusieurs récoltes d'une
grande abondance ; mais, si la culture a lieu sur des pentes
abruptes, les pluies délayent et entraînent les terres et ne
laissent plus qu'une surface dénudée et pierreuse, quand,
par un effet plus destructeur, elles ne se creusent pas un lit
qui devient bientôt un ravin. Après cette jouissance bornée
à un petit nombre d'années, le sol défriché a disparu et l'on
porte la culture plus loin pour y produire les mêmes effets.
C'est ainsi que la dégradation des Alpes se poursuit avec
une rapidité tellement effrayante, qu'après quelques années
d'absence on ne reconnait plus l'aspect de lieux autrefois
gazonnés, aujourd'hui rocs décharnés ou ravins pierreux,
s'agrandissant à chaque crue et laissant transporter leurs
déblais sur les meilleures terres des vallées ; c'est ainsi qu'il
est facile de prévoir l'époque où ces pays devront être abandonnés par la population qui aura détruit et ses vallées et
ses montagnes par l'abus désordonné de ces jouissances via-
gères que l'on n'a pas cherché à réprimer à temps, parce que
l'on n'a compris le danger que quand le mal était déjà fort
avancé, parce que l'existence des populations elles-mêmes
semble aujourd'hui liée aux produits de ces déplorables exploitations.

Dans les Cévennes, sur les Apennins de Toscane, on a défriché, mais on a conservé le sol en le divisant en terrasses
soutenues par des murs et des gazonnages. Ces précautions

ont pu être prises parce qu'on les appliquait à des cultures d'arbres productifs, telles que le mûrier, l'olivier, la vigne, cultures durables de leur nature, et qu'on n'aurait pu entreprendre, si le sol avait dû manquer au végétal. D'ailleurs ces entreprises supposaient l'existence d'un capital qui manquait dans d'autres lieux. Mais, quand on a défriché pour obtenir des récoltes de seigle ou de pommes de terre, on n'a pas eu tant de prévoyance. Aucune avance n'était compromise si au bout de quelques années on était remboursé des frais de l'étrépage ou de l'écobuage; aucune pensée d'avenir ne se liait à ces cultures; ce sont celles de l'homme qui n'est qu'usufruitier du sol. La propriété seule fait naître des pensées de conservation et de progrès.

Il existait et il existe encore de vastes surfaces de pâturages appartenant aux communes. L'accroissement de la population a commencé leur transformation en terres cultivées, et peu de temps s'écoulera en France, sans que l'on n'ait défriché toutes celles qui se trouvent dans une période de fertilité que Royer a appelée période céréale, c'est-à-dire celles qui peuvent produire une rente de 50 fr. au moins et un produit brut de 100 fr. (1). On descendra bien plus bas encore dans les climats où l'on peut cultiver la vigne et le mûrier, surtout quand le sol aura de la profondeur. Ces communaux couvrent souvent des terrains assez riches dont le produit comme pâturage est très-minime, parce qu'ils sont couverts d'une quantité exhorbitante de bétail qui ne laisse pas à l'herbe le temps de repousser. Il y a donc là une richesse perdue pour le paysan.

La répartition du sol entre les différents systèmes de culture a été faite tellement au hasard, a été dirigée par des vues tellement étrangères à l'agriculture qu'elle ne peut manquer d'être soumise à une révision sévère à mesure que l'homme s'affranchira successivement des entraves d'une lé-

(1) Tome 1, page 317, deuxième édition.

gislation surannée que les préjugés, les habitudes et des intérêts qui ont cessé d'exister, ont imposées à la terre. Une population plus intelligente, plus riche, obéissant aux influences
naturelles du sol et du climat, les relations des différents
pays plus libres et mieux établies, feront mieux apprécier
la destination la plus avantageuse à donner au sol, et alors,
en même temps qu'il se fera quelques défrichements, on
verra remettre en pâturage une certaine partie des terres
aujourd'hui cultivées. Cette opération, par laquelle l'agriculture avancée reviendra sur l'ancienne distribution des
terrains, résultera de plusieurs circonstances à examiner :

1° En calculant mieux que par le passé le produit de
chacune des pièces de terre qui composent un domaine, on
s'aperçoit bientôt que traitées de la même manière, elles
donnent des produits différents. On découvre que certaines
d'entre elles cultivées cependant de temps immémorial, ne
paient pas la culture, soit parce qu'elles manquent de certains éléments minéraux nécessaires, qu'elles ont des propriétés physiques peu favorables aux plantes cultivées, ou qui
rendent les labours difficiles et coûteux, soit parce qu'elles
manquent de profondeur pour égoutter la surface du sol ou
recevoir les racines des arbres, soit enfin parce que, en raison
de leur situation éloignée du centre de l'exploitation et
par le défaut de communications faciles, on y transporte difficilement les engrais et on n'en retire les récoltes qu'avec
peine. Ces considérations conduisent à transformer les terres
labourables en herbages. Si les agriculteurs, ne se bornant
pas à tenir leurs comptes par masses de cultures, tenaient
un compte ouvert séparé à leurs champs, ils ne tarde-
raient pas à connaître ceux qui sont placés sous de faux
systèmes de cultures et ils en feraient passer un certain
nombre de celui de la production annuelle à celui des pâturages, des forêts ou des cultures arbustives, selon le climat,
la situation des lieux et le prix relatif des produits. Nous
avons nous-même converti en vignes, en plantations de mû-

riers, en prairies, d'assez grandes étendues de terres à blé ou à seigle, et cela avec un avantage évident.

Mais une cause maintient le labourage sur des terres d'où il semblait devoir être repoussé : l'étendue de terrain attribuée à chaque cultivateur est trop petite pour occuper son temps le plus utilement qu'il soit possible. Chaque tenancier a donc un certain nombre de journées qu'il ne peut employer à leur prix réel ; en les consacrant à cultiver des terrains inférieurs , il n'en obtient qu'une valeur fort minime, le plus souvent à peine celle de la ration alimentaire donnée en sus de la ration d'entretien nécessaire pour accomplir les travaux. Mais ce chétif salaire s'ajoute au profit plus considérable que donnent les bonnes terres, et s'il n'existait pas, ce serait du produit seul de ces bonnes terres qu'il faudrait tirer le salaire moyen de toute l'année, Ainsi nous avons 6 hectares de bonnes terres qui donnent un salaire de 4 chacun ou 24 ; plus 10 hectares de mauvaises terres qui donnent un salaire de 1 chacun, ou en totalité 34 ; mais le cultivateur ne percevrait que 24 s'il passait dans l'oisiveté les journées employées aux mauvaises terres.

La nécessité d'obtenir un supplément de travail et de salaire fait cultiver un grand nombre de terrains dont le produit est presque nul. C'est ainsi que le pâturage est constamment réduit à des limites inférieures à celles qu'il devrait avoir dans une agriculture bien réglée, où les terrains à cultiver seraient réellement proportionnés à la force des cultivateurs et des animaux. Dans ce dernier cas, on reconstituerait les herbages sur une partie assez notable de terres aujourd'hui cultivées , tandis que, dans le cas où se trouve la France dont l'agriculture regorge de bras, contre l'opinion commune, en même temps qu'elle manque de capitaux, on ne cesse de réduire l'étendue des pâturages pour procurer une quantité toujours croissante de main-d'œuvre à la population agricole qui s'accroît sans cesse, nonobstant l'émigration des agriculteurs dans les fabriques .

émigration qui est loin d'absorber l'augmentation annuelle de la population agricole.

2° Quand Pitt, voulant rendre l'Angleterre plus indépendante de l'étranger par ses approvisionnements en grains, fit adopter le bill des clôtures qui n'était autre chose que le partage de vastes terrains communaux entre les propriétaires de chaque commune en raison de l'étendue de leur propriété, il espérait que le défrichement des terrains comblerait le déficit de cet approvisionnement. Le défrichement eut lieu, les premières récoltes furent bonnes; on épuisait la richesse accumulée dans ces terres si longtemps soumises aux pâturages. Mais les produits diminuèrent rapidement sur les sols qui manquaient de fond, et la baisse de prix amenée par la paix rendant la culture onéreuse sur une grande partie de ces terrains, les pâturages se reconstituèrent avec rapidité. Ce que l'on y a gagné, c'est leur amélioration par leur passage à l'état de propriété individuelle. Aujourd'hui l'accroissement de population de l'Angleterre ne permet plus d'espérer que son agriculture puisse suffire à sa consommation. On en a pris son parti. Le commerce bien organisé amène sur ses marchés les céréales du monde entier en concurrence avec celles du sol anglais. D'un autre côté, si la viande vivante est d'un plus facile transport que les blés par la voie de terre, elle est beaucoup plus encombrante pour les longs transports de mer. Le cercle des approvisionnements de la viande est donc plus restreint, et sa consommation étant très-grande en Angleterre, elle a une valeur comparativement plus élevée que celle du blé. Aussi les herbages d'Angleterre gagnent-ils chaque année du terrain sur les terres en culture et envahissent-ils des espaces qui étaient soumis au labourage avant le bill des clôtures.

3° Le genre de culture des terrains a une grande influence sur la conservation ou le défrichement des pâturages. Un métayer forcé par ses engagements à consacrer uniquement son travail à sa métairie, ayant en général trop peu d'éten-

duc de terrain pour s'occuper toute l'année, défriche des
terres de qualité inférieure sans s'informer trop du prix
qu'il tirera de son travail ; il lui suffit que ses journées
soient payées à un prix quelconque, pour qu'il en fasse
l'entreprise. Le propriétaire n'a qu'à y gagner, puisqu'il
partage le produit du travail de ses métayers. Mais le fermier calcule le prix de sa rente sur le produit brut diminué
des frais dans lesquels entre le prix du travail, qu'il paie à
sa valeur réelle, dès que sa ferme excède l'étendue qu'il peut
travailler par lui-même. Le fermier conserve donc tous les
pâturages tant que leur produit net surpasse celui qu'il pourrait obtenir de la culture, d'autant plus que le propriétaire
ne consent au défrichement que moyennant une redevance
supplémentaire qui représente la valeur réelle de la fertilité
accumulée.

4° Une épizootie qui frappe les bestiaux d'une ferme ;
l'appauvrissement des tenanciers qui les oblige à vendre
successivement la meilleure partie de leurs troupeaux ; la
difficulté de les remplacer plus tard, d'où naît celle de tirer
parti des pâtures ; la possibilité d'exploiter, au moyen
d'un petit nombre de bêtes de labour, des terrains qui
auraient exigé un nombre beaucoup plus grand de têtes de
bétail pour consommer leur produit en fourrages : telles
sont aussi très-souvent les raisons qui déterminent la conversion des pâturages en terres de labour. L'accroissement
de capital de cheptel vivant, qui suppose un état de plus
grande aisance de la part des tenanciers, est au contraire
l'obstacle qui empêche la conversion des cultures en pâturages, quelque bien fondée qu'elle puisse paraître, quelque accroissement de rente qui doive en résulter. Les
avances, les *avances*, voilà ce qui manque presque toujours à
l'agriculteur, bien plus que l'intelligence et l'envie de bien
faire, et, pour qu'il les obtienne il faut que ses profits montent au niveau des profits industriels, ou que ceux-ci descendent au niveau des siens.

DEUXIÈME DIVISION.

TRAVAIL DE L'HOMME AIDÉ DES FORCES DE LA NATURE.

SECTION I. — INTRODUCTION.

Des modes de travail appliqués à la terre.
Petite et grande culture.

Dans les systèmes de culture qui vont suivre, l'homme introduit un nouvel élément par l'emploi des forces mécaniques. Avant de passer à leur examen, nous jetterons un coup-d'œil sur les différents modes de travail appliqués à la terre.

Les forces mécaniques les plus employées jusqu'ici dans la culture sont celles des hommes et des animaux. Le temps viendra peut-être où la vapeur elle-même concourra à une partie de ces travaux. Si elle a exonéré l'homme des travaux pénibles, des efforts musculaires dans l'industrie manufacturière, elle est appelée à lui rendre les mêmes services dans l'agriculture. Ainsi, l'on conçoit que les machines à battre peuvent être substituées, dans un grand nombre de lieux, au fléau et au dépiquage. Une machine à piocher nous a paru susceptible d'application utile et propre à donner de grands résultats, quand elle sera employée sur de vastes espaces. La division de la propriété l'exclut de nos exploitations d'Europe, et c'est dans les pays les moins peuplés qu'elle peut produire des effets susceptibles de faire un jour une sérieuse concurrence à nos produits agricoles.

Les forces des animaux ne nous donnent qu'un mouvement de traction continu ; celles de l'homme peuvent s'exercer dans différentes directions ; aussi, les premières seules ne sont pas suffisantes, et il faut y joindre la force et l'intelligence humaines, soit pour compléter, soit pour diriger leurs travaux. Mais les circonstances locales peuvent conduire à ne faire usage que des forces humaines, à peine aidées quelquefois de celles des animaux. C'est ce que l'on appelle la *petite culture*, à cause du peu d'étendue de terrain qui est alors affectée à chaque travailleur; d'autres fois, ce sont les forces animales qui prédominent, et chaque ouvrier ainsi secondé cultive une bien plus grande étendue de terrain; c'est ce qui constitue la *grande culture*.

Si l'on parcourt les nombreux écrits publiés par les économistes au milieu du siècle dernier (1), on remarquera, comme nous l'avons déjà dit, qu'ils ne se faisaient pas une idée nette de ce qu'ils entendaient par la grande et la petite culture; pour les uns c'était le fermage opposé au métayage, pour d'autres la culture au moyen de bœufs opposée à celle faite par des chevaux, pour d'autres encore la grande et la petite propriété; ou bien les exploitations où l'on applique un gros capital et celles qui n'en emploient qu'un petit. Mais toutes ces notions appartiennent à des ordres d'idées différentes, les unes aux modes de tenure, les autres à l'administration agricole, d'autres enfin au système de culture. La grande propriété peut être divisée en petites fermes; les terres, quelle que soit leur étendue, peuvent être cultivées par des bœufs et par des chevaux, ou à bras; il y a de grandes fermes pourvues de capitaux et d'autres qui en sont dénuées, etc. Pour éviter une pareille confusion, nous nous en tiendrons au caractère principal qui constitue la petite et la grande culture : la proportion des forces humaines et animales qu'elles mettent en œuvre, parce que cette proportion est la base de systèmes de culture fort différents.

Si le capital d'un pays est principalement employé à élever

(1) Lisez surtout les articles *Grains* et *Fermiers*, de la grande *Encyclopédie*; les articles de Butret dans les *Ephémérides du citoyen*; le tableau économique dans *l'Ami du peuple* de Mirabeau; et Forbonnais, *Principes et observations économiques*.

des hommes, d'un côté l'étendue des terres cultivées est dans une proportion plus faible relativement à la population ; d'un autre côté on peut disposer d'une réserve considérable de force humaine, et les ressources manquent pour acquérir et entretenir en sus celle des animaux. On est conduit ainsi à la petite culture. Si le produit d'une famille d'agriculteurs peut se représenter par le prix de son travail annuel, qui est de 2 279 kilogr. de blé, on verra que chaque agriculteur mâle adulte représente un capital de 56,975 kil. de blé (12,531 fr. 50 c.) (le blé étant à 22 fr. les 100 kilogr. et l'intérêt de l'argent à 4 p. 100). Ce capital n'est pas viager, puisqu'il est fondé sur l'existence de la famille, qui est perpétuelle.

Si le capital agricole a été employé à acquérir et entretenir des animaux de trait, il en est resté une moins grande somme pour élever des hommes. Ceux-ci sont affranchis des travaux les plus pénibles, ceux de la pioche et de la bêche, mais ils sont moins nombreux relativement à l'étendue du terrain. Comparons ces deux systèmes de culture sous le rapport de la population, de l'importance du capital et des résultats qu'ils peuvent produire.

Le travail principal que réclame l'agriculture, celui qui est le début de toutes les cultures et sans lequel on ne peut en entreprendre aucune, c'est le défoncement des terrains. Dans une agriculture bien ordonnée, nous trouvons que dans des terrains d'une ténacité de $0^m,050$, tels qu'ils sont en moyenne dans la saison des travaux, 4 chevaux conduits par 1 homme et 1 enfant labourent en un jour, à $0^m,25$ de profondeur, l'étendue de 1/3 d'hectare ; cet hectare de terrain exige en outre 1/3 de journée pour être ensemencé : nous avons donc par hectare 3 journées 1/3 de travail pour l'ouvrier adulte, et en plus 3 journées d'enfant équivalant à 0,40 de la journée de l'homme, ou 1 j,20, c'est-à-dire en tout 4j,53. Comme la saison de ces travaux (du 15 septembre au 15 décembre) présente 65 journées de travail possibles dans le Midi, chaque homme, aidé d'un enfant, pourvoirait au travail de 19,5 hectares de terrain, ou un seul ouvrier à celui de 14 hectares. D'un autre côté, la petite culture emploierait 57 journées pour défoncer à la bêche 1 hectare de terrain et 5 journées pour l'ensemencer, total 62 journées ; un ouvrier ne pourrait donc ensemencer en temps convenable que 1 hectare de terrain. Ainsi, dans ce cas, les populations agricoles des pays à grande et à petite culture seraient dans le rapport de 14 : 1. Avec le secours des animaux, les 32 millions d'hectares de la France pourraient être cultivés au moyen de 2,286,000 ouvriers adultes, et ils ne le seraient à bras qu'au moyen de 32 millions d'ouvriers. Ils le sont en réalité avec 4 millions de cultivateurs. (1) Si, aidé de

(1) Voici les éléments des nombres avancés dans ce paragraphe :

	hectares.
Le sol agricole de la France se compose de.	50,614,972
Nous en retranchons les terres vagues, bois, pâturages, prairies, qui n'admettent pas la charrue.	17,995,627
Il reste.	32,619,345

Depuis le relevé des registres du recrutement, il y a 526 agriculteurs sur 1,000 inscrits ; mais cette qualification d'agriculteur comprend aussi les bergers et ceux qui soignent les animaux, soins qui enlèvent même une partie du temps des agriculteurs. L'observation nous a montré qu'en moyenne il fallait compter l'emploi d'un homme pour 4,000 kilogr. du poids d'animal vivant. D'après ces données, nous avons d'abord pour le nombre d'agriculteurs :

	habitants.	
Population totale de la France.	34,280,178	
Population totale de 18 à 60 ans.	19,047,395	(1)
Population mâle de 18 à 60 ans.	9,372,711	(1)
Nombre des agriculteurs en général.	4,930,045	
A déduire ceux occupés aux soins des animaux. .	873,637	(2)
Reste pour le nombre des cultivateurs mâles de 18 à 60 ans.	4,056,412	

Donc chacun cultive $\dfrac{32,619,345}{4,056,412} = 8$ hectares.

(1) Tables de Montferrand, en calculant sur l'augmentation donnée par le dernier recensement.

(2) Quotient du poids total des animaux divisé par 4,000.

ces données, nous cherchons dans quelles proportions se trouvent, en France, les forces humaines seulement (petite culture), et les forces humaines aidées des animaux (grande culture), nous trouvons qu'il y a 1,859,264 ouvriers conduisant des attelages et 2,197,148 cultivant à bras (1). Ces emplois ne sont pas toujours séparés par individus, mais tantôt un homme cultive à bras une partie de l'année et avec des chevaux une autre partie, *et vice versâ*; c'est d'un mélange de ces deux sortes de culture que résulte l'agriculture française.

Comparons maintenant les frais qu'exigent les deux modes d'exploitation du sol. Les travaux de défrichement exigeront :

3 j 33 de 4 chevaux ou 13 j. 32 à 5 k. 53 de blé, ci.	73^{k}66 de blé.	
3 j. 33 d'hommes à 5 k. 96 de blé.	19,85	
3 journ. d'enfant à 2.98.	8,94	
	102,45 (22 f.54)	
Les 62 journ. du manouvrier coûteront.	362,52 (81 f.29)	

Rapport des frais dans la grande et la petite culture : : : 100 : 554.

Dans la réalité et avec des charrues imparfaites, les frais de défoncement avec les chevaux s'élèvent à 144 kil. de blé, ce qui vient de ce que l'on attelle 6 chevaux au lieu de 4. Ainsi le rapport des frais est comme 200 : 251.

Si le désavantage de la petite culture est si grand dans les opérations préalables de défoncements, les frais se compensent dans les travaux légers où la grande culture n'emploie plus qu'une partie de la force des animaux, et surtout par la nécessité où est celle-ci de donner un grand espacement aux

(1) Appelant x le nombre des travailleurs à bras et y celui des travailleurs avec attelage, nous avons :

$$14 x + y = 32,619,345,$$
$$\text{et } x + y = 4,056,412,$$
$$\text{d'où il résulte } x = 2,197,148$$
$$y = 1,859,264$$

plantes pour faciliter le parcours de ses instruments entre les allées des champs. En reconnaissant l'utilité des récoltes disposées en ligne pour nettoyer le terrain au moyen de cultures dans les intervalles, les agronomes avaient dirigé des recherches persévérantes vers l'invention d'instruments qui pussent passer dans ces allées étroites sans offenser les plantes utiles qui les bordaient, et cependant ils faisaient l'aveu que par elle-même aucune de ces cultures ne payait le travail, l'engrais et la rente; mais ils se consolaient en pensant qu'elles tenaient lieu de jachères et qu'ainsi la rente du sol ne devait pas leur être imputée (Thaër, § 1, 144). Ainsi, dans la pensée des agronomes de l'école anglo-germanique, la récolte céréale ne faisant qu'un avec la récolte jachère qui l'avait précédée, leurs deux comptes devaient se fondre l'un dans l'autre. Ils n'espéraient pas qu'avec des récoltes espacées, et malgré leurs moyens économiques de travail, les récoltes jachères pussent jamais se suffire à elles-mêmes.

Ces aveux jetaient dans le découragement les partisans de la grande culture. Morel de Vindé ne reconnaissait que deux cultures jachères qui pussent se pratiquer en grand, celles de la pomme de terre et de la betterave (1), et même il désespérait de leur adoption sur une portion considérable des domaines, parce que si elles s'y établissaient, leurs produits cesseraient de pouvoir se vendre, et que leur consommation entraînait dans un cercle des difficultés qui lui semblaient insolubles. Or c'étaient des produits vendables qu'il demandait. Plus tard, il crut avoir trouvé les solutions du problème dans l'emploi de la betterave à la fabrication du sucre(2). Il se trompait dans l'un et dans l'autre cas; les obstacles à la consommation directe de ces produits n'étaient pas insurmontables, et le quart d'une contrée un peu vaste, cultivée en betteraves à sucre, aurait produit une telle surabondance de cette substance que ce produit ne se serait pas

(1) *Mém. de la Société centrale d'agricult.*, 1822, t. I, p. 408.
(2) *Id.*, 1823, p. 455 et suiv.

vendu plus que les autres, et qu'il aurait fallu en revenir
à en faire la consommation. Là n'était pas la difficulté, mais
bien dans l'impossibilité où se trouvait la grande culture de
produire sans pertes autre chose que les plantes qui n'exigent pas une culture, pour ainsi dire, individuelle.

Et cependant la petite culture n'était pas effrayée de ces
récoltes jachères, qui étaient l'écueil de la grande. On la
voyait chaque jour payer une rente de terrain seulement pour
y planter des pommes de terre, des haricots, des pois, des
fèves; pour y semer du chanvre, du lin, du pavot, toutes
cultures qui exigent beaucoup de main-d'œuvre. La grande
culture ne pouvait atteindre à ces résultats : d'abord, pour
le lin, le chanvre, le pavot, parce que ces plantes, quoique
semées à la volée, ne supportent que des sarclages à la main,
et que les deux premières entraînent ensuite dans des préparations auxquelles le personnel de la ferme ne pouvait suffire ; quant aux plantes semées en ligne, il y avait d'autres
raisons dont il importe de se rendre compte.

Avec des engrais proportionnés aux récoltes à obtenir,
jusqu'à une limite facile à assigner, celle du développement
possible de leurs tiges et de leurs racines, ces plantes donnent un produit proportionnel à leur nombre. Ainsi, les
pommes de terre (1), dont chaque plant occupait 5,900 cent.
carrés, donnaient, sur un espace de terrain, un revenu de
48 ; celles occupant 1,560 cent. carrés donnaient 100 d'après
les expériences d'Antoine. Or, si la grande culture veut biner
dans les deux sens pour arriver au pied des plantes et éviter
toute main-d'œuvre, elle fait occuper aux plants 4,225 cent.
carrés ; la petite culture ne leur donne que 50 à 33 cent.
d'intervalle et n'occupe alors que 900 à 1,089 cent. carrés
Le produit des tubercules avec cet espacement est de 29,000
kil., et avec celui de 4,225 cent. carrés, il n'est que de
7,475 kilogr.

(1) Voyez t. IV, p. 41.

Thaër admet (§ 1,145) que les frais de sarclage au moyen
des animaux sont à ceux faits à bras comme une journée
d'instrument attelé est à 40 journées de manouvrier. Une
journée d'instrument coûte :

1 journée de cheval. . . . .   5 kil. 32 de blé.
1 journée d'homme. . . . .   5 kil. 95
                                    ―――――――
                                    11 kil. 27

40 journées d'ouvriers coûtent 258ᵏ,45. La culture d'un
hectare avec l'instrument coûte 57 kilogr. de blé, et à bras
184 kilogr. Les travaux sont entre eux à peu près dans le
rapport de 1 à 5.

L'engrais de 29,000 kilogr. de pommes de terre, coûtant
104ᵏ,4 d'azote, vaut 783ᵏ,0 de blé.

L'engrais de 7,477 kil. de pommes de terre, coûtant 26ᵏ,92
d'azote, vaut 204ᵏ,90. Nous avons pour les deux cultures :

Grande culture.

Rente. . . . .   327 kil. de blé.
Travail.   37
Engrais. , ...   201.90
                                 ――――――
                                 565.90
Prod. 7,477 k. p. de t. à 12 k. 897.24

Bénéfice. 331.34

Petite culture.

Rente . . . .   327 kil. de blé.
Travail   184
Engrais   783
                                ―――――
                                1,294
Produit 29,000 kil. à 12 kil. . . 3,480

Bénéfice..   2,186

Mais si la grande culture, au lieu de vendre ses pommes de
terre pour la consommation humaine, en est réduite à les faire
consommer par les bestiaux, ses pommes de terre ne vaudront plus que 4ᵏ,55 de blé les 100 kilogr.; le produit de sa
culture ne vaudra plus que 540 kilogr. de blé, et elle sera

en perte de 225 kilogr. de blé. Il n'y a donc pas de lutte possible entre les deux genres de cultures pour les récoltes sarclées. Il semble donc que la destination de chacun de ces systèmes soit clairement indiquée, et que si la grande culture doit nous fournir les céréales, le colza, les fourrages, le lot de la petite soit de nous donner des légumes secs, des tubercules, des choux et des plantes commerciales.

Une autre considération nous amène encore à la même conclusion ; c'est la possibilité d'employer, dans les récoltes sarclées à bras, des forces bien inférieures à celles de l'homme, celles des femmes et des enfants. Ainsi, un hectare de chanvre demande 156 journées d'hommes et 130 de femmes ; un hectare de vignes cultivé à bras, 133 journées d'hommes et 90 de femmes. La culture du mûrier apporte aux femmes la cueillette des feuilles, l'éducation des vers à soie. Des pommes de terre les occupent, ainsi que les enfants, à la plantation, au sarclage, à l'enlèvement de la récolte ; il n'est pas une de ces petites cultures qui n'admette leur concours, et dans leur ensemble on peut compter au moins la moitié des journées faites par ces faibles bras. Chaque journée du père de famille lui vaut donc au moins une journée et demie, et, dans les pays où l'on a su développer convenablement la petite culture (1), au lieu de recevoir 5^k,96 de blé (1 fr. 51 cent.) il recevra 9^k,50 de blé (2 fr. 65 cent.) pour prix du travail de chaque jour.

Dans les pays à grande culture, le travail des manouvriers n'est pas demandé habituellement, mais seulement dans les moments pressés des récoltes, où il subit la concurrence des émigrations étrangères. On peut donc dire que si les femmes et les enfants ne s'adonnent pas à quelque autre industrie, ou si le nombre des ouvriers à la journée ne s'est pas réduit exactement à la mesure de la demande, leur sort est moins bon qu'ailleurs dans les pays à grande culture. C'est donc dans la petite culture que ceux qui n'ont que leur bras pour

(1) Voyez t. III, p. 58.

capital et qui ne peavent se louer pour garçons de ferme doivent chercher les moyens d'améliorer leur position.

Supposons que la petite culture existât seule dans ce pays, quelle serait l'étendue de terrain nécessaire pour faire vivre chaque famille d'agriculteur? Si elle se borne à cultiver du blé, elle n'aura, pour rétablir la fertilité de la terre, que le gaz atmosphérique, la paille de 9 hectolitres de blé et les résidus de sa propre consommation, savoir :

Blé.	9,00	684 kil.
Paille, 1,552 k. dosant 4.04 d'azote produisant	1.97	149.72
Résidu de la consommation de 684 kil. de blé dosant 13 kil. 40 d'azote réduit à 9.4.. . . .	4.46	357.00
		1,190.72

La nourriture de la famille exige 1,551 kilogr. de blé ; entretien entier, 2,279 kilogr.: il faudrait donc 2 hectares de terrain pour pourvoir à ses besoins ; le père peut cultiver 1 hectare ; la famille 1^h,64, le travail de la famille étant à celui du père comme 638 : 588 (1). Il y a donc possibilité de nourrir une famille qui travaille à bras, sans payer de rente un terrain de 2 hectares d'un sol désigné sous le nom de *terre à froment*.

La part du citoyen romain était moins considérable. On sait que dans les premiers temps, l'héritage de chaque citoyen romain était de 2 *jugera* de terre (50 ares 56) (2) ; nous serions fort embarrassés de comprendre comment ils en tiraient leurs subsistances, si nous ne savions le grand usage qu'ils faisaient des légumes et principalement des fèves, qui sont encore la base du régime des populations du midi, et qu'ils introduisaient ces fèves dans leur pain (3). Sans parler des magnifiques fèves d'Egypte que la faveur du climat et la fraîcheur du sol élèvent jusqu'à 2 mètres (4), nous savons

(1) *Cours d'agriculture*, t. III, p. 58.
(2) Varron. *De re rustica*, lib. I, cap. 2. Pline, *Histoire naturelle*, lib. XVIII, cap. 2.
(3) Pline, lib. XVIII, cap 12. — (4) *Id.*

que dans le midi de l'Italie elles produisent jusqu'à 3,000 kil. de grains par hectare sur des terres en bon état. Enfin les Romains cultivaient les raves en récoltes dérobées, *Curius Dentatus* mangeait ses raves, assis dans sa chaumière, sur un escabeau de bois, quand on vint lui offrir la dictature.

Si nous supposons cet assolement,

25 ares, 28 de blé produisant 313 kil. de blé, ci,	313 kil.
25 ares, 28 de fèves produisant 758 kil. de fèves représentant pour la nourriture.	1.941
	2.254

nous atteignons ainsi à ce qui est nécessaire pour la subsistance de la famille.

En Irlande, où la famille devrait consommer 28,488 kilogr. de pommes de terre, elle obtient cette provision sur un hectare de terrain environ, et sur un moindre espace quand elle possède des vaches et de la pâture. Ainsi, selon Arthur Young, ce que l'on appelle *jardin* ou champ de pommes de terre varie en grandeur de 1/2 acre à 1 acre 1/2, et on y ajoute de plus la pâture d'une vache ; 1 acre rapporte 11,08 quarters de pommes de terre ou 7,552 kilogr.(1) Une vache donne 1,460 litr. de lait, équivalant à 2,311 kil. de pommes de terre. On voit combien la nourriture est insuffisante, surtout si l'on pense qu'il y a une rente à payer, ce que l'on fait par l'élève des cochons Il faudrait plus de 3 acres de terre et deux vaches pour nourrir convenablement une famille, c'est-à-dire bien près de 1 hectare 1/2 de terre.

On voit qu'à deux hectares par famille de cinq individus la France pourrait nourrir, sous le régime de la petite culture, 64 millions d'habitants. Mais quel serait le sort d'un tel peuple, consommant tout ce qu'il produirait ; ne pouvant fournir à l'Etat de secours ni en argent, car il absorberait tout pour vivre, ni en hommes, car tous seraient nécessaires à la

(1) Arthur Young, *Voyage en Irlande*, t. II, p. 197, 1799.

culture; mis en péril par tout accroissement de population, si petit fût-il, par le moindre dérangement des saisons; sans artisans pour lui fournir des habillements et des instruments, et manquant de ces guides intellectuels qui éclairent les arts et les sciences et qui exigent des loisirs interdits à des hommes qui doivent s'appliquer incessamment à pourvoir à leur subsistance?

Tels sont les dangers que présente la petite culture quand elle s'est généralisée dans un État. Ainsi en Chine, l'excès de la population est réprimé par les famines périodiques qui la déciment et par l'usage habituel de l'exposition des enfants.

A l'autre extrémité de l'échelle, la grande culture, isolée de la petite, ne présente pas moins d'inconvénients. Comme l'enlèvement des récoltes exige, à un moment donné, un nombre d'ouvriers supérieur à celui qui cultive habituellement les fermes, si les circonstances géographiques ne mettent pas en contact deux peuples dont la récolte n'ait pas lieu simultanément, il faut qu'elle se borne à cultiver les végétaux qui n'exigent habituellement qu'un petit nombre d'ouvriers. Ainsi, après avoir renoncé aux cultures sarclées, elle en vient à trouver aussi celle du blé embarrassante, et elle se réduit graduellement à celle des fourrages et à l'éducation du bétail. Mais si la grande culture n'occupe qu'un petit nombre d'hommes, elle pourra en nourrir un grand; elle donne donc aux arts, aux sciences et à l'État des bras et des produits disponibles.

Le voisinage et l'association des deux systèmes de culture est ce qui est le plus favorable au développement de tous les deux et au bonheur des peuples qui peuvent les réunir. La petite culture trouve des travaux pour occuper ses moments perdus; la grande trouve des ouvriers supplémentaires. Des capitaux peuvent se former, et les améliorations dont ils sont la source ne sont pas perdues même pour les terres voisines de celles où ils sont appliqués; ces terres profitent des expériences qui se font à côté. Les professions diverses répandues

sur la surface du territoire y portent le produit de leur industrie, et y entretiennent des consommateurs.

SECTION II.

Systèmes de culture où l'homme est aidé par les forces de la nature.

1. Système celtique ou alternatif.

Le système celtique ou alternatif est une transition des
systèmes qui laissent agir la nature à ceux qui la suppléent complétement ; ici l'homme succède, au bout d'un
intervalle de temps plus ou moins long, à l'action du temps
et des éléments, et puis, après une certaine succession de
récoltes épuisantes, après avoir enlevé au terrain toute la
partie de sa fertilité acquise susceptible de payer son travail,
il abandonne de nouveau la terre à elle-même, y laisse repousser l'herbe et les broussailles, laisse s'y accumuler les
débris d'une végétation spontanée et de nouveaux éléments
de fécondité, jusqu'à ce qu'ainsi rajeuni par le repos, le sol
puisse de nouveau le récompenser du travail qu'il lui accor-
dera. On a appelé ce système *alternatif*, à cause de la succession de ces deux grands ordres de produits, les produits
naturels et les produits cultivés, qui s'y suivent naturellement ; on l'a appelé *celtique*, parce qu'il a toujours été et
qu'il est encore usité dans les pays habités par la race celte.
Selon Tacite, les anciens Germains pratiquaient le système
alternatif : *arva per annos mutant et super ager* (1), ils changent chaque année la place de leurs champs et ils ont du
terrain en abondance.

Les Arabes du nord de l'Afrique suivent le système alternatif dans les terres qu'ils exploitent autour de leurs stations.
Ils cultivent seulement la huitième ou la seizième partie des
terres dont ils peuvent disposer. Leurs travaux consistent à

(1) Tacite, *German.*, cap. XXVI.

brûler en été les herbes qui recouvrent le sol; avec ces herbes périssent les myriades d'insectes qui y ont déposé leurs pontes et les germes des plantes adventives. Ils sèment du froment, de l'orge, du douro, d'octobre en mars. La semence est jetée en terre avant tout labour et recouverte au moyen d'un araire léger, absolument le même que celui d'Italie, déjà décrit par Virgile, quoiqu'il soit plus grossièrement construit. Ce travail pénètre de six à sept centimètres de profondeur, et les Arabes ensemencent ainsi un demi-hectare par jour. Le grain sort à la première pluie. La moisson se fait en juin, le grain étant encore à l'état laiteux, pour prévenir la dissémination qui pourrait avoir lieu dans le transport, s'il était plus mûr. La récolte moyenne est de huit hectolitres par hectare, et les travaux sont bornés à six hectares par charrue. La moitié à peu près du produit est vendue pour payer les impositions et pour les nécessités diverses de la famille. Sous le gouvernement du Dey, le froment se vendait 4 fr. à 4 fr. 50 l'hectolitre; l'orge, 3 fr. à 3 fr. 50; une vache, de 6 fr. à 8 fr. 50; un mouton, de 1 fr. à 1 fr. 50. La consommation de notre armée, en créant des besoins supérieurs à la production, a élevé les prix au niveau de ceux d'Europe, et la culture arabe ne peut manquer, dès-lors, de prendre de l'extension; elle finira sans doute par passer au système des jachères alternes, qui est la culture romaine.

Les Arabes justifient le peu de profondeur de leur culture par la crainte que leur inspire la sécheresse. Ils disent que le sol étant meuble et filtrant, les eaux pluviales s'y perdent quand ils l'ouvrent profondément, mais qu'en créant un plafond sous le blé, par le passage réitéré des bêtes de labour et du sep de la charrue, ils opposent un obstacle à cette prompte déperdition de l'humidité. L'expérience de nos terrains de Provence, souvent aussi secs que ceux de l'Algérie, ne permet pas d'adopter cette explication; mais si nous sommes bien informés, ceux de nos colons qui ont voulu se servir de charrues puissantes ont déterminé une production excessive de mauvaises herbes, en mettant au jour des germes cachés depuis longtemps dans le sol. Il faudrait sans doute plusieurs années de bonne culture pour dompter cette végétation hostile; mais quand on y serait parvenu, on ne peut douter que profitant des sucs encore vierges d'une plus grande masse de terrain, ayant un plus grand réservoir d'humidité que le soleil dessécherait moins rapidement, la production ne devînt très-supérieure à celle des huit hectolitres dont se contentent les Arabes. Le moyen le plus court d'obtenir la netteté de la terre serait probablement d'employer l'écobuage, comme le font d'autres peuples dont nous parlerons bientôt.

Dans la Russie méridionale, c'est aussi le même système alternatif que l'on suit, et il faut convenir qu'un système qui peut produire le blé à 3 fr. l'hectolitre comme en Russie, ou à 4 fr. comme en Algérie, est bien adapté à la situation de ces peuples. Heureusement pour les pays plus avancés, la masse des produits de ces contrées est limitée par le nombre des bras qui s'appliquent à la culture; dès que la population deviendra plus nombreuse, le besoin de l'occuper l'obligera à entrer dans le système de culture continue, et comme on ne profitera plus aussi fortement des bienfaits gratuits de la nature, du bon marché et de l'absence de rente, le prix de revient des produits s'élèvera nécessairement.

Quand le sol est moins riche, et surtout quand il se charge pendant son repos de végétaux ligneux ou de plantes à racines traçantes, c'est par l'écobuage qu'on le dispose à entrer dans sa période culturale. Par exemple, en Bretagne, et dans une grande partie de l'Ouest, la terre reste environ sept ans sous les landes (ajonc, *ulex europæus*). Après ce temps, on coupe les ajoncs quand leur graine est mûre, et on les bat au fléau pour la recueillir; les fagots servent de combustible. Le champ, dépouillé de sa végétation ligneuse, est parcouru en hiver et au printemps par les troupeaux qui mangent les repousses des arbustes. On écobue ensuite en enlevant avec la motte les racines des ajoncs et des bruyères, et le gazon ; on laboure et l'on commence un cours de récolte, ou par le sarrasin semé l'année même du défrichement, ou par le blé semé l'année suivante. Après cinq ou six ans de culture, on termine l'assolement par un semis d'avoine avec graine d'ajonc, et le terrain reste de nouveau sept ans en repos. On peut voir dans l'excellent ouvrage de M. Rieffel (1) les différentes combinaisons d'assolement que l'on met en usage pour tirer parti du défrichement des landes. Ces terrains manquent de chaux et de phosphate, et profitent beaucoup de l'application de la marne, de la chaux, et du noir animal. Ce dernier engrais, employé depuis quelques années en mélange avec le grain de semence, qui en est enveloppé de la même manière que l'amande l'est dans la dragée, opération que l'on désigne sous le nom de *pralinage*, a produit des effets surprenants sur les défrichements qui possédaient d'ailleurs des principes de fertilité, car les résultats sont nuls dans les terres qui en sont dépouillées. Une petite quantité de noir animal peut ainsi donner l'impulsion première avec des assolements judicieux et faire entrer le terrain dans leur période de produits continus.

On est souvent tenté de conserver indéfiniment en culture les terrains que l'on a défrichés ; mais si l'on ne crée pas en même temps des engrais suffisants, on ne tarde pas à épuiser le sol complétement et à l'abandonner à la végétation spontanée, d'autant plus chétive, d'autant plus lente à se reproduire, que l'épuisement a été poussé plus loin. Ce qui fait que l'on prolonge autant la culture, et sans doute au delà des termes où elle serait le plus profitable, c'est la cherté du défrichement de l'écobuage ; on hésite devant le renouvellement de ces opérations. Le bon état des parcelles de la même nature de terrain qui sont cultivées par système continu, autour

(1) *Agriculture de l'Ouest.*

des chaumières bretonnes, devrait faire réfléchir, et conduire peut-être à utiliser les jeunes repousses des ajoncs par une coupe bisannuelle, par les convertir en engrais, à la manière Jauffret. Cet engrais, transporté sur les parcelles défrichées, entretiendrait leur fertilité et dispenserait des coûteux écobuages, surtout si on lui ajoutait de la chaux et de la poudre d'os.

2. Système des étangs.

Le système des étangs est celui où une partie de terrain est successivement couverte d'eau, puis desséchée et soumise à la culture; il dérive des mêmes principes que le système celtique. C'est aussi un système alternatif, dans lequel la terre reprend sa fertilité sous l'eau pendant quelques années, et où on l'épuise ensuite par plusieurs années de culture.

Quel est l'effet du séjour de l'eau sur un terrain? Se trouve-t-il ensuite dans un état de fertilité supérieur à celui qui résulte d'une simple exposition à l'air, ou de la production de plantes qui y laissent leurs débris? L'expérience ne permet pas d'hésiter sur la réponse. Partout, un terrain inondé pendant un an ou deux, et pouvant ensuite être bien desséché, a paru être plus productif que celui qui, pendant le même espace de temps, avait été abandonné à lui-même ou avait reçu la culture des jachères, soit que les eaux vinssent de sources ou de ruisseaux, ou seulement des eaux pluviales. On conçoit que, dans le premier cas, elles transportent avec elles les débris insolubles et les principes fertilisants solubles des terrains supérieurs, et que, dans le second, chargées des gaz fécondants de l'atmosphère, elles conduisent dans un petit bassin l'eau tombée sur les pentes qui y aboutissent. Mais en outre, les unes et les autres, renfermées dans un espace circonscrit, suffisent à y nourrir une végétation aquatique abondante, et de plus, une population nombreuse d'insectes, de larves, de vers, qui y laissent leurs détritus, quand d'ailleurs on ne peuple pas les étangs de poissons. Dans les deux cas, c'est une véritable alluvion d'éléments producteurs qui a lieu au profit du terrain. Ainsi, dans la Dombe, dont la sixième partie de la surface du sol est en étangs, la récolte qui s'y produirait devrait être six fois plus considérable que celle des terrains plats soumis à la jachère, si rien ne se perdait des principes puisés sur les pentes qui y aboutissent. Ces étangs produisent (1) :

1re et 2e années sous l'eau.

Nourriture d'une tête de bétail pendant la moitié de la 1re année et durant les 2 années suivantes, équivalant à 3,540 kil. de foin dosant 1,15 pour 100 d'azote.	40 kil.	71 d'azote.
136 kil. de poisson (68 kil. par an) dosant frais 2,738 pour 100 d'azote.	3	72

3e année à sec.

25 hectolitres d'avoine.	26	50
Total.	70	93
ou par an. . . .	24	89

L'influence de l'absorption atmosphérique étant de 9 kil. d'azote multipliés par une surface sextuple, ou 54 kil. d'azote, on voit que les étangs, par leur disposition, ne recueillent que les $\frac{24}{54} = 0,44$ de la fertilité répandue par l'atmosphère sur la surface entière du sol.

L'effet des étangs alimentés seulement par les eaux pluviales n'est donc pas d'augmenter, mais de concentrer sur un espace borné de terrain une dose d'engrais atmosphérique, qui dispersée sur une beaucoup plus grande surface aurait été presque impuissante ; quant aux étangs alimentés par des sources, ils réunissent en outre les principes fécondants dissous ou transportés par ces cours d'eau. C'est en réalité un système économique d'importation d'engrais. La nature l'avait indiqué par la fertilité que présentent les terrains inondés pendant l'hiver, et par celle du fond des vallées qui reçoivent l'écoulement des pentes.

(1) Bottex. *Rapport de la commission d'enquête sur les étangs de la Bresse*, 1840, page 16.

Mais ce système ne peut pas se mettre en pratique indifféremment dans tous les lieux. Il exige impérieusement certaines conditions :

1° Un sol qui retienne l'eau, c'est-à-dire qui soit composé d'une quantité considérable d'argile, ou qui repose sur une couche argileuse non interrompue, dans le cas où l'étang est alimenté par les eaux des pluies. M. Puvis a montré dans plusieurs ouvrages qu'une vaste alluvion silico-argileuse, déposée au-dessus d'un banc d'argile imperméable et propre à la formation des étangs, recouvre une grande partie de la France. A partir du département du Nord, passant par le Pas-de-Calais, la Manche, le Calvados, en une lisière peu large, elle s'étend vers le sud-ouest formant les landes de la Bretagne, les plaines de Maine-et-Loire, de la Loire-Inférieure, les Landes de Bordeaux, les bolbènes de la Gascogne et du Languedoc, et vers l'est, elle constitue les plateaux des bords de la Loire, en formant le brenne de l'Indre, la sologne de l'Orléanais et du Berry, la paisaye de la Nièvre, et enfin s'étendant jusqu'au Jura par les départements de Saône-et-Loire, du Jura et de l'Ain (1).

2° Si l'étang doit être alimenté par les pluies, il faut encore que les pentes qui aboutissent à l'étang soient assez étendues pour y maintenir la quantité d'eau suffisante pendant l'été, c'est-à-dire une hauteur moyenne de 1 mètre sur toute sa surface. Dans la Dombe, il tombe 1,172 millimètres d'eau par an ; l'inclinaison des pentes et l'évaporation terrestre combinées laissent arriver 1/8 des eaux pluviales au réservoir commun pour fournir 1 mètre de hauteur d'eau, ce qui fera pour chaque mètre de surface $\frac{1172}{8} = 0^m,146$, et par conséquent il faudra une étendue de $\frac{1}{0,146} = 6^m,85$ de surface, pour recouvrir 1 mètre carré d'étang. Le sixième de la surface de la Dombe étant constitué en étangs, on voit

---

(1) Paris. *Agriculture du Gâtinais; Mémoires sur la marne et sur la chaux;* article sur les étangs dans la *Maison Rustique.*

qu'on n'est pas loin d'y utiliser toute l'eau pluviale qu'il était possible d'y recueillir.

La Sologne n'a encore que la vingtième partie de sa surface en étangs. Si la quantité de pluie qui y tombe peut être estimée la même que celle observée par Duhamel à Denainvilliers, elle ne serait que de 482 millimètres par an. Il est bien probable que dans un climat où l'évaporation est moins rapide que dans l'Ain, il serait possible d'amener au moins la sixième partie des eaux pluviales aux réservoirs ; chaque mètre fournirait donc $\frac{0,482}{6} = 0$ m. 080, et on aurait donc besoin d'une étendue de $\frac{1}{0,080} = 12$ m. 5 pour obtenir 1 mètre d'eau sur la surface de l'étang. Ainsi, l'eau pluviale n'est utilisée dans ce pays que dans le rapport de 12 à 19 ; mais M. Puvis fait observer que les terrains boisés laissent filtrer beaucoup moins d'eau que les terrains en culture, les racines des arbres s'emparant d'une forte partie de l'eau qui y tombe.

3° Il faut que le relief du pays soit tellement disposé qu'on puisse y faire aux moindres frais possibles les barrages nécessaires pour retenir l'eau. La position la plus commode est celle où l'on peut barrer soit un vallon, soit une dépression du sol dans laquelle les eaux couleraient naturellement, par une digue transversale qui arrête les eaux en aval, tandis que les bords du vallon lui servent de borne latérale ; sinon il faut construire des digues latérales. On donne à la digue d'aval une hauteur suffisante pour qu'elle retienne une hauteur de 2 m. 60 d'eau à son pied ; et, attendu la déclivité du terrain, la profondeur de l'eau et la hauteur des digues latérales vont toujours en diminuant de la tête à la queue de l'étang. Celle-ci se dessèche graduellement en été et laisse à découvert une partie du sol de l'étang ; tandis que la tête doit conserver une quantité d'eau suffisante. Dans la Dombe, dont le relief est merveilleusement disposé pour la construction des étangs, et où les pentes sont telles qu'une longue série d'étangs peut s'établir par étages dans le même vallon, on estime moyennement à 300 fr. par hectare la dépense nécessitée pour l'établissement d'un étang (1) ; mais là où le terrain plus plat exigerait une plus grande étendue de digues pour maintenir une profondeur d'eau suffisante à la tête de l'étang, la dépense pourrait être beaucoup plus considérable.

Quant aux étangs qui, comme ceux de la Moselle, sont alimentés par des sources perennes, ils peuvent être établis sur toute espèce de terrain, l'abondance des eaux remédiant aux pertes occasionnées par les infiltrations. Leur produit est aussi plus grand, car M. Masson a prouvé qu'il était proportionné au volume des eaux et non à la surface qu'elles occupent (2).

Après ce que nous venons de dire, les motifs qui peuvent porter à adopter le système des étangs se comprendront facilement. Dans un pays ondulé, les eaux de pluie ne s'arrêtent pas sur les pentes, elles s'écoulent par les vallons, y déposent une partie des principes fécondants qu'elles contiennent, mais la plus grande partie s'écoule par les cours d'eau qui se rendent dans la rivière ; d'un autre côté, les glaises sont peu propres, par elles-mêmes, au développement des plantes améliorantes de la famille des légumineuses. Les eaux pluviales pourront être ou bien employées à arroser des prairies placées dans les bas-fonds, ou bien retenues de manière à former des étangs susceptibles de donner différents produits, le fourrage, la paille qui, avec le foin des prairies, permettra de cultiver plus utilement les plateaux. Dans l'un et dans l'autre cas, on se propose de ne rien laisser échapper des biens que dispense la nature. Le choix entre les deux moyens peut dépendre de la configuration du pays, plus ou moins propre à l'établissement des étangs. M. Rieffel paraît

(1) Bottex. *Rapport*, p. 32.
(2) *Mémoire sur l'étang du Cindre* ; *Mémoires de la Société d'Agriculture*, 1842, p. 321.

avoir très-bien compris cette alternative, et il a pris le parti
de disposer de ses eaux pour arroser des portions de prairies
dans les vallons de ses landes ; ailleurs on a préféré construire
des étangs qui tantôt, comme ceux de la Breune, ne servent
qu'à donner du pâturage et à nourrir des poissons, qui tantôt
sont mis en culture tous les deux ans (Loire) ou tous les trois
ans (Ain). Par chacun de ces procédés on augmente d'une
manière plus ou moins intelligente le produit inondé ou arrosé et celui du sol qui l'avoisine (1). Dans l'Ain, le sol cultivé se loue de 8 à 10 fr. par hectare ; le même sol, accompagné d'une étendue proportionnée d'étangs, se loue 15 fr.,
et les étangs valent de 30 à 40 fr. de rente l'hectare (2).
Ainsi, soient 6 hectares sans étangs, leur rente sera de 54 à
60 fr.; soient 6 hectares dont 1 en étang, nous aurons :

$$
\begin{array}{ll}
\text{1 hectare en étang.} \ldots & \text{35 fr.} \\
\text{5 hectares en culture.} \ldots & \text{75} \\
\hline
& \text{110} \\
\text{Moyenne.} \ldots & \text{18,33}
\end{array}
$$

La totalité du sol a doublé de valeur. Y a-t-il beaucoup
de systèmes susceptibles de doubler la valeur d'un aussi mauvais terrain, de porter de 54 à 110 fr. la rente d'un hectare
avec la dépense d'un capital de 300 fr.? L'avantage est si évident qu'il a dû être embrassé avec enthousiasme par tous
les pays qui se trouvaient dans les conditions voulues. Quand
l'observation plus rigoureuse des règles du régime maigre et
des abstinences du carême parmi les catholiques donnait
un haut prix au poisson, dont un kilogramme pouvait valoir

(1) Voyez, pour la pratique du système des étangs, Leblanc, *Société
d'Agric. de Paris*, 1787, été, p. 99. — Varenne de Fenille, *id.*, 1789,
hiver, p. 77. — Puvis, *Maison Rustique*, t. IV. — Masson, *Mémoire sur
l'étang de Lindre*, *Société centrale d'Agriculture*, 1842.

(2) Puvis, *Maison Rustique*, t. IV, p. 181.

10 kil de froment et de 2 à 3 kil. de viande de boucherie, la prime d'encouragement était beaucoup plus forte, et cependant elle paraît bien suffisante encore, car l'on a remarqué que c'est de nos jours, quand le kilogramme de poisson ne vaut plus que 5 kil. de froment et 2/5 de kil. de viande, que la création des étangs a été la plus rapide dans la Dombe.

Mais d'immenses inconvénients balancent tous les avantages. La fièvre s'établit dans le pays avec les étangs; elle en dévore les habitants. Dans la Dombe, par exemple, les décès surpassent les naissances de 17 p. 100, sans y comprendre les moissonneurs et les journaliers étrangers, qui vont souffrir et mourir dans leur pays, après avoir pris dans la culture des étangs le germe de leur maladie. Dans un pays soumis à ce système, la population ne subsiste donc que par l'émigration.

Nous savons que le plus souvent, et en l'absence même des étangs, les contrées à sous-sol imperméable sont malsaines, qu'il s'y forme des marais souterrains qui se dessèchent en été, et dont les miasmes sont mis à jour par la culture. Mais les étangs ajoutent beaucoup à cette insalubrité, parce que les herbes aquatiques qui y naissent, mises à sec dans la saison chaude, vers la queue de l'étang, se putréfient et répandent de toutes parts leurs effluves fiévreux.

L'obligation de disposer l'étang de manière à conserver de l'eau, partout et en toute saison, entraînerait des frais qui dépasseraient les bénéfices. L'intérêt de la santé publique semble donc exiger le sacrifice des étangs. Ce fut pour un autre motif que la Convention nationale rendit le décret de leur suppression (4-6 décembre 1793). Elle croyait seulement, en rendant le sol à la culture, augmenter la masse des céréales. On ouvrit brutalement toutes les chaussées des étangs, ce qui causa une fâcheuse inondation dans la plaine; les terrains mis à nu furent ensemencés jusqu'à épuisement, puis le sol se refusant à de nouveaux produits, et celui des plateaux se trouvant privé de l'utile auxiliaire des engrais qui en provenaient, il fallut rapporter la loi (1er juillet 1795) et rétablir les choses dans leur ancien état.

Il paraît cependant par une foule d'actes, par des recensements anciens, par des débris d'habitations, que la population de la Dombe avait été jadis beaucoup plus considérable (1), et que par conséquent le pays était alors plus productif. C'était au temps où les plateaux étaient boisés et où les vallées étaient seules en culture, couvertes de prairies ou de terres à blé. Les bois fournissaient des ressources en engrais qui permettaient d'obtenir de meilleures récoltes. Mais pour en revenir à ce point, il faudrait bien du temps et des capitaux. On restait donc en présence du problème sans pouvoir trouver la solution, jusqu'au moment où les effets de la marne et de la chaux sur toutes ces glaises ont été constatés. Alors s'est ouverte une ère nouvelle qui a déjà provoqué un changement de système sur les points les plus éclairés du pays, et sur ceux qui étaient moins embarrassés dans les liens de transactions réciproques.

Par le moyen des défoncements qui détruisent l'espèce de plafond durci engendré au-dessous du terrain labourable des étangs par la permanence des eaux, et en s'aidant de l'application des substances calcaires, on a obtenu de ces terrains d'énormes récoltes de fourrages légumineux, et du blé. Dès lors, on a pu avoir des engrais surabondants qui ont amélioré à leur tour les terres des plateaux. A la tête des agriculteurs distingués qui ont commencé cette transformation, on trouve MM. Greppoz et Bodin, etc., qui ont été suivis par M. Nivière, devenu l'apôtre des dessèchements des étangs, et qui a donné un bel exemple en desséchant trente-deux étangs antiques, sur lesquels il a fondé le domaine et l'école d'agriculture de la Saussaie.

Mais en continuant à étudier la question des étangs dans le département de l'Ain qui en est le type le plus complet,

(1) Bottex. *Rapport.*

nous trouvons que la bonne volonté isolée d'un propriétaire ne suffit pas pour supprimer ses propres étangs. Il existe des conventions qui attribuent la sole de l'assec (temps où l'étang est en culture) à un propriétaire, et la jouissance de l'évolage (temps de l'eau et du poisson) à un autre; de plus, les étangs qui se succèdent dans le même vallon sont assujettis les uns aux autres, par la nécessité, de retenir ou de céder l'eau à certaines époques. Pour satisfaire tous ces intérêts il faudrait une législation expresse, et l'on ne saurait trop tôt s'en occuper pour rendre un pays entier à la salubrité et à la bonne culture. Nous croyons donc que le système des étangs tire à sa fin dans l'état actuel de notre civilisation, et que c'est à d'autres ressources qu'il faut demander la fertilisation des terrains glaiseux sur lesquels ils sont principalement établis. Quant aux étangs sur terrain calcaire, il y a de si grands avantages à leur desséchement, qu'ils disparaissent rapidement partout où leur destruction ne dépend que du libre arbitre des propriétaires.

3. Système des jachères. (*Système latin, romain, etc.*)

Jusqu'à présent la nature a joué le principal rôle dans les systèmes que nous avons exposés : tantôt elle a recouvert le terrain d'arbres ou de pâturages, puis elle l'a fécondé par les eaux de ses pluies; c'est la main de l'homme qui va prendre maintenant la suprématie, et une année entière ne se passera pas sans qu'il ait donné ses soins et son travail à la terre. Le système de la jachère est celui où le sol étant appelé à produire une ou deux années de suite, on lui accorde ensuite une année de repos, pendant laquelle la terre est soumise à des labours qui l'ouvrent, l'étalent aux influences atmosphériques, en la délivrant en même temps de toute végétation spontanée qui épuiserait ses sucs sans grand profit pour le cultivateur. Ce système ne commence à être possible qu'autant que la terre qui y est soumise possède déjà des avances de fertilité telles que les plantes puissent y puiser, dès le début, l'aliquote des principes nutritifs nécessaires à leur consommation, en d'autres termes, quand elle est entrée dans ce que Royer appelle la période céréale (1).

L'introduction de ce système devient une nécessité quand l'accroissement de la population exige des ressources alimentaires plus abondantes que celles qui sont fournies par les systèmes du pâturage ou par le système celtique. Aussi, le retrouve-t-on partout, dans tous les climats, à une certaine époque de la vie des peuples. Dans les pays du Nord, il s'est associé avec le pâturage qui a été conservé sur une partie du territoire. Mais dans les pays du Midi, il a occupé tous les terrains, excepté ceux qui pouvaient s'arroser. Le régime des habitants est alors purement végétal, et ce régime convient bien au goût des populations du Midi, auxquelles la nourriture animale inspire de la répugnance, surtout dans la saison chaude, et qui alors la remplacent par les graines des céréales, aliment suffisamment azoté, et qui fait l'objet de la culture presque exclusive des jachères.

Mais cette introduction du système des jachères ne peut s'accomplir sans une révolution considérable dans l'état social du pays. La petite culture, la culture à bras, ne pourrait pourvoir à la nourriture du cultivateur et de sa famille que sur des terres d'une nature privilégiée; elle y est insuffisante sur les terres de qualité moyenne. Il faut donc lui substituer, en tout ou en partie, la grande culture, celle qui se fait à l'aide des animaux. Or, cette substitution exige l'emploi d'un capital dont on n'obtient le service qu'en le payant. Les intérêts de ce capital constituent ce qu'on appelle la rente, qu'il faut prélever sur les produits du fonds, avant que le cultivateur puisse disposer de l'excédant. Comme une grande partie de ce capital a été incorporée avec la terre, celui qui l'a fourni s'est approprié le sol par cette même incorporation

(1) Tome I, p. 319, 2e édition,

de sa propriété mobilière au sol. Il y a donc désormais deux
classes d'hommes, qui président à la culture : celui qui a mis
le sol en état de produire, qui l'entretient dans cet état, qui
fournit les instruments pour sa culture, c'est le propriétaire;
celui qui use de ces instruments pour obtenir la production
annuelle, c'est le tenancier. Ce n'est réellement qu'en adoptant le système de *culture continue*, que ces deux positions
agricoles se constituent.

Voyons maintenant quels sont les capitaux indispensables
au système des jachères. Nous avons reconnu d'abord (1) que
les défrichements qui doivent avoir lieu au moyen d'un défoncement profond extirpant toutes les racines du champ
coûtent jusqu'à 220 fr., lorsque le travail est fait à bras, ce
qui a été dans le principe le mode le plus généralement suivi;
dans tous les cas, ils coûtent au moins 76 fr. par hectare.

Le besoin de réduire autant que possible le service du capital primitif, besoin qui, dans un système où l'on ne cultive
que des plantes à racines peu profondes, se trouve d'accord avec
l'économie des travaux, a introduit l'usage de labours successifs, pénétrant de plus en plus le sol, jusqu'à la profondeur
voulue. Ces labours, au nombre de cinq à sept, maintiennent
les terres dans un état satisfaisant de netteté et d'ameublissement. Leur usage encore usité dans une grande partie
des régions du Midi n'a été remplacé que depuis peu de
temps par des labours plus énergiques et moins nombreux. Ce système de travaux est simple, régulier; chaque ouvrier est habile au travail unique qui l'occupe;
quand il a fini par un bout il recommence par l'autre; tous
les devoirs sont prévus, uniformes, et l'exploitation a à peine
besoin d'une direction éclairée. Ainsi, dans le Sud-Est de la
France les travaux des champs pouvant se faire pendant
260 jours de l'année, l'examen d'une comptabilité exacte
prouverait qu'on en a employé :

(1) Tome III, p. 389,

Aux labours. . . . .   160 J.
Aux transports des récoltes et aux dépiquages   25
Aux transports des engrais et fourrages. . . .   75
                                             ―――
                                             260

Pour être continu, le travail d'une charrue exige trois animaux. Le labour d'un hectare se fait en trois journées : ainsi
chaque charrue laboure 55 hectares, et en comptant 7 œuvres par chaque hectare, il faudra une charrue pour 7,55 hectares de terre à jachère, et par conséquent pour 15 hect. 14
de l'étendue du domaine dans l'assolement biennal. L'introduction de nouveaux instruments, du scarificateur (griffon),
par exemple, pour les dernières œuvres de l'ensemencement
des terres, a modifié avantageusement cet ordre de choses.
En effet, il faut remarquer que les travaux de jachère, ayant
toujours peu de profondeur, n'emploient pas à beaucoup
près toute la force que peuvent donner les animaux. Les
scarificateurs à plusieurs socs mettent en action toute cette
force et expédient ainsi beaucoup plus d'ouvrage. Aussi
voyons-nous que sur un domaine de 25 hectares on n'a employé par cette méthode que 12,95 journées, au lieu de
21 journées que l'on employait en ne se servant que des
araires.

Le prix d'acquisition des bêtes de travail est moyennement
de 200 fr. pour les bœufs, et de 400 fr. pour les chevaux ;
mais comme, en France, le nombre des chevaux et mulets d'attelage est à celui des bœufs comme 24 : 20, nous pouvons
évaluer le prix moyen des bêtes de travail dans ce pays à
509 fr. On peut compter une somme égale pour les divers
instruments de culture et de transport

Il faut ensuite nourrir les cultivateurs et leurs bestiaux
pendant un an avant de percevoir aucun fruit ; cette nécessité se trouve au début de toutes les cultures. Il en coûte donc
pour l'ouvrier 500 fr., et pour les bêtes de travail 450 fr. ; il
faut aussi les loger les uns et les autres, ce qui entraîne à

des dépenses de bâtiment de 500 fr. pour les bêtes et de 100 fr. pour l'ouvrier. Enfin, il faut ensemencer les terres cultivées par une charrue; les semences coûteront 38 fr. par hectare; nous aurons donc une avance de 226 fr.

Ainsi le capital avancé sera de :

Défrichement.	1,265 fr.
5 bêtes de travail.	937
Instruments et harnais	927
Nourriture et salaire d'un homme pour un an	500
Nourriture et entretien d'un an de 3 bêtes.	450
Bâtiments pour 3 bêtes.	500
Bâtiments pour l'homme.	100
Semences	287
Pour 15 hect. 14 de terrain.	4,966
Par hectare.	395

Ce qui, à 10 p. 0/0, en y comprenant les primes d'assurance et d'entretien de ce capital, donnera une rente moyenne de 59 fr. par hectare ou 177 kil. de blé.

Pour connaître maintenant les produits de la jachère pure, alors qu'elle marche sans association quelconque avec le pâturage et les prairies, nous supposerons que les bêtes de travail se nourrissent des produits du domaine en paille et en orge, comme elles le font en Espagne, en Sicile et ailleurs. Nous aurons pour le produit de l'amélioration atmosphérique apportée par la jachère, savoir :

18 kil. 36 d'azote, ci.	720 kil. de blé.
Azote contenu dans les fumiers de 3 chevaux diminué de 20 p. 0/0 pour la déperdition, 6 kil. d'azote, ou.	250
Total.	970 kil.
A déduire valeur du fourrage consommé par les chevaux.	124
Reste.	846 kil. de blé.
Et par hectare.	423

Les travaux annuels de la jachère coûtent 620 kilogr. de

blé, dont la moitié pour un hectare 310 kilogr.; si l'on ajoute
à cette somme les 141 kilog. de la rente on aura 451 kilog.;
valeur qui surpasse celle de la récolte.

Ainsi le cultivateur recevrait pour son paiement :

$$423 - 141 \text{ kil.} = 282 \text{ kil. de blé.}$$

quantité qui, multipliée par 15,14 hectares qu'il cultive, donnera 4,269 kil. de blé, tandis que le propriétaire n'en recevrait que 2,154 kilog. Or, l'entretien du cultivateur et de sa
famille ne s'élève qu'à 2,902 kilog. de blé (1), et la concurrence de ceux qui demandent des fermes ne tardent pas à
le ramener à ce chiffre. Alors le produit qui est de 6,404 kilog.
de blé, se répartit de la manière suivante :

> Au tenancier   3202
> Au propriétaire   3202
>   ————
>   Total.   6404
> Ou par hectare pour chacun.   211 kil. 50 de blé.
>   Ou. . .   46 fr. 53

C'est le système du métayage, amené d'une part par les
avances, de l'autre par la concurrence des ouvriers.

Le capitaliste défricheur reçoit ainsi un intérêt de 11,6
p. % de son capital. Mais le premier entrepreneur, le premier
défricheur seul peut prétendre à ce haut intérêt. C'est ainsi
que les pionniers américains revendent à de très-hauts prix
les propriétés qu'ils ont défrichées. Ceux qui achètent de
seconde main se contentent d'un intérêt bien plus modique.
Ils en sont venus à ne demander que 5 p. % de l'argent
placé en terres. Ainsi un hectare de terrain de nature
moyenne, placé sous le système de la jachère pure, se vendra
1,514 fr.

(1) Tome III, p. 57.

On voit donc comment a pu marcher le système des jachères avec un premier bailleur de fonds qui met la terre et
l'entretient en état de production, et il est inutile que nous
cherchions à appliquer nos raisonnements à ses diverses variétés, à l'assolement triennal, par exemple.

Ce système est rarement pur, et il s'associe le plus souvent avec la mise d'une partie des terrains en prairies; celles-
ci, en fournissant des engrais, tendent à faire passer le sys-
téme de la jachère aux systèmes avec engrais extérieurs, et
modifient plus ou moins ses résultats.

Dès les temps les plus anciens on trouve aussi la culture
des graines légumineuses, des fèves, des pois et des haricots,
et plus nouvellement des pommes de terre entrant pour une
faible part dans les domaines soumis à la jachère; mais ces
cultures y sont bornées à ce qui est nécessaire pour la consommation de leurs habitants. Elles exigent des travaux à bras
et les ouvriers habitués à conduire des animaux y répugnent.
Selon le proverbe local, ils *trouvent la terre trop basse.* Si
l'on a un coin de terre assez frais on le destine à une chene-
vière qui usurpe une partie des engrais de la ferme : l'introduction des prairies temporaires de plantes légumineuses,
celle des plantations d'arbres, mûriers, vignes, pommiers,
oliviers, figuiers, etc., se font aussi graduellement et amélio-
rent les conditions de la culture. Toutes ces tentatives qui
prennent peu à peu de l'extension tendent à faire la transition
vers un autre système plus avancé.

Il ne faut pas confondre le système des jachères, qui a pour
but de réunir sur une seule récolte le bénéfice des engrais
atmosphériques de deux années, avec la jachère accidentelle
à laquelle on revient quelquefois pour débarrasser la terre
des plantes adventives que l'on ne peut faire disparaître, sur
certains sols, qu'au moyen de cultures qui se succèdent pendant toute une année. Cette jachère n'est qu'un procédé de
culture intermittent et non un système suivi.

Indépendamment de ses propriétés fertilisantes, la jachère

devient nécessaire dans des terres argileuses, compactes, que l'on ne peut mettre en état de recevoir les semences que par des labours réitérés. C'est une circonstance spéciale propre à tel ou tel terrain et qu'il ne faut pas confondre non plus avec le système des jachères.

Il a semblé quelquefois que l'on pouvait sortir de ce système par des labours profonds, et on a cru qu'ils suppléaient aux engrais. Quand on défonce un terrain qui pendant plusieurs années n'a reçu que des cultures superficielles, on reporte à la surface des particules de terre vierge de tout contact avec les racines des plantes et qui cependant ont reçu par infiltration une partie des engrais des couches supérieures. Il arrive aussi dans les terrains d'alluvion que ces couches profondes ont une fertilité originaire qui n'a jamais été mise en action. Par le défoncement on obtient pendant quelques années des récoltes abondantes, mais elles ne tardent pas à diminuer. Un nouveau défoncement ne présente plus les mêmes avantages, et il faut enfin recourir aux engrais ou à la jachère. C'est ce que savent très-bien nos paysans du Vaucluse. Ils sont tout disposés à louer à haut prix et pour un petit nombre d'années (3 ou 5 ans) des terres à sol profond qui ont été longtemps sous le système de la jachère ; mais ils ne renouvellent jamais ces baux au même prix. C'est une mine que l'on exploite quelquefois là où la population est nombreuse et industrieuse, mais il faut laisser le temps aux filons de se reformer avant d'y recourir de nouveau.

4. Système des cultures arborescentes.

Le plus souvent la culture des arbres est associée sur le même terrain avec celle des plantes cultivées dans leurs intervalles (culture cananéenne) ; c'est ce qui a lieu pour les arbres à tige dans le Midi, où on les dispose en oullières. L'Orient, l'Italie, la Provence, l'Espagne offrent l'exemple

habituel de ce système mixte. Dans le cas où le sol est fertile
et frais, on couvre d'arbres toute sa surface, si sous leur
ombrage il peut encore venir une récolte abondante d'herbes ; c'est ce que l'on voit dans les vergers de pommiers de la
Normandie et de nos vallées sub-alpines du Midi, où l'on
trouve le pommier et le prunier ; c'est encore là un système mixte. Le système pur des cultures arbustives ne se
trouve, en général, que sur des sols dont la surface ne se
prête pas bien aux cultures annuelles, soit à cause de sa nature sèche et pierreuse recouvrant un fond perméable aux
racines, soit parce qu'il est inondé à différentes reprises par
des débordements de rivières. L'olivier, la vigne, le mûrier
sont, dans notre région du Midi, les arbres qui occupent ces
terrains. Sur des sols propres à donner de belles récoltes
de plantes annuelles, on voit s'établir aussi des cultures arbustives que l'on juge propres à donner des résultats plus
avantageux : tels sont les vignobles du Languedoc et de la
Saintonge destinés à produire de l'esprit de vin ; telles sont
les plantations de mûriers, qui surtout dans ces dernières
années se sont multipliées sur les meilleurs terrains.

On conçoit aisément les raisons qui peuvent faire substituer les arbres aux plantes herbacées, quand le sol est peu
propre à produire ces dernières. L'adoption du système ar-
borescent est alors forcé. Il ne s'agit que de faire un bon
choix de l'arbre que l'on adopte, soit relativement à ses convenances culturales, soit quant à la possibilité de tirer un
bon parti du produit. On se décide à planter les bons terrains en végétaux frutescents : là où la culture est chère et où
l'on cherche à diminuer la main-d'œuvre ; là où le prix de
revient des produits est déprimé par la concurrence que font
des produits similaires venus dans des contrées placées dans
de meilleures conditions ; là où les plantes fourragères venant mal, on est privé des engrais nécessaires pour porter
les plantes annuelles à un développement convenable. Toutes ces causes agissent puissamment dans le Midi et contri-

·buent à maintenir et à étendre la culture des vignes dans des terres de première qualité.

D'ailleurs, il faut en convenir, le prix des produits des arbres n'est pas toujours nivelé avec celui des plantes herbacées ; et la raison en est bien simple. Toutes les plantations d'arbres ne produisant qu'après plusieurs années d'attente, elles supposent la possession d'un capital égal, outre les frais de la plantation, à celui des cultures, et de la rente du nombre d'années où l'on sera privé de toute rentrée ; la spéculation n'est donc pas à la portée de tout le monde, elle est une exception, elle constitue un monopole d'autant plus étroit que le capital nécessaire est plus considérable ; la concurrence est limitée, et, par cela même, les prix des produits s'élèvent dans les limites de cette même concurrence.

Cependant il est une de ces cultures qui, en France, par des circonstances particulières, paraît avoir atteint et dépassé même la limite de l'égalité avec les cultures communes, nous voulons parler de celle de la vigne. Si le lecteur veut bien se reporter aux calculs qui terminent l'article consacré à cet arbuste (1), on pourra voir que quand on livre la vigne à la seule action des gaz atmosphériques et qu'on ne lui applique pas beaucoup d'engrais, elle met évidemment en perte (2), et que ce n'est qu'en mettant en oubli et s'imposant à soi-même la banqueroute des frais primitifs qu'on peut la continuer. Aussi, les grandes plantations sont arrêtées, mais on en fait encore de petites, et cela vient d'une disposition de la loi qui exempte de l'impôt le vin provenant du cru de celui qui le consomme. Outre l'économie positive qui en résulte, il faut compter, pour l'habitant des campagnes, sur une exemption de soucis, de formalités, qui, pour lui, dépassent toute l'économie qu'il pourrait trouver à acheter sa boisson, outre la facilité de frauder en vendant son vin

(1) Tome IV, p. 680.
(2) Id., p. 685.

à son voisin. C'est ainsi que la France s'est trouvée inondée
de vins de qualités inférieures qui tendent à détruire la
grande culture de la vigne, faite dans des terrains médiocres
ou tout-à-fait inférieurs et donnant de bons vins de table. Il
n'y a plus désormais de possible que la vigne plantée sur des
sols exceptionnels et donnant des vins de première qualité,
ou celle qui est traitée avec une grande abondance d'engrais
pour fournir des vins de chaudière; celle-ci entre alors dans
un autre système, où l'on se substitue à la nature pour alimenter les plantes d'engrais.

L'olivier, quand il est cultivé sans engrais, ne se soutient sur
le sol français que grâce à la protection des douanes; mais dans
les pays plus avancés vers le Midi et où il ne craint pas l'atteinte des hivers, c'est une culture importante et qui fera la
richesse des populations, tant que l'on ne s'y livrera pas avec
plus d'activité à la production des huiles de graine, qui,
comme celle du sésame, abaissera le prix de toutes les autres.

Le pommier se retire de plus en plus devant le vin apporté
par des voies de communication plus faciles; nous renverrons
à notre quatrième volume ceux qui voudraient calculer les
chances de succès des autres cultures arborescentes, et nous
nous bornerons à ajouter un mot sur le mûrier.

Nous avons établi ailleurs(1) que si le prix de l'organsin
de 28 à 50 deniers descendait à 59 fr. (le prix moyen des années précédentes était de 88 fr.), la culture du mûrier serait
nivelée à Orange avec celle du blé, et qu'en considération
des avances à faire et de l'attente des produits, on cesserait
d'y faire des plantations si le prix moyen descendait à 73 fr.
En octobre 1848, les organsins organdis que nous avons pris
pour types étaient descendus à 55 fr. et même à 50 fr. La terreur que cette baisse a causée dans les contrées séricicoles,
quelque évidentes que fussent les causes accidentelles qui
l'avaient déterminée, nous apprend de quel coup pourrait

(1) *Recueil de mémoires d'agriculture*, t. III, p. 263 et suiv.

être frappée l'industrie agricole du Midi, si une cause permanente venait à abaisser le prix des soies. Quand on pense ensuite aux progrès que font partout les moyens de communication avec des peuples retranchés naguère de la communication des nations, avec la Chine, par exemple ; à ceux plus
menaçants encore que ne cesse de faire l'agriculture des indigènes de Java, de Bornéo, de l'Inde, placée sous l'influence
de gouvernements réguliers, on peut craindre qu'un jour les
soies d'Europe n'éprouvent une dépréciation constante, à
laquelle la culture négligée des mûriers ne remédierait pas.
Le remède serait dans une culture plus riche et plus savante,
dont nous avons indiqué les principes dans le quatrième volume de ce Cours.

En un mot, les cultures arborescentes comme les cultures
annuelles, abandonnées aux soins de la nature, ne recevant
que les aliments qu'elle départit d'une main avare, céderont
devant des cultures soignées, où le travail sera secondé par l'engrais. La baisse régulièrement constante du prix des produits,
qui marche avec l'accroissement du capital, est le plus souvent accompagnée de la hausse des profits des producteurs;
mais cette baisse est fatale aux cultures qui manquent de
capital, et qui sont obligées de se retirer devant les bonnes
cultures comme les Indiens de l'Amérique du Nord devant
les peuples industrieux des États-Unis ; la baisse subite, imprévue, n'est qu'un effet du désordre, qui paralyse le capital
de l'industrie en préparant la disette et la cherté.

Si la Providence prépare à l'Europe la continuation des jours
calmes qui lui ont fait faire de si grands progrès pendant
trente-trois ans, nous avons peu de confiance dans l'avenir
du système des cultures arborescentes, qui, comme les cultures annuelles, ne seront pas aidées d'une abondante distribution d'engrais ; ce n'est que dans les cas que nous avons
énoncés en commençant, quand on a des terrains à fond riche et à surface stérile, ou des terrains sujets à des chances
d'inondation répétées, que l'on doit recourir aux arbres pour

en exploiter la richesse, soit par la production des fruits, soit même par celle des bois qui exigent un bon fond, comme les saussaies et les taillis de bois blanc, les tamariscs, les roseaux (*arundo donax et phragmitis*), et d'autres productions de ce genre, qu'il ne faut pas confondre avec le système forestier.

TROISIÈME DIVISION

LA NATURE SUPPLÉÉE PAR L'HOMME POUR FAIRE CROITRE LES PLANTES ET LEUR FOURNIR DES ALIMENTS.

1. SYSTÈME CONTINU AVEC ENGRAIS EXTÉRIEURS. — *Système d'emprunt. Système hétéro-sitique* (nourriture étrangère).

Les produits spontanés de la terre, même aidés par la culture de nos mains, ne nous suffisent plus ; nous voulons ajouter d'autres aliments aux aliments que contient le sol ou qu'il reçoit annuellement de l'atmosphère : ce sont les engrais qui accroissent sa fécondité. Mais ces engrais il faut les produire, ou les importer. Les produire c'est un art plus avancé, comme nous le verrons plus loin ; les importer en les empruntant à un autre sol ou en les achetant, c'est une méthode plus simple, mais qu'il ne dépend pas de nous d'adopter. Il faut que la production ou le marché des engrais existe et existe à notre portée pour nous dispenser des soins et des travaux de leur création. C'est ainsi que la fabrication d'engrais a lieu à Paris, par exemple, d'où on les distribue et les vend dans un rayon limité par la possibilité de les obtenir économiquement en ajoutant les frais de transport à leur prix d'achat.

On obtient de plusieurs manières les engrais extérieurs : 1° des bestiaux nourris sur des pâturages sont amenés la

AGRICULTURE.

nuit sur des terres en culture, et y laissent une partie de leurs déjections; c'est le *parcage*; 2° on coupe la broussaille, le bois, les herbes vertes sur des terrains non cultivés et on les transporte sur le terrain cultivé pour les y brûler, les y enfouir, l'en couvrir ; 3° on enlève le gazon d'un terrain non cultivé, et on le transporte sur les terres cultivées, pour l'y répandre ou l'y brûler ; c'est ce que l'on nomme l'*étrépage ;* 5° on achète les engrais fabriqués ou produits au dehors.

1° *Parcage.* Ce mode d'exploitation est sans contredit le plus usité; nous en avons déjà décrit les effets (1). L'étendue des terres que l'on peut ainsi fertiliser est réglée par la richesse des pâturages, qui elle-même détermine le nombre de têtes de bétail que l'on peut y entretenir. Chaque mouton du poids de 17 kilog. (poids moyen des moutons en France) donne par nuit 0 kil. 0037 d'azote sur un mètre carré, ou 0,022 par 100 kil. de son poids. Ainsi une seule nuit du troupeau renfermé dans un espace tel que chaque mouton est contenu dans un mètre carré équivaut à l'application de fumiers renfermant la quantité de 0,0037 d'azote par mètre carré, et 10,000 moutons fourniraient ainsi 37 kil. d'azote équivalant à 9,250 kil. de fumiers de ferme (2). Les déjections des moutons dont la principale valeur consiste dans leurs urines, étant un engrais peu durable et produisant presque tous ses effets dès la première année, on peut regarder cette quantité comme une fumure passable pour une terre déjà en bon état, puisqu'elle peut reproduire 1,229 kil. de blé (17 hect. par hectare). Le climat décide ensuite du plus ou moins grand nombre de nuits de parcage que l'on pourra faire. Dans les exploitations où les troupeaux sont à demeure, on les fait parquer une partie de l'été. En Provence, où les troupeaux restent l'été à la montagne, c'est

(1) Tome I, p. 542 et suiv., 2ᵉ édition.
(2) Rectifiez d'après ces données ce que nous avons dit tome I, page 543, 2ᵉ édition.

pendant les belles nuits de l'automne et de l'hiver qu'on les fait parquer. On évalue la valeur du parcage annuel à 1 fr. 50 c. par tête de mouton ; mais comme on n'y parque que 90 nuits en moyenne (1), ce qui ne donne que 0 kil. 333 d'azote, on voit que l'on paierait l'engrais fort cher, ou plutôt que ne comptant que sur ce qu'il fait produire la première année, on tiendrait peu de compte de celui qui reste ensuite dans la terre. Cela explique d'ailleurs comment les agriculteurs paient à un aussi haut prix les engrais rapides.

Si le pâturage n'est susceptible que de nourrir 7 moutons par hectare, et 14 pendant la moitié de l'année, ce qui est le terme le plus bas assigné par Piétri aux pâturages à moutons, comme il faut en Provence 111 moutons parqués pendant 90 nuits pour fertiliser un hectare, il faudrait joindre à chaque hectare à fertiliser 7 hect. 9 de pâturage. Les herbages de la Crau nourrissent en moyenne pendant l'hiver 1,6 tête de mouton par hectare, ceux de la Camargue 9 têtes par hectare (2) et avec la pâture des jachères qui y est jointe 12 ou 13 têtes.

Sur les jachères on entretient environ 4 moutons par hectare ; et si l'on parque pendant 150 jours de l'année, il faut 66 moutons pour parquer un hectare et 16 hectares de jachère pour en fumer un.

Quand les pâturages sont éloignés des champs on ne peut plus faire parquer et l'on recueille les excréments solides des nuits pour les transporter ensuite sur les terres en culture. Leur valeur est assimilée en Provence à 0 f. 25 par tête de mouton (3), ou seulement à 0 kil. 055 d'azote par mouton pendant 6 mois, en supposant que le prix de ces engrais fût le même que celui de l'engrais de parcage relativement à sa teneur en azote. Les urines, la partie la plus précieuse des déjections, sont alors perdues.

(1) *Statistique des Bouches-du-Rhône*, t. IV, p. 401.
(2) *Id.*, t. IV, p. 94.
(3) *Id.*, t. IV, p. 493.

2° Dans le voisinage des forêts qui sont mal conservées, on ramasse les feuilles à mesure de leur chute pour les faire servir de litière. Ces feuilles sont la plupart très-riches en azote. Ainsi les feuilles sèches de bruyères renferment 1,72 pour 100 de leur poids d'azote; celles de genêt unies à leurs tiges 1,22 pour 100; celles de hêtre 1,17; celles de chêne 1,17; celles de buis 1,17; celles de peuplier 0,53; etc., etc. Ce dosage est fait sur des feuilles vivantes desséchées, et non sur les feuilles mortes tombées de l'arbre qui sont beaucoup moins riches. C'est leur décomposition qui enrichit chaque année le sol des forêts, qui entretient l'humidité du sol, qui sert de lit aux graines qui se détachent et favorise leur germination. Ce ne serait donc que dans les bois dont le sol est actuellement très-riche que leur enlèvement pourrait être toléré; mais il l'est quelquefois, par abus, dans ceux où le sol est le plus pauvre. L'agriculture profite de cette négligence.

Les espaces couverts de bruyères, de fougères, de landes de pins, fournissent aussi leurs rameaux frais ou secs qui donnent après la fermentation un engrais abondant. On obtient des cendres au moyen des souches brûlées. Toutes ces ressources sont mises en œuvre avec plus ou moins d'intelligence. Nous avons cité (1) le procédé employé en Bretagne pour se procurer de l'engrais au moyen de semis de pins maritimes. Le buis offre aussi des ressources importantes; le sol de vallées entières est fertilisé par le moyen de ces touffes de buis qui croissent au milieu des roches des montagnes (2).

Dans d'autres pays, la sécheresse du sol et du climat oppose un grand obstacle à la production des fourrages ; telles sont, par exemple, les plaines du Bas-Languedoc. On aurait lieu de s'étonner de la production abondante des vignes à

(1) Tome I, p. 554, 2ᵉ édition.
(2) Id., p. 555.

eau-de-vie qui les couvrent, si l'on ne savait qu'elles reçoivent des engrais abondants, provenant des nombreux étangs dont la côte est bordée, et qui produisent chaque année des moissons de grandes plantes aquatiques, le *cyperus longus* (triangle); le roseau (*arundo phragmitis*); la *typha latifolia* (sagne), et autres. Le roseau a une valeur bien supérieure aux autres espèces; aussi, quand il est coupé avant la maturité de ses semences, est-il apprécié comme fourrage. L'agriculture d'une vaste étendue de pays tient à ce système d'emprunt, et l'on ne doit pas s'étonner du haut prix qu'ont atteint les terrains à roseaux. Dès que les travaux de la moisson et de la vendange sont terminés, il s'établit un roulage considérable pour transporter les plantes des marais, liées en gerbes, et pour les amener aux vignobles, quelquefois à la distance de 40 à 50 kilomètres (de la Camargue jusqu'à Saint-Ambrois). Au prix auquel se vendent ces gerbes (2 fr. les 100 kil.), qui les rend déjà chères sur les lieux, on ne s'expliquerait pas qu'on y ajoutât encore celui d'un transport dispendieux, si l'on ne savait que les cultivateurs profitent ainsi d'un temps où gens et bêtes seraient inoccupés. Supposons que l'on parvînt à dessécher une grande partie des étangs de la côte, aussitôt le système agricole de la plaine, qui ne tient qu'à la possibilité de ces transports d'engrais, devrait se modifier profondément. Une vaste étendue de terrains consacrés à la vigne, mais d'une nature trop caillouteuse et trop sèche pour faire de bonnes terres à blé, serait abandonnée, et retournerait à la production des bois, à laquelle l'avait destinée la nature. Un marais bien couvert de roseaux donne, sans autre travail que leur coupe et leur bottelage, une récolte souvent plus avantageuse que ne le serait tout autre produit. Les desséchements incomplets, qui ont souvent eu lieu dans le pays, ont fait plus de mal que de bien; ils ont mis les terres dans un état où, cessant de produire de bonnes récoltes de roseaux, elles ne peuvent encore en donner de céréales.

Les goëmons, les algues, que l'on recueille sur les côtes, soit quand ils ont été détachés par les flots du fond, soit quand on les arrache au moyen de grands râteaux, peuvent aussi se ranger dans la classe des engrais empruntés. C'est un terrain sous-marin qui fournit alors l'engrais. Cette ressource fait la richesse des côtes de Bretagne, de la Saintonge, de l'Aunis, et des îles qui les avoisinent. L'opulence de la culture semble expirer tout-à-coup là où s'arrête cette importation, et l'on ne peut que s'étonner de la faible étendue de la bande enrichie, qui selon M. Lemaire, n'est pas de plus de 2 kilomètres à partir de la côte (1).

3° *Étrépage.* Nous ne pouvons mieux faire connaître ce système qu'en citant ce qu'en écrit le même auteur. C'est une monographie qui ne laisse rien à désirer (2).

« L'étrépage consiste à enlever, avec les végétaux qui ont crû sur le sol des landes, quelques centimètres de la couche qui les a nourris. Ces végétaux (bruyères et ajoncs) sont destinés à servir de litière dans les étables, ou à être répandus dans la cour et sur les passages les plus fréquentés de la ferme, pour y être attendris et mis en miettes par le piétinement des bestiaux, et recevoir les matières animalisées qui y tombent. Lorsque les étables et les cours sont suffisamment pourvues, le fermier fait encore lever des pellées, et cela surtout dans les endroits où il ne croît ni bruyères ni ajoncs, et où le gazon couvre seul le sol. Ces pellées, après être restées quelque temps en petits monceaux, sous le nom de mailles, sont ensuite remises en plus gros tas pour éprouver une première fermentation, et, selon l'expression vulgaire, se mûrir. Elles sont ensuite mêlées avec le fumier des étables en en alternant les couches.

« Maintenant, peut-on dire que les landes, dans ces localités, ne donnent aucun produit? Non, cette assertion serait

(1) *Agriculture de l'Ouest,* de M. RIEFFEL, t. III, p. 386.
(2) *Id.*

fausse, et leur produit, si du moins il n'est pas direct, est
loin d'être aussi faible que peuvent le penser ceux qui n'exa-
minent que superficiellement les choses. Les terres en labour
portent les végétaux, et les landes concourent avec les prairies, et cela dans une notable proportion, à fournir les aliments que réclament ces végétaux.

« Il est un fait qui prouve positivement ce que j'avance,
c'est que dans certains lieux où l'étrépage est pratiqué, une
ferme de 25 hectares se compose seulement de 13 hectares
en terres labourables et en prairies : le reste est sur landes ou
pâtures vagues ; cette ferme se loue cependant 700, et même
800 fr.

« L'étrépage est le seul moyen qui, dans l'état actuel,
soutienne le système usité dans ces localités.

« Disons maintenant que, si jamais le voyageur eut raison
de traiter de barbare l'habitant de nos contrées, c'est, sans
contredit, en le voyant se livrer à cette pratique. Sa conduite
n'a-t-elle pas une certaine analogie avec celle du berger
qui, non content de la laine de son troupeau, se résoudrait à
l'écorcher pour augmenter sa rente. De Candolle compare ce
système de culture à l'agriculture nomade ; toutes les deux,
en effet, sont l'enfance de l'art, toutes les deux ont les mêmes
causes, le défaut de population et le manque de savoir-faire
des gens ; mais l'Arabe qui lève sa tente pour la porter ailleurs, lorsque les lieux sur lesquels il l'avait plantée se trouvent épuisés, est moins barbare que l'étrépeur ; le premier
épuise une partie des forces végétatives du sol, le second les
détruit.

« Les résultats que doit avoir un pareil système sont bien
évidents, et il est peut-être hors de propos de s'arrêter à les
discuter ; ne tend-il pas à l'appauvrissement du sol, appauvrissement déjà bien sensible dans beaucoup d'endroits, et
dont j'ai entendu maint cultivateur se plaindre, tant sous le
rapport de leurs champs, que sous celui de leurs landiers,
sans que la bonne foi allât jusqu'à reconnaître qu'ils en

étaient la cause. Partout, en effet, la rente augmente; là, elle a diminué depuis vingt-cinq ans.

« Envisageant d'abord la chose sous le point de vue économique, on ne peut concevoir rien de plus onéreux qu'une telle manière de produire l'engrais, puisque pour la production vous altérez et même détruisez le fond ; mais reconnaissez avant tout que cet engrais, dont on ne peut du reste contester la richesse, porte en lui-même un grand défaut; c'est qu'il est souvent pris dans des terrains très-graveleux, et qu'alors l'étrèpe ayant enlevé une quantité assez considérable de gravier soulevé par les racines, cet engrais transporté sur les terres légères, comme cela arrive souvent, produit un fort mauvais amendement. En augmentant la richesse du sol, on altère sa puissance; on fait un bien passager et l'on cause un mal qui sera bien plus durable.

« C'est même ainsi et par l'aridité des terres des landes, qui quelquefois n'ont pu être complétement détruites, que l'on peut expliquer la détérioration des champs dont se plaint le cultivateur.

« Voyons ce que nous enseigne l'analyse de cette pratique, et prenons pour cela une parcelle de terre où le degré de richesse soit à peu près uniforme, mais trop faible pour donner droit d'attendre une végétation convenable. N'ayant pas d'engrais à y mettre, le cultivateur apprécie, après avoir divisé le terrain en deux parts, quelle est celle qui mérite le mieux la culture et qui supportera plus avantageusement ce surcroît de richesse. Il enlève sur l'autre partie les éléments de végétation qu'elle possède, c'est-à-dire son *humus*, pour en enrichir la partie à laquelle il veut confier la semence. Que résulte-t-il de cette première appréciation? La destruction de la moitié du terrain qui est annulé, en devenant incapable de production végétale. Je suppose que la récolte obtenue soit de celles qui sont livrées tout entières au commerce et ne laissent sur le sol aucun des matériaux de nouvel engrais; la moitié de notre portion de terre qui l'a produite n'est plus assez riche pour en produire une seconde, et si l'on veut récolter encore il faut revenir à des engrais étrangers, il faudra diviser le terrain qui a porté la dernière récolte en deux parties et ruiner l'une pour enrichir l'autre. En continuant ainsi, on tend nécessairement à stériliser toute la surface du sol ; et c'est là qu'on arriverait plus tôt ou plus tard, selon l'avidité du cultivateur à user de ce moyen de production.

« Prétendra-t-on que cette assertion est exagérée ? Les faits la confirment et le raisonnement est entièrement d'accord avec les faits ; on étrèpe tous les trois, quatre, cinq ans ; la couche de terrain enlevée est de 28 à 30 millimètres ; l'épaisseur de terreau qui se forme avant que l'opération soit renouvelée n'est généralement que de moitié, c'est-à-dire d'environ 15 millimètres. Il suffirait de constater ce fait, qui est incontestable, pour prouver combien cette pratique est destructive.

« L'étrépage appauvrit, non-seulement le terrain sur lequel il est opéré, mais il détruit l'espoir de voir ce terrain acquérir de nouveau une certaine fertilité. En effet, sont-ce les troupeaux qui vaguent sur le sol des landes qui lui en donneront les premiers éléments ? Non, car leur instinct les porte naturellement à éviter les lieux où ils ne trouvent aucune pâture. Les engrais atmosphériques sont donc les seuls sur lesquels on puisse fonder quelque espérance de voir surgir une nouvelle végétation ; mais combien leur effet est-il léger sur un sol compacte, qui n'a jamais été remué, et qu'ils ne font par conséquent qu'effleurer ! Le plus souvent encore, l'eau qui coule des bruyères environnantes reste à croupir sur le terrain creusé par l'étrèpe, et neutralise l'influence de ces engrais. » (Ces eaux, au contraire, n'apportent-elles pas des solutions des principes végétaux du sol des bruyères ?)

« De plus, outre ce qui résulte de la décomposition des matières végétales, l'étrèpe enlève encore la partie terreuse qui constitue le sol, c'est-à-dire cette réunion d'éléments propres à recevoir les substances organiques qui y tombent accidentellement, et à en former un nouvel *humus*. »

Il existe diverses terres de landes pour lesquelles il fut une époque où on les eût fait passer, avec bien peu de peine et presque sans frais, en période fourragère ou céréale, et qui, par le peu d'épaisseur où l'étrépage a réduit le sol, se trouvent vouées pour toujours à l'infertilité ; mais où la chose devient plus triste, c'est lorsque la position assez culminante des lieux détruit tout espoir de voir le sol se reconstituer de manière à reconquérir son ancienne fertilité, et c'est à quoi le laboureur breton ne fait jamais attention.

« Je cite ici des cas exceptionnels ; mais pourtant déjà les landes appauvries ne présentent plus au cultivateur les mêmes ressources qu'il en a tirées, car les terres soumises jadis à l'étrépage tous les trois ou quatre ans ne le sont plus aujourd'hui qu'après cinq à six ans, et l'ajonc y a été remplacé par les bruyères. Sentant dès-lors l'insuffisance de leurs landes, on voit dans beaucoup d'endroits des fermiers, que l'œil du maître ne surveille pas assez, lever des pellées sur les prairies et les pâtures précieuses par le parti qu'ils pourraient en tirer en agissant autrement, et se procurer ainsi des éléments de récoltes que les landes ne leur donnent plus et qu'ils ne savent pas se procurer d'une manière moins contraire à la plus grossière économie. »

L'auteur de ce travail fait voir ensuite que ce système lèse la société en ce qu'il dévore sans remède l'avenir de la terre ; il insiste sur la résistance des fermiers aux conseils des propriétaires qui voudraient circonscrire le mal, et pense que l'adoption du métayage, en donnant à ceux-ci plus d'autorité, pourrait préserver les landes de la destruction qui les menace. Il montre ensuite combien ce système de céréales pur avec apport d'engrais pèche par la mauvaise distribution des travaux.

« Le laboureur est presque oisif pendant tout l'hiver ; les

femmes suffisent à administrer aux bestiaux les soins les plus indispensables, les seuls qu'il juge à propos de leur donner, tandis que, de temps en temps, ses garçons sont occupés à étréper. Mais aussitôt que le printemps vient exciter la végétation, il est alors accablé par le sarclage à la main des céréales, et cela jusqu'au moment où il ne peut plus, sans faire tort à ses récoltes, continuer à arracher les plantes qui leur disputent les sucs de la terre (la continuité de la culture de céréales sur le même terrain contribue à le souiller d'herbes adventives). La récolte des foins vient l'interrompre dans ces travaux, auxquels la famille ne peut le plus souvent suffire; il faut alors se procurer à grands frais des journaliers. Enfin, dès que les récoltes sont battues et ramassées, il faut en toute hâte donner au champ les labours préparatoires et faire les transports d'engrais; aussitôt ces deux opérations terminées, l'ensemencement commence : c'est un moment très-pénible pour le cultivateur et ses attelages; quelque diligence qu'il mette, la mauvaise saison le gagne, et une partie des semences est toujours placée dans des conditions défavorables.

« Les champs dans ce mode de culture peuvent, il est vrai, être entretenus dans un état constant de richesse par de grands apports d'engrais; mais jamais aucun travail efficace, tendant à détruire les mauvaises herbes, n'y est pratiqué, et ne vient, sous ce rapport, suppléer à l'alternance des récoltes.

« Il nous reste à montrer que, même sous le rapport de la production annuelle, ce système de culture est encore au-dessous de tout autre. Voici quelle est la production en grains sur une ferme telle que celle que j'ai citée, composée de 15 hectares en terres cultivées et 12 hectares en terres incultes soumises à l'étrépage; cette ferme, située sur les côtes, est à portée de se procurer à fort peu de frais les engrais de mer; mais ces moyens de richesse ont été jusqu'à présent négligés par tous ceux qui l'ont exploitée. Sur les 15 hectares, 3 sont en prairies, les 10 autres portent chaque année une récolte de céréales comme il suit :

    7 hectares sous froment, donnant à
      l'hectare 13 hect., ci. . . . .   91 hect. à 18 fr.   1,638 fr.
(1) 3 hectares sous avoine, donnant à
      l'hectare 18 hect., ci. . . . .   54 hect. à 7 fr.   378
                                                                   ———
                                                                  2,016
                        Produit brut, par hectare moyen.   80 fr.

L'auteur cherche ensuite à comparer ce système à celui d'une jachère biennale, avec association d'un quart en prairies permanentes. Ainsi il a ,

    3 hectares anciennes prairies ;
    3 hectares prairies nouvelles, créées sur les parties les plus favo-
      rables des anciens champs ;
    Et 19 hectares de terres en cultures, ce qui fait chaque année
      9 hectares 50 sans fumure ; à 18 hectolitres l'hectare....
                  Ci. . . . . 171 hect. à 18 fr. 3,078 fr.
                  Par hectare moyen. . . .   124 fr.

Il obtient, d'ailleurs : la netteté des champs par la réduction considérable de main-d'œuvre; une diminution dans la quantité des semences, qui, pour l'étrépage, sont de 3 hect. 50 par hectare, dans la prévision qu'une grande partie des grains seront étouffés par les mauvaises herses; une augmentation de produit de bétail, et, enfin, la conservation du territoire qui n'est plus soumis à une détérioration progressive.

5° *Achat d'engrais extérieurs.* Bienheureux les cultivateurs qui se trouvent placés dans une situation telle qu'ils

(1) Cette sole est ordinairement divisée en avoine, millet et sarrasin ; nous l'avons supposée toute sous avoine, afin de simplifier l'évaluation. Depuis quelques années, 1/2 hectare est consacré à la culture des pommes de terre, c'est un progrès naissant, mais si faible qu'il n'a qu'une bien légère influence sur l'économie rurale du pays; le seul avantage que le cultivateur reconnaisse à cette culture, c'est de fournir à ses gens une nourriture très-peu coûteuse. (Note de M. LEMAIRE.)

peuvent acheter constamment, et à des prix avantageux, les engrais nécessaires à leur exploitation. Leur besogne se trouve bien simplifiée, l'agriculture cesse d'être un art compliqué, elle prend la simplicité d'une fabrique. On vend tout ce que l'on produit; l'on achète le travail et l'engrais, et rien n'est plus aisé que de juger si la balance est favorable ou non.

Par exemple, dans la culture du blé,

Les travaux s'élèvent à la somme de. . . . 460 kil. de blé,
Les semences à. . . . . , 160
Total. 620

100 kilogrammes de blé consomment 2 kil. 62 d'azote; mais nous avons l'expérience que dans notre localité les fumiers que nous achetons et qui dosent 0,40 ne reproduisent en deux récoltes que l'équivalent de 5 kil. de blé au lieu de 15 kil. 20 qu'ils devraient donner s'ils n'éprouvaient aucune déperdition. Ainsi le maximum de valeur de 1 kil. d'azote serait de 12 kil. 50 de blé. Nous pouvons l'acheter au prix de 5 kil. 5, transport compris. Nous réalisons donc un bénéfice de 7 kil. de blé par quintal métrique de fumier que nous achèterons, ou 55 pour 0/0 de sa valeur; et quand nous mettons en action pour une valeur de 771 kil. de blé en engrais sur un hectare de terre, c'est un bénéfice de 452 kil. 60 de blé que nous faisons sur cette étendue de terre (99. fr. 57 c.)

Mais les avantages ne se bornent pas toujours à ce premier gain. Nous obtenons le travail à meilleur marché que le cours en nourrissant nos animaux avec des avoines et des fourrages que nous passons au prix de consommation au lieu des prix de vente; ce qui, pour l'avoine, nous donne un bénéfice de 20 pour 0/0 sur sa vente; pour la luzerne, un bénéfice de 30 pour 0/0; enfin, nous avons à vendre une grande quantité de paille, qui nous donne un autre bénéfice de 60 pour 0/0 quand nous la portons à la ville où se trouvent généralement les marchés aux engrais. Ainsi, en organisant un

service de transport, avec la culture la plus simple, nous
obtenons sur un hectare :

Économie sur la nourriture des animaux, montant à 1611 kil. de foin par hectare (20 p. 0/0 de 14 kil. 54 de blé prix de 100 kil. de foin).	47 kil.	17
Vente de 6710 kil, de paille à 12 kil. 64 de blé. . . .	848	14
Bénéfice sur l'engrais.	452	68
	1347	99

Pourquoi les fermiers des environs de Paris, placés dans
cette situation, n'atteignent-ils pas à ce chiffre? Par trois
bonnes raisons : la première, c'est que la brièveté des baux
ne leur permet pas de faire une première avance en engrais
suffisante pour mettre leurs terres dans un état normal tel que
tout l'engrais excédant puisse leur profiter; la seconde, c'est
qu'ils sont en général trop peu riches pour l'étendue des terres
qu'ils exploitent; la troisième, enfin, c'est que par sa nature
le fumier qu'ils rapportent de Paris est trop pailleux, trop peu
riche, qu'il tient la terre trop soulevée si on le met en trop
grande abondance, et qu'ainsi ils ne peuvent parvenir à tirer
le maximum des produits de leurs blés, si ce n'est en aidant
les fumiers par d'autres engrais, tels que la poudrette, dont le
prix relatif est beaucoup plus élevé, et qui, par conséquent,
fait disparaître l'avantage fourni par les fumiers ordinaires;
cela établit une sorte d'équilibre dans la quotité des récoltes et fait qu'ils se contentent d'obtenir 1,600 kil. de blé
(21 hectolitres) au lieu de 3,000 (39 ou 40 hect.), auquel ils
pourraient viser sans cette circonstance.

Non-seulement à la porte de toutes les grandes villes on
pratique le système de culture avec les engrais extérieurs,
mais encore ce système a pris beaucoup d'extension dans ces
derniers temps par l'emploi de différents résidus de fabriques : tel est le noir animal, qui paraît faire de si bons effets
sur les terrains glaiseux de l'ouest ; tel est encore le grand
débit de tourteaux provenant des graines oléagineuses. Ces

produits tiennent à deux industries qui ont pris récemment beaucoup d'extension ; celle de la fabrication et de la raffi- nerie de sucre, et celle des huiles à brûler qui, par suite des perfectionnements introduits soit dans le mécanisme, soit dans les formes des lampes, ont remplacé le suif et la cire dans l'économie domestique du pays. Mais le prix de ces engrais, de même que celui du guano, de la poudrette, du sang, les a éloignés des emplois les plus vulgaires de la culture, et c'est aux cultures industrielles les plus riches qu'on les destine généralement. Les lins de la Flandre, les houblons, les garances, le tabac, le chanvre, les betteraves, telles sont les principales productions qui reçoivent habi- tuellement les engrais coûteux. N'y aurait-t-il pas de l'a- vantage à s'en servir aussi pour animaliser, perfectionner les fumiers des villes par un mélange aidé d'un commence- ment de fermentation ? C'est une question industrielle que doivent se poser sérieusement les fermiers qui achètent des engrais, et dont la solution pourrait contribuer à augmenter leurs bénéfices.

Les alluvions des fleuves sont une espèce d'engrais qui a lieu sans frais, et qui, quand elles sont habituelles, ont con- fondu leurs bienfaits avec la valeur même du sol, de sorte que l'exploitant n'a plus aucun bénéfice à en retirer.

2. Système CONTiNU avec fabrication d'engrais

(auto-sitique, qui se nourrit lui-même.) { αυτος, lui-même.
σιτος, nourriture.

On ne peut dire d'aucun système et d'une manière abso- lue, qu'il est le meilleur. Tous les systèmes ont une valeur relative aux circonstances dans lesquelles ils sont mis en usage ; le système continu auto-sitique, serait déplacé et onéreux dans la situation où l'on peut acheter des engrais à bas prix, il serait impraticable si les plantes fourragères améliorantes n'y prospéraient pas sur le terrain à mettre en culture; si ce terrain n'avait pas encore la richesse nécessaire pour porter des récoltes ordinaires; si les produits animaux n'avaient pas un écoulement avantageux, si les bestiaux étaient sujets à des épizooties fréquentes et irrémédiables, si le travail était trop cher, si l'on manquait de capitaux, etc. Mais aussi, dans les situations les plus nombreuses des pays civilisés, c'est ce système qui peut être appliqué avec le plus d'avantage. C'est lui d'ailleurs qui met en œuvre au plus haut degré l'intelligence du cultivateur, son capital, les bras des ouvriers, la force des animaux. Il résume toutes les difficultés, toutes les combinaisons, toutes les chances de l'économie rurale; aussi, c'est à son développement que nous avons dû nous attacher, parce que tous les systèmes y trouvent un enseignement qui leur est propre, et qu'il est seul complet et en possession d'appliquer toute la science agricole.

Une bonne culture et l'application de la théorie des assolements, voilà ce qui constitue le système auto-sitique : nous n'avons donc pas à nous occuper ici de son organisation et de sa conduite, mais nous devons examiner les conditions auxquelles il peut être adapté, et celles qui pourraient le rendre onéreux au cultivateur.

La terre étant supposée en état de culture, et au moins dans la période que nous avons appelée *céréale*, la ressource des engrais extérieurs ne nous étant pas permise, nous avons à nous décider entre les systèmes qui attendent leurs engrais des seules faveurs de l'atmosphère, et le système qui consiste à les produire. Il ne s'agit donc plus que de savoir les effets que l'on peut attendre d'une quantité donnée d'engrais, et de les comparer au prix que cette quantité nous coûterait. Là est tout le problème. Si l'engrais fabriqué est plus cher que le produit qu'on en attend, il faut se résigner et adopter le système de la jachère, ou le système des plantations d'arbres. S'il est meilleur marché, il faut rechercher la manière d'en obtenir la plus grande quantité qui puisse être utilisée le mieux possible, et adopter l'assolement qui offre le résultat le plus avantageux.

1° Pour que l'engrais produisît tout son effet, c'est-à-dire que tous ses éléments nutritifs fussent absorbés par les plantes, il faudrait que cet engrais ne perdît rien par la vaporisation ; que la pluie, en dissolvant ses principes solubles, ne les entraînât pas hors de la sphère d'action des plantes, que les parties améliorantes du sol n'en absorbassent pas une partie, et, en les retenant dans leurs pores avec une certaine force attractive, ne les dérobassent pas à l'action des racines. Or, ces trois causes agissent plus ou moins énergiquement sur les engrais, selon la nature de ceux-ci, selon les climats, selon les terrains. Plus un engrais est long à se décomposer, et moins il est exposé aux effets de la vaporisation et de la dissolution par l'eau ; plus l'affinité qui unit ses éléments est faible, et plus cette vaporisation est active, facile. On remédie à ces deux inconvénients en avançant assez la fermentation des engrais pour que les plantes puissent y puiser immédiatement leur nourriture; mais aussi, cette fermentation elle-même hâte la vaporisation des engrais ammoniacaux, si on ne fixe leurs principes volatils à mesure de leur production en les transformant en sels plus fixes que ceux formés naturellement, ou en les faisant absorber par des matières poreuses qui retiennent leurs éléments gazeux dans les tissus.

En se servant d'engrais dont la décomposition soit avancée, on sentira d'autant plus fortement la nécessité de fumer souvent et à petites doses. On évitera ainsi, autant que possible, la perte qui résulte de la dissolution des principes et de leur pénétration dans les couches profondes du sol, où elles sont hors de la portée des racines.

Enfin, il n'est pas douteux que les argiles, les ocres, les terreaux ne s'emparent d'une partie de l'ammoniaque des engrais, et que ce ne soit qu'après leur saturation que les terres qui les contiennent, arrivées à leur point de perfec-

tion agricole, laissent tout l'engrais excédant à la disposition des plantes. Nous avons estimé la dose d'azote absorbée
par les argiles à 0,0015 p. 100 par chaque centième d'argile
contenu dans la terre. Ainsi une terre qui contiendrait 50
centièmes d'argile ne serait saturée, ne laisserait en liberté
tout l'engrais nouveau qu'on lui appliquerait, qu'après
avoir absorbé 0,00075 kil. d'azote par kilogr. de terre. Si la
terre pèse 1,200 kil. le mètre cube et qu'on laboure habituellement jusqu'à 25 centimètres de profondeur, elle con-
tiendra à l'état latent par hectare

$$3,000,000 \text{ kil.} \times 0,00075 = 2,250 \text{ kil. d'azote}$$
valant au cours actuel. . 16,875 kil. de blé (3,712 fr. 50 c.).

Est-il étonnant après cela que dans la plupart des terres,
l'engrais ne produise qu'une partie de son effet, et qu'il ait
ainsi une valeur réelle différente pour chaque position où l'on
cultive.

Le premier soin de l'agriculteur doit donc être, avant
d'adopter le système de culture continue auto-sitique, de s'assurer de la valeur de son engrais. Il ne peut le faire que
par l'observation. Quel est l'excédant de récolte que l'on obtient d'une terre fumée avec une quantité déterminée d'engrais, en comparaison de celle qui en a reçu une moindre
quantité, ou qui n'en a pas reçu du tout? Voilà les recherches préliminaires qu'il faut faire avec attention, en suivant
tous les procédés de culture et leurs résultats dans des
terres identiques à celles que nous cultivons, ou par l'expérience sur nos propres terres. C'est ainsi que nous avons pu
trouver que sur nos terres fraîches du midi le produit de 100
kil. de fumier dosant 0,50 d'azote, était de 10 kil. de blé et
sur nos terres sèches 3 kil. 40. Ces terres contenaient 48
pour % d'argile. Ainsi pour les premières un kilogr. d'azote
avait une valeur de 20 kilogr. de blé, et dans les secondes de
6 kilogr. 80. La différence venait de ce que dans les terres

fraîches les plantes avaient pris un développement plus rapide et plus complet, et de ce qu'on avait pu faire succéder deux
récoltes consécutives la même année sur le même terrain, ce
qui avait été impossible sur les terres sèches et ce qui avait
donné le temps aux principes de l'engrais de s'évaporer ou de
se dissoudre et de pénétrer dans la terre. Quoi qu'il en soit,
on voit quelle marge nous laissent les terres fraîches pour
la production, et au contraire dans quelles limites étroites
nous sommes renfermés pour les terres sèches.

2° A quel prix pouvons-nous produire l'engrais? telle est
la seconde question, qui n'est pas moins variable que la première, selon les circonstances où l'on se trouve. Nous avons
vu, en effet, que selon les procédés employés le kilogr. d'azote
de l'engrais nous revenait : avec des moutons sur des pâturages pauvres et un troupeau transhumane à 1,20 (5 kil. 59
de blé); avec des moutons à l'engrais à 0 fr. 42 c. (1 kil.
90 de blé); avec des vaches 1 fr. 41 c. (6 kil. 68 de blé); avec
des bœufs et des porcs à l'engrais, le fumier gratuitement;
avec des chevaux de labour, le kilogr. d'azote coûtait 61 c.
(2 kil. 77 de blé)(1). Mais ces données sont loin d'être générales, elles dépendent de la valeur des fourrages, des frais de
garde, etc., et il faut chercher le prix de revient de l'engrais
pour chaque cas particulier. Cette valeur est toujours celle
du solde que présentent les dépenses faites pour l'élève ou
l'engraissement des bestiaux diminués de leurs produits. La
plupart de ces industries se solderaient à perte, si l'on ne
faisait pas entrer à leur profit le prix de l'engrais. Quand
elles se soldent à bénéfice, l'engrais est obtenu gratuitement;
et dans la situation actuelle de l'économie pastorale en
France, il est rare que cela arrive autrement que par l'engraissement des animaux, ou bien parce que les bestiaux consomment des pâturages qui, sans eux, n'auraient aucune
valeur.

(1) Tome I, p. 675 et suiv., 2ᵉ édit.

3° Si des circonstances particulières, telles que l'absence de pâtures, la difficulté de se procurer des fourrages, le haut prix auquel on peut vendre les fourrages produits sans pouvoir acheter des engrais pour les remplacer, ou bien encore la fréquence d'épizooties, qui compromettent l'existence du capital de cheptel, nous interdisent la production des engrais animaux, il nous reste la ressource des engrais verts, dont nous avons déjà traité plus haut (1). Dans les terres auxquelles le lupin convient, on se trouve fort bien de cette plante ; la féverolle réussit dans celles où le lupin refuse une belle végétation. Si ces terres sont fraîches, on peut, dans le Midi, ensemencer ces plantes vers le milieu d'août, et vers le milieu d'octobre ; elles ont une fane abondante propre à être enfouie au profit de la récolte suivante de blé que l'on sème immédiatement, ou d'une récolte de printemps. Dans les terres sèches on sème la féverolle au mois d'octobre, et au printemps suivant on a une superbe végétation que l'on enterre au profit des cultures de cette saison; ou bien on sème de nouvelles féverolles au printemps, en binant celles de l'automne, qui ont été disposées en allées, et l'on a une récolte de graines des féverolles d'automne, tandis que les fanes de celles du printemps sont enterrées au profit des semis d'automne. On a ainsi une continuité de cultures toujours bien fumées. Dans le nord, il faut semer ces plantes au printemps, et les enfouir en fleur. Les plantes légumineuses sont les plus propres à faire des engrais verts, parce qu'elles soutirent beaucoup de principes de l'atmosphère et qu'elles n'exigent pas des avances considérables de fertilité. Leur seul inconvénient est la cherté de leurs semences. Il faut deux hectolitres par hectare de féverolles semées en ligne et 5 de celles semées à la volée ; il faut la même quantité de lupin.

On peut obtenir de ces plantes 2,640 kil. de fanes sèches dosant 54 kil. d'azote sur des terres qui ne donneraient

(1) Tome I, p. 553 et suiv., 2° édition.

qu'une récolte fort ordinaire de blé; si le kilogramme d'azote vaut pour nous 7,5 kil. de blé, c'est une valeur de 405 kil. de blé que nous obtenons avec :

des semences valant : 78 kil. de blé,
2 labours. 168
246

L'engrais ne nous revient alors qu'à 4,5 kilogr. de blé au lieu de 7,5 kilogr. La réussite dépend beaucoup des saisons, et de l'époque favorable à laquelle on aura fait les semis.

Une fois qu'on est pourvu d'engrais, il ne reste plus qu'à en tirer le meilleur parti possible, en suivant les règles de culture et les lois des assolements que nous avons tracées.

CONCLUSIONS DE LA QUATRIÈME PARTIE.

DU RAPPORT DES DIVERS SYSTÈMES DE CULTURE AVEC L'ÉTAT SOCIAL.

Les divers systèmes de culture sont à la fois un effet et une indication de l'état social d'un pays. Sans doute, la nature du sol contribue à maintenir un système arriéré dans un pays avancé, exemples : la forêt de Fontainebleau aux portes de Paris, les sapins de Brandebourg aux portes de Berlin. Mais il fut un temps où la forêt de Fontainebleau s'unissait à celle des Ardennes et s'étendait encore sur la partie centrale de la France. Alors les meilleures terres étaient, comme les plus mauvaises, sous le joug du système forestier. Mais à mesure que la civilisation avance et que la population croît, chaque système tend à se renfermer dans les limites que lui assigne la nature du sol; et le défrichement des bonnes forêts est aussi peu un progrès, même dans un état de choses avancé,

que le serait l'abandon des bonnes terres à l'invasion des
arbres ou aux pâturages. Or, il faut bien le dire, dans un
état de civilisation prospère on est exposé à dépasser ces limites naturelles, à croire que toutes les situations peuvent
entrer dans un système de culture plus actif ; on défriche
beaucoup sans opportunité, et le mal une fois fait, les vieilles
futaies une fois tombées sous la hache, le mal est presque
irréparable. On revient plus facilement de la faute du défrichement des pâtures ; après quelques années de culture on
peut juger de la convenance de les rétablir ; c'est ainsi que
beaucoup de communaux anglais, après avoir subi l'action
de la charrue, sont retournés à leur ancien état de pâturage,
mais de pâturage amélioré.

Pour bien saisir l'influence réciproque des systèmes de
culture et de l'état de la société humaine, il faut supposer
l'étendue entière d'un pays soumise à un de ces systèmes et
observer à quel état de la société il correspond sous le rapport de la population du pays. La population est toujours
dans un rapport exact avec les moyens de subsistance ; ainsi,
quand nous connaissons les aliments que l'homme peut tirer
d'une étendue donnée de terrain soumise à un système,
nous connaissons aussi la population, excepté dans les pays
où la subsistance des hommes est importée par le commerce
extérieur.

Le système forestier pur est exclusif de toute population ;
mais il acquiert de la valeur par la communication facile du
sol forestier avec des pays qui consomment des bois de construction et des charbons ; ceux-ci, alors, fournissent en retour la substance des habitants. C'est par le commerce que
les bois de la Norwège entretiennent l'aisance dans ce pays.
Au milieu des grandes forêts de la Russie, de la Pologne, de
l'Amérique, quelques peuplades dispersées vivent des produits
de la chasse, ou de défrichements qui les mettent en dehors
du système forestier.

Le système des pâturages exploité seulement par des animaux sauvages et utilisé au moyen de la chasse ne nourrit qu'une très-faible population. Le gibier ne manquait pas aux prairies de l'Amérique du Nord, et cependant on n'y trouvait qu'un habitant par 99 kilomètres carrés (1). On peut observer encore le même état des choses au sud de l'Afrique. On sait l'immense surface de pâtures que se réservent les différentes tribus nomades pour la consommation de leurs troupeaux. Mais pour se faire l'idée la plus avantageuse possible de l'état d'un vaste pays soumis au régime de la pâture, nous supposons au terrain la fertilité qu'ont nos terres en jachère, celle qui les fait produire tous les deux ans 9 hectolitres de blé, et qui donnerait 1,600 kil. de foin. Chaque hectare pourrait nourrir 100 kil. de chair vivante d'animal. Si l'on consommait de la viande et que l'on prît le quart des existences pour la consommation, on aurait donc chaque année 25 kil. de viande par hectare. La ration moyenne en dépense de viande étant de 0 kil. 75 par jour ou 273,75 kil. par an, ayant une valeur nutritive de 355 kil. de blé, il faudrait environ 12 hectares de terrain pour la nourriture d'un individu moyen. En supposant la surface de la France soumise entièrement à ce régime, sa population ne pourrait être que de 4,727,472 habitants de tout âge et de tout sexe. Si le produit était en lait, nous aurions 688 kil. de lait, donnant 0,60 rations annuelles. Ainsi l'on aurait 0,60 individus par hectare et 19,200,000 habitants pour la France.

Le système celtique ou alternatif cultive pendant huit ans et laisse en friche au moins pendant sept ans; les 3/10 du terrain produisent 13 hectolitres de blé par hectare, les 7/10 une mauvaise pâture qui ne peut être évaluée à plus de 400 kil. de foin par hectare.

Nous avons donc pour chaque hectare cultivé 13 hectolitres de blé ou 988 kil. de blé, qui, diminués des semences, laissent 828 kil. de blé pour la consommation, et donnent

(1) Volney. *Tableau des Etats-Unis*, t. II, p. 472.

16 kil. 229 d'azote et 2,47 rations annuelles, soit pour 5 hectares 7,41 rations.

Pour chaque année de pâturages, 6 kil. 25 de viande donnent 14 rations et, pour 7 hect., 98 rations journalières ou
0,27 rations annuelles. Ainsi les 10 hectares produiraient la
nourriture de 7,68 et chaque hectare celle de 0,77 habitants ;
étendue à 32 millions d'hectares, cette culture pourrait donc
nourrir 23,640,000 habitants.

Le système des jachères produit 9 hect. 18 de blé (684 kil.)
par hectare tous les deux ans, et avec les secours de l'engrais de la paille 780 kil. de blé, ou 15 kil. 326 d'azote, fournissant 851 rations et par hectare moyen 425 rations ; chaque
hectare nourrit 1,17 individus. Si donc les 52 millions d'hectares de la France étaient susceptibles d'être traités par le
système de la jachère, ils pourraient nourrir plus de 60 millions d'individus ; mais comme 32 millions d'hectares seulement sont en culture, sa population devrait être avec le
système de la jachère pure de 37,440,000 habitants. Mais
comme les différents besoins de vêtement, d'éclairage, de
boissons, de chauffage, enlèvent au sol cultivé près de 4 millions d'hectares, et le réduisent à 28 millions, la population
normale, sous ce système pur, serait de 32,760,000 habitants. On voit à quoi se réduisent les progrès que nous avons
faits au-delà ; ils équivalent à ce qu'il faut pour nourrir
1,470,178 habitants ou à l'addition de 1,256,526 hectares
au sol cultivé de la France ; nous obtenons de nos terres un
peu plus de 4 0/0 en sus de ce que donnerait le système de
jachère pure.

Il est bien difficile de saisir les effets du système continu
dans l'état où il se trouve dans un pays quelconque, à cause
des degrés infiniment nombreux de l'échelle d'amélioration
où il est parvenu chez les différents cultivateurs. Il faut donc
supposer ici que nous nous trouvions placés dans un système
continu avec production d'engrais et sous un assolement qui
ne produise que les aliments nécessaires à l'homme et aux

animaux qui cultivent, si nous voulons poursuivre la comparaison que nous avons établie entre les différents systèmes : de plus nous devrons supposer les cultures diverses portées à leur maximum de produit.

Nous considérerons cet assolement : 1, pommes de terre ; 2, blé ; 3, trèfle ou vesce ; 4, blé. Cet assolement nous paraît présenter une heureuse alliance des aliments végétaux et animaux : parmi les premiers, la pomme de terre fournit beaucoup de nourriture sur un petit espace, mais une nourriture volumineuse, et le blé donne une nourriture plus riche, sous un plus petit volume ; parmi les seconds, le lait et la chair s'y trouvent en proportions convenables. Mais il faut bien se tenir pour averti qu'en présentant cet assolement comme susceptible de marcher par lui même et de favoriser l'existence d'une population nombreuse, il cesserait d'être possible et exigerait l'importation d'une partie de ses engrais, si en même temps qu'on destinerait aux hommes une grande partie de ses produits, toutes les déjections humaines n'étaient pas recueillies et utilisées avec le même soin que mettent les Chinois, dont l'agriculture se passe presque entièrement du secours auxiliaire des animaux. Nous ne mettons donc cet assolement en avant que pour le besoin de notre discussion, et quand, dans l'état ordinaire des choses, on voudra faire une culture dont une partie des produits devra être exportée et ne reproduira pas son engrais, on sera bien averti qu'il faut consacrer aux consommations locales intérieures une beaucoup plus large part d'autres produits, dont une portion devra provenir de plantes améliorantes, dans une proportion tellement combinée que ces plantes compensent l'exportation des principes nutritifs que l'on fait habituellement. En particulier, l'assolement que nous proposons pourrait fort bien subsister si l'on faisait consommer par des animaux la plus grande partie des pommes de terre.

Nous aurons :

1. 29,000 kil. de pommes de terre dosant 110 kil. 400 d'azote.
2 et 4.   6,000 kil. de blé dosant. 117   000
3.   9,140 kil. de trèfle, se décomposant
eu 2,000 kil. pour la nourriture de 1,25
tête de bétail, et en 7,140 kil. pour
la production de 3,072 litres de lait
dosant . . . . ⸰ 17   496
                                    _____
                                    244   896

pouvant nourrir 37,26 individus, et par hectare 9,31 individus. Si 52 millions d'hectares pouvaient être soumis à
cette culture, nous aurions une population de 484 millions d'habitants; nos 28 millions d'hectares donneraient
encore 260 millions d'habitants. Réduisez autant que vous
le voudrez le nombre d'hectares susceptibles de cette culture, et vous verrez de quelle énorme augmentation de
population la France serait susceptible avec une agriculture
perfectionnée.

Mais pour que cette augmentation eût lieu, il faudrait
que le capital agricole se fût accru dans la proportion de ces
progrès, et c'est une question qui nous reste à examiner.

Il serait trop facile de montrer quelle somme énorme re-
présenterait le système forestier, si on avait à établir, par
exemple, des futaies de cent ans sur un sol nouveau. Il serait
impossible de jamais en retirer un intérêt approchant de celui
sacrifié dans les avances des plantations et dans une attente
aussi prolongée. Nous ne pensons même pas qu'il fût possible
d'établir avec avantage des taillis de bois feuillus dont les
coupes seraient beaucoup retardées au prix actuel des bois.
Sur les terrains presque sans valeur les bois verts font une
exception, surtout quand on peut les semer à aussi peu de
frais que M. de Béhague, qui, sur un simple brûlement des
herbes et fougères, et sur un double hersage, sème des bois
de pins maritimes qui ne lui reviennent qu'à 25 fr. l'hectare (1). Les forêts sont une richesse acquise qu'il faut con-

(1) *Agriculture de l'Ouest*, t. II, p. 33.

server et utiliser le mieux possible. On les repeuplera, on les regarnira quand il s'y montrera des vides ; mais c'est la nature, qui ne calcule pas sur le temps et sur les avances, qui seule peut mettre un pays entier sous le système forestier.

L'exploitation du système des pâturages suppose l'existence d'un capital en bestiaux, et si nous reprenons les suppositions faites plus haut, celles où un hectare de pâture fournirait à la nourriture de 100 kil. de chair vivante pendant l'année, en supposant ce capital dans un état d'entretien éloigné encore de celui de l'engraissement, il vaudrait au moins 65 fr., et coûterait 25 fr. pour constructions et abris. Les 52 millions d'hectares de la France devraient être couverts de 5 milliards 200 millions de kil. de chair vivante, au lieu de 3,494,547,691 kil. qui est le chiffre actuel ; la valeur de ces existences est de 2,271,455,940 fr. ; on voit qu'il faudrait y ajouter plus de 1 millard de francs pour nous réduire à une population de 16 millions d'âmes, avec perte de tout le reste de notre capital agricole.

Les avances primitives du système celtique ne sont que celles nécessaires pour l'achat des animaux qui pâturent les 7/10 du terrain ; mais ce pâturage n'a qu'un quart de la valeur de celui qui n'est jamais entamé ; il ne suppose pas l'existence de plus de 175 kil. de chair vivante sur les 10 hectares, ou 17 kil. 50 par hectare valant 11 fr. 37 c. Les autres dépenses ne sont que des travaux annuels qui supposent cependant la possibilité de pourvoir à l'écobuage de 1 hectare de terrain sur 10, et à la culture de deux autres hectares. Ainsi, nous avons :

Pour les bestiaux.	11 fr.	37 c.
Écobuage d'un hectare. .	110	56
Culture de deux hectares.	113	96
Semences de 3 ans	105	60
Total pour 10 hectares.	341	49
ou par hectare	34	15

Nous avons vu que le système des jachères exige une

avance de 510 fr. (1,409 kil. de blé par hectare). Ainsi, les 52 millions d'hectares de la France, soumis à la jachère, auraient nécessité un capital de 9,920,000,000 fr.

Examinons maintenant les frais du système continu avec production d'engrais portée à son maximum. Nous supposerons que le sol moyen agricole contient 20 p. 100 d'argile. Cette argile a dû être saturée d'engrais pour que le terrain fût à son maximum de produit; une couche de 1 mètre carré de surface et de 25 centimètres de profondeur pèse 300 kil., ce qui nous donne par mètre carré une absorption de 0,09 kil. d'azote, et par hectare 900 kil. valant 6,750 kil. de blé (1,485 fr.).

Nous admettons la nécessité d'un capital égal en force à celui de la jachère, nous y ajoutons le défrichement et nous en retranchons les semences; il nous reste 1,180 fr. pour 4 hectares, ce qui nous donne par hectare 295 fr.

Il faut pourvoir à l'achat d'animaux pour consommer 7,140 kil. de fourrage ou à 442 kil. de chair vivante, coûtant 287 fr. 50 c.; à leur nourriture d'un an, ci 244 fr. 90 c., et à leur logement, 100 fr.; en tout 629 fr. 20 c.

Enfin nous avons les semences savoir :

pour 2 hectares de blé, ci. 3 hectol. 2	343 kil.	20 de blé.
— 1 hect. pommes de terre, 1700 kil. valant	141	66
— 1 hectare de trèfle, 40 kil. de grains. . .	200	00
	684	86

valant 150 fr. 67 c.

Nous avons pour 4 hectares les avances suivantes :

Engrais.	5,940 fr.	00
Forces	1,180	00
Bêtes.	629	20
Semences.	150	67
	7,899	87
ou par hectare.	1,974	92

et pour les 32 millions d'hectares cultivés en France, un capital de 63,197,440,000 fr. Or, les résultats précédents montrent que les 4/100 seulement du territoire sont entrés dans ce système d'amélioration, bien qu'il ne soit pas complet. Nous avons pour le capital agricole actuel de la France :

4/100 du capital du système continu. .   2,527,897,600 fr.
96/100 du système jachère.   9,523,200,000
                                                12,051,097,600

Pour faire entrer la France dans le système décrit, il faudrait ajouter. . . . 51,146,342,400
C'est-à-dire quintupler son capital agricole.

En comparant entre eux les différents systèmes de culture, nous trouvons :

	population par hectare.	avances primitives.	dépenses annuelles.	produit brut.	produit net.	produit brut par individu. fr.	produit net par individu. fr.	intérêt des dépenses annuelles pour 100.
Système de pâturages.	0,600	90 fr.	37 fr.	44 fr.	7 fr.	73,»	11,66	19
Système celtique.....	0,770	34	34	65	29	87,50	40,»	83
Système des jachères.	1,170	310	76	91	15	77,77	12,82	19
Système androctique.	9,300	1,975	285	635	290	68,17	31,19	66
(culture continue.)								

Ce tableau conduit aux conclusions les plus intéressantes ; ainsi :

1° La population peut s'accroître en passant de l'un de ces systèmes à l'autre, et l'accroissement de la population oblige à ces transitions. M. de Humboldt remarque que la race américaine, au Mexique et au Pérou, passa immédiatement de la vie de chasseur à la vie agricole, sans passer par la vie pastorale (1). On l'attribue à la répugnance qu'elle avait à se nourrir de lait. Ordinairement la transition de la vie sauvage à la vie agricole se fait par l'adoption du système des pâturages.

2° Les avances primitives sont plus fortes pour le système pastoral que pour le système celtique ; mais ces avances

(1) *Cosmos*, t. II, p. 580, note 15.

se produisent spontanément, d'elles-mêmes, par l'accroissement des troupeaux, tandis que, dans les autres systèmes de
culture, c'est un capital qu'il faut débourser immédiatement
en commençant l'exploitation. Ce capital est si faible, dans
le système celtique, qu'il est facile de concevoir que le début
de la culture ne soit pas fort entravé par l'obligation de le
créer. D'ailleurs, dans cet état de la société, rien ne presse.
L'étendue inoccupée se présente au cultivateur, et s'il ne
peut défricher un hectare à la fois, il en défriche un demi,
un quart, autant que ces avances de nourriture lui donnent
de temps pour s'en occuper. Mais quand l'accroissement de
la population force d'adopter le système de la jachère, toutes
les conditions d'exploitation changent.La terre est partout
occupée, appropriée ; il faut bâtir des fermes, acquérir des
animaux de travail ; presque toujours le capital manque au
simple cultivateur ; il faut qu'il appelle à son secours ceux
entre les mains desquels il est réuni. Ce besoin devient plus
grand encore dans le système de culture continue. A mesure
que la population croît, il faut que non-seulement la facilité
de travailler augmente, mais que l'économie s'accroisse aussi.
Il faut qu'il y ait des riches qui puissent former chaque
année une réserve assez importante pour pouvoir être utilisée, car les petites économies dispersées sont par elles-
mêmes impuissantes, soit parce qu'elles se dissipent le plus
souvent avant d'être appliquées à des dépenses productives,
soit parce qu'elles sont si lentes qu'elles peuvent suivre à
peine l'accroissement de la population qui les déborde.
L'existence de la richesse est une condition de progrès pour
les nations. Il faut qu'elles possèdent une classe qui, ayant
satisfait à ses besoins, ait la passion de devenir plus riche
encore ; qui, par l'attraction que les capitaux exercent sur
les capitaux, en raison du carré de leurs masses, produise
cet effet de la boule de neige devenu proverbial. Quand la
création des capitaux est plus rapide que l'accroissement de
la population, la nation est prospère et matériellement heu-

reuse ; elle souffre dès que l'effet contraire se produit.

3° Le produit brut par hectare augmente en passant d'un système à un autre plus avancé; mais le produit brut par individu est à son maximum dans le système celtique. Cela veut dire que s'il était possible de borner la population de manière à ce qu'elle pût ne cultiver que 1 hectare sur 10, laissant les 9 autres se gazonner et acquérir une nouvelle dose de fertilité, le 3,6 des habitants qui vivraient sur 5 hectares jouiraient d'un revenu brut et d'un revenu net supérieur à celui des 5,85 habitants et aux 46,5 qui vivraient sur le même espace de terrain dans le système de la jachère et celui des cultures continues. Il s'agirait donc seulement d'arrêter la population au-dessous de ce *maximum*, pour qu'elle fût dans une situation meilleure. C'est à quoi les républiques de l'antiquité pourvoyaient avec une admirable prévoyance par l'envoi de leurs colonies ; c'est ce que les grands États modernes ne savent pas faire, parce que les éléments statistiques y sont plus difficiles à apprécier sur une grande surface de pays, que dans les limites d'un petit État. Cependant, si l'on considère la facilité actuelle des communications, et l'étendue immense de bonnes terres incultes qui couvrent une partie du globe, il semble que l'organisation d'un système permanent de colonisation, en rapport avec la situation des produits agricoles et industriels, devrait être une des principales affaires des gouvernements.

Les assolements continus semblent donner une bien vaste carrière à l'emploi des capitaux, comme au développement de la population. En partant de l'état des jachères, la population pourra devenir sept fois plus grande, mais en employant huit fois plus de capitaux. D'un autre côté, l'intérêt de ces capitaux s'accroît considérablement et surpasse tout ce que l'on peut attendre de tout autre emploi, puisqu'on peut les doubler tous les deux ans. Si l'on n'obtient que des résultats infiniment moins considérables et le plus souvent négatifs, il ne faut en accuser que l'insuffisance des fonds engagés dans

les améliorations, la timidité, les tâtonnements des entrepreneurs de culture, qui n'osent pas ou ne savent pas porter
rapidement leurs terres au maximum du produit; d'où il
suit qu'après avoir consacré beaucoup d'engrais à un terrain,
et l'avoir vu disparaître sans fruit, parce qu'il passait à l'état
latent en saturant les argiles, les ocres et les terreaux, on
abandonne l'entreprise au moment d'entrer en jouissance, et
on laisse gaspiller par d'autres les avances que l'on a faites.
Mais que l'on se rende bien compte de ce qu'il y a à faire,
qu'on n'hésite pas plus devant les dépenses nécessaires que
ne le font nos jardiniers des bords de la Durance, qui achètent
des sols peu productifs et savent les porter immédiatement à
toute leur valeur en les couvrant d'engrais, et l'on obtiendra
les résultats que promet la théorie.

L'agriculture, dans son état actuel, est-elle le dernier
mode de la science? Est-il impossible de faire produire à la
terre davantage et à meilleur marché? Est-il impossible
de réduire la masse des capitaux qu'exige la transformation des jachères en assolements continus? Nous ne le
pensons pas. En examinant les frais comparatifs des travaux et ceux des engrais dans la culture du blé, par exemple,
c'est-à-dire 460 et 771, on voit bien qu'il y aurait peu à
gagner sur les cultures, en supposant des instruments plus
perfectionnés; mais si l'on pouvait obtenir les éléments des
engrais plus facilement et à meilleur compte, non-seulement
la culture annuelle, mais encore le capital primitif à exposer
sur le sol, pourraient être fort allégés. Parmi ces éléments,
les travaux de M. Balard nous donnent l'espoir que l'on
finira par obtenir à meilleur prix les alcalis minéraux, en
les extrayant de l'eau de la mer, où d'ailleurs ils sont alliés
aux phosphates; et, quant à l'azote, il a déjà été fait, pour
fixer celui de l'atmosphère, des essais qui permettent d'espérer qu'un jour on pourra le tirer de cette source. De nouvelles tentatives de la science peuvent rapprocher l'époque de
ces perfectionnements de l'agriculture et de la vie de l'homme.

CINQUIÈME PARTIE.

DES ÉLÉMENTS CONSTITUANTS DE L'ENTREPRISE AGRICOLE.

INTRODUCTION.

Dans les parties précédentes de cet ouvrage nous semblions ne travailler qu'en vue et au profit des plantes ; nous cherchions à leur procurer une position, un climat favorable, un sol meuble ; nous mettions à leur portée les substances qui servaient à les nourrir. Or, ce n'est pas pour elles-mêmes que nous cultivons les plantes, nous cherchons à en tirer une utilité. Nous cherchons à convertir les substances élémentaires en produits agricoles propres à l'usage de l'homme, qui par conséquent aient une valeur échangeable et soient susceptibles de former un capital.

Le capital n'est à proprement parler que l'économie faite de ces produits, que l'on met en réserve sous une forme qui puisse être reconnue par tous comme une valeur capable d'acheter le service de toutes les forces et l'usage de toutes les substances qui sont au pouvoir d'autrui. Les nations civilisées sont convenues d'une unité commune qui mesure et résume la valeur de tous les produits ; elles l'ont prise dans les matières qui par leur rareté et le travail qu'exige leur production présentent sous le même volume la valeur la plus élevée : ce sont les métaux. Le capital énoncé en or ou en argent est la représentation réelle de tous les autres produits et peut tous les acheter.

Le but d'une entreprise industrielle, c'est de se procurer des forces et des matières premières et de les mettre en action pour obtenir une production dont la valeur excède celle qui a été dépensée pour la produire. Disposer avec intelligence du capital primitif, de manière à ce que par un minimum de dépense on obtienne un maximum de récolte, telle est l'œuvre du directeur de l'entreprise; et l'agriculture, considérée sous le point de vue de ses relations avec l'utilité, n'est que la manufacture des produits végétaux. Pour établir une filature de coton, le fabricant doit d'abord choisir pour son exploitation le local qui soit dans les circonstances les plus favorables; il réunit le capital nécessaire à mettre son entreprise en mouvement, apprécie ce qu'il en faut consacrer au local, aux forces, aux machines, à l'achat des matières premières; il juge ensuite du genre de produit qui lui sera le plus profitable? Filera-t-il gros ou fin? Vaudra-t-il mieux dépenser plus de matière première, et épargner sur la perfection des machines et sur la main-d'œuvre en filant gros, ou le contraire ne serait-il pas préférable? Enfin il imprime l'impulsion à l'entreprise, il a soin de la diriger et de l'entretenir par une surveillance constante, et de se rendre compte du rapport qui existe entre la dépense et la recette par une bonne comptabilité. De même le directeur de l'agriculture possédant les secrets de la science, connaissant tous les éléments dont se compose la production, choisit son local, s'en assure la jouissance, distribue son capital entre les différentes parties de l'exploitation; choisit les forces qui doivent préparer la terre, s'assure la possession des engrais qui sont les matières premières de la production; combine le système de culture qui dans les circonstances données doit être le plus profitable, faisant dominer l'emploi du travail sur celui de l'engrais ou *vice versâ*; communique et entretient le mouvement de l'entreprise en plaçant à sa tête une intelligence capable de lui donner l'impulsion, de la diriger, de la surveiller et d'en réaliser les produits. Nous avons donc à traiter successivement : 1° de la terre ; 2° du capital ; 3° des forces ; 4° des engrais ; 5° de la direction et de l'administration ; 6° de la comptabilité de la ferme considérée sous le nouveau point de vue que nous avons indiqué.

PREMIÈRE DIVISION.

DE LA TERRE.

CHAPITRE PREMIER.

De la Propriété.

En continuant à comparer l'entreprise agricole à une manufacture, la terre est le local où elle s'exerce, où agissent des machines, où se font les combinaisons des éléments de ses produits. Pour en obtenir la libre disposition, il ne faut que l'occuper dans les pays qui manquent de population ; mais chez les peuples qui ont depuis lontemps des demeures stables, presque toutes les terres sont depuis longtemps la propriété de communautés, de familles, ou d'individus dont il faut obtenir le consentement.

La propriété naît des travaux nécessaires à l'exploitation du sol ; le défrichement, l'assainissement, la clôture, le bornage, la construction des bâtiments ruraux. L'intérêt de la nation est de voir s'accroître l'étendue des terres cultivées qui est aussi la condition de l'accroissement de sa population et de sa puissance ; or comme le moyen le plus efficace d'obtenir leur mise en valeur est d'en garantir la propriété à ceux qui l'entreprennent, il se forme un contrat synallagmatique entre ceux-ci et la nation entière ; contrat tacite et exprès qui ne peut être nié, si l'on considère que le défrichement est souvent suivi de plantations qui ne doivent donner leurs fruits et dont les frais ne sont amortis qu'après un grand nombre d'années : telle est par exemple la plantation des oliviers. Ailleurs, comme aux États-Unis d'Amérique, au Canada, dans l'Australie, le gouvernement vend à bas prix la propriété de ses terres inoccupées ; en Algérie, il les concède gratuitement et fait des avances à ceux qui se présentent pour les cultiver ; partout la foi publique est engagée à maintenir en possession les familles qui se sont consacrées à ce travail ingrat. La puissance nationale s'est élevée au moyen de leurs sacrifices ; ces familles ont payé un prix qui a été accepté avec empressement : toute tentative patente ou occulte de revenir sur ce contrat serait une véritable spoliation. En détruisant la confiance dans l'avenir, elle arrêterait l'emploi du capital dans la culture, diminuerait les produits, priverait de subsistances une partie des citoyens. Ces conséquences sont infaillibles et prouvées par les faits autant que par les raisonnements. La désolation de l'empire Turc est la suite du peu de respect que l'on y porte aux fruits de la terre, et nous avons un exemple récent de la rapidité avec laquelle disparaît le capital agricole dans ce qui s'est passé en France durant l'année qui a suivi la révolution de Février 1848, dans les travaux d'amélioration et de conservation abandonnés, le bétail vendu et non remplacé, les labours ordinaires qui, en favorisant la récolte pendante, préparent la récolte future, diminuée de moitié ; voilà l'effet subit qu'ont produit un moment de désordre et les doutes jetés sur la stabilité de la propriété.

. C'est que la culture du sol est une caisse d'épargnes où s'accumulent les capitaux ; qu'une fois qu'ils y sont déposés ils ne peuvent être ni dissimulés ni retirés à volonté, mais qu'ils restent exposés aux exactions du pouvoir ou au pillage des individus. Dès qu'une caisse de dépôt devient peu sûre on en choisit une autre, et l'on se hâte de sortir d'une spé-

culation qui ne présente plus que des risques et des dan
gers Le premier devoir, comme le premier intérêt des gou ·
vernements est de protéger ce genre de capitaux, dont la
diminution ou la privation entraînerait tous les genres de
calamités.

Une société naissante ne pourrait-t-elle pas réunir ses
forces pour cultiver son territoire en mettant les produits
en commun, et conserver ainsi, pour les derniers venus, leur
part indivise de la propriété? Si l'on considère que d'après
les expériences journalières, chacun cherche à mettre le
moins d'efforts possible dans un travail commun dont il ne
doit retirer qu'une part égale à celle de tous les autres, on
concevra d'abord combien la production serait languissante
chez un tel peuple ; mais de plus, une telle association suppose que les liens de subordination et d'obéissance à la
volonté générale soient déjà fermement établis ; or, ces qua -
lités n'existent pas dans les premiers âges d'une société. La
liberté individuelle ne cède que graduellement ses droits à
l'intérêt commun ; il faut que les intérêts particuliers se
soient agrandis, compliqués, avant de sentir les besoins de
sacrifices mutuels. Pendant longtemps d'ailleurs la propriété
territoriale est d'une médiocre importance, et les idées d'un
long avenir ne préoccupent pas la pensée des peuples enfants. Aussi, l'histoire ne nous présente-t-elle aucun exemple
de semblables jouissances en commun. L'exemple des mis-
sions du Paraguay n'est pas admissible. Les Indiens n'y
étaient que de véritables esclaves travaillant pour des maîtres qui leur répartissaient la subsistance. Les établissements des frères Moraves ne sont que des associations religieuses où le travail est exigé par un mobile plus puissant
que les lois civiles, supérieur aux intérêts temporels.

D'ailleurs, il n'est pas exact de dire que chez un peuple
tous les citoyens sans distinction ne participent pas à la
jouissance de la propriété foncière, et même dans un rapport
inverse du droit de propriété. Ainsi, en France, l'homme

qui acquiert ou conserve la propriété du sol perçoit 3 ou
4 pour 100 de son capital ; le fermier en retire de 6 à 10
pour 100. Le valet de ferme, dont les forces isolées ne produiraient que 16 hectolitres de blé, déduction faite de la semence, produit d'une valeur de 314 fr., gagne des gages et
une nourriture qui valent plus de 500 fr., et chacun trouve
ainsi l'emploi de son capital jusqu'à la limite où toutes les
terres sont suffisamment pourvues de travailleurs ; mais c'est
aussi ce qui arriverait à la communauté dont l'accroissement serait arrêté par la même limite. Que ferait-t-elle
alors ? Elle serait bien obligée de s'étendre au dehors. C'est
que les frontières des États sont des lignes idéales. L'homme
n'a pas été créé Français ou Allemand, les continents offrent
toujours de vastes surfaces qui attendent le propriétaire. La
Providence les met successivement en jachère. L'homme, affranchi des préjugés nationaux, peut braver pendant une
longue suite de siècles, et probablement pour toujours, les
menaces de Malthus.

CHAPITRE II.

Grande et petite propriétés.

La grande et la petite propriété, discussion intarissable
des politiques et des économistes ! discussion bien ancienne,
car Virgile, en permettant de vanter les grands domaines,
conseillait de n'en cultiver qu'un petit : *Laudate ingentia
rura, exiguum colito ;* car Pline attribuait la perte de l'Italie à l'étendue exagérée des propriétés : *Latifundia perdi-
dére Italiam.* Chacun a jugé cette question à son point de
vue. Les écrivains latins voyaient les inconvénients des
énormes domaines de leur patriciat, et ils les condamnaient ;
les écrivains anglais, placés dans d'autres circonstances, en
voyaient les avantages et les approuvaient ; puis sont venus

les temps où le choc des principes politiques a fait chercher de toutes parts des appuis pour les systèmes opposés. L'aristocratie a vu la garantie de sa puissance dans sa grandeur territoriale ; la démocratie dans une propriété divisée : dès lors, l'étendue de la propriété n'a plus été une question agricole, mais une thèse politique, et elle a été obscurcie par tous les arguments que peut dicter la passion. Mais d'abord, la question a-t-elle été bien posée? N'a-t-on fait aucune confusion, et ne serait-t-il pas convenable de l'étudier de nouveau, avec un esprit plus libre et avec le sincère désir de lui donner une solution qui pût être acceptée de tous les esprits impartiaux?

Qu'entend-on par grande et par petite propriété? on n'est pas d'accord sur l'acception de ces deux mots. Les Anglais n'admettent pas de limite supérieure pour la grande propriété ; mais en descendant, elle s'arrête pour eux à un domaine de 150 hectares de terres labourables, exigeant un fonds de roulement de 25 à 30,000 fr. Nos économistes voyaient encore la grande propriété dans une terre de 30 à 40 hectares ; d'autres, enfin, étendaient la définition à toutes celles qui occupaient plusieurs charrues. Ces incertitudes font assez comprendre que ce n'est pas l'étendue absolue qu'il faut considérer pour établir la limite, que ce n'est pas même l'étendue relative, car dans un pays où le sol serait partagé en lots de 1 à 2 hectares, ceux de 4 et de 8 passeraient pour grands, et ils ne seraient pas cependant de la grande propriété. Il fallait donc tirer la définition des circonstances caractéristiques de la pratique de l'agriculture, et applicables à toutes les situations.

Dans toute exploitation agricole, on peut distinguer dans l'action de l'homme l'œuvre de son intelligence et le travail mécanique. Or, il nous semble que partout on est assez d'accord pour donner le nom de *grande propriété* à celle où le rôle assigné à l'intelligence est assez important pour nécessiter l'emploi de toutes les facultés d'un homme. Quand

l'emploi de directeur des cultures perd de son importance,
et que, pour s'occuper entièrement, il faut qu'il participe,
en outre, à la main-d'œuvre, nous avons : la *moyenne propriété,* lorsqu'il est obligé de s'associer des ouvriers étrangers à sa famille ; la *petite propriété,* lorsqu'il suffit avec sa
famille à la culture du domaine. L'étendue de terrain assignée à ces différents ordres de propriété varie nécessairement avec le système de culture adopté. Elle est bien
moindre dans le système de culture continu que dans celui
de la jachère ou dans celui des pâturages ; elle varie encore avec le degré d'intensité que l'on donne à la culture,
c'est-à-dire selon que le capital employé sera plus ou moins
considérable.

Et maintenant, si l'on nous dit que la grande propriété se
trouve associée aux tendances aristocratiques du gouvernement, et la petite avec la démocratie, nous répondrons que
les aristocrates de Venise et de Berne n'avaient que de petits domaines, mais qu'ils en possédaient chacun plusieurs
qui, ensemble, composaient une grande fortune, et que les
démocrates des États-unis d'Amérique ont d'immenses propriétés. S'ensuit-il qu'en politique il ne faut pas considérer si la propriété est grande ou petite, mais seulement s'il
y a de grandes et de petites fortunes? Cette conclusion serait
trop absolue ; il n'est pas douteux que l'état de division de la
terre a sur la vie des sociétés une influence réelle dont il
faut bien déterminer l'effet.

Il y a dans le cœur de l'homme un penchant inné pour la
propriété ; posséder un coin de terrain est son vœu le plus
cher; il lui semble qu'il n'est définitivement établi que quand
il possède cet enclos où il est maître, qui circonscrit son empire, où son avoir, celui de sa famille, participent à la stabilité du sol lui-même, tandis que la richesse mobilière lui
semble chose mal assurée et périssable. On remarque qu'en
atteignant ce but il s'associe à toute pensée sérieuse de conservation, de durée et d'ordre. Le petit fermier, que sa

bonne conduite perpétue de père en fils sur son exploitation,
participe à ces idées morales. Le grand nombre de ces propriétaires ou tenanciers est donc pour un État une garantie
de repos et de durée. Les deux pays qui, dans les temps modernes, ont subi les attaques les plus violentes du socialisme,
la France et la Suisse, ont pu accomplir chacun deux révolutions politiques sans altération de leur ordre social ; le flot
révolutionnaire lancé sans le secours de la population ter-
rienne s'est arrêté quand il a voulu franchir les limites des
institutions politiques et qu'il a prétendu s'attaquer aux
véritables bases de la société. Ainsi, la division de la propriété, en donnant à un plus grand nombre la facilité de
parvenir à ces deux positions de tenancier ou de propriétaire, est une sauvegarde contre les écarts de l'esprit d'innovation.

Examinons la question sous le point de vue agricole.

Supposons d'abord que l'on applique à la petite comme à
la grande propriété des soins égaux, des capitaux proportionnés à leur étendue respective, quelles seront les différences que présenteront les deux exploitations ? Supposons
la grande propriété avec un directeur capable, au courant
des progrès de la science et préalablement éprouvé dans son
application. Sa comptabilité lui indiquera à temps les branches de sa culture qui occasionnent de la perte ; il pourra y
porter les remèdes les plus efficaces ou les supprimer, et
agrandir celles qui donnent du bénéfice ; ses achats comme
ses ventes, faits en grand, le mettront en rapport direct avec
les meilleurs négociants et lui feront obtenir les meilleurs
prix. Rien de pareil dans la petite propriété. Son tenancier
n'est guidé que par la routine, il ignore les progrès de l'art,
et quand il en a connaissance il n'ose les appliquer de peur
de compromettre dans ses affaires son capital trop borné. Il
continue à suivre les procédés arriérés, par ignorance et par
impuissance ; faute d'une comptabilité détaillée il ne sait pas
le prix de revient de ses produits ; ses articles de perte et de

gain se confondent dans un seul résultat final ; il ne peut choisir entre eux, et au hasard il abandonne les uns ou poursuit les autres; il perd beaucoup de temps à courir les marchés pour ses achats et ses ventes ; le marchand ne vient pas chez lui parce que le gain qu'il pourrait faire sur un petit lot de marchandises ne paierait pas la course ; il achète plus cher, il vend à un plus bas prix que le directeur de la grande propriété.

Dans celle-ci, il y a à labourer et à faire des charrois toute l'année ; on y trouve constamment des travaux qui exigent de forts ouvriers, tels que ceux de faucher, de bêcher, etc. ; il y a aussi d'autres travaux qui ne demandent que du soin et de l'adresse et que peuvent faire des ouvriers plus faibles, tels que le soin des étables, des greniers à foin et à blé, la garde des animaux, la laiterie, la boulangerie, la préparation des engrais, etc. : le directeur peut donc faire une certaine division des travaux, ce qui conduit à avoir des hommes plus habiles pour chacun d'eux, à économiser les forces, puisque l'on n'emploie jamais l'homme fort au travail du faible, *et vice versâ;* enfin, dans cette exploitation, il y a peu de temps perdu à changer d'ouvrage, parce que chaque tâche est assez longue pour occuper l'ouvrier plusieurs jours de suite.

Dans la petite propriété, le même homme doit faire tous les genres de travaux ; s'il est fort, il perd une grande partie de sa force à exécuter ceux qui en exigent peu ; s'il est faible, les ouvrages forts se font imparfaitement. Il ne peut acquérir d'habileté consommée pour aucun d'eux, parce qu'il ne les fait pas assez longtemps de suite ; enfin, il perd un temps précieux à changer de travail, en passant de l'un à l'autre, en changeant d'outils souvent plusieurs fois dans la journée et dans l'intermittence inévitable qui se trouve entre chaque changement.

L'emploi des bêtes de travail présente les mêmes avantages à la grande propriété, les mêmes désavantages à la petite. La première peut varier la forme de ses attelages, selon le travail qui leur est imposé; faut-il faire un labour profond, elle multiplie le nombre des animaux. La seconde, réduite à des attelages faibles, est obligée de se contenter de cultures légères, ou de multiplier les labours pour en obtenir de fortes.

La grande propriété peut élever tous les genres d'animaux, du reste, parce que son étendue lui fournit les ressources nécessaires pour les nourrir, et que le grand nombre lui permet de les faire soigner économiquement; la petite peut aussi avoir des vaches à lait, engraisser des moutons, des bœufs et des porcs dans la proportion de son étendue; mais elle ne peut guère élever des animaux, parce que l'élève suppose la jouissance de parcours pendant une partie de l'année, ressource qui diminue les frais de nourriture, et que cette propriété ne peut en fournir d'assez étendues pour que les produits puissent payer les frais de garde, et qu'eût-elle hors de son enceinte la faculté de parcours, elle ne pourrait récolter assez de fourrage pour passer l'hiver.

Ainsi, en supposant, comme nous l'avons fait, les soins et les dépenses égaux de part et d'autre, la grande propriété a sur la petite tout l'avantage que les grandes manufactures ont sur les petits ateliers. On ne peut rien opposer de solide à cette conclusion. Mais nous avons raisonné ici comme on le fait dans la mécanique pure, où l'on suppose des leviers inflexibles, des points d'appui immobiles et l'absence de frottements; de ces abstractions, il faut descendre dans les réalités.

Ayez, comme en Angleterre, de gros fermiers très-riches et de petits tenanciers pauvres; alors, non-seulement les difficultés de la lutte de ces derniers augmente, mais la petite propriété elle-même disparaît.

Au contraire, supposez beaucoup de tenanciers possédant un petit capital et très-peu de tenanciers en ayant un grand; il est évident que si le nombre des grandes propriétés excède le nombre des petites, ces grandes propriétés seront occupées par des hommes qui auront un capital insuffisant , tandis que les petites pourvues convenablement de moyens d'action auront un avantage effaçant toutes les circonstances défavorables auxquelles elles sont soumises.

En effet, la grande propriété, mal pourvue de capitaux, n'aura probablement qu'un directeur mal payé et peu instruit; elle n'aura que des forces insuffisantes et des ouvriers mal choisis; ses opérations seront sans énergie; loin de pouvoir y faire des améliorations, on négligera tous les détails ; le bétail de rente manquera comme les engrais, et, tandis que la petite exploitation proportionnée au capital produira tout ce qui est possible avec ses procédés plus ou moins parfaits, la grande ne donnera que des résultats comparativement inférieurs.

Cet état de choses est précisément ce qui existe dans la plus grande partie de la France et de beaucoup d'autres États de l'Europe. On y voit de grandes propriétés mal tenues , mal cultivées, couvertes de mauvaises herbes, sans sarclage, sans engrais, montrant de toutes parts l'image de la négligence et de la misère, parce que le capital manque au tenancier sans crédit; tandis que si la petite propriété n'est pas toujours bien fournie en argent, elle a, dans les bras du tenancier et de sa famille, l'équivalent d'un fonds de roulement qui excède le plus souvent les besoins de la ferme ; qu'ainsi elle peut, outre les travaux annuels, s'appliquer à la clore, à la dessécher, à y pratiquer des cultures profondes , à y introduire des cultures industrielles très riches qui emploient les bras de la femme et des enfants dans des sarclages et des préparations trop coûteux quand on veut les faire exécuter par des ouvriers salariés, et qu'enfin son bétail, qui, au premier coup-d'œil, paraît insuffisant, dépasse presque toujours, relativement à son étendue, celui de la grande propriété.

Et voilà comment, en s'appuyant de part et d'autre sur

des faits vrais, mais incomplets, on décide chaque jour la question selon les influences qu'exerce sur nous le milieu dans lequel nous vivons, sans s'apercevoir que l'on transforme un cas particulier en lois générales, et que notre sentence appliquée à d'autres cas pourrait être une source des plus grandes erreurs. Quand donc nous aurons à prononcer sur la convenance de la grande et de la petite propriété dans une contrée, rappelons-nous que, comme toutes les autres industries, l'agriculture exige des capitaux; que l'étendue des domaines doit partout être proportionnée à la fortune moyenne des tenanciers; qu'ainsi, là où le nombre d'hommes riches qui se présentent pour occuper les fermes est considérable, il faut un grand nombre de grandes fermes; mais que là où il l'est peu, il ne faut qu'un nombre restreint de grandes fermes; et qu'enfin, là où ils manquent tout-à-fait, il faut se hâter de diviser la terre et de la réduire à la mesure de la fortune des fermiers, si cette division ne s'est pas faite naturellement (1).

Mais il faut reconnaître aussi que la propriété ne peut être divisée indéfiniment, et que cette division a des limites obligées. La famille ne peut exister sur un petit domaine qu'autant qu'il produit tout ce qui est nécessaire à son existence, ou qu'il trouve, en outre de ses produits, des ressources qui suppléent à ce qu'il ne peut fournir. Si ces ressources n'existaient pas, il faudrait à chaque famille, sur des terres d'une qualité pareille à la moyenne de celle de France, 5,26 hectares de terrain, dont la moitié en jachère ou en production de pâture, dans le cas où les céréales seraient la base de sa nourriture. Cette étendue de terrain donnerait un produit de 2,279 kil. de froment, quantité qui représente la subsistance du père, de la mère et de trois enfants (2). On obtiendrait le même produit de 2 hect. avec un assolement qua-

(1) Voyez notre mémoire intitulé : *Des petites propriétés*, Paris, 1823.
(2) Tome III, p. 57 et 634.

driennal bien dirigé (1). Cette étendue pourrait être réduite
si le régime devenait moins bon, si le maïs, la pomme de
terre en formaient les principaux éléments. On sait les terribles conséquences d'un régime abaissé à ses derniers
termes ; une population qui s'est accrue à ce niveau souffre
toutes les horreurs de la famine, quand cette nourriture vient
à lui manquer, parce qu'elle ne peut être suppléée assez abondamment par d'autres substances alimentaires qui exigent
plus d'espace et plus de frais pour se développer. L'Irlande et
certaines contrées de l'Allemagne offrent de tristes exemples
qu'il faut se garder d'imiter.

Sans doute, une famille vit sur un espace moindre au
moyen de cultures industrielles, du lin, du chanvre, de la
garance, du houblon, de la betterave à sucre, du jardinage ;
mais ces cultures ne peuvent devenir générales, et elles sont
nécessairement limitées par les besoins, par les facilités commerciales, par la situation topographique. Elles ne sont jamais que des exceptions dans la culture générale d'un pays.

Mais si nous supposions tout le territoire d'un État ainsi
divisé que chaque famille pût subsister exactement sur son
fonds, comme les marchés cesseraient d'être alimentés, que
l'on n'entretiendrait que les artisans de métiers les plus grossiers, que l'État ne pourrait demander ni un écu ni un
homme à ces habitants aussi étroitement pourvus, on verra
avec les arts libéraux périr tout ce qui fait la force et l'honneur d'une nation.

Il y a plus encore, les bras des hommes suffisant au
travail de 2,63 de terrain, le service des animaux serait
presque complétement banni. Les hommes assumeraient
en entier la tâche dans laquelle ils sont aidés aujourd'hui
par les attelages avec lesquels ils ne voudraient pas partager leur subsistance. L'intérêt que l'on doit porter au sort

---

(1) Cet assolement serait 1 hectare en blé; 1/2 hectare en trèfle et
1/8 hectare pommes de terres; 3/8 en vesces fourrages.

et la race humaine, à son développement, à son aisance, et faire rechercher, au contraire, tous les moyens de bannir les travaux qui exigent un usage trop grand et trop fatigant de la force musculaire. Il faut employer l'adresse et l'intelligence de l'homme plus que les forces de ses bras.

Ainsi, dans un pays qui serait privé de toute ressource supplémentaire à côté de la propriété, il serait à désirer que chaque lot de terre fût de 10 hectares, cultivés par un homme et par deux animaux de trait. Telle serait la limite qui assurerait le mieux l'aisance de la famille et le bien-être et la nation, car chaque famille pourvoirait alors à la culture du terrain, et, en outre, exercerait une autre profession, se livrerait à d'autres industries ou à la culture des sciences et des lettres. L'approvisionnement des marchés, le revenu public et la force militaire de la nation seraient assurés.

L'existence de propriétés aussi exiguës que celles que nous voyons autour de nous ne peut donc s'expliquer que parce que ces propriétaires trouvent autour d'eux des moyens d'existence qui couvrent le déficit de leurs produits. Ces moyens consistent en salaires qui rémunèrent le travail fait pendant les journées où il ne sont pas occupés sur leurs propres terrains, ou, ce qui revient au même, en fermages parcellaires de terres faisant partie des domaines plus grands qui les entourent. Que l'on suppose le territoire divisé en petites parcelles, dont les unes représentent la moitié, d'autres le quart, d'autres le centième peut-être de ce qui peut suffire au besoin d'une famille. Quelles terribles inégalités! quels sont les moyens de soulager les souffrances qui en dérivent? C'est par une autre inégalité que ces maux sont conjurés. Ces cultivateurs si différents de position viennent demander à la grande et à la moyenne propriété, les uns la moitié, les autres le quart, les autres les 99/100es de leurs subsistance, et le salaire, réparti selon les besoins, rétablit perpétuellement cette inégalité que la violence d'un partage des terres ne garantirait pas pendant deux jours, et qui nous laisserait ensuite sans ressource autre que de nouveaux et violents partages. Le grand propriétaire est l'économe et le dispensateur de cette réserve d'où dépend la sécurité publique et le bien-être des populations.

Nous sommes loin d'être bien tranquille sur la conservation de cette réserve, telle qu'elle suffise à remplir cette importante fonction sociale, telle qu'elle soit toujours proportionnée à la petite propriété qui doit s'appuyer sur elle. Cette grande propriété ne résisterait aux coups qui tendent à la détruire, aux lois qui la divisent à chaque génération, que par un esprit de conduite qui peut bien être l'apanage de quelques familles, mais qui ne peut être celui de toute une classe.

Pour comprendre cette assertion, il suffit d'observer avec quelle facilité la propriété se divise, et avec quelle difficulté elle se réunit. Or, pour que la division s'arrêtât, il faudrait que dans chaque union le mari et la femme apportassent une quantité égale de terrain, et que chaque union ne produisît jamais plus de deux enfants, ou que par l'économie on eût amassé un capital égal à la part des enfants qui excéderaient ce nombre. Mais d'un côté, rien n'est plus rare que l'exemple d'une telle économie, et de l'autre, quoiqu'en moyenne chaque union ne produise guère que deux enfants survivants, comme un certain nombre d'entre elles en conservent plus de deux, chaque génération voit se réduire l'étendue de la propriété.

La division est encore accélérée par le père dissipateur et par la vente parcellaire, la plus productive de toutes.

Dans les pays où la division a été poussée à cet excès, où chaque lot de terre ne suffit plus à l'entretien de la famille, et où la grande propriété ayant disparu, les manufactures n'offrent pas de salaires supplémentaires, l'émigration absolue ou temporaire devient un usage habituel. En Savoie, les enfants expatriés ne reviennent dans leur patrie que quand ils sont parvenus à se former un capital suffisant pour vivre; dans le Limousin, dans l'Auvergne, les hommes vont passer la belle saison dans les grandes villes, où ils remplissent les ateliers de construction, ou s'adonnent aux métiers les plus durs et les plus pénibles; on trouve des Suisses, des Allemands, dans toutes les parties du monde.

Ce qui peut éloigner encore pour nous cet état précaire dans lequel vivent les nations qui ont vu disparaître avec la grande propriété la garantie sur laquelle est fondée la sécurité de la masse de la population, c'est, avec l'esprit d'ordre et d'économie des grands propriétaires, la bonne administration de leurs domaines, le développement de toutes leurs facultés productives, par l'application judicieuse de la science à l'exploitation du sol.

CHAPITRE III.

Entrée en jouissance des terres par le défrichement.

Ce n'est plus dans les États les plus civilisés de l'Europe que l'on peut espérer de se créer un domaine rural au moyen du défrichement. Les meilleures terres y sont cultivées depuis longtemps, les médiocres et même les mauvaises ont été attaquées par la charrue, et s'il a échappé quelque étendue de terrain susceptible de bons produits, elle est sous le régime de prairies communales défendues jusqu'à présent contre toute tentative par les lois et par les préjugés des populations. Ce qui reste ensuite de terres incultes consiste en landes ou en terrains marécageux. Ces derniers offriraient quelquefois des chances avantageuses au cultivateur, si la situation du terrain et les pentes en permettaient le desséchement. On connaît sous le nom de landes de vastes espaces dont la végétation consiste principalement en arbustes, ajoncs, bruyères, et dont les gazons produisent une herbe peu abondante et peu nourrissante.

Les défauts de ces terrains consistent d'abord en ce qu'ils manquent d'un ou de plusieurs éléments nécessaires au succès d'un assez grand nombre de cultures ; plusieurs d'entre eux n'ont pas d'ailleurs de fond, et une couche de gravier y supporte une faible couche de terre friable ; chez d'autres on trouve des alternatives de sécheresse et d'humidité, dans les saisons qui exigeraient des qualités contraires. Ainsi, la culture des landes n'est réellement profitable que là où l'on peut leur fournir économiquement les principes alimentaires qui leur manquent : la chaux, les phosphates, l'ammoniaque. On sait depuis peu qu'une distribution intelligente du noir de raffinerie, mis en contact avec les plantes, et non dispersé sur tout le terrain, offre une solution économique du problème : on peut encore défricher les landes là où la couche arable a une suffisante profondeur, ou bien là où l'on peut, par des desséchements et des irrigations, se procurer un sol qui puisse convenir aux plantes. Après une lutte de vingt ans contre ses landes, M. Rieffel a reconnu que ce qui était le plus avantageux, c'était la conversion en prairies des basfonds où on pouvait conduire d'abondantes eaux de pluie, et le semis en bois des parties élevées. Dans quelques lieux, les eaux courantes portent en solution de riches principes qui ont permis de convertir en prairies des graviers arides, comme sur les bords de la Meurthe. En Belgique, c'est en vain que l'on a essayé de créer un fonds au moyen de l'irrigation des sables ; les eaux étaient trop crues, et l'on n'a pu obtenir de gazons sans couvrir préalablement le terrain de terreau transporté ou d'engrais animaux.

Dans le Midi, les terrains arides qui ont du fond peuvent être consacrés utilement aux cultures arbustives. Malheur aux pays qui laissent défricher les pentes rapides de leurs montagnes. Le Dauphiné et la Provence en font la dure expérience.

Dans tous les cas, constater par l'observation et par l'analyse ce qui manque au terrain que l'on veut défricher, re-

chercher les moyens par lesquels on peut y suppléer; ajouter à cette investigation de la science les résultats d'une expérience de culture, faite sur une assez grande échelle pour
qu'elle ne puisse pas présenter d'illusions, assez petite pour
qu'elle ne compromette pas la fortune de l'entrepreneur,
telles sont les précautions qui doivent précéder toutes tentatives de défrichement. Ces entreprises, conduites avec intelligence et avec des moyens suffisants, procureront sans doute
encore une addition assez importante aux terres cultivées de
plusieurs États de l'Europe, mais le plus souvent elles occa-
sionneraient de grands frais, exigeraient l'apport de grands
capitaux qui sont encore peu disposés à se placer dans des
spéculations agricoles, et qui alors pourraient être employés
beaucoup plus utilement à la culture de bonnes terres déjà
défrichées.

Mais, nous ne le dissimulons pas, c'est surtout dans les colonies fondées dans des pays qui manquent de population que
se trouvent les ressources que l'on cherche de toutes parts
pour donner de l'emploi à la population croissante de notre
vieille Europe. Avec un très-petit capital que tout travailleur
à la fleur de l'âge doit pouvoir se procurer par son économie, il peut y trouver pour lui et sa famille l'aisance qui lui
échappe dans les rangs pressés de la société européenne. On
estime aujourd'hui à 860 fr. le pécule qui permet de payer
le passage d'une famille pour l'Amérique ; c'est à la condition de sa possession ou d'un engagement légal qui réponde
de l'existence de l'émigrant que l'on permet le transit de la
France à cette nuée d'émigrants partis de l'Allemagne. Le
travail qui sur notre continent suffisait à peine à leur subsistance, leur procurera en peu d'années la possession d'un
terrain qui assurera leur avenir, lorsqu'ils seront arrivés sur
l'autre rive de l'Atlantique.

C'est ce que comprennent fort bien les peuples de l'Allemagne, de la Suisse, de l'Angleterre, de l'Écosse, de l'Irlande; mais il semble que l'instinct de la colonisation soit

perdu chez les peuples de l'Europe latine. Dans l'antiquité, la colonisation faisait une partie essentielle de l'économie politique des petits États de la Grèce, et les Romains peuplaient des colonies de leurs vétérans ; dans les temps modernes, les Espagnols et les Portugais ont fondé de puissants États en Amérique et en Asie, les Français ont colonisé le Canada, la Louisiane, les Antilles ; et aujourd'hui, avec une population qui soupire après la propriété territoriale, la France ne peut parvenir à coloniser l'Algérie, qui est à ses portes.

Au reste, il faut considérer que chaque peuple a son mode spécial de colonisation analogue à son caractère. Les Portugais et les Espagnols ont plutôt fait des conquêtes que des colonies, et ils ont imposé au peuple conquis le travail manuel qui leur était insupportable. Le Français, sociable par excellence, aimant à laisser à son gouvernement la responsabilité de ses actes, n'a colonisé que sous son autorité, avec son appui, et à condition que ses établissements se feraient par groupes nombreux, par villes, par villages, qui ne séparassent pas les individus ; les Anglo-Saxons, d'une nature indépendante, aimant à faire eux-mêmes leurs affaires, se dispersent, au contraire, à de grandes distances les uns des autres, cachant leur vie et leurs opérations avec autant de soin que les autres les manifestent. D'après ses observations dans les États-Unis, Volney a tracé un tableau très-véritable et très-instructif de ces tendances des deux peuples, qui ont tant influé sur le succès de leurs établissements.

« Le colon américain, lent et taciturne, ne se lève pas de très-grand matin, mais, une fois levé, il passe la journée entière à une suite non interrompue de travaux utiles ; dès le déjeuner, il donne froidement des ordres à sa femme, qui les reçoit avec timidité et froideur, et qui les exécute sans contrôle. Si le temps est beau, il sort et laboure, coupe des arbres, etc. ; si le temps est mauvais, il inventorie la maison, la grange, les étables, raccommode les portes, les fenêtres, les serrures, pose des clous, construit des tables et des chaises, et s'occupe sans cesse à rendre son habitation sûre, commode et propre. Avec ces dispositions, se suffisant à lui-même, s'il trouve une occasion, il vendra sa ferme pour aller dans les bois, à 10 et 20 lieues de la frontière, se faire un nouvel établissement; il y passera des années entières à abattre des arbres, à se construire d'abord une hutte, puis un étable, pui une grange , à défricher le sol, à le semer, etc. ; sa femme, patiente et sérieuse comme lui, le secondera de son côté, et ils resteront ainsi quelquefois six mois sans voir un visage étran ger; mais au bout de quatre ou cinq ans, ils auront conqui: un terrain qui assurera l'existence de leur famille.

« Le colon français, au contraire, se lève matin, ne fût-ce que pour s'en vanter; il délibérera avec sa femme sur ce qu'il fera ; il prend ses avis, et ce serait miracle s'ils étaient toujours d'accord; la femme commente, contrôle, conteste ; le mari insiste ou cède, se fâche ou se décourage ; tantôt la maison lui devient à charge, il prend son fusil, va à la chasse ou en voyage , ou cause avec ses voisins; tantôt il reste chez lui et passe le temps à causer de bonne humeur ou à quereller et gronder. Les voisins font des visites et en rendent. Voisiner et causer sont pour des Français un besoin d'habitude si impérieux, que sur toute la frontière de la Louisiane et du Canada, on ne saurait citer un colon de cette nation établi hors de la portée et de la voix d'un autre : en plusieurs endroits ayant demandé à quelle distance était le colon le plus écarté : « Il est dans le désert, me répondit-on, avec les ours, à une lieue de toute habitation, sans avoir personne avec qui causer (1), »

Le pionnier américain, dont nous avons énuméré les solides qualités, se transporte ainsi dans le désert avec une avance de 400 fr., qui lui suffit pour vivre une année avant de percevoir sa première récolte de maïs. Placé au milieu des forêts, il abat les arbres, les brûle et obtient de la po-

---

(1) Volney. *Tableau des États-Unis*, t. II, p. 413.

tasse, premier article de vente ; il laboure et sème entre ses troncs qui restent debout. Ce n'est qu'à la longue et quand ces troncs tombent en pourriture qu'il les extirpe définitivement. Il parvient ainsi en cinq années, avec le secours de sa famille, à se mettre en possession de 20 hectares d'un défrichement facilité d'ailleurs par les pâturages environnants qui lui permettent d'élever du bétail.

Dans une autre partie des Etats-Unis, les fameuses prairies qui sont à l'ouest du Mississipi, les travaux de défrichement sont plus faciles. Prenons pour exemple de la marche d'une telle colonisation celle qui se fonde en ce moment dans l'Etat d'Illinois par une société de Suisses du canton de Vaud (Highland, près de Saint Louis). Un premier détachement d'hommes qui possédaient un certain capital s'est rendu sur les lieux. Après avoir parcouru le pays, a choisi la situation qui lui a paru la plus convenable, et y a commencé la fondation d'un village, et après s'être assuré par l'expérience de la convenance de son choix, la petite colonie a appelé à elle ses compatriotes, ses amis, ses parents, qui ont répondu à l'appel.

Les prairies qui s'étendent autour de Highland font partie du territoire fédéral, qui le vend à raison de 1 dollar l'acre, (5,30 c. les 40 ares), et 1/4 en sus pour différents frais d'enregistrement ; on joint ordinairement à un lot de terre une étendue de forêt de moitié moins grande, pour se procurer du bois ; le droit de pâturage est illimité sur les prairies non encore vendues.

Nous croyons devoir faire connaître les intéressants détails de cette opération de colonisation d'après des correspondances dont on ne peut mettre en doute la véracité. Voici comme on emploie un capital de 33 à 34,000 fr. qui va mettre dans une grande aisance une famille qui aurait végété tristement en Europe, et serait devenue pauvre après une seule génération.

1° TERRAIN ET BATIMENTS, DÉPENSES FONCIÈRES.

Achat de 240 acres de terrain (67 hectar.)	1,590 fr. »	
Achat de 120 acres de forêts (48,5 hectar.)	3,180	
Clôture de 150 acres à mettre en cultures	1,590	
Défrichement de 150 acres.	1,590	
Bâtiment d'habitation très-confortable pour une famille.	7,950	
Bâtiment de ferme	5,300	
	21,200	21,200 fr.

2° CHEPTEL VIVANT.

30 vaches.	1,590	
8 bœufs de travail	848	
4 juments poulinières.	1,060	
50 moutons.	265	
Poules et canards.	53	
50 porcs grands et petits	265	
	4,081	4,081

3° INSTRUMENTS.

4 charrues	159	
4 herses	106	
1 wagon	344	
1 wagon pour le bois.	265	
1 tombereau	212	
Menus outils.	212	
4 harnais.	159	
	1,457	1,457

4° DÉPENSES ANNUELLES, FONDS DE ROULEMENT.

Gages divers. 5 valets de ferme et 1 fille, outre la nourriture.	3,500	
Entretien des bestiaux	500	
— des instruments agricoles. . . .	200	
Dépenses du ménage, outre la vie matérielle	2,000	
	6,200	6,200
Total des frais. . . .		32,938

Produits obtenus de la ferme au bout de 2 à 3 ans, outre ceux qui sont consommés.

186 quintaux de fromage	7,800 fr.
1000 mesures d'avoine (180 hect.)	500
3000 têtes de choux (portés à Saint-Louis). . .	750
80 mesures de grain de ricin (14 hect. 40) . .	200
1000 mesures de pommes de terre (280 hect.)	500
10 paires de bœufs gras	5,000
6 chevaux . . . , ...	2,100
50 porcs gras	500
100 moutons.	500
Produit de 2 acres de chanvres.	200
	17,550

On peut commencer beaucoup plus modestement, acquérir un espace de terre proportionné à son capital ou à ses épargnes ; l'on trouve ensuite à s'arrondir en achetant progressivement les terres environnantes.

On trouve à acquérir des fermes toutes montées, pour un prix qui ne s'éloigne pas de celui qu'on dépenserait pour les installer. On trouve aussi à louer des fermes appartenant à autrui, sur le pied de 6 p. 100 du prix d'achat. Ainsi, l'acquéreur obtient 6 pour 100 ; le fermier paiera la rente de 21,200 fr., ci, 1,272 fr.

Il y aura à dépenser pour bétail	4,081 fr.	
Pour instruments.	1,457	11,738 fr.
Pour frais annuels	6,200	

qui lui rendront 17,550 — 1,272 = 16,278, ou 138 p. 100 de ses avances.

Nous avons cru devoir donner cet exemple un peu détaillé, pour faire apprécier l'avantage de la colonisation bien conçue et sagement exécutée, quand une association de compatriotes prépare la place pour les nouveaux arrivants et les préserve de tous les piéges qui les assaillent quand ils ne sont pas bien dirigés (1).

Les autres points de colonisation du globe sont le Canada, les provinces anglaises de l'Amérique du nord, l'Australie et la Nouvelle-Zélande. Un grand nombre d'émigrants n'ont que ce qui est nécessaire pour traverser l'Océan et comptent sur leur travail pour vivre et s'établir au-delà des mers. Or, il en coûte 130 fr. pour aller de Liverpool à Québec et 500 fr. pour aller à Port-Philippe. Ce motif est déterminant en faveur du trajet le plus court, quels que soient les avantages que l'on peut trouver dans un pays plus éloigné. Mais ensuite le prix de la terre est 20 fr. 20 c. l'hectare au Canada, et elle ne se délivre pas par lots moindres de 40 hectares ; à la Nouvelle-Zélande et en Australie, on ne vend pas de lots inférieurs à 150 hectares, et la mise à prix est de 62 fr. l'hectare, tandis qu'aux Etats-Unis on peut acheter la quantité qu'on désire à 14 fr. 20 c. l'hectare. L'esprit aristocratique du gouvernement anglais perce jusque dans son système de colonisation; il semble dire : Nous ne voulons de propriétaires fermiers que ceux qui peuvent débourser immédiatement 16,000 fr.

Et nous, Français, notre esprit centralisateur, réglementaire, ne se fait-il pas assez connaître dans notre colonisation de l'Algérie, et n'est-il pas un de plus grands obstacles à son succès ? Il y avait de grands propriétaires, il fallait examiner sans doute la réalité de leurs acquisitions ; mais ensuite devait-on les laisser sous le poids constant d'expropriations pour cause d'utilité publique, dans le but de distribuer leurs terres par parcelles, ce qui leur ôtait toute velléité d'amélioration ? Ne devait-on pas sur les terres du domaine s'empresser de tracer les villages, de les enceindre, de mesurer les terrains et ensuite de les offrir à bas prix, de manière à ce que l'émigrant pût être mis en possession de son lot en arrivant ?

(1) Rilliet Constant. *Extrait de la correspondance d'un colon américain à Highland,* Lausanne, 1849.

Ne fallait-il pas fonder dans les départements des associations d'émigrants peuplant entièrement des villages de compatriotes, et appelant par l'exemple de leurs succès leurs voisins et leurs parents? Au lieu de la condition de mise en culture des lots et des terrains acquis, condition si souvent mal remplie, ne devait-on pas se borner à exiger la possession d'un certain nombre de têtes de bétail par hectare, bien sûr que la résidence seule des propriétaires entraînerait tôt ou tard la culture? Ne devait-on pas sentir l'importance de mêler la grande et la petite propriété qui s'appuient et s'entr'aident si merveilleusement? Le système parcellaire exclusif éloigne les capitaux, et le manque de capitaux fait échouer le système parcellaire. Nous sommes convaincu qu'avec de bonnes dispositions préparatoires, l'appel énergique aux colons, fait par province ou département avec le concours des conseils généraux, avec l'assurance de l'entrée immédiate en possession lors de l'arrivée des colons, avec l'illimitation des lots accordés à chacun selon ses moyens, et l'obligation d'y entretenir une quantité déterminée de bétail par hectare, sous peine du retrait de la concession, on obtiendrait une émigration croissante et volontaire, d'une tout autre valeur que celle que nous faisons à prix d'argent, composée d'hommes sans habitudes agricoles et dont un grand nombre restera sans ressource quand cessera la subvention alimentaire de l'État.

CHAPITRE IV.

Entrée en possession de la terre par l'hérédité.

Transmettre le fruit de ses travaux à ses enfants, c'est le complément du droit de propriété, sans lequel il ne peut exister aucune agriculture prospère. Possession viagère, travaux viagers, travaux imparfaits qui ne peuvent porter tous leurs fruits; d'où suivent la dégradation du domaine rural,

l'absence de bâtiments suffisants, de clôtures, de desséchements, de plantations; la préférence donnée à la richesse
mobilière qui se cache et se transmet, sur la richesse immo-
bilière. L'Etat a plus à perdre que les particuliers dans la
méconnaissance du droit de l'héritier C'est ce qu'ont reconnu d'un commun accord toutes les nations civilisées.

Le domaine rural se ressent toujours de la vieillesse du pro·
priétaire. Son activité est diminuée, il ne fait plus guère de
projets, borné qu'il est pour leur exécution par une perspective trop courte; il renvoie à ses héritiers le fardeau des réparations et des améliorations; l'esprit d'épargne s'accroît
avec les années, et il réduit les dépenses, même les plus nécessaires. Il est donc assez ordinaire que le domaine arrive
dans les mains de ses héritiers dans un assez mauvais état.
Quant au nouveau possesseur, il veut regagner le temps
perdu, mettre ses terres au niveau du progrès fait par ses
voisins, pendant la période de stagnation qu'elles ont subie, au déclin de l'âge de son ascendant. L'entrée en
jouissance est toujours un moment de bonheur qui s'épan-
che généreusement sur l'objet de nos désirs. Il y a une lune
de miel pour la nouvelle propriété comme pour la nouvelle
épouse.

A ce moment si favorable à l'amélioration du sol national,
un obstacle aussi impolitique qu'anti-agricole vient s'inter-
poser entre la bonne volonté de l'héritier et l'exécution de ses
plans. Une rude imposition sur les successions lui enlève son
capital mobilier disponible et le force à renvoyer ses projets
à un temps où la ferveur de son zèle se sera attiédie, ou bien
se sera portée vers d'autres spéculations.

On ne cesse de parler de la nécessité du crédit agricole, apparemment pour le mettre à la disposition de ceux
qui veulent s'en servir utilement et accroître la richesse de
l'État en augmentant la production des terres; et pendant
qu'on hésite sur les moyens de faire naître ce crédit, on n'hésite pas à dépouiller de son capital l'homme qui se trouve

dans les plus heureuses dispositions pour s'en servir, au moment où il faudrait stimuler son ardeur de novice par les secours les plus effectifs. Les impôts qui s'attaquent au capital sont détestables en tout temps, mais ils sont inexcusables quand ils absorbent les ressources, qui, selon toutes les probabilités, vont recevoir l'emploi le plus désirable dans l'intérêt général.

La minorité de l'héritier est, comme la vieillesse de l'ascendant, un temps de stagnation pour la propriété, mais elle a l'avantage de favoriser l'accumulation du capital. Quand le jeune homme, parvenu à sa majorité, veut bien s'occuper de son domaine, on le voit trop souvent se livrer aux embellissements, aux constructions de luxe, ou bien adopter des systèmes agricoles hasardés et dissiper les réserves qui, plus sagement administrées, auraient pu devenir la source de la prospérité future de la propriété. Nous savons combien la voix de la raison a peu d'empire contre les illusions, contre les entraînements de l'exemple, contre la confiance du jeune âge dans ses propres lumières. Nous savons combien il serait inutile de demander aux jeunes gens de prendre beaucoup de temps pour réfléchir, et qu'il serait dangereux de voir leur activité déborder vers des directions autres que celles de l'agriculture, et dont le péril serait encore plus grand ; nous nous bornerons donc à leur offrir les réflexions suivantes, qui pourront avoir les plus heureux résultats sur le succès de leurs opérations.

Quand on veut améliorer un domaine rural, il se présente plusieurs ordres de travaux qui tous ont leur degré d'importance, mais qui tous s'enchaînent et rentrent dans les devoirs du propriétaire. Les uns sont nécessaires, urgents, et dans aucun cas on ne peut s'en dispenser ; les autres tiennent, au contraire, à la direction particulière de notre esprit, à nos convenances individuelles, à des systèmes nouveaux que nous nous proposons d'adopter ; eh bien ! puisque dans tous les cas il faudra exécuter les travaux de la première espèce, nous conjurons les jeunes propriétaires de commencer exclusivement par ceux-là, et de n'entreprendre ceux de la seconde que quand ils seront achevés. Ainsi, ils penseraient : 1° à arrêter par des travaux solides toutes les dégradations que peut subir la terre, telles que les ravinements, les éboulements, les érosions de terrain par les eaux de rivières et torrents, et le rétablissement des digues ou leur création partout où elles sont nécessaires ; 2° à adopter un système destiné au desséchement des terres, consistant en fossés ouverts ou tranchées couvertes (aqueducs, vannes, etc. drainage); 3° à établir les clôtures des champs, partout où elles sont nécessaires ; 4° à créer ou compléter les plantations d'arbres ; 5° à rétablir ou créer des chemins de communication solides entre toutes les parties du domaine, qui diminuent le tirage des animaux, et permettent d'accroître les charges des voitures, réduisent les frais d'exploitation ; à faire des ponts sur tous les ruisseaux que ces chemins traversent ; 6° à réparer les toitures, récrépir les murs, faire dans les bâtiments de la ferme les réparations et les distributions nécessaires, remettre les fermetures en bon état, créer une place à fumier qui facilite le transport des engrais, favorise leur conservation et en débarrasse les cours des fermes.

Pendant le temps qui s'écoulera pour remplir ces devoirs indispensables, les idées se mûriront ; les rapports fréquents avec les agriculteurs du pays, avec les praticiens, amèneront à réfléchir sur les plans que l'on avait conçus et les modifieront, les changeront ou les confirmeront; et si l'on s'engage imprudemment, ce ne sera du moins qu'avec cette partie du capital qui seul pouvait être destiné à une innovation, celle qui restera après l'accomplissement des travaux qui étaient au-dessus de toute discussion, et pouvaient être applicables à tous les systèmes.

Si ces conseils de prudence peuvent préserver quelques jeunes gens des piéges que leur tendent trop souvent les études mal digérées, une ardeur peu éclairée, des conseils irréfléchis ou intéressés, nous nous féliciterons de la confiance qu'ils auront bien voulu leur accorder.

CHAPITRE V.

Entrée en possession par achat.

En achetant une propriété rurale, on peut avoir pour objet ou de faire un simple placement de fonds, dont la rente représente l'intérêt de l'argent, ou d'acquérir un instrument pour pratiquer l'agriculture.

Le capitaliste se décide à acheter une terre parce qu'il suppose que son capital est placé plus avantageusement sous cette forme que sous toute autre. Si d'autres placements lui offrent un capital nominalement supérieur, il compte, comme addition à la rente du fonds, la prime d'assurance suffisante pour couvrir les risques que courent les autres genres de placements. Or, le calcul de ces risques n'est pas de ceux que l'on puisse effectuer facilement sur de simples données financières; ces données sont modifiées dans l'esprit de l'acheteur par une foule de considérations qui s'exprimeraient difficilement en chiffres, mais qu'il réunit et qu'il pèse par un travail intuitif. Ainsi il cherche en vain les traces des familles qui, par leur richesse purement mobilière, ont brillé de mémoire d'homme; la plupart d'entre elles ont disparu du pays, ou n'y tiennent plus qu'un rang secondaire. L'acheteur voit au contraire les domaines ruraux transmis de main en main des ascendants aux descendants depuis un grand nombre de générations, et les noms des familles patrimoniales inscrits sans interruption dans les archives de leur pays; il sait que la terre forme une dot inaliénable, qui passera sans altération de ses fils à ses petits-fils; que les enfants mettront de l'amour-propre à conserver le bien de leur père, tandis que les capitaux mobiliers seraient dissipés avec facilité et sans que le blâme public pût arrêter les prodigues avant la catastrophe finale ; il sait que c'est dans la terre que les familles comme les arbres étendent leurs racines, que, pour les compatriotes, il n'est pas de meilleure garantie de l'intérêt que l'on porte au pays et que, quelle que soit la constitution de l'Etat, c'est au propriétaire que reviendront la considération et l'influence politique ; aussi les pères de famille prudents se hâtent de mettre une partie de leur fortune à l'abri, sous la garantie de la propriété territoriale, et le négociant ne se croit arrivé au port que quand il a clos sa carrière en devenant propriétaire.

Mais d'autres fois l'acquéreur s'est convaincu qu'au moyen de certains travaux, il pourra beaucoup accroître la valeur du domaine. Il a vu qu'un certain étang pourra être desséché ; qu'au moyen de digues il mettra le territoire à l'abri des invasions des torrents, des rivières, de la mer ; qu'il pourra conduire des eaux d'irrigation sur des terres arides, qu'il pourra les arroser ou les colmater ; qu'il existe dans le voisinage des marnières et des pierres à chaux qui feront porter d'opulentes récoltes à des terres regardées comme improductives ; que des fossés d'écoulements, des tranchées souterraines rendront à la fertilité des terrains habituellement noyés dans la saison des pluies, etc. ; il calcule que le domaine ainsi transformé aura une valeur supérieure à son prix d'achat, joint à celui des travaux, et il tente cette spéculation pour son compte, ou la fait pour celui du propriétaire en se réservant une part de la plus-value.

D'autres fois encore, cette plus-value résulte seulement de la division d'une vaste propriété, qui par sa haute valeur ne trouve pas d'acquéreur ou ne provoque pas la concurrence dans un pays où les grands capitaux sont rares, en parcelles d'une étendue qui les met à la portée des petites fortunes. L'acquéreur est alors un marchand en gros qui revend en détail. Pour augmenter encore le concours des acheteurs, il vend à crédit et s'assure la rentrée de ses fonds en ne passant d'acte de vente définitif qu'après le paiement total. Ce genre de commerce s'est beaucoup répandu en France, où les compagnies qui l'exercent ont reçu le nom de *Bandes noires*. Si leur avidité, les poursuites rigoureuses qu'elles exercent leur ont valu ce surnom sinistre et la haine des populations, il faut convenir aussi qu'elles ont rendu de grands services à la société, en mettant en circulation des économies improductives, en plaçant entre des mains ayant des fonds de roulement des terres négligées, et en augmentant ainsi la production et par conséquent la richesse de l'Etat. Leurs opérations ne peuvent se prolonger indéfiniment dans la même contrée, et quand elles ont épuisé les bourses des petits acquéreurs, les économies faites par les paysans, ces compagnies sont obligées d'aller exploiter d'autres localités. La division des terres par le moyen de ces ventes a donc une limite naturelle, celle de l'aisance des classes inférieures qu'elle suit dans ses progrès.

Les compagnies *détaillantes* n'ont à s'informer que du rapport qu'il peut y avoir entre le prix d'achat et celui de vente. Ceux qui spéculent sur les améliorations ont à prévoir le prix et la durée des travaux, et la valeur de l'immeuble ainsi amélioré. D'autres considérations doivent occuper l'acquéreur qui veut faire un placement.

Et d'abord, le domaine que l'on veut acquérir est-il exposé à des dangers qui menacent son existence même? peut-il être emporté par les débordements, miné par les érosions des rivières, raviné par les eaux supérieures, ou recouvert par des matières infertiles entraînées par les torrents ou par des éboulements des montagnes? On doit bien peser ces dangers et les comparer aux compensations dont ils sont ordinairement accompagnés. Ainsi les empiétements des eaux sont ordinairement accompagnés de l'espoir des alluvions; de la possibilité de gagner sur le lit des rivières, sur les lais et les relais de la mer; on peut faire servir à des *colmates* les matières transportées par les eaux des torrents; les eaux supérieures bien dirigées peuvent fournir à des irrigations; l'art a des remèdes pour s'opposer à tous ces fléaux et pour les transformer en bien; il faut seulement s'assurer que ces remèdes ne soient pas trop coûteux. Dans l'achat d'une terre, comme dans toutes les affaires, les grands bénéfices ne sont pas pour les trembleurs ; une parfaite sécurité se paye d'autant plus cher que le nombre des gens timides est plus grand ; mais l'homme hardi n'est pas toujours imprudent quand il a su calculer les chances et les mettre de son côté, et qu'il se risque à courir les mauvaises, devenues les moins probables par sa prévoyance : *Audaces fortuna juvat.* Il ne s'agit que de savoir bien calculer. Or, il faut en convenir, les événements dont nous parlons sont le plus souvent irréguliers dans leur fréquence comme dans leur intensité, et le passé n'est pas toujours un garant fidèle pour l'avenir.

Mais il est un autre genre de danger qu'il faut bien se garder de braver, et qui doit attirer toute notre attention. C'est celui qui résulterait de l'irrégularité des titres de propriété du vendeur à la possession qu'il vous transmet. Les lois de chaque pays présentent des dispositions qui peuvent la rendre plus ou moins complète, plus ou moins stable; qui peuvent ouvrir l'entrée à des droits occultes capables d'attaquer ou d'altérer ceux que l'acheteur tient du contrat de vente, qui peuvent du moins l'inquiéter et devenir la source de nombreux procès. Telles sont en France les hypothèques légales qui résultent des droits des femmes, des mineurs, des comptables, etc ; telle est dans d'autres pays la foi accordée aux actes sous-seing privé non enregistrés, etc. On ne peut mettre trop de soins à consulter les gens de loi les plus instruits et les plus honnêtes du pays avant de conclure définitivement. Mais les lois fussent-elles parfaites, on devra toujours regarder la propriété comme précaire dans les pays où la justice est mal administrée, où la magistrature est partiale, vénale ou trop mobile et dépendante de l'esprit de parti. La fréquence et la longueur des procès, sans attaquer le droit lui-même, créent des désagréments, sèment la vie d'inquiétudes qui doivent faire fuir les contrées où vous attendent soit la ruine, soit le dégoût de la vie de plaideur, au lieu de la sécurité et du repos que l'on cherche dans une acquisition rurale.

Les anciens ont recommandé d'acheter dans le voisinage de son domicile pour pouvoir visiter souvent sa propriété et que l'on y soit attendu plus souvent encore : *Censeo in propinquo agrum mercari, quò et frequenter dominus veniat, et frequentiùs se venturum, quàm sit venturus, denuntiet*(1). Cette maxime est très-importante même pour celui qui ne veut pas cultiver par lui-même, et dont les terres affermées peuvent le mieux se passer de son inspection habituelle. L'entretien du capital de fond restant toujours à la charge du propriétaire, il ne peut convenablement y veiller sans une fréquente inspection.

On a regardé *l'absentéisme* des propriétaires comme la grande plaie de l'Irlande. Si les domaines des propriétaires français sont dans un état d'infériorité évidente à l'égard de la petite propriété, s'ils se vendent en détail, cela provient bien moins de ce que leurs possesseurs manquent de capitaux que de ce qu'ils n'en font pas un bon emploi. Comment leur viendrait l'idée de l'amélioration d'une terre qu'ils ne voient jamais, quand ils n'ont jamais l'occasion de s'entretenir de ses besoins, de ses ressources, des placements avantageux qu'elle offre? Après une longue absence, viennent-ils la visiter, ils sont assaillis de demandes de réparations qui leur paraissent improductives : c'est un toit à relever, c'est un pont à reconstruire, c'est une clôture à regarnir, et au bout de ces dépenses pas un centime de revenu de plus; ils ne savent pas qu'il s'agit alors d'une restitution à faire à leur propriété, que ces dépenses négligées auraient dû chaque année être retranchées de la rente qu'ils ont perçue, et qu'il fau-

(1) Columelle, lib. I, cap. 2.

drait nécessairement les faire au renouvellement d'un bail ou
supporter une réduction de la rente proportionnée à la détérioration du domaine. Or, ce n'est qu'après avoir remis les
lieux dans un état analogue à la valeur de la rente perçue
qu'ils peuvent faire des dépenses susceptibles de porter leurs
fruits, parce que leurs résultats n'ayant pas été compris dans
les calculs du fermier, il peut les compenser par une augmentation de la rente. — Que les propriétaires essayent de suivre
nos conseils ; qu'arrivés sur leurs domaines une fois mis en
état de réparation, ils demandent à leurs fermiers s'il n'y a
pas quelque notable amélioration à y faire ; qu'ils lui propo-
sent ensuite de l'exécuter pourvu qu'ils ajoutent à la rente
l'intérêt du capital qu'elle exigera. S'ils ont des fermiers intelligents, ils découvriront ainsi l'occasion de faire des placements avantageux. La terre n'est pas simplement un
banquier qui paie les intérêts d'un capital qui ne peut se dété-
riorer, c'est le local d'une manufacture auquel il faut un entretien annuel ; s'il se détériore, le locataire ne voudra plus
l'occuper sans exiger des réparations, mais s'il voit les moyens
d'agrandir sa fabrication, il consentira volontiers à entrer
dans les frais de nouvelles constructions qui lui seront devenues nécessaires.

Sans doute, dans ce siècle, les voyages étant plus faciles
et moins coûteux, on cherchera moins à se dédommager
par le bon marché, de l'éloignement du lieu de l'acquisition ;
pedibus compensari pecuniam (1) ; le cercle que l'on peut
appeler le voisinage s'est agrandi ; nous devons applaudir à
ces succès qui facilitent les visites d'un plus grand nombre
de propriétaires. Chaque visite en provoquera une nouvelle
en accroissant l'intérêt qu'ils porteront à leurs terres. Heureux le pays, heureuses les familles où l'homme est possédé
de ce *démon de la propriété*, démon bienfaisant qui rend le
sol fécond et les familles durables et prospères.

(1) Caton dans Cicéron *pro Flacco* XXIX.

Thaër, frappé des dommages qu'avait subis la propriété quand sa patrie avait été le théâtre de la guerre, recommande d'éviter le voisinage des frontières, celui des places fortes, et enfin ces positions stratégiques indiquées d'avance par l'histoire comme des champs de bataille inévitables. La richesse de la Flandre, de l'Alsace, de la Lombardie, de la Silésie, nous prouvent néanmoins que ces grandes catastrophes sont trop passagères pour altérer d'une manière permanente la richesse d'un pays et la valeur de ses terres. Les trombes, les grêles, les gelées causent souvent autant de maux à une contrée que le passage des grandes armées, car le système de guerre actuel, par l'emploi des grandes masses sur un point, décide si promptement du sort du théâtre de la guerre, qu'il peut bien être momentanément opprimé, mais jamais d'une manière assez durable pour amener autre chose que la perte des approvisionnements, et celle d'une faible partie des récoltes encore sur pied.

Nous avons déjà parlé de l'inconvénient de l'insalubrité de l'air (1), nous n'y insisterons plus ici. Cette grave circonstance, de même que les ravages causés par les intempéries ordinaires, se trouve naturellement évaluée dans le prix des terres qui en éprouvent les effets.

L'acheteur doit ensuite examiner la rente que peut produire la propriété, défalcation des pertes et accidents, des impositions et de l'entretien du capital de fond. Pour les biens affermés, la rente étant une somme fixe, nous est donnée pour les baux, et, dans ce cas, il faut s'enquérir de la solvabilité des fermiers du pays, en général, car dans bien des cas leur insolvabilité habituelle, leurs fréquentes faillites rendent le taux de la rente un étalon très-imparfait de la mesure de la rente réelle. C'est encore un de ces faits notoires qu'il est facile d'éclaircir. Les rentes sont-elles exacte-

(1) Tome II, p. 34 et suiv.

ment payées? Leur paiement n'éprouve-t-il jamais de retard? Faut-il souvent recourir à des contraintes, à des saisies contre les fermiers? C'est ce que l'on peut apprendre d'une simple conversation.

Il faut surtout s'informer de l'historique de la rente du domaine acquis, observer si elle se maintient depuis longtemps au même taux ou si elle éprouve des variations, et si ces variations sont subites ou sont récentes; une augmentation récente n'est quelquefois qu'un piége tendu à la bonne foi de l'acquéreur; une rente fixée depuis longtemps peut donner l'espoir d'une augmentation, surtout si l'on fait au domaine les réparations convenables.

A l'expiration des baux, trouve-t-on un nombre suffisant de concurrents pour ne pas craindre de recevoir la loi? C'est une question importante qu'il faut examiner de près. Même dans les pays riches, il y a quelquefois une coalition entre fermiers pour empêcher toute concurrence, et se perpétuer ainsi sur les fermes, contre la volonté des propriétaires. C'est ce que l'on voit dans la campagne de Rome, où l'étendue des fermes est telle qu'il faut être très-riche pour les exploiter, et où quelques capitalistes opulents, ligués ensemble et tenant tous les fils de ces exploitations, rendent presque impossible l'accession de nouveaux concurrents; c'est ce que l'on voit aussi dans quelques-uns de nos départements du Nord, où cette coalition, moins bien colorée, s'appuie sur des désagréments et des violences qui menacent l'audacieux qui irait sur les brisées d'un ancien fermier; c'est ce que l'on appelle le *mauvais gré*. Cette coutume qui, dans son berceau, était fondée sur un droit réel, une espèce d'emphytéose, s'est étendue bien au-delà de ses limites légitimes. Il faut y réfléchir avant de s'exposer à de tels inconvénients, ou du moins les apprécier et les compter dans le marché que l'on doit conclure.

Notre Code civil (articles 1769-1771) admet l'obligation de consentir à des réductions du prix de la rente dans deux ordres de cas, qu'il appelle : 1° cas fortuits ordinaires, tels que la grêle, le feu du ciel, la gelée, la coulure des fleurs ; 2° cas fortuits extraordinaires, tels que les ravages de la guerre et les inondations dans des saisons insolites auxquelles le pays n'était pas précédemment sujet. La réduction a lieu si la perte est de la totalité ou de la moitié seulement des récoltes, à moins que l'on ne puisse prouver que le fermier en a été indemnisé par les récoltes précédentes. Mais, par une clause spéciale de son bail, celui-ci peut se charger de tous les cas fortuits ordinaires ou extraordinaires.

Les cas fortuits ordinaires peuvent entrer dans l'évaluation des récoltes moyennes : le fermier n'est donc pas surpris par leur arrivée, et il peut se soumettre à les supporter. D'ailleurs, on a formé des compagnies pour assurer les propriétaires et les fermiers contre l'incendie, et même contre la grêle. Quant aux débordements périodiques des rivières, si le propriétaire est intelligent, le terrain est tout disposé à les recevoir, soit au moyen d'obstacles transversaux, de saussaies, etc., et le fermier, peut éviter leurs mauvais effets par le choix des cultures et des saisons de semis. Dans les terres qui sont recouvertes d'eau pendant plusieurs jours dans la saison du printemps, on cultive le chanvre, le maïs, le millet, dont le semis est tardif ; on les couvre de prairies, on y plante des arbres ; mais les débordements extraordinaires, qui par leur impétuosité et leur élévation surmontent tous les obstacles, détruisent les récoltes et le terrain lui-même, ne se renouvellent qu'après de longues périodes de tranquillité, et ne peuvent pas plus entrer dans les prévisions des fermiers que les fléaux de la guerre et des révolutions. Ce sont les banqueroutes de la propriété foncière; elles ne peuvent être à la charge des fermiers, et s'ils s'y soumettent, s'ils jouent à ce jeu du hasard, c'est qu'ils croient l'événement très-peu probable, et qu'ils pensent obtenir ainsi gratuitement certains avantages. Dans un bail de peu de durée, ces avantages ne peuvent jamais compenser les risques, si ceux-ci viennent à se réaliser. Nous regardons donc comme peu équitable et immorale la clause qui met à la charge du fermier les cas fortuits extraordinaires, à moins qu'elle ne soit accompagnée d'une longue durée du bail.

Si la terre que l'on veut acheter n'est pas sous le régime du fermage ou de la rente fixe, mais est sous celui du métayage ou du partage des fruits, l'appréciation de la rente sera beaucoup plus difficile. L'acquéreur devrait faire alors les mêmes recherches que ferait le fermier. Nous avons cherché à donner les principes de cette estimation dans notre *Traité d'Agrologie* (1); nous ne pouvons qu'y renvoyer le lecteur.

On achète toujours avec plus d'avantage les domaines négligés que ceux qui sont très-soignés et portés à toute leur valeur. Cependant, il faut prendre garde de ne pas payer trop cher les espérances d'amélioration, et il faut posséder les capitaux nécessaires pour les réaliser. Il n'est que trop commun de se livrer à des illusions sur les résultats qu'ont ces améliorations, et à moins d'une opération facile et d'un succès immanquable, capable de changer d'un seul coup la face et la valeur du domaine, il ne faut payer celui-ci que sur le pied de la rente actuelle. Les opérations compliquées et d'un succès éloigné sont douteuses, et, en cas de réussite, dépendent tellement du talent de celui qui les conçoit et les exécute, que le vendeur ne peut s'en prévaloir pour élever le prix de sa propriété. Quant aux domaines qui sont entre des mains habiles, ayant su les porter au maximum de leur valeur, on doit avoir une défiance salutaire de soi-même, et penser qu'avec moins d'intelligence agricole, moins d'activité, moins d'esprit de suite et un moindre apport de capitaux, la rente ne pourra que décroître, surtout si des mains d'un propriétaire elle doit passer en celles d'un fermier. La

(1) Tome I, 6ᵉ partie de l'*Agrologie*.

décadence peut alors être très-rapide. Nous avons vu un domaine arrivé à la meilleure situation, qui, livré à des fermiers, est tombé en huit ans aux 2/3 de la valeur qu'il avait lors d'un premier bail.

Enfin, comme dernier conseil, nous dirons avec Caton à ceux qui veulent devenir propriétaires : *Prædium cùm comparare cogitabis, sic in animo habeto, uti ne cupide emas, neve opera tua parces videre et ne satis habeas semel circum ire. Quoties ibis, toties magis placebit, quod bonum erit.* « Quand vous voudrez acheter un fonds de terre, pensez bien qu'il ne faut pas le faire à la hâte, avec passion, que vous ne pouvez trop le revoir, ni vous en tenir à une seule inspection. S'il est bon, plus vous le verrez et plus il vous plaira. » Il faut faire ici la distinction d'une impatience sérieuse qui recueille à chaque fois les éléments propres à résoudre les difficultés, et de ces allées et venues qui ne recueillent que des ouï-dire contradictoires, prolongent l'incertitude et font manquer l'occasion de conclure une bonne affaire.

CHAPITRE VI.

Entrée en jouissance par location. — Du fermage en général.

Si l'on veut entreprendre une culture sans être propriétaire du terrain, il faut en louer la jouissance à ceux qui le possèdent, c'est-à-dire, consentir à payer en retour de cette jouissance un certain prix, qui est une partie plus ou moins considérable du produit net qu'elle peut rapporter, supposée cultivée par des mains d'une habileté moyenne. Cette partie est réglée par des lois économiques que nous devons examiner avant d'aller plus avant. Ces lois, qui embrassent tous les modes de location, ont été cependant étudiées d'une manière plus particulière pour ce qui concerne le fermage proprement dit.

Si l'on avait voulu parler de fermage, il y a quelques années, on aurait commencé par rechercher sa valeur et ses
variations, sans admettre la possibilité d'un doute sur sa nature et sur son origine. De nouvelles études, et surtout les
ouvrages de *Ricardo*, ne permettent plus aujourd'hui d'a-
border ce sujet avec autant de légèreté. Il nous faut examiner
avec soin ce que nous regardions auparavant comme admis
sans contestation ; il faut remonter à la source d'un produit
qui devient la base des contrats qui font la matière de ce
chapitre. En écrivant pour des propriétaires éclairés, qu'une
éducation soignée rend de plus en plus familiers avec la
science de l'économie sociale, nous devons procéder tout autrement que s'il s'agissait de composer une instruction pratique pour des ouvriers. Aussi nous allons commencer par
exposer les trois doctrines principales qui règnent dans la
science, et ensuite nous les soumettrons à un examen détaillé, où nous tâcherons d'ajouter quelques lumières à celles
qu'une discussion éclairée a déjà fait jaillir de ce sujet.

Adam Smith, *Say* et *Ricardo* présentent trois explications différentes du fermage, et en trouvent l'origine dans
des causes qui, bien qu'identiques si l'on y regarde de près,
portent cependant à considérer le sujet sous des points de vue
assez divers : c'est à leurs déductions que nous devons maintenant apporter notre attention.

SECTION I. — *Système d'Adam Smith.*

La rente, selon Adam Smith, est cette portion du produit
d'une terre qui reste après avoir payé les semences, le travail, l'achat et l'entretien du bétail et des instruments d'agriculture, en y joignant les profits ordinaires des fonds d'une
ferme, tels qu'ils sont dans le voisinage. Elle est nécessairement le taux le plus haut que le tenancier puisse donner de
la terre parce que le propriétaire dresse les clauses du bail
de manière à ne lui laisser que la moindre partie possible du

produit. Ce qui suppose, comme l'on voit, que la concurrence des preneurs est la plus grande possible.

Cette rente n'est pas nécessairement le profit qui résulte des dépenses de mise en valeur et d'améliorations faites par le propriétaire sur ses biens. Une partie de la rente peut représenter cette dépense, mais une partie représente aussi bien certainement le prix de ce qui n'est susceptible d'aucune amélioration de la part des hommes, des facultés productives inhérentes au terroir; car on paie la rente des rochers qu'arrose la haute marée, et où il ne croît que des algues, que l'on emploie à l'engrais des terres. La rente payée pour l'usage du terrain est donc un prix de monopole; elle n'est pas proportionnelle à la dépense que le propriétaire peut avoir faite pour améliorer le domaine, mais à ce que le fermier peut en donner.

Comme on ne peut mener au marché que les produits dont la valeur vénale surpasse les frais, la partie de leur prix excédant ces frais ira à la rente de la terre; si la marchandise ne dépasse pas ce taux, quoiqu'elle puisse être menée au marché, elle ne peut rapporter de rente. Mais il y a certaines productions, comme les subsistances, dont la demande est telle que le prix excède toujours les frais d'exploitation; elles rapportent donc toujours une rente au propriétaire. Il y en a d'autres dont la demande varie au point que, quelquefois, le prix qu'elles ont coûté à produire excède le taux de leurs cours vénal : comme les habillements, les matériaux de construction, de chauffage; ces matières ne rapportent pas alors toujours une rente.

L'auteur établit ainsi une division arbitraire des propriétés : dans l'une se trouvent les terres arables, qui rapportent toujours une rente; dans l'autre, les pâturages, les carrières et les mines, qui rapportent ou qui ne rapportent pas de rente, selon les circonstances sociales.

Ne nous occupons pas en ce moment de la seconde division, mais voyons comment il établit le taux de la rente dans la première.

La rente des terres les plus ingrates n'est pas diminuée par le voisinage des plus fertiles ; au contraire, elle en est considérablement augmentée, les cultivateurs des dernières ouvrant, par leur grand nombre, un marché avantageux au produit de terres moins fertiles.

Toute terre donne des produits ; les pacages les plus déserts de la Norwége et de l'Écosse fournissent quelque pâturage pour le bétail ; la rente croît en proportion de la bonté du pacage.

La rente varie avec la fertilité de la terre, quel que soit le genre de ses produits, et avec la situation, quelle que soit sa fertilité.

La culture du blé, comme la plus générale, règle la rente des autres terres cultivées pour d'autres produits.

Quant aux propriétés de la seconde espèce, qui fournissent les articles qui n'entrent pas dans la subsistance et ne font pas partie des denrées dites de première nécessité, la plupart de leurs produits sont en surabondance dans l'état de nature, et ne sont recherchés que dans l'état de société : leur valeur doit donc augmenter, et elles finissent par pouvoir donner une rente. La distance où elles se trouvent des lieux habités produit les mêmes effets : ainsi, une carrière de pierres, dans un district éloigné, est sans valeur ; elle en aurait une considérable auprès d'une grande ville.

En résumé, on voit, dans cet exposé : 1° qu'*Adam Smith* regarde la rente comme ce qui, dans les produits du sol, excède les frais de production ; 2° qu'il admet que toute terre produit une rente quand elle est consacrée à produire des subsistances ; 3° que la rente varie en proportion de la fertilité du sol ; 4° que le voisinage des terres fertiles augmente la valeur des terres ingrates, mais qu'il est une espèce de produits qui ne sont pas de première nécessité, dont la rente est réglée par d'autres principes ; 5° enfin que, dans tous les cas, la rente est en grande partie le prix du monopole.

SECTION II. — *Système de Say* (1).

La terre possède en elle-même la faculté de combiner les sucs nutritifs qu'elle contient ou ceux qu'on lui fournit, de manière à les transformer en fruits, en grains, en bois et en mille produits divers nécessaires à la société, et qui ont une valeur réelle. Cette action chimique ne peut être obtenue que par son moyen : la terre est donc l'instrument de la grande fabrique agricole comme c'en est l'atelier. Cette utilité productive doit donc être payée par l'entrepreneur de culture à celui qui la possède, comme, dans une autre industrie, il paierait les outils et le local qui lui seraient nécessaires. Tel est, selon ce système, le véritable fondement du droit de fermage, qui n'est que le prix d'une utilité que l'on veut acquérir.

Mais la terre n'est pas le seul agent de la nature qui soit productif : le vent qui enfle les voiles de nos vaisseaux et les fait marcher, la chaleur du soleil, l'eau des rivières et de la mer travaillent aussi pour nous, et cependant on n'exige pas le prix de leur utilité. Mais ces agents ne peuvent pas devenir aussi facilement que la terre une propriété personnelle et exclusive, et, quand on peut se les approprier, ils entrent aussi dans les mêmes conditions : ainsi, un site favorable à un moulin à vent, une chute d'eau, une mer fermée, un abri avantageux acquièrent aussitôt une valeur, par la raison que leur circonscription définie les met à même de pouvoir devenir une propriété.

C'est donc l'appropriation du sol qui est la véritable cause du fermage : dès que ses facultés productives sont devenues la propriété d'une classe de la société, aussitôt ceux qui ont

(1) Say. *Traité d'économie politique*, t. II, p. 335 et suiv., 5e édition, 1826.

voulu y prendre part sans être propriétaires ont été obligés de payer cette utilité. Or, cette appropriation n'est pas un privilége arbitraire et non motivé; sans elle il ne peut y avoir d'agriculture. Ceux qui possèdent comme ceux qui ne possèdent pas sont intéressés à l'appropriation du terrain, sans laquelle il n'y aurait pas de produit; c'est la condition qui met l'instrument en état de servir.

Il est clair ensuite que les différents degrés de force productive que possèdent les terrains divers doivent avoir un prix proportionné à leur intensité. Ce qui peut seulement changer ce prix, c'est une plus grande quantité de terres mises sur le marché par des défrichements; car, ici comme ailleurs, l'école économiste de Say admet pour règle du prix des choses la proportion de l'offre à la demande.

Si un terrain ne peut donner de produit qu'exactement ce qu'il faut pour dédommager l'ouvrier de ses peines sans laisser aucun reste, il n'est susceptible d'aucun fermage, et par conséquent il reste inculte, à moins que le propriétaire lui-même ne le cultive.

Les terres diffèrent cependant des autres capitaux, en ce que, dans un pays donné, leur quantité est nécessairement limitée, et que la culture étant, de toutes les industries, celle qui exige le moins d'avances, le nombre de ceux qui veulent s'y livrer est plus grand : ainsi la demande des terres est toujours supérieure à l'offre dans les pays bien peuplés, et la quantité n'en peut pas être augmentée par la demande comme celle des autres capitaux; conséquemment le marché qui se conclut entre le propriétaire et le fermier est toujours pour le premier aussi avantageux qu'il peut l'être.

Ce système très-simple, est d'accord avec les faits; mais les économistes anglais ont trouvé qu'il n'atteignait pas le fond des questions, qu'il était stérile en conséquences, et ils ont cru devoir en proposer une autre, que nous allons maintenant exposer.

SECTION III. — *Système de Ricardo.*

Ricardo part de plus haut : chez lui, la théorie du fermage n'est pas une conséquence des autres principes économiques; elle n'en est, pour ainsi dire, qu'un appendice.

La terre possède différents degrés de fertilité. Dans un pays nouvellement habité, on commence par occuper les terrains de première qualité, et l'on ne passe à ceux de qualité inférieure que quand les premiers sont tous appropriés : jusqu'à ce qu'ils le deviennent, il ne peut y avoir aucun fermage ; car il n'y a pas de raison pour payer un prix de la culture d'une terre, quand on peut se procurer gratuitement d'autres terres de même qualité. Mais dès que les terres de première qualité, que nous supposerons produire douze hectolitres de blé, se trouvent toutes occupées, les nouveaux arrivants sont obligés de se livrer à la culture de celles de seconde qualité, qui, avec le même travail, ne produisent que six hectolitres, et alors il leur est indifférent de cultiver cette seconde espèce, ou de payer six hectolitres à un de ceux qui possèdent les terres de première qualité, pour obtenir de prendre sa place ; plus tard, le même raisonnement s'appliquera aux terres de troisième qualité, qui ne produisent que trois hectolitres, et alors on pourra donner neuf hectolitres de fermage des premières. Telle est, selon *Ricardo*, l'origine réelle du fermage, et sa mesure peut être définie, *la différence qui se trouve entre le produit d'un terrain et celui de la qualité la plus inférieure des terrains cultivés.*

Dans les pays très-peuplés, la culture s'arrête aux terrains dont l'ouvrier ne peut tirer que la valeur de son travail, qui alors n'excède pas le prix de sa subsistance et de celle de sa famille. S'il y a des portions de terre d'un degré encore inférieur qui soient soumises à la culture, il est évident que c'est ou par une erreur qui ne saurait être durable,

ou par convenance, soit parce qu'il s'agit de terres encloses
dans un corps de domaine et liées à la culture de terres supérieures, soit parce qu'on y trouve l'emploi d'un temps qui
serait perdu sans cette circonstance. Quand l'accroissement
de la population exige que l'on mette en culture des terres
inférieures encore à celles où l'ouvrier ne trouve que sa
subsistance, il est évident que cela ne peut avoir lieu que
par une réduction sur le taux de cette subsistance, et alors il
devient impossible de cultiver des terres inférieures à celles
qui commencent à porter un fermage, et le prix de toutes
les terres supérieures hausse dans la même proportion.

Dans le prix du fermage il ne faut pas confondre le profit
payé pour les améliorations et les travaux faits sur un terrain. Il est évident, par exemple, qu'il n'est pas indifférent
d'entreprendre la culture d'une terre défrichée, ou d'une
terre en friche : à qualité égale, la première se louera plus
cher; mais cet excédant de prix n'est que l'intérêt ou le profit
du capital employé au défrichement, et il ne peut nullement
être attribué au fermage.

Après avoir donné une idée aussi claire qu'il nous a été
possible des trois systèmes généralement admis sur la théorie du fermage, nous allons nous livrer à leur examen ap-
profondi.

SECTION IV. — *Examen du Système d'Adam Smith.*

Le fondateur de la vraie science économique, qui a porté
dans toutes ses branches la lucidité et la logique qui le distinguent si éminemment, semble n'avoir abordé le sujet du
fermage qu'avec des données imparfaites, et si la justesse de
son esprit lui a fait souvent toucher le but, les circonstances
qui l'entouraient, et dont il n'a pas toujours démêlé la portée, l'ont quelquefois fasciné au point de le faire tomber
dans d'étranges contradictions.

Il est certain, en effet, qu'Adam Smith n'a eu que l'état de l'Angleterre sous les yeux dans ses recherches sur cet objet, et qu'il ne connaissait pas assez les faits agricoles pour amener ses déductions à un haut degré de généralisation.

Sa définition de la rente est fort exacte : « C'est, dit-il, ce qui reste au fermier après avoir payé ses frais de culture, son entretien, et avoir prélevé les intérêts de ses capitaux tels qu'ils sont fixés dans le voisinage. » Mais les taux de ces frais, de cette subsistance, de ces intérêts, sont très-variables, et peuvent se porter fort haut dans les pays peu habités encore et où il n'y a pas de concurrence dans l'occupation des terres : aussi n'est-il pas exact de dire que, dans tous les cas, c'est le prix le plus haut que le fermier puisse donner de ses terres ; car il est des circonstances où le fermier dicte la loi, quoique dans les pays très-peuplés ce soit le contraire qui arrive : or *Smith* n'a, ici, évidemment considéré que ces derniers. Ainsi, par l'effet de ces variétés infinies dans la proportion de la demande des terres à l'offre, cette définition ne laisse aucune idée nette dans l'esprit, et ne peut offrir de base que dans un cas particulier dont toutes les circonstances sont connues, mais elle ne saurait jamais servir de formule générale applicable à tous les cas, sans qu'on y fît entrer un tel nombre de termes variables, qu'elle formerait une idée trop complexe et trop indéterminée.

Il est ensuite fort difficile d'accorder deux assertions de l'auteur : selon lui tout terrain produit une rente ; et, d'un autre côté, si la rente des produits d'un terrain ne surpasse pas les frais, il ne peut pas porter de rente. Il a été visiblement déterminé ici par deux idées différentes : dans la première assertion, il avait en vue les pâturages et autres terrains qui donnent un produit sans culture ; dans la seconde, les terres cultivées. Or, il est facile de voir que la vérité de la seconde proposition ne change pas dans le premier cas.

Les rochers couverts d'algues, destinées à l'engrais, produisent une rente, parce que la valeur de cet engrais excède les frais qu'il faut faire pour l'extraire ; mais un rocher nu, un terrain aride ne produisant point d'herbe, ou en produisant trop peu pour la dépaissance ; un pâturage qui, dans certains pays, pourrait avoir quelque valeur, mais qui est placé auprès de pâturages plus gras et suffisants aux besoins du pays : tous ces terrains, dis-je, ne peuvent produire de rente, et rentrent dans le second cas, soit par impossibilité d'en tirer aucune substance propre à avoir une valeur, soit parce que la bonté des pâturages voisins réduit le prix des animaux à un taux tel, que le produit de ceux qui seraient nourris sur les pâturages maigres ne paierait pas l'intérêt du capital d'achat et de garde. Si ces circonstances ne se rencontrent pas en Angleterre, ce dont nous doutons fort, au moins ne sont-elles pas rares ailleurs, et elles prouvent que tout terrain n'est pas propre à produire une rente, et que l'auteur avait été mieux inspiré par son bon sens, quand il avait affirmé que, lorsque les produits ne surpassent pas les frais de production, ils peuvent encore être menés au marché, mais que la terre sur laquelle ils ont été récoltés ne peut produire une rente ; et il aurait évité de tomber plus tard dans l'erreur s'il eût achevé son raisonnement, et s'il eût ajouté : *Et si le prix des produits était inférieur au prix de production, non-seulement ils ne pourraient être menés au marché, mais on cesserait de cultiver le sol dont ils proviennent.* Cette réflexion eût été un trait de lumière qui l'eût peut-être conduit à la découverte de la vraie théorie du fermage.

Ce qui me fait penser qu'il ne fallait à *Smith* qu'un pas de plus et un plus grand nombre de connaissances positives en agriculture pour arriver à la vérité, c'est la proposition qu'il émet, sans en déduire les conséquences, *que la rente varie avec la fertilité de la terre, quel que soit le genre du produit, et avec la situation, quelle que soit la fertilité.* S'il s'était attaché à la développer, certes un esprit tel que le sien n'eût rien laissé à dire à ses successeurs : en la combinant avec les précédentes, il eût montré que la limite de la culture est la terre qui ne paie pas actuellement, dans l'état de l'art agricole, de la population et de la richesse du pays, les frais de production, et il fût parti de ce point, comme l'ont depuis fait *Malthus* et *Ricardo*, pour conclure que, dès lors, la rente des terres plus fertiles étant en raison de leur fertilité, elle n'était autre chose que l'excédant du produit d'une qualité de terre sur celui de la dernière qualité de terre qu'il était possible de mettre en culture. Toute la vérité se trouve donc en germe dans *Smith;* mais elle y est mêlée à beaucoup d'erreurs.

Par exemple, c'est une erreur, au moins dans les termes dont l'auteur s'est servi, de croire que le voisinage d'une terre fertile augmente la valeur d'une terre stérile. Il est évident que cette proportion n'est pas faite en termes assez positifs pour avoir une application générale. *Smith* n'a vu ici que des pâturages placés près des terres fertiles, et il a conclu que la valeur de ces pâturages était augmentée par ce voisinage ; mais à prendre ces expressions au pied de la lettre, la proposition est fausse. Si le pays n'a pas une nombreuse population, les terres stériles seront sans valeur, jusqu'à ce que toutes les terres fertiles soient occupées. L'opinion de *Smith* est donc relative à la population qu'il suppose sur les terres fertiles, bien plus qu'à leur fertilité même ; mais il aurait eu raison en disant : la valeur des terres stériles augmente en proportion de l'accroissement de la population.

C'est encore une erreur grave que de diviser les produits du travail en deux classes, les subsistances et les choses qui, provenant de la terre, ne peuvent pas servir à la nourriture ; l'une et l'autre de ces classes sont régies par les mêmes lois générales.

Une mine de charbon, située dans un pays où le bois surabonde, ne peut être exploitée, de même qu'une terre très-

propre à porter du blé ne serait pas cultivée dans celui où le
sol offrirait une nourriture suffisante sans exiger aucun travail. Mais dès qu'il devient nécessaire d'exploiter des mines
de charbon, on commence par les plus riches, de même que
pour la culture de la terre : on passe ensuite à celles qui
produisent moins et avec plus de frais, et alors le prix du
charbon doit s'élever, et les mines les plus productives doivent payer une rente ; on s'arrête enfin à celles qui ne
peuvent produire que les frais de l'exploitation sans aucune
rente, et il est clair que la rente des qualités supérieures
est exprimée par la différence de leur produit avec celui de
la qualité la plus inférieure qui est exploitée. Au contraire,
Smith prétend que c'est la mine de la qualité supérieure
qui règle le prix de toutes les autres, parce qu'elle peut
baisser ses prix, et, par conséquent, forcer les mines voisines, moins favorisées, à suivre son cours ; mais en supposant deux mines, l'une très-riche, et l'autre qui ne payât
que les frais d'exploitation, il est clair que, dès que la plus
riche baisserait son cours, la seconde cesserait de pouvoir
payer les frais d'exploitation : dès lors la première fournirait tout le charbon, et pourrait, à volonté, hausser son
cours ; mais elle ne le pourrait faire sans que la seconde
reprît son travail, d'où suivrait une nouvelle baisse. On
ne voit donc pas ce que la première gagnerait à maintenir sa
houille au-dessous de ses frais de production, pour atteindre à une hausse momentanée et éphémère ; et si elle se
tient au prix naturel de ses produits, il est clair que le fermier pourra payer au propriétaire tout ce qui excède ses
frais, c'est-à-dire la différence qu'il y a entre les produits
de la mine inférieure à la supérieure.

On voit bien qu'ici *Smith* a cru devoir mettre une diffé
rence entre les mines et les terres, en ce que le nombre des
mines est borné, et qu'il est plus facile à un ou deux propriétaires de mines riches de faire la loi qu'il ne le serait
aux propriétaires des bons terrains : en effet, si le nombre

des mines est très-petit, elles peuvent facilement devenir un monopole, et sortir ainsi des règles communes ; mais pour peu que le nombre des propriétaires de mines soit considérable, aucun caractère particulier ne peut distinguer cette propriété de celle des terres.

On conçoit que les forêts et les pâturages rentrent aussi sous la loi commune toutes les fois qu'ils ne seront pas sous l'empire d'un monopole restreint : car ce dernier a ses règles à part, auxquelles la question du fermage ne participe que faiblement dans les pays où la propriété est suffisamment divisée. Mais en règle générale, et en supposant une égale liberté légale dans le commerce des différentes sortes de propriétés, elles sont toutes soumises aux mêmes conditions, et c'est sans fondement que *Smith* a prétendu les distinguer.

SECTION V. — *Examen du Système de Say.*

Pour pouvoir entrer dans l'examen raisonné des deux derniers systèmes que nous venons d'expliquer, il est nécessaire de poser quelques principes fondamentaux, sur lesquels les deux écoles sont également d'accord.

Le *prix réel* des choses, ou la valeur échangeable des produits, consiste dans leurs frais de production ; il est clair, en en effet, qu'une marchandise ne peut continuer à être produite si son prix vénal ne rembourse pas ses frais.

Mais le *prix courant* des choses n'est presque jamais leur prix réel, il dépend de la proportion de l'offre à la demande. Ainsi, quand une marchandise est plus offerte que demandée, ses détenteurs sont obligés de baisser le prix pour pouvoir s'en défaire, même au-dessous de la valeur réelle, sauf à vendre une autre fois au-dessus, quand l'offre sera réduite au-dessous de la demande ; car alors les acheteurs sont obligés de hausser les prix pour obtenir un objet pour lequel il y a plus de demandeurs que de gens qui peuvent l'obtenir.

Ce concours, toujours et essentiellement variable, constitue le *prix courant* des marchandises ; et il est clair que la moyenne arithmétique d'une longue série de prix courants doit être égale, ou du moins fort approchée du prix réel, dont les prix courants s'éloignent sans cesse en plus ou en moins.

Ces principes fondamentaux et irrécusables une fois posés, il semble qu'ils devaient suffire pour établir la vraie théorie du fermage, comme nous le ferons voir plus loin : examinons comment les économistes en ont profité.

Il est clair que la notion du prix réel doit précéder celle des prix courants dans toutes les recherches d'économie, comme on prend pour base des recherches météorologiques la pesanteur de l'atmosphère, et non pas ses variations journalières. Or, *Say* ne traite que légèrement et en passant, dans toutes ses déductions, la question des prix réels, et il ne s'appuie que sur les prix courants. Ayant ainsi subordonné sa théorie tout entière à cette vue, il était naturel qu'arrivant au fermage, et ne considérant la terre que comme un outil, un instrument, il lui appliquât les mêmes principes. Le prix courant du fermage, c'est-à-dire le prix fixé par la proportion de l'offre à la demande, est le seul élément dont il s'enquiert ; de là résulte qu'il ne voit la question que superficiellement, et que si ses déductions sont en général exactes, elles manquent cependant de profondeur, et qu'elles n'arrivent pas à cette analyse bien plus complète qu'a trouvée *Ricardo* en suivant une autre marche.

Ainsi la théorie de *Say* ne nous apprend pas quelle est la proportion qui existe dans la rente des différents terrains ; quelle est la raison de cette proportion ; sous quelle condition cesse la culture, s'élève ou baisse la rente dans les mêmes terrains donnés. Nous acquérons avec lui une seule idée vague : c'est que, comme les autres marchandises, la valeur du fermage est réglée par le rapport de l'offre à la demande ; mais il est impossible de se former aucune opinion fixe sur ce qui caractérise ce genre particulier de marchandise, et sur ce qui influe sur ce rapport. En refusant d'appliquer la notion plus profonde des prix réels à sa matière, il n'a laissé dans l'esprit de ses lecteurs qu'un principe juste, mais stérile dans sa généralité, parce qu'il n'offre aucun moyen de prévoir et de sentir le terme moyen autour duquel oscillent les prix courants. Troublés par ces balancements en sens contraire, entourés de termes extrêmes, les lecteurs cherchent en vain la moyenne autour de laquelle se font les oscillations; *Say* n'aurait pu l'offrir qu'en partant des prix réels, qu'il s'est toujours refusé de prendre pour base de ses déductions. Nous verrons, plus tard, quelle lumière cette considération lui aurait fournie.

On pouvait donc désirer, après la publication du Traité de ce savant professeur, une exposition plus satisfaisante de la théorie du fermage. Voyons maintenant jusqu'à quel point *Ricardo* y a réussi.

SECTION VI. — *Examen du Système de Ricardo.*

Quoique *Ricardo* pénètre bien plus profondément dans les racines du sujet, le défaut de son système est d'abord de ne pas être lié, comme celui de *Say*, à l'ensemble de sa théorie économique. Chez *Ricardo*, le fermage est un corps à part, qu'il semble n'avoir pu soumettre au joug des principes généraux ; ce n'est qu'après s'être débarrassé de ce sujet importun qu'il passe à sa théorie des prix, et que le reste de sa doctrine s'enchaîne convenablement. Ainsi, premier défaut du système de l'école anglaise, défaut de liaison avec l'ensemble de la doctrine, de sorte qu'il semble que le fermage soit un fait réfractaire que l'on ne puisse traiter que par exception. Quand on a lu, en effet, l'analyse que nous en avons donnée, on voit que le raisonnement qui s'applique au fermage ne peut convenir qu'à lui, qu'il est à lui-même son point de départ, et qu'également on ne peut rien en conclure pour la valeur et la distribution des autres objets mercantiles.

On a voulu aussi lui objecter que dans un pays anciennement peuplé il n'y avait pas de terre qui ne fût susceptible d'un fermage.

Il faut restreindre cette assertion dans ses justes limites. Dans un pays où toutes les terres sont appropriées, il n'y a pas sans doute de terre occupée par un tenancier sans fermage; mais aussi personne, si ce n'est le propriétaire, n'y cultive une terre qui soit d'un produit inférieur à la subsistance de l'ouvrier, plus le fermage, si minime soit-il. Il est évident que le contraire serait impossible; les pâturages les plus maigres dont on paie une rente sont eux-mêmes soumis à cette loi. Quand on loue une grande étendue de terrain, il y en a sans doute une partie qui est d'un trop faible produit pour pouvoir payer un fermage, si elle est détachée du corps; mais alors il y a compensation, et c'est sur l'ensemble du produit que se règle le fermage : cela est tellement vrai que si, en affermant le pâturage d'une montagne, le propriétaire voulait en détacher le sommet rocailleux ou les glaciers, il n'éprouverait aucune réduction pour cette réserve. Ainsi, quoiqu'il soit vrai que le droit de propriété est un droit jaloux qui préfère qu'il n'y ait pas de jouissance plutôt que de laisser jouir autrui gratuitement, cependant ce droit ne peut faire naître un fermage là où il ne saurait y en avoir par la nature des choses.

Maintenant, au lieu de partir, comme le fait *Ricardo*, de l'état impossible d'une société agricole où les terres ne seraient pas appropriées, supposition qui a élevé contre son système tant d'objections, nous dirons que ses conclusions sont justes, mais avec cette restriction qu'à ce principe *le fermage est la différence qui se trouve entre le produit d'un terrain et celui de la qualité la plus inférieure des terres cultivées*, il faut ajouter *cultivées par leurs propriétaires*, ce qui revient à dire : *le fermage est toute cette portion du revenu d'une terre qui reste au fermier quand il est remboursé de ses avances de travail,* puisque l'auteur suppose que la qualité de terre la plus inférieure doit payer au moins la subsistance de l'ouvrier, c'est-à-dire ses avances de travail, et que les terres supérieures paient, à titre de fermage, tout ce dont elles surpassent cette qualité inférieure.

Or, cette expression se présente d'une manière bien plus claire que les précédents énoncés; elle sera admise par le plus grand nombre de ceux qui trouveront l'énoncé de *Ricardo* paradoxal, et cependant on voit qu'elle n'en est que la traduction littérale.

La théorie de *Ricardo* est aussi identiquement la même que celle de *Say.* En effet, plus il y a de demandes de terres, plus l'on cultive les qualités inférieures, et plus la rente des qualités supérieures croît, *et vice versá :* mais ces demandes s'arrêteront toujours, dans l'un comme dans l'autre cas, autour du point où la terre ne rendrait que les frais de production.

Satisfait d'avoir ainsi éclairé et concilié les deux théories, nous devrions peut-être nous arrêter à cette limite; mais le désir de lier la théorie du fermage à l'ensemble de la science économique, de manière que, d'un côté, elle se présente dans toute son étendue, avec toutes ses circonstances et les conséquences qui en résultent, et que, d'un autre, elle ne forme plus un simple appendice en dehors de la science, nous engage à proposer ici une nouvelle théorie, qui nous paraît présenter les caractères que nous cherchons en vain dans les autres.

SECTION VII. — *Nouvelle théorie du fermage.*

Après nous être expliqué franchement sur les deux théories du fermage qui se partagent le monde savant, il est inutile de déclarer ici que celle de *Ricardo* nous semble offrir, de la manière la plus complète, les faits relatifs à ce sujet, et nous avons assez fait entendre que le seul défaut que nous lui trouvions était son manque de liaison à l'ensemble de la théorie économique : c'est ce lien désirable que nous avons cherché à lui donner, en envisageant le fermage sous le même point de vue que toutes les autres marchandises et non pas sous un point de vue particulier et spécial, comme l'a fait *Ricardo*. On trouvera donc de grandes conformités entre les idées que nous allons proposer et les siennes; et peut-il en être autrement, puisque, reconnaissant la justesse de ses vues, nous ne faisons que donner une forme différente à ses principes?

Avant d'entamer notre sujet, nous devons expliquer complétement un mot que l'on pourrait trouver trop vague; il s'agit de ce que nous entendons par la *subsistance de l'ouvrier*. D'abord par l'ouvrier, nous entendons non-seulement l'homme qui travaille actuellement, mais une portion de sa famille nécessaire pour le remplacer : ce qui équivaut à dire que nous entendons par une journée de l'ouvrier la moyenne de la subsistance complète d'une journée de sa vie, prise depuis sa naissance jusqu'à sa mort, c'est-à-dire la totalité de la subsistance de l'individu divisée par le nombre de ses journées occupées utilement. Il est évident que c'est à cette seule condition que l'on peut continuer à trouver des ouvriers.

Cette subsistance diffère beaucoup selon les pays : dans les uns, elle se réduit, presque exactement, à la nourriture, à l'habillement et au logement; mais, dans d'autres pays, la même somme de travail est tout autrement récompensée, et l'ouvrier perçoit une valeur qui excède de beaucoup sa simple subsistance. C'est ce qui se passe, par exemple, aux Etats-Unis d'Amérique, où le travail est chèrement payé. Dans ce cas encore, c'est l'état d'aisance générale qui représente ce que nous appelons ici la subsistance de l'ouvrier, subsistance

qui ne pourra être réduite que quand il sera obligé de cultiver des terres inférieures en qualités à celles qu'il cultive
aujourd'hui, ou, en d'autres termes, quand une plus grande
concurrence d'ouvriers augmentera l'offre et diminuera la
demande de travail.

Il était nécessaire de bien s'expliquer sur ce point, qui
s'applique à toutes les théories, avant d'en venir à l'exposition de nos idées.

La base de notre système consiste à appliquer au fermage
la notion des prix réels. Il est évident que *Ricardo* n'aurait
pas manqué de suivre cette marche, si, pressé par la rigueur
de sa définition des prix réels, il ne s'était cru obligé de
chercher une théorie particulière du fermage. Mais il n'aura
pas manqué de se dire que le prix réel d'une chose étant ce
que sa production a coûté, la fertilité de la terre, qui est
un produit de la nature, ne peut pas être évaluée de la sorte,
et comme la terre est la seule force naturelle qui ait un prix
de location, il a pensé qu'il fallait faire une classe à part
pour cet objet unique. Mais une analyse exacte va nous montrer d'abord que la terre n'est pas le seul produit naturel
que l'on paie, et ensuite qu'on peut lui appliquer une mesure d'évaluation.

Quant au premier point, il est évident qu'une mine est
absolument dans le même cas que la terre. La houille, par
exemple, possède en elle-même une force productive de la
chaleur, et l'on n'a pas songé à l'évaluer autrement que par
les frais de son extraction. Ainsi, d'abord, la terre n'étant
pas la seule force productive de la nature qui serve à nos
usages, il n'y avait pas de raison pour chercher une théorie
particulière propre à expliquer le fermage; tous les principes
qui s'appliquent à la valeur du charbon pouvaient s'appliquer à la terre ; et, réciproquement, tous les principes du
fermage pouvaient s'appliquer aux mines de charbon. Les
mines présentent des inégalités dans leurs produits comme
la terre; la qualité du combustible et les frais d'exploita-

tion y varient, de même que changent les produits et les travaux relatifs aux différents sols. Nous pouvons donc dire : le loyer ou le prix de vente d'une mine est la différence de produit qu'il y a entre la mine la moins productive qu'il soit possible d'exploiter et celle de qualité supérieure.

En second lieu, il y a, pour la terre comme pour les autres marchandises, une mesure d'évaluation qui doit constituer son prix réel; car ce n'est pas seulement la quantité de travail dépensé pour extraire qui constitue la valeur réelle, mais aussi celui qu'il aurait fallu dépenser pour produire un objet déterminé. Supposons, en effet, que l'on trouve par hasard dans une mine un morceau de fer façonné par la nature en forme de hache, et mettons de côté la valeur que la curiosité y attacherait; n'est-il pas évident que ce fer de hache naturel aurait pour celui qui le trouverait précisément la valeur d'un fer de hache travaillé artificiellement, c'est à-dire la quantité de travail dépensé pour produire la hache artificielle, et que l'on ne pourrait pas dire que ce ne fût son prix réel. Or, une terre qui ne produit que la subsistance de l'ouvrier n'a pas pour lui un prix réel, puisque cette subsistance il la trouverait dans d'autres emplois; mais si elle produit deux fois cette subsistance, elle a, en prix réel, la valeur d'une fois la subsistance, puisque par sa force productive elle ajoute au travail de l'ouvrier une valeur égale à celle qu'il avait. Autrement, on peut dire que, pour donner un égal produit sur une terre sans valeur, il aurait fallu deux ouvriers. Ici, la terre produit donc naturellement ce qui exigerait le travail d'un ouvrier; son prix naturel est donc d'une fois la valeur de la subsistance de l'ouvrier : or, ce prix réel est justement le taux du fermage, selon le système de *Ricardo*.

Dès que nous avons trouvé la source du prix réel des forces de la nature et leur évaluation, ces forces peuvent être assimilées aux autres marchandises, et nous pouvons poser en principe :

1° Que la valeur de la terre la plus inférieure, cultivée dans un pays comme l'emploi le moins avantageux qu'un ouvrier fasse de son temps, est toujours égale à la valeur de la subsistance de l'ouvrier dans tous les emplois qui exigent la même force, la même activité, le même capital, la même industrie dans un pays ;

2° Que le fermage de la terre (abstraction faite du profit des capitaux qui y sont employés et qui doivent être comptés à part) est le prix réel de la valeur du produit de la terre ;

5° Que ce prix réel consiste dans ce qu'une terre donnée peut produire au-delà de la subsistance de l'ouvrier, ou dans ce qu'ajoute sa force productive à la valeur de ce travail ;

4° Que, moyennant cette explication, la théorie du fermage rentre complétement dans toutes les théories du loyer des autres objets produits artificiellement, et qu'elle ne fait plus un corps séparé dans la science de l'économie sociale.

On sent que cette théorie des prix réels ne nous empêchera pas de nous servir de la notion des prix courants toutes les fois qu'elle nous paraîtra plus commode pour l'exposition, et c'est ce que nous allons faire dans l'article suivant. Ainsi, les théories de *Say* et de *Ricardo* viennent se réunir sur le terrain de notre système, comme elles doivent marcher d'accord dans tout le reste de la science, ayant pour patrons des esprits aussi justes et aussi élevés que ceux de ces illustres écrivains.

SECTION VIII. — *Valeur de la rente.*

La rente dont nous venons de discuter la nature peut être fixée par une moyenne prise sur un certain nombre de récoltes, le tenancier courant les chances bonnes et mauvaises que présentent les années pendant lesquelles il exploite la terre ; elle est alors payée en argent ou en denrée, au taux du jour de la vente (fermage proprement dit), ou bien en services rendus par le cultivateur. Elle peut aussi être proportionnelle au produit de chaque récolte successive, et alors, le plus souvent, le propriétaire perçoit en nature une part déterminée de la récolte (métayage).

La durée de la location imprime aussi des modifications particulières au contrat de louage du terrain : 1° si le fermage est conclu à perpétuité, moyennant une somme déterminée d'avance, on a le contrat à rente foncière ; 2° s'il est conclu avec une condition éventuelle de résiliation, dépendant de circonstances déterminées, telles que la jouissance pendant un certain nombre de générations de fermiers se succédant de mâle en mâle, ou dans des degrés convenus, on a un *bail emphytéotique* ; 3° si la location doit durer pendant un nombre d'années déterminé, on a le fermage ordinaire ; 4° si le contrat peut être annulé par la volonté du propriétaire, avec indemnité au profit du fermier pour les améliorations que la ferme a reçues pendant sa durée, on a ce que l'on nomme *bail comptable* ; 5° si le système des corvées est garanti par les lois, de sorte que les colons ne puissent abandonner la culture du domaine et que les propriétaires ne puissent la leur retirer, on a le *servage*, la culture des serfs.

La rente, stipulée par les baux éternels ou très-longs, peut être payée en denrée ou en argent. Dans ce dernier cas, la dépréciation progressive du numéraire finit par rendre insuffisante la rente qui était représentée à son origine par une valeur beaucoup plus forte. Ainsi la rente d'une bonne terre était prisée en Bourgogne, en 1459, à 10 sols tournois le journal. Ce journal étant de 22,6 ares, on avait pour l'hectare 44, 2 sols tournois. Le marc d'argent valait alors 14 livres tournois ; il vaut aujourd'hui 220 fr. ; ainsi l'on paierait cette rente avec la vingtième partie de la valeur stipulée originairement. Et si on la compare au prix du blé, on trouve que le prix de l'hectolitre de blé était de 39 sols (25 sols le setier). La rente valait donc 1,15 hect. de blé, au prix actuel de 21 fr. 50 c., que l'on paierait toujours avec 44 sols ou avec le dixième de la valeur actuelle. On voit ainsi combien il eût été avantageux de stipuler la rente de longs baux en denrées (1).

Ces modes de location à terme indéterminé sont loin de produire une agriculture florissante. L'emphytéote, par exemple, peut se livrer dès le début à des améliorations du fonds ; mais, quand son terme approche, il cherche à l'épuiser, à le dégrader à son profit, de même que fait le fermier; seulement il peut mieux y réussir parce qu'il a plus de temps devant lui. D'ailleurs, payant une rente proportionnée d'abord à la valeur du fonds, il fait alors des efforts pour élever la production; mais la valeur intrinsèque de cette rente décroissant sans cesse par l'effet naturel du temps, sa culture devient aussi plus indolente à mesure que ses obligations deviennent plus légères. C'est dans l'exacte et complète division des intérêts du propriétaire et du fermier que se trouve ce puissant *stimulant* qui a porté l'agriculture à son point de perfection. Le propriétaire est obligé sans cesse à améliorer le capital de fonds pour accroître sa rente lors d'un nouveau bail, ou pour ne pas la voir décroître ; le fermier, pressé par la concurrence, accorde la rente la plus élevée possible, et sollicitant d'autant plus la terre, emploie le capital circulant le plus fort, les méthodes les plus avancées pour obtenir des bénéfices de son entreprise : c'est cette lutte établie entre ces deux intérêts qui les excite l'un et l'autre à produire, et qui fait à-la-fois la fortune des Etats et celle des particuliers. Quoique le fermage soit l'expression la plus avancée de l'état agricole d'une contrée, quoique l'on n'y arrive qu'après avoir passé par des états inférieurs, néanmoins, négligeant l'ordre chronologique, c'est de lui que nous allons d'abord nous occuper ; la comparaison

(1) Dupré de Saint-Maur. *Recherches sur la valeur des monnaies*, p. 50, et *Essai sur les monnaies*, p. 65.

que nous en ferons avec d'autres méthodes en manifestera
mieux la supériorité.

CHAPITRE VII.

De la manière de contracter le fermage.

Dans quels cas un homme qui possède un capital doit-il
l'employer à acquérir une propriété, ou à obtenir seulement
la jouissance d'une terre en devenant fermier? Crud a posé
cette question au début de son *Economie de l'Agriculture*,
et il la résout uniquement par la comparaison des intérêts
que l'on peut tirer du capital dans ces deux positions de propriétaire et de fermier. Il suppose deux amis de l'agriculture possédant chacun 100,000 fr.

Le premier, A, emploie 70,000 fr. à acquérir un domaine
qui lui produit 4 pour 100,

Ci. . . . . 2,800 fr.
Il lui reste 30,000 fr. pour fournir à sa culture,
   qui lui produira 10 à 12 pour 100, ci. . . . 3,000
                        Revenu. 5,800

Le second, B, prenant à ferme une terre de 220,000 fr.,
paie 8,800 fr.; et consacrant son capital entier à son exploitation, il en retire net 12,000 fr.

Si tous deux suffisent à leurs dépenses personnelles au
moyen de 5 pour 100 du capital, et qu'ils placent à intérêt
l'excédant qui restera; si on suppose en outre que chacun
d'eux ajoute ses épargnes au capital primitif.

A se trouve posséder, vingt ans après :

Son capital primitif. . . . . 100,000 fr.
Ses épargnes et intérêts annuels. 28,000
                    Total. . . . 128,000

et B se trouve avoir :

> Capital primitif. . . . . 100,000 fr.
> Épargnes. . . . , ... 178,000
>
>   Total. . . . 278,000

plus du double de A (1).

De quelque manière que l'on modifie ces termes, il est évident que, l'intérêt du capital employé dans la culture étant plus fort que celui du capital engagé en achat de terre, la situation relative des deux amis devra être fort différente au bout d'un certain temps. Mais n'oublions pas que nous n'exigeons de A qu'une économie vulgaire, le soin de ne pas dépasser son budget annuel, tandis que, pour réussir, B devra avoir des connaissances agricoles, le talent de l'administration, l'activité et les qualités morales sans lesquelles toute réussite devient impossible. Avec ces conditions, la fortune du fermier est assurée et suivra une progression rapide ; si elles lui manquent, nous aurons beau grossir l'assurance que nous faisons payer à ses recettes pour garantir son capital engagé, il le dilapidera et se trouvera pauvre après s'être donné beaucoup de peine, en présence de son ami qui aura conservé sa fortune en se croisant les bras.

Dans la conduite à tenir dans la location d'une ferme, nous devons tenir grand compte des conseils d'A. Young, qui en a fait une longue et quelquefois fâcheuse expérience. « Il n'est pas d'opération plus importante pour un fermier, dit-il, que la location de la ferme qu'il a en vue. Pour la bien faire, il lui faut, comme à un général d'armée, du courage et de la circonspection. Si le premier prédomine, il est en danger de voir, dans la terre qu'il examine, des avantages imaginaires qui n'existent pas en réalité, et de passer légèrement sur des défauts qui, pris séparément, sont peu de chose, mais qui, s'ils sont réunis, deviennent un objet fort important. S'il est trop prudent, il lui arrivera certainement de voir et de reje-

(1) Crud. *Économie de l'Agriculture*, § XI.

ter, dans ses incertitudes, plusieurs fermes dont la location
lui eût été fort avantageuse, et peut-être de louer la moins
productive de toutes, si, pressé par les circonstances, il n'a
pas le temps nécessaire pour l'examiner..... Il faut quelques
fois se déterminer promptement : c'est lorsqu'un homme,
n'ayant que le temps suffisant pour visiter une ferme, voit
autour de lui plusieurs concurrents, prêts à accepter le marché à son défaut. Ces sortes de fermes sont fréquemment les
plus productives, et, comme elles doivent être louées à jour
fixe, si celui qui se propose d'en exploiter une est aussi
prompt que prudent, il peut y trouver des avantages considérables. C'est particulièrement en ces circonstances que les
fermiers ordinaires manquent presque tous de jugement, et
que trop de précautions leur font perdre l'occasion d'un
excellent marché.

« Combien d'objets divers doivent alors occuper l'attention du fermier ! Dans le cours d'une seule promenade, qui
ne peut, par conséquent, avoir lieu que dans une seule saison, prendre connaissance de la nature du sol, en apprécier
les défauts aussi bien que les avantages, d'après les signes
particuliers à la saison; se tenir en garde contre les
erreurs qu'on peut commettre si l'on ne considère pas que
certaines saisons sont particulièrement favorables à certains
sols » (nous avons vu un propriétaire ensemencer une
grande étendue de landes stériles en avoine, qui y devint
superbe au printemps et se dessécha en été avant sa maturité,
afin de tromper, par cette magnifique apparence, un acheteur trop confiant); « comparer les clauses présumées du
bail avec les qualités de la terre ; observer l'état des clôtures,
etc., et pouvoir faire à l'instant l'évaluation du travail que
la ferme exigera; prendre note des champs qu'il faudra particulièrement soigner pour les améliorer, après qu'un tenancier avide les aura épuisés; voir en quel état sont les
routes, prendre des informations sur les taxes, et une foule
d'autres détails; calculer les réparations des bâtiments, fos-

sés d'écoulement, et prendre connaissance des ouvrages que le propriétaire doit finir avant la signature du bail ; telles sont les particularités qu'il doit embrasser d'un coup d'œil froid et rapide.

« Le fermier a tous ces objets et plusieurs autres encore à considérer. Il doit être assez versé dans cette partie pour pouvoir calculer la différence de capacité entre lui et le fermier ordinaire, et celle des sommes nécessaires à l'un et à l'autre pour monter, tant en bétail qu'en ustensiles, un nombre d'acres donné. Il doit, s'il songe à retirer quelque profit de sa culture, examiner sur quelle espèce de terrain il peut placer utilement son argent; si les sols déjà améliorés lui offrent plus d'avantages que les sols incultes, et, lorsqu'il se déterminera pour ceux-ci, connaître tous les détails de l'entreprise qu'il projette, pour pouvoir les proportionner à ses moyens pécuniaires; en un mot, il aura besoin de toute l'attention dont un homme est capable, pour se tenir en garde contre lui-même et contre ceux qui le servent (1). »

Dans la suite de son *Guide du Fermier*, l'auteur donne de beaucoup plus grands développements à ses préceptes; plusieurs d'entre eux ne sont applicables qu'à l'Angleterre de son temps. Ce livre doit être lu avec attention, mais aussi avec précaution, quand on veut l'appliquer à d'autres contrées. Nous avons consacré dans notre premier volume beaucoup d'espace à l'estimation de la rente du sol (2); nous n'y reviendrons pas ici. Nous devons seulement faire remarquer que la position de l'acquéreur et celle du fermier diffèrent en ce que le premier, moins pressé par les circonstances, peut examiner plus à loisir la terre qu'il veut acheter; que souvent il peut y consacrer des mois et des années, tandis que le second n'a le plus souvent qu'un temps très-court pour le faire. Cependant il n'est pas toujours dans cet embarras décrit par

(1) A. Young. *Guide du Fermier*, p. 18.
(2) Tome I. *Agrologie*, 6e partie.

Arthur Young; les fermiers anglais cherchent et louent des propriétés fort éloignées du lieu de leur résidence; peu leur importe la distance s'ils croient faire une bonne affaire : ils se dépaysent avec une grande facilité. Il n'en est pas tout à fait de même ailleurs, et chaque domaine a sa réputation trop bien faite dans la contrée pour qu'on puisse s'y tromper.

On connaît bien souvent le montant de la rente payée par le fermier; on sait aussi si sa position s'est améliorée ou a périclité pendant la durée du bail; alors, en supposant que ses revers ne tiennent pas à sa mauvaise conduite, il faut examiner quel était le capital dont il disposait et juger s'il n'était pas insuffisant. C'est la cause la plus fréquente des mécomptes. Si le fermier n'est pas à l'aise, il n'a pas les forces nécessaires; ses animaux de travail sont faibles et mal nourris; ses valets sont de la pire espèce; ses bêtes de vente sont chétives et trop peu nombreuses; les engrais lui manquent. Si, au contraire, le fermier pourvu de tous ces moyens se retire sans bénéfice, et qu'on ne reconnaisse en lui aucun vice ruineux, on ne doit pas chercher à le remplacer sans obtenir une réduction convenable sur la rente. L'écueil principal des bonnes résolutions du fermier, ce sont les enchères publiques. Il y a peu d'hommes assez maîtres d'eux-mêmes, quand il s'agit d'évincer un concurrent, pour résister à cette lutte de rivalité, et pour ne pas élever leurs prix au-dessus de celui qu'ils avaient d'abord résolu de donner.

Il faut aussi se mettre en garde contre l'appât du gain, qui, dans nos calculs intimes, nous fait exagérer les dépenses et déprécier les recettes que nous pouvons faire. Le propriétaire agit en sens contraire, et c'est ce qui fait la difficulté de ces sortes de négociations. Néanmoins, et dans l'intérêt des deux parties, nous les préférons aux enchères. Ce dernier mode est trompeur pour les deux parties contractantes; le fermier tombe dans le piége de son amour-propre excité par la rivalité; mais le propriétaire ne tarde pas à se repentir d'avoir été obligé d'accepter un fermier qu'il n'a pu choisir, dont le caractère **et** la conduite conspirent contre la conservation de sa terre, ou qui, moins riche qu'il ne le faudrait, s'endette pour payer une rente supérieure à ses produits nets et finit par faire faillite.

Le point principal est donc de ne pas s'engager à payer une rente qui surpasse la valeur réelle des produits. Cette rente doit donc être égale à celle des produits moyens, diminués : 1° de l'intérêt du capital de cheptel et du fonds de roulement, au cours auquel l'argent s'obtient sur la place avec de bonnes garanties ; 2° de l'assurance de ces deux natures de capitaux, selon leurs espèces (1); 3° du salaire du temps du fermier comme directeur et entrepreneur de culture, qui doit être égal à celui qu'il pourrait légitimement retirer de cet emploi de son temps et de ses talents; — si les membres de sa famille s'emploient sur la ferme, leur salaire fera partie du fonds de roulement ; on est toujours sujet à se faire illusion sur ces derniers articles et à les estimer beaucoup trop haut; — 4° du profit que tout chef d'entreprise qui expose le capital, et qui le fait valoir, doit retirer en sus de l'intérêt des fonds placés sûrement. On conçoit que tous ces termes sont extrêmement variables, selon le pays où l'on contracte.

Le fermier doit posséder, en entrant en jouissance, tout le capital nécessaire à son exploitation, et, en outre, celui qui peut représenter les risques à courir dans une année, à moins qu'il ne soit certain d'obtenir un crédit qui, malheureusement, manque ou se renchérit beaucoup au moment où l'on éprouve des sinistres.

Si l'entreprise agricole se concentrait sur une seule opération, et qu'elle n'eût à courir qu'un seul genre de risque, ce capital en réserve devrait être de la somme totale des risques ; mais, heureusement, les sinistres n'arrivent pas tous à la fois ; ceux qui frappent le bétail n'atteignent pas

(1) Tome I, p. 359 et suiv.

les récoltes de tous les genres. Pour simplifier, supposons une ferme où l'on ne cultiverait que du blé, et où l'on aurait :

		assurances.
Des bêtes de travail valant.	3,300 fr.	275 fr.
Un troupeau. . . . . , ...	4,500	450
Un fonds de roulement.	12,000	2,400
	19,800	3,125

La chance la plus fâcheuse est une perte de moitié sur chacun de ces articles; mais comme elle peut tomber sur le capital le plus fort, le fonds de roulement, on voit qu'il faudrait avoir dans ce cas une réserve de 6,000 fr., le tiers du capital avancé et le double de la prime d'assurance annuelle.

Que si, au lieu de ne cultiver que du blé, on avait la moitié de la valeur de sa récolte en d'autres produits qui ne courussent pas les mêmes chances que le blé, les risques étant divisés, il suffirait aussi d'affecter le quart du fonds de roulement à l'assurance.

Nous ne disons pas aux fermiers, comme nos prédécesseurs : Ne prenez pas une ferme qui dépasse vos moyens ; mais bien : Que vos moyens dépassent toujours les besoins de la ferme. Soyez plus fort que la terre, si vous voulez la dominer, être son maître et non son esclave.

En donnant un bien rural à ferme, un propriétaire doit avoir deux buts: d'en retirer la rente réelle et de le conserver sans détérioration, de sorte qu'à la fin du bail il puisse encore se louer au même prix, ou mieux, accroître sa valeur et celle de la rente. Si le propriétaire prévoit des détériorations, il doit les faire entrer dans le taux de la rente; s'il exige des améliorations, le fermier, de son côté, en reprendra la valeur sur cette même rente, qui, dans le premier cas, sera augmentée, et dans le second diminuée. Nous citerons des exemples de ces deux espèces de stipulations. Le premier est tiré de la pratique de notre pays (Vaucluse). Les terres qui n'ont pas encore porté de garance, ou qui n'en ont pas porté depuis longtemps, donnent, en général, et sans engrais, une première récolte de cette plante qui dépasse les frais d'exploitation. En affermant un terrain avec la faculté d'y faire cette culture, on aliène cette richesse latente, et la rente est alors très-supérieure à la rente ordinaire. Plusieurs autres récoltes, celles du lin, entre autres, doivent amener de semblables stipulations. D'un autre côté, exigez que le fermier sortant vous laisse une certaine étendue de jeunes luzernes; celui-ci ne manquera pas de calculer ce que coûtera leur établissement, et de le porter en déduction de la rente qu'il doit payer.

Il faut donc prévoir l'avenir de part et d'autre, et peser la valeur des stipulations qui concernent la culture; pour en démontrer la nécessité, il suffira de mettre sous les yeux de nos lecteurs l'*Alphabet d'or* des fermiers qui se sont *mis au-dessus de leur devoir et de la probité*, tel qu'il nous a été transmis par Thaër (§ 122).

« 1° Avant tout, cherche un domaine qu'une culture bonne et améliorante, ou le peu d'emploi donné aux terres, ait mis dans un état prospère. Tu peux, en proportion de son étendue, payer, pour un petit nombre d'années, une rente double de ce que tu aurais donné d'un autre domaine qui aurait été appauvri par une culture avare, ou des fermiers industrieux. Dans le premier tu pourras employer les plus grands raffinements de l'art d'épuiser, tandis que dans le dernier, tu ne pourrais que suivre la route ordinaire.

« 2° Ne cultive que des grains de vente, partout où cela sera possible; absolument rien pour le bétail, parce que celui-ci ne paie pas immédiatement une meilleure nourriture, et que, dans la courte durée de ton bail, tu n'aurais pas le temps de tirer toute la substance des engrais que tu aurais employés.

« 3° Entre les récoltes jachères, cultive celles qui donnent le produit pécuniaire le plus grand, des graines à huile, du

lin, du chanvre, du tabac, etc.; et si tu ne peux en entreprendre toi-même la culture, loue le terrain à de pauvres
gens du voisinage contre une rétribution en argent, ou une
part des produits. Qu'ils ne donnent pas de paille, peu importe; car, le plus souvent, il est interdit au fermier d'en
vendre, ou tout au moins n'oserais-tu te le permettre en
trop grande quantité et d'une manière trop ouverte.

« 4° Comme ces récoltes exigent beaucoup d'engrais et que
chaque jour tu en produiras en moins grande quantité,
borne-toi à les cultiver sur les champs qui sont dans le meilleur état, et les plus rapprochés de ta ferme ; de cette manière, les transports absorbent moins de temps. Si même,
dans la dernière année de ton bail, les autres champs ne
pouvaient plus rien rapporter, tu serais suffisamment indemnisé de ce mécompte, et tu aurais le droit de te plaindre
de la stérilité du fonds et de demander du rabais. Outre
cela, les fonds rapprochés donneront mieux dans la vue du
propriétaire, et si quelqu'un disait que le lin, le colza, le
tabac épuisent le sol, tu n'as qu'à en appeler à ce beau froment qui croît à côté. Mais ne porte jamais de fumier aux
champs qui en ont le plus besoin, car le champ maigre ne
paie jamais le premier amendement.

« 5° Les premières années, donne au terrain, avec la charrue, la herse, le rouleau, le travail le plus complet, afin de
détruire les mauvaises herbes, de mettre en action tous les
engrais que le sol peut contenir. Ainsi, augmente tes attelages. Dans le cours du bail, tu en seras assez dédommagé.
Mais vers la fin de celui-ci, tu dois renoncer à cette perfection dans le travail, afin de pouvoir diminuer tes attelages,
et les employer à des entreprises accessoires qui produisent
davantage.

« 6° C'est un grand avantage si l'on te permet de rompre
de vieux gazons et d'extirper des bois. Dans la recherche d'une
ferme, tu dois, avant tout chercher à l'obtenir. Mais alors
consacre, dès le commencement, à ces terres, toutes les

forces dont tu peux disposer. Les terrains mis ainsi en culture te donneront d'abord de belles récoltes de grains à vendre, et ensuite ils produiront bien, sans fumer, des grains moins précieux, jusqu'à la fin de ton bail. Peu importe qu'alors ils soient tout à fait épuisés.

« 7° Si, ayant reçu le cheptel sur estimation, tu dois le rendre de même, fais auparavant disparaître les meilleurs chevaux, les meilleurs bœufs, etc., et mets-en de mauvais en place; ou bien paie en argent ce qui manquera. Dans les estimations de ce genre, le bon est toujours estimé proportionnellement plus bas que le mauvais. Vers la fin du bail, il ne faut pas donner le taureau aux vaches; la prolongation du lait des vaches non pleines te dédommagera bien de l'excédant que t'eussent donné celles qui auraient vêlé récemment, etc. »

Ces maximes du fermier sans probité nous indiquent assez qu'il est nécessaire d'opposer à ces pratiques des stipulations qui ne permettent pas même d'en concevoir la pensée; elles nous apprennent surtout le prix que nous devons attacher à choisir des fermiers honnêtes, incapables non-seulement de s'affranchir des conditions de leur contrat, mais encore de chercher à profiter de ses lacunes ou de son obscurité.

Les dispositions que l'on a imaginées sont de trois sortes : 1° celles qui prescrivent un système de culture dont le fermier ne puisse pas s'écarter, et qui doive embrasser tout ou partie des terres du domaine; tel est, par exemple, le système de jachère, aidé d'une certaine étendue de prairies naturelles; l'étendue des jachères et celle des terres en culture étant invariables, et les prairies ne pouvant être défrichées, ces prescriptions sont accompagnées de la défense d'exporter hors du domaine les fourrages, la paille et autres matières pouvant servir à faire des engrais, et de celle d'exécuter des coupes de bois.

2° Ce mode étroit de bail ne pourrait s'accorder avec l'intérêt des fermiers riches, capables de faire des avances et d'entrer dans les meilleurs systèmes de culture. Aussi, dans les pays plus avancés, laisse-t-on la culture entièrement libre; mais le fermier est obligé d'entretenir une certaine quantité de bétail, dont l'engrais ne peut être exporté, ce qui suppose l'existence d'une quantité correspondante de fourrages (1); ou bien on stipule l'étendue que devront avoir les prairies. Enfin, dans un degré encore plus perfectionné de l'agriculture, où souvent l'engrais créé par la ferme ne suffirait pas, et où l'on en importe une quantité plus ou moins considérable, on estime la quantité d'engrais en terre au commencement du bail et à sa fin, et on paie au fermier la valeur de la quantité excédante dans la deuxième estimation, ou bien le fermier paie la valeur de la quantité manquante. Dans les pays où cet usage est établi, on trouve des experts qui jugent admirablement de l'état de fécondité du sol. De telles conventions sont une garantie pour le fermier, que l'on ne songe pas à évincer pour profiter de ses améliorations, et pour le propriétaire, dont la terre conserve sa fertilité.

5° Quand le pays où se trouve la ferme est trop peu avancé pour qu'il soit facile d'y trouver des experts capables d'évaluer avec certitude l'état de fécondité laissée au sol, on peut avoir recours à la clause de lord Kames, au moyen de laquelle c'est le fermier qui fait lui-même l'évaluation des améliorations dont il est l'auteur, ce qui lui donne intérêt à les faire. Dans ce système, le propriétaire s'engage à payer au fermier, à la fin du bail, dix fois l'augmentation de rente que celui-ci propose pour renouveler le bail, s'il n'accepte pas ses propositions. Soit un bail de 50,000 fr. que le fermier propose de porter à 55,000 fr. pour le nouveau terme. Si le

_____

(1) Article du bail. Le fermier entretiendra constamment sur la ferme la quantité de....... têtes de bétail, du poids de 200 kilogrammes l'une dans l'autre. Dans les visites qui en seront faites, les quantités manquantes seront supposées manquer depuis la visite précédente, et le fermier paiera 8 fr. par mois au propriétaire pour chaque tête manquante,

propriétaire refuse et veut reprendre sa ferme, il paiera
50,000 fr. au fermier sortant, pour prix de ses améliorations.
On suppose ici un bail de vingt ans au moins, pour que le
fermier, obligé de payer en totalité 100,000 fr. de fermage
de plus, n'ait pas intérêt à supposer des améliorations ficti-
ves. Dans tous les cas, le chiffre du multiplicateur de l'augmentation devrait être tel, que le bénéfice fait sur le capital
se partageât entre le propriétaire et le fermier pendant la
durée du nouveau bail. Ainsi le coëfficient de soulte payée
par le propriétaire serait la moitié seulement des années de
durée du bail, c'est-à-dire, cinq fois la valeur de l'augmentation pour un bail de dix ans, trois fois cette valeur pour
un bail de six ans.

Il semblerait, au premier abord, qu'avec cette forme de
bail l'amélioration progressive de la terre serait certaine ;
mais elle a un vice originel qui s'opposera toujours à son
adoption générale. Le fermier est bien assuré d'obtenir le
prix de ses travaux : il en fixe lui-même la valeur ; mais si,
au lieu d'un accroissement de fertilité, il y a épuisement, il
se retire sans proposer d'augmentation de rente, et le propriétaire n'a en sa faveur aucune réciprocité. Il paie les
améliorations sans être indemnisé des dégradations, et si le fermier devient insolvable après avoir proposé une forte augmentation de rente et en avoir reçu le prix, le propriétaire
trouvera-t-il toujours un nouveau fermier qui apprécie bien
le prix de ce que son prédécesseur avait regardé comme une
amélioration pour la propriété? Et que serait-ce encore si la
mauvaise foi s'en mêlait, et que, la soulte une fois touchée,
le fermier se retirât en faisant faillite? La clause de lord
Kames exige entre les contractants une confiance qui peut
ne pas toujours durer. L'histoire de Roville, dont le bail
était fondé sur ce système, est là pour nous apprendre que
les bonnes relations entre eux ne sont pas éternelles, et qu'il
est prudent de ne pas aliéner un long avenir sur la foi de
leur durée.

C'est par de longs baux que l'agriculture anglaise a été portée à une haute perfection. Le fermier ne peut employer des capitaux considérables sur la terre, se mettre ainsi au lieu et place du propriétaire, sans l'espoir d'en être indemnisé pendant la durée de son bail. Il ne peut se pourvoir d'un nombreux bétail s'il est exposé à le vendre à perte au bout de peu de temps. Des cultures profondes dont l'effet doit durer neuf ans ; des marnages qui ne se renouvellent qu'au bout de vingt ans ; des fumures dont les récoltes se ressentent pendant quatre ans, et dont les premières sont presque entièrement absorbées, sans profit immédiat, par les terres amaigries ; l'état parfait des fossés et conduits d'écoulement, dont la durée est très-prolongée, tous ces travaux supposent une longue sécurité pour celui qui les entreprend, et cette sécurité ne peut être garantie que par un bail dont la durée soit proportionnelle aux efforts qu'il tente.

D'un autre côté, on a remarqué que, quand le bail était trop long, les fermiers étaient sujets à se ralentir après un premier effort, et qu'une fois assurés d'un profit sur la rente ils se livraient à une indolence contraire aux intérêts du propriétaire comme aux leurs propres. Les emphytéoses sont généralement mal cultivées, et cependant la sécurité des fermiers y est complète. Il semble qu'ils aient toujours le temps de faire, et ils renvoient d'une année à l'autre l'exécution de leurs projets, jusqu'à ce qu'ils s'endorment dans leur inertie. De son côté, le propriétaire de terres louées à long terme ne se livre à aucune dépense pour l'amélioration du capital, parce qu'il n'a pas l'espoir de s'en voir bientôt dédommagé par un accroissement de rente. Nous ne sommes donc pas exclusivement partisan des longs baux ; nous ne croyons pas qu'ils soient la meilleure garantie du progrès ; le second moyen que nous avons indiqué plus haut serait beaucoup plus efficace.

S'il fallait cependant fixer la durée des baux d'une manière générale, nous penserions que, pour les fermiers ordinaires, qui ne cherchent pas à accroître la fertilité dans laquelle ils ont trouvé le sol, on doit leur ménager la chance de trois retours, au moins, de la récolte principale sur chaque portion de terrain, temps pendant lequel se balancent les risques que les intempéries font courir aux récoltes. Dans les pays du Midi, et avec le système de jachères bisannuelles, les baux sont ordinairement de six ans; au Nord, les baux de même durée donnent deux récoltes de froment et deux d'avoine, cette dernière étant l'auxiliaire de la récolte de blé. Dans l'assolement de douze ans de la plaine de Nîmes, le bail de douze ans donne quatre à cinq retours du blé sur le même espace de terrain.

Si le fermier qui veut porter ses récoltes au maximum opère sur des terres déjà saturées d'engrais, sa position est la même que dans le cas précédent, puisqu'il ne court également que la chance des saisons.

La question change de face si le fermier entreprend la culture d'une terre pauvre et argileuse, et qu'il veuille cependant tirer tout le parti possible de ses avances. Il faut alors qu'il sature lui-même les terres d'engrais, et il ne peut le faire sans être remboursé de ses avances ou garanti d'éviction jusqu'à l'entier amortissement du capital qu'il dépensera.

Nous avons déjà vu (p. 226) la manière de calculer l'avance nécessaire. Supposons une terre pesant 1,200 kilog. le mètre cube, tenant 0,50 d'argile, et ne produisant en première récolte, en sus de 9 hectolitres par hectare produits par la jachère, que 50 kilog. de blé au lieu de 100, pour chaque quantité d'engrais dosant 8,79 kil. d'azote. Il faudra ajouter à ce terrain, pour le saturer à $0^m,25$ de profondeur,

$$\frac{0,000015 \times 30}{2} \times 300 = 0^k,0675 \text{ d'azote par mètre carré, ou par}$$

hectare, 1,800 kilogr. valant 675 fr. Tel est le dédommagement auquel on devrait prétendre.

Cette opération mettait en perte, si l'on obtenait annuellement un excédant de bénéfice moindre de 54 fr. par hectare, intérêt à 5 p. %/o de l'avance faite ; avec un bénéfice de 100 fr., l'amortissement n'aura lieu qu'en 16 ans, durée que devrait avoir le bail. Ainsi s'explique la nécessité des très-longs baux tant recommandés par les auteurs ; ils supposent la condition tacite ou expresse qu'à leur expiration les terres seront dans un état complet de perfection ; ce qui veut dire qu'elles seront tombées dans des mains qui savent employer convenablement leurs capitaux. Le temps viendra où les saines doctrines agricoles plus répandues nous procureront des tenanciers intelligents, où les longs baux seront nécessaires, et où ils seront sans danger pour le propriétaire qui les consentira.

Selon la nature de la propriété, le système de culture et les usages des baux, il y a ensuite une foule de stipulations de détail bien connues dans chaque pays, et dont l'énumération serait infinie. Les notaires les connaissent bien, et il suffira d'apprécier chacune d'elles à sa juste valeur. Nous nous arrêtons et renvoyons nos lecteurs à notre *Guide du propriétaire des biens affermés;* ils y trouveront ce qui manque nécessairement ici.

CHAPITRE VIII.

Métayage (colon partiaire).

Le régime du fermage suppose une classe d'agriculteurs qui, outre les capitaux nécessaires à l'exploitation, possède encore les fonds suffisants pour courir les chances qui résultent des mauvaises années, et qui, nonobstant ces revers fâcheux, paie exactement la rente qui est le prix annuel de sa jouissance. Mais, quand les agriculteurs disposés à se mettre à la tête d'une exploitation ne possèdent strictement que le capital de cheptel, que leur fonds de roulement est modique, et consiste principalement dans leurs bras, ceux de leur famille, et une avance de quelques mois de nourriture, les propriétaires ne peuvent songer à leur confier un fermage, car, s'il survient une ou deux années de stérilité, la rente ne se paierait pas, et leur seule garantie serait la saisie et la vente des produits à mesure des récoltes. Ce régime de saisies et de comptes courants à régler sans cesse, objets de discussions toujours renaissantes, la misère des tenanciers, l'abandon des cultures, qui en serait la suite, sont des perspectives trop peu encourageantes pour devenir la base d'un système régulier de transactions. Si le propriétaire ne veut ni ne peut exploiter lui-même, il faut donc qu'il prenne un gérant intéressé, un associé qui se charge de la direction et de la fourniture d'une partie du capital d'exploitation, moyennant sa part dans les produits. Cet associé, c'est le métayer ou colon partiaire.

Quoique le mot de *métayage* indique que les produits seront partagés par parties égales, la variété des terrains et des circonstances n'emporte pas ce rapport uniforme dans la part des deux contractants. Elles sont relatives à la mise de chacun d'eux. Cette mise varie pour le propriétaire suivant qu'il apporte dans la société une terre qui produit des récoltes plus ou moins abondantes. Elle varie pour le métayer selon que la difficulté de la culture sera plus ou moins grande. Ainsi, soient les frais de la culture d'un hectare de 70 fr.; le prix moyen du blé, 20 fr.; la récolte moyenne, 7 hectolitres. La moitié du produit couvre les dépenses du cultivateur et représente ainsi la part de chacun $\frac{7 \times 20}{2} = 70$. Si le produit est de 10,5 hect., la part du propriétaire sera $10,5 \times 20 - 70 = 160$, ou les deux tiers du produit. Mais si, dans le premier cas, les frais de culture étaient de 100 fr., la part du propriétaire serait $140 - 100 = 40$ fr., et dans le second cas, $210 - 100 = 110$ fr., ou un peu plus de la moitié. Ces nombres arbitraires ne représentent pas d'ailleurs des situations réelles.

La manière la plus exacte de représenter les droits des contractants n'est pas cependant de changer les fractions qui assignent les parts respectives. En effet, on ne peut employer pour cela que les fractions les plus simples, dont chaque terme n'ait qu'un seul chiffre, ce qui ne permet pas d'arriver au degré d'exactitude que le numéraire introduit dans le fermage. Il y a une si grande différence de la $\frac{1}{2}$ aux $\frac{2}{3}$, et des $\frac{2}{3}$ aux $\frac{3}{4}$, que les pays où ces variétés sont en usage sont ceux où le métayage excite le plus de plaintes et où la condition du métayer est la moins bonne. On arrive à un degré d'exactitude bien plus grand en maintenant le partage par moitié et en compensant les différences par des conventions accessoires. Par exemple, s'il s'agit d'élever la part du propriétaire, le fermier fournit toute la semence, et même une certaine quantité de blé ou d'argent en sus; il fait certains travaux, certains transports au profit du maître. Et au contraire, s'il faut élever la part du tenancier, le propriétaire fournit le cheptel entier, ou l'entretient de moitié avec son métayer; ou bien il lui abandonne le produit du bétail de vente, etc.

L'incertitude du revenu, qui varie comme le succès des récoltes et comme leur prix, crée pour le propriétaire de biens en métayage une situation différente de celle du propriétaire de biens affermés. Ces derniers, comptant sur une vente fixe, peuvent établir leur budget normal; les premiers ne le peuvent pas, et ce n'est que par un grand esprit d'ordre que, dans ces alternatives d'aisance et de gêne, ils parviennent à niveler leurs dépenses sur un résultat moyen. Cet esprit de prévoyance poussé à l'excès fait naître trop souvent des habitudes de lésinerie qui détournent des opérations profitables, font redouter les innovations qui présentent des chances de perte, et retiennent l'agriculture dans un état très-marqué d'infériorité.

Le métayage exige aussi le concours perpétuel du propriétaire, soit pour surveiller la culture, soit pour empêcher que le métayer n'emploie son temps hors de la ferme, qu'il n'en exporte les pailles et le fumier, soit pour empêcher qu'il ne cultive au-delà de la quantité convenue les plantes dont il peut retirer la plus grande part, tels que les ortolages, les légumes, etc. Vient ensuite le partage des fruits, auquel il faut qu'il assiste; enfin il doit songer à vendre les denrées récoltées. On voit que ce mode de tenure enchaîne la liberté du propriétaire; qu'il n'est plus un simple capitaliste touchant sa rente, mais un associé dans l'entreprise agricole.

Par le métayage, le colon acquiert la certitude de l'emploi de son temps, que n'a pas le simple manouvrier; la fixité de sa position, sa qualité de chef d'exploitation, lui donnent un degré de considération qui le relève. La probité étant une qualité essentielle du colon, qui peut si facilement détourner une partie des récoltes, surtout de celles qui se conservent dans la ferme, elle est héréditaire dans cette classe quand elle se trouve dans des conditions normales. Les conditions du métayage n'étant pas sujettes à variations, comme la rente de terres affermées, il faut des raisons très-puissantes pour qu'un colon soit renvoyé, et les familles se perpétuent sur le même domaine. Leur continuité y est même plus assurée que celle de la famille du propriétaire lui-même, chez laquelle les biens passent, de génération en génération, dans des branches différentes; tandis que les lois de succession n'ont rien à voir au remplacement du métayer par son fils aîné. Partout où les colons sont bien traités, on trouve chez eux des modèles de vertu, de bonne conduite, d'attachement à la famille du propriétaire. Le métayage est la véritable association du capital et du travail, réalisée bien longtemps avant qu'on en fît la théorie.

Les améliorations du capital du fonds tournent au profit direct du propriétaire, sous le régime du fermage, puisqu'en augmentant la valeur de la terre elles accroissent la rente dans la même proportion, si elles sont faites d'une manière judicieuse. Il n'en est pas de même sous le métayage; la difficulté d'en changer les conditions fait que, si le propriétaire entreprend de tels travaux, il ne perçoit que la moitié des produits qui en résultent, et que la pauvreté du colon ne lui permet que rarement d'exiger son concours. De son côté, ce dernier évite les entreprises exigeant beaucoup d'avances, parce qu'il serait obligé d'en partager le produit avec ses maîtres, et que, dans les clauses du métayage, le travail qu'il peut, sans perte, consacrer à la culture du terrain est pour ainsi dire fixé d'avance. Il n'arrive que trop souvent qu'un propriétaire pourrait faire une spéculation profitable, acheter et conduire des eaux d'irrigation, par exemple, et qu'il ne le fait pas, parce que le colon en profiterait autant que lui, et que la moitié seulement du produit net de cette amélioration ne lui paraît pas présenter de bénéfice. Le colon, de son côté, fait les mêmes calculs ; il ne donnera pas de labours plus profonds, parce qu'il lui faudrait un plus fort travail, un plus grand nombre d'animaux et de valets. Aussi les métairies sont-elles généralement en mauvais état sous le rapport de l'entretien des terres, des bâtiments et des cultures. Tant que les parties continuent à vivre dans cet état de susceptibilité et d'hostilité calculées, le métayage ne saurait avoir les mêmes résultats que pourrait donner une autre disposition d'esprit. C'est aux propriétaires éclairés à rompre cette glace qui paralyse les moyens des deux parties. Pour cela, il faut qu'ils se pénètrent bien l'un et l'autre de l'étendue réelle des obligations qu'ils ont contractées en signant leur contrat : d'une part, livrer et entretenir la terre, les bâtiments, les ouvrages d'art de toute espèce dans l'état normal de ceux du pays ; de l'autre, faire consciencieusement les travaux qu'exige l'assolement convenu. Tout ce que le fermier ou le propriétaire fait au-delà de ces obligations est matière à dédommagement de la part de l'autre partie.

Dans les contrées les plus pauvres, le métayer ne possède que ses bras, et le capital du cheptel est fourni par le propriétaire : c'est une compensation qu'il offre pour l'infériorité de ses terres. D'autres fois, le métayer et le propriétaire possèdent le cheptel en commun, et fournissent par égale part à son renouvellement. Plus souvent encore les animaux de travail appartiennent au métayer; le fonds des animaux de rente appartient au propriétaire, mais son entretien et son renouvellement se font en commun. Enfin le métayer devient fermier pour les bestiaux et les animaux de rente ; il paie une rente au propriétaire, qui est étranger à cette spéculation.

On remarque dans le Sud de la France, où ces différentes combinaisons sont le plus variées, que celle qui produit les plus heureux effets est l'association complète du propriétaire et du colon dans la possession des animaux de rente. Le concours des moyens des deux parties permet de les augmenter plus facilement, et leur intérêt réciproque tend à multiplier les moyens de les nourrir, et par conséquent de multiplier les engrais. Le propriétaire, qui pourrait voir avec regret l'extension des prairies, s'il ne devait pas participer à leur produit, y encourage son tenancier, et le goût que montrent nos paysans pour le commerce des bestiaux les engage dans une voie de production animale qui tourne au bien du domaine. Cependant nous avons vu cette manie de courses réitérées aux foires et aux marchés n'être pas sans inconvénients pour les familles des colons, surtout quand leur chef n'a pas le don de bien contracter, et qu'il se laisse entraîner à la vie de cabaret. Ici, comme dans toutes les autres branches du métayage, on peut dire que le résultat est d'autant plus heureux que la fusion des intérêts est plus complète, et que les rapports des propriétaires et des colons deviennent plus fréquents et plus intimes.

Dans les pays qui sont en progrès, les colons sont plus portés qu'on ne le croit à entrer dans des arrangements avantageux aux deux parties; nous en citerons un exemple domestique. M. Aug. de Gasparin proposa à un métayer de lui fournir tout le fumier qu'exigerait l'établissement d'une luzerne, à condition qu'il en retirerait seul le produit jusqu'à ce qu'il fût remboursé de cette dépense. C'é-

tait opérer une transformation complète du sol. On élevait
les terres à une haute valeur, en saturant d'engrais pour
l'avenir des terrains alors assez pauvres, mais d'une bonne
nature. Le métayer intelligent, ayant des engrais à discrétion, en mit pour une valeur de 1,700 fr. par hectare, savoir, 1,060 quintaux métriques de fumier, dosant 848 kilog.
d'azote. La luzerne valait alors 7 fr. le quintal métrique, et
243 quintaux par hectare remboursaient cette dépense, qui
fut couverte en trois ans. Tout le travail avait été fait par le
métayer. Après ce remboursement, l'on rentra dans les conditions du métayage, partage du fruit par moitié. Voici les
résultats : Un terrain qui était traité par le système de la
jachère alterne est entré dans un assolement régulier avec
luzerne et garance, et la rente du propriétaire s'est élevée
de 70 fr. à 255 fr., et celle du métayer en proportion.

Voilà donc un exemple où le concours du tenancier et du
propriétaire a réalisé en peu de temps une grande amélioration. On ne se trouve pas partout dans la condition
d'avoir des terres d'une bonne nature et de pouvoir acheter
de l'engrais à volonté; mais il est une foule de spéculations
que l'on peut exécuter dans la même pensée de justice distri-
butive. Le concours du propriétaire comme bailleur de fonds
lui promet un placement bon et assuré de ses avances, et nous
osons croire que le métayage est plus favorable à cet égard
que le fermage lui-même, où les améliorations dépendent
entièrement du fermier, dont les intérêts sont constamment
distincts de ceux du propriétaire, et qui n'envisage que celles
qui lui seront profitables pendant la durée de son bail, tandis
que, dans l'association du métayage, il a sa voix consulta-
tive, n'est pas suspect au tenancier, dont les intérêts se confondent avec les siens, et qui ne répugne pas à voir exécuter
des travaux durables dont il sait qu'il peut profiter. C'est
ainsi que les plantations d'arbres, par exemple, odieuses aux
fermiers, sont ordinairement bien accueillies par les métayers.

Dans les pays à métayage, la population ne participe pas

à ces agitations qui sont le propre de ceux où se produisent des changements brusques et fréquents dans les positions. Les fortunes ne s'y font et ne s'y défont pas rapidement; des intrigues ayant pour but des déplacements mutuels ne donnent pas naissance aux jalousies et aux haines entre les familles. La stabilité des conditions des baux ne donne lieu ni aux enchères passionnées, ni aux coalitions d'un colon contre l'autre. Le vœu de chacun est de conserver la situation dont il jouit ; le propriétaire comme le métayer voient dans la tranquillité publique une garantie pour l'avenir de leurs familles, car l'un et l'autre ont un héritage à transmettre : le premier, la propriété ; le second, le colonat. Dans les temps de révolution, on a vu ces deux classes marcher d'accord, réunies sous le même drapeau, et l'histoire de la Vendée est un exemple frappant de leur unanimité.

Aussi, le métayage, inférieur au fermage comme système agricole, lui est-il supérieur sous une multitude de rapports, et l'on ne doit pas toujours se plaindre de la nécessité qui y enchaîne encore cette vaste étendue de pays qui commence à la Loire, pour ne finir vers le Midi qu'aux confins de la civilisation et de la culture.

DEUXIÈME DIVISION.

LE CAPITAL.

CHAPITRE PREMIER.

Nature du Capital.

L'ouvrier qui économise sur son salaire de la veille la subsistance qui lui est nécessaire pour suffire au travail du lendemain a créé un capital ; mais comme ce capital ne peut pas porter immédiatement ses fruits, il est obligé de deman-

der, à quelqu'un qui en soit pourvu, l'avance nécessaire
pour l'attendre. Si ce capital nécessaire pour pourvoir à ses
besoins n'existe pas, l'entreprise ne peut être poursuivie
jusqu'à son accomplissement. Sans capital, toute industrie,
toute vie même est impossible. Or, le capital n'est autre
chose que l'accumulation de fruits du temps écoulé, destinés
à pourvoir aux besoins des temps futurs.

Le commencement de cette accumulation n'aurait pas eu
lieu s'il n'existait pas un capital primitif formé par la
nature; elle nous a donné les animaux des champs, l'herbe
des prairies, les fruits des arbres et des plantes. Mais les
tribus indiennes de l'Amérique du Nord occupaient 99 kilomètres carrés par individu (1); or, en supposant la France
entière couverte de pâturages, elle nourrirait 15 habitants par
kilomètre carré, tandis que dans son état de médiocre culture
elle en nourrit aujourd'hui 65. Ainsi, sur ce nombre, 50
individus ne vivent que des produits du travail humain, et
ce travail n'a été rendu possible et n'est alimenté que par
l'économie faite d'abord sur les produits naturels, et plus
tard sur ceux du travail lui-même.

Le capital d'une nation a pris différentes formes selon les
applications qu'il a reçues. Il consiste : dans les avances et
les travaux faits en tous genres, et dont le résultat ne peut
être obtenu immédiatement; dans les hommes adultes qui
sont élevés pour la consommation des ressources accumulées
par leurs pères ; dans les animaux qui doivent les aider et
les nourrir; dans les constructions qui doivent les abriter ;
dans les fruits emmagasinés pour la consommation à venir ;
dans les matières préparées et fabriquées grâce aux ressources qui ont nourri les ouvriers, et spécialement, parmi ces
matières, dans les métaux tirés des mines, qui, par leur in-
altérabilité et leur grand prix sous un petit volume, représentent toutes les autres valeurs. Posséder une de ces choses,
c'est posséder un capital.

(1) Volney, *Tableau des Etats-Unis*, t. II, p. 472.

C'est sous cette dernière forme, la forme métallique, que l'on reconnaît surtout cette partie du capital que l'on peut appeler disponible, parce qu'elle peut mettre en possession de toutes les autres, tandis que toutes les autres ne peuvent pas toujours facilement et promptement se transformer en elle.

La vertu de la prévoyance et de l'économie, qui créent le capital, n'appartient pas à tout le monde. Les uns possèdent un capital, et il manque à d'autres. Ces derniers obtiennent de ses détenteurs la faculté d'y participer, en faisant pour eux un travail égal en valeur à ce qu'ils demandent, ou en prenant l'engagement de le rendre plus tard, après en avoir fait usage. Dans le premier cas, les capitalistes sont des entrepreneurs d'industrie; dans le second cas, ils sont des prêteurs. Si les premiers existaient seuls, le nombre des entreprises agricoles et industrielles serait limité comme le nombre de ces capitalistes; avec le secours des seconds, ceux qui ne possèdent pas de capital peuvent aussi devenir entrepreneurs, quand ils inspirent confiance dans leur loyauté et leur capacité.

Il n'y aurait pas de raison pour qu'un capitaliste se dessaisît de son capital au profit d'un autre, s'il n'y trouvait pas un avantage. Son capital n'est nulle part plus en sûreté qu'entre ses mains; en le transmettant à d'autres, il a à craindre qu'il ne périsse par l'inhabileté ou la prodigalité de celui qui l'emprunte, ou qu'il lui soit définitivement soustrait par mauvaise foi; de plus, il se prive lui-même de l'usage fructueux qu'il pourrait en faire. Il ne prêterait donc pas s'il n'espérait rentrer dans la possession de ce qu'il confie à d'autres, et si, outre le capital prêté, il ne retirait encore le fruit qu'il en tirerait lui-même. Ces deux éléments sont ce qui constitue l'intérêt du capital, savoir : une prime d'assurance de la restitution proportionnelle aux risques courus; une part dans les bénéfices que l'emprunteur fera par son aide.

La prime d'assurance ne peut être réglée que relativement à chacun des emprunteurs · les risques qu'ils font courir dépendent de la connaissance acquise de leur caractère, de leur moralité, de leur aptitude. La part de bénéfice que l'on peut exiger n'est indiquée que par la concurrence de ceux qui veulent obtenir l'emprunt, dont l'affluence augmente avec les avantages qu'ils attendent, et cesse quand ces avantages ne compensent pas l'intérêt demandé.

Pour que le capital fût accessible à tout le monde, il faudrait qu'il fût assez abondant pour satisfaire à toutes les demandes; que tous les hommes inspirassent le même degré de confiance, enfin qu'au milieu de cette foule d'entreprises qui surgissent de toutes parts, en produisant une énorme concurrence, elles réussissent toutes de manière à ne pas compromettre l'existence du capital existant, à donner au contraire des bénéfices qui encourageassent l'économie et la formation de nouveaux capitaux. Or, 1° le capital n'a jamais atteint cette extension qui suffirait pour servir à l'accomplissement de tous les projets, à toutes les améliorations désirables et possibles, ensuite à tous les plans que pourrait former l'imagination en délire ou l'ambition de devenir chef d'entreprise; 2° il n'y a aucun moyen physique de discerner à *priori* la capacité, l'intelligence, l'activité, la probité qui assureraient la conservation du capital, tandis que son attribution au premier venu, sans autre distinction que le désir d'en obtenir une part, entraînerait sa ruine imminente et rapide ; 3° le choc de tant d'entreprises rivales, qui n'auraient pas la limite de l'intelligence des capitalistes, mais qui se multiplieraient et s'étendraient au gré du caprice, de l'ambition et de l'ignorance, amènerait des dilapidations nombreuses qui tariraient bientôt la source qui les alimentait, et, par les pertes qu'elles feraient essuyer, rendraient inutile et dangereuse toute nouvelle accumulation du capital.

Ces difficultés ne sont surmontées que par la limitation du capital et son accroissement graduel, et non subit, qui laisse le temps d'étudier ses différents emplois et l'extension qu'on doit leur donner ; par l'intérêt bien éclairé de ses possesseurs,

qui fait discerner et choisir ceux qui sont capables d'en faire
un bon usage. De là aussi, exclusion de cet usage pour un
grand nombre de ceux qui ont l'amour-propre de se croire
aussi habiles que les élus; de là la guerre qui a été déclarée
au capitaliste et au capital lui-même. Il faudrait un capital indéfini, un capitaliste unique, désintéressé et aveugle.
Le capitaliste, ce serait l'État; le capital, le capital national
lui-même.

Pour que l'Etat pût suffire à cette tâche, il faudrait qu'outre les contributions nécessaires à ses dépenses, il pût prélever encore des sommes supérieures aux économies faites
chaque année par les citoyens; car ces économies, transfor-
mées en capital, sont déclarées insuffisantes. Il ne reste donc
plus qu'à trouver le moyen d'imposer à la nation entière un
surcroît d'économie pour grossir le capital disponible, qu'à
la mettre tout entière au régime de la Trappe. Mais, en arrêtant la consommation, les lois somptuaires n'arrêteraient-
elles pas aussi la production, et, sans former de nouveau capital, ne détruiraient-elles pas le capital déjà existant? Voilà le
résultat de toutes les combinaisons artificielles, de tous les
moyens d'économie publique qui n'ont pas pour base la
liberté de l'industrie et celle des citoyens.

CHAPITRE II.

Du Crédit agricole.

En agriculture, le capital peut être employé à acheter la
terre ou à l'exploiter. Emprunter pour une de ces deux
choses, c'est supposer que le produit de la terre achetée ou
celui de l'exploitation surpasse l'intérêt payé pour obtenir
l'argent. Dans le temps où nous vivons, en France, c'est aussi
supposer que l'intérêt de l'argent baissera beaucoup, ou que
le prix des terrains deviendra beaucoup moins élevé et
l'industrie agricole beaucoup plus habile. Il semble donc

qu'aucun de nos compatriotes ne devrait emprunter pour acheter, et cependant le commerce des terres est immense en France, et le plus grand nombre des achats se fait à crédit. Mais c'est que le démon de la propriété y domine étrangement, et que les acquéreurs se condamnent à de longues privations pour refaire par l'économie et le travail la partie du capital sacrifiée pour obtenir le titre si envié de propriétaire. Le crédit n'est donc pas sourd aux demandes de l'agriculture; seulement il prend bien ses mesures pour ne pas risquer son capital. Il n'y a qu'un insensé qui achèterait dans l'espoir de s'acquitter sur le revenu d'un domaine qui rend 2 1/2 ou 5 p. 100, tandis qu'il est obligé d'emprunter à 5 ou 6 p. 100.

L'exploitation agricole n'est pas généralement assez habile chez nous pour contracter à ce taux des dettes avec l'espoir de les payer. L'industrie de l'engraisseur de bestiaux est la seule qui donne cette perspective, quand elle est bien conduite. Mais il y a des opérations qui peuvent augmenter considérablement la valeur d'une terre, sans coûter tout l'excédant de valeur qu'elles lui ajoutent. Un desséchement, une irrigation, etc., sont dans ce cas.

Quand, par des succès constatés et réitérés dans une profession lucrative, on donne au prêteur la confiance que son capital ne sera pas dilapidé; quand cette profession est telle qu'elle nécessite l'emploi habituel du crédit, et que, pour le plus léger manquement d'exactitude, l'emprunteur perd le crédit et sa profession, le prêteur trouve dans ces circonstances une assurance morale d'une fidèle restitution; elle est pour lui un gage suffisant; car c'est l'avenir de l'emprunteur, son existence tout entière qu'il a pour garantie. C'est ce qui arrive pour le commerçant et le manufacturier. La contrainte par corps est une dernière sanction pénale contre la mauvaise foi; la juridiction des tribunaux consulaires, dégagée de formalités, sommaire et expéditive, régit les obligations commerciales, et n'épouvante pas les capitalistes de la perspective fâcheuse des procédures compliquées dont les menaceraient d'autres natures de transactions.

Mais quand, au lieu d'avoir affaire à un commerçant, c'est un agriculteur qui se présente pour obtenir un prêt, la situation est complétement changée. Plus de garantie personnelle; les opérations de l'agriculteur sont à long terme; ses succès ou ses revers ne sont pas distinctement appréciés; ils n'ont pas la publicité des opérations commerciales. Il peut manquer à ses engagements sans compromettre sa position d'agriculteur, sans perdre son état; son recours au crédit est rare, et il peut resserrer ses opérations de manière à se suffire plus ou moins bien, après avoir perdu la confiance des prêteurs. Ce n'est qu'au moyen d'une fiction contestable qu'on le transforme en négociant et qu'on l'entraîne devant le tribunal de commerce. Les saisies de ses récoltes conduisent dans le dédale de la chicane. En un mot, l'agriculteur n'a pas de crédit personnel; il faut qu'il donne un gage pour obtenir de l'argent. S'il est propriétaire, ce gage est une hypothèque sur sa terre.

Le prêt hypothécaire devient très-cher par les formalités dont il est entouré, et par la prime d'assurances contre l'éventualité d'un procès en expropriation que ne manque pas de prendre le prêteur. Un emprunt remboursable à court terme devient une véritable aliénation; car si, le terme venu, on n'a pas réalisé le bénéfice ou l'amélioration que l'on projetait, il faut emprunter de nouveau ou vendre. Dans les conditions agricoles, qui exigent beaucoup de temps pour obtenir des résultats, le crédit hypothécaire n'est réellement utile qu'autant que le remboursement est éloigné et qu'il peut s'opérer au moyen d'un fonds d'amortissement payé ou économisé annuellement, ce qui produit la libération au bout d'un certain nombre d'années de sacrifices, dont la portée peut être mesurée d'avance.

Pour qu'une banque hypothécaire pût se former, dans des conditions de viabilité, afin de prêter de l'argent à long terme

avec amortissement de la dette (en cinquante années, par
exemple), pour qu'elle pût trouver les sommes immenses
qui lui seraient nécessaires, il faudrait qu'elle pût être assurée de la validité du gage, de la sûreté et de la facilité du
remboursement, et qu'elle eût la faculté d'émettre un papier
de crédit qui appelât à son aide une foule de petits prêteurs.
Ainsi : 1° plus d'hypothèques occultes ou générales ; inscrip-
tion de toutes les créances, de quelque cause qu'elles pro-
vinssent, dots, cautionnements, garanties de tutelle, engagements envers l'Etat, emprunts, etc. ; 2° affectation d'un
immeuble ou d'une partie d'immeuble spéciale à chaque
dette, sans que cette hypothèque pût se transporter sur un
autre immeuble ou une autre partie d'immeuble du même
propriétaire ; 5° droit pour la société de mettre immédiatement en vente le bien hypothéqué, sans formalité longue
et coûteuse, faute de paiement d'une ou de deux annuités ;
4° le prêt serait effectué en billets portant intérêts, rembour-
sables à bureau ouvert (dans les contrées de l'Allemagne
où ces banques existent, ces billets ont cours avec une
prime) (1).

On a proposé de rendre les hypothèques transmissibles
par voie d'endossement, et l'on a cru avoir résolu par là le
problème de rendre le prêt plus général et plus facile ; mais
il est aisé de voir que ce moyen ne donnerait aucune garantie aux tiers-détenteurs de ces contrats, contre l'imprudence
ou la connivence du premier prêteur, et qu'on n'accepterait
pas une condition aussi suspecte. De son côté, le créancier
aurait un créancier inconnu, qui pourrait le mettre sans
pitié sous le coup d'un remboursement, au lieu du créancier
connu de lui et qu'il aurait accepté.

Mais si du crédit hypothécaire nous passons au véritable
crédit agricole, à celui qui serait ouvert aux simples exploitants, aux fermiers, aux métayers, nous manquons de base

_____

(1) Royer. *Institution du crédit en Allemagne.*

à lui donner, car nous n'avons plus de gage à offrir. En effet, les tenanciers ne possèdent qu'une propriété mobilière, leur cheptel, et elle est engagée en première ligne au propriétaire pour le paiement de sa rente. Le prêteur ne viendrait donc qu'en seconde ligne, et à travers les difficultés des tribunaux civils. La garantie personnelle n'existe pas pour eux. En Angleterre et en Amérique, la fréquence des transactions, l'activité de l'industrie agricole, le bas prix de l'intérêt, l'abondance des capitaux, et par-dessus tout l'assimilation complète de l'agriculteur au commerçant, favorisent le crédit agricole, et le fermier n'est pas exclu du crédit par son seul titre d'agriculteur.

CHAPITRE III.

Emplois divers du capital agricole.

Le capital est destiné à pourvoir à tous les besoins de l'exploitation ; il reçoit les divers emplois qui sont indiqués par ces besoins. Tantôt il se transforme en fonds de terre, d'autres fois en bâtiments, ou en bêtes de travail, en bestiaux de rente, ou en salaires d'ouvriers.

On a fait de bonne heure la distinction de ces emplois, et elle a été dictée par la nature des choses. Il était naturel que le capital employé d'une manière si fixe qu'il ne faisait, pour ainsi dire, qu'un corps avec la propriété elle-même, qu'il en était inséparable, et que sa durée dépassait le terme le plus éloigné des baux, appartînt au propriétaire lui-même, fût fourni et entretenu par lui. On l'a appelé capital fixe ou capital de fonds. Son caractère est donc de n'avoir besoin que d'un entretien ou d'un renouvellement à long terme.

Une autre partie du capital est employée en achat d'instruments, de bestiaux, qui ont une durée bien moins longue, et qui ne gardent toute leur valeur pécuniaire qu'au moyen de remplacements partiels, opérés successivement, à mesure de

leur dégradation ; mais cette valeur primitive une fois constatée, il est facile de déterminer à chaque époque ce qu'elle a
perdu, par conséquent la valeur de l'altération qu'elle a
subie, et qu'il faut lui restituer pour la remettre en son premier état. Cette partie du capital qui se distingue ainsi non-
seulement par la moindre durée ou la mobilité de ses parties,
mais encore par la fixité de sa valeur totale, tandis que le
capital fixe est invariable dans chacune de ses parties et variable dans sa valeur totale plus ou moins altérée par le
temps, a pris le nom de *cheptel*.

Ce mot de *cheptel* n'est autre chose que la corruption du
mot *capital* lui-même, et c'était en effet la principale partie
du capital agricole, quand la possession des terres, dans leur
état vague d'inculture et de négligence, était à peine considérée comme un avantage. Les tribus nomades n'ont d'autre
capital que le *cheptel*. Aujourd'hui, la plupart des fermiers
sont possesseurs du cheptel, et ce n'est que dans les pays les
plus pauvres qu'il est attaché à la terre par le propriétaire,
qui le fournit, ou plutôt le loue, à son tenancier.

Enfin, une dernière partie du capital doit fournir aux
dépenses qui se transforment et se reproduisent sous d'autres espèces ; dépenses qui, une fois faites, disparaissent
comme argent ou comme matières premières, et deviennent
des produits de différentes sortes, du blé, de l'huile, de la
laine, du lait, etc. ; dépenses annuelles, et qui doivent être
renouvelées annuellement. Cette partie du capital prend le
nom de capital circulant ou fonds de roulement. Je lui donne-
rais volontiers le nom de *capital transformé*. Elle doit nécessairement appartenir à l'exploitant qui en dispose.

Dans le capital fixe, qui représente des objets toujours
intrinsèquement les mêmes, comme matière, si ce n'est
comme valeur, se trouvent les fonds de terre, les bâtiments
d'exploitation, les travaux de desséchement ou d'irrigation
fixes, les clôtures, les chemins, etc. ; enfin l'entretien de tout
ce matériel.

Le capital de cheptel, qui doit renfermer des objets sans cesse variables, mais fixes quant à leur valeur au moyen de leur renouvellement proportionné à leur déperdition, comprend les bêtes de travail, les animaux de rente, les instruments agricoles, les voitures, les harnais, le mobilier de la ferme.

Enfin, le capital circulant ou fonds de roulement se compose des provisions nécessaires pour nourrir les hommes et les animaux, du salaire des ouvriers, des semences, des engrais, des sommes nécessaires pour amortir les pertes du capital du cheptel, de celles qu'exige la protection de l'Etat, la direction, la surveillance et l'entretien du domaine, la rente, etc. Il arrive souvent que la partie de ce fonds qui sert à payer les impôts reste à la charge du propriétaire; celle qui concerne la surveillance lui est aussi dévolue en partie.

CHAPITRE IV.

Du Capital fixe ou foncier.

Le capital fixe comprend tout ce qui concerne l'acquisition du fonds, sa mise en état de passer entre les mains de l'exploitant, qui ne doit plus avoir à y faire que l'application du fonds de roulement. Le capital doit pourvoir, en outre, à l'enlèvement de tous les obstacles qui s'opposent à la culture, arbres, broussailles, pierres, ce qui constitue le premier défrichement; à purger le sol des eaux nuisibles, ou le desséchement; à y amener les eaux utiles, ou l'irrigation; à créer des abris contre les vents et contre le maraudage, ou les clôtures; à construire les bâtiments pour abriter les exploitants, leurs bestiaux et leurs récoltes; à ouvrir les voies de communication du centre aux différentes parties de l'exploitation, et du centre de l'exploitation aux marchés de vente ou d'approvisionnements; enfin à garantir le tenancier de tout trouble et à surveiller l'exécution de ses engagements.

SECTION I. — *Acquisition du fonds.*

Nous avons vu dans le premier volume de cet ouvrage les moyens de déterminer la valeur réelle de la rente : cette valeur n'est qu'un des éléments de celle du prix réel de la terre. Les causes qui font varier le rapport entre la rente et ce prix sont très-nombreuses et très-variables. Ainsi, pour n'en citer qu'une, sur le même territoire on trouvera à acheter la terre en payant vingt-cinq fois la rente, dans une situation éloignée du centre de population ; on aura de la peine à en trouver au prix de quarante fois la rente, près de la ville où la population est réunie. Pour la terre comme pour toute autre marchandise, c'est la concurrence des acheteurs qui fait hausser le prix ; la proportion de l'offre à la demande est ce qui le constitue.

Les risques que peut courir la possession, dans l'opinion du public, éloignent la demande. Ainsi, on paie moins cher les terres exposées aux ravages de la guerre, aux inondations qui peuvent menacer l'existence du sol. Quand ces inondations viennent d'avoir lieu, les terres mêmes qui ont été épargnées baissent de prix ; quelques années de tranquillité, où les eaux n'ont fait aucun ravage, le font hausser.

Dans les temps ordinaires où l'on a joui de plusieurs années exemptes de crise, la valeur générale des terres prend bien une certaine proportion avec l'intérêt commercial de l'argent ; mais ce n'est pas une règle constante. A l'époque de la folie de l'agiotage et des chemins de fer, beaucoup de grands domaines furent vendus pour acheter des actions, et le prix relatif des terres baissa dans leurs environs. Dans les pays où les paysans sont laborieux et ont de l'aisance, il y a une hausse constante dans la valeur des terres ; puis les siècles amènent des variations considérables dans cette valeur. Guy Coquille nous apprend qu'au XVIᵉ siècle le prix d'un domaine *roturier* était estimé valoir vingt fois la rente (1); au moment de la plus haute prospérité de la France, celui qui a précédé la révolution de 1848, il fallait pour acheter une terre en payer quarante fois la rente. Le taux de l'intérêt placé en rentes sur l'Etat était alors de vingt-quatre fois la rente, et en compte courant les banquiers ne recevaient l'argent que sur le pied de trente-trois fois la rente. Les terres incultes se paient dans la proportion de la rente que l'on retire de leur pâturage. Presque toujours la valeur des terres est une mesure du degré de civilisation, de prospérité générale, de richesse, et d'une bonne administration de la justice. Leur bas prix n'est que trop souvent compensé par des difficultés de plusieurs sortes : difficultés pour trouver de bons tenanciers, procès, avances, déprédations, inquiétudes et dangers qui imposent une masse de risques et de désagréments que l'on paie toujours trop cher en achetant à bon marché.

Aussi, avant de s'enthousiasmer pour une terre, faut-il connaître la position des propriétaires du pays. Nous nous défierons toujours des contrées où ce n'est pas de leur propre volonté que les propriétaires deviennent eux-mêmes exploiteurs du sol, mais bien faute de trouver des tenanciers capables ou assez riches; de celles où les chefs de l'Etat et de l'administration ont des pouvoirs illimités, avec quelque douceur qu'ils soient momentanément exercés; où des impositions arbitraires peuvent être exigées, où l'on fortifie les habitations et où l'on trouve habituellement des armes de guerre en état; où les procès ont une longue durée; où les hommes de lois sont nombreux et font des fortunes rapides; où la liberté de conscience n'existe pas, et où les prêtres ont une juridiction sur notre for intérieur; où il y a un grand nombre de médecins et de pharmaciens, et où l'on vend beaucoup de quinine; de celles qui sont des points stratégi-

(1) *Coutumes du Nivernais, assiette des terres,* art. 8.

ques, ou qui environnent les places fortes ou autres, occupées, traversées, dévastées dans toutes les guerres entre
deux voisins puissants, etc. On pensera sans doute que si ces
circonstances fâcheuses n'empêchent pas de faire une acquisition, elles doivent entrer en sérieuse considération dans le
prix que l'on offre de la terre.

D'un autre côté, quand le pays est libre et prospère, on
fait quelquefois une très-bonne spéculation en achetant à
un taux qui paraît élevé par rapport à la rente, parce qu'alors
les méthodes de culture sont en voie de perfectionnement,
que le capital de cheptel et le fonds de roulement s'accroissent,
que la concurrence des tenanciers s'augmente, et qu'ainsi,
par la seule impulsion du temps, la rente s'élève, et la valeur
de la propriété s'accroît dans la même proportion. N'avons-
nous pas vu fréquemment, dans notre Midi, le prix des terres
s'élever de 10 à 18 dans la période qui s'est écoulée de 1810
à 1840, par l'effet combiné d'une plus grande sécurité d'une
bonne administration, d'une justice impartiale, et du progrès
de l'industrie ? Il y avait à la fois accroissement de la rente et
du *denier* (taux relatif) auquel on achetait les terres.

Si l'on ne tient aucun compte de ces circonstances sociales,
si l'on suppose la société parvenue à un état stationnaire, si l'on
ne considère la terre que comme un simple placement d'argent, sans prétendre y faire d'autres dépenses que celles
nécessaires à son entretien, sans rien sacrifier à son amélioration, il ne faut se préoccuper en achetant que du montant
de la rente, et nous avons dit ailleurs comment il fallait
l'apprécier ; mais si l'on comprend que la terre peut devenir
un instrument d'accroissement pour notre fortune, il faut
examiner aussi l'état de son agriculture, le système par lequel elle est exploitée, le degré de perfection avec lequel il
est conduit, et la possibilité de faire mieux dans ce système
ou de passer à un système plus avancé. Dans le premier cas
il suffit de réserver sur son capital, en sus du prix d'achat,
une somme suffisante pour que son intérêt pourvoie à l'en-

retien du domaine, ou régler son budget de manière à ce qu'une partie de la rente soit réservée à cet usage. Dans le second cas, le solde du prix d'achat doit nous laisser encore disponibles les sommes nécessaires pour effectuer les perfectionnements que l'on médite.

SECTION II. — *Partie du capital de fonds employée à la mise en valeur du domaine.*

La partie du capital de fonds qui doit être employée à mettre en valeur le domaine lui est applicable depuis le moment où il est encore en friche jusqu'à celui où il est dans un état de fertilité très-avancée.

Soit d'abord une lande ou un pâturage qu'on achète pour le soumettre à la culture. Il faut en premier lieu le défricher, car le tenancier ne se chargera de son exploitation que quand le propriétaire aura fait cette dépense, à moins qu'on ne convienne de la laisser prélever sur le produit futur de la terre. Il faudra ensuite procurer un abri à l'exploitant, à ses bestiaux, à ses récoltes ; il faudra créer des abris et des clôtures, mettre le terrain à l'abri des inondations et des eaux courantes ou stagnantes. Ce n'est qu'après l'exécution de ces travaux que la culture de toutes les plantes herbacées pourra s'y établir convenablement. Mais quant aux plantations d'arbres et d'arbustes dont la durée dépasse celle des baux ordinaires, elles deviennent partie intégrante du fonds et doivent aussi être exécutées par le propriétaire, parce que, attendu la longue durée de leur production, une partie seulement profite au tenancier, dont le bail est plus étroitement limité, et l'autre partie reste incorporée à la terre, et sert à augmenter sa valeur lors du renouvellement du bail.

Nous avons traité longuement du défrichement dans notre troisième volume, et nous ne reviendrons pas ici sur les méthodes que l'on emploie et les frais qu'elles occasionnent. On est rarement dans le cas de débuter par cette opération dans nos pays avancés en civilisation ; excepté quelques pâturages communaux ou portions de forêts de bonne nature, l'agriculture s'est emparée depuis longtemps des terrains de quelque valeur. Ce n'est que dans les nouvelles colonies que le défrichement devra suivre l'acquisition. Dans tous les cas, il ne faut pas perdre de vue que l'état du sous-sol peut exiger des travaux plus ou moins profonds, et ne pas s'arrêter à la surface pour calculer les frais de cette opération. De nombreuses broussailles exigent des opérations préliminaires, peut-être l'écobuage. Les palmiers nains de l'Afrique sont un des plus sérieux empêchements des colons qui veulent cultiver ce pays. De grands arbres à extirper peuvent être un avantage dans les pays où le bois a une grande valeur ; mais ils sont un grand obstacle dans d'autres contrées. Ce n'est qu'après un examen sérieux que l'on peut déterminer le prix d'un défrichement.

Après le défrichement, il faut considérer si le terrain conserve en certaines saisons une humidité superflue. Nous avons traité aussi de la manière de s'en débarrasser, au moyen de fossés ou de tranchées couvertes, quand on possède la pente nécessaire pour l'écoulement des eaux (1). Cette opération assainit le sol, modifie ses propriétés, en le transportant, quant à la chaleur propre, dans un autre climat ; elle ajoute à l'épaisseur de la couche dans laquelle les plantes peuvent étendre leurs racines, et les fermiers anglais n'hésitent pas à payer au propriétaire qui entreprend ces travaux un intérêt élevé (5 p. 100) de la dépense de capital qu'il fait. Le *drainage* (c'est ainsi qu'ils appellent le défrichement par tranchées couvertes) s'étend de plus en plus dans la Grande-Bretagne, et bientôt toutes les terres y seront soumises. On le doit surtout à l'invention et au bon marché des tuyaux de briques qui forment des canaux souterrains dont la durée est éternelle (2). D'après les expériences faites en An-

(1) Tome I, p. 462, 2ᵉ édit.
(2) *Du Drainage*, par Naville ; Parkes, *Mémoires divers dans le*

gleterre, l'augmentation de la rente est d'un quart au moins
de la dépense dans les terres où le besoin s'en fait sentir.
Elle s'est portée de 200 à 450 fr. par hectare, selon l'état
du terrain, la facilité d'approfondir la tranchée et le besoin
de la multiplier.

L'irrigation du terrain est aussi une dépense très-variable,
selon la distance où l'on doit prendre l'eau, les obstacles
pour la conduire et la manière de se l'approprier. Elle doit
être calculée pour chaque cas particulier. Ici il faudra faire
des écluses coûteuses, des canaux prolongés, des ponts-aque-
ducs, des bassins de retenue, etc.; ailleurs il suffira d'un
simple fossé de conduite (1). Mais il est un autre élément qu'il faut considérer avant de se livrer à cette opération : c'est le bénéfice que l'on en retirera, en comparant le revenu des terres irriguées aux terres sèches de la
contrée. Plus l'on cultive dans un pays méridional et plus
cette différence est grande, parce que l'eau permet d'y
prolonger la végétation pendant la saison de l'été, saison où
elle est arrêtée par la sécheresse des terrains, et parce qu'elle
rend possibles des semis d'été, dont on fait la récolte en automne.

Dans les pays où le vent souffle avec force on ne doit pas
négliger de créer des abris. M. Hardy le recommande
pour les terres de l'Algérie, où les vents du nord ont une
action si marquée, et où ils arrêtent la croissance des arbres
à une certaine hauteur. Il veut créer à la tête de chaque
champ une triple haie de cyprès, de lauriers et d'arbres
verts de différentes sortes (2). Les haies de cyprès sont aussi
usitées en Provence. MM. Trochu et Rieffel forment leurs
abris dans les terrains des Landes, avec des pins maritimes;

Recueil de la Société d'Agriculture de Londres ; STEPHENS, Guide du
Draineur, traduit en français par FAURE, etc., etc.

(1) Tome I, p. 435 et suiv.
(2) Comptes rendus de l'Académie.

à Belle-Ile, des plantations de 20 mètres de hauteur préservent un espace de 500 mètres de l'impression des vents d'ouest; ils arrivent donc sur le sol avec une inclinaison de 8 ou 9 degrés. A Orange, les vents du nord nous arrivent sous un angle de 15 degrés; une rangée de cyprès de 10 mètres d'élévation préserve 267 mètres du vent; une haie de lauriers de 5 mètres préserve 80 mètres. Mais comme ces derniers se dégarnissent et qu'il faut les couper tous les sept ou huit ans, il faudrait disposer les abris de 40 en 40 mètres, et ne les couper qu'alternativement.

Les clôtures contre le maraudage ou la divagation des bestiaux sont d'une autre espèce; il suffit qu'elles soient difficiles à franchir et qu'elles ne déplacent pas les limites en s'avançant par les rejetons de leur pied.

La mise en état des terres exigerait encore une dépense foncière que le propriétaire fait rarement, mais qui est faite graduellement par les exploitants, si les baux sont bien entendus, et qui est réellement payée par des réductions faites sur la rente. Nous voulons parler de l'opération de porter la terre à son plus haut degré de fertilité, opération que l'on ne doit tenter que sur des terres qui soient d'ailleurs parfaitement saines.

Nous savons que certaines parties constituantes de la terre, l'argile, les oxydes de fer, le charbon, ont la propriété de condenser dans leurs pores et de conserver à l'état latent une partie de l'engrais déposé dans le sol, de telle sorte que, jusqu'à ce que ces matières en soient saturées, les fumures ne produisent qu'une partie de l'effet que l'on eût obtenu sur des terres saturées. C'est la dose relative de l'engrais latent que possèdent les terres qui place les mêmes natures de sol dans les périodes fourragères, céréales ou commerciales. Avant d'être parvenue au point de saturation, la valeur productive de l'engrais, au lieu d'être 100, ne sera plus, par exemple, que 80, 75, 50, et même moins, pour les terres où on le dépose.

Or, nous avons vu (1) que le sol n'était saturé que quand il possédait une quantité d'engrais contenant en azote 0,000015 du poids total de la terre cultivée, pour chaque centième d'argile entrant dans la composition de cette terre. Supposons que le mètre cube de terre pèse 1200 kil., et qu'on laboure à $0^m,25$ de profondeur, l'hectare de ce terrain sera saturé par un engrais contenant $0,000015 \times 50 \times 10000 \times 0,25 \times 1200 = 2250$ kilogr. d'azote, ayant une valeur actuelle de $2250 \times 7,5 = 16,75$ kil. de blé (5,712 fr. 50 c.). Voilà à quel prix ce terrain passerait à la période commerciale la plus avancée, en supposant que le point de départ fût l'absence complète de sucs fertilisants dans le sol.

Mais on ne part pas toujours d'aussi loin et l'on ne cherche pas à arriver aussi haut tout à coup. Ce n'est le plus souvent que par les progrès lents de la culture que se fait cette accumulation de gaz dans les pores des argiles, des ocres et des terreaux. Le haut prix de cette amélioration explique bien celui des terres parvenues à cet état de fécondité. Nous avons montré plus haut (métayage) comment on peut y parvenir par des avances judicieuses qui ne tardent pas à rentrer.

L'étendue et le développement à donner aux bâtiments des fermes dépend partout et principalement du nombre et de la nature du bétail que l'on tient sur le domaine. Une ferme dépourvue de bétail n'a besoin relativement que d'une faible étendue de bâtiments, puisque les récoltes céréales n'exigent pas beaucoup de place, comparativement aux récoltes fourragères. Examinons cependant en détail ce que l'on doit nécessairement dépenser dans les différents cas.

Nous avons recherché dans différents pays la valeur des bâtiments d'habitation des fermiers, en nous arrêtant à ceux qui les contentaient, considération très-importante, car l'état de ces bâtiments entre pour beaucoup dans le choix qu'ils font d'une ferme, et leurs femmes, qui ont une si grande part

(1) Tome I, p. 64, 65.

dans leurs déterminations, les décident, même à de moins
bonnes conditions, pour celles qui ont des habitations commodes. Nous avons trouvé que les métayers qui ne possèdent
qu'un capital de 4,800 fr. avaient un logement d'une superficie de 81 mètres carrés, avec un étage au-dessus. Dans
le pays que nous habitons, le mètre carré de surface d'un
pareil bâtiment coûte 22 fr., ce qui donne un total de
1,782 fr. Au-dessus de ce minimum, le bâtiment s'agrandit
et s'embellit par de bonnes distributions intérieures, en proportion du capital du fermier, de manière à représenter en
valeur le quart de son capital d'exploitation, ce qui suppose,
pour un fermier dont le capital serait de 50,000 fr., un logement de 12,500 fr.

Chaque cheval ou bête à cornes occupe un local de 9 mètres carrés, et exige en sus 25 mètres carrés pour 100 kilog
de son poids, pour sa provision de fourrages. Le foin pèse
60 kilog. par mètre cube. Si le poids moyen des bêtes était
de 400 kilog., il faudrait donc 100 mètres cubes de grenier
à foin pour chacune d'elles, et il faudrait donner 11 mètres
d'élévation au grenier à foin au-dessus des étables, si on
voulait y loger toute la provision des animaux. Une partie
de ces greniers devra donc être séparée des étables, quand
on ne se servira pas de meules pour conserver ce supplément
de provision. Quoi qu'il en soit, en donnant $4^m,70$ d'élévation au grenier à foin, nous devons compter $5^m,5$ de surface
de grenier à foin pour chaque 100 kilog. du poids des animaux à nourrir à l'aise toute l'année. Ainsi, dans l'hypothèse
et au prix indiqué ci-dessus de 11 fr. par mètre de superficie d'un seul étage, nous aurions, pour chaque animal de
400 kilog.,

9 mètres cubes pour son logement. . . . .   99 fr.
22 mètres cubes pour son fourrage. . . .   242
                                            ‾‾‾‾
                                            341

Dans les pays où l'on construit les toits en chaume ou en

roseaux, les bergeries reviennent à 6 fr. 25 c. par tête de mouton ; si la toiture est en tuile, à 8 fr.

Dans les pays où l'on engrange les gerbes, il faut $5^{mc},2$ de bâtiments par hectolitre de blé récolté, et, en donnant 5 mètres de hauteur aux granges, nous avons $0^m,16$ de surface par hectolitre, ou pour 1 fr. 60 de bâtiments. Nous nous bornons ici à ces indications, et renvoyons à notre second volume pour les autres genres d'exploitation et pour les autres ouvrages d'art. Ajoutons seulement quelques mots relativement aux bâtiments destinés au propriétaire.

La résidence, ou au moins la présence fréquente du propriétaire, peut être très-avantageuse à la propriété rurale. Un bâtiment destiné à faciliter sa surveillance, dans les limites où elle est nécessaire, ne sera pas une dépense inutile, et pourra être portée en ligne de compte dans le capital foncier. Mais il est facile de se faire illusion sur l'importance de cette surveillance, et de confondre ce que l'on consacre à la jouissance des plaisirs de la campagne avec ce qui serait rigoureusement nécessaire à un agent qui en serait chargé. Dès que ce bâtiment modeste se change en une habitation de famille ou en une maison de plaisance, ce n'est plus au capital foncier, mais au budget de nos dépenses personnelles, que cet article doit être porté.

Si nous comparons ces données à celles de l'expérience, nous trouverons dans nos fermes du Midi, de 50 hectares, conduites par le système de jachère biennale, dont la rente est de 1,500 fr., la dépense suivante en bâtiments :

1° Bâtiments du fermier.	1,782 fr.
2° Pour 4 chevaux et grenier à foin. . . .	1,364
3° Pour 50 moutons.	550
4° Loges de deux cochons.	50
5° Poulailler de 48 poules.	96
6° Hangar pour 3 charrues et 1 charrette (80 mètres carrés).	800
	4,642

C'est-à-dire plus de 3 fois la rente.

A Pontrieux (Côtes-du-Nord), nous trouvons, pour une ferme de 1,500 fr. de rente :

1° Maison.	4,000 fr.	
2° Écurie.	1,500	
3° Etable	2,000	
4° Grange.	1,500	
5° Cochons	400	
	9,400	

ou plus de 6 fois la rente (1).

Le capital du fermier était de 5,400 fr. de cheptel et 4,600 fr. de fonds de roulement, total 10,000 fr., ce qui exigeait seulement une maison d'habitation de 2,500 fr. On voit qu'ici les constructions sont plus chères et plus étendues, et que d'ailleurs le bétail est plus considérable.

M. Rieffel attribue 125 fr. de constructions à chaque hectare dans les landes de la Loire-Inférieure. Ce serait seulement 5,750 fr. pour nos 50 hectares (2).

En récapitulant maintenant l'ensemble des dépenses faites par le capital du fonds, le même auteur, partant de l'acquisition et du défrichement des terres, l'estime ainsi qu'il suit pour un hectare de terrain :

1° La valeur primitive de ces landes était de.	19 fr. 32 c.	
2° Constructions de toute espèce.	125	»
3° Fossés et clôtures.	30	»
4° Défrichement.	80	»
5° Chemins et pontceaux	11	»
6° Chaulage, marnage et terreautage.	35	»
7° Nivellement, desséchement et épierrement.	48	»
8° Dépenses générales, intérêts du fonds et plantations.	196	»
	544	32

L'auteur prévoyait que, sous peu, ces dépenses s'élèveraient à 600 fr. Les terres n'étaient encore que dans la période fourragère de Royer, ou plutôt en période mitoyenne

(1) *Agriculture de l'Ouest*, t. III, p. 246.
(2) *Ibid.*, t. II, p. 27.

entre la période fourragère et la période céréale; il ne croyait pas pouvoir en tirer 50 fr. de rente, c'est-à-dire 5 p. 100 du capital dépensé. Nous avons vu, en traitant de l'assolement de Granjouan, que les engrais n'y produisaient qu'environ le tiers de leur effet normal. On peut donc présumer que les argiles sont loin de leur saturation, et que, pour amener ces terrains au maximum de produit, il faudrait une grande dépense en engrais. Pour en juger, il faudrait connaître la composition du terrain, que l'auteur ne nous donne nulle part.

Maintenant, qu'il nous soit permis de calculer le capital qu'il faudrait dépenser sur une propriété rurale que nous voudrions porter à son maximum de produit. Nous prendrons pour exemple un domaine de 20 hectares seulement, dont les terres contiennent 40 p. 100 d'argile; qui produise dans son état actuel 18 hectolitres de blé par hectare, avec une fumure régulière dosant 60 kil. d'azote; dont les terres soient saines sur une partie de leur étendue, mais nécessitent des travaux de desséchement sur un quart de leur surface; dont l'hectare soit affermé à 70 fr., mais puisse atteindre, après une amélioration complète, à une rente de 255 fr., en appliquant l'assolement de Nîmes, dont on fera consommer les produits. Les soles sont de 1,65 hect. de terrain.

Ce domaine exigera une charrue et deux bêtes de travail à demeure, que l'on pourra faire aider par des forces auxiliaires, quand il s'agira de labours profonds. La récolte de foin, quand les terres seront parvenues à leur maximum de produit, sera de :

Luzerne.	105,600 kil.
Sainfoin.	24,750
	130,350
Si l'on en soustrait la nourriture de deux chevaux de 400 kilog. de poids, ou.	11,328
Il reste.	119,022

pouvant servir à engraisser 1,190 moutons.

Mais on fera deux engrais consécutifs; il suffira donc d'avoir une bergerie pour 595 moutons.

Le capital du fermier sera tout en fonds de roulement de la manière suivante :

Frais de culture.	2,717
Achat de 595 moutons.	11,900
Garde et soins (4 hommes pendant six mois).	1,620 fr.
	16,237

Dépenses capitales ou foncières.

1° Un bâtiment d'habitation (1/4 du capital du fermier)   4,059 fr.

2° Écurie pour 4 chevaux. . . . . , ...   400

3° Grenier à foin pour 1,303 quintaux de foin, qui exigeront 2,172 mètres cubes de grenier, ou 472 mètres carrés de surface, avec une hauteur de 4^m,60 . . . .   }
4° Bergerie (1) pour 595 moutons, à 1 mètre carré; ci 595 mètres carrés à 22 fr. . . . . /   13,090

5° Loges à cochons et poulailler.   200

6° Place à fumier.   200

                    Bâtiments. 17,949

Terres.

7° Desséchement complet du quart du domaine, ci 5 hectares à 300 fr.   1,500

8° Fertilisation : 60 kilog. d'azote devraient produire 30 hectolitres de blé; ils n'en produisent que 18; ainsi on peut conjecturer qu'il manque au terrain $\frac{12}{30}$ de fertilité pour être saturé. Or, nous avons 40 p. 100 d'argile, dans un terrain pesant 1,638 k. le mètre cube; par conséquent, en supposant qu'on laboure à 0^m.25 de profondeur, il faudra pour la saturation complète d'un hectare $0,000015 \times 40 \times 0,25 \times 10000 \times 1638 = 2,457$ kil. d'azote, et dans le cas présent les $\frac{12}{30} = \frac{4}{5}$ de cette quantité, ou 983 kil.; soit pour 20 hectares 19,660 kil. d'azote,

                   A reporter. 19,449

(1) Dans le Midi, la bergerie peut servir au printemps de magnanerie.

Report.   19,449

valant **147,450** kilogr. de blé, ou.   32,439

9° Prix d'achat des terres, 40 fois la rente égale à
   70 fr.; ci 2,800 fr. par hectare, ou pour 20 hectares   56,060

10° 5,680 mètres de haies de clôture en aubépine . .   2,844

11° 800 mètres de chemins ruraux.   800

                                                    _____

                                                    111,533

produisant **255 × 20 = 5,100** fr. de rente. On aura la terre pour **22 fois le prix** de la rente; on l'avait achetée, avant l'amélioration, pour 40 fois la rente.

SECTION III.—*Partie du capital de fonds consacrée à l'entretien.*

L'entretien du fonds et de ses accessoires en bon état n'est pour ainsi dire qu'une continuation de la première dépense; il exige ou une nouvelle main-d'œuvre pour les réparations qui sont nécessitées par les ravages du temps et l'inclémence des saisons, ou une surveillance active sur les dégradations qui seraient causées par l'abus des tenanciers, comme les excès d'une culture qui enlèverait plus de fertilité qu'elle n'en apporterait.

Un bâtiment bien construit en pierre et chaux, qui ne sera pas un bâtiment de luxe, pourra être bien entretenu en y consacrant 1/2 p. 100 du prix de sa construction. D'autres genres de matériaux plus ou moins durables modifient ce chiffre. On doit y ajouter le prix de l'assurance contre l'incendie, qui, pour les bâtiments ruraux, est toujours plus élevé que celui des villes, soit à cause des matières combustibles qu'ils renferment, soit à cause de la difficulté des secours. Cette assurance doit être mise par le bail à la charge du fermier, qui est civilement responsable des sinistres.

L'entretien des fossés d'écoulement découverts est aussi une des charges du bail et s'élève à 1/10 des frais d'ouverture. Les tranchées couvertes, faites en tuiles ou pierres plates, doivent être ouvertes, et nettoyées à des époques d'autant plus rapprochées que la pente est moins grande et qu'ainsi elles s'engorgent plus facilement. Il faut, au moins, les revoir tous les dix ans ; mais les mêmes matériaux servent, et l'on ne doit compter au plus, pour chaque fois, que le 1/10 du prix primitif, quand leur profondeur n'est pas de plus de 0^m 50. Si la pente est suffisante, on peut se dispenser complétement de toute réparation. On juge de leur nécessité en examinant, lors des pluies, si leur débouché continue à fournir la quantité d'eau accoutumée.

Les canaux d'irrigation doivent aussi être repurgés à mesure qu'ils se comblent ; moins la pente est forte et plus les eaux sont limoneuses, plus ces repurgements doivent être fréquents.

On sait, en général, dans chaque pays, ce que coûte l'entretien des digues, surtout quand elles sont sous la direction d'un syndicat ; mais les débordements extraordinaires amènent de grandes réparations qui sont imprévues et qui équivalent quelquefois à leur renouvellement. Si les terrains situés sur le bord des rivières profitent des alluvions, ils ont aussi l'entretien perpétuel de leurs berges, et ils éprouvent des ensablements ou des érosions qui ne peuvent être appréciés d'une manière générale. On peut cependant s'en faire quelque idée en comparant la rente de ces terrains avec leur prix de vente général, et en comparant ce dernier au prix des terrains qui ne sont pas exposés à de pareils accidents. Ainsi, si ce prix est de vingt fois la rente, et que les terrains à l'abri de ces ravages se paient trente fois la rente, on jugera que les frais d'entretien se portent à un taux égal à l'intérêt de dix fois la rente du domaine.

L'entretien des plantations est réglé par la durée des différentes espèces d'arbres dont nous avons traité dans le livre des cultures spéciales.

SECTION IV.—*Partie du capital de rente employée à la défense de la propriété.*

La propriété peut être attaquée en elle-même ou dans ses produits, par la violence, par la fraude, par des prétentions rivales qui cherchent à faire valoir des droits litigieux. Pour se garantir mutuellement de ces attaques, les hommes se sont réunis en société, et les gouvernements ne sont autre chose que le syndicat qui dirige l'action sociale dans le but de protéger tous les intérêts individuels.

Pour éviter à chacun les dérangements que son intervention perpétuelle dans cette active protection ne manquerait pas d'occasionner, les citoyens s'en déchargent sur des hommes qui reçoivent en échange un salaire qui représente celui auquel ils pourraient prétendre en employant autrement leur temps et leurs talents. Le Gouvernement perçoit les cotisations et les emploie au profit de la société en créant une force armée, des administrations, des tribunaux. Chaque citoyen paie une part de ces cotisations proportionnelles à l'intérêt qu'il a dans l'association. Dans une société bien réglée, le prix de la protection sociale ne doit pas être un obstacle à l'accroissement du capital, qui est la mesure des progrès de l'industrie et de l'aisance du corps social.

La richesse d'une nation consiste dans son capital mobilier et immobilier, qui est l'instrument de sa production annuelle, et dans son revenu annuel. Si la contribution attaque le capital déjà accumulé, il supprime en même temps le travail et la subsistance de ceux qui en faisaient emploi ; elle ne peut donc se prélever que sur le revenu.

Le revenu lui-même, soit qu'il provienne de la rente, de bénéfices ou de salaires, a trois destinations : 1° l'entretien des individus, comprenant leur nourriture, leurs vêtements, leur logement, leur éducation ; 2° les dépenses dites de luxe, c'est-à-dire celles qui pourraient être supprimées sans affecter la vie animale des individus ; 3° l'épargne qui vient en accroissement du capital. Les dépenses de luxe sont elles-mêmes un placement de l'épargne, car elles nécessitent un travail qui n'aurait pas eu lieu sans eller. Mais cet emploi du capital n'étant pas général, signalant d'ailleurs l'existence d'un revenu qui surpasse celui nécessaire à un simple entretien, et en même temps peu de disposition à en faire l'emploi le plus utile à la société, celui de grossir le capital, il est tout simple que l'impôt s'adresse de préférence à lui ; c'est ce que l'on fait généralement, en taxant le tabac, les boissons, le mobilier, les bâtiments de luxe. Mais ces impôts somptuaires ne suffiraient pas à payer les charges de l'Etat ; car, si on les aggravait au-delà d'un certain point, ils décroîtraient avec le luxe, qui deviendrait trop coûteux à entretenir.

Il faut donc que les contributions publiques s'adressent à l'épargne elle-même, c'est-à-dire à ce qui allait constituer le capital. Mais la société ne connaît d'une manière précise que le revenu immobilier, et le revenu mobilier lui échappe presque complétement. Si donc l'on s'adressait *directement* au revenu pour acquitter les charges de l'Etat, la moitié de la société serait seule appelée à les supporter ; l'épargne agricole serait absorbée, et l'accroissement du capital agricole arrêté, tandis que le revenu industriel ne recevrait aucune atteinte.

On a résolu le problème de la répartition proportionnelle des impôts par l'invention des contributions indirectes, qui se perçoivent sur la consommation, et dans la mesure exacte de ce que chaque individu consomme. Nous disons que les contributions de ce genre sont proportionnelles aux fortunes, qu'elles ne peuvent dépasser une certaine mesure, mais de manière à ne pas attaquer le capital, à ne pas altérer trop fortement l'épargne et à contenir les dépenses publiques dans des limites raisonnables :

1° Elles sont proportionnelles aux fortunes, car chaque dépense se résout en salaires. Le pauvre reçoit le salaire qui

paye son entretien et celui de sa famille ; ce salaire ne peut
être moindre que ce qui est nécessaire pour remplir cette
destination, car sans cela le travail n'existerait plus : si donc on
exige du pauvre une contribution sur sa consommation, il faut
que celui pour qui il travaille ajoute au prix naturel de la
denrée consommée le prix de l'impôt qu'elle supporte. Ainsi
le salaire comprend nécessairement ce prix naturel et le remboursement de l'impôt. La dépense du riche, si élevée qu'elle
soit, se compose entièrement de produits naturels et de
salaires. Les produits naturels qu'il consomme n'ont pas une
valeur originaire plus grande que ceux que consomme le
pauvre ; leur prix plus élevé provient seulement du travail
ajouté que l'on paye par le salaire. En un mot, le surplus de
la dépense du riche se résout complétement en salaires, à
chacun desquels est ajoutée la contribution de l'ouvrier. Ainsi
le riche qui dépense comme cent ouvriers paiera la contribution de cent ouvriers. Si, au premier moment de l'établissement d'une contribution indirecte, le sort de l'ouvrier peut
en être affecté, elle ne tarde pas à se joindre forcément au
salaire. On peut donc affirmer que les contributions indirectes une fois établies sont proportionnelles aux dépenses
faites par chaque citoyen.

2° Elles ne peuvent dépasser une juste mesure ; en effet,
pour qu'elles puissent se percevoir facilement, aux moindres
frais possibles, sans inquisition déplaisante, elles doivent être
établies sur des objets d'une grande consommation, et qui,
à un moment donné, soient réunis en masse dans des ateliers de fabrication, ou bien qui soient obligés de passer par
des points déterminés, qui les mettent sous les yeux et le
contrôle des agents du fisc. La plupart des substances qui
réunissent ces qualités, le tabac, le sucre, les produits étrangers, ne sont pas des objets de première nécessité, et leur
consommation se resserre quand le tarif est trop élevé ; et
quant à celles qui tiennent à la subsistance générale, comme
par exemple, le sel, la viande, le vin, leur consommation a

aussi une élasticité assez grande pour élever beaucoup les produits quand elles sont taxées modérément, et au contraire pour les réduire considérablement quand elles sont surtaxées, d'autant plus que la plupart d'entre elles se dérobent facilement à la perception de taxes trop élevées, par ce fait qu'elles sont répandues sur tous les points du territoire, et qu'on ne pourrait alors les atteindre qu'en multipliant outre mesure les agents de la perception. Le sel seul sort d'ateliers de fabrication où l'on peut percevoir directement la taxe. Ainsi les recettes des contributions indirectes se trouvent naturellement limitées par la volonté des contribuables, par le calcul individuel de leurs besoins et de leurs ressources, et, tant que les revenus de l'État sont basés sur ce genre d'impôt, ses dépenses sont contenues dans des bornes infranchissables qui répondent d'une bonne administration.

Les Anglais avaient parfaitement compris les propriétés et les avantages des contributions indirectes; si leur ambition les a poussés à exagérer leurs dépenses et les a forcés à recourir aux impositions directes (*income taxe*), c'est un symptôme réel de décadence dans l'administration de ce pays.

En France, l'ignorance des vrais principes, l'indolence et la maladresse de l'administration, les préjugés économiques et politiques ont fait préférer longtemps les impôts directs. Il a fallu leur insuffisance reconnue pour développer les contributions indirectes. C'est à ce système, qui appauvrit régulièrement l'agriculture, lui arrache chaque année la meilleure partie de son revenu, rend impossible l'épargne et l'accumulation du capital, qu'il faut attribuer surtout son état si lentement progressif. Cet état la rendra bientôt insuffisante à pourvoir aux besoins des excédants annuels de population; il l'a en outre chargée du fardeau d'une énorme dette hypothécaire, qui lui fait invoquer à grands cris l'établissement du crédit agricole, c'est-à-dire, la restitution de tout ce qu'on lui enlève; car ce crédit, demandé en vain aux particuliers, sollicité de l'Etat, ce n'est autre chose qu'un

don nécessaire qu'elle sollicite sous le nom illusoire de prêt.
Il est temps de s'arrêter dans cette voie et de procéder le
plus tôt possible au dégrèvement de la propriété, si l'on ne
veut pas voir bientôt l'état stationnaire dont nous nous
plaignons se changer en un état rétrograde.

Pourvoira-t-on mieux aux besoins des finances par l'impôt
sur le revenu, s'attaquant aux revenus mobiliers? Cet impôt
n'est rien s'il n'est une taxe arbitraire; mais alors il produirait la dissimulation du capital, les placements clandestins
ou éloignés, le transport de nos richesses à l'étranger, ou
leur enfouissement. On arriverait ainsi à l'état de la Tur-
quie, à moins que le tarif de l'impôt ne soit très-modéré ;
mais alors il procurera peu de ressources.

Quant à l'impôt progressif sur la propriété, il aurait des
effets bien plus fâcheux même pour la société. D'abord ses
ressources ne seraient que passagères, parce qu'il détermi-
nerait immédiatement beaucoup de ventes parcellaires et des
arrangements de famille, et que la loi des successions le mi-
nerait chaque jour par sa base. Les ventes font changer de
forme au capital, qui devient mobilier et passe encore à
l'étranger, s'il est poursuivi sous cette forme.

Comme l'impôt sur le revenu, l'impôt progressif tend à
rendre le pays qui l'adopte l'esclave des capitaux étrangers.

En France, l'imposition territoriale dans ses diverses
branches (nationales, départementales, communales) enlève
6 p. 100 du revenu brut (280,000,000 pour 4,527,000,000
fr.), et par conséquent 12 p. 100, ou près de 1/8 du revenu
net. Si l'on y ajoute 200 millions de droits d'enregistrement,
de successions, qui prennent 4 p. 100 du revenu brut, nous
avons 10 p. 100, ou 1/10 du revenu brut, et 20 p. 100, ou
1/5 du revenu net en impositions directes. C'est environ
15 fr. par hectare moyen en culture dans la France (68,2 kil.
de blé ou 78 litres), sans compter ce que l'agriculteur paye
en contribution indirecte de toute espèce.

CHAPITRE V.

Du Capital de cheptel.

Rappelons-nous que, sous le nom de capital de cheptel, nous comprenons cette partie du capital agricole destinée à se procurer les instruments de travail qui, susceptibles d'altération dans leurs parties, doivent toujours être maintenus à une valeur totale égale, moyennant des remplacements et des réparations qui équivalent à un fonds d'amortissement ; que cette définition s'applique, d'une part aux animaux de travail et de rente, que l'on désigne sous la dénomination de *cheptel vivant*, et de l'autre aux machines aratoires et de transport, au mobilier et aux accessoires qui sont nécessaires à l'exploitation, et que l'on nomme *cheptel mort*. Ce capital est ordinairement possédé par l'exploitant, mais aussi il est quelquefois fourni, en tout ou en partie, par le propriétaire non exploitant, et le tenancier doit alors l'entretenir et le rapporter à la fin du bail dans un état équivalant à celui où il l'a reçu.

Le cheptel vivant peut être considéré en agriculture sous deux points de vue : comme fournissant la force nécessaire à la culture, comme fournissant l'engrais qu'elle exige. Quand les bêtes de travail ne sont pas assez nombreuses pour pourvoir la culture de tout son engrais, on y joint un autre bétail susceptible de donner un produit qui, ajouté au prix de l'engrais, suffise pour payer sa nourriture. La quantité relative de ces deux genres d'animaux tient au système de culture adopté, qui exige plus ou moins de force, les bêtes de rente n'étant pour l'agriculteur qu'un supplément aux bêtes de travail, dans la proportion requise par la quantité de fumier qu'on désire se procurer. Les spéculations qui ont pour but le bétail lui-même, sans égard aux

cultures qui procurent ses aliments, appartiennent à la zootechnie et sont étrangères à la théorie agricole, si elles ne le
sont pas à sa pratique.

Le cheptel mort n'est pas peu influencé par le choix du
système agricole. On conçoit combien il est différent dans le
système des prairies ou du pâturage, et dans celui des jachères ou des cultures continues.

SECTION I. — *Cheptel vivant ; bêtes de travail.*

En substituant les forces des animaux aux siennes propres
dans la culture, l'homme s'est affranchi du travail le plus
pénible; au lieu de se courber vers la terre, et d'user à l'a-
meublir toutes ses forces musculaires, il n'a plus qu'à guider
ses attelages. Mais, en outre, cette substitution l'a enrichi;
car, au lieu de ne recueillir que la récolte d'un hectare
de terrain, il a pu en cultiver vingt, et nourrir quatre familles là où une seule aurait à peine trouvé sa subsistance. Il
a réduit de 3 à 1 les frais de la culture, et il peut encore les
réduire de 5,6 à 1 par un meilleur emploi des animaux. La
perfection de la culture, comme la délivrance de la race humaine, exige que l'on substitue la force des animaux à celle
des hommes dans tous les travaux qui demandent plus de
force que d'adresse.

Le calcul du nombre des animaux à employer sur un domaine dépend de plusieurs éléments : 1° de la force de chacun
d'eux ; 2° du temps pendant lequel elle pourra se déployer ;
3° de la résistance qu'ils auront à vaincre.

Nous avons donné, dans le livre de la mécanique agricole,
le moyen de calculer la force des animaux. Le temps dont
on dispose est variable selon les climats et selon les institutions civiles et religieuses du pays où l'on cultive. La résistance varie non-seulement par rapport à la nature de sol,
mais aussi par rapport à ses différents états de sécheresse ou

d'humidité et à la durée réciproque de chacun de ces états. Tous ces éléments peuvent difficilement être déduits de re~ cherches théoriques; ce n'est que l'observation des forces employées autour de nous qui peut nous servir de base. Dans les pays déjà cultivés, l'expérience nous apprendra bientôt si elles sont en excès ou en défaut, et nous permettra de régulariser notre position. Dans les pays où l'on manque de modèles, il y a ordinairement moins de danger de pécher par l'excès, parce que les moyens de nourrir les animaux y abondent; le temps ne tarde pas à nous apprendre le milieu dans lequel nous devons nous maintenir. Il est curieux néanmoins de voir comment le calcul aurait pu être fait presque *à priori*, si nous avions obtenu d'avance les renseignements qui manquent presque partout. Voici ce qui résulte de l'examen d'une comptabilité exacte faite dans le midi de la France; cet exemple pourra servir de modèle et de guide pour ceux qui voudraient entreprendre de semblables recherches. Ces comptes ont été tenus et analysés par un habile agriculteur, M. Durand, ancien maire de Saint-Gilles (Gard).

ÉTAT des journées de travail pendant une année.

Mois.	Fêtes et dimanches.	Jours de travail.	Jours perdus.	Total.	Nature des travaux.
Janvier...	5	19	7	31	transport.
Février...	4	19	5	28	transport.
Mars.....	5	25	1	31	labour.
Avril.....	7	20	3	30	labour.
Mai.......	5	23	3	31	labour.
Juin.......	4	25	1	30	labour et transport.
Juillet....	5	25	1	31	moisson, dépiquage.
Août......	5	24	2	31	
Septembre	5	23	2	30	transport et labour.
Octobre ..	5	22	4	31	labour.
Novembre.	5	19	6	30	labour.
Décembre.	7	18	6	31	labour et transport.
	62	262	39	365	

Il résulte de cette comptabilité que l'on pourrait consacrer au labour, savoir :

Mars.	25 jours.
Avril.	20
Mai	23
Juin	15
Septembre.	10
Octobre	22
Novembre	19
Décembre	18
	152

D'après cette même comptabilité un hectare de terre forte exige en travaux :

27 journées de bêtes de travail pour labour ;
3 journées de bêtes de travail pour transport et semailles.

30

Il suit de là que l'on devrait compter, dans ces terrains, une bête de travail par 5 hectares environ ($\frac{152}{30}$).

Dans les terres plus légères, nous comptons 20 jours de labour et 5 de transport par hectare. Ainsi une bête de travail suffirait à 6,6 hect., et par conséquent, avec le système de la jachère bisannuelle, on devrait compter 10 hectares par tête de bétail dans les terres fortes, et 15,2 hect. dans les terres légères.

Si l'on a un assolement triennal avec une année de jachère et une année de demi-jachère, on aura pour les terres fortes :

Jachère entière.	30 jours.
Demi-jachère.	24,5
	54,5 jours.

Divisant 504, nombre de journées de labour en deux ans, par 54,5, nous avons 5,5 hect. par bête, et, ajoutant 1/5 pour l'année de repos, 7,5 hect. pour le lot d'une bête dans les terres fortes.

Sur les terres légères nous avons.

Jachère entière.	20 jours.
Demi-jachère.	8
	28 jours.

Divisant 304 par 28, il nous vient 11 hectares par bête, et, ajoutant 1/5 pour l'année de repos, 14,7 hect.

Mais le tableau ci-dessus est loin de présenter toute la vérité. Il nous apprend le nombre de journées dont nous pouvons disposer dans chaque mois ; mais, pour compléter notre instruction, il faut le mettre en regard du nombre de journées qu'exige chaque mois. Pour ne pas nous écarter des comptes réels, nous supposons une ferme de 50 hectares, cultivée dans la région méridionale, sous le régime de l'assolement triennal précédent. Voici, mois par mois, le nombre de journées qu'exige cette exploitation, avec sa comparaison en nombre de journées dont on pourrait disposer en ayant en tout sept bêtes de travail (0,14 par hectare), nombre qui résulterait des calculs ci-dessus :

Mois.	Jours de travail nécesssaires.			Total par mois.	Nombre de jours disponibles	Nombre de journ.	
	labour.	récoltes.	transport.			en plus.	en moins.
Janvier...	4	»	7,5	11,5	19	7,5	»
Février...	2,5	»	12,0	15,0	19	4,0	»
Mars.	20,0	»	»	20,0	25	5,0	»
Avril.	17,5	»	»	17,5	20	2,5	»
Mai......	6,0	»	»	6,0	23	17,0	»
Juin	6,5	5,0	»	11,5	25	13,5	»
Juillet....	20,0	12,0	»	32,0	25	»	17,0
Août.....	17,5	8,0	»	25,5	24	»	1,5
Septembre	12,5	»	»	12,5	23	10,5	»
Octobre..	26,0	»	»	26,0	22	»	4,0
Novembre	24,0	»	»	24,0	19	»	5,0
Décembre.	3,5	»	5,0	8,5	18	9,5	»
	160,0	25,0	25,0	210,0	262	69,5	27,5

Ce tableau nous indique que nous avons eu 32 jours de labour par hectare, et de plus une journée de charroi ou de dépiquage, ou 33 journées par hectare; que nous avions

262 jours disponibles; que cependant nous avons trouvé 69,5 journées où nous n'avons pu occuper nos animaux, et 27,5 journées où nous avons été obligé de prendre des forces supplémentaires. On pourrait faire le travail en employant tous les jours disponibles, si l'on avait le nombre suivant de bêtes par hectare :

Janvier.	0,120
Février.	0,160
Mars	0,160
Avril	0,174
Mai.	0,052
Juin.	0,094
Juillet.	0,248
Août	0,212
Septembre	0,188
Octobre	0,236
Novembre	0,252
Décembre.	0,094
Par mois moyen. . . .	0,166

Ainsi, la culture se ferait aisément si, ayant au plus 0,17 bêtes de travail de décembre en juin, nous pouvions en avoir 0,25 de juillet en décembre, dans les pays où l'on dépique le blé en été, au moyen de chevaux et de rouleaux, et où l'on cultive les céréales avec la jachère. Ce résultat montre l'avantage des attelages de bœufs, que l'on achète en juin pour les faire travailler jusqu'en décembre; on en engraisse une partie à cette époque, où le travail devient moins pressant. Il explique aussi l'usage de se livrer au roulage sur la grande route pendant l'hiver. On sait d'ailleurs que, si l'on peut se procurer facilement des bêtes de renfort à l'époque des grands travaux, il suffit d'avoir 1/6 de bêtes par hectare, ou 8 bêtes 2/3 par 50 hectares, tandis que si l'on n'a pas cette facilité, il faudra 1/4 de bête par hectare, ou 12,5 bêtes par 50 hectares en jachère bisannuelle, dont 25 en culture.

Si l'on ne possédait aucune des ressources extérieures à

l'exploitation que nous venons d'indiquer, on devrait recourir à une modification de l'assolement. Ainsi des récoltes sarclées de printemps augmentent le nombre des journées de travail en mai et en juin ; des prairies artificielles diminuent le travail des mois d'automne.

Tous ces calculs sont faits pour la force d'un cheval moyen, de la taille de 1^m, 5.

Si l'on sait l'étendue de terrain que l'on peut labourer dans les différentes saisons, données qu'il est très-facile d'acquérir, on aura un point de départ approximatif pour comparer les différentes situations que l'on peut rencontrer avec l'exemple que nous venons d'examiner. Ainsi, dans le terrain salant dont il vient d'être question, le premier labour des guérets nécessite au printemps 15 journées par hectare avec 4 chevaux ; on ne laboure donc que 55 1/3 ares dans la journée ; en été, ce travail serait impossible. Dans les terrains d'une moindre ténacité, on laboure 40 ares, et jusqu'à 50 ares, avec des animaux bien nourris. L'étendue de terrain que travaille un cheval avec d'autres instruments est proportionnée à la largeur du travail, tant que la force demandée par le tirage n'est pas augmentée.

Si maintenant nous cherchions le nombre moyen de bêtes de travail nécessaire pour un domaine de 20 hectares, en terre de médiocre ténacité, et soumis à l'assolement : 1° pommes de terre ; 2° blé ; 3° trèfle ; 4° blé, en supposant que les sarclages et le buttage des pommes de terre se donnent avec des instruments attelés, voici comment nous procéderions.

Nous avons :

Journées.

Pour la sole de pommes de terre, en labour complet à quatre bêtes, pour rompre le chaume du blé, et semis   16, »

2 sarclages à l'extirpateur à un soc et un cheval, les pommes de terres étant plantées en lignes espacées de $0^m,60$; ce travail exige le quart du temps d'un labour, ou 0,6 jour. et pour 2 sarclages   1,20

A reporter.   17,20

Report.	17,20
1 buttage; moitié du temps d'un labour, fait à deux	
chevaux.	2,50
Transport des récoltes.	0,25
La première sole de blé n'exige qu'une demi-jachère.	8, »
La sole de trèfle exige, pour son semis, un hersage et	
un roulage	1, »
Transport de la récolte	1, »
Deuxième sole de blé, jachère complète.. , . , . . .	20, »
	49,95

ou, par hectare, 12, 50 journées.

Si nous avons 152 jours propres à ce travail, nous aurons $\frac{152}{12,5} = 12,16$, hectares, soit une bête par 12 hectares environ

Mais en suivant avec soin les procédés que nous venons d'indiquer, on pourrait se trouver en défaut, si l'on ne portait pas la plus grande attention sur la manière dont les forces des animaux sont employées. Nous voyons chaque jour un cheval dépenser jusqu'à 60 kilogrammètres de travail dans un défoncement; puis on l'emploie à un ensemencement, avec un léger araire où il n'en dépense pas 15. Il est évident que l'on emploierait toute la force de l'animal si, au lieu de cet araire, on l'attelait à un scarificateur à plusieurs socs, qui ferait le même travail. En portant une grande attention sur ce point, et en proportionnant toujours les instruments à la force des animaux, on arrive à une grande économie de ces forces, sans nuire à la perfection de l'ouvrage. On ne peut pas se promettre, il est vrai, d'obtenir toujours le maximum de travail : les travaux agricoles sont trop variés pour que ce résultat soit possible; mais on préviendra au moins un grand gaspillage de temps et de forces si l'on ne perd pas de vue cet objet important. Sans doute il est difficile d'obtenir d'abord des valets l'observation exacte de pareilles prescriptions; mais quand une fois on a bien établi la règle et qu'elle est passée en habitude, on est étonné de toute l'économie de temps qui en résulte, et nous avons vu ces agents, passant dans d'autres exploitations, témoigner leur surprise et leur dégoût quand ils étaient obligés de revenir à des pratiques dont ils pouvaient juger l'imperfection, par comparaison avec celles que l'expérience leur avait fait apprécier.

Il était impossible cependant que des hommes aussi attentifs à leurs intérêts que nos cultivateurs ne s'aperçussent pas de la perte que leur causait la fréquente inaction ou le peu d'énergie qu'un grand nombre de travaux exigeaient de leurs animaux. L'esprit humain est inventif quand il s'agit de profit, et si nos cultivateurs n'ont pas trouvé la meilleure solution, on ne peut disconvenir au moins qu'ils n'en aient trouvé une. Elle consiste à proportionner la nourriture des bêtes au travail qu'ils en exigent. Pendant l'hiver, à peine leur donnent-ils la ration d'entretien; mais arrivent le bon foin, la luzerne et l'avoine lors des grands travaux. Nous ne pouvons blâmer entièrement ce procédé quand il n'est pas porté à l'extrême, quand il n'amène pas dans le régime des inégalités qui portent le désordre dans les organes digestifs, en faisant succéder une nourriture très-forte à des jeûnes austères. Sans doute, quand on prévoit une longue période où les travaux seront moins actifs, la ration des animaux doit être réduite; mais il faut le faire alors plutôt en changeant la qualité des aliments que leur masse; car l'estomac et les intestins supportent avec peine ce dernier changement, après avoir été accoutumés à un certain degré de tension. C'est sous ce rapport que l'avoine et les autres graines données comme supplément dans le temps des travaux rendent de grands services, parce que leur suppression modifie peu la masse de la ration, quand on vient à réduire la quantité qu'on en donne, ou à les supprimer.

SECTION II. — *Du choix de l'espèce des bêtes de travail.*

En traitant, dans notre troisième volume, des différentes espèces de bêtes de travail, nous avons déjà indiqué les qualités qui les rendaient principalement aptes aux différentes situations. Cette appréciation est un travail de chiffres qui peut varier selon les circonstances. Nous sommes heureux de pouvoir présenter ici comme modèle un calcul déduit d'une comptabilité exacte, et qui nous offre la comparaison du travail exécuté, dans un domaine du Midi, par des bœufs, des juments poulinières et des mules, ainsi que le prix de revient de ce travail. Ce travail a encore été fait par M. Durand, ancien maire de Saint-Gilles (Gard), aujourd'hui régisseur d'un domaine qui nous appartient dans cette commune.

Les bêtes de travail de l'exploitation, conduite alors par cet agriculteur habile, étaient ainsi qu'il suit :

12 paires de bœufs, vivant neuf mois à l'étable et trois mois au pâturage ;
6 juments nourries à l'écurie ;
6 mules.

BOEUFS.

Nourriture.

2,160 journées, où l'on a donné 309 kil. 20 de marc de raisin (12 litres par individu) à 2 fr. l'hectolitre		518 fr. 40 c.
4,320	d°	à 15 kil. de foin, à 3 fr. les 100 kil.	19,44 »
2,280	d°	à 30 centimes par jour.	684 »
8,760 journées.		3,146 40

Par journée 0 fr. 359.

Dépense annuelle.

Nourriture.	3,146 fr. 40 c.
1 palefrenier.	800 »
12 valets ou bouviers.	7,200 »
Ferrure et outils, à 23 fr. par couple.	276 »
Harnais et vétérinaire	72 »
Intérêts du capital du cheptel, 6,600 fr. (550 fr. la paire de bœufs) à 10 p. 100.	660 »
	12,154 40

ou, par couple, 1012 fr. 87 c., soit, par jour moyen, 2 fr. 814, et pour 252 jours de travail, chaque jour, 4 fr. 019. Mais comme on parvient, au moyen des charrois, à porter le nombre des journées à 275, la journée de travail coûte 3 fr. 672.

6 JUMENTS.

Nourriture.

2,160 jours à 16 kil. de foin, à 5 fr. les 100 kil.	1,728 fr.	» c.
2,160 d° à 6 litres d'avoine.	1,666	40
360 d° à 3 lit. de farine d'orge, à 12 fr. l'hect.	129	60
4,680	3,024	»

Par journée 1 fr. 40 c.

Dépense annuelle.

Nourriture.	3,024 fr.
1/2 palefrenier	400
3 valets à l'année, à 750 fr.	2,280
3 d° à six mois, à 800 fr.	1,200
Ferrure et entretien d'outils (54 fr. par couple) . . .	162
Harnais (abonnement, 45 fr. par couple).	135
Vétérinaire (3 fr. par bête).	18
Intérêts du capital (600 fr. la jument) ; ci 3,600 fr. à 21 pour 100.	720
	7,939

Chaque jument occasionne une dépense de 1223 fr. 17 c. par an, soit pour chaque jour moyen 3 fr. 251, et pour chacune des 252 journées de travail, 4 fr. 854 ; enfin en admettant 275 jours de travail, à cause des charrois, 4 fr. 448.

6 MULES.

Nourriture.

2,160 journ. à 15 kil. de fourrage à 5 fr. les 100 kil.	1,620 fr.	» c.
1,800 d° à 3 litres d'avoine, à 9 fr. l'hectolitre.	486	»
360 d° à 2 lit. de farine d'orge, à 12 fr. l'hect.	85	40
4,320	2,192	40

Par jour 60 centimes.

Dépense annuelle.

Nourriture.	2,192 fr. 40 c.
1/2 palefrenier. . . . . , ...	400 »
3 valets à l'année, à 750 fr.	2,150 »
3 d° à six mois, à 800 fr.	1,200 »
Ferrure et entretien d'outils, à 54 fr. par couple.	162 »
Bourrelier.	135 »
Vétérinaire à 3 fr. par bête	18 »
Intérêt et dépérissement du capital de 4,200 fr. à	
20 pour 180.	240 »
	7,197 »

Chaque mule occasionne une dépense de 1199 fr. 57 c., ou 5 fr. 286 par jour moyen; pour les 252 jours de travail aux champs, 4 fr., 764; et en admettant 275 jours, à cause des charrois, 4 fr. 362.

En résumé :

La journée d'un couple de bœufs coûte. . 3 fr. 672
    —   —   de juments 8   896
    —   —   de mules. 8   724

Examinons maintenant le travail effectué.

Avec le bœuf on laboure, savoir :

Défoncement d'un hectare avec 2 couples en 5 jours.
Labours d'ameublissement   —   avec 1 couple en 5 jours.
Avec le scarificateur (griffon) — avec 1 couple en 1 jour.

Ainsi, avec les bœufs, la jachère complète coûtera :

Labour de défoncement. . . . 36 fr. 72 c.
2 labours d'ameublissement . . 36   72
1 labour d'ensemencement. . . 3   67
                               77   11

Le travail d'une paire de bœufs consiste en :

120 journ. à la grande charrue, labourant . . . . 12 hect.
120 —   aux charrues à un seul couple passant 2 fois. 12
 12 —   au scarificateur. 12
 23 —   de charrois.

275 journées.

Il faut une paire de bœufs pour 12 hectares de terrain.

Avec la jument on laboure

avec 2 couples, 1 hectare en 3 jours pour le défoncement ;
avec 1 couple , 1   d°   en 3   d° pour les labours suivants ;
      d°   2 hectares en 1/2 jour avec le scarificateur ou griffon.

La journée étant pour le couple de 8 fr. 896, la jachère complète coûtera :

Défoncement	53 fr.	376
1er labour	26	688
2e labour	26	688
Labour de semaille	8	896
	115	648

Le travail d'un couple de juments consistant en :

120 journées à la grande charrue, labourant 20 hectares.

60	—	au 1er labour	20
60	—	au 2e labour	20
5	—	au scarificateur	20

245 journées.

il lui restera 30 journées de charrois.

Les mules labourent, savoir :

2 couples	à la grande charrue	1 hectare en 3 1/2 jours.
1 —	à la charrue ordinaire	1 d° en 3 1/2
1 —	au scarificateur	1 d° en 3/4

La journée d'un couple de mules coûtant 8 fr. 724, la jachère complète coûtera ;

Défoncement	64 fr.	068
1er labour d'ameublissement	30	053
2e labour	30	053
Labour de semailles	6	543
	127	717

Le travail d'un couple de mules consistant en :

120 journées à la grande charrue, labourant . . 17 hect. 15

60	d°	à la charrue ordinaire, 1er labour.	17	15
60	d°	d°	2e labour.	17	15
13	d°	au scarificateur	17	15

253

Il lui restera 22 jours pour les charrois.

Ainsi la culture d'un hectare coûte :

par les bœufs. . 77 fr. 11 c.
par les juments. 115   65
par les mules. . 127   72

D'après ce qui précède, 24 bœufs, 6 mules et 6 juments cultivent ensemble 255,45 hect., et font 854 journées de charrois.

En les considérant par rapport au temps employé à labourer un même espace, on trouve que

Le bœuf étant l'unité. . . 1,00
La jument vaut. 0,60
La mule 0,70

c'est-à-dire que 6 juments ou 7 mules remplacent 10 bœufs.

Les 10 bœufs coûteraient par an, 5,060 fr.
Les 6 juments 7,930
Les 7 mules 8,396

Tel est l'examen que chacun doit faire dans sa position respective, pour y puiser des raisons de préférence pour telle ou telle espèce de bête de travail à faire dans son exploitation, en ne perdant pas de vue ce que nous avons dit dans notre troisième volume. Les résultats ne seront pas les mêmes partout, et là où on aura beaucoup de charrois, sur de belles routes, les bœufs perdront beaucoup des avantages que leur donne le seul labourage.

Il y a aussi une autre considération qui peut changer la face de la question : c'est la nature des fourrages que l'on peut donner aux animaux. La grande force digestive du mulet lui permet de se nourrir de substances que l'estomac du cheval assimile mal ; aussi le mulet donne-t-il à la paille et au fourrage grossier une valeur plus élevée que s'ils ne servaient que comme litière, ou que s'ils étaient présentés comme nourriture au cheval, qui n'en consomme qu'une petite partie et rejette l'autre. Si l'on observe le dégât que le cheval fait de la paille qu'on lui donne, on voit qu'il ne con-

somme que le sommet des tiges et écarte toute la partie
inférieure ; que, si on la mêle au foin, il sait trier et écarter
aussi une partie de la paille du mélange ; on voit enfin que,
pour être consommée entièrement, il faut que la paille soit
hachée et mêlée à l'avoine, le triage alors n'étant plus possible. Cette délicatesse du cheval se manifeste aussi pour les
différentes qualités du foin ; il choisit un certain nombre de
plantes et rejette les autres. Il y a réellement, avec la plupart
des chevaux, une véritable dilapidation, si l'on s'élève au-
dessus de la ration d'entretien simple, dilapidation plus ou
moins forte selon les individus. Aussi, dans les régions où l'on
cultive avec des chevaux, la paille, si ce n'est peut-être celle
d'avoine, perd une grande partie de sa valeur. Cette valeur
nutritive est à celle du foin normal comme 26 est à 113. Le
prix de 100 kil. de foin étant de 14 kil. 54 de blé, celui de la
paille serait 3 kil. 28, si on l'employait en nourriture ; mais
comme litière elle ne vaut que 1 kil. 95 de blé. Les mulets et
les bœufs, qui mangent la paille procurent donc un bénéfice de 1 kil. 33 de blé par 100 kil. de paille consommés.

Cette facilité de nourrir le mulet avec de la paille mêlée
de foin, les jours où il ne travaille pas, la moindre quantité
d'avoine qu'il exige, réduisent le prix de son régime aux
deux tiers de celui du cheval, dans les fermes bien réglées.

Le bœuf ne craint pas les nourritures aqueuses ; on peut
le nourrir de vert. Il pâture mieux les prairies et ne les gâte
pas ; avec lui, on profite complétement des regains ; il assimile bien la paille. Dans beaucoup d'exploitations où l'on a
des pâtures, la nourriture du bœuf ne coûte que la moitié,
et même le tiers et le quart de celle du cheval.

SECTION III. — *Cheptel vivant; animaux de rente.*

L'agriculteur qui ne se contente pas d'user de la fertilité
acquise du sol, ou de celle que lui apporte l'atmosphère, est
obligé de se pourvoir d'engrais en les achetant ou en les

produisant lui-même. Dans l'un et l'autre cas, les obtenir à
bas prix est un bonheur qui dépend ou de circonstances favorables, ou de bonnes combinaisons qui résolvent un des
problèmes les plus intéressants de l'industrie agricole.

En effet, si toutes les récoltes, après avoir absorbé les sucs
de la terre, ne lui restituaient qu'une partie de ce qu'elles
en ont pris, le sol irait toujours en s'appauvrissant ; il serait
bientôt complétement épuisé à moins qu'on ne lui apportât
des engrais empruntés aux terres voisines. Mais il y·a des
plantes qui ne se contentent pas de puiser leur nourriture
dans la terre ; elles ont la vertu d'attirer, de condenser en
elles les principes fertilisants répandus dans l'atmosphère, et
qui, sans leur action attractive, auraient continué à nager
dans l'air, ne se déposant qu'avec parcimonie. C'est seulement par leur introduction que l'agriculture a pu prendre
son essor, et que, sans rien emprunter aux terres voisines,
elle a pu faire progresser sans cesse les récoltes portées par
les terrains auxquels elle applique ses procédés, tout en
accroissant la fertilité qu'elle met en réserve. Nous avons
dit ailleurs quelles sont ces plantes améliorantes, et dès le
moment qu'il est constaté qu'une de ces plantes, par exemple, en empruntant 10 au sol, peut lui rendre 15, il ne
s'agit plus que de convenir du moyen le plus économique et
le plus avantageux de procéder à une pareille restitution. On
peut, en effet, ou enfouir les récoltes immédiatement sous
forme d'engrais vert, ou bien les faire consommer au bétail,
et restituer à la terre tous les résidus de la nutrition des
animaux, les fumiers qui en sont le résultat.

Le choix entre ces deux partis est l'affaire d'un calcul,
dont les éléments ne sont pas constants, mais qui varient selon les pays et les époques. En ce moment, par exemple,

Un kilogramme de l'azote de l'engrais vaut. . .	7 kil. 50	de blé.
Employé à la nourriture des animaux on en réalise 12		64
Différence. . . . 5		14

Si les frais de garde, d'entretien, d'assurance, etc. du bétail, ne coûtent pas 5,14 kil. de blé pendant que ce bétail consomme 1 kil. d'azote de la récolte, c'est-à-dire 87 kil. de foin normal, il vaut mieux la réduire en fourrages et la destiner à la nourriture du bétail ; tandis que si ces frais absorbent au-delà de cette valeur, il est profitable de l'enfouir comme engrais vert.

Mais quand on s'est arrêté au premier parti, c'est-à-dire quand on a reconnu qu'il était avantageux de vendre ses fourrages à un éleveur et de lui acheter l'engrais résultant, quand on sépare ainsi par la pensée le cultivateur de l'éleveur de bétail, c'est à ce dernier qu'il appartient de déterminer le genre de bétail et de spéculation qui réalisera ses fourrages à un plus haut prix, et le prix auquel il pourra céder ses engrais.

Supposons, par exemple, qu'un éleveur vînt faire consommer le fourrage d'une ferme par des vaches laitières, en laissant les engrais ; ses frais seraient : le prix des fourrages, les frais de garde, l'intérêt de son capital et ses accessoires ; quant aux recettes, elles consisteraient dans la valeur du lait et de l'engrais. Ainsi, le moindre prix qu'il pourrait demander du fumier serait le montant de ses avances, moins la valeur du lait. Dans certains cas, le bénéfice est considérable, et l'engrais, qui peut être considéré comme en faisant partie, est obtenu gratuitement. D'autres fois, le prix de revient des fourrages est si élevé, ou bien les produits animaux se vendent si mal, ou la mortalité des bestiaux est si grande, ou enfin les engrais ont si peu d'effet sur des terres appauvries de longue date, que la spéculation est très-mauvaise, et qu'il vaut mieux recourir à l'enfouissement des engrais verts, ou adopter un système de culture qui n'exige pas l'apport des engrais créés par l'art.

Quelquefois aussi la spéculation du bétail ne réussit pas parce que l'on a mal discerné la nature de celui qui convient à la situation. Mettre des vaches sur des pâturages trop pau-

vres, au lieu de moutons qui peuvent y trouver une nourriture suffisante ; élever des moutons dans des pâturages
humides, où ils peuvent contracter la cachexie aqueuse, tandis que les vaches y prospéreraient ; s'obstiner à nourrir des
ruminants dans des pays pluvieux où l'on cultive le trèfle,
et où, faute de pouvoir le bien sécher, on expose ces animaux
aux météorisations, tandis que les porcs s'y nourriraient sans
danger ; admettre des races délicates et voraces dans des situations où les pâturages sont maigres et où elles doivent parcourir de vastes espaces pour trouver une nourriture insuffisante ;
toutes ces fautes, et bien d'autres que la zootechnie doit
signaler, compromettent les intérêts de l'éleveur de bétail.

Mais ce n'est pas assez que ce choix judicieux pour assurer
la réussite des animaux de rente ; il faut aussi posséder l'habileté spéciale qui distingue les bons éleveurs. S'il est rare de
trouver un habile agriculteur ou un habile éleveur, on peut
dire qu'il est presque impossible de trouver l'homme qui
excelle à la fois dans les deux arts, tant ils supposent des
dispositions opposées. L'exercice de l'agriculture exige un
esprit assez mobile pour suivre, jour par jour, les variations
de l'atmosphère, les modifications qu'éprouve le sol, le déficit
des capitaux, la résistance ou l'inaptitude des agents, les
variations des marchés, la vogue pour tel ou tel genre de
produit, le discrédit qu'éprouvent subitement ceux sur lesquels on avait droit de compter, et, au milieu de toutes ces
modifications, il doit avoir une intelligence assez vaste pour
combiner tant d'éléments de calcul et en faire sortir de nouvelles combinaisons, et un caractère assez ferme pour maîtri-
ser toutes les difficultés. Le parfait agriculteur est un homme
rare, qui se distingue surtout par la vivacité de l'intelligence, la constance des résolutions et le don de commander
aux hommes. Cette dernière qualité, la plus précieuse de
toutes, parce qu'elle en révèle beaucoup d'autres, se reconnaît facilement à la confiance que l'homme inspire à ses subordonnés et à la rapidité de leur obéissance.

La tâche de l'éleveur est moins compliquée. Choisir une race d'animaux convenable à la situation, bien connaître es qualités et les défauts de celle que l'on adopte pour la maintenir à son maximum de produits, déterminer le régime le plus convenable et le plus économique, y introduire les changements nécessités par les saisons et par le prix des denrées, établir invariablement tous les détails de leur conduite et en exiger la stricte exécution, voilà quel est son rôle. Il demande un caractère calme, froid, imperturbable ; mais il faut aussi que l'éleveur possède une qualité plus rare, c'est celle de bien acheter et de bien vendre, ce qui exige non-seulement une connaissance parfaite du bétail, mais encore un certain degré de finesse pour se mettre à l'abri des ruses des marchands. Nous connaissons, dans les pays à bestiaux, une foule d'éleveurs qui possèdent ces qualités au suprême degré ; mais quelquefois les fonctions de nourrisseur et de marchand sont divisées dans les fermes entre deux hommes qui n'ont chacun que l'une de ces aptitudes.

L'agronome, placé à la tête d'une exploitation, qui aura la modération de reconnaître tout ce qui lui manque pour diriger convenablement l'industrie des bestiaux de rente, cherchera à se procurer un homme distingué dans cette pratique. Un bon vacher, un bon engraisseur, un bon berger peuvent décider du succès de l'exploitation, et l'on ne doit pas se laisser arrêter par des prétentions un peu élevées, si l'homme que l'on a en vue possède les qualités essentielles de son état.

Enfin nous avons choisi l'espèce d'animaux, le genre de production que nous croyons le plus avantageux ; nous sommes pourvu de l'homme qui doit diriger l'entreprise ; il reste à connaître le nombre de ces animaux qui doivent être joints à la ferme, d'après ses produits en fourrages. Nous savons que 100 kil. d'un herbivore vivant doivent consommer annuellement 1416 kilog. de foin normal, pour être nourris et maintenus en chair et en produits de toute espèce. Il suffira donc de faire la somme des équivalents que présentent les récoltes, ou résidus de récoltes, que nous destinons à la nourriture animale, pour connaître le poids que nous pouvons restituer. Ce calcul a pour base la table suivante, dans laquelle se trouve le poids moyen du fourrage fourni par chaque production, réduit à son équivalent en foin normal.

	Foin normal dosant 1,15 p. 100 d'azote. kil.			Foin normal dosant 1,15 p. 100 d'azote. kil.
La paille d'1 hectol. de FROMENT équivaut à	45,2	La paille d'1 hectol. de POIS équivaut à		183,4
— SEIGLE —	37,0	— HARICOTS —		67,0
— ORGE —	28,3	— VESCES —		67,0
— AVOINE —	33,9	— COLZA —		91,3
— SARRASIN —	15,0	1 hectol. de graines d'AVOINE —		58,1
— MAïS —	26,0	— de COLZA —		195,0
— FÈVES —	121,0			

Les fanes de 100 kil. de tubercules de POMMES DE TERRE équivalent à 48,0
100 kilogrammes de tubercules de POMMES DE TERRE   —   31,3
100 kilogr. de racines et feuilles de BETTERAVES (1)   —   57,4
     —   racines seules   —   18,2
     —   racines et feuilles de CAROTTES   —   52,0
Les feuilles d'automne de MURIER donnant 100 k. de cocons — 212,0
Le MARC DU RAISIN produisant 1 hectolitre de vin équivaut à   26,0
Les feuilles sèches de VIGNE   —   équivalent à   100,0
Le MARC d'1 hectolitre de CIDRE équivaut à   5,0
Le pâturage moyen d'1 hectare de JACHÈRE équivaut à   140,0

Nous avons d'ailleurs indiqué à leurs articles spéciaux les équivalents des fourrages proprement dits.

Avant d'entreprendre le relevé des ressources qu'offrent les différentes cultures de la ferme, il faut défalquer toutes les substances que nous consacrons à la litière, et qui, quoique augmentant la masse et la valeur des engrais, ne sont pas consommées par les animaux. En faisant ensuite la somme de quantités restantes et la divisant par 1416, nous aurons le nombre de fois 100 kil. d'animal vivant que nous pourrons entretenir.

(1) Tous les animaux n'assimilent pas bien les feuilles ; on se fait illusion sur leur valeur, en les estimant au quart de leur poids en foin.

Si donc nous voulons connaître la quantité de bétail qui peut garnir une ferme de 20 hectares, avec jachère biennale, produisant 180 hectolitres de blé (13,650 kilog.), nous aurions pour l'équivalent en foin de la paille, $180 \times 45,2 = 8,136$ kil. de foin, qui, divisés par 1,416, nous donnent 574 kil. d'animal vivant. Ce ne serait pas la nourriture de deux chevaux, en supposant même que ces animaux pussent être entièrement nourris de paille et se passer de litière. On voit par cet exemple que cet assolement ne peut se passer de prairies extérieures. Au reste, les 10 hectares de jachère, si on ne les laboure pas avant l'hiver, donnant un équivalent de 140 kilogr. de foin par hectare, pourront nourrir, pendant les trois mois de l'hiver, 16 moutons, seul bétail de rente que comporte une telle économie.

Soit une autre ferme de 20 hectares sous l'assolement suivant : 1. pommes de terre; 2. blé; 3. trèfle; 4. blé. On y destine les fanes des pommes de terre et la moitié de la paille à la litière; 1/3 des tubercules de pommes de terre est consommé par le bétail. Quel sera le poids d'animal vivant que l'on pourra entretenir ?

180 hect. de blé produisent, pour la moitié de la paille,   4,068 kil. de foin.
30,000 kilogram. de pommes de terre consommées,   9,390
30,000   d°   de trèfle 36,500
                                       49,958

Le poids du bétail à entretenir sera $\frac{49958}{1416} = 3528$ kilogr., et, en ôtant 1000 kilogr. pour les bêtes de travail, il nous reste 2528 kilogr. pour le poids des animaux de rente. Le prix moyen des animaux non engraissés étant de 3,4 kilog. de blé, le kilogr. (0 fr. 75), les bêtes de rente représentent un capital de 8595,8 kilogr. de blé (1896 fr.) (1).

(1) Nous n'avons donné cet exemple que comme modèle de calcul ; mais si l'on remonte à ce que nous avons dit sur la quantité de fumier nécessaire à un pareil assolement, et sur celle qui serait produite dans ce

SECTION IV. — *Du cheptel mort.*

Les instruments nécessaires à l'exploitation agricole ne
sont pas en proportion exacte de l'étendue et de l'intensité
de l'exploitation. Il y a certains d'entre eux qui sont nécessaires pour la petite comme pour la grande exploitation et
qui augmentent la proportion du capital mort de la première.
Tels sont les chariots et charrettes. Certaines machines aussi
ne se trouvent pas nécessairement dans toutes les exploitations; ainsi, le moulin à battre ne peut être à l'usage de
celles qui n'ont pas une quantité de gerbes assez grande
pour couvrir l'intérêt de sa construction; des établissements
publics de battage dispensent même les domaines de moyenne
grandeur de la posséder. Ensuite le système de culture
adopté introduit de grandes variétés dans l'assortiment des
machines et des instruments qui sont nécessaires à l'agriculture. Il est évident, par exemple, que, sous le système des
pâturages, les charrues deviennent inutiles, et que, si l'on
utilise le lait des animaux, il faudra posséder tout le mobilier de la laiterie. Nous ne pouvons d'avance circonscrire
dans une seule formule l'importance et la nature du cheptel
mort; tout ce que nous pouvons faire, c'est d'en faire entrevoir la nature et la valeur d'après quelques exemples.

Dans les fermes considérables, on trouvera un grand
avantage à monter un manége qui s'adaptera à la machine
à battre, au hache-paille, au coupe-racine.

Le manége coûte 600 fr. environ;

Le hache-paille, 60 fr.;

Un coupe-racines avec un disque en fonte, 100 fr.;

Une machine à battre, de Ransomme, sans manége,
2,000 fr.;

Un tarare, 80 fr.

cas, on voit que ce fumier est tout-à-fait insuffisant pour entretenir cet
assolement.

Pont à bascule pour le pesage des bestiaux et des voitures, 1200 fr.

Voici maintenant l'inventaire de deux fermes, l'une n'ayant qu'une charrue et l'autre en ayant trois, et exploitant sous le système continu.

Ferme à une charrue.			*Ferme à trois charrues.*	
1 charrette à 2 colliers.	330 f. » c.	2 charrettes à 3 bêtes . .	920 f.
Petite charrette.	200 »	Petite charrette.	200
Planch., etc., des charr.	50 »	Planches et attirail. . . .	100
Cordes	32 50	Cordes.	65
Harnais.	59 »	Harnais	177
2 charrues Dombasle . .	140 »	4 charrues.	280
1 butoir. . . . . ,	78 »	3 butoirs. . . , ...	234
1 houe à cheval.	50 »	3 houes à cheval	158
1 scarificateur.	60 »	3 scarificateurs.	180
1 herse	45 »	3 herses	135
1 coupe-racines.	60 »	1 coupe-racines	80
2 cribles percés différem.	20 »	8 cribles	80
1 tarare.	80 »	2 tarares.	160
1 faux. . . . . , ...	5 »	3 faux	15
Fourches et bêches. . .	15 »	Fourches et bêches. . . .	45
Draps. . . , ...	28 »	Draps , ...	84
Couvertures	8 »	Couvertures	24
Batterie de cuisine , . .	80 »	Batterie de cuisine. . . .	100
Instruments divers . . .	5 »	Instruments divers	15
Romaine	36 »	Romaine.	36
	1.351 50		3,080

Ou, par charrue, 1,351 fr. 50 c.   Ou, par charrue, 1,026 fr.

Si l'on se sert de charrettes à plusieurs chevaux, il faut toujours avoir en sus une petite charrette à un cheval pour faire les transports légers. Dans le midi de la France, on a une charrette à un cheval pour 200 fr., et celle à plusieurs chevaux en ajoutant 150 fr., par chaque cheval en plus au prix primitif de 200 fr. Les tombereaux sont fort utiles, mais on y supplée très-bien avec les charrettes, quand on sait les manœuvrer. L'assortiment en planches et claies, qui s'ajoutent à la charrette pour le transport des fumiers et foins, coûte 50 fr. par charrette; les cordes de billage, 12 kilogr. à 2 fr. 50, ou 32 fr. 50 par charrette. Quand on a plusieurs charrettes, il faut en avoir une de rechange, pour ne point interrompre les opérations, en cas d'accident. Il faut se procurer au moins une brouette pour 10 têtes de bétail, tout le bétail étant réduit au poids de 200 kil. par tête.

Les harnais des mules et des chevaux sont ainsi composés :

1 Collier	30 fr.
Trait avec fourreau en cuir.	10
Caparaçon	3
Harnais de labour	14
	57

Les jougs pour les bœufs, avec les courroies, coûtent 12 fr.

Il faut avoir deux socs de rechange par charrue; un butoir pour 10 hectares de plantes à buter; un scarificateur armé d'autant de socs qu'il y a de charrues, à 10 fr. par soc de scarificateur.

Les pieds de rechange en fonte pour le scarificateur et l'extirpateur coûtent 1 fr. 60 c. le kilogramme ;

Un rouleau de bois, 30 fr.;

Un avant-train de charrue, 60 fr.

En un mot, pour ce système nous croyons devoir compter 1,500 fr. de cheptel mort pour une charrue, et seulement 1,200 fr. quand il y a au moins trois charrues.

Le détail des instruments de laiterie doit être renvoyé au traité de zootechnie.

SECTION V. — *Récapitulation du capital de cheptel.*

Si nous reprenons nos hypothèses de deux fermes, l'une à une charrue et l'autre à trois, nous trouverons pour chacune d'elles les capitaux de cheptel suivants :

Ferme de 1 charrue.		*Ferme de 3 charrues.*	
2 chevaux.	1,136 f. » c.	6 chevaux	3,408 f. » c.
Approvisionnement de		Approvisionnement	
fourrages d'un an :		de fourrages. . . .	509 76
2,832 kil. de foin, à			
6 fr. les 100 kilogr.	169 92		
2,528 kil. de bêtes de		7,584 kilog. de bêtes	
rente. . . . . . , .	1,896 »	de rente.	5,688 »
Approvisionnement		Approvisionnement .	6,081 12
d'un an : 47,126 kil.			
de foin, à 4 fr. les			
100 kilog.	2,027 04		
Cheptel mort	1,500 »	Cheptel mort.. . . .	3,600 »
	6,728 96		19,286 88

ou, par charrue, 6,428 fr. 96 c.

Si, comme dans beaucoup d'exploitations du midi, cultivant avec jachère alterne, on n'a que 16 moutons par charrue, sans presque aucun approvisionnement, le capital se
réduit à :

Ferme de 1 charrue.		*Ferme de 3 charrues.*	
2 chevaux ou mulets. .	1,136 f. » c.	6 chevaux.	3,408 f. » c.
Approvisionnements. .	169 92	Fourrages	509 76
16 moutons à 15 fr. .	240 »	48 moutons	720 »
Cheptel mort.	1,500 »	Cheptel mort.	3,600 »
	3,045 92		8,237 76

ou, par charrue, 2,745 fr. 92 c.

CHAPITRE VI.

Du Capital circulant, ou fonds de roulement.

Le fonds de roulement, destiné à solder toutes les dépenses qui se renouvellent chaque année et doivent être

complètement couvertes par les récoltes, a pour objet de pourvoir : 1° au salaire des agents qui dirigent l'entreprise et ses différentes branches; 2° à l'entretien des forces humaines destinées à l'exploitation du domaine; 3° à l'entretien des forces animales; 4° à celui des forces supplémentaires accidentelles ; 5° à l'entretien des machines ; 6° à la fourniture des semences et plants; 7° à l'entretien de la fertilité de la terre ; 8° au paiement de l'intérêt et de l'assurance du capital foncier (rente), et du capital de cheptel.

SECTION I. — *Salaire de l'intelligence directrice.*

Les services de l'intelligence ne sont pas payés dans la mesure de la capacité de l'homme qui les rend, mais dans celle de l'utilité dont ils sont la source dans la position où il est placé. Le directeur d'une culture qui ne pourrait produire que 100 dans son plus grand développement, ne pourrait prétendre au même salaire que si elle produisait 1000. C'est à l'homme de talent de chercher et de se procurer la place qui correspond à son mérite.

Nous avons essayé de nous rendre compte de ce que coûtait la direction de l'agriculture dans les différents pays, et nous avons trouvé que les salaires s'élevaient ou s'abaissaient selon que l'intelligence humaine y trouvait plus ou moins d'application. En France, par exemple, les emplois qu'obtiennent les hommes qui ont fait de fortes études, à partir de l'ingénieur en chef jusqu'au conducteur des ponts-et-chaussées, ont des salaires gradués de 6,000 à 1,200 fr., et servent de module pour régler tous les emplois similaires. Entrant plus avant dans l'examen des situations agricoles, nous avons reconnu assez souvent que le traitement du directeur de culture s'élevait à 8/100 du capital circulant employé dans les domaines, capital qui indique mieux que toute autre chose l'importance des travaux qui s'y font. Dès que le capital descend au-dessous de 14,000 fr., le directeur de culture participe aux travaux manuels; ce n'est plus au conducteur des ponts-et-chaussées, mais au piqueur qu'il est assimilé. Son salaire est alors mixte, et l'on en trouve généralement le taux en ajoutant au salaire ordinaire d'un valet de ferme 3/100 du capital circulant. Ainsi, le valet de ferme recevant (nourriture comprise) 500 fr., le *maître-valet* d'un domaine qui emploie 10,000 fr. de fonds de roulement recevra 500 fr. $+ \frac{3 \times 10000}{100} = 800$ fr.

Quelquefois on cherche à intéresser l'agent à la bonne réussite de la culture en lui donnant une part dans les produits nets ; quelquefois aussi cette part est ajoutée à un salaire fixe, ou bien on lui assure un *minimum* qui le garantit des éventualités d'une mauvaise récolte, en le laissant sans inquiétude sur ses moyens d'existence. Tous ces modes de paiement ont leurs avantages et leurs inconvénients.

La régie intéressée excite puissamment l'activité du régisseur, mais c'est souvent au détriment du domaine. Dans la crainte de perdre un jour une position dont rien ne lui garantit la durée, le régisseur songe à faire produire de forts revenus actuels, aux dépens de la fertilité future des champs; il prend pour guide le *livre d'or du fermier*, et il faut l'œil vigilant du maître pour l'arrêter dans cette voie. Celui-ci est donc obligé à une lutte incessante qui lui enlève le repos d'esprit qu'il avait cru se donner en transmettant son autorité à un autre. Si le régisseur n'est pas honnête et qu'il tienne la comptabilité, on est exposé à des fraudes considérables. Il est si facile de faire apparaître des bénéfices en dissimulant la valeur des engrais, en élevant le prix des denrées récoltées et encore en magasin, en exagérant même la quantité des récoltes, car le propriétaire ne peut être présent au pesage des racines, des fourrages, à l'engrangement des gerbes, aux essais de battage pour déterminer le rendement. Enfin, si l'agent se dispose à quitter le domaine, combien de dépenses il peut porter à *compte nouveau*. Si le comptable est distinct du régisseur, ils peuvent s'entendre

ensemble, et si le premier est un homme de confiance, la
guerre intestine est déclarée. Le régisseur prétendra que les
comptes sont tenus contre ses intérêts; il élèvera une discussion sur chaque article. L'expérience nous a démontré
que la régie intéressée n'est possible qu'avec des régisseurs
d'une moralité tellement éprouvée, tellement à l'abri des
illusions que l'intérêt suggère quelquefois à la conscience la
plus honnête, que rien n'est plus rare que d'en rencontrer de
pareils. Nous préférerions donc un salaire fixe, en nous réservant de donner des gratifications proportionnées aux travaux et aux succès extraordinaires, mais sans aucun rapport
avec les produits eux-mêmes.

Dans les grands domaines, les fonctions principales de la
direction sont réparties entre plusieurs agents, et le régisseur ne garde que la haute surveillance. On peut y trouver
de plus : 1° un agent comptable, qui se paie sur le pied du
teneur de livres de la contrée; 2° un directeur des cultures :
le valet de ferme qui a cette importance reçoit un salaire
plus élevé que les valets ordinaires, dans la proportion de
10 : 12 ou 10 : 15. Il dirige tout ce qui tient au mouvement
des bêtes de travail, des instruments agricoles, et distribue
le travail des champs entre les ouvriers de la ferme; 3° le
directeur des étables, vacher ou berger en chef : son salaire
est dans le même rapport avec celui des bergers ordinaires;
4° un agent de ventes et d'achats.

Ce dernier agent remplit les deux fonctions les plus
délicates de l'entreprise; il doit réunir des qualités spéciales que l'on rencontre rarement à un degré éminent :
de la finesse pour éviter les piéges, et de la bonne foi qui
lui attire la confiance des personnes avec lesquelles il a à
traiter; de l'activité pour rechercher et poursuivre un marché; de la résolution pour trancher les difficultés, et, cependant, de la patience pour surmonter les mille hésitations des
contractants; de la facilité pour accorder tout ce qui est
possible et arriver aux limites que l'on s'est prescrites, et,

cependant, assez de réserve pour ne pas encourager les prétentions des parties, qui s'augmentent avec nos concessions ;
enfin, une connaissance parfaite des marchandises à vendre
ou à acheter. Cette charge exige une fréquentation assidue
du marché, pour bien connaître les cours et se familiariser
avec eux ; mais elle ne réclame pas une grande force physique, et ce talent est souvent celui d'hommes faibles de
corps, que l'on rejette sans avoir cherché à apprécier leurs
qualités morales et intellectuelles. Il est utile, mais il n'est
nullement indispensable qu'ils sachent lire et écrire. Un tel
agent peut décider du sort d'une exploitation. Nous avons eu
un entrepreneur d'engraissement de moutons, genre d'industrie qui roule sur des achats et des ventes continuelles,
qui nous donnait des bénéfices considérables, parce qu'il
était pourvu des qualités désirables, et cette entreprise ne
nous donna plus que des pertes quand il fut remplacé par
un autre qui en manquait. Au reste, quelle que soit la confiance que l'on ait en un tel agent, il faut une grande
surveillance sur ses opérations, s'informer des noms des acheteurs et des vendeurs, et, quand on les rencontre, s'entretenir avec eux des marchés qu'ils ont faits, pour confronter
leurs rapports avec ceux de notre agent ; il faut se défier du
retour trop fréquent des mêmes contractants, avec lesquels il
peut être d'intelligence ; enfin, il faut savoir précisément les
prix obtenus par nos voisins, et les comparer avec ceux que
nous recevons ou que nous payons pour nos propres ventes
ou achats.

Le traitement de cet agent doit être assez convenable pour
qu'il tienne à sa position et craigne de la perdre. Quand on
se livre à la spéculation et qu'on fait des marchés fréquents,
on peut lui accorder une part sur les profits ; il n'y a pas ici
l'inconvénient que nous avons trouvé pour le régisseur de
l'exploitation. Il doit marcher après lui, et de pair avec le
comptable ; il peut être chargé, dans les intervalles de ses
courses, de quelques détails manuels appropriés à ses forces,

comme celui de garde-magasin, etc.; mais jamais il ne doit cumuler ses fonctions avec celles du comptable, qui tient le contrôle de ses opérations.

Il y a en 5e lieu les simples valets de ferme, qui doivent joindre à la force, à l'adresse, à la santé nécessaire pour remplir leurs fonctions, la douceur envers les animaux, l'obéissance et le respect envers leurs supérieurs. Nous avons dit que leur salaire devait s'élever un peu au-dessus de celui des simples manouvriers. Dans la situation moyenne de la France, leur salaire en argent est d'environ 150 à 160 journées moyennes de manouvrier; ils reçoivent en outre la nourriture.

Il arrive tous les jours que les valets de ferme quittent leur maître, soit par inconstance, soit par l'appât d'un plus grand gain, et les laissent dans l'embarras au moment des ouvrages les plus pressés. Aucune loi positive ne règle ni les cas où le valet est passible de dommages-intérêts, ni ceux où il quitte légitimement son maître, ni enfin la partie de ses gages qui lui est due selon l'époque de l'année où il renonce à son service. Le propriétaire et le juge sont également embarrassés, l'un pour se défendre contre des prétentions exagérées, l'autre pour prononcer avec justice.

Dans le territoire de la ville d'Arles, exposé plus qu'un autre à ces désertions, par son isolement et par la faiblesse de sa population, qui oblige à emprunter des bras étrangers, la nécessité d'un règlement avait été plus vivement sentie ; aussi, dès 1676, l'autorité municipale de cette ville en avait substitué un aux coutumes non écrites, et l'approbation du Parlement lui avait donné la sanction légale. En voici les principales dispositions :

Un valet qui quitte son maître sans cause légitime perd ses gages et lui doit une indemnité proportionnée au dommage que lui fait sa désertion;

Le nouveau maître chez lequel entre le valet déserteur devient séquestre de ses gages, qui doivent répondre de l'in-

demnité qui sera accordée au maître déserté ; il en est averti
par la signification d'un acte.

Si le valet quitte la ferme pour cause légitime avant la fin
de son terme, le maître est tenu de lui payer ses gages selon
le tarif ci-après :

Pour le mois de	Partie proportionnelle des gages sur 1,000.	ou en fraction de la valeur des gages.
Janvier	0	0
Février . . . . ,	25	$\frac{1}{40}$
Mars	50	$\frac{1}{20}$
Avril	100	$\frac{1}{10}$
Mai	125	$\frac{1}{8}$
Juin	150	$\frac{3}{20}$
Juillet	150	$\frac{3}{20}$
Août	125	$\frac{1}{8}$
Septembre	100	$\frac{1}{8}$
Octobre	100	$\frac{1}{8}$
Novembre	75	$\frac{2}{40}$
Décembre	0	0
	1,000	1

Ainsi, en supposant un valet aux gages de 100 fr. par an,
qui, loué le 1er novembre, soit obligé, pour cause de maladie, de quitter son maître le 51 mai, il lui sera dû :

Pour novembre	7 fr.	50 c.
décembre	»	»
janvier	»	»
février	2	50
mars	5	»
avril	10	»
mai	12	50
	37	50

Le travail est presque nul en hiver, dans les localités pour
lesquelles a été fait ce tableau ; la nourriture de l'ouvrier en

représente la valeur, et au-delà. Le valet n'aurait fait, en réalité, pendant ces sept mois, qu'à peu près le tiers du travail total de l'année. Si les juges fixaient son salaire proportionnellement au temps écoulé, ils feraient une véritable injustice au maître. Mais si, entré en avril, le valet était obligé de se retirer au 31 octobre, il lui serait dû :

Pour avril.	10 fr.	» c.
mai	12	50
juin	15	»
juillet	15	»
août	12	50
septembre	10	»
octobre	10	»
	85	»

Le paiement fait en proportion du temps tournerait contre lui, puisque, pendant ces sept mois, il aurait exécuté réellement les 85/100 du travail de l'année. De pareils règlements seraient très-utiles et mettraient un frein au vagabondage des hommes qui, après s'être fait nourrir l'hiver dans les fermes, vont chercher de forts salaires pendant les mois où les ouvriers sont le plus recherchés (1).

6° La femme de ménage est une personne très-essentielle dans l'exploitation, et a la plus grande influence sur le succès de l'entreprise; car son humeur et la manière dont elle conduit le ménage attirent ou dégoûtent les agents et les ouvriers. On n'est point toujours libre de la choisir, parce qu'on ne peut refuser la femme du chef de culture ou du régisseur, et on ne saurait croire les désagréments qui résultent de cette obligation, quand cette femme est maussade, quinteuse, sale, parcimonieuse. Si l'on peut choisir, il faut faire en sorte de trouver une ménagère propre, active, ran-

(1) *Annales de l'Agriculture française*, septembre 1830. *Mémoire* de M. de Gasparin.

gée, et assez bonne cuisinière pour que les mets simples qu'elle apprête plaisent aux habitués de la ferme. Un tel appât attire à la ronde l'élite des ouvriers sur votre domaine, comme un pigeonnier propre, un peu de sel, un peu de gravier attirent les pigeons de vos voisins. Dans le Midi, le salaire de la femme de ménage n'est pas élevé (100 fr. environ): mais on contracte avec elle un forfait moyennant lequel elle se charge de la nourriture des hommes de la ferme, et c'est sur le bénéfice qu'elle y fait que se complètent ses gages. Quand cette circonstance n'a pas lieu, et qu'elle est obligée de rendre compte de tout, elle reçoit pour paiement les 2/3 des gages d'un valet de ferme.

7° Les servantes reçoivent la moitié des gages d'un valet, dans les pays les plus avancés, et beaucoup moins dans ceux où l'industrie n'a pas pénétré.

SECTION II. — *Nourriture des hommes.*

Quand on analyse les régimes nutritifs si variés qui servent à soutenir l'existence de l'homme, on reconnaît qu'ils présentent tous un certain nombre de substances fondamentales : 1° des principes quaternaires (azotés); 2° des principes ternaires; 3° des graisses; 4° des sels; 5° de la cellulose ou ligneux, qui n'est que le squelette qui retient les autres substances et leur donne leur forme, mais qui ne sert pas à la nutrition et est entièrement évacué avec les excréments ou *fèces;* 6° de l'eau.

Les principes quaternaires sont : la fibrine, qui se trouve dans la chair musculaire des animaux; la caséine, dans le lait; la glutine, dans les graines céréales et autres; la légumine, dans les graines légumineuses; enfin l'albumine, qui accompagne ordinairement les autres substances.

Les principes ternaires sont l'amidon ou fécule, le sucre, le glucose, la gomme, l'alcool.

Les graisses et les huiles, avec une composition ternaire,

se distinguent par une plus grande abondance relative de carbone.

Les sels sont principalement du chlorure de sodium, des sulfates, des phosphates.

Point d'alimentation complète sans la réunion de ces quatre ordres de principes immédiats, qui se résument définitivement en azote, carbone, hydrogène et oxygène, et en chlore, en soufre, en phosphore, en chaux, en magnésie, en soude et en potasse, en fer, etc. La dose *minimum* de chacune de ces substances n'a pu être encore complétement déterminée, mais on a pu le faire pour quelques-unes d'elles. Nous n'entrerons pas ici dans le détail de leurs usages dans la nutrition, et nous nous bornerons à dire ce qui importe à notre sujet.

1° Des observations rigoureuses faites dans les couvents et les prisons, où la nourriture était réduite à son minimum, et différentes expériences directes nous montrent que la simple ration d'entretien, celle qui maintient l'homme dans son poids primitif, son accroissement, et sans qu'il fasse de mouvement, renferme 20 grammes d'azote environ pour 100 kilogr. de son poids;

2° Dans l'état tranquille, la ration d'entretien de l'homme doit contenir 422 grammes de carbone pour 100 de son poids;

3° L'hydrogène et l'oxygène se trouvent toujours fournis en quantité suffisante, soit dans les aliments, soit dans les boissons. On peut en dire autant des autres éléments, le soufre, le phosphore, la chaux, la magnésie, qui font partie des différents végétaux et des matières animales qui entrent dans le régime;

4° Il n'en est pas de même du chlorure de sodium (sel marin), qui paraît devoir être fourni en supplément pour maintenir l'homme en bon état de santé. La proportion paraît devoir être de 15 par jour pour les hommes du poids de 62 kilogr., ou de près de 17 grammes pour 100 de leur poids. Dans ce chiffre entre la totalité du sel contenu dans le pain et les apprêts (1).

Ainsi, la ration d'entretien d'un homme du poids de 62,541 kil. (poids moyen des Français de l'âge de 20 à 60 ans) devrait renfermer les principes suivants :

Azote . . . . . .   12,51 gr.
Carbone.   264,00

L'azote serait fourni par la viande, le lait, les céréales, les graines légumineuses ;

Le carbone, une partie par la fécule, une autre partie par les graisses ou l'alcool.

Mais l'homme en action, l'enfant qui grandit, ne peuvent se contenter d'une telle ration ; il faut qu'il reçoivent en sus les principes qui se dépensent dans la production du travail ou de l'accroissement. Voici ce que nous apprend l'observation.

Un homme employé à piocher une terre ordinaire, de ténacité moyenne (30 millièmes à la bêche dynamométrique), doit recevoir, en sus de sa ration d'entretien, 2,50 gr. d'azote et 9 gr. de carbone par mètre cube. L'homme moyen détache environ 5 mètres cube dans sa journée ; ce qui lui donnerait une augmentation de 12,50 gr. d'azote et 45 gr. de carbone.

La même augmentation de 2,50 gr. d'azote et 9 grammes de carbone est nécessaire :

Pour charger sur la brouette au jet de pelle 3,6 mètres cubes de déblai (l'homme charge 18 mètres cubes par jour) ;

Pour transporter à la brouette, à 30 mètres de distance, avec retour à vide, 3 mètres cubes de terre (l'homme transporte ainsi 15 mètres cubes de terre) ;

Pour battre au fléau et égrener 0,48 hect. de blé (l'homme bat 2,40 hectol. par jour) ;

(1) Le pain de munition contient 5 grammes de sel par kilogramme.

Pour bêcher à la profondeur de 0ᵐ,28, 52 mètres çarrés de terre moyenne (l'homme bêche 160 mètres carrés par jour);

Pour faucher 840 mètres carrés de pré bien garni (l'homme fauche 4,200 mètres carrés par jour).

Pour élever 40 kilogrammes à la hauteur de 100 mètres;

Pour porter à la hotte 0,180 mètre cube à 100 mètres de distance, en plaine;

Pour parcourir, sans charge, 5,850 mètres (29,250 mètres à la journée);

Dans tous ces cas, le régime de l'homme devra lui fournir :

	Ration d'entretien.	Ration de travail.	Total.
Azote.	12,51 gr.	12,50 gr,	25,01 gr.
Carbone. . . .	264,00	45,00	309,00

Mais ces éléments ne sont pas à nu, ils sont combinés dans les divers aliments en différentes proportions, mêlés en plus ou moins grande dose avec des substances qui ne se digèrent pas. L'homme, chez lequel un long repos du corps et le travail de l'esprit rendent les organes digestifs paresseux, souffrirait en mangeant des substances où les parties nutritives seraient fortement agrégées avec les parties non nutritives; son estomac ne pourrait en faire le départ, ce qui est facile à l'homme laborieux, actif. Celui-ci digère sans difficulté le pain mêlé de son, les légumes à enveloppes épaisses, les racines dont la substance est un réseau de cellulose. Il s'en nourrit complétement, tandis que ces aliments ne produiraient qu'une digestion pénible sur l'estomac débilité qui n'y est pas accoutumé.

Or, plus les principes nutritifs sont concentrés dans un petit volume et se dissolvent facilement sans causer de gêne à l'estomac, et plus les substances alimentaires qui les contiennent coûtent cher. L'instinct et l'expérience ont établi d'avance le prix relatif de chaque aliment, d'après les sensations qu'ils fournissent, et qui les font rechercher plus ou moins, et aussi d'après la facilité de les produire ou de se les procurer. Ainsi, pour composer un régime à-la-fois suffisant, acceptable et économique, il faut connaître : 1° la composition des aliments ; 2° leur prix. Dans la table ci-après, on remarquera sans peine que le carbone est presque toujours en excès, et qu'en cherchant à satisfaire le besoin de substance azotée on arrive presque toujours à surpasser les besoins en carbone. Celui-ci, après avoir fourni tout ce qui est nécessaire aux besoins de la respiration, s'écoule presque entièrement par les excréments ; mais il paraît que, sous deux formes différentes, sous celle de matière graisseuse et sous celle de matière alcoolique, il remplit deux indications importantes dans le régime, et qu'il ne faut pas négliger d'y pourvoir.

1° les matières grasses paraissent augmenter d'utilité en allant du Sud au Nord. Les Arabes n'en consomment que la petite quantité qui est unie aux céréales ou aux fruits, tels que dans les dattes, tandis que les Esquimaux engloutissent une quantité considérable d'huile de poisson et de graisse. Sur le continent européen, les paysans provençaux consomment en totalité par an 11 à 12 kilog. de matière grasse ; en Allemagne, ils en consomment 29 kilog. Il semblerait que l'augmentation de ces substances dans l'alimentation doive être de 4,2 kilog. pour chaque degré dont la température moyenne de chaque contrée décroît en marchant vers le nord, la température moyenne de 25 degrés centigrades étant prise pour zéro des matières grasses.

2° Dans tous les climats, l'homme use plus ou moins régulièrement d'une certaine quantité de boisson fermentée, qui paraît exercer une influence favorable sur ses organes digestifs quand elle est prise dans de justes limites. Cette dose salutaire et journalière ne paraît pas s'élever au-dessus de celle qui contient 1/15e de litre d'alcool pour les hommes faits.

TABLEAU
des principales substances alimentaires à l'état normal,
c'est-à-dire telles qu'on les trouve ordinairement dans le commerce.

Noms des substances.	Azote	Carbone	Hydrogène	Carbone et hydrogène × 3 (1)	Graisse (2).	Eau et matières non alibiles p. 100.	Prix d'un kilogr. fr.
		pour 100 de substance.					
1. Viande (avec os)............	2,42	10,02	1,36	14,20	»	82,44	1,200
2. OEufs (avec la coque)......	1,99	12,65	1,76	17,91	36,73	79,95	0,830
3. Fromage de Gruyère........	5,09	38,37	5,36	54,45	44,74	41,64	1,200
4. Fromage de Brie...........	2,23	27,46	3,95	39,31	5,56	59,55	»
5. Lait de vaches............	0,57	6,95	1,02	10,02	20,00	87,98	0,150
6. Haricots.................	3,80	37,84	5,11	53,17	3,85	20,38	0,250
7. Fèves...................	4,83	39,90	5,41	56,13	2,36	15,49	0,102
8. Lentilles................	3,87	39,97	5,39	56,14	2,94	15,00	0,362
9. Pois...................	3,58	40,78	5,30	57,28	2,28	12,64	0,294
10. Blé dur du Midi..........	2,91	40,08	5,54	56,10	1,50	15,02	0,270
11. Blé tendre de Bechelbronn...	1,93	39,87	5,44	56,19	2,59	13,66	0,220
12. Farine de Bechelbronn.....	1,83	40,04	5,57	56,72	2,13	13,39	»
13. Farine des boulangers de Paris	1,63	40,22	5,62	57,08	2,28	12,50	0,300
14. Farine de seig. (Boussingault).	1,36	36,55	5,20	51,95	3,57	18,66	0,223
15. Pain de Paris, dit de 2 kilog..	1,25	26,42	3,67	37,43	1,73	42,64	0,250
16. Pain de munition.........	1,22	26,56	3,69	37,63	1,80	42,25	0,250
17. Orge (grain).............	1,50	39,61	5,51	56,14	2,19	13,00	0,150
18. Maïs (farine)............	1,54	42,94	5,88	60,58	9,00	12,00	0,170
19. Sarrasin (grain)..........	2,10	40,84	5,40	57,04	2,29	12,50	0,085
20. Riz décortiqué...........	1,05	40,29	5,46	56,67	0,83	12,00	0,400
21. Châtaig. sèches, dites blanch.	0,76	40,95	5,29	56,80	5,77	13,20	0,084
22. Pommes de terre.........	0,36	10,92	1,48	15,36	0,41	74,60	0,027
23. Carottes...............	0,30	5,49	0,77	7,80	0,43	88,30	»
24. Pruneaux secs...........	0,75	27,91	5,17	43,42	»	26,30	0,500
25. Figues sèches...........	0,92	34,35	5,06	49,51	»	24,87	0,300
26. Figues fraîches..........	0,41	15,47	2,28	22,30	»	66,15	»
27. Lard..................	1,18	61,14	8,94	87,96	71,00	20,00	1,400
28. Beurre du commerce......	0,64	66,98	9,88	90,62	82,00	14,00	1,750
29. Huile.................	»	77,40	12,50	111,90	»	»	0,888
30. Alcool................	»	52,65	12,89	88,52	»	»	0,500
31. Café.................	2,50	56,00	3,60	72,80	10,00	»	1,850

Quand on combine ces différents aliments de manière à
en composer un régime qui remplisse les indications que
nous avons formulées plus haut, on s'aperçoit bientôt que le

(1) Dans la combustion pulmonaire, 1 partie d'hydrogène brûle autant
d'oxygène que 3 parties de carbone.

(2) La graisse ne doit pas compter dans le total des 100 parties de la
substance, ses éléments étant déjà compris dans les autres colonnes.

carbone est surabondant, à moins que ce régime ne se compose entièrement de viande ou de fromage, et qu'ainsi c'est à la dose de l'azote que renferment les substances nutritives qu'il faut surtout s'attacher; on reconnaît qu'en fournissant l'azote en suffisance le carbone sera toujours en excès. C'est donc le prix de l'azote, dans chaque aliment, qu'il faut considérer pour composer un régime à-la-fois substantiel et économique. La table suivante présente, dans l'ordre de la valeur descendante, le prix du gramme d'azote et celui de 25 grammes de la même substance, ce dernier poids étant l'unité alimentaire de nos hommes moyens.

PRIX DE L'AZOTE.

	1 gramme.	25 gramm ou ration complète.
1. Pruneau	0f685	1f712
2. OEufs	0,417	1,042
3. Viande	0,413	1,032
4. Riz	0,381	0,952
5. Figues sèches	0,326	0,815
6. Lait de vache	0,263	0,654
7. Fromage de Gruyère	0,236	0,590
8. Pain de 2 kil	0,200	0,500
9. Pain de munition	0,188	0,470
10. Farine de Paris	0,184	0,460
11. Farine de seigle	0,164	0,410
12. Farine de maïs	0,110	0,275
13. Châtaignes sèches	0,109	0,275
14. Lentilles	0,093	0,242
15. Farine de blé dur	0,093	0,242
16. Châtaignes fraîches	0,092	0,242
17. Orge	0,086	0,215
18. Pois	0,082	0,205
19. Pommes de terre	0,074	0,185
20. Haricots	0,059	0,148
21. Sarrasin	0,040	0,100
22. Fèverolles	0,021	0,050

Les prix des denrées éprouvent des variations qui doivent aussi influer sur les combinaisons économiques du régime.

Il ne serait pas difficile maintenant de composer autant

de formules de régime que l'on a fait de formules d'assolement *à priori;* mais on n'est pas toujours le maître de
régler à sa volonté l'ordinaire des agents agricoles. Les habitudes, le goût, ont une grande part dans ce choix, et il
serait aussi difficile de soumettre les Picards ou les Provençaux au sarrasin, comme base de nourriture, que de le supprimer dans le régime alimentaire des Bretons.

C'est avec une grande prudence qu'il faut opérer les modifications que l'on regarde comme avantageuses, et, quand on
les opère, on doit avoir soin de respecter les parties essentielles
du régime, celles qui se sont identifiées avec les mœurs du
pays. Il faut de graves circonstances pour renverser et changer
ces habitudes. Ainsi, la maladie des pommes de terre amène
aujourd'hui une assez grande extension de la culture du maïs
dans l'Est de la France. Qui pourrait dire par quels événements ce même maïs, introduit si tard en Europe, est devenu
la nourriture principale des Lombards? Qui pourrait dire à
quelle époque le sarrasin a été adopté dans la Bretagne?

Quoi qu'il en soit, il est curieux de voir comment ce problème de l'alimentation a été résolu dans les différents pays.
Nous allons en donner quelques exemples pris dans la pratique; ils montreront la grande influence que peut avoir
le choix des substances alimentaires sur l'état économique
des nations, sur le taux des salaires, et, par conséquent, sur
le prix de revient des produits agricoles. On y verra à quels
prix différents l'homme peut-être également nourri et maintenu en bonne santé, selon qu'il a adopté tel ou tel mode
d'alimentation.

1. SOLDATS FRANÇAIS.

k.		Azote. gr.	Carbone et hydrogène. gr.	Graisse. gr.	Prix. fr.
0,750	pain de munition	9,15	282	13,56	0,172
0,516	pain blanc	6,45	193	8,27	0,129
0,125	viande	3,02	18	20,23	0,150
0,150	haricots . . . . . . , .	5,70	80	5,74	0,037
0,500	pommes de terre. . . ,	1,80	77	2,05	0,013
2,041		26,12	650	49,85	0,501

2. Anglais travaillant au chemin de fer de Rouen.

k.		Azote.	Carbone et hydrogène.	Graisse.	Prix.
		gr.	gr.	gr.	fr.
0,660	viande	15,97	93	106,85	0,792
0,750	pain blanc	9,37	280	12,97	0,187
1,000	pommes de terre . . . ,	3,60	153	0,41	0,027
	porter contenant alcool				
	$\frac{10}{1}$ de litre	»	52	»	0,050
2,410		28,94	578	120,23	1,056

3. Ouvriers de marine (*budget de la marine de 1848, annexes, 2ᵉ vol., page 242*).

		gr.	gr.	gr.	fr.
0,750	pain de munition . , . .	9,15	282	13,56	0,172
0,250	viande	6,04	36	40,46	0,300
0,090	fromage de Hollande. .	3,71	48	45,00	0,108
0,120	légumes secs (haricots).	4,56	64	14,59	0,030
0,060	riz	0,72	34	1,49	0,024
1,270		24,18	464	115,10	0,634

4. Fermes du territoire d'Arles (Camargue).

Nourriture de l'année.

555	pain	6760	207736	9601	138,75
60	viande (estimation de la valeur de la pitance) .	1452	8520	9714	72,00
	Légumes du jardin estimés à				
180	pommes de terre. . . .	648	2765	738	4,86
10	huile d'olive.	»	11190	10000	8,88
600	vin	»	33696	»	36,00
		8860	263907	30053	260,49
	Par jour. . . .	24,3	723	82,3	0,71

AGRICULTURE.

5. FERMES DE VAUCLUSE.

Nourriture de l'année.

k.		Azote. gr.	Carbone et hydrogène × 3. gr.	Graisse. gr.	Valeur. fr
319	pain.	4891	120039	5742	70,37
90	pommes de terre.	324	13824	369	2,48
88	légumes secs (haricots). .	3344	46789	8370	22,00
19	lard. . . . . , . . .	224	17812	»	»
10	huile.	»	11190	10000	8,88
123	litres de vin.	»	6900	»	7,38
		8783	215554	19481	111,06
	Par jour. . .	24,07	591	53,3	0,304

6. OUVRIERS DE L'AGRICULTURE A VALLEYRES SOUS LANIE

(SUISSE, CANTON DE VAUD).

286,0	pain.	3489	107621	5148	65,78
364,0	pommes de terre. . . .	1310	55910	1492	9,83
41,6	légum. verts estim. sur le pied des pomm. de terre	150	6389	171	1,12
13,0	légumes secs (lentilles).	503	7298	382	4,70
13,0	fruits secs.	95	»	»	3,90
57,2	viande.	1384	8122	9260	68,64
28,6	fromage maigre	1456	4599	6292	23,08
10,4	beurre.	66	9424	8528	18,20
6,2	café.	155	451	620	11,47
229,5	lait.	1308	22995	45900	34,42
121,5	vin (7,26 kil. alcool) }	»	11623	»	6,58
108,0	cidre (5,90 kil. alcool) }				
		9916	234432	77798	247,72
	Par jour. . .	27,2	642	213	0,679

7. OUVRIERS DU NORD (Maison Rustique du XIX⁰ siècle, t. IV. p, 400).

Nourriture annuelle.

320	farine de seigle	4352	165176	11424	71,36
30	farine de froment	489	17124	684	9,00
50	farine d'orge.	700	28000	1000	9,00
31,6	pois	1131	18100	720	9,29
480	pommes de terre.	1728	73728	1968	12,96
20	viande de bœuf.	484	2840	3238	24,00
10	lard.	118	8796	7100	14,00
160	lait.	912	16032	32000	24,00
20	beurre.	128	18124	16400	35,00
365	bierre (7,30 kil. alcool).	»	6447	»	3,65
		10042	354367	74534	212,26
	Par jour. . .	27,4	971	204	0,584

8. CORRÈZE.

k.		Azote. gr.	Carbone et hydrogène × 3. gr.	Graisse. gr.	Valeur. fr.
219	froment, méteil, seigle. .	3504	124830	5672	58,18
369	pommes de terre.	1328	56678	1512	9,96
248	châtaignes sèches	1845	145824	14369	20,83
12	viande.	290	1704	1942	14,40
10	lard.	118	8796	7100	14,00
120	laitage.	284	12064	24000	18,00
		17369	349896	54595	135,37
	Par jour. .	20,2	949	149	0,371

9. LOMBARDIE.
Pour un jour.

	Azote.	Carbone et hydrogène × 3.	Graisse.	Valeur.
1,52 farine de maïs	23,41	920,81	136,8	9,129
0,08 fromage.	1,52	16,32	13,4	0,036
(Plus de la piquette pr boisson.)	24,93	937,13	150,2	0,165

10. IRLANDE.

	Azote.	Carbone et hydrogène × 3.	Graisse.	Valeur.
6,348 pommes de terre (1). .	22,85	975,05	26,03	0,171
0,5 lait.	0,28	5,01	10,00	0,075
	23,13	980,06	36,03	0,246

L'azote de ces différents régimes s'étend de 20 à 29 gramm., selon la taille, le poids des hommes et le travail qu'on exige. Les matières combustibles, le carbone et l'hydrogène sont extrêmement variables, et excèdent généralement beaucoup la quantité rigoureusement nécessaire. Les matières grasses varient aussi beaucoup, et, quant au prix, on le voit du maximum de 1 fr. descendre au minimum de 25 centimes.

Le volume des aliments absorbés par les Irlandais est énorme, et bien supérieur à ce qui est nécessaire pour lester le corps, poids qui ne paraît pas devoir dépasser 1 kil. 75. Nous voyons en effet que leur repas se compose principalement de 6 1/3 kil. de pommes de terre. Quand, dans la disette de 1847, on y substitua la farine de maïs, ils se plaignaient

(1) V. *la Crise Irland. Revue Britannique*, janv. 1848, p. 77, note.

d'une sensation désagréable qui provenait de ce que leur estomac n'était pas distendu par cet aliment comme par la pomme de terre; mais ils finirent par le préférer, et par reconnaître qu'il les rendait plus forts, plus capables de se livrer à un travail soutenu (1).

En général, dans la composition du régime, il faut, autant que possible, en varier les éléments. Il serait sans doute très-facile de trouver, comme en Irlande et en Lombardie, une alimentation simple et à peu de frais. Dans les temps anciens les galériens étaient nourris de fèves, et l'on peut voir qu'avec cette substance les 25 gr. d'azote ne revenaient qu'à 5 cent.; et cependant ces hommes exécutaient des travaux forcés. Nous connaissons un paysan qui se nourrit presqu'à aussi bas prix avec des fèves décortiquées; il prend peu de pain, mais il y ajoute assez de vin pour en faciliter la digestion, et de l'huile pour les assaisonnements.

Nous ne pouvons ici que répéter le conseil de se rapprocher le plus possible des habitudes du pays, et de n'y faire que graduellement, et au gré des ouvriers, les changements qu'une bonne économie peut conseiller.

SECTION III. — *Nourriture des bêtes de travail.*

Les principes généraux de l'alimentation du bétail ne diffèrent pas de ceux que nous avons donnés pour l'homme, et ils s'appliquent à tous les mammifères. Leurs aliments sont également composés des mêmes principes quaternaires et ternaires que nous avons définis précédemment, et la dose en est également la même, en la représentant par 20 grammes d'azote et par 412 grammes de carbone par vingt-quatre heures pour 100 kilogr. du poids de l'animal et pour la ration d'entretien. Tous les fourrages contiennent de la graisse; mais, quand on veut engraisser l'animal, on choisit ceux qui en contiennent la plus grande quantité.

Mais à cette ration d'entretien il faut ajouter celle qui

(1) *Crise Irlandaise. Revue Britannique*, janv. 1848.

représente le travail. L'expérience nous montre qu'elle doit être d'environ 0,084 gramme d'azote par tonneau mètre (1000 kilogrammètres) de force déployée. L'addition de cette dose d'azote, pour les herbivores, entraîne toujours une quantité surabondante de carbone.

Ces aliments doivent être accompagnés d'une certaine quantité de sel marin, servant de supplément à celui qui manque dans les fourrages. Certains fourrages sont tellement salés qu'ils en fournissent une dose excédante dans la ration ordinaire. Tels sont les prés que nous trouvons dans les terrains salifères du midi, dont les foins ont présenté à M. Payen 2,63 p. 100 de chlorure de sodium. Ainsi une ration de 10 kilog. donnée à un cheval contient 263 gram. de sel, tandis que le poids de l'animal, de 450 kilog. ne comporterait au maximum qu'une dose de 211 gram. Dans les pays qui avoisinent la mer, presque tous les fourrages contiennent plus ou moins de sel. Ainsi encore, à plus de 20 kilomètres de la mer, nos foins d'Orange renferment 1,26 p. 100 de sel, ce qui, pour 10 kilog. de foin sec, donne 126 gram. de sel, ce qui surpasse la dose minimum (de 109 gram.) que nous devrions administrer au cheval, et dispense de se servir de cet assaisonnement pour toute espèce d'animal.

Pour découvrir la quantité de chlorure que renferme un fourrage, il faut d'abord le faire infuser dans de l'eau distillée, garder cette eau, sécher le fourrage, le réduire en cendres, lessiver les cendres, et ajouter les eaux distillées à l'eau d'infusion. On obtient ensuite le sel cristallisé par l'évaporation; on le sèche et on le pèse.

L'expérience n'a pas encore démontré la quantité de sel qu'il serait le plus utile d'introduire dans le régime alimentaire des différents animaux; mais, dans son beau travail de statique animale, M. Barral a cru pouvoir en attendant proposer une approximation qui rentrerait dans les limites des usages que la pratique a consacrés. Elle consiste dans l'hy-

pothèse que, le goût ayant indiqué à l'homme la quantité de
sel qui convient à son organisation, et celui que renferment
ses organes et ceux des différents animaux étant connus, la
ration de chacun d'eux doit être proportionnelle à la ration
humaine et à la dose de sel organique (1). Ainsi la ration
moyenne de l'homme étant de 17 gr. pour 100 kil. de son
poids, et ses organes renfermant 0,2680 kil. de chlorure de
sodium, si nous appelons k la quantité de sel contenue dans
ceux des diverses espèces d'animaux, p le poids de cet animal, r la quantité de sel que renferment ses aliments, x la
ration saline cherchée, nous avons

$$x = \frac{0,017 \times k \times \frac{p}{100}}{0,2680} - r.$$

Dans le cheval. . . . . . . $k = 0,2212$
— la race bovine . . . ' 0,1783
— le porc. 0,1187
— le mouton 0,2084

Ainsi, soit un bœuf pesant 250 kil., nourri avec une ration de foin qui contienne 0,01425 de sel ; la ration saline
supplémentaire sera

$$x = \frac{0,017 \times 0,1783 \times 2,50}{0,2680} - 0,01425 = 0^k,01402$$

ou 14 grammes.

Quant à la ration alimentaire relative au travail produit,
on la calcule d'après les principes suivants.

Le labour d'un hectare de terre à 0,16 m. de profondeur
et 0,28 m. de largeur du sillon, la terre ayant une ténacité
de 0,51 m. à la bêche dynamométrique, exige un effort
de 74,41 kilog. par cheval et par mètre courant, en supposant la charrue attelée à quatre chevaux. Leur vitesse
étant de 0,82 m. par seconde, dans l'expérience que nous
prenons pour type, ils déploient par seconde une force de
61 kilogrammètres. Le labour d'un mètre carré exige un

(1) *Statique chimique des animaux*, p. 459.

temps indiqué par $\frac{1}{0.28 \times 0.82} = \frac{1}{0.2296}$ secondes, et un hectare $\frac{10000}{0.2296} = 43510$ secondes ou douze heures environ, en ne comptant pas le temps de retourner la charrue à l'extrémité du champ, temps qui dépend de la fréquence des retours ou de la longueur du champ. Dans la pratique ordinaire ce sont environ deux journées de travail, pendant lesquelles les chevaux auraient fait en tout 2644110 kilogrammètres de travail, exigeant par jour un surcroît de nourriture de 111,47 gram. d'azote.

La ration du cheval du poids de 416 kilog. sera donc composée, en poids :

	Azote.		Foin normal.	
Ration d'entretien	83 gr.	20	7 kil.	23
Ration de travail.	111	47	9	69
	194	75	16	92

La proportion entre la ration d'entretien et la ration du travail étant ainsi de 83 : 111, ou environ comme 100 : 154 pour les jours où les animaux travaillent.

Si l'on connaissait toujours la quantité de travail fait par les animaux, il serait facile de régler leur ration; mais comme cela ne se peut pas, parce qu'il faudrait employer trop de temps à les observer, on peut prendre pour règle à peu près certaine, au risque de dépasser souvent la juste mesure, que le cheval qui travaille doit recevoir une nourriture contenant 47 grammes d'azote pour 100 de son poids. Dans ce cas, il faut que cette nourriture soit assez riche pour que, tout en le lestant suffisamment, elle ne le remplisse pas avec excès; c'est ce qui arriverait avec du foin ne dosant que 1150 gram. pour 100 kil., comme le foin normal; aussi, dans ce cas, on donne une partie de la nourriture en avoine. Mais la ration pourrait être fournie entièrement, dans le midi, en luzerne, dosant 1970 grammes pour 100 kilog., si, à la longue, cette nourriture n'était pas trop échauffante.

Il ne suffit pas qu'une substance contienne les principes

alimentaires pour qu'elle serve à la nourriture d'un animal ; il faut encore qu'ils y soient assez peu engagés avec le ligneux, assez faciles à en séparer, pour que les organes puissent agir sur eux. Les fruits du phytelephas, que l'on taille pour en faire des imitations de l'ivoire, contiennent de la fécule, de l'albumine, et d'autres principes azotés, mais l'estomac d'aucun animal ne pourrait les dissoudre. Les noyaux de datte, malgré leur dureté, peuvent déjà être digérés par le cheval et le chameau, après avoir été broyés. Les herbivores se nourrissent d'herbe fraîche ou sèche, qui ne peut servir à nourrir les carnivores et l'homme, quoiqu'un kilogramme de foin contienne la même dose de substances ternaires et quaternaires que beaucoup de pains. Mais la longueur et le développement du tube intestinal des herbivores, et surtout des ruminants, favorisent la dissolution, du bol alimentaire que ne peut produire l'appareil digestif beaucoup plus court du carnivore. Parmi les animaux de même espèce, tous n'ont pas le même tempérament et la même forme d'organes ; de même qu'on voit des hommes qui ne peuvent digérer le pain bis et les légumes grossiers, de même aussi certains chevaux ne peuvent vivre de paille et de roseaux, comme on le voit faire à des chevaux plus vigoureux et à des mulets. Les mérinos recherchent l'herbe la plus fine, et le mouton à large queue (Barbarin) paît toutes les herbes indifféremment, et se nourrit de celles qui seraient les plus indigestes pour le mérinos. Ces distinctions doivent être soigneusement faites quand on prescrit un régime pour les animaux.

En France, les chevaux sont nourris de foin, de paille et d'avoine ; dans le midi de l'Europe et dans l'Orient, de paille, d'orge, de féveroles. Notre regrettable confrère Dailly consultait les mercuriales pour prescrire le régime de ses chevaux de poste, et il y eut des moments où la cherté du foin et de l'avoine et le bon marché comparatif du seigle l'engageaient à les nourrir de pain de seigle. Il y a une multitude de combinaisons de ce genre à faire avec avantage, et l'on y parviendra facilement en consultant la table suivante, résultant des travaux de MM. Boussingault et Payen. L'accord exact que nous avons trouvé entre les chiffres de l'analyse et les résultats pratiques de la nutrition, toutes les fois qu'il s'agissait de substances présentées aux animaux sous la forme la plus favorable, les écarts que les praticiens ont rencontrés quand ils ont voulu estimer des nourritures mal préparées, ou dont la teneur n'était pas normale, nous ont donné une grande confiance dans ces résultats de l'analyse chimique. L'accord disparaît seulement quand on compte aux animaux une nourriture dont ils ne consomment qu'une partie, soit qu'elle ait été avariée, soit qu'on n'ait pas pris la précaution de la présenter sous la forme la plus facile à être acceptée par ces animaux. Ainsi, la paille doit être broyée ou hachée; elle doit être mêlée à l'avoine ou au foin. Certains animaux la refusent et la tirent sous leurs pieds; ils choisissent les parties du foin les plus agréables à leur goût et rejettent les autres. Quand on a des foins remplis de plantes caricées ou typhéacées, et qu'on compare ensuite leurs effets à ceux attribués à la betterave, par exemple, on est porté à donner à celle-ci une valeur nutritive trop haute; mais c'est que le foin qui servait de point de comparaison n'était pas du foin normal, et, avant de conclure l'équivalent de la betterave, il aurait fallu analyser le foin et la racine. Les graines dures, comme les féveroles, doivent aussi être concassées ou ramollies dans l'eau, pour faciliter leur digestion et aussi ménager les dents de l'animal. Les aliments trop aqueux, comme les racines, doivent être associés aux aliments secs, surtout pour les chevaux qui boivent beaucoup moins que les ruminants. La zootechnie donne toutes les autres règles du régime, dans lesquelles nous ne pouvons pas entrer plus avant.

Le carbone étant toujours en excès, nous nous sommes dispensé de le noter dans la table suivante. L'azote reste donc la base des calculs à opérer pour la détermination du régime. Nous avons indiqué dans une colonne particulière la quantité de matière grasse qui a été reconnue dans la substance, toutes les fois que l'analyse en a procuré la connaissance. La colonne de l'eau contenue dans la substance analysée est essentielle, parce qu'elle détermine un point fixe auquel il faut ramener, par le calcul, l'aliment que l'on emploie quand il en diffère. La valeur en blé a été établie, pour la base du prix du foin normal, à 14,54 kilog. de blé; là où cette valeur sera différente, il faudra y ramener les autres par une proportion. La colonne des valeurs indique donc ce que vaudrait chaque substance désignée pour l'alimentation des animaux, en supposant le foin normal à 14,54 kil. de blé, et sert à l'adopter ou à la rejeter selon que son prix de marché est inférieur ou supérieur au prix déduit de la valeur du foin. La réduction de cette colonne en numéraire suppose le prix du blé à 22 fr. les 100 kilog.

TABLEAU des fourrages.

Noms des substances alimentaires.	Azote	Graisse	Eau	Valeur de 100 kil. en blé. kil.	en arg. fr.
	pour 100.				
Foin normal (de Boussingault).	1,15	3,8	11,0	14,54	3,20
Foin choisi (de Boussingault).	1,30	»	14,0	16,45	3,62
Foin des prairies d'Orange. . .	1,71	»	14,0	21,60	4,76
Foin des prairies de Saint-Gilles (Gard).	1,50	»	13,0	18,96	4,17
Trèfle.	1,54	»	10,1	19,47	4,28
Luzerne.	1,97	3,5	16,0	24,90	5,48
Sainfoin.	1,35	»	10,0	17,07	3,75
Vesces (fauchées en fleur). . .	1,14	»	11,0	14,41	3,17
Trèfle incarnat (farouche). . .	1,15	»	11,0	14,54	3,20
Spergule	1,17	»	14,0	14,79	3,25
Ivraie vivace	0,98	»	11,0	12,39	2,73
Seigle (fourrage)	1,36	»	12,0	17,19	3,78
Maïs (fourr. sec coupé en frein)	0,67	»	19,7	8,47	1,86
Moha. . . . . , ...	1,50	»	13,0	18,96	4,17
Balle de blé. . . . . , ...	0,85	»	7,6	10,75	2,36

Nom des substances alimentaires.	Azote	Graisse	Eau	Valeur de 100 kil.	
	pour 100.			en blé. kil.	en arg. fr.
Paille de blé	0,26	2,4	12,0	3,29	0,72
— d'épeautre	0,26	»	12,0	3,29	0,72
— de seigle.	0,24	»	18,7	3,03	0,67
— d'orge . . . . , ...	0,25	»	11,0	3,16	0,69
— d'avoine	0,55	4,0	20,0	6,90	1,52
— de sarrasin.	0,48	»	11,6	6,07	1,33
— de maïs.	0,19	»	18,0	2,40	0,53
— de millet	0,78	»	15,0	9,86	2,17
— de riz.	0,24	»	18,0	3,03	0,67
— de fèves . . . . , . .	2,03	»	12,0	25,67	5,64
— de pois.	2,11	»	13,0	26,67	5,87
— de vesces.	1,05	»	11,0	13,27	2,92
— de lentilles	1,01	»	10,0	12,77	2,80
— de haricots.	1,00	»	11,0	12,64	2,78
Fanes fraîch. de pomm. de terre	0,55	»	76,0	6,90	1,52
— de betteraves. . .	0,45	»	55,9	5,69	1,25
— de carottes. . . .	0,85	»	70,9	10,75	2,36
— de navets	0,28	»	72,0	3,54	0,78
— de topinambours.	0,36	»	83,0	4,55	1,01
Fanes mi-sèches de patates . .	0,75	»	33,0	9,48	2,08
— à l'état normal de garance	0,81	»	18,4	10,15	2,23
— rutabaga	0,17	»	91,6	2,15	0,47
— choux-pommés	0,28	»	92,3	3,54	0,78
Tubercules de pommes de terre	0,36	0,08	74,6	4,55	1,00
Racines de betteraves.	0,21	0,10	87,8	2,65	0,58
— carottes.	0,30	0,17	87,6	3,79	0,83
— navets.	0,13	»	92,5	1,64	0,36
— patates	0,20	»	74,0	2,53	0,45
— topinambours. . .	0,36	»	77,3	4,55	1,00
Grains de seigle.	1,40	1,8	11,5	17,69	3,89
— d'orge.	1,76	2,18	13,2	22,25	4,89
— d'avoine.	1,77	4,40	20,8	22,38	4,92
— de fèves.	5,02	2,04	7,9	73,00	16,06
— de pois	3,32	2,00	8,6	48,27	10,62
— de maïs	1,64	8,80	18,0	20,73	4,56
— de lin.	3,22	28,00	8,0	40,71	8,95
— de madia	3,67	25,00	8,0	46,40	10,29

Noms des substances alimentaires.	Azote	Graisse	Eau	Valeur de 100 kil.	
	pour 100.			en blé. kil.	en arg. fr.
Tourteau de madia	5,06	9,00	11,26	3,96	14,07
— de lin.	5,20	9,00	13,4	65,74	14,46
— de colza.	4,92	9,00	10,56	2,21	13,68
— de caméline.	5,51	9,00	6,5	66,66	15,32
— de noix.	6,00	9,00	6,0	75,86	16,69
Son de blé	2,30	{ 5,2 gros sas 4,8 petit sas	13,8	29,00	6,38

Cette table montre clairement, par la différence des prix alimentaires aux prix des marchés, combien les fourrages proprement dits donnent une nourriture moins chère que les autres substances, si l'on en excepte les féveroles. On ne doit recourir à des aliments autres que les foins de toute espèce que par des considérations d'un autre genre.

1° Les racines sont une nourriture aqueuse et rafraîchissante, qui facilite la digestion des aliments secs, mais qui renchérit beaucoup le régime quand on ne la produit pas soi-même et économiquement. Leurs fanes sont en général plus riches, ne se vendent pas, et diminuent beaucoup le prix de revient quand on sait en profiter. Parmi ces fanes, celles des pommes de terres sont nuisibles à l'état frais, et ne peuvent être consommées, avec précaution, qu'après avoir été cuites et égouttées. Celles de betteraves ne profitent pas à tous les animaux (1). Celles de topinambour sont ligneuses et servent à la combustion, quand on ne les laisse pas sur le terrain comme engrais.

2° Les graines des céréales ne sont guère plus riches que les meilleurs fourrages et sont beaucoup plus chères. Les animaux rencontrent ici la concurrence des hommes qui s'en nourrissent. On conçoit l'usage de l'orge dans la ration des solipèdes, pour les pays du Midi, où les fourrages sont rares, où la paille, comme seul aliment, surchargerait l'estomac

(1) Voyez ce que nous avons dit à l'article de cette plante.

sans bien nourrir. L'avoine paraît avoir une vertu stimulante qui la fait apprécier pour les chevaux soumis à des travaux violents; mais là où le foin commun peut être allié à la bonne luzerne ou au trèfle, nous ne concevons pas que l'on fasse un usage aussi habituel de l'avoine pour les animaux de trait. Les graines de féveroles donnent une excellente nourriture à bon marché. Le seigle peut rarement être employé avec économie. Il est facile de voir que, pour qu'il pût l'être, il faudrait que le foin normal fût monté au prix excessif de 13 fr. les 100 kilog., le seigle valant 16 fr.

3° Outre la vertu nourrissante des aliments, il faut considérer leurs propriétés engraissantes; celles-ci donnent une grande valeur aux substances qui possèdent une forte quantité de matières grasses, en ce qu'elles contribuent à ajouter de la graisse et du beurre aux produits animaux. Ainsi, les Anglais trouvent de l'avantage à faire consommer de la graine de lin, à 26 fr., quoique, comme substance nourrissante, elle ne dût valoir que 9 fr. (le blé étant toujours à 22 fr. les 100 kilog.) Mais cette graine possède 0,28 de matière grasse, que l'on paie ainsi à 0,62 fr. le kilog. Le maïs, qui contient 0,88 de matière grasse, recevrait ainsi une addition de valeur de 5 fr. 28 c., qui porterait son prix à 9 fr, 84 c. au lieu de 4 fr. 56 c., et cela est bien inférieur encore au prix vénal. Aussi n'emploie-t-on à la nourriture des animaux que la graine de rebut, qui ne pourrait paraître sur le marché.

Si maintenant nous voulons établir le régime des chevaux pesant 416 kilogr. et travaillant 217 jours dans l'année, nous observerons que l'on ne peut les faire passer subitement de l'abondance à la disette; qu'ainsi il ne faut pas les réduire à leur simple ration d'entretien, les jours où accidentellement ils ne travaillent pas, pour les remettre à la ration complète quand ils reprennent le travail; mais il y a lieu de distinguer la ration des saisons de travail continu et celles de travail interrompu. Ainsi soient :

1° Les mois de novembre, décembre, janvier, février et mars, donnant 123 journées, ou, par jour moyen, 0,80 journée de travail;

2° Les mois d'avril, mai et juin, donnant 14 journées de travail, ou 0,16 par jour moyen;

3° Les mois de juillet et d'août, donnant 19 journées de travail, ou 0,30 par jour moyen;

4° Les mois de septembre et d'octobre, donnant 37 journées de travail, ou 0,60 par jour moyen.

Dans ce cas particulier, on aurait :

Mois de la 1re série, ration d'entretien . . .	83 gr. 20 d'azote.
ration de travail. . . .	89	24
	172	44

Mois de la 2e série, ration d'entretien . . .	83	20
ration de travail. . . .	18	46
	101	66

Mois de la 3e série, ration d'entretien . . .	83	50
ration de travail. . . .	33	40
	116	60

Mois de la 4e série, ration d'entretien . . .	83	20
ration de travail. . . .	66	80
	150	»

Ce qui nous donnerait pour l'année :

1°	151 jours à 172gr.44	26,038gr. 44 d'azote.
2°	91 — à 101 66	9,251	06
3°	62 — à 116 68	7,199	20
4°	61 — à 150 »	9,150	»
		51,638	70

ou, par jour moyen, 141 gr.,48.

Cette ration fournie en foin normal consisterait en 12,5 kilogrammes de cet aliment, et exigerait par conséquent un approvisionnement de 4489,50 kilog. de foin par cheval.

On dispose des aliments verts principalement dans le mois où le travail est le moins fort; on donne alors de l'herbe fauchée ou l'on met au pâturage; par exemple, dans le cas exposé ci-dessus, on nourrit les animaux à la luzerne et à l'herbe verte, de la fin d'avril à la fin d'août, et l'on met alors les bêtes à cornes au pâturage. Mais l'exemple cité est celui d'une ferme où il y a beaucoup de plantes sarclées à la main et beaucoup de charrois en hiver. La saison des travaux et celle du repos varient dans chaque exploitation, et l'on doit y conformer les variations du régime.

Dans la composition des rations, il faut faire attention à ce que la quantité d'eau qu'elles renferment ne dépasse pas celle que l'animal boit ordinairement et même reste au-dessous; le contraire rend l'animal mou et débile, et provoque la sueur ou des urines très-abondantes. C'est ce qui fait qu'il faut toujours associer une certaine quantité de fourrage sec à la nourriture aux racines. Le cheval de 416 kilog. consomme, soit dans ses aliments, soit dans sa boisson, environ 17 kilog. d'eau par jour; le bœuf, une quantité presque double, quand il travaille. Ainsi, voulant nourrir le cheval avec des betteraves, qui contiennent 87,8 d'eau pour 100, nous voyons que le maximum de la ration de cette racine sera de 18 kilog., donnant (1) 15,78 kilog. d'eau, mais dosant seulement 57,80 gr. d'azote, de telle sorte qu'il y a lieu, pour arriver à la ration de 141 gram., de fournir en fourrage 103,2 d'azote, ou 8,9 kil. de foin normal, dosant 0,98 kilog. d'eau et 102,35 grammes d'azote.

(1) Dans ses expériences, M. Boussingault a porté pendant quatre jours la ration d'un cheval à 20 kil. de betteraves, remplaçant 5 kil. de foin. Cela est possible, et pendant quelque temps les animaux supportent cet excès de nourriture aqueuse; mais nous pouvons attester qu'à la longue elle leur est nuisible. Ils s'en dégoûtent, ne consomment pas toute leur ration, et leur santé s'en ressent.

Dans le Nord, la ration des chevaux est de

```
10 kil.  »  de foin, dosant 115 gr.  »  d'azote.
 2    50 de paille. . . .    6    50
 3    29 d'avoine. . . .    58    23  ·
                          ─────────────
                          179    73
```

On diminue l'avoine dans les temps de repos. Cette ration est inférieure à la ration normale du jour de travail, mais elle répond à l'état d'une exploitation qui effectuerait 555 journées de travail par an, c'est-à-dire qui ne perdrait même pas tous les jours de fête. Elle doit les entretenir en un état de graisse qui flatte l'œil du cultivateur, mais qui n'est pas le plus avantageux pour les travaux.

SECTION IV. — *Nourriture des bêtes de rente.*

La ration complète, telle que nous l'avons indiquée pour les journées de travail, suffit parfaitement pour les bêtes en repos que l'on engraisse ou qui produisent du lait. Il n'y a rien à ajouter que la recommandation de choisir les aliments qui contiennent le plus de matières grasses. Les tourteaux et les graines huileuses entrent ici fort heureusement dans une partie de la ration. Les vaches, qui boivent beaucoup (jusqu'à 72 kilog. d'eau), profitent bien des aliments verts, de aliments cuits, et des racines. Il y a des animaux, comme ceux de M. de Kergorlay, qui donnent jusqu'à 40 litres de lait en 24 heures, dosant 171 gram d'azote, mais ils pèsent jusqu'à 600 kilog. Nous avons dans ce cas :

```
Ration d'entretien. . . . . . . . . . . . .   120 gr. d'azote.
Ration de production. . . . . . . . . . . .   171
                                            ──────────
                      Total. . . .   291
```

On voit que la ration de production n'excède pas de beaucoup celle indiquée par la proportion que nous avons trouvée

entre la ration d'entretien et celle de travail, car nous avons
100 : 134 : : 120 : 160,8 ; d'ailleurs la production de
40 litres de lait est tout-à-fait exceptionnelle, elle se borne
ordinairement à 30 litres. La ration totale de notre formule
serait de :

Ration d'entretien. . . . . 120,0 gr. d'azote.
Ration de production . . . 160,8
                            _____
                            280,8

SECTION V. — *De l'entretien des machines.*

L'entretien des instruments d'agriculture varie beaucoup,
selon les circonstances diverses où l'on se trouve. Les sols
siliceux et pierreux usent rapidement les socs; les mauvaises
routes accélèrent la dégradations des voitures et des harnais.
Nous ne pouvons donc donner ici aucun terme fixe d'appréciation. Dans les terrains argilo-calcaires de nos plaines du
Midi, nous payons 92 kilog. de blé par bête d'attelage pour
l'entretien des charrues et des harnais; la ferrure nous
coûte moitié de cette valeur. Le ferrage des bœufs (là où ils
doivent être ferrés) coûte beaucoup moins, et l'entretien de
leur harnais se réduit à presque rien.

Une charrette coûte les $\frac{16}{100,000}$ de sa valeur par journée
de travail, dans les bons chemins, ou 0,45 de son prix d'a-
chat par an ; mais ce chiffre doit être réduit à proportion
du nombre de journées où elle n'est pas employée. Bien entendu qu'elle est mise à l'abri des injures du temps.

SECTION VI. — *Semences et plantes.*

Cet article important des fonds de roulement est réglé,
pour chaque cas, d'après l'étendue des différentes cultures
que l'on entreprend.

SECTION VII. — *Entretien de la fertilité de la terre.*

Nous supposons que l'on ait choisi le système de culture
et l'assolement que l'on a jugés les plus avantageux, ce qui
ne veut pas dire que ce soient ceux qui pourvoient le mieux
aux besoins d'engrais de l'exploitation. Il restera donc souvent à pourvoir à un supplément de ces engrais nécessaires
pour porter les produits au point où on le désire, et, si faire
se peut, à leur maximum. Après avoir comparé la quantité
de fumier que produit la ferme, sa composition, déduction
faite de la déperdition qu'il éprouve dans le terrain que l'on
cultive, avec l'épuisement causé par la récolte, il arrivera
souvent, surtout si l'on se livre à la production des plantes
épuisantes, qu'il existera un déficit, et que la ferme serait
menacée d'une décadence progressive si l'on n'y pourvoyait
par la fabrication d'engrais supplémentaires ou par des
achats au dehors. Cette dépense fait nécessairement partie
des frais de roulement.

Elle est quelquefois très-considérable. La culture du houblon enlève chaque année pour 550 fr. d'engrais par hectare ; celle de la garance, 150 fr., sur une mise primitive de
550 fr.; celle du tabac, 150 fr., sur une mise de 836 fr.;
celle du chanvre consomme pour 549 fr. d'engrais. Toutes
ces riches cultures entraînent la nécessité d'un commerce
d'engrais dans leur voisinage. Dans le Vaucluse, on achète
des fumiers de ville et des tourteaux ; dans le Nord, des engrais humains et des tourteaux ; dans l'Ouest, du noir animal. Les pays vignobles n'entretiennent le grand produit de
leurs vignes qu'aux dépens de la fertilité de leurs terres labourables; et, comme les engrais de toute espèce sont, en
dernier résultat, composés d'éléments provenant des substances végétales, si l'on ne recourait jamais aux plantes
améliorantes, dont la nature est de concentrer dans leurs
tissus plus de substances nutritives qu'elles n'en empruntent

à la terre, une bonne culture ne pourrait avoir lieu sur un hectare sans dépouiller et appauvrir un ou plusieurs hectares voisins. Mais ce dernier parti n'est pas toujours le moins avantageux, quand, par les circonstances locales, le loyer de ces mauvais terrains est peu élevé, et que l'engrais que l'on en retire, en enlevant leur production spontanée, coûte ainsi moins cher que celui que l'on produirait en enterrant des plantes cultivées, ou en les laissant consommer au bétail, ou enfin en achetant ces fumiers au dehors. Quand on a à sa disposition, et à bon marché, de ces prairies, de ces pâturages de peu de valeur, ou de ces roselières abondantes (marais de roseaux, *arundo*, *typha*, *sparganium*, etc.), ou des terrains couverts de bois, de genêts, de landes, ou d'autres arbustes, on en obtient, après avoir entassé, mouillé et fait fermenter leur dépouille, un engrais quelquefois fort riche (engrais Jauffret) et d'une valeur relative bien moins grande que beaucoup d'autres.

Si l'on pouvait généraliser l'excellente méthode de payer au fermier sortant la différence du fumier qu'il laisse en terre sur celui qu'il a trouvé en son entrée, comme cela se pratique en Flandre, l'agriculture en retirerait le plus grand profit. D'abord les fermiers, oubliant les pernicieux préceptes du *Livre d'Or*, ne se hâtant pas d'entasser leurs fumiers au début de leur bail, pour les épuiser avant la fin, distribueraient mieux leurs chances, et ne courraient pas le risque de rencontrer les années d'intempéries au moment où leur engrais doit produire le meilleur effet, et ensuite ils s'efforceraient d'enrichir les terrains, qui parviendraient ainsi au point définitif de fécondité. Mais cette salutaire coutume tient à un ensemble de progrès agricoles, et ne peut être importée isolément dans un pays.

SECTION VIII. — *Des ouvriers supplémentaires.*

Il y a peu d'exploitations où, à certaines époques de l'année, on ne soit obligé de prendre des ouvriers, soit à la journée, soit à la tâche, pour parvenir à l'achèvement des travaux. Le plus souvent ils sont chargés de certains labours particuliers, comme le sciage des grains, leur bottelage ou dépiquage, le fauchage et la préparation des foins, les vendanges, les cueillettes de fruits. Pour l'arrachage des racines, les creusements et repurgements de fossés, etc., on se sert aussi parfois de bêtes de travail étrangères, comme pour le dépiquage des grains dans certains points du Midi. L'article de ces forces extérieures, appelées au secours de la ferme, constituent dans certaines positions une dépense très-importante. Dans nos fermes de Camargue, où les travaux sont très-régulièrement établis, et où les valets suffisent pour tous ceux qui ne demandent pas un surcroît ou une activité extraordinaires de travail, nous trouvons que le salaire des ouvriers extérieurs s'élève à 0,25 du fonds de roulement, non compris la rente. Dans la ferme de Provins, donnée pour type de la culture de la Brie (1), nous trouvons 2,506 fr. pour ouvriers auxiliaires, sur 10,000 fr. de capital circulant : c'est plus d'un tiers. Il est sans doute facile de faire des arrangements moins onéreux, en se servant de machines à battre, en faisant consommer en vert une partie des fourrages de la ferme, etc.; mais on ne se dégagera jamais complétement de cette heureuse nécessité, qui favorise l'existence de la petite propriété à côté de la grande, et qui les rend nécessaires l'une à l'autre. On fera donc grande attention à se ménager les moyens d'y pourvoir dans les budgets de culture que l'on tracera, et on ne l'oubliera pas dans les comptes.

SECTION IX. — *Partie du capital employé au paiement de la rente.*

Si c'est un fermier qui exploite, il connaît le montant de la rente qu'il a consentie, et il entre immédiatement dans ses comptes; mais si l'exploitation est dirigée par le proprié-

(1) Tome I, p. 370, 2ᵉ édit.

taire lui-même, il doit se mettre en garde contre plusieurs genres d'illusions qui pourraient altérer l'estimation qu'il en ferait.

1° Il peut estimer beaucoup trop bas la valeur capitale de sa terre, surtout si, la possédant depuis longtemps, un prix d'achat récent ne l'a pas averti de sa valeur réelle.

2° Il peut faire entrer dans l'estimation de sa valeur des travaux mal entrepris ou faits trop chèrement, et qui ne peuvent produire qu'une faible augmentation de revenu.

3° Il peut apprécier beaucoup trop haut l'état où sa culture et ses engrais ont mis sa terre.

Ces mêmes erreurs peuvent avoir lieu en sens contraire.

Pour éviter ces piéges, dans lesquels tombent beaucoup trop de propriétaires exploitants, il faut se livrer à l'estimation détaillée que nous avons prescrite plus haut (1), et ordinairement les données ne manquent pas pour y parvenir; ou encore on peut faire estimer le revenu net par des experts de confiance, qui probablement feront le même travail sur des données plus générales.

Si la terre se trouvait dans l'état ordinaire des terres du pays, qu'on n'y eût pas fait de travaux et de cultures extraordinaires, le plus sûr serait de porter la rente au taux moyen des terres analogues, telle que la paient les fermiers.

Il est toujours délicat de prendre pour base le prix d'achat, même récent, de la terre, car le *denier* auquel on la paie varie selon la convenance de l'acheteur et l'affection qu'il a montrée pour l'acquérir. Il n'est pas rare de voir, dans la même contrée, des domaines achetés sur le pied de 25 fois et d'autres sur le pied de 30 et 35 fois la rente.

SECTION X. — *Intérêts et assurances.*

Après ce que nous avons dit plus haut (2) sur l'intérêt à

(1) Tome I, p. 344 et suiv., 2° édition.
(2) Tome I, p. 359, 2° édition.

obtenir du capital d'exploitation, et sur la prime d'assurances ou d'amortissement du capital, nous n'avons plus ici
qu'à faire quelques rectifications.

Nous avons dit d'une manière trop générale que l'amortissement des bêtes de travail devait être de $\frac{1}{12}$ de leur valeur.
Depuis lors, nous nous sommes livré à quelques recherches :
sur deux grandes exploitations qui employaient ensemble
40 chevaux, et dont les comptes étaient régulièrement tenus, nous avons trouvé que leur prix moyen d'achat était de
545 fr., ce qui donnait une valeur totale de 21,800 fr , et
que le renouvellement avait coûté 3,600 fr., ou 90 fr. par
cheval, le sixième de leur prix.

Ainsi, quand on cultive avec des chevaux, l'amortissement doit être porté de 16 à 17 p. 100.

Le renouvellement des mulets est bien moindre ; ces animaux, tout en vieillissant, continuent longtemps à faire
un bon travail ; nous ne croyons pas devoir porter à plus de
10 p. 100 l'assurance de leur vie. Ce même taux est applicable aux bœufs, surtout quand on les vend à un certain
âge pour l'engraissement.

L'intérêt du fonds de roulement est celui que l'exploitant
trouverait en le confiant à des mains solvables et sûres.

SECTION XI. — *Résumé des frais à la charge du capital circulant.*

Nous tirons l'état qui suit de la comptabilité d'une exploitation de 100 hectares, qui a adopté depuis plusieurs années
l'assolement suivant : 1° pommes de terre; 2° blé; 3° trèfle;
4° blé. C'est l'assolement quadriennal des Anglais où l'on a
substitué la pomme de terre aux turneps. Le but de cette
substitution est de pouvoir vendre une partie de la récolte
sarclée, et en effet, on ne pourrait pas maintenir les animaux
en bonne santé en leur faisant consommer pendant six
mois une quantité aussi grande de pommes de terre crues;
aussi se borne-t-on à donner pendant cette période la moitié

de la ration en foin et l'autre moitié en équivalent de pommes de terre. Il en résulte que l'exploitation n'a pas la quantité d'engrais suffisante pour porter les récoltes au maximum,
et qu'elle ne donne pas les produits nets que l'on devrait en
attendre. En effet, on récolte :

En trèfle . . . .   162,500 kil. de foin,
En pommes de terre. . . . .   81,200 kil.
                              ───────────
                              243,700 kil.

Ce qui, à raison de 1,416 kil. de foin dosant 16,28 kil. d'a-
zote par 100 kil. de poids d'animal vivant, donne 172 quintaux de chair vivante. Or le bétail de cette force consiste en :

10 bœufs de travail pesant ensemble. .   60 quintaux.
28 vaches.   112
                             ─────
                              172

Les engrais consistent donc :

1° En 172 fois 16,28 kil. d'azote (2,800 kil.);
   mais la déperdition par les voies naturelles,
   par la production du lait et le travail réduit cet
   azote à 0,66 de son poids primitif, il reste donc   2,288 kil. d'azote.
2° Paille de 50 hectares dosant   260
                                              ──────
                                               2,548

Or, l'assolement ci-dessus, pour être porté à son maximum
de produit, exigerait des engrais dosant 5,500 kil. d'azote;
il y a donc un déficit de plus de moitié. Il y aurait donc lieu
de porter au fonds de roulement la valeur de 2,952 kil. d'a-
zote, qui, à 1 fr. 60 le kil., serait de 4,723 fr. 20 c.

Voici maintenant le compte du fonds de roulement de cette
exploitation :

1° PERSONNEL.

Maître valet gérant aux gages de. . . . .   871 fr.
5 valets de charrue.   1,500
2 vachers.   600
                                        ───────
                 A reporter. . .   2,971

V,   27

Report. . .	2,971	
1 jardinier.	300	
1 femme de ménage. . . . . , . . .	200	
Nourriture de 9 personnes (la femme de ménage ne se compte pas).	2,457	
Ouvriers extérieurs.	4,387	
	10,315	10,315

2° Bétail.

Amortissement du capital d'achat de 10 bœufs à 450 fr. . . . . , .	450	
Ibid. pour 28 vaches à 300 fr.	840	
Nourriture des animaux : 243,750 kil. de foin, ou leur équivalent à 3 f. 20 les 100 k.	7,800	
Vétérinaire	185	
	9,275	9,275

3° Cheptel mort,

Amortissement de sa valeur montant à 6,120 f.	612	612

4° Semences.

Semence de blé : 50 hectolitres à 19 fr.	950	
— de trèfle.	950	
— pommes de terre : 1,290 quint. à 3 fr.	1,935	
	3,835	3,835

4° Rente et intérêts.

Rente (50 fr. par hectare).	5,000		
Intérêts à 4 p. 0/0 de 29,037 fr.	1,161	48	
	6,161	48	6,161 48

Total du fonds de roulement. 30,198 48
Ou par hectare 301 fr. 98 c.

Quant aux fonds avancés, ils montent à :

Capital de cheptel . .	19,020 fr.
Capital circulant. . .	30,198
Total. . . .	49,218

Ou par hectare 492 fr. 18 c.

Il est curieux de comparer à cet état les recettes moyennes de l'exploitation.

Les voici :

Fourrages, nourriture des animaux comme ci-dessus.	7,800 fr.
2090 quintaux de pommes de terre restant de la ré-	
colte à vendre.	6,270
450 hect. de blé à 19 fr.	8,450
68304 kil. de lait à 0 fr. 125.	8,538
	31,058

Le bénéfice est donc seulement de 859 fr. 52 c., ou par hectare 8 fr. 60.

Ainsi l'on parvient avec peine à obtenir 59 fr. de rente par hectare, de bons terrains auxquels on refuse le développement de fertilité qu'ils pourraient avoir. C'est malheureusement le cas d'un grand nombre d'entreprises qui se plaignent de l'art auquel elles croient s'être soumis, sans songer qu'elles ne doivent accuser que l'accomplissement irrégulier de ses préceptes. Il s'agit de porter la terre au maximum de fertilité pour changer le rapport de la dépense au produit. On obtiendra alors plus de fourrage et plus de pommes de terre ; mais la quantité de ces tubercules, que l'on peut consacrer à la nourriture des animaux de rente étant nécessairement limitée par la quantité de fourrage sec qu'il faut leur associer, nous ne parviendrions pas de cette manière à compléter les 5,500 kil. d'azote qui nous sont nécessaires, et en s'en tenant à cet assolement, il faut avoir un marché où l'on puisse vendre le surplus de la récolte de pommes de terre et acheter le supplément d'engrais nécessaire. A ces conditions, voici comme nous avons proposé au gérant de modifier sa culture. Bien entendu que les premières années demanderont un sacrifice plus complet, jusqu'à ce que les terres soient parvenues au maximum de fertilité ; mais alors on aura le compte suivant :

1° PERSONNEL.

Maître valet gérant.	1,389 fr.
5 valets de charrues.	1,500
A reporter. .	2,889

Report. . . .	2,889	
3 vachers.	900	
1 servante de laiterie. . . . . , .	150	
1 jardinier	300	
1 femme de ménage.	200	
Nourriture de 11 personnes.	3,011	
Ouvriers extérieurs	5,500	
	12,950	12,950

2° BÉTAIL.

Amortissement du capital d'achat de 10 bœufs	450	
Ibid. de 44 vaches à 300 fr.	1,320	
Nourrriture du bétail : équivalent de		
337,500 kil. de foin à 3 fr. 20 c. . . .	10,800	
Vétérinaire. . . . , ...	220	
	12,790	12,790
3° Amortissement du cheptel mort . . , .	612	
5° Semences, comme dans l'autre compte	3,835	
6° Supplément d'engrais dosant 2,952 k.		
d'azote à 1 fr. 60 c.	4,723 20	
7° Rente (50 fr. par hectare)	5.000	
8° Intérêts à 4 p. 0/0 de 39,910 fr.. . .	1,596 40	
	15,766 40	15,766 40

Total du fonds de roulement.		41,50 646

Ou par hectare 415 fr, 06 c.

Quant aux fonds avancés, ils montent à :

Capital de cheptel.	23,820 fr.	
Capital circulant.	41,506	
Ou par hectare 653 fr. 26 c.	65,326	

PRODUIT.

Nourriture du bétail comme dessus.	10,800 fr.
5125 quintaux de pommes de terre en sus de la	
provision, vendus à 3 fr.	15,375
750 hectolitres de blé à 19 fr.	14,250
108666 litres de lait à 0 fr. 125.	13,583
	54,008
A déduire la dépense.	41,506
Bénéfice.	12,502

Ainsi la rente sera   12,502 fr.
Plus.   5,000
                       ───────
                       17,502 f., ou par hectare 175 f. au lieu de 59 f.

TROISIÈME DIVISION

DE L'INTELLIGENCE DIRECTRICE.

La terre et le capital constituent la partie matérielle de la machine agricole. Mais si l'intelligence de l'homme ne vient pas lui assigner ses fonctions, sa direction, lui imprimer le mouvement, la machine reste immobile et inerte. C'est maintenant de ce troisième élément, élément vital de l'agriculture, que nous avons à traiter.

CHAPITRE PREMIER.

De la profession d'agriculteur.

Si pour nous l'*agronome* est le savant qui étudie les lois de la végétation appliquées aux besoins de l'homme, indépendamment de la pratique; si le *cultivateur* est celui qui, sur un terrain et dans des circonstances données, applique des règles toutes tracées, dont il n'est pas tenu de connaître la raison et l'enchaînement, nous avons réservé le nom d'*agriculteur* à l'homme qui, pénétré des principes de la science dans son état actuel, sait l'appliquer aux circonstances de temps et de lieu, et prescrire au cultivateur les règles pratiques qu'il doit suivre. Le cultivateur est l'artisan, l'agriculteur est l'artiste, l'agronome est le savant qui ouvre la voie dans laquelle les deux premiers doivent marcher.

C'est l'agriculteur qui est l'âme directrice de l'entreprise agricole; sans lui, l'agriculture n'est qu'une abstraction ou une routine, et l'Etat qui possédera le plus de ces hommes utiles sera celui qui fera les progrès les plus rapides dans la culture de son sol.

En Flandre, une ancienne science a présidé à l'organisation de la culture, les agronomes ont disparu, mais cette organisation dont on a perdu la théorie reste à l'état de routine excellente, exécutée par les plus habiles cultivateurs; c'est ainsi que les Indiens prédisent les éclipses par des formules dont ils ne comprennent plus le mécanisme et qu'ils ne sauraient plus retrouver si elles se perdaient.

L'Angleterre possède une foule d'habiles fermiers ayant reçu une éducation scientifique distinguée; l'Allemagne peut se glorifier d'un grand nombre de riches propriétaires, administrateurs et savants habiles; l'Italie nous présente une classe de régisseurs (*fattori*) aussi instruits que modestes et obscurs. Naguère, la France voyait s'agrandir chaque jour l'intervalle qui la séparait de ses voisins plus heureux. Plusieurs obstacles semblaient s'opposer à ce qu'elle les suivît aisément dans la carrière qu'ils ont ouverte : 1° la désertion des champs par les hommes possédant l'instruction ; 2° la fausse direction donnée aux études; 3° la mauvaise direction donnée aux capitaux.

1° Pendant le seizième siècle et le commencement du dix-septième, la noblesse française et le clergé étaient les principaux propriétaires du sol de la France. La noblesse ne trouvait que dans ses terres, au milieu de ses vassaux, la force, la sûreté et la considération; elle habitait ses champs, les faisait exploiter, et si alors la science était encore dans l'enfance, il était impossible que l'observation constante des faits n'eût pas divulgué un grand nombre de ses principes à des hommes qui avaient les loisir et l'intérêt d'y penser, dont le bien-être reposait sur le succès des récoltes. C'est à des situations semblables que nous devons des hommes comme

Olivier de Serres, qui n'a rien inventé, mais qui a écrit ce qui se pratiquait autour de lui. Sa science était la science courante de tous les châteaux de France, recueillie par un esprit judicieux et un bon observateur. De son côté le clergé régulier donnait une grande impulsion à la culture, et cette impulsion intelligente était le fruit de l'expérience transmise d'une génération à une autre génération de ces solitaires, et mise en pratique avec ardeur dans la pensée de la perpétuité de leur ordre.

Les règnes de Louis XIII et de Louis XIV changèrent complétement cet état de choses.

Les grands seigneurs furent appelés à la cour, ils en rapportèrent le goût du luxe. Les forêts furent abattues, les haras détruits, la culture négligée pour avoir les moyens de briller à Saint-Germain et à Versailles, pour élever de beaux châteaux et y conduire des eaux jaillissantes. C'est à la faveur que l'on demandait cette fortune que l'on dédaignait de demander à la terre. Quand la révolution arriva, les revenus de la noblesse étaient partout hypothéqués, et elle ne conservait ses possessions que grâce à de nombreuses substitutions.

De leur côté les ordres religieux étaient aussi livrés à la rage du bâtiment; entraînés par l'esprit du siècle, perdant confiance dans leur perpétuité, ils se retranchaient dans un égoïsme qui absorbait en jouissances présentes tous les capitaux que leurs devanciers consacraient aux améliorations de leurs domaines.

Le tiers-état devint propriétaire par la vente des biens du clergé; peu au fait des choses agricoles, c'est sur les réparations du matériel des immeubles que se portèrent d'abord ses soins; les tenanciers furent aidés plus efficacement et se trouvèrent d'ailleurs soulagés par l'abolition des dîmes dont ils payaient leur part. Ce ne fut que peu à peu que les nouveaux possesseurs parvinrent à démêler le placement le plus utile de leurs avances; mal guidés par une science fu-

tile et incomplète, ils firent de nombreuses écoles et ils
essuyèrent de nombreux désastres dans leurs tentatives d'exploitation. La vie agricole ne reçut alors que de faibles re-
crues.

Pendant ces hésitations, se formait le gouvernement im-
périal, dont le principe semblait être d'absorber dans son
organisation tous les hommes dont la fortune suffisait pour
acquérir une médiocre éducation. Il créa ou agrandit les
cadres de l'armée et des différentes branches d'administration. Un nombre immense de fonctions diverses de l'abord le
plus facile devinrent le lien par lequel l'Empereur crut rat-
tacher indissolublement l'élite de la nation à sa dynastie;
on fut officier, préfet, sous-préfet, juge, commis, employé,
buraliste, prêtre; on abandonna la surveillance des champs
aux vieillards de la famille. Si tous ne purent d'abord trouver d'emploi, tous furent candidats pour en obtenir, et plusieurs révolutions successives ont depuis divisé la nation en
deux classes, celle qui occupe actuellement les emplois et
celle qui y aspire.

Quelle place restait à l'agriculture dans cette lutte désor-
donnée d'ambitions? Il semblait n'y en avoir aucune. On y
pourvut plus tard en créant des fonctionnaires agricoles.
C'est de cette époque que date, il faut l'avouer, cet étalage
de science agronomique, ces prétentions à se faire remarquer dans le rang des adeptes, mais aussi des études plus
sérieuses dans le but de mériter ce que tant d'autres cher-
chaient à enlever par le charlatanisme et l'intrigue. On fit,
pour obtenir des fonctions publiques, des efforts inouïs dont
le moindre aurait pu créer une position individuelle indépendante. Ces efforts n'ont pas été perdus, des intelligences
d'un ordre élevé se sont appliquées à l'agriculture; la science
agricole a cessé d'être l'objet d'un dédain injuste; enfin les
esprits ont été vivement frappés de la nécessité d'améliorations dans la culture de nos champs. Voilà l'effet produit, et
l'on ne peut encore dire quel en sera le résultat final; mais

il est à craindre que l'agriculture officielle ne suffise pas à
provoquer une impulsion assez générale pour contrebalancer
la tendance si fortement imprimée à la population d'aspirer
aux places salariées.

2° Le second obstacle à un grand développement se trouve
dans l'éducation générale du pays. Il est naturel que ceux
qui ont principalement en vue des places dans les administrations et les tribunaux se livrent aux études qui peuvent y
conduire. Ces études sont celles du droit auquel la littérature sert d'introduction. Quand enfin on a manqué la carrière
que l'on avait en vue, il est trop tard pour recommencer son
éducation ; à vingt-cinq ans, on oublie et l'on n'apprend
plus, si l'on n'est animé d'un courage fort peu commun.
Les positions industrielles et l'agriculture n'offrent aucun
attrait à ceux qui ont aspiré aux places commodes et peu
chanceuses de l'administration, et c'est ce qui peuple nos
places publiques, nos cercles, nos cafés de cette foule
d'hommes déclassés, oisifs par nécessité, et prêts à se jeter
dans les luttes politiques dans lesquelles ils entrevoient l'espoir de mettre un jour à profit les seules connaissances qu'ils
ont acquises, par le triomphe d'une faction à laquelle ils se
dévouent.

N'arrivera-t-il donc jamais que les pères de famille fassent un
compte sérieux de ce que coûte l'éducation d'un jeune homme
destiné, par exemple, au barreau, et qu'ils mettent en regard
le salaire moyen que ceux qui y sont parvenus retirent de
leur talent? Par les faits que nous avons sous les yeux, nous
osons croire que cette comparaison les détromperait ; qu'ils
trouveraient que ce salaire est inférieur aux simples intérêts
de ces frais d'éducation capitalisés, et, à plus forte raison,
de la même somme employée utilèment à une entreprise
sensée, conduite par les principes de la science. On ne fait
pas cette recherche parce qu'on se fait illusion sur le mérite
de ses enfants, qu'on espère pour eux le premier rang, et
qu'on semble ne pas se douter qu'ils puissent tomber au

dernier, soit par inaptitude, soit par mauvaise conduite,
soit même par négligence.

Mais ce n'est pas la faute des parents si leurs fils ne
peuvent trouver dans nos établissements d'instruction publique le genre d'enseignement qui conviendrait à la masse.
L'Etat, qui donne l'impulsion, semble encore être sous
le joug des préjugés qui faisaient considérer les arts dits
libéraux comme les seuls dignes d'attirer les regards de
l'autorité publique, parce qu'alors la routine pratique suffisait à l'industrie. Il n'en est pas ainsi de nos jours, et c'est
parce que l'industrie ne marche plus qu'éclairée des vives lumières de la science, que le temps est venu où la grande masse
des hommes qui doivent s'y dévouer ont droit de demander
qu'on leur ouvre les portes qui peuvent y conduire.

5° Enfin la mauvaise direction donnée aux capitaux est
une dernière cause qui entrave le progrès agricole. Suivez,
en effet, le mouvement de la partie du revenu qui pourrait
se changer en capital par le moyen de l'économie. La classe
supérieure économise à la campagne, mais pour dépenser à
la ville, et les dépenses des villes se résolvent toutes ou en
objets de luxe, ou en spéculations. Celles-ci amènent au
centre de l'Etat une circulation improductive, un jeu qui,
dans ses va et vient, ne se résout jamais en un gain définitif
pouvant se constituer en capital acquis; les sommes enga-
gées dans ce tourbillon n'en sortent que pour coopérer à
des entreprises diverses qui n'ont qu'un rapport indirect
et éloigné avec l'agriculture. Bien peu de grands propriétaires ont augmenté leur fortune dans ces opérations
aléatoires, dont le résultat final est de faire passer les mises
des pontes aux banquiers.

La classe moyenne s'épuise à imiter le luxe des plus riches,
et à donner à ses enfants une éducation et une position dont
les frais dépassent le produit.

Restent les fermiers et les petits propriétaires. Comment
disposent-ils de leurs économies annuelles? Ils cherchent

surtout à acquérir des terres, et c'est sans doute pour eux le
meilleur placement, malgré le prix excessif auquel elles se
vendent comparativement à leur revenu. Supposons, en effet,
que le propriétaire de la terre de 50 fr. de rente dont nous
avons parlé plus haut (1) la vendît pour le prix élevé de 40 fois
son revenu ou pour 2,000 fr. l'hectare; nous avons vu aussi (2)
qu'avec une première mise de fonds de 1,622 fr. pour saturer
la terre d'engrais, on pourrait mettre chaque hectare en état
de produire une rente de 255 fr.; avec un autre assolement,
nous portons même cette récolte, dans Vaucluse, à 340 fr.
Ainsi, en achetant à si haut prix, nos cultivateurs savent
qu'ils placent leur argent à 4,7 p. 100 au moins, et, selon
nous, à plus de 9 p. 100. C'est du plus au moins l'esprit de
cette spéculation. Notre classe agricole achète un instrument
en mauvais état, un cheval fatigué pour le refaire, elle profite de l'ignorance, de l'inertie, de l'impuissance de la classe
supérieure pour gagner pour son compte ce que celle-ci ne
peut ou ne veut gagner pour le sien.

Nos petits cultivateurs ne s'y prennent pas tous de la même
manière pour améliorer leurs terrains. S'il en est qui font
immédiatement un sacrifice pour les couvrir d'engrais (et
nous en avons vu qui consacraient à cette opération jusqu'à
5,000 fr. par hectare), le plus grand nombre, connaissant la
richesse des couches inférieures qui sont toujours restées
intactes, les mettent en action par des labours profonds;
d'autres tourmentent la surface par des cultures réitérées,
afin de rendre solubles les sucs qu'elle contient; et ce n'est
que plus tard et graduellement qu'ils l'enrichissent par des
fumiers. Mais dans tous les cas, le fonds change de valeur, et,
après quelques années, ne ressemble plus en rien à ce qu'il
était quand il faisait partie des grands domaines négligés.

Croit-on que ces industrieux travailleurs, obligés de se
procurer à la fois le capital du fonds, puis celui de cheptel

(1) Fin du chapitre des fermages, p. 316 de ce volume.
(2) Page 346 de ce volume.

et celui de roulement, ne préféreraient pas les employer immédiatement sous ces deux dernières formes, s'ils y trouvaient le même intérêt? Les faits prouvent le contraire.
Un terrain saturé d'engrais s'afferme à toute sa valeur ;
mais les tenanciers hésitent à s'engager trop avant dans
des cultures où l'engrais qu'ils emploient ne produit que
la moitié de son effet et où l'autre moitié reste au profit
du sol qui ne leur appartient pas. Ils préfèrent en achetant
le sol se réserver à eux-mêmes cet engrais surabondant.
Heureux si, plus prudents, ils ne dépassaient pas, dans leurs
achats, les sommes qu'ils ont déjà réalisées et s'ils ne de-
mandaient pas à l'usure les fonds qui leur manquent pour
compléter leurs acquisitions.

Qui ne conçoit maintenant l'essor que recevrait la culture, si l'argent des propriétaires et des tenanciers n'était
pas distrait de son emploi naturel et s'il se confondait dans
la tâche commune de relever l'agriculture de la France.
Cette double impulsion hâterait l'époque où notre pays
pourrait marcher de pair avec les Etats dont la culture est la
plus avancée. Aujourd'hui le progrès ne se fait que pas à
pas et par parcelles ; il pourrait gagner de vastes étendues,
et ménager, pour notre avenir, l'avantage de ce mélange
de la grande et de la petite propriété qui ne prospèrent
l'une et l'autre que par leur voisinage et leur appui mutuel.

En un mot, il y a en France trop peu de capitaux de cheptel et de fonds de roulement, parce que l'état des terres ne
permet pas d'en tirer le parti convenable. Le luxe est sans
doute nécessaire pour occuper les capitaux quand tous les
emplois utiles sont déjà remplis; mais la France a plus de
luxe que n'en comporte sa fortune.

Toutefois en signalant la mauvaise direction donnée aux
capitaux par une grande partie de nos concitoyens, nous ne
devons pas taire les exceptions qui deviennent tous les jours
plus nombreuses. On voit de loin en loin quelques riches
propriétaires prendre la direction de leurs cultures. Mal-

heureusement ils ne prévoient pas toujours les difficultés matérielles d'une telle résolution. Des connaissances incomplètes les mettent trop souvent à la merci d'agents peu dociles et peu fidèles; puis l'isolement de la campagne leur fait regretter la vie des cités, à laquelle ils sont habitués; les circonstances politiques leur offrent de nouvelles chances d'ambition, à laquelle ils n'avaient jamais renoncé du fond du cœur; et les vocations factices échouent au bout de peu d'années, laissant des travaux inachevés et des améliorations gaspillées. Mais il y a aussi de réelles vocations, et nous les devons presque toutes à des jeunes gens instruits, qui ont su apprécier de bonne heure les ennuis des carrières publiques, qui ont comparé l'indépendance de la vie agricole à la sujétion des hommes en place, et qui ont mis au service de l'agriculture leurs talents et leur activité.

Nous voyons aussi avec plaisir d'anciens négociants, après une carrière honorablement remplie, venir chercher le repos dans leurs champs. Ceux-là comprennent bien, en général, le rôle que doit jouer le capital dans une entreprise, et ils y apportent l'habitude d'en suivre l'emploi avec intelligence, d'imprimer un mouvement énergique à leurs opérations et de les juger par leurs résultats positifs.

Ces efforts partiels, ces bons exemples, réveillent bien de temps en temps quelques-uns de nos propriétaires de fortune moyenne; mais ceux-ci ne pouvant opérer que par le moyen d'économies bornées sur leurs revenus, privés du crédit qui pourrait leur fournir des fonds à un taux avantageux, ils ne font que de faibles tentatives qui ne peuvent prendre un développement notable qu'après une longue période de temps. Et cependant la loi des successions les talonne. Le revenu qui suffisait au père pour soutenir son état de bourgeois oisif va se partager entre ses enfants et les laisser dans la misère. Mais que ce capital en fonds de terre de la valeur de 100,000 fr. dont on retire 5 pour 100 se change en un capital de cheptel ou en fonds de roulement qui produise

10 pour 100, et voilà les enfants remontés au niveau de leur père, avec moins d'obligation de dépenses et plus de facilité de faire des économies. C'est là pour la classe moyenne le secret de l'avenir.

Quant aux jeunes gens qui se livrent à l'étude de l'agriculture sans posséder de capital en propre, je concevrais leurs espérances dans un pays où chaque propriétaire recherche un régisseur. En France, une telle chance est rare. La plupart des grandes propriétés sont affermées et le plus grand nombre manquent de cette étendue qui peut permettre la création d'un tel rouage. On prendra un contre-maître, un maître-valet, mettant la main à l'œuvre; mais un homme de talent ayant fait des sacrifices pour son éducation, et recherchant une place qui soit l'analogue de celle d'un ingénieur, ne se placera que par le concours de rares circonstances. Nous désirerions, pour le bien de l'agriculture, qu'elle pût employer beaucoup de ces hommes, mais nous regarderions comme indigne de nous de les engager dans la carrière agricole par un leurre qui ne leur préparerait que des regrets. C'est aux fils des fermiers et des propriétaires, à tous ceux qui ont une perspective assurée de l'emploi de leurs talents que nous devons surtout recommander de ne pas négliger cette éducation agricole de laquelle doit dépendre leurs succès et les progrès de l'agriculture française.

CHAPITRE II.

Diversité des talents agricoles.

Préparer les éléments d'une combinaison qui doit remplir un but défini; les mettre en présence les uns des autres dans la mesure et les limites où leur action sera la plus efficace ; c'est *organiser, constituer* le système ou la combinaison.

Donner à ce système l'impulsion qui le met en mouvement, entretenir ce mouvement, veiller à ce qu'aucun des éléments constitutifs ne s'altère et ne dévie des lois qui lui ont été prescrites par la constitution du système, c'est ce que l'on appelle *administrer*.

Ces deux fonctions exigent des talents très-divers, rarement unis à un degré supérieur dans le même individu. C'est pour n'avoir pas fait cette distinction que l'on a quelquefois si mal jugé les qualités des agents de l'agriculture. Voilà un homme que nous mettons à la tête d'une exploitation à organiser, mais il manque du coup-d'œil et de l'esprit de système qui font les organisateurs ; il échoue, on le déclare incapable, et pourtant qui l'aurait vu à l'œuvre dans l'administration d'une ferme toute organisée, vigilant, instruit de tous les détails et les surveillant tous avec assiduité, aurait reconnu qu'il méritait un rang distingué dans la pratique de l'art. En voici un autre chargé des détails de l'administration ; sa tête est sans cesse en travail, tandis que ses yeux ne voient pas et ses bras n'agissent pas ; il laisse, sans s'en inquiéter, la rouille gagner les ressorts de sa machine, le moteur se ralentir et s'arrêter ; il a dans les hommes qu'il emploie une confiance irréfléchie, il attend les saisons moyennes pour lesquelles ses calculs ont été faits, et il ne sait pas parer à temps aux dangers des saisons extrêmes. On a méconnu son aptitude et il est rejeté comme un homme inutile, tandis que c'est peut-être un génie capable d'organiser et de constituer non-seulement un domaine, mais une colonisation entière.

Nous avons vu à l'œuvre de ces hommes inconnus, et nous en citerons deux exemples en nous abstenant de désigner les lieux et les noms, pour ne pas jeter de la défaveur sur deux personnes qui occupent maintenant des postes honorables, assortis à leurs facultés et à la satisfaction de leurs patrons.

Le propriétaire d'un vaste domaine avait choisi, pour y organiser une exploitation sur de nouvelles bases, un jeune homme qui s'était distingué dans le cours de son éducation scholaire et agricole. Notre nouveau régisseur saisit vive-

ment et avec une certaine habileté les moyens d'organisation
propres à la situation ; peut-être n'avait-il pas assez étudié
les usages locaux et cherché à se rendre compte de leurs
causes ; mais enfin son plan était exécutable, et la pratique
n'aurait pas tardé à en modifier les parties défectueuses sans
porter atteinte à l'ensemble. Sa machine à peine montée, il
se trouva comme saisi d'une apathie inconcevable. On aurait
dit qu'après avoir créé son monde, il se croyait le droit de se
reposer le septième jour. Mais sa machine, qui n'avait reçu
qu'une impulsion limitée et qui n'avait pas des ressorts éternels comme l'univers, abandonnée à des fous et des igno-
rants, craqua bientôt de toutes parts et menaça de se briser.
Il fut alors tellement effrayé lui-même des effets de sa négligence, qu'il abandonna la place un beau jour, sans oser
dire les raisons de son abdication. Un homme d'un esprit
bien plus ordinaire, qui lui succéda, rétablit en peu de temps
l'ordre interverti, en suivant les voies toutes tracées par son
prédécesseur.

Un jeune homme plein d'activité et de dévouement fut
choisi pour organiser et administrer une autre propriété. Incapable de juger des nécessités locales en rapport avec le
capital dont il pouvait disposer, il y arriva avec une formule
toute faite, l'assolement quadriennal, qu'il voulut appliquer
à un domaine du Midi, qui était sous le système de la jachère
alterne. La première année, la moitié de sa jachère fut semée en carottes et betteraves ; la moitié de sa sole de blé
reçut un ensemencement en trèfle. Les cultures très-bien
exécutées réussirent à souhait. Il s'adressa alors au propriétaire qui l'avait laissé faire avec confiance, et lui demanda
une somme considérable pour achat des animaux destinés à
consommer les fourrages et les racines qu'il avait créés.
Celui-ci, fort étonné, lui répondit qu'il ne pouvait fournir
aucun autre fonds que le capital de roulement. Ce qui aggravait la situation, c'est que, par l'isolement du domaine,
il était impossible de vendre ces denrées. Ce fut alors que

l'on recourut aux conseils d'un habile agriculteur du voisinage. D'après ses avis, le propriétaire consentit à emprunter
une certaine somme pour acheter des porcs qui consommeraient les racines et s'engraisseraient moyennant l'addition
du son que l'on achèterait aussi. L'opération, réalisée en peu
de mois, donna du bénéfice, mais on renonça à la renouveler
parce que le propriétaire ne voulait supporter aucuns risques
de cette nature ni recourir habituellement aux emprunts.
Des trèfles magnifiques furent enterrés par un labour, et les
résultats des blés qui suivirent cette opération furent tels,
que l'on adopta invariablement sur le domaine l'usage des
engrais verts. Le hasard a indiqué l'assolement le plus favorable à cette situation, assolement rendu inévitable par l'absence d'un cheptel suffisant : une année, des fèveroles et des
lupins enterrés en fleurs ; l'année suivante, du blé. Notre
jeune agriculteur, ayant une fois sa route toute tracée, a
justifié l'attente que l'on avait mise en lui; outre qu'il a
montré beaucoup de capacité pour se démêler de sa fâcheuse
position, sa gestion a été toujours si sage et si habile, il a
tellement réduit, par sa surveillance et son bon arrangement,
les frais de l'exploitation, qu'il a considérablement augmenté
les produits de sa ferme, et a acquis l'approbation générale
dans un pays où on ne la prodigue pas.

Les facultés qui distinguent les organisateurs sont sans
doute bien plus éminentes que celles qui font l'administrateur, mais beaucoup plus d'hommes s'en croient doués. Vous
trouverez dans le monde une infinité de ces cerveaux pré-
somptueux qui vous improvisent des constitutions de ferme
comme des constitutions politiques : les unes ne leur coûtent
pas plus que les autres. Mais les vrais organisateurs, ceux
qui, possédant toutes les connaissances requises, savent les
appliquer à leur sujet, qui leur adaptent ces lois découlant
de la nature des choses, en accord avec les circonstances, se
développant et s'exécutant avec aisance, portant chaque jour
avec leurs résultats la conviction dans l'âme de tous les ob-

servateurs, ces hommes rares ne peuvent être longtemps confondus avec les charlatans qui usurpent leur rôle. Ce qui, en cette matière, favorise les usurpateurs, c'est qu'il faut des connaissances très-fortes pour les juger, et que ce n'est souvent qu'après une catastrophe que l'on s'aperçoit de l'illusion de leurs promesses, et qu'alors même ils ont cent prétextes pour excuser leur insuccès. Malheur aux propriétés et aux peuples qui tombent entre leurs mains.

L'administrateur inexpert est bien plus tôt reconnu. Ses fautes de détail se manifestent chaque jour. Elles ont pour juges et les agents inférieurs, et les voisins, et les personnes intéressées ; le mal est graduel et peut être arrêté à temps, tandis qu'un système en cours d'exécution ne peut être arrêté et modifié sans les plus grandes pertes ; il ne s'agit souvent que de changer l'administrateur, quand on a reconnu son incapacité, pour rétablir un ordre régulier.

Il se trouve sans doute quelques hommes complets, possédant à la fois à un degré plus ou moins élevé les deux facultés de l'organisateur et de l'administrateur. Ce sont des hommes rares, qui savent marquer leur place et qui rarement se contentent de la prendre dans l'économie rurale. Mais il est aussi extraordinaire qu'un organisateur soit entièrement privé des talents de l'administrateur, ou que l'administrateur ne sache pas organiser jusqu'à un certain point. Les hommes qui se maintiennent dans cette sphère moyenne sont ceux que l'on rencontre le plus souvent dans le monde, et ils suffisent dans le plus grand nombre de cas où l'expérience générale du pays les guide et prévient leurs écarts.

CHAPITRE III.

De l'éducation des régisseurs agricoles.

Pour réussir dans une profession, il faut avoir les dispositions naturelles, la vocation et les connaissances qui s'y rapportent. Les dispositions, qui sont du génie quand elles se manifestent à un degré élevé, sont indépendantes de notre volonté, la nature les donne ou les refuse. La vocation est le plus souvent indécise et peut être provoquée par les impressions que nous laissent nos habitudes d'enfance, les conversations, les exemples de famille, les difficultés que présente l'accès d'une profession, la facilité d'arriver à une autre, les avantages que présentent les différents états, ce qu'ils peuvent avoir de flatteur pour la vanité ou pour la facilité de la vie, enfin la perspective de la fortune qui peut s'y attacher. Il est presque toujours facile de décider de la vocation d'un enfant qui ne voit le monde que par les yeux de ceux qui l'entourent, mais il serait souvent dangereux de le faire sans consulter ses dispositions. La véritable vocation, quand on en a une, ne se prononce qu'à une certaine époque de la jeunesse où l'on a pu comparer déjà les différents états de la vie, et où les dispositions se sont manifestées. Ce n'est donc qu'alors que doit véritablement commencer l'éducation spéciale du jeune homme, pour ne pas lui imposer des études qui, plus tard, pourraient lui devenir inutiles.

L'agriculture est principalement fondée sur les connaissances chimiques, mécaniques et économiques. Dans les premières études communes à tous les hommes instruits, ceux qui se sont montrés plus tard d'habiles agriculteurs ont manifesté leur goût, par leurs progrès dans ces sciences, et par leur penchant à rechercher surtout leurs applications aux arts.

La mémoire étant la première faculté de l'enfant, qui est encore incapable de saisir des rapports nombreux et d'enchaîner des séries de conséquences, nous faisons peu de cas de ces cours prématurés de mathématiques, d'histoire naturelle, de physique, qui ne laissent dans le cerveau que des traces légères et confuses; il lui faut plus de maturité pour faire accepter des théories à sa raison. Ce temps est celui que l'on doit consacrer aux études de mots et de faits sans liaison nécessaire; telles sont les études grammaticales, l'histoire chronologique, la géographie descriptive.

Mais à l'âge de treize à quatorze ans, l'esprit est plus disposé à combiner des idées, à suivre un raisonnement ; c'est alors le moment de commencer son instruction scientifique, et il y fera plus de progrès en quelques mois que le jeune enfant pendant des années entières. Les mathématiques, la physique, la chimie, l'histoire naturelle, l'économie politique doivent occuper l'élève que l'on destine aux sciences d'application. Quatre années y seront employées, après lesquelles, s'il a profité de ses études, il pourra embrasser avec succès une des professions qui contribuent à la richesse publique, et il y portera les connaissances variées et cette habitude de généralisation qui caractérisent l'homme maître de l'art qu'il professe, et qui sait trouver des solutions pour tous les cas qui se présentent.

Nous supposons qu'alors, à l'âge de seize à dix-sept ans, le jeune homme se décide pour l'exercice de l'agriculture ; quelles seront ses études spéciales? Si nous cherchons des modèles dans les autres arts, nous trouverons qu'au sortir de l'Ecole Polytechnique, qui, avec ses écoles préparatoires, comprend l'ensemble de l'enseignement scientifique que l'élève vient d'acquérir, il entre dans une école d'application où la moitié de son temps est employée à suivre des cours de construction, de métallurgie, etc., en un mot, des cours d'application des sciences à la profession qu'il doit suivre, et l'autre moitié en applications sur le terrain, en apprentissage réel de son état. L'élève ingénieur des ponts-et-chaussées, par exemple, passe une moitié de l'année en mission auprès d'un ingénieur en exercice ; il le supplée ou l'aide dans ses travaux.

Nous avons aussi nos écoles d'agriculture, mais elles ne répondent pas à la même pensée. Leurs élèves ne possèdent pas le degré d'instruction que nous supposions aux nôtres. Il faut à la fois les initier dans ces connaissances préliminaires et leur faire le cours d'agriculture qui ne doit en être que l'application. Il en résulte nécessairement que les études scientifiques y sont faibles, incomplètes, détournées sans cesse de leur direction sévère, indépendantes de leur usage technique, et que la science agricole elle-même ne peut être présentée comme une déduction des connaissances acquises, qu'elle n'est offerte que par fragments détachés, comme corollaire de chaque principe scientifique, ou, ce qui est pis encore, dépouillée de ses principales relations avec les sciences fondamentales.

Un autre inconvénient, bien grave, de ces écoles, c'est que la masse des connaissances qu'il faut y puiser à la fois est si considérable qu'il reste bien peu de temps pour la pratique réelle, qui, au reste, ne s'y fait pas ou qui s'y fait mal. Or, on ne peut connaître une opération mécanique sans l'avoir pratiquée soi-même. Les meilleures leçons théoriques sur la charrue ne laissent que des idées incomplètes, si l'on n'a manié l'instrument assez longtemps et dans des circonstances assez variées pour que tous les obstacles, toutes les difficultés possibles se soient présentées ; il en est de même des soins à donner aux animaux, des préparations des récoltes, des opérations des marchés, de la comptabilité, etc. Les principes de la science n'ont pas toute leur valeur, toute leur prépondérance dans notre cerveau, si la pratique ne les a pas fait apprécier.

Si donc nous avons à instruire dans l'art agricole des élèves déjà versés dans les sciences pures, tels que ceux qui sortent de l'École Polytechnique, de celle des Arts et Manufactures, ou de l'étude libre des facultés suivie avec assiduité et fruit, nous pensons qu'il faut donner à nos écoles d'application une différente organisation de celle des écoles actuelles destinées à une toute autre classe d'élèves.

La base de cette organisation consistera à diviser le temps de nos élèves en deux parties égales : la moitié de la journée consacrée aux études théoriques ; l'autre moitié, à la pratique réelle. Les études dureront trois années ; les élèves de chaque année formant une division seront partagés en deux groupes; le premier groupe étudiera le matin et pratiquera le soir, le second groupe pratiquera le matin et étudiera le soir. Par ce moyen, tous les travaux de la ferme attachée à l'école seront exclusivement faits par des élèves sous la surveillance du contre-maître et des moniteurs. Les élèves devront travailler comme de véritables ouvriers, en déployant la même force et la même persévérance. La molle éducation fait les hommes sans énergie.

La première année les élèves seront employés aux soins des écuries et des étables, à la préparation des engrais, au service des moulins à battre, au vannage et au criblage des grains, à la laiterie, à la ferrure des animaux, à l'apprentissage de la forge, aux travaux de charronnage, de manière à pouvoir réparer eux-mêmes les instruments, au métier de bourrelier pour connaître parfaitement les harnais et savoir y faire les réparations urgentes, en un mot à tous les détails de l'intérieur de la ferme.

Ils seront sérieusement occupés au labour pendant la seconde année, et à toutes les opérations qui se font à l'aide des animaux : aux charrois, aux semis, en un mot à tous les travaux extérieur

Pendant la troisième année ils travailleront à la comptabilité; ils serviront de moniteurs dans les travaux divers, de contre-maîtres dans les différents détails de la ferme; ils accompagneront les agents aux marchés et s'accoutumeront à traiter des achats et des ventes; on les habituera à se rendre compte des expériences agronomiques, et enfin, si cela est possible, on leur donnera à diriger quelques exploitations isolées, quelque petite ferme que l'on créera à cette intention. Cette dernière pensée est celle de M. Rieffel, et si son exécution était aussi facile que ses effets nous paraissent excellents, on ne devrait pas hésiter à l'introduire dans les écoles d'application agricole.

L'apparente dureté de ce régime n'effraiera que ceux qui ne savent pas combien cette combinaison de travaux et d'é-

tudes est favorable à la santé et combien elle plaît aux jeunes
gens que les études sédentaires fatiguent et dégoûtent. Cette
variété d'occupations, l'habileté qu'ils y acquièrent, l'aplomb
que leur adresse leur donne en présence des simples ouvriers,
le goût qu'elle leur inspire pour l'art à proportion qu'ils
se sentent mieux préparés à l'appliquer, sont des conditions
indispensables pour déterminer leur vocation et leur donner
en eux-mêmes la confiance qu'ils doivent inspirer aux autres.
Pas d'oisiveté, travail constant, émulation provoquée dans
tous les genres, c'est ainsi que l'on agit dans toutes les écoles
dont les succès sont connus, à l'École Polytechnique, à Saint-
Cyr, etc.

Mais en attendant qu'il existe des écoles d'agriculture où
l'on puisse apprendre la science, l'art et le métier, trois
choses indispensables dans la pratique, quelle est la marche
que doit suivre le père de famille, dont le fils, ayant terminé
ses études classiques et scientifiques, veut se vouer à la vie
agricole? Question qui nous est bien souvent adressée et à
laquelle nous avons fait constamment la même réponse.
Après de telles préparations, l'étude de la théorie agricole
n'offre pas de grandes difficultés, et en présence de la pratique, de bons livres suffiront pour s'y initier. C'est cette
pratique qu'il faut chercher à apprendre par un séjour prolongé dans des fermes bien tenues et dans un pays avancé,
ainsi que le font les fils des fermiers anglais. Là, sans doute,
il faudra que la bonne volonté de l'élève supplée à la rigueur
de la règle des écoles, pour le déterminer à mettre la main
à tous les travaux. Mais s'il en sent bien l'importance, si le
fermier qui lui sert de guide l'encourage à entrer dans tous
les détails de la ferme, si l'ardeur et l'application de l'élève
obtiennent la confiance du maître, deux ou trois années
passées dans une semblable situation suffiront pour le mettre
en état de diriger à son tour une exploitation.

Cependant, si les facultés de sa famille le permettent,
nous ne voudrions pas qu'il le fît avant d'avoir comparé

dans quelques voyages les pratiques qu'il a apprises avec celles de pays situés dans un autre climat. Il ne s'agit pas alors de parcourir rapidement beaucoup de pays, mais de s'établir pendant quelque temps dans diverses situations agricoles choisies, d'en détailler les usages, les méthodes et leurs motifs dans des mémoires où elles seront rapprochées de celles des autres pays que l'on a observés. Cette excellente étude complétera l'éducation agricole du jeune élève.

On a sans doute des agriculteurs élevés à moins de frais. Quelques-uns suppléent par leur génie ou leur application aux connaissances qui leur manquent; mais les connaissances acquises aplanissent la route, préviennent les erreurs, dispensent des tâtonnements. Certes, peu d'ingénieurs mettent en usage le calcul infinitésimal dans le cours de leur pratique. Oserait-on dire cependant que l'étude de ce calcul n'a pas élevé leur esprit, n'en a pas étendu la portée, et que celui d'entre eux qui sera appelé à jeter un pont sur un bras de mer inventera le pont tube, s'il n'y a pas été préparé par les plus fortes études (1)?

(1) Quand ce chapitre a été écrit, l'Institut agronomique de Versailles n'existait pas. Aujourd'hui son organisation se complète, et nous pouvons concevoir l'espérance qu'il réalisera l'attente publique. Des élèves bien préparés, soumis à deux années d'études théoriques et à une année de pratique dans l'Institut, doivent fournir des agronomes et des agriculteurs qui donneront l'impulsion à notre grande industrie-mère. Des professeurs choisis avec tant de soins, après des épreuves difficiles, ne se trouveront pas dans une position si nouvelle, sans avoir l'ambition de créer la science encore en germe, que nous avons essayé d'esquisser dans cet ouvrage. Mais il faut que les uns et les autres sachent oublier la pompe royale qui les entoure, la facilité des communications avec Paris, qu'ils sachent aussi corriger par leur zèle et un intérêt soutenu le défaut inhérent à l'éloignement des cultures du siége de l'Institut, et qu'ils lui rendent cette bonne odeur des champs que l'interposition du palais de Louis XIV ne doit point lui enlever.

CHAPITRE IV.

Éducation des agents inférieurs de l'agriculture.

Le nombre de ceux qui peuvent aspirer à la direction des grandes entreprises agricoles sera toujours bien borné en comparaison de celui des agents inférieurs qui doivent obéir à leurs ordres, ou de ceux qui, placés à la tête d'entreprises moins considérables, sont destinés à suivre avec peu de modification des systèmes et des assolements déjà arrêtés n'exigeant pas la même somme de connaissances théoriques.

Il importe pourtant que tous ces sous-officiers de l'agriculture ne soient pas abandonnés à la routine, qu'ils puissent se rendre compte de leurs opérations pour en modifier les détails selon les circonstances; n'employer que les forces absolument nécessaires; juger de l'état des terres, des engrais qu'elles exigent; enfin, qu'ils puissent par leur capacité acquérir de l'autorité sur les ouvriers qui leur sont subordonnés. Pour eux les formules scientifiques doivent être réduites en chiffres précis adaptés à leur position respective; les pratiques distinctement exprimées et dégagées de leurs démonstrations théoriques; leurs livres seront des manuels appropriés aux localités diverses, comparables aux catéchismes opposés aux traités de théologie, ou aux instructions pour l'exercice des troupes, opposés aux traités de tactique.

Si nous avions plus de fermiers instruits, nous dirions volontiers que la meilleure école de ces agents c'est de servir sous eux comme ouvriers. Dans les veillées d'hiver et les causeries du coin du feu, dans la transmission journalière des ordres pour le travail du lendemain, le maître leur donnerait la raison de ses opérations, et ils y trouveraient toutes les connaissances théoriques qui leur sont nécessaires. Mais cette ressource manque presque partout, et c'est ce qui a fait concevoir la pensée des fermes-écoles.

Nous ne pouvons qu'y applaudir. Les fermes-écoles bien dirigées, conduites par de véritables amis de leur art, n'y

ayant pas vu un objet de spéculation, celles où l'on
aura su réunir les fils de fermiers et de métayers appelés
par état à diriger un jour des exploitations, pourront rendre
de grands services à la contrée où elles seront établies.
Mais leurs directeurs doivent se mettre en garde contre des
défauts qui sont presque inhérents à ces sortes d'établissements. On y reçoit plus de jeunes gens que l'on n'en peut
occuper; ceux-ci ne peuvent se persuader qu'on doive exiger
d'eux un travail sérieux et profitable, ils travaillent avec
nonchalance et dégoût; livrés à la paresse et à des habitudes
de vie peu conformes à celles des campagnes, ils perdent
les qualités les plus précieuses, la sobriété, l'activité; ils
deviennent délicats et se trouvent mal ensuite dans les positions modestes et laborieuses qui leur sont réservées; les plus
hardis, les plus immoraux ne dominent que trop souvent parmi leurs camarades, et l'école devient un enseignement mutuel de vices et d'insubordination; enfin les maîtres, peu
experts généralement dans la pratique, ont une tendance à
faire des fermes des écoles doctrinales, des instituts qui donnent aux élèves des prétentions excessives, qui les excluent
plus tard des places que la bonne conduite, la docilité, la
modération pourraient leur ouvrir. Le ministre et les in-
specteurs de l'agriculture ne sauraient trop s'attacher à combattre ces dispositions, s'ils veulent atteindre en partie le
but qu'on s'est proposé.

Nous avons toujours trouvé les meilleurs contre-maîtres
parmi les hommes qui avaient été attachés au service public
dans les professions savantes, tels que les conducteurs et les
piqueurs des Ponts-et-Chaussées, les sous-officiers retirés de
l'artillerie et du génie, surtout quand les premiers temps de
leur vie s'étaient passés à la campagne, au milieu des travaux de l'agriculture. Leur éducation mathématique, l'habitude de la subordination envers les supérieurs, le talent de se
faire respecter et obéir des inférieurs, l'éloignement pour la
débauche et l'ivrognerie, l'exactitude dans les affaires, l'é-

conomie dans les détails en font des sujets précieux, qui répondent généralement aux espérances que l'on avait conçues. Nous avons donc, sur une grande échelle, des écoles propres à former de bons régisseurs.

Mais le salaire de tels hommes s'élève de 800 à 1,500 fr., ce qui suppose qu'ils occupent des exploitations qui emploient de 17,000 à 40,000 fr. de fonds de roulement. On n'obtiendra pas, sans doute, à de meilleures conditions les jeunes gens sortant des fermes-écoles, après qu'ils auront acquis par quelques années de pratique, à leur sortie, l'habitude du commandement. Il nous semble donc évident que notre personnel disponible en fait de contre-maîtres est en nombre fort supérieur aux places qui peuvent se présenter; et, dans le fait, les concurrents ne manquent jamais pour les obtenir. Cette difficulté de pouvoir trouver place pour tous les aspirants nous indique suffisamment que l'instruction devrait surtout s'adresser *à ceux dont la place est toute trouvée.*

C'est donc surtout à nos fils de fermiers et de métayers qu'il faudrait pouvoir donner une éducation agricole. Or, il arrive précisément que les fils aînés se font habituellement remplacer dans le service militaire, et ne prennent pas dans leur jeunesse de profession dans les services publics. Ce sont eux qui sont privés de l'éducation préliminaire que l'on y puise et qui leur serait si utile. Ils forment la partie ignorante de la population de nos campagnes.

Puis donc que par la nature des choses, ces directeurs-nés de notre agriculture semblent fuir l'occasion de s'instruire, il faut que l'instruction aille les chercher à domicile; et c'est ici que nous ne pouvons trop recommander une institution que l'on a regardée jusqu'ici avec trop de dédain; celle des professeurs ambulants, véritables missionnaires de l'agriculture. M. Bonnet a l'honneur de l'avoir établie le premier dans le département du Doubs, et ses conférences suivies avec empressement ont porté la lumière dans les localités les plus obscures. Trois ou quatre professeurs par

département, bien pénétrés de l'esprit de leur mission, sachant présenter les bonnes doctrines sous des formes simples
et pratiques; mettant les objets sous les yeux de leurs auditeurs, leur faisant apprécier par la vue les phénomènes et la
marche de la végétation, leur montrant les insectes nuisibles à
leurs cultures, répétant devant eux les expériences fondamentales de la physique et de la chimie, leur apprenant l'usage
de quelques réactifs pour distinguer leurs terres et leurs eaux,
leur faisant connaître les moyens de constater les propriétés
physiques du sol, se servant des exemples locaux pour en
conclure les lois des assolements, les méthodes les meilleures
pour élever, engraisser le bétail, pour profiter des différents
produits, répandront les lumières les plus utiles. Et si leurs
tournées les ramenaient souvent dans les mêmes lieux, s'ils
pouvaient y séjourner, profiter des jours de fête, de ceux où
les intempéries suspendent les travaux; si par des interroga-
tions ils s'assuraient des progrès de leurs auditeurs, si par leurs
conférences avec les vieux agriculteurs ils s'instruisaient eux-
mêmes, tout en détruisant leurs préjugés; si ces instructions
étaient données avec simplicité, sans morgue, de manière à
se faire écouter et désirer, nous pensons qu'aucune école ne
vaudrait une telle institution pour l'instruction agricole de
la France. C'est celle qui nous paraît la mieux indiquée par
l'état de nos mœurs et celui de nos classes agricoles.

CHAPITRE V.

Des femmes dans la profession agricole.

Nos livres d'agriculture présentent une singulière lacune.
Leurs auteurs semblent avoir ignoré l'importance de la
femme dans les exploitations rurales, ou avoir dédaigné d'en
faire mention (1); et cependant qui peut se méprendre sur

(1) Mme Cora Millet a écrit, dans le *Journal d'Agriculture pratique
et de jardinage*, quelques articles intéressants sur l'éducation des femmes

la part qui lui revient dans les succès agricoles ? Non-seulement c'est elle qui est l'arbitre de la consommation intérieure
de la ferme, qui peut la rendre économique ou ruineuse, qui
prend soin de tout le détail de la basse-cour, de la laiterie,
qui en reçoit et vend les produits, mais encore c'est elle qui
peut rendre la vie de son mari douce et heureuse, qui le
soutient dans ses revers et accroît la joie de sa réussite ; c'est
elle qui, par ses qualités, prévient le mécontentement des
subordonnés, leur fait supporter leurs peines, les intéresse à
leurs travaux. Nous avons vu souvent des fermes en décadence avec un tenancier excellent, mais dont la femme était
méchante, tracassière, négligente ; tandis qu'un tenancier
médiocre prospérait, quand, par son activité, sa bonne
tenue, son adresse, la femme savait inspirer aux gens de la
ferme du zèle pour ses intérêts. Les valets, avant de se
louer, s'informent surtout du caractère de la femme de ménage, et si elle a une mauvaise réputation, la ferme ne
trouve que les hommes de rebut qui ne peuvent se placer
ailleurs. Nous ferions volontiers subir une variation à un
proverbe connu, et nous dirions : Tant vaut la femme, tant
vaut la terre.

Nos riches fermiers ne savent pas tout le tort qu'ils font à
leurs filles en leur donnant une éducation qui les éloigne
des devoirs et des goûts de leur état. La vanité, le désir de ne
pas paraître au-dessous du bourgeois souvent moins riche
qu'eux, le désir peu éclairé de faire briller leurs enfants, les
excitent à les envoyer dans des pensions et des couvents.
Dans ces établissements, leurs filles trouvent des compagnes passionnées pour les plaisirs de la ville, aspirant à
de brillants mariages où elles puissent contenter leur goût
pour le luxe, occupées constamment des détails futiles de la
toilette et des modes : la musique et la danse veulent d'autres
théâtres qu'une ferme. De là, l'éloignement que les jeunes

destinées à vivre dans les champs ; sa *Maison Rustique* à l'usage des
femmes peut contribuer à leur donner le goût des occupations rurales.

personnes prennent pour la vie des champs, dont elles oublient la langue et dont elles apprennent à mépriser les mœurs, avec le désir de s'établir dans la ville. Et si elles épousent un fermier, ne trouvant plus de plaisir dans les occupations rustiques, ni dans le monde qui les entoure, elles se laissent gagner à l'humeur. Nous en avons vu dont la santé se ressentait de la contrainte dans laquelle elles vivaient, et le mari, affecté du dépérissement de sa femme, après avoir vécu longtemps dans l'inquiétude, se décidait à quitter son état et à habiter la ville, où il allait perdre son capital dans des spéculations pour lesquelles il n'était pas fait.

La meilleure éducation des femmes est celle qu'elles reçoivent au giron de leurs mères. Les saines traditions de famille s'y conservent; les bonnes mœurs ne s'y séparent jamais de l'instruction proprement dite; la jeune fille n'y vit pas dans un monde idéal comme celui que son imagination, aidée des inspirations de ses compagnes, lui forme dans la réclusion des pensionnats; elle est placée dans le monde réel, où se déroulent sous ses yeux les événements de la vie pratique dans toute leur simplicité; elle y apprend, par l'exemple de sa mère, à gouverner sa maison, à diriger son ménage. Les leçons maternelles et les lectures forment en même temps son esprit et sa raison, si on éloigne d'elle les livres qui ne fournissent que des excitations aux passions, et si on choisit ceux qui peuvent lui donner une solide instruction. L'histoire, la géographie, les voyages, l'économie rurale offrent une bibliothèque assez nombreuse et assez variée pour satisfaire sa curiosité et remplir ses loisirs. Il est vrai que toutes les mères ne sont pas en état de donner à leurs filles, même cette instruction modeste qui convient à leur état : la grammaire, les éléments de l'histoire, de la géographie et de la littérature, l'arithmétique, la tenue des livres. Mais est-il donc si difficile de se procurer une institutrice qui aide la mère dans ses fonctions? La Suisse, les départements de la France qui l'avoisinent, l'Allemagne, fournissent par milliers des jeunes filles bien élevées et de bonnes mœurs, qui se destinent à cet état, qui peuvent même enseigner un peu de musique et de dessin, et qui ne coûteraient pas davantage que la pension payée dans les établissements d'instruction publique. Ce parti est beaucoup plus convenable que celui d'exposer les enfants aux dangers qu'y courent leur esprit et leur cœur.

Les propriétaires qui veulent habiter et exploiter leurs terres peuvent aussi se heurter au même écueil que les jeunes fermiers Nous avons vu cette entreprise devenir impossible par leur union avec des femmes légères, sujettes à l'ennui, ayant peu de ressources en elles-mêmes. Un homme sensé et disposé à s'adonner à l'agriculture ne saurait trop se mettre en garde contre de telles dispositions dans celle à laquelle il veut s'unir ; elles effacent toutes les autres convenances. Les bonnes résolutions ne manquent pas à la jeune fille qui désire se marier ; elle se fait une fête d'une vie isolée qu'elle n'a pas encore éprouvée; il lui semble que la société de son mari suppléera à tout le reste. Mais vient l'expérience ; les occupations du mari le tiennent aux champs une partie de la journée ; il rentre fatigué, et les moments où il peut s'occuper de sa femme sont courts. Alors, si celle-ci manque de solidité, si elle ne sait pas se créer des occupations, soit en s'intéressant aux affaires de la campagne, soit par les ressources de son éducation, si surtout elle n'a pas d'enfants, le séjour de la campagne finit par lui peser, et quand elle ne sait pas faire passer ses devoirs envers son mari avant ses goûts, elle emploie à le faire renoncer à son entreprise ces insinuations, ces soumissions désolées , cette indifférence affectée pour les choses qui l'entourent, le dénigrement même , enfin toutes les petites ruses féminines qui, par leur constance, triomphent des plus fortes résolutions. Que de précieuses vocations nous avons vues échouer ainsi, par suite d'un mariage où il ne manquait qu'une seule chose, une femme sachant se créer une occupation et un intérêt dans toutes les positions de la vie.

SIXIÈME PARTIE.

DE L'ORGANISATION DE L'ENTREPRISE AGRICOLE.

INTRODUCTION.

Organiser une entreprise agricole, c'est en réunir les éléments et les combiner entre eux, selon leur nature, de manière qu'ils produisent, par leur action réciproque, des récoltes végétales, obtenues aux moindres frais possibles.

L'organisateur construit la machine et choisit les matériaux ou met en usage avec adresse ceux dont il lui est permis de disposer; il en détermine les rouages, les met en rapport entre eux, de sorte que l'administrateur qui lui succède n'ait plus qu'à lui imprimer le mouvement, à l'entretenir, et à surveiller son action. Il ne faut pas confondre ces deux rôles que la théorie et la pratique de tous les arts distinguent essentiellement.

L'agriculteur chargé d'organiser une entreprise doit donc 1° se rendre compte des matériaux qu'il peut employer et qui sont ici : *a* la terre, *b* le capital, *c* les forces mécaniques, *d* les éléments nutritifs de reproduction ; 2° après avoir comparé la valeur relative de ces éléments, il doit se décider pour le système de culture, qui, ces éléments donnés, peut avoir le résultat le plus avantageux ; 3° dans le système adopté, il doit choisir les plantes qui peuvent être admises, et en prescrire la succession, c'est-à-dire arrêter un plan d'assolement; 4° enfin il doit lier toutes les parties de ce travail, en former un plan complet, dans lequel s'équilibrent les recettes et les dépenses.

PREMIÈRE DIVISION.

RECHERCHE DES ÉLÉMENTS DE L'ENTREPRISE.

CHAPITRE PREMIER.

La Terre.

Le premier soin auquel on devra se livrer sera celui d'acquérir une connaissance approfondie de la terre sur laquelle il s'agit d'opérer ; nous aurons à examiner 1° les titres qui établissent sa possession, et les droits qui y sont attachés ; 2° sa surface ; 3° la disposition des couches sous-jacentes ; 4° sa composition minéralogique et chimique ; 5° ses propriétés physiques ; 6° ses propriétés culturales, c'est-à-dire, les forces employées, le temps que l'on peut consacrer à la culture, etc. ; 7° le climat où la terre est située ; 8° son degré actuel de fertilité ; 9° ses débouchés ; 10° ses communications.

SECTION I. — *Titres de possession.*

Les titres de possession actuelle de la terre consistent ou en un acte de vente ou de concession, ou bien en un bail à ferme ou à métairie, etc., etc. Dans ces derniers cas, quoiqu'il suffise le plus souvent de connaître les stipulations mêmes du bail, sa durée, ses charges, etc., il n'est pas inutile aussi de connaître les actes qui fondent la propriété ; ceux-ci contiennent quelquefois des clauses qui peuvent faciliter où gêner la possession, qui établissent des droits dont on n'a pas fait usage jusqu'alors, mais qu'il serait utile d'exercer, ou qui peuvent modifier les conditions du propriétaire de manière à rendre plus ou moins sujette à discussion la propriété elle-même. Un fermier à long terme surtout doit prendre communication des titres de propriété ; il doit aussi vérifier l'état des hypothèques établies sur le domaine ; car si le caractère du propriétaire et la réputation d'honneur de sa famille ont pu entrer pour quelque chose dans la conclusion du bail, on ne voudrait pas courir la chance d'avoir affaire, par une vente ou une expropriation, à un propriétaire inconnu qui ne présenterait pas les mêmes garanties ; ces réflexions s'appliquent surtout au métayage.

Quant au propriétaire lui-même et à ses gérants, il va sans dire qu'ils doivent avoir une connaissance parfaite des actes de propriété, des droits qu'ils confirment et des charges qui y sont attachées. Ces actes devront être lus plusieurs fois, en remontant aux actes antérieurs, et l'on devra faire un extrait de toutes leurs clauses.

SECTION II. — *Surface du terrain.*

On se procurera ou l'on fera lever le plan du domaine. Ce plan désignera les différentes parcelles dont il est composé ; la nature de leur culture par masse, c'est-à-dire qu'il indiquera les terres arables, les prés, les bois, les marécages, etc. On y tracera plusieurs lignes de niveau en long et en travers pour indiquer les pentes, et si le terrain est très-accidenté, des lignes de niveau continues qui représenteront le relief exact du plan. Ces lignes s'obtiennent en liant entre eux, sur le plan, les points qui sont au même niveau. Avec ces données, il serait très-facile de construire le plan en relief du domaine.

On accompagne ordinairement le plan d'une légende portant le nom et le numéro de chaque parcelle et son étendue superficielle, celle-ci résultant soit d'un arpentage fait exprès, soit de la reproduction de l'arpentage porté sur la matrice cadastrale de la commune.

En même temps, on visitera les limites des champs ; on

observera les modes de bornage, soit au moyen de fossés, de haies, de plantations, soit au moyen de bornes. Là où il n'y aurait aucune de ces lignes de limites, on provoquera une action en bornage avec les voisins. Toute incertitude sur ce point doit être bannie; en établissant dès l'origine les droits de la propriété, on s'épargne des discussions fâcheuses, qui dégénèrent souvent en procès.

SECTION III. — *Stratification du terrain.*

Nous savons de quelle improtance est la connaissance du sol et du sous-sol du terrain dans l'exercice de l'art agricole : on s'empressera donc d'en constater la stratification. On fera ouvrir dans chaque parcelle et autant que les apparences indiqueront un changement dans la nature du sol, des fosses de 1 mètre de profondeur; on examinera la coupe du sol et on en écrira la description. Mais pour avoir toujours sous les yeux la nature même de chaque terrain, on se procurera des tubes de verre de 1 mètre de long, et de 5 centimètres de diamètre intérieur; fermés par le bas, on les remplira de la terre de la fosse, en ayant soin que chaque couche du tube soit de la nature et de l'épaisseur de celle de la fosse. Si le terrain n'avait pas un mètre de profondeur avant d'atteindre le rocher, on mettrait au fond du tube un échantillon de la roche, que l'on recouvrirait d'une épaisseur de terre pareille à celle du terrain.

Ces tubes portent le nom et le numéro des parcelles dont ils contiennent les échantillons et sont déposés dans le cabinet du gérant, pour être à ses yeux la représentation continuelle des différentes parties du domaine.

SECTION IV. — *Composition minéralogique et chimique.*

On fera la description de chaque nature de sol que présente le domaine, d'abord en examinant au microscope les agglomérations naturelles des particules de terre, puis, en les séparant les unes des autres, au moyen de la lévigation, et en énumérant les différentes espèces de roches et de minéraux qui les composent; enfin, ou bien on en fera l'analyse chimique complète, ou bien on se bornera à constater l'existence et la proportion de la silice combinée, du phosphore, du chlore, de la chaux, des alcalis qu'il renferme, par les procédés que nous avons indiqués dans le premier volume de cet ouvrage.

On constate aussi les propriétés physiques principales des différentes natures du sol ; savoir : 1° la pesanteur d'un mètre cube de la terre dans l'état de tassement où elle se trouve après la fouille ; 2° sa faculté de retenir l'eau ; 3° sa ténacité à l'état compact ; 4° sa ténacité dans ses différents états de sècheresse et d'humidité; celle-ci s'obtient au moyen de la bêche dynamométrique, et cette expérience se répète souvent et s'inscrit sur le registre du terrain à côté de chaque parcelle, au moment des différents labours, avec l'indication de l'état du sol.

SECTION V. — *Propriétés culturales du sol.*

Il faudra s'informer soigneusement, non-seulement de vive voix, mais par l'observation immédiate sur le terrain, du temps qui est consacré aux labours, des saisons où ils peuvent se faire, de la profondeur qu'on leur donne, des forces qu'ils exigent. Ces faits résulteront, au reste, de l'examen des labours faits, et dont on pourra juger la bonne façon ou l'insuffisance, et du nombre des différentes espèces de bêtes de travail que l'on y emploie. On remarquera l'état des mottes plus ou moins faciles à pulvériser à la sortie de l'hiver ou à la fin de l'été; l'effet produit sur elles par le rouleau et la herse; l'état où se trouvent les terres après des labours faits dans les terres sèches ou les terres humides. Toutes ces notions ont un haut degré d'importance pour décider le système qui est applicable au domaine.

On ne négligera pas non plus de recueillir tous les renseignements possibles sur les maladies auxquelles sont sujettes
les plantes et sur les insectes qui les attaquent.

SECTION VI. — *Climat.*

Si l'on peut se procurer un recueil d'observations météorologiques faites antérieuremeut sur les lieux ou dans des
lieux voisins de ceux que l'on exploite, on en tirera des données
très-précieuses pour le choix d'un système cultural et l'établissement d'un assolement. On aura ainsi : 1° La température moyenne ; 2° la température moyenne et la température
extrême des *minima* et des *maxima;* 3° la température solaire
des corps opaques (ce que nous avons appelé température
totale dans le cours de cet ouvrage); 4° la hauteur moyenne
du baromètre dont on peut conclure l'altitude du lieu ; 5° la
quantité de pluie et le nombre de pluies de chaque mois ;
6° le nombre de chutes de neige de chaque mois ; 7° le nombre
de jours de gelée et l'épaisseur de la glace formée chaque
vingt-quatre heures ; 8° le nombre de gelées blanches de
chaque mois ; 9° l'humidité relative de l'air ; 10° l'évaporation; 11° la direction moyenne des vents, le nombre de jours
de chaque vent et sa vitesse.

On organisera d'ailleurs pour l'avenir une série d'observations journalières. Quelques instruments de physique placés
à portée du cabinet du gérant ou du comptable suffiront à cet
effet ; ils occuperont peu d'instants de la journée et donneront les indications les plus précieuses sur les effets des météores, et l'explication d'une foule de phénomènes qui paraissent des anomalies quand on ne les compare pas aux
phénomènes météorologiques.

S'il n'existait pas de recueils d'observations déjà faites
dans le pays, on pourra, en attendant d'avoir pu déterminer rigoureusement le climat, obtenir au moins les indications les plus nécessaires, au moyen de remarques

fournies par les effets des saisons sur l'agriculture. Ainsi, les plantes admises ou exclues de la culture d'un pays indiquent très-bien la répartition des météores entre les saisons. Les semis printaniers de céréales sont un signe de printemps habituellement assez humides pour favoriser la germination; les cultures dérobées d'automne annoncent des températures élevées et prolongées dans cette saison; l'existence des orangers, de l'olivier, du maïs, de la vigne, sont autant de caractères de climats qui ont été définis ailleurs; la forte inclinaison des branches des arbres dans une direction déterminée annonce des vents violents venus de la direction opposée; l'absence des cultures sarclées d'été dans les terrains non arrosés indique une forte évaporation et la dessiccation du sol qui en résulte dans cette saison, etc.

SECTION VII. — *Fertilité du sol.*

Le nouveau gérant a le plus grand intérêt à se procurer les renseignements les plus exacts sur la fertilité des différentes parties du domaine qu'il va exploiter. C'est sur cette connaissance qu'il pourra établir ses plans de cultures. Il n'a pour en juger que les résultats obtenus jusqu'alors. Ces renseignements ne sont pas toujours faciles à obtenir, soit du propriétaire, soit du précédent fermier. L'un cherche à grossir le chiffre du produit, l'autre s'obstine à l'affaiblir. Cependant, avec quelque adresse, en comparant leurs assertions à ce que l'on peut recueillir des subalternes et des voisins, on finit par approcher de la vérité. On apprécie ainsi le produit du sol forestier par celui des coupes annuelles, et par une visite des bois sur pied; on calcule la fertilité des pâturages par le nombre et le poids du bétail qui y est entretenu en bon état; enfin, quand les terres sont en état de culture, il faut connaître préalablement la moyenne des récoltes et la quantité d'engrais employée sur la terre pour juger de la fertilité qu'elle a acquise.

Quand on est parvenu à apprécier les récoltes moyennes, et qu'on veut connaître les engrais annuels, on a la ressource d'obtenir la communication des livres de compte du précédent régisseur, s'ils sont bien tenus, et ensuite d'analyser la qualité de l'engrais que l'on fait dans la ferme. Mais, comme il arrive le plus souvent que l'on refusera la communication des comptes, ou qu'on ne pourra les demander, il reste un moyen approximatif qui nous a toujours conduit à un résultat satisfaisant. Il consiste à estimer les engrais produits d'après le bétail nourri sur la ferme, et on se sert pour cela de la table suivante. Nous supposons dans cette table d'abord que les animaux ne reçoivent pas de litière; dans les fermes bien tenues, on donne 1,000 k. de litière de paille pour 100 kil. de poids de l'animal. Dans tous les cas, il faudra ajouter au poids de fumier sec celui de la paille complétement sèche, qui se réduit à 915 kil. p. 1,000 de son poids à l'état normal; il faut alors ajouter aussi 2,7 kil. d'azote pour 1,000 kil. de paille, à l'azote de l'engrais.

Nous supposons aussi les animaux nourris constamment à l'étable. Ainsi il faudra déduire pour ceux qui travaillent, ou qui pâturent dehors, une quantité de matière et d'azote proportionnée à leur absence de l'étable.

	Animaux sans litière. 100 kil. de poids vif donnent par an.		Animaux avec 1,000 k. de paille de litière. 100 k. de poids donnent par an.	
	Matière sèche du fumier.	Azote, kil.	Matière sèche du fumier et de la litière.	Azote, kil.
Animaux adultes	265 kil.	11,7	1,180 kil.	14,4
Femelles nourrices ou laitières	685	8,2	1,600	10,9
Jeunes animaux ou animaux à l'engrais . . .	785	14,3	1,700	17,0
Volaille courant le jour.	245	2,8	1,160	5,5

Si l'on ajoute au fumier sec la quantité d'eau que contient habituellement celui de la ferme, on arrive très-approximativement à estimer le nombre de voyages de fumier nécessaires. Ainsi le fumier normal, qui contient 0,80 d'eau, produira pour les chevaux $\frac{1180}{0,20} = 5900$ kil. de fumier, ou 59 voyages à un cheval, pour 100 kil. de poids vif; avec seulement 0,40 d'eau comme dans nos fumiers du Midi, nous aurons $\frac{1180}{0,60} = 1967$ kil. de fumier, ou 19,67 voyages à un cheval, et les deux masses auront le même dosage de 14,14 kil. d'azote par 100 kil. du poids du cheval.

Il sera donc facile de savoir approximativement l'engrais que l'on peut disperser sur les terres du domaine ; ainsi soit bétail suivant :

	Fumier sec.	Azote.
8 chevaux travaillant 6 heures, 3 par jour moyen devront produire les 0,7375 du produit moyen; leur poids étant de 400 kil. chacun ou 3200 kil., on a . . .	kil. 27847	kil. 339,84
10 vaches laitières pesant 400, ci 4000 kil.	64000	436,00
6 porcs de tout âge pesant en moyenne 50 kil., ci 300 kil.	5100	51,00
10 poules, ci 75 kil.	870	4,12
	97817	830,96

Les terres en culture sous l'assolement froment et jachère ont 80 hectares d'étendue, ce qui nous donne par hectare ensemencé $\frac{830,96}{40} = 20,77$ kil. d'azote, devant fournir, si les engrais produisaient tous leurs effets, $\frac{20,77}{0,0262} = 795$ kil. de blé. Les effets de la jachère se manifestent par un produit de 701 kil. de blé ; la récolte totale devrait être de 1494 kil. Le produit moyen n'est que de 1280 kil. (16 hectolitres), qui nous donnent le chiffre qui exprime le véritable rendement de l'engrais. En effet, nous avons toujours :

Pour la jachère.	701
L'engrais ne produit donc que	579
	1,280

Or, 579 n'est que les 0,75 de 795 ; ainsi la fertilité de la terre, qui est représentée par les effets du fumier, peut être évaluée à 0,73 ou près des 3/4 de la fertilité totale.

SECTION VIII. — *Débouchés.*

On ne cultive pas impunément les produits qui ne se consomment pas dans le pays, ou que le commerce n'a pas l'habitude d'acheter.

Ayez une belle récolte de safran dans le Puy-de-Dôme, ou de garance dans la Haute-Garonne, de colza dans Vaucluse, de soie en Allemagne, vous serez obligé de la consigner à un commissionnaire, dans une place de commerce éloignée ; son compte sera chargé de frais de commission, de transport, de factage, *du croire*, etc. (1). Vous traiterez avec d'autant moins d'avantages que vous ne serez pas commerçant, et que vous n'êtes qu'une pratique accidentelle de votre commettant.

Parmi les espèces de produits que l'on veut cultiver, il faut encore s'attacher aux variétés qui sont du goût des consommateurs ; ici, l'on vend du blé dur ; là, du blé tendre ; du maïs rouge ou du maïs blanc ; du vin coloré ou du vin clair, etc. Il ne suffit pas, en un mot, que les produits soient bons, mais il faut qu'ils aient les qualités extérieures de ceux qui sont les plus recherchés. Cette nécessité de se conformer aux usages commerciaux du pays où l'on cultive met des limites assez étroites au choix des plantes qui peuvent entrer dans les assolements ; mais il faut se conformer à ces exigences, si l'on ne veut se trouver tout-à-coup encombré de marchandises que l'on ne pourrait vendre.

On s'informe donc soigneusement d'abord des différents produits qui sont généralement cultivés, et qui par conséquent ont leurs débouchés tout établis ; ensuite de ceux qui

(1) Voyez-en un exemple pour la vente d'une partie de garance, t. II de nos *Mémoires d'Agriculture*, p. 306.

sont d'une consommation générale dans le pays, quoique provenant de lieux éloignés; et rien n'empêche qu'on ne les cultive aussi quand leur production se trouve dans la convenance agricole de l'exploitation. Ainsi, par exemple, on pourrait créer des masses de riz, de haricots, de lentilles, etc., sans être embarrassé pour leur débit. Mais il y a d'autres denrées qui entrent aussi dans la consommation du pays, mais dont l'usage est limité; il ne faut pas alors dépasser ces limites sous peine de ne pouvoir écouler toute sa récolte. C'est ainsi qu'on peut être encombré d'artichauts, quand on excède la consommation du marché voisin; de foin destiné à la vente, si l'on étend cette production au-delà d'un certain terme; de blé même dans les pays qui n'ont pas de faciles communications et ne possèdent qu'une faible population.

En même temps qu'on recueille ces renseignements, on ne manque pas de prendre la série des prix des différentes productions pendant les années écoulées, soit au moyen de mercuriales, soit dans les registres des courtiers et des négociants; on connaît alors les variations et leur moyenne.

SECTION IX. — *Des communications.*

Au nombre des frais qu'occasionne un produit se trouvent les frais de transport jusqu'au lieu du marché, et ces frais de transport dépendent de la distance et de l'état des chemins. La distance restant la même, l'état des chemins varie selon les saisons; il y a même des fermes dont on ne peut sortir en hiver, tellement les routes deviennent mauvaises. Toutes ces circonstances doivent attirer l'attention spéciale du directeur chargé d'organiser une exploitation.

Dans le calcul que l'on fera des distances, c'est principalement du temps employé à les parcourir qu'il faudra s'occuper, et surtout du nombre de voyages que l'on peut effectuer dans un temps donné. Ainsi, supposons que l'on pût faire trois fois le trajet de la ferme au marché dans la journée, il est probable que pour éviter une découchée on ne fera qu'un voyage et un retour par jour, et qu'après ce travail le temps qui restera sera à-peu-près perdu, parce que l'on n'obtiendra plus grand'chose d'utile du conducteur ou des chevaux. Si l'on ne peut pas retourner le même jour, les frais d'auberge ajoutent beaucoup aux frais de transport.

Connaissant le prix d'un voyage et la quantité de denrées que l'on peut charger sur une voiture, on pourra dresser un état de la dépense occasionnée par chaque transport, tant en été qu'en hiver; ce qui guidera sur le choix de la saison dans laquelle devront s'effectuer les transports. Ainsi soit une voiture à trois chevaux faisant un seul voyage par jour et portant 2756 kil. de blé (36 hectolitres), le prix du voyage et retour étant de 10 fr., il faudra ajouter aux frais de culture 0 fr 27 par hectolitre de blé; à moins que l'on ne puisse faire un chargement utile au retour, ce qui réduirait cette dépense.

CHAPITRE II.

Le Capital.

Le capital est subordonné à l'entreprise ou l'entreprise au capital. Dans le premier cas, après être convenu du système à suivre et du degré d'intensité à lui donner, on dispose du capital nécessaire pour l'exécuter ; dans le second cas, le capital étant limité, on établit le système et on le règle d'après le capital dont on peut disposer. Le premier cas permet de mettre en œuvre tous les dons de la nature et d'obtenir le maximum de produits au plus bas prix posssible; le second ne permet que des résultats plus bornés, qui sont en un certain rapport avec les nécessités absolues du système adopté et le capital relatif que l'on peut y consacrer. C'est dire assez que le génie de l'organisateur n'est parfaitement libre que quand il agit en vue du terrain et des produits dont il est susceptible et que le capital qu'il exige n'est qu'une conséquence de cette première opération. Ainsi l'organisateur devra d'abord poser les bases sur lesquelles il doit opérer. 1° L'étendue et la nature des domaines étant connues, devra-t-il se conformer au système usité, ou à un système convenu, ou sera-t-il libre d'adopter le système qu'il croira le plus adapté au terrain? 2° quel sera le capital dont il pourra disposer pour l'exploitation?

Mais comme il faut qu'il ne reste pas le moindre doute sur ces préliminaires de l'organisation, on s'informera en outre de la nature du capital dont on dispose. Si une partie en était destinée à des réparations foncières, à des constructions nouvelles, il faudrait la distraire du véritable capital d'exploitation, qui ne doit comprendre que le cheptel et le fonds de roulement; ensuite, il faut savoir si une partie quelconque de ce capital n'existe pas déjà sous forme d'instruments, de bestiaux, et alors il importe de s'assurer s'ils peuvent être utilisés, ou si, devant être remplacés, il n'y aura pas une forte perte à subir sur cet article; il faut aussi en vérifier l'estimation; enfin, il faut s'informer si l'on n'est pas gêné par quelques conditions, quant à l'usage du capital annoncé, si l'on sera libre de le répartir entre le cheptel et le fonds de roulement, et si les échéances de paiement concorderont avec les besoins du service.

Faute d'être convenu d'avance de toutes ces choses essentielles, faute d'en avoir rédigé un état succinct, mais clair, et d'en avoir obtenu la sanction du propriétaire, des régisseurs se sont vus jetés dans les plus grands embarras, après avoir entrepris, sur des promesses en l'air, des exploitations auxquelles le capital venait à manquer, au moment le plus critique. Nous avons vu, par exemple, un jeune homme, qui s'était mis à l'œuvre avec la confiance de pouvoir disposer des fonds nécessaires, mais auquel on avait caché qu'une grande partie de la somme était destinée à construire une étable magnifique, en remplacement d'une vacherie rustique, mais très-suffisante. Il en résulta une souffrance générale ; le cheptel n'était pas complet, les animaux de rente étaient insuffisants ; le fourrage, trop abondant pour le bétail, était gaspillé ; les engrais ne se faisaient pas ; les ouvriers étaient peu nombreux ; enfin les récoltes manquaient, et le régisseur fut renvoyé comme incapable, pour n'avoir pas aperçu de bonne heure le piége tendu sous ses pas.

Il y a d'ailleurs si peu de propriétaires qui apprécient sérieusement ce qui est nécessaire pour exploiter fructueusement un domaine ; il y en a tant qui s'imaginent qu'un directeur habile peut suppléer à l'argent ! Ils se répètent sans doute ce mot de l'avare : *pour agir en habile homme, il faut parler de faire bonne chère avec peu d'argent.* La nourriture des plantes s'achète comme celle des hommes, et l'habile agriculteur ne crée pas, il ne fait que mettre en œuvre des matériaux qu'il n'obtient pas sans les payer.

Que le régisseur se garde donc bien, pour flatter le goût du propriétaire et se faire accepter, de lui dissimuler la réalité des dépenses qu'exige l'exploitation. Il y laisserait sa réputation, ou bien il serait obligé de se démentir sans cesse et de faire le métier de solliciteur pour obtenir des suppléments de crédit. Il faut donc aborder franchement la question avant de s'engager et dire : Avant d'entrer plus avant dans des projets d'organisation, il faut que je sache quel est le montant exact du capital que vous destinez à l'exploitation, et en quoi il consiste. Si vous pouvez assigner d'avance la somme dont vous voulez disposer, si cette somme est limitée par vos facultés, par vos arrangements, et que vous ne puissiez les dépasser, je vais conformer mon plan d'organisation à la possibilité d'en tirer le meilleur parti possible ; si au contraire vous êtes disposé à étendre le crédit à tout ce qui sera nécessaire pour mettre le domaine dans l'état de production le plus avancé, je vais l'organiser d'après sa nature et d'une manière absolue, et mon plan arrêté, je vous ferai connaître le capital qu'exige son exécution.

Une fois d'accord sur ce point fondamental, le régisseur

n'agit plus au hasard, il a des bases certaines, et, s'il connaît
son métier, s'il a bien étudié le pays et le prix commun de
chaque chose, il ne commettra pas de grandes erreurs dans
ses évaluations.

CHAPITRE III.

Les forces mécaniques.

Tous les genres de forces mécaniques ne sont pas applicables à toutes les situations. Il faut que celui qui est chargé
d'organiser une exploitation examine d'avance celle qu'il
sera le plus avantageux d'employer.

Le plus souvent il est plus économique de se servir de la
force des animaux que de celle de l'homme, qui est alors
réservée pour diriger les machines attelées ; c'est moins ses
muscles que son intelligence que l'on met en œuvre. Cependant, si les parcelles des champs sont peu étendues, que la
charrue n'y puisse pas circuler avec facilité, on a recours
aux travaux à bras. C'est ainsi que, dans ce cas, on arrache
la garance à la main, tandis que, dans les terres qui sont
assez longues pour y faire tourner les nombreux attelages
qu'exige cette opération, il est plus avantageux de se servir
de la charrue. On préférera aussi la main de l'homme aux
animaux dans le grand nombre de sarclages et de binages
qui ne pourraient être faits autrement qu'en espaçant beaucoup les lignes, ce qui ferait perdre sur la récolte plus que
ne coûte l'excédant du prix de la main-d'œuvre. Enfin, on
n'a pas trouvé jusqu'ici le moyen de suppléer aux hommes
par le travail des animaux, dans les fauchages et la moisson,
les récoltes de différentes espèces et beaucoup d'autres menus travaux qui nécessitent une attention soutenue et l'usage
de la réflexion.

L'entrepreneur aura à s'informer des ouvriers qui doivent
concourir à ses travaux, des prix de leurs salaires, soit

comme valets attachés à la ferme, soit comme journaliers, soit comme ouvriers à la tâche ; de la facilité d'obtenir les uns et les autres aux époques où l'on pourra en avoir besoin, et des inconvénients que ces différents modes de location présentent dans la localité où il se propose d'exploiter. Ces renseignements lui serviront à limiter ou à étendre l'emploi qu'il voudra en faire.

Nous connaissons des exploitations d'où l'on a banni presque complétement les valets de ferme et même les animaux de trait, et où tout se fait au moyen d'ouvriers à la journée ou à la tâche et de bêtes de travail louées. Il nous a paru que ce mode de gestion était économique et peu embarrassant, si ce n'est que dans quelques moments pressés où, si l'on n'a pas eu assez de prévoyance, les ouvriers sont loués ailleurs ou occupés de leurs propres affaires. Mais ces fermes étaient peu étendues, et elles étaient entourées d'exploitations considérables et de fermiers pauvres qui saisissaient avec avidité toutes les occasions de gagner quelque argent. Il ne faudrait pas, sans de bonnes raisons, avoir une confiance absolue dans un pareil moyen de se procurer les forces nécessaires.

D'autres régisseurs réduisent le nombre des valets à gages à ce qui est absolument nécessaire pour le travail des attelages, et se servent d'ouvriers à la journée pour tout ce qui se fait au moyen des bras : les bêchages, les binages, les creusements de fossés; la moisson, la fenaison, les grands remuements d'engrais, etc. Mais ce mode suppose que l'on trouve toujours à propos le nombre d'ouvriers à louer. Les bons journaliers se rencontrent en abondance dans les pays où la propriété est très-divisée et où les petits propriétaires n'ont pas assez de travail sur leurs propres terres pour employer tout leur temps; ou bien, quand un grand nombre de fermes ont adopté cette méthode, et quand, par conséquent, il s'est créé une race de journaliers sûrs de trouver de l'emploi toute l'année.

Quand on n'est pas dans une de ces positions privilégiées,
il faut nécessairement louer à l'année le nombre de valets
suffisant pour faire tous les travaux de l'exploitation. Ce
parti est sans doute le plus désavantageux, et l'on ne peut
parer à ses inconvénients que par le choix de systèmes ou
d'assolements dans lesquels les travaux à bras sont extrêmement réduits et où il ne reste presque plus à faire que des
labours et des charrois.

Les travaux à la tâche présentent ordinairement un grand
avantage sur ceux à la journée, quand on se sert habituellement des mêmes tâcherons et qu'ils ont reconnu en vous la
capacité pour bien juger leur ouvrage. Les bons ouvriers
trouvent comme le maître leur profit à cet arrangement,
parce qu'ils savent y gagner en un jour le prix d'une journée
et demie au moins. Plus vous trouverez de tâcherons dans
un pays, et plus vous pourrez prendre bonne opinion de la
classe des ouvriers.

Pour servir d'éléments de comparaison, on dressera un
tableau contenant : le prix des journées pour chaque mois
de l'année ; la nature et la quantité de chaque travail que
l'ouvrier peut faire dans une journée ; le prix des travaux à
la tâche, et enfin les gages des valets, l'évaluation en argent
de leur nourriture, ce qui donne enfin le prix de leur
journée.

Le cheval, le mulet, le bœuf, la vache, tels sont les animaux entre lesquels le régisseur devra se déterminer pour
l'exécution de ses travaux. Quoique les habitudes semblent
déjà préjuger quel sera son choix, il devra peser les raisons qui
ont décidé la préférence, et se rendre bien compte des difficultés que l'on rencontrerait pour opérer un changement subit.

Nous avons déjà indiqué dans notre troisième volume les
avantages et les inconvénients de chacune de ces espèces
d'animaux. Le cheval convient surtout dans les pays à terres
légères, où l'on a des charrois en plaine à effectuer, où les
fourrages sont abondants et fins ; le mulet est préférable

dans les pays chauds et secs ; il s'assimile plus facilement
une nourriture plus chargée de ligneux, il mange plus volontiers la paille et les fourrages grossiers ; le bœuf est approprié aux terres fortes qui exigent des labours profonds et
pénibles, aux situations où l'on a des charrois à faire sur de
grands pentes; il profite des pâturages où on peut le nourrir
une partie de l'année, et il ne craint pas les nourritures grossières quand il les consomme en vert ; enfin on ne compte
sur le travail habituel des vaches que quand elles sont en
grand nombre sur le domaine, relativement aux terres
qu'elles doivent cultiver, et que par conséquent on peut les
relayer fréquemment.

Mais si les ouvriers du pays ont l'habitude de se servir de
l'une ou de l'autre de ces espèces d'animaux, on ne peut
penser à les changer qu'avec le temps et peu à peu, surtout
si le caractère des hommes manque de flexibilité, de docilité,
de confiance. De pareils essais ont souvent échoué, et l'on a
été obligé de revenir aux bêtes que l'on avait voulu remplacer, après bien des contrariétés, des pertes de temps et d'argent, quand ces qualités ne se rencontraient pas dans les
habitants du pays. Si l'on persiste à faire ce changement, il
faut alors importer le bouvier avec le bœuf, ou le charretier
avec le cheval. Après quelques essais de ce genre, nous
avons trouvé la plus grande facilité dans notre Midi à substituer le bœuf au cheval, dans les situations où la convenance de cette substitution était bien indiquée, et nous avons
pu faire conduire les bœufs par les hommes du pays, après
qu'ils eurent apprécié les qualités et les mœurs de ces animaux, conduits d'abord par des bouviers de la montagne.

Ainsi les convenances locales, pas plus que les raisons
économiques, ne suffisent toujours isolément, pour fixer le
choix des moteurs que l'on voudra mettre en œuvre. C'est
pourquoi les informations que devra prendre le futur régisseur devront aussi porter sur les causes morales qui peuvent
influer sur ce choix. C'est cet ordre multiple de renseigne

ments qu'il devra prendre avant d'arrêter définitivement son plan d'organisation, sur lequel le choix des moteurs peut avoir tant d'influence.

CHAPITRE IV.

Éléments nutritifs des plantes.

La facilité de se procurer à bon marché les engrais nécessaires à la culture peut avoir une grande influence sur le choix du système et de l'assolement à adopter. Aussi faut-il chercher à se procurer des renseignements exacts sur la possibilité d'acheter ces éléments de reproduction, sur la quantité que l'on en pourrait obtenir sans en faire renchérir le prix, sur les frais que coûterait leur transport à la ferme. Dans les environs des grandes villes, il est souvent avantageux de vendre ses fourrages et ses pailles et d'acheter des engrais que l'on obtient ainsi à meilleur compte que si l'on tenait du bétail pour les produire soi-même.

Ces fumiers de ville sont de plusieurs espèces, et l'on est souvent exposé à se faire illusion sur leur valeur réelle. Les fumiers d'abattoirs sont riches en matières animales, ainsi que les vidanges des fosses d'aisance, quand elles ne sont pas trop allongées d'eau, et que l'on n'en a pas séparé les urines ; les fumiers des écuries bourgeoises sont en général pailleux ; la paille est peu imbibée d'urine, parce qu'on change trop fréquemment la litière ; les nourrisseurs les achètent volontiers pour les faire manger aux vaches, qui en sont avides à cause de leur saveur salée ; les fumiers de caserne sont encore plus pauvres, parce que, pour ménager la paille et pour que les chevaux ne puissent pas se salir en se couchant sur leur litière, on a soin de la relever le matin, et que l'on fait évacuer avec soin les urines qui la souilleraient. On ne peut avoir une donnée exacte sur la valeur de ces différents fumiers qu'au moyen de l'analyse ; si l'on se laissait

guider par le seul volume ou même par le poids, on s'exposerait à payer pour de l'engrais de la paille, de l'air, de
l'eau. L'habitude de faire ces analyses peut épargner bien
des erreurs et bien des dépenses. C'est un apprentissage qui
se fait aisément, et le temps du régisseur ne peut pas être
plus utilement employé qu'en les exécutant.

Outre les fumiers, il y a un grand nombre d'engrais qui
sont dans le commerce : la poudrette, le sang desséché, le
noir de raffinerie, le noir animalisé, le guano, les tourteaux,
les chiffons de drap, les débris de peaux, etc. Le grand développement donné à la culture au moyen de ces différents
genres d'engrais, au Pérou, où le guano est l'unique moyen
de fertiliser les terres ; en Angleterre, par les secours de la
poudre d'os ; en Flandre, où l'on combine l'action des matières fécales et des tourteaux ; dans l'Ouest de la France,
où le noir des raffineries produit des effets si merveilleux ;
dans le Sud-Est, par l'emploi des tourteaux ; dans la rizière
de Gênes, par celui des os et des chiffons, sans parler ici des
engrais minéraux tels que la marne, la chaux, etc., nous
fournit une idée de l'influence que peut avoir leur introduction sur d'autres points de notre territoire. D'ailleurs, même
dans le cas où le fumier fabriqué dans la ferme reviendrait
à meilleur compte que les engrais achetés au dehors, il y a
toujours une période de l'entreprise où l'on peut être conduit à avoir recours à ces derniers. C'est celle de son début.
Il faut mettre alors en compensation les pertes que cause-
rait le retard de la fertilisation complète du domaine, avec
l'excédant de dépenses amené par le prix plus élevé de l'engrais acheté, et l'on trouvera souvent qu'il serait avantageux
de compléter, dès les premières années, la fertilisation et de ne
pas attendre que par degrés insensibles on soit arrivé à produire
tout l'engrais nécessaire, car cette progression lente exige
souvent un assez grand nombre d'années. Privé des moyens
suffisants de nous procurer des engrais, nous avons fait, avec
succès, des luzernes et des prairies sur des terrains pauvres,

qui avaient été fumés uniquement avec des tourteaux, et le produit de ces plantes fourragères nous a mis immédiatement en possession des moyens d'entretenir la fertilité de la terre avec nos propres fumiers. C'était la première impulsion à donner. Il fallait qu'elle le fût d'une main vigoureuse et d'un seul coup, au lieu de procéder par de petits efforts successifs, dont la force d'inertie aurait annulé, en grande partie, les effets.

Il est certain que l'on pourra s'effrayer de l'avance qu'exigera un tel procédé. Par exemple, un hectare de luzerne complétement fumé doit recevoir un engrais initial représenté par 796 kilog. d'azote. Si l'on croit pouvoir fabriquer l'engrais de manière à ce que le kilogr. d'azote revienne à 1 fr. 65 c., on dépensera 1,513 fr. 40 c.; si l'on emploie le tourteau dont l'azote revient à 2 fr. 34 c., il en coûtera 1,862 fr. 64 c.; la différence est d'environ 550 fr. C'est le prix de 30 hectol. de blé. Mais quatre années pendant lesquelles vos récoltes de blé produiront 26 hectolitres au lieu de 18 vous paieront cette différence, et jamais en quatre années vous ne seriez parvenu à fumer complétement vos terres, par le progrès annuel de vos engrais, même avec l'assolement le mieux combiné.

Dans un cas pareil, si l'on n'a pas la ressource de pouvoir acheter des engrais, on peut recourir aux engrais végétaux. Mais pour parvenir à la fertilisation complète, si l'on calcule les frais de culture, de semence, et la perte de la rente et du temps, on n'arrivera pas à des résultats plus avantageux.

Nous persistons donc à dire qu'il y a des cas nombreux où les achats extérieurs d'engrais, soit permanents, soit accidentels et momentanés, peuvent être utiles, et par conséquent les renseignements sur la quantité, la qualité, le prix définitif de l'engrais réel, deviennent un des éléments les plus essentiels des calculs de l'agronome qui veut tracer le plan d'une exploitation agricole.

DEUXIÈME DIVISION.

DÉTERMINATION DU SYSTÈME AGRICOLE A ADOPTER.

Maintenant que nous sommes en possession de tous les documents qui peuvent nous éclairer, que nous connaissons le terrain qui doit devenir le théâtre de notre industrie, le capital mis à notre disposition, les forces mécaniques, les forces chimiques, qui peuvent développer la culture, il est temps de jeter les premières bases de l'organisation qui nous est confiée, en choisissant le système agricole le plus adapté à toutes les circonstances que nous avons dû apprécier. Pour y parvenir, nous devons d'abord chercher d'une manière absolue les systèmes possibles dans l'état actuel de fertilité du sol et dans celui du climat, en les comparant au système suivi jusqu'ici, et faire le calcul détaillé de leurs produits. Cette comparaison rapprochée ensuite du capital à dépenser et de celui dont nous disposons, nous arriverons naturellement à la solution du problème que nous avons à résoudre.

CHAPITRE PREMIER.

Détermination absolue du système.

Trois éléments concourent principalement à déterminer le système applicable dans un lieu : 1° l'état du sol ; 2° les débouchés existants pour les produits des cultures ; 3° le capital.

Le sol peut être dans un état qui le rende plus ou moins propre à la culture. Il est apte à la culture, quand il a une profondeur suffisante, quand il n'oppose pas une trop grande résistance aux instruments, ou qu'il n'est pas trop mobile ; quand il ne se dessèche pas avant la maturité des plantes qu'on lui confie à la profondeur où elles ont leurs racines ; qu'il n'est pas constamment humide ou inondé. Les qualités contraires : le peu de profondeur du sol, un sous-sol imperméable, l'inconsistance et la mobilité des terrains trop sablonneux, la dureté des terrains trop argileux, la dessiccation rapide du terrain précédant la maturité, son état habituel d'humidité constituent un mauvais terrain. Le sol peut être bon ou mauvais à des degrés différents ; mais nous ne l'appelons décidément mauvais que si ses défauts ne peuvent être vaincus que par des moyens dont les frais surpasseraient la valeur qu'ils lui feraient acquérir.

Les débouchés n'existent pas quand le lieu du marché où l'on pourrait vendre les denrées est si éloigné que les frais de transport absorbent les profits de la culture. Dans les provinces du Sud-Est du Brésil, on cède au voiturier la moitié et les deux tiers du sucre que l'on expédie à Rio-Janeiro, pour payer le transport (1); dans d'autres parties, on ne cultive plus rien que ce qu'exige le consommateur, parce que la totalité du produit ne suffirait pas pour payer le voyage. Que serait-ce si on ne récoltait que du blé, qui a une bien moindre valeur sous le même poids et le même volume ! Le débouché du bétail est au contraire beaucoup plus étendu, parce qu'il transporte lui-même sa valeur. Les débouchés ne peuvent jamais manquer tout-à-fait pour certaines récoltes spéciales et riches, pour la soie, par exemple. Nous classerons les débouchés en faciles et difficiles, ces derniers étant seulement exclusifs des cultures générales.

Le capital peut être suffisant, ou insuffisant, ou nul. L'insuffisance du capital n'est jamais une qualité absolue, mais s'applique à tel ou tel système de culture ; mais tant qu'il y a un capital, il est apte à produire un intérêt. Ainsi

_____

(1) Mawes, *Voyage au Brésil.*

nous n'avons à considérer ici que l'absence ou la présence du capital.

Un mauvais sol, des débouchés difficiles sont susceptibles d'être modifiés par l'industrie humaine, et ne laissent pas sans espoir de pouvoir tirer quelque parti de la terre ; mais l'absence du capital est un obstacle radical contre lequel on ne peut lutter ; c'est donc le capital qui est l'élément le plus indispensable dans l'entreprise agricole. En combinant ensemble ces trois éléments, nous avons les alternatives suivantes :

1. Capital nul, sol mauvais, débouché nul.
2. Capital nul, sol mauvais, bon débouché.
3. Capital nul, sol bon, débouché nul.
4. Capital nul, sol bon, bon débouché.
5. Capital suffisant, sol mauvais, débouché nul.
6. Capital suffisant, sol mauvais, bon débouché.
7. Capital suffisant, sol bon, débouché nul.
8. Capital suffisant, sol bon, bon débouché.

Les quatre premières combinaisons doivent être écartees. Si l'on ne possède pas de capital, il faut chercher à remettre les terres, si l'on peut, aux mains de ceux qui peuvent en disposer, des fermiers, des métayers qui nous remplacent alors dans l'exploitation de notre propriété. Ceux-ci étant pourvus des capitaux nécessaires, ces combinaisons rentrent alors dans les quatre dernières. Examinons donc les systèmes qui leur sont applicables.

SECTION I. — *Capital suffisant, sol mauvais, débouché difficile.*

Quand le sol est de mauvaise qualité et que ses produits ordinaires ne pourraient trouver un débouché, la prudence semble exiger que l'on ne commette pas son capital dans une exploitation agricole. Mais avant de désespérer tout-à-fait, il faut examiner à quel prix il serait possible de modifier cet état de choses.

Si le défaut du terrain consiste dans le manque de profondeur, ne peut-il pas se faire que des labours profonds ou des défoncements lui donnent cet ameublissement qui lui manque? S'il est trop tenace, ne pourrait-on pas l'adoucir par des mélanges, et en cas contraire le convertir en prairies permanentes qui finissent par se former une couche de terreau meuble à la surface du terrain compacte? Ne peut-on y planter des natures de bois, des chênes par exemple, qui bravent cette ténacité? S'il est trop humide ou inondé, ne peut-on le dessécher par des tranchées ou des conduites souterraines? Enfin, s'il est trop pauvre, à quel prix pourrait-on commencer à y établir des cultures améliorantes, ou l'enrichir avec des engrais importés ou des engrais verts? Les calculs que l'on exécutera pour sonder ces différentes hypothèses nous feront juger de la possibilité de corriger ces défauts du terrain.

Mais aussi, il ne faut pas perdre de vue que les produits ordinaires manquent de débouchés, et que pour tirer parti de la situation il faut trouver le moyen d'atteindre le consommateur. On y parvient quelquefois par la création d'une route, d'un pont, de l'établissement d'une navigation. Mais ces grandes entreprises ne sont pas ordinairement à la portée des propriétaires, et alors il faut s'attacher à créer des produits qui, sous un petit volume, aient une grande valeur; telle est la soie, si l'on est entouré d'une population suffisante pour vaquer à l'éducation des vers-à-soie et aux travaux d'éducation qui en sont la suite; telle est la plantation d'oliviers dont l'huile a au moins la valeur de 1,095 fr. le millier de kilos; la plantation des vignes donnant de l'esprit de vin dont la valeur moyenne est de 688 fr. le millier; tels sont les fromages de garde, le gruyère par exemple, qui valent 700 f.; c'est enfin l'élève de chevaux, de bestiaux, l'engraissement. Ainsi le système arbustif ou celui des pâturages, tels sont les principaux moyens d'utiliser la situation dans laquelle nous sommes placés; mais, comme on le voit, la nécessité d'ac-

croître le prix des marchandises destinées à être conduites
au loin oblige presque toujours de joindre des ateliers industriels à la culture. On ne peut trop réfléchir et calculer avant
de se lancer dans de telles entreprises. Il faut penser surtout qu'une fois engagés, il n'y a plus moyen de reculer sans
perdre de très-forts capitaux; car, dans ces positions perdues, on ne trouve personne qui veuille se substituer au
premier entrepreneur. Ce n'est donc pas son capital, mais
soi-même ou sa famille que l'on immobilise dans une telle
exploitation, à moins que l'exemple des succès que l'on obtiendra ne fasse surgir des imitateurs, et ne transforme la
contrée tout entière.

SECTION II. — *Capital suffisant, sol mauvais, bon débouché.*

Si, le capital étant suffisant, on possède de bons débouchés, on a à vaincre une grande difficulté de moins, quoique
le sol soit d'une mauvaise nature, parce que si l'on trouve
les moyens de surmonter les obstacles que présente le terrain, on est le maître d'y entreprendre tous les genres de
culture, sans être obligé d'y joindre des procédés industriels
qui compliquent singulièrement l'exploitation. Or, il est
plus facile de dompter la terre que de trouver des consommateurs à portée, et l'existence d'un débouché a fait éclore
des miracles de culture sur les terres les plus défavorables.
Les environs de Paris, ceux de Berlin et de plusieurs autres
grandes villes, les roches des Cévennes changées en terrasses
chargées de végétation, montrent combien le débouché est
plus important que le sol dans la question des cultures.
D'autant mieux qu'à la facilité du débit des produits se joint
alors celle d'acheter à bas prix les engrais qui abondent dans
ces centres de population. Mais alors la terre ayant changé
de nature et passant par tant de travaux et de soins dans la
classe des bonnes terres, le cas dont nous traitons rentre dans
celui où, avec le capital, on possède un bon terrain et des
débouchés.

SECTION III. — *Capital suffisant, bon sol, débouché difficile.*

Ici nous avons aussi une difficulté de moins à vaincre que dans le premier cas : nous n'avons pas à nous occuper de l'amélioration du terrain, mais nous sommes gênés par le défaut de débouchés. Il nous faut encore revenir aux produits qui ont une grande valeur sur un petit volume, et à ceux qui peuvent se transporter au loin sans de grands frais.

Il n'est pas aussi nécessaire de recourir aux cultures arbustives, dont le principal avantage est de profiter des matières organiques cachées dans les couches profondes de la terre, et qui échappent aux organes de la végétation herbacée, et de donner ainsi un produit presque sans engrais.

Si l'on a des bras en abondance, on peut tenter la culture des plantes tinctoriales, textiles, oléagineuses ; en un mot, essayer les cultures appelées industrielles ; mais le défaut de débouchés annonce le plus souvent un manque de population ; aussi, voyons-nous tous ces terrains riches en herbages de l'Amérique méridionale, de la Hongrie, de la Russie, de l'Australasie principalement, occupés par l'industrie pastorale. La Hongrie peut acheminer son bétail dans les provinces allemandes ; mais en Amérique, en Russie, les immenses troupeaux de bœufs qui peuplent les steppes sont élevés uniquement pour leur peau et leur graisse ; en Australasie, les pâturages moins riches nourrissent des moutons dont on exporte la laine. Le capital du bétail s'accroît de lui-même dans de telles situations, et on pourrait presque dire qu'elles n'exigent point de capital primitif, tant il peut se borner à peu de chose. Aussi, tout bien calculé, cette spéculation, qui paraît presque sauvage, est-elle, dans la plupart des cas, celle qui peut procurer quelque revenu des terres ainsi placées ?

SECTION IV. — *Capital suffisant, sol bon, bon débouché.*

Après avoir éliminé de la culture les positions qui ne possèdent pas de capital, avoir limité celles des situations qui
présentent des obstacles, soit par la nature de leur sol, soit
par les difficultés de leurs débouchés, il ne nous reste plus
que les terres où l'industrie agricole peut se développer
librement, celles qui réunissent à un bon sol ou à de bons
débouchés un capital suffisant pour les exploiter. Alors le
choix du système à adopter ne consiste plus que dans le
rapport du capital à l'étendue des terres que l'on veut mettre
en valeur. Nous allons rechercher dans le chapitre suivant
quel est ce rapport dans les divers systèmes.

CHAPITRE II.

Choix d'un système agricole d'après le capital disponible.

Chaque système et chaque assolement exige une dépense
capitale ou foncière, un cheptel, un fonds de roulement. Le
propriétaire peut être disposé à faire une mise de fonds considérable qui le dispense plus tard de fournir annuellement
un fonds de roulement élevé; il peut, au contraire, ne pas
vouloir dépenser une trop forte somme à-la-fois, et fournir
un fonds de roulement plus considérable. En faisant une dépense première, il peut vouloir la constituer d'une manière
permanente, bâtir, creuser des canaux d'irrigation, de desséchement, créer des plantations ; il a moins de confiance en
un cheptel vivant, pour lequel il craint les épizooties et les
frais de surveillance qu'il exigerait; d'autres fois, il penche
pour l'achat de ce cheptel, qui lui donnera un profit plus
considérable. Ou bien il préfère opérer au moyen d'un fonds
de roulement élevé, qui a des limites beaucoup moins bornées que celles d'un cheptel applicable à la même étendue
de terres. Ces dispositions des propriétaires conduisent à
l'adoption de systèmes différents.

Si l'on se trouvait dans une des situations décrites plus haut dans les trois premières sections du chapitre précédent, avant de chercher le capital de culture qui lui serait applicable, il faudrait calculer celui qui serait nécessaire pour améliorer le sol, le défoncer, l'arroser, l'amender, ou pour s'ouvrir le débouché qui manquerait ; ce n'est qu'après avoir fait la part de ces dépenses inhérentes à ces situations que l'on rentrerait dans le cercle des considérations qui vont suivre et qui sont applicables à un bon terrain, ayant des débouchés tout ouverts.

Les systèmes applicables à ce cas sont les suivants :

1° Les pâturages, ou la conversion en prairies ;

2° La jachère simple, bisannuelle ou trisannuelle ;

3° Les assolements alternes avec prépondérance des produits à vendre immédiatement ;

4° Les assolements alternes avec prépondérance des fourrages ;

5° Les cultures arbustives.

SECTION I. — *Capital pour la conversion en prairies et leur exploitation.*

Un bon terrain s'enherbe toujours facilement, il suffit pour cela de cesser de le cultiver, d'en interdire pendant quelque temps l'entrée au bétail et d'y jeter des graines de plantes fourragères, et, si l'on possède déjà de bons foins, les débris qui restent au fond des greniers à foin. L'irrigation des terrains améliore leur gazonnement, et, par ces procédés très-simples, nous sommes parvenus à établir de très-bonnes prairies. Si la terre est cultivée depuis longtemps, un léger labour sur lequel on sème les graines fourragères suffit pour établir les prairies. Si la prairie doit être arrosée, il faut de plus la niveler et y pratiquer des fossés de conduite et d'écoulement des eaux. La dépense capitale peut donc être plus ou moins forte, selon l'état actuel des lieux.

Ainsi la création de 90 hectares de prairies sur un terrain ferme et uni a coûté en dépense capitale :

Prise et conduite des eaux.	18,000 fr.
Perte de deux années de rente	5,400
Diminution de rente pendant trois années.	2,700
	26,100

Ou par hectare 290 fr.

Il n'y a point de cheptel, parce que le foin est entièrement vendu.

Les frais annuels sont par hectare :

1°	Fauchage d'hiver pour enlever les plantes vivaces	4 fr. »
2°	Râtelage.	0 90
3°	Enlèvement des joncs et des taupinières à la bêche et sarclage.	0 90
4°	Semis dans les places mal garnies.	0 50
5°	Fauchage des foins.	11 10
6°	Fanage.	7 15
7°	Charroi du foin à 2 kilomètres.	1 40
8°	Mise en meule.	0 87
		26 82

Ces prés non fumés produisent en une coupe et par le regain 5,600 kil. de foin à 4 fr les 100 kil.

Ci. . . . . . 144 fr. »

Produit net. . . . 117 18

Ainsi 290 fr. de capital foncier, et 26 fr. 82 de fonds de roulement suffisent pour cette exploitation.

Nous avons vu qu'aux environs de Milan on dépensait 595 fr. en capital foncier (1) et 250 fr. de fonds de roulement, non compris la rente (2); nous avons vu encore qu'à Orange le fonds de roulement est aussi de 254 fr. (3), mais

(1) Tome IV, p. 400.
(2) Tome IV, p. 408.
(3) *Ibid.*, p. 409.

pour des prairies fumées et donnant en trois coupes au moins
6,000 kil. de fourrage. Quand on veut faire consommer soi-
même le foin produit par les prairies, il faut compter sur la
nourriture complète de 100 kil. de chair vivante pour chaque
1,416 kil. de foin normal que l'on récolte. Les pâturages
nourrissent du bétail dans la même proportion. Mais il y a
ici une réduction à faire pour la valeur relative du foin récolté ou foin normal. Ainsi le foin que l'on recueille dans le
premier exemple dose en azote 1,50 p. 100, et le foin d'O-
range 1,74, tandis que le foin normal dose seulement 1,15.
Ainsi il faudra seulement 1,081 kil. du premier foin et
935 kil. du second. Cette réduction faite, 100 kil. de chair
vivante nous coûtent :

Achat à 0 fr. 377 viande brute. . . . . .   37 fr. 70.

Ainsi, par exemple, l'achat du bétail pour la prairie qui
produit 5,600 kilog. de foin, dont 1,081 kilogr. nourrissent
100 kil. de chair vivante, serait, pour 333 kilogr. de chair,
de 125 fr. 54.

Le logement de 100 kil. de chair vivante coûte en moyenne
17 fr. 50 c., qu'il faudrait ajouter au capital foncier.

La garde de 100 kil. de chair vivante coûte 10 fr.

Ainsi, nous aurions, dans le premier cas cité :

Création de la prairie . . . .   290 fr. »
Logement de 333 kil. de chair vivante. . . .   54   75

Capital foncier par hectare. . . .   348   75
Capital de cheptel.   125   54

et pour fonds de roulement :

1° Garde de 333 kil. de chair. . . . .   33 fr. »
2° Intérêt du capital foncier 5 p. °/₀.   17   44
3° Intérêt du cheptel et amortissement 15 p. °/₀   18   83
4° Production du foin.   26   82

                                                 96   09

plus la rente du terrain.

SECTION II. — *Système des jachères.*

Considérons d'abord le système des jachères biennales, nous en déduirons facilement ce qui concerne les jachères triennales, puisqu'il ne s'agit que de prendre les 4/3 des résultats obtenus pour passer du premier cas au second.

FONDS DE ROULEMENT DE LA JACHÈRE BIENNALE,
UN HECTARE SEMÉ SUR DEUX.

1° Culture complète.	80 fr.	
2° Moisson..	31	
3° Battage ou dépiquage.	14	
4° Semence	44	
	169	

CHEPTEL.

1° $\frac{1}{10}$ de cheval	57	
2° 2 moutons pour manger les herbes. . .	30	
3° Instruments et harnais	51	30
	138	30

CAPITAL FONCIER.

1° Bâtiments $\frac{1}{4}$ du capital d'exploitation, qui est ici de 307 fr. 30, ci	76	82
2° Bergerie pour 2 moutons.	12	50
3° Grange (dans les pays où l'on n'a pas l'usage des meules).	24	
	113	32

CAPITAL NÉCESSAIRE.

Capital foncier	113	32
Cheptel.	138	30
Fonds de roulement. .	169	»
	420	62 pour 2 hectares.

Plus, la rente et les impositions, et par conséquent, pour chacun des hectares composant la ferme, 210 fr. 31 c.

L'assolement triennal exigera un capital de $\dfrac{210\,\text{fr. }31\,\text{c.}\times 4}{3}$ $=$ 280 fr. 41 c. par hectare du domaine.

SECTION III. — *Assolements avec prépondérance de produits à vendre.*

Ces assolements ne se suffisent pas pour la production de l'engrais, à moins que le produit industriel ne tienne une bien petite place dans la rotation; ces produits sont le lin, le chanvre, le tabac, le pavot, la betterave à sucre, la garance, etc.; il faut prévoir aussi que plusieurs de ces produits donnent lieu à des préparations qui exigent des machines et des constructions spéciales qui augmentent le cheptel mort et le capital foncier. Mais, pour bien faire sentir la différence qui se trouve entre ces assolements et ceux qui ont pour objet principal de produire des fourrages, nous supposons que de part et d'autre la plante sarclée soit la pomme de terre, dont la récolte sera entièrement vendue dans le premier cas et sera consommée dans le second. Soit donc l'assolement 1° pommes de terre, 2° blé, 5° trèfle, 4° blé.

L'hectolitre de trèfle rend 9,000 kil. de fourrage équivalant à.	12,860 k. de foin normal.
La récolte de 19 hectol. de blé par hect. ou pour 2 hect. 38 hectol. équivalant à	1,690 kil. de foin.
Total.	14,550

pouvant nourrir 1,000 kil. de chair vivante. Nous avons donc :

FONDS DE ROULEMENT.

1° 2 années de culture de blé	338 fr.
2° Moisson.	62
3° Battage ou dépiquage.	28
4° Semences.	88
5° Garde et soin de 1,000 kil. de chair vivante.	100
6° Culture des pommes de terre	168
7° Culture et fenaison de trèfle.	50
	834

Ou par hectare 208 fr. 50 c.

CHEPTEL.

1° $\frac{3}{10}$ de charrue. . . . .   171 fr.
2° Achat de 1,000 kil. de chair vivante. . . .   77
3° Instruments et harnais.   53   90
                                                   _____
                                                   701   90

Ou par hectare 175 fr. 47

CAPITAL FONCIER.

1° Bâtiments de ferme: $\frac{1}{4}$ du capital d'exploitation   95 f. 75
2° Étables pour 1,000 kil. de chair vivante. . .   175
3° Grange   48
                                                   _____
                                                   318   75

Ou par hectare 79 fr. 69.

CAPITAL TOTAL NÉCESSAIRE.

Capital foncier . . . .   79 f. 69
Cheptel   175   47
Fonds de roulement.   208   50
                               _____
                               463   66

Plus la rente et les impôts.

SECTION IV. — *Assolement avec prédominance des fourrages consommés.*

Si nous faisons consommer les pommes de terre, les fourrages consistent en :

Trèfle comme ci-dessus. . . . .   12,860 kil. de foin.
29 quint. de pommes de terre équivalant à.   9,000
Paille de 138 hectol. de blé.   1,690
                                              _____
                                              23,550

pouvant entretenir 1,663 kil. de chair vivante.

Le fonds de roulement se calculera comme dans la précédente section, en y ajoutant les frais de garde pour 663 kil.

de chair ou 66 fr. 50 ; le total sera donc 900 fr. 50, et par hectare **255 fr.**

Il faudra ajouter aussi le prix de 665 kil. de viande au capital du cheptel, ou 249 fr. 84 c.; le capital sera donc de 951 fr. 74 c., ou par hectare de 237 fr. 94 c.

Le capital foncier sera :

1° 1/4 du capital d'exploitation pour bâtiments .	148,25
2° Étables pour 1,663 kil. d'animal	291,02
3° Granges.	48, »
	487,27

ou par hectare **121 fr. 82.**

Le capital nécessaire sera donc par hectare :

Foncier.	121,82
Cheptel	237,94
Fonds de roulement. .	255, »
	614,76

Plus la rente et les impôts.

SECTION V.—*Cultures arbustives.*

Chacune de ces cultures a une formule différente, que l'on trouvera facilement en se rappelant ce que nous en avons dit dans notre quatrième volume. Ainsi, la vigne cultivée en Bourgogne exige pour fonds de roulement 426 fr., pour cheptel 200 fr., pour bâtiments, plantations 1,715 fr.; total 2,341 fr. par hectare. Nos vignes à eau-de-vie du Midi exigent pour fonds de roulement 227 fr. 84 c., pour cheptel 400 fr. si l'on garde le vin, et 160 fr. si on le distille de suite, et 627 fr. de capital foncier; total 1,225 fr. dans le premier cas, et 988 fr. dans le second.

Si l'on plante des mûriers nains à 4 mètres de distance et que l'on puisse vendre la feuille, et qu'on ne leur fournisse pas de fumier, la culture et la taille coûteront 136,20 ; le capital foncier sera, en frais de plantation et d'entretien jusqu'à la première récolte, de 761 fr.; total 897 fr. par hectare. Si on veut pousser les mûriers à leur maximum de produit en leur fournissant des engrais suffisants, il faudra ajouter à cette somme celle de 256 fr. pour frais de culture.

Mais si l'on se trouve dans une position où l'on doive élever les vers à soie, le fonds de roulement sera :

1° Culture comme ci-dessus	392 f.	20
2° 261 gramm. d'œufs de vers à soie.	43	50
3° Cueillette de 15,700 kil. de feuilles	157	00
4° Ouvriers de l'éducation	522	00
5° Chauffage.	43	50
6° Éclairage	17	40
7° Bruyère.	43	50
	1,219	10

CHEPTEL.

1° Tables et supports.	835	20
2° Filets	391	50
	1,226	70

CAPITAL FONCIER.

1° Frais de plantation	761	00
2° Bâtiment pour 261 gramm. d'œufs, ci 626 mètres de bâtiments, sur 8 mètres de hauteur, ci 78,22 mètres cubes.	1,716	00
	2,477	00

Ainsi, dans le système poussé à son maximum, le capital dépensé sera :

Foncier	2,477 fr.
Cheptel	1,226
Fonds de roulement . . .	1,219
	4,922 par hectare.

Mais la dépense de fonds de roulement et de cheptel ne se complète que plusieurs années après celle des plantations et des bâtiments; la mise hors du capital ne se fait que successivement.

CHAPITRE III.

Délibération sur le système à choisir.

Nous étant bien pénétré des propriétés des différents systèmes de culture, des lois des assolements, et ayant accompli l'enquête sur les faits agricoles propres à la localité que nous voulons exploiter, il nous reste à prendre une résolution sur le genre de culture le plus propre à la situation, et pour cela nous devons : 1° chercher quels sont les systèmes et les assolements possibles par rapport au sol et au climat et aux débouchés ; 2° déterminer pour chacun d'eux le capital foncier, le cheptel, le fonds de roulement nécessaires, et leurs produits probables, ce qui nous permettra de juger le système à adopter, abstraction faite du capital disponible ; 5° enfin, le propriétaire, ayant sous les yeux cette comparaison, est à portée de juger des avantages qu'il trouvera à sacrifier un capital plus ou moins fort, et, d'après cette considération, cherchera les moyens de réaliser une somme plus ou moins forte ; le point où s'arrêtera cette possibilité indiquera aussi le système relatif auquel on doit s'arrêter.

Nous avons pensé que le meilleur moyen d'instruction pour nos lecteurs, dans cette délibération importante, serait de mettre sous leurs yeux toute la série des discussions qui ont eu lieu dans une affaire réelle, réunie sous la forme d'un mémoire d'après lequel a été déterminé le genre d'exploitation qui est en cours d'exécution. Nous n'avons pas besoin de dire que, si nous supprimons des noms propres et des noms privés de localité, le reste de nos indications est assez précis pour qu'il ne reste aucune obscurité sur la résolution qui a été prise. Nous n'avons pas besoin de dire non plus que chaque cas, entraînant de nouveaux faits dans l'entreprise, amènera aussi un nouveau genre de discussion qui devra toujours être basé sur les principes que nous avons exposés dans le cours de ce traité.

Nous aurions pu choisir pour exemple une situation ordinaire, banale pour ainsi dire, qui pût s'appliquer à la plus grande partie des cas qui se présentent dans la pratique ; mais nous avons jugé au contraire qu'en présentant une situation exceptionnelle, nous ferions mieux ressortir les moyens de juger et de surmonter les difficultés ; que plus elle s'éloignerait des idées communes, et plus elle donnerait à réfléchir et montrerait à quel point les circonstances peuvent modifier les solutions, au point de faire quelquefois balancer même entre un assolement riche partout ailleurs et cette jachère flétrie si souvent du titre d'improductive.

SECTION I. — *Enquête.*

Le domaine dont nous avons à proposer l'organisation est situé dans le territoire d'Arles, département des Bouches-du-Rhône, appartenant......

Il est circonscrit au nord....., au midi....., au levant.. ., au couchant....., et forme un seul corps de ferme sans enclave et sans terres détachées.

La contenance est de 155 hectares, dont 99 en terres labourables et 50 en pâturages, 4 en prés et 2 en vignes. Sa surface est sensiblement plane, mais elle a une inclinaison de 5 mètres du nord-est au sud-ouest, et de 1 mètre du nord-ouest au sud-est, outre les différentes irrégularités qui sont indiquées sur les lignes de nivellement du plan. Son niveau moyen est inférieur au niveau d'étiage du Rhône, qui rend possible l'irrigation de près du tiers de sa surface, quand le fleuve est au-dessus de son étiage, ce qui a lieu la plus grande partie de l'année.

D'après les observations faites au Rhonomètre d'Arles, la hauteur des eaux du fleuve, relativement à l'étiage, se distribue de la manière suivante pendant la période de six mois d'été.

A zéro et au-dessous..	3 jours moyens.
De 0,00 à 0,50	20 $\frac{8}{12}$
De 0,50 à 1,00	53 $\frac{10}{12}$
De 1,00 à 1,50	45 $\frac{8}{12}$
De 1,50 à 2,00	28 $\frac{4}{12}$
De 2,00 à 2,50	10 $\frac{11}{12}$
De 2,50 à 3,00	7 $\frac{5}{12}$
De 3,00 à 3,50	1 $\frac{8}{12}$
De 3,50 à 4,00	0 $\frac{11}{12}$
De 4,00 à 4,50	0 $\frac{4}{12}$

Sur douze années, deux seulement nous montrent les eaux descendues à l'étiage pendant cette période æstivale. Elles s'y sont tenues 25 jours en 1852 et 13 jours en 1840 (1).

Les terres sont divisées en douze parties inégales par des digues, des fossés et des chemins.

Le sol actif n'a que 0^m,30 de profondeur; il est borné inférieurement par un glacis formé par le passage réitéré du talus de la charrue à cette profondeur. Le sol proprement dit a 1^m,50 de profondeur ; il est borné inférieurement par un lit de gravier.

Le sol est formé géologiquement de dépôts marins, recouverts par places de dépôts fluviatiles, ce qui constitue deux natures de terrain. Le terrain purement marin est plus argileux et fortement imprégné de sel. Comment expliquer cette permanence du sel dans les couches de ce sol, qui bordent la Méditerranée ; on a beau les dessaler au moyen de l'eau douce et par la culture, au bout de peu d'années le sel sort de nouveau à la surface avec d'autant plus d'énergie que cette surface est à un niveau moins élevé. Ce ne peut être par des filtrations de la mer, car cet effet se remarque encore jusqu'au pied des coteaux de Saint-Gilles, à plus de 15 kilom. de la mer., et à Fonvielle, à plus de 30 kilom., à

(1) *Mémoire sur le barrage du petit Rhône*, par Surel, p. 7.

Bédarides et Monteux, à 62 kilom., tandis que, dans d'autres lieux, des terrains situés au bord même de la mer ne sont pas sujets à cette salure remontant au-dessus de son niveau. Il y a donc une cause générale qui s'oppose à ce que ces terrains perdent cette salure; cette cause nous paraît être l'existence de sources salées nombreuses, surgissant au-dessous du sol. Ce fait semble attesté par les sources salées qui sortent à la surface, à Balaruc (Hérault), par la salure des puits creusés dans le sol, et par les étangs fortement salés, sans communications avec la mer et inférieurs à son niveau, qui se trouvent dans les Bouches-du-Rhône (les étangs de Pourrat, de la Valeduc, d'Engrenier). Si ces étangs étaient entretenus par l'eau de la mer, ils se tiendraient à son niveau. Une pareille source salée se rencontre jusqu'à Courthézon, où elle formait un étang salé qui a été desséché (1). Il faut donc se résigner à supporter les inconvénient de cet excès de sel. Les alluvions fluviatiles sont beaucoup moins salées, et quand elles sont récentes, elles ne le sont pas du tout. Le domaine possède 70 hect. de terres marines et 50 de dépôts fluviatiles. Le sol actif de ces deux sections a donné en moyenne :

Sol marin.		Sol fluviatile.	
Silice libre.	12,0	Silice libre.	25,0
Silice combinée	28,0	Silice combinée	21,6
Alumine	22,5	Alumine.	17,3
Fer	3,1	Fer	2,0
Chlorure de sodium	0,15 (2)	Chlorure de sodium.	0,05
Potasse.	»,»	Potasse	»,»
Chaux carbonatée	29,55	Chaux carbonatée	28,95
Matières organiques	4,2	Matières organiques.	5,0
Phosphate de chaux	0,5	Phosphate de chaux.	0,1
	100,0		100,0

(1) Après avoir écrit ces lignes, nous trouvons la même opinion émise par notre confrère et ami, M. Élie de Beaumont, dans ses *Leçons de géologie pratique*, t. I, p. 399. Nous sommes heureux de nous rencontrer avec lui, et son opinion donne une grande probabilité à nos conjectures.

(2) Exactement, 0,1499.

Propriétés physiques.

Sol marin.		Sol fluviatile.	
Pesanteur spécifique. . .	2,60	Pesanteur spécifique. .	2,50
Poids d'un mètre c. tassé	1250,00	Poids d'un mètre c. tassé	1400,00
Proportion d'eau retenue	48,05	Proportion d'eau retenue	43,05
Ténacité d'un prisme de		Ténacité d'un prisme de	
0ᵐ,225 de base. . . .	2,022	0ᵐ,225 de base . . .	0,331

Propriétés culturales. 1° *Terres fortes (marines)*. Pendant la sécheresse, ce sol ne peut être entamé qu'avec beaucoup d'efforts par les instruments d'agriculture. On voit par places des effleurissements à la surface. Dès qu'il a reçu de la pluie, si faible soit-elle, il devient gluant; les bêtes et les gens y glissent et ne peuvent y tenir pied. Immédiatement après une petite pluie qui ne pénètre pas profondément le sol, il est presque impossible de parcourir le pays, et les chevaux camargues eux-mêmes, qui ne sont pas ferrés y font des chutes fréquentes. Quand le sol est profondément humecté, il se pétrit sous l'effort des instruments et forme des mottes très-difficiles à réduire.

On conçoit en conséquence la grande difficulté qu'il y a à entretenir la jachère en état meuble et propre à être pénétrée par les influences de l'atmosphère, soit à cause des fréquents arrêts que subissent les travaux, soit parce que la pluie tasse le terrain déjà labouré, le durcit et le remet dans l'état où il était avant le premier labour. Si l'on faisait une culture continue dans un terrain de ce genre, on manquerait souvent les époques des semis du printemps, faute d'avoir pu donner à temps les labours nécessaires ; et après les récoltes de l'été, la sécheresse enlèverait toute possibilité de préparer les terres pour les semis d'automne, qui deviendraient impossibles s'ils étaient précédés de grandes pluies qui ne permettraient plus d'entreprendre à temps le labour de grands espaces de terrains. Ces difficultés ont tellement entravé

jusqu'ici toutes les tentatives pour essayer des récoltes sarclées de printemps, que l'on y a renoncé en grand, et qu'elles
ne se font plus que sur des surfaces très-bornées, et seulement pour la consommation des fermes, quand toutefois
elles se font.

Les anciens cultivateurs donnent au moins quatre labours
à leurs terres. Quand un labour est tardif, comme il arrive
le plus souvent, à cause du prolongement du parcours des
troupeaux sur les champs, la terre est fortement durcie soit
par le piétinement, soit par la sécheresse de la saison, et
alors on donne un premier labour avec une charrue à quatre
ou six bêtes; les trois autres labours sont alternativement
faits avec un araire (charrue sans versoir) et une charrue
attelée de deux bêtes; sur le dernier labour qui est fait avec
l'araire, on jette la semence qu'on couvrait autrefois avec un
araire à une bête (fourcat), mais on repasse aujourd'hui avec
un énorme scarificateur (griffon) à quatre roues et avant-
train, très-péniblement traîné par six mules.

Les nouveaux cultivateurs emploient la charrue à quatre
bêtes quand il le faut, et donnent autant de labours que le
temps le permet. Ils emploient communément pour tous ces
labours la charrue à deux bêtes. En 1848, le temps a permis
de donner cinq et six labours, et ces terres salantes, toujours prêtes à se tasser et à durcir, s'en trouvèrent parfaitement bien. Après le dernier labour que l'on herse, on jette
la semence, que l'on recouvre au moyen d'un petit scarificateur à deux mules qui cultive deux hectares par jour, ou
avec la herse seulement, si ce n'est pour l'établissement des
luzernes : les labours ont environ 20 centimètres de profondeur. Les cultivateurs de ces terrains salants craignent de
ramener du fond des couches trop salées par un labour plus
profond.

D'ailleurs, en approfondissant progressivement la culture
par des labours modérés et successifs, on obtient un résultat
économique qu'il ne faut pas dédaigner, celui de répartir

également les travaux sur les différentes saisons de l'année, sans avoir besoin, à certaines époques, d'une augmentation de bêtes de travail, et de manière à toujours les occuper.

Les terres ne sont pas sujettes à se soulever par les gelées. Celles qui sont trop salées se serrent outre mesure en été, et il faut les couvrir de litières de roseaux pour y maintenir la fraîcheur, mais ce n'est pas le cas de celles dont nous parlons, car leur salure est très-modérée.

Les blés grènent bien, ils fournissent des pailles généralement courtes. Ils ont la tige beaucoup plus ferme et sont moins sujets à verser que ceux des plaines non-salifères. On pourrait donc porter leur rendement beaucoup plus haut au moyen des engrais. Ils sont sujets à l'effet des rosées de mai, qui font crever et vider leurs grains encore laiteux. Cet accident occasionne souvent des déficits considérables dans les récoltes.

Les blés durs (aubaines), qui réussissaient très-bien, ont presque entièrement disparu des cultures; on ne cultive plus que le frisette et le touzelle, deux excellentes variétés, mais un peu moins rustiques que les aubaines. Cela tient à ce que la boulangerie ne veut plus d'autres blés que les blés tendres; que les meuniers préfèrent moudre ces derniers, et que, quoique les aubaines soient plus nourrissants et plus économiques, les ménagères elles-mêmes qui font leur pain trouvent, comme les boulangers, que les farines de blé tendre sont plus agréables à pétrir.

Les luzernes n'y souffrent guère que de la sécheresse qui survient quelquefois immédiatement après la première coupe et se prolonge souvent bien loin dans l'été.

Au moyen de l'irrigation, on s'assurerait de pleines récoltes à toutes les coupes, et cela serait facile ici, en cantonnant ce fourrage dans la partie du domaine où l'eau arrive facilement. Dans beaucoup de fermes, on n'obtient l'arrosement qu'à haut prix, à cause de la nécessité d'élever l'eau nécessaire aux luzernes, au moyen de *norias.*

Les arbres ne prospèrent que dans les terres douces, ou sur les bords des canaux qui conduisent des eaux douces. Une belle végétation d'arbres annonce toujours, à coup sûr, des terrains qui ne souffrent pas de la salure.

2° *Terres d'alluvion des fleuves.* Ces terres, qui suivent généralement les bords du fleuve et sont séparées de l'ancien dépôt marin par des digues ou chaussées, prennent le nom de *ségonaux.* On fait dériver ce mot de celui que leur donnaient les anciennes chartes *secundum aquarium.* Quand ces dépôts n'ont pas eu lieu dans une eau torrentielle, ils constituent des terrains excellents, légers, propres à toutes les cultures, et ne contiennent qu'accidentellement des traces de sel. Les ségonaux sont en général beaucoup plus élevés que les terres endiguées ; mais ils sont sujets à être couverts par les hautes eaux, dans plusieurs saisons de l'année, et quelquefois pendant la végétation et à l'époque des récoltes. Cette chance est loin d'annuler les avantages qu'ils tiennent de leur nature, si l'on en juge par la récolte plus élevée que l'on en retire.

Ces terres se labourent pour ainsi dire en toutes saisons, car, étant très-filtrantes, on peut y mettre la charrue bien peu de temps après les pluies et pendant toute la saison sèche. On sent combien leur coexistence avec les terres fortes est favorable à l'économie de la ferme, puisqu'il n'y a pas ainsi un moment perdu.

Pâturages. Les pâturages sont les parties les plus basses et les plus salines des domaines. Le sel effleurit à leur surface dès qu'il fait un peu sec. Leur végétation se compose de salicornes, de soudes : les patiences, les statices, les tamariscs, plantes salifères dont les troupeaux ne mangent que les sommités naissantes, occupent une trop grande partie du sol. Le prix de leur soude ne paierait plus les frais de leur extirpation, mais le terrain serait dégagé et serait libre pour une végétation plus utile. Les lotiers, les vesces, les fétuques, les petits trèfles, le chiendent, les ivraies, constituent la

base du pâturage qui est très-nourrissant, et entretient bien
les brebis et les moutons. On donne un peu de fourrage à
l'étable aux brebis nourrices. Ces terres abandonnées au pâturage peuvent, pour la plupart, devenir ou des prairies fau-
chées, au moyen de quelques irrigations, ou même des terres
labourables quand elles sont cultivées. Les parties les plus
basses seulement ont une si grande quantité de sel, que la
culture en devient difficile et que les céréales n'y réussissent
pas sans des couvertures d'hiver toujours assez coûteuses,
quand on n'a pas les litières sur place. Les pâturages peuvent
porter ici 10 brebis et leurs agneaux par chaque hectare,
mais la nature des herbes contribue sans doute à leur donner
la maladie du sang de rate à la sortie du printemps. Aussi
les fait-on transhumer immédiatement après la tonte, qui a
lieu ordinairement dans la seconde quinzaine d'avril. Mais,
quand on n'envoie pas les troupeaux dans les Alpes et qu'on
a des pâturages plus rapprochés pour l'été, nous avons constaté que le danger du mal de sang ne commence à se montrer que dans les derniers jours de mai et les premiers de
juin. La pourriture n'attaque les troupeaux que si l'herbe
d'été ayant été très-abondante, les pluies du commencement
de l'automne amènent la décomposition des parties inférieures du gazon. Les troupeaux qui entrent sur les herbages
dans cet état y prennent la cachexie, en mangeant cette
herbe corrompue. Il faut donc écarter les troupeaux des
parties les plus basses des pâturages, tant que dure le temps
humide, si l'on veut les préserver de ce mal.

Tel est l'état de la végétation sur les terres du domaine
que nous examinons.

Fertilité de la terre. La récolte moyenne est de 17,5 hectolitres de blé pesant 80 kil. chaque ou 1,400 kil. de blé par
hectare, tous les deux ans; et pour les 50 hectares en culture, de 70,000 kil. de blé.

D'après l'état du bétail existant, et en comptant les pailles
et litières à part, nous avons les engrais suivants :

	Fumier sec.	Azote.
14 mules pesant ensemble 5,600 kil., travaillant 6,3 heures par jour moyen, ou restant à l'écurie les 0,7375 du temps.	10,982 kil.	483,21
400 brebis nourrices pendant six mois, et restant la moitié de la journée aux champs, pesant 16,000 kil.	27,400	328,00
40 poules pesant 30 kil.	73	0,84
2 cochons à l'engrais pesant en moyenne 100 kil.	785	14,30
	39,240	826,35
A quoi il faut ajouter pour 875 hect. blé, paille.	175,000	455,00
Fertilité apportée par la jachère 18ᵏ,36×50		918,00
	214,240	2199,35

avec accolade pour 826,35 et 455,00 : 1281,35

Cet engrais devrait produire $\frac{2199,35}{2,62} = 83,945$ kil. de blé; la production étant de 70,000 kil., il y a un déficit de 13,945 kil. Mais si nous considérons que la jachère produit $\frac{918,00}{2,62} = 35,038$ kil., que les engrais ne produisent par conséquent que 48,907 kil., et que $\frac{1281,35}{2,62}$ égalent précisément 48,906 kil., on voit qu'ici les engrais produisent tout leur effet; que les argiles peuvent être considérées comme saturées. C'est une propriété des terrains salifères de ne pas absorber les engrais comme les terrains doux. Il semble que le sel y tienne la place des gaz que les argiles retiennent quand il n'existe pas. Précieuse qualité qui compense en partie les défauts de ce genre de terrain.

Puisque l'aliquote de fertilité que prend le blé est de 0,30 environ de l'azote de l'engrais, et puisque les 1400 kil. de blé consomment ici $2,62 \times 14 = 36,68$ kil. d'azote par hectare, nous avons, en appelant x la quantité totale de l'azote du sol arable, $36,68 = 0,30 \times x$, d'où $x = 122,27$, et en retranchant l'engrais fourni $\frac{2199,35}{50} = 43,99$, il reste en terre une quantité d'engrais disponible, qui est représentée par 78,28 kil. d'azote.

Climat. Les observations ont donné à Arles :

Température moyenne, ... 14°74 (1).
Température moyenne des minima. 6°32
Celle des maxima . . . . 22°94
Minimum absolu observé. . . . —13,7
Maximum absolu . . . . +40,2
Température moyenne de l'hiver. 6,41
      du printemps. . . . 13,98
      de l'été. . . . . . , 23,71
      de l'automne. . . . 15,25
       moyenne. . . 14,84

Ces nombres nous indiquent que nous sommes ici dans le climat véritablement propre à la vigne et au maïs. Si la chaleur des étés favorise la maturité de l'olive, la rigueur des minima fait craindre de fréquentes mortalités, et d'ailleurs la nature argileuse du terrain, l'humidité qu'il conserve longtemps, ne le rendent pas propre à cette culture. La vigne vient très-bien dans les terres qui ont un peu de salure.

Température solaire. Les observations n'ayant pas été faites à Arles, on doit se servir de celles d'Orange, que nous ne répétons pas ici, renvoyant le lecteur aux pages 78 et suivantes du tome II. Les chiffres qui y sont portés annoncent un ciel habituellement clair, une grande chaleur solaire.

Météores aqueux. D'après les observations citées, pendant cinq ans, de 1783 à 1787, le nombre moyen de jours de pluie a été à Arles de 107, la quantité moyenne de pluie de 611,8 mil. Mais comme ces détails ne nous suffisent pas, nous avons cru y suppléer en plaçant ici parallèlement les observations mensuelles de ce petit nombre d'années, et celles de 32 ans faites à Orange, dans le même bassin météorologique.

(1) Observations de M. Bret, de 1783 à 1787.

	Arles (5 ans).			Orange (52 ans):		
	Jours de pluie.	Quantité de pluie.	Évaporation.	Jours de pluie.	Quantité de pluie.	Évaporation
		mill.	mill.		mill.	mill.
Janvier...	8	32,2	111,6	7,9	41,4	51,4
Février...	8	47,2	119,3	7,1	38,9	86,2
Mars.....	12	70,6	150,8	7,1	46,5	160,7
Avril.....	7	29,4	271,1	9,4	65,9	189,5
Mai......	9	36,9	304,1	10,0	69,9	235,5
Juin	6	39,0	295,7	7,1	45,3	331,0
Juillet....	6	18,9	402,2	5,3	27,9	375,3
Août.....	7	23,8	366,3	6,5	37,5	305,8
Septembre	9	50,4	261,8	8,3	123,1	181,0
Octobre..	8	94,9	161,5	10,3	112,7	143,5
Novembre	12	89,3	143,2	8,3	88,8	85,4
Décembre.	15	79,2	69,4	7,5	54,9	60,9
Totaux..	107	611,8	2657,0	93,8	752,6	2204,4

Malgré les différences qui tiennent sans doute aux localités, mais aussi et pour une large part au petit nombre d'années des observations d'Arles, on trouve ici une marche semblable dans les météores. La petite quantité de pluie des premiers mois, comparée à leur évaporation favorisée plus encore par la fréquence et la force des vents que par la température, indique ces mois comme très-secs ; elle nous fait pressentir la difficulté des cultures printanières, l'incertitude de leurs récoltes. Celles des céréales même sont souvent très-contrariées et amoindries par ces sécheresses. Les premiers mois de l'automne ont souvent de grandes pluies qui retardent les semailles jusqu'en novembre. L'été est éminemment sec, et l'on ne peut y espérer de produits que des arbres profondément enracinés. Les plantes annuelles se dessèchent et ont alors ce que nous appelons un sommeil æstival.

La fréquence des différents vents est indiquée par les nombres suivants :

N.	N.-E.	E.	S.-E.	S.	S.-O.	O.	N.-O.	Direction moyenne.
216	5	11	13	73	13	18	16	335°32'

entre N.-O. et N.

Le vent du nord est souvent très-violent, il incline les rameaux des arbres vers le midi, rougit quelquefois les jeunes pousses des vignes au printemps, abat les fruits et nuit à la qualité du chanvre, dont la filasse devient grossière par cette agitation continuelle. Mais le vent du nord, en entraînant les miasmes des marécages, purifie l'air ; de plus, c'est avec son aide que l'on vanne les blés.

La neige est rare et ne dure que peu de moments ; la grêle est aussi peu fréquente ; les gelées blanches du printemps sont le météore le plus fâcheux, quand il saisit les bourgeons de la vigne ou du mûrier, au moment de leur évolution.

Salubrité. Les fièvres intermittentes sont fréquentes dans le pays, surtout parmi les personnes qui ne sont pas acclimatées. Plus on est voisin de la mer et moins le danger en est grand. On remarque que les fièvres malignes (ataxiques) se manifestent surtout au nord des marécages, dont les vents chauds transportent les miasmes. Mais au sud de la grande ligne des étangs, les maladies ne sont pas assez fréquentes pour devenir une objection contre le séjour de la campagne. Nous avons parcouru le pays, et nous avons trouvé beaucoup de fermes où il n'y avait pas un fiévreux, et d'autres où des fièvres tierces étaient facilement arrêtées par le sulfate de quinine.

Ouvriers. Le pays entier ne présente qu'un petit nombre de communes qui, excepté Arles, n'offrent pas de grandes ressources pour se procurer des ouvriers. Mais les contrées environnantes en fournissent autant que l'on peut en demander. Les environs de Tarascon, de Beaucaire, de Saint-Gilles, de Nîmes, d'Aymargues, de Lunel, pourvoient le pays de bras en toutes saisons. La haute Provence et les Cévennes y envoient des troupes de moissonneurs. Mais ces déplacements rendent la main-d'œuvre coûteuse. On est obligé de nourrir les journaliers, le plus souvent on paie la journée de leur voyage sans en obtenir du travail. Les valets de ferme ne se payent pas à un prix plus élevé que dans le reste du pays.

Le prix moyen du salaire est le suivant :

En été, le laboureur à la journée gagne 1 fr. à 1 fr. 25 c. par jour et la nourriture, ce qui porte son salaire de 1 fr. 75 c. à 2 fr. 50 c. S'il n'est pas nourri, il lui est fait compte de 1 fr. pour sa nourriture ; la journée revient alors de 2 fr. à 2 fr. 75 c. A l'époque des semences le laboureur nourri est payé 75 c. à 1 fr., et le journalier non nourri 1 fr. 75 c. à 2 fr. En hiver, la journée descend rarement à 1 fr. 25 c. ou 1 fr. 50 c. pour les journaliers.

Le laboureur au mois est loué pour l'été de 25 à 35 fr. ; pour le temps des semences son salaire est de 15 à 25 fr. ; en hiver, 12 à 18 fr. par mois plus la nourriture.

Les faucheurs reçoivent 50 c. en sus de la journée commune.

Au temps des moissons les hommes gagnent de 3 à 5 fr. par jour sans nourriture. Les femmes, le même prix quand le temps presse ; dans les temps ordinaires, 1 fr. 50 c. de moins.

On fait aussi les moissons à la tâche moyennant 2 fr. 50 c. l'hectolitre récolté dans les années où les blés sont beaux, et pour 1 fr. 25 par hectolitre d'avoine. On paye 4 p. 100 du blé, pour les chevaux destinés à fouler les épis.

Bêtes de travail. On se sert généralement de mules pour la culture des terres, et le luxe dont se piquent les fermiers dans ce genre est trop souvent fatal à leur fortune. Des animaux coûtant 1,000 ou 1,200 et même 1,500 fr. périssent comme des animaux moins chers, et enlèvent tous les profits de l'année. Quoiqu'il y ait dans le pays des bandes de chevaux demi-sauvages, comme on ne les nourrit pas et qu'ils cherchent leur vie dans les marais, qui l'hiver leur présentent peu de ressources, ces chevaux manquent de force, et on ne les emploie que pour le dépiquage des grains. On commence à sentir dans le pays l'avantage de se servir de bœufs, qui coûtent

beaucoup moins, mangent des nourritures plus grossières
que les mules, paissent sur les pâturages quand on ne les
fait pas travailler, n'ont pas besoin d'être ferrés, ce qui est
un grand avantage dans un pays éloigné des forges et où il
faut perdre beaucoup de temps pour aller chercher un ma-
réchal, et ont des harnais simples qui n'exigent pas de répa-
tions. L'usage des bœufs est d'autant mieux indiqué qu'il y
a peu de charrois à faire, et qu'un attelage de mules dans
chaque ferme suffit parfaitement pour faire les voyages à la
ville.

On compte une paire de bœufs par 12 hectares de terrain. La jachère complète revient ici à 155 fr. ; les semences
de blé coûtent 44 fr. ; la moisson et le dépiquage 27 fr. ; la
dépense de chaque hectare en culture est donc de 204 fr., et
comme on suit le système de la jachère alterne, on compte
102 fr. pour chaque hectare de la ferme.

Animaux de rente. Nous ne tenons pas compte de quelques troupeaux de bœufs sauvages qui paissent dans des
pâturages éloignés ; les brebis et les moutons sont les seuls
animaux de rente du pays. Les troupeaux sont principalement composés de brebis qui nourrissent un agneau que l'on
vend en automne, à la descente de la montagne. Mais dans
certaines fermes, les agneaux sont engraissés au lait. Pour
y parvenir on leur donne deux mères, et on les vend au
bout de quelques semaines. Cette industrie n'a lieu que dans
les domaines bien pourvus de fourrages, où les brebis nourrices peuvent pâturer un herbage bien fourni et à portée de
la bergerie, dans l'intérieur de laquelle on peut les nourrir
quand il fait mauvais temps. Les bouchers des villes environnantes achètent ces agneaux de lait. Quant à ceux qui
vont à la montagne, ils sont achetés à l'âge de 5 à 6 mois par
les habitants du Dauphiné qui les nourrissent un an, et les
revendent ensuite pour être engraissés.

Tous les troupeaux du pays ont été métissés par les mérinos, ce qui a créé une race spéciale qui est en possession de

ce territoire. Sa laine est fine, et attendu la nature du terrain, elle ne se charge pas de terre. Son prix est à celui de la laine du pays non métissé, comme 100 : 62. En 1849 la laine d'Arles se vendait 170 fr. les 100 kil., et celle du pays 110 fr. Le poids moyen des toisons est de 2 kil. 50. On a aussi introduit dans le pays l'espèce de Syrie à longue queue qui consomme beaucoup, mais peut se nourrir des fourrages les plus grossiers. Elle a l'avantage de craindre beaucoup moins que les autres races la funeste maladie du sang de rate, et de pouvoir ainsi rester l'été dans la plaine sans transhumer. Cette race produit en moyenne 2 agneaux par brebis. Le poids de sa toison est de 4 kil.; mais son rapport avec la laine d'Arles est pour le prix de 43 : 100.

Le compte d'une brebis métisse s'établit ainsi qu'il suit :
Le *produit* est :

0,65 agneaux.	6 fr.	50
Une toison.	3	50
11,2 litres de lait à 10 c. .	1	12
	11	12

On a de plus l'engrais, qui a une valeur positive plus ou moins grande, selon l'emploi qu'il reçoit dans les fermes; au prix moyen du pays, celui produit par une brebis en six mois vaut 1 fr. 25 c., ce qui donne en totalité un produit de 12 fr. 37 c. par brebis.

Les *dépenses* sont :

Intérêt de la valeur de la brebis et assurance à 15 %.	2 f.	250
Logement d'une cabane coûtant 6 fr. 25 par brebis, intérêt à 10 %.	0	625
Garde.	4	000
Nourriture d'été et voyage.	2	500
	9	375
A déduire de.. 12	370	
Reste pour représenter la nourriture d'hiver.	2	995

Cette nourriture de six mois est de $\frac{1416}{2}$=708 kil. de foin

multipliés par le poids de l'animal (40 kil.) et divisés par 100,
c'est-à-dire de 285,2 kil. de foin : le foin est donc payé pour
la brebis à raison de $\frac{2,995}{2,832} = 1$ fr. 05 les 100 kil. ; et l'hectare de bon pâturage pouvant nourrir dix brebis pendant ce
même temps, est payé $\frac{2832 \times 1,05}{100} = 29$ fr. 74 c. de rente.

Mais il faut remarquer que dans cette industrie nous obtenons à très-bon compte la nourriture d'été : s'il fallait
nourrir le bétail toute l'année sur la ferme, nous aurions à
retrancher des dépenses 2 fr. 50 c. pour le fourrage d'été et
le voyage, ce qui la réduirait à 6 fr. 87 c. ; nous aurions à
doubler le produit de l'engrais, c'est-à-dire à ajouter 1 fr.
25 c. à la recette, ce qui la porterait à 13 fr. 62 c. la différence de ces deux chiffres 6 fr. 75 c., qui représentent le
prix de 566,4 kil. de foin valant alors $\frac{6750}{5664} = 1$ fr. 19 c.
C'est donc en empruntant à des terrains pauvres ou moins
précieux du fourrage qui ne nous coûte que $\frac{2500}{2832} = 0$ fr. 88 c.
que nous parvenons à vendre celui d'hiver à 1 fr. 05 ; il s'est
fait une règle d'alliage, par parties égales, du foin plus cher
à 1 fr. 05 et du foin moins cher à 0 fr. 88 c. ; ce qui nous
donne

$$x = \frac{1,05 + 0,88}{2} = 0 \text{ fr. } 965,$$

prix réel du foin dans cette exploitation. Voyons ce qui
arrive quand nous remplaçons l'élevage par l'engraissement
des moutons.

On obtient sur un animal adulte l'accroissement de 1 kil.
de chair vivante par la consommation de 22 kil. de foin normal, et même de 17 kil. quand l'engraissement est pressé et
particulièrement soigné. Dans cette opération on veut que
le poids d'un mouton augmente du tiers pour être réputé
gras ; et cela arrive ordinairement en trois mois. En supposant le poids du début de 40 kil., on jugera le mouton gras
quand il pèsera 52 à 55 kil. Son poids moyen pendant la
durée de l'engraissement sera de 46,50 kil.. La viande
maigre vivante se paye en moyenne 0 fr. 575 le kil. ; la

chair grasse 0 fr. 400. On peut renouveler l'opération deux fois l'année, ce qui permet de réduire de moitié le capital dont on doit disposer et les bâtiments propres à recevoir le bétail. Le compte de l'opération sera le suivant :

Doit : achat de 40 kil. de viande vivante à 0 fr. 375. . . . 15ʳ000

intérêt de 3 mois à 10 %. l'an. 0,375

1/2 du loyer de la bergerie $\dfrac{6\,\text{fr. }25}{2}$ par tète à 10 %. 0,312

Garde et soins 1,500

17,187

Avoir : 53 kil. de viande à 0 fr. 40 c. 21,200

fumier de 3 mois. 0,625

21,825

reste pour le prix de $17 \times 13 = 221$ kil. de foin. 4,638

d'où pour le prix de 100 kil. de foin. . . 2ʳ20

prix du foin consacré à l'élève. 1,05

profit pour 100 kil. de foin. 1,15

On profite donc aussi bien qu'il est possible du foin comme foin normal. Si c'est de la luzerne qu'on récolte, comme elle dose 1,97 pour 100 d'azote, tandis que le foin du pays ne dose que 1,50, celui-ci valant 1 fr. 05 pour l'élève, on obtiendra 1 fr. 57 en faisant consommer de la luzerne. En faisant le même calcul pour les moutons à l'engrais, on trouvera $1,50 : 2,20 :: 1,97 : x = 2$ fr. 89 c. pour la valeur de la terre ainsi employée. La plus grande partie de la consommation peut se faire sur place et sans nécessité des fauchages, si l'on a de bons bergers qui sachent se mettre en garde contre la météorisation.

On peut donc estimer le fourrage de la sorte selon les usages du pays :

Foin d'hiver pour les brebis d'élève 1ʳ05

— pour l'engraissement 2,20

Luzerne consommée par les brebis d'élève. . 1,37

— par les moutons à l'engrais. 2,89

Ces prix n'ont rien de commun avec ceux que l'on obtiendrait de ces fourrages transportés dans les villes.

Débouchés, communications. Les communications deviennent très-difficiles après les pluies. Les chemins sont sur leur sol naturel argileux, ils deviennent très-glissants, les animaux et les hommes ont peine à y tenir pied ; il s'y forme rapidement des ornières profondes, et le sol gluant occasionne un fort tirage ; mais ils sont fermes et roulants dans les temps secs. Dans une grande partie du pays le gravier est trop éloigné pour qu'on puisse y établir de bonnes chaussées empierrées ; ce serait cependant une des dépenses les plus utiles et dont l'agriculture et le commerce retireraient les plus grands avantages. L'éloignement du domaine de la ville ne permet pas d'y faire plus d'un voyage et le retour dans la journée, ce qui élève de 52 centimes le prix de chaque quintal métrique transporté sur des charrettes. Arles est le grand marché du blé : le prix moyen de l'hectolitre était, il y a quelques années, de 25 fr.; mais les arrivages de Marseille, qui donnent des limites assez étroites à la hausse, l'ont fait descendre à 22 fr., le blé pesant 80 kil. et s'élevant quelquefois à 85 et 84 kil.

Ces difficultés des communications doivent faire choisir le système et les assolements qui exigent le moins de charrois ; peut-être qu'un jour il se fera, à cet égard, quelques changements heureux qui mettront en rapports plus fréquents les villes environnantes avec ce vaste territoire si longtemps abandonné. Déjà on arrive à Arles avec facilité, et l'habitude des bonnes routes ne peut pas manquer d'inspirer le désir d'en étendre l'agrément sur toute la contrée.

Système suivi jusqu'ici. Ce système est, pour les terres cultivées, celui de la jachère biennale avec culture de blé, et d'une petite quantité d'avoine suffisante aux bêtes de travail pendant les grands travaux. Les terres en pâturage sont livrées, de novembre à mai, au parcours des brebis, qui parquent quand il fait beau temps, et qui autrement sont mises à couvert dans une bergerie construite en roseaux, dite cabane. Il y a une vigne suffisante pour les besoins de la ferme, et l'on sème chaque année 4 à 5 hectares en avoine, qui sont mangés en vert par les brebis, et enfin 10 hectares de luzerne fournissent le fourrage nécessaire aux bestiaux.

Ainsi le sol se trouve divisé ainsi qu'il suit :

Jachère. . . . , . . .	42 hect.
Blé.	39
Avoine. . . . . . . ,	3
Luzerne	10
Paquis d'orge.	5
Prés . . , ...	4
Vignes . . ;	2
	105
Pâturage.	50
	155

Le fonds de roulement est le suivant :

1° 7 valets y compris le fermier et sa femme gagnent.	2,300 fr.
2° Un jardinier gagne	400
3° Nourriture.	2,045
4° Semences 78 hect. blé..	1,716
10 hect. avoine	80
5 hect. orge	40
5° Moisson et dépiquage.	1,206
6° Culture de la vigne à bras et vendange.	600
7° Repiquage de fossés, etc..	360
	8,747
8° Nourriture supplém. des brebis pour six mois d'été.	1,250
9° Garde de 500 brebis	2,000
	11,997

CHEPTEL.

14 mules à 650 fr.. . . . . . 9,100 f.	cheptel vivant	15,600
500 brebis à 15 fr. 6,500		
Instruments aratoires, harnais divers et mobilier. . .		7,140
		22,740

CAPITAL FONCIER.

Bâtiment de ferme.	8,000
Bergerie pour 500 brebis à 6 fr. 25 l'une.	3,125
	11,125

RÉCAPITULATION DES FRAIS.

Fonds de roulement 11,997
Intérêt du cheptel vivant à 15 p. %. 2,340
Intérêt du cheptel mort à 10 p. %. 714
Intérêt du capital foncier à 5 p. %. 556 25
Intérêt du fonds de roulement à 10 p. %. 1,199 70

                                    16,806 95

PRODUITS.

682,5 hectolitres de blé à 22 fr. 15,015 00
Produit de 500 brebis à 12 fr. 37 . . . . 6,185 00

                                    21,200 00
                       Produit net. 4,393 05

Ou par hectare 28 fr. 34 c.

Ce système a été exécuté jusqu'à présent par des métayers, et si nous leur attribuons les dépenses qui leur incombent, nous nous rendrons parfaitement compte de cette industrie.

Dans les conventions du bail, le propriétaire paie la moitié des frais de dépiquage 2 pour 0/0 du prix du blé.

Ci. 300ʰ30
La moitié des semences . . . . 918; »
Il a à sa charge l'intérêt du capital foncier 556,25

                                    1,774,05

Il faut donc diminuer le total des frais de cette somme, et il reste à la charge du fermier 15,032 fr. 40, qui, ôtés de la recette totale 21,200, laissent la somme de 6,167 fr., 60 c., qui représentent la rente du propriétaire.

Le fermier lui donne la moitié du blé. 7,507,50
Et en argent sur le produit du troupeau 422,65

                                    7,942,15

Ainsi, le métayer se trouve couvert de ses frais, et le propriétaire reçoit net 6,167 fr. 60 c. ou 39 fr. 79 c. par hec-

tare, ce qui est, en effet, le revenu net du domaine, impositions non payées.

SECTION II. — *Recherches du système à adopter.*

L'enquête que nous venons de faire nous prouve que tous
les systèmes de culture, même les plus avancés, pourraient
être appliqués à la situation agricole de ce domaine. Mais
cette conclusion absolue est modifiée par les effets du climat,
qui, par sa sécheresse, s'oppose au succès des cultures de
printemps, et ne permet dans les assolements que l'introduction des plantes qui peuvent supporter les chances nombreuses de cette dessiccation du sol. De plus, la cherté des
bras doit faire écarter les cultures sarclées, qui exigent beaucoup de main-d'œuvre ; enfin, la dureté du sol et la nécessité de se ménager un long intervalle pour les travaux,
exigent que l'on mette un assez grand intervalle entre une
récolte et un nouvel ensemencement. La plus grande partie
de ces difficultés n'existeront pas pour les terres légères et
pour celles que l'on pourrait arroser. Mais l'irrigation naturelle ne pouvant avoir lieu sur une partie des terres que
quand le Rhône est au-dessus de son étiage, et le fleuve
pouvant être bas au moment où l'eau serait le plus nécessaire, on s'exposerait à des chances fâcheuses, si l'on
établissait un système entier basé sur une telle ressource.
Nous avons donc à examiner : 1° Le système qui consisterait
à soumettre le domaine entier au système du pâturage ;
2° Celui qui, procédant au défrichement, complet y intro-
duirait la jachère biennale ; 3° Celui qui conservant la jachère
créerait une étendue de prairies temporaires, susceptible
de porter les récoltes au maximum du produit ; 4° Le système
qui, abandonnant la jachère, le soumettrait à un assolement
alterne ; 5° Le système arbustif avec la vigne, le mûrier se
trouvant exclu par le manque de population. Le temps n'est
pas encore venu où l'on pourra juger les effets de l'introduc-

tion des rizières. C'est une grande expérience qui est en cours d'exécution, mais que l'on ne pourra apprécier que quand ses dépenses capitales seront entièrement faites, et qu'elle sera en marche régulière.

§ I. — 1er *Système.* — *Conversion en pâturages.*

Dans ce système, nous conservons les anciens pâturages, que nous améliorons peu à peu en les débarrassant des touffes de salicornes et d'autres plantes frutescentes, en y répandant des fonds de meule et de grenier à foin contenant de bonnes graines, etc. Quant au reste des terres, nous les convertissons en prés secs ou irrigués selon leur position. L'expérience nous prouve qu'il suffit pour cela dans ces terrains de soustraire pendant deux ou trois années le sol à la culture et au pâturage ; on accélère la formation du gazon en y ajoutant des graines provenant des résidus des fourrages. On obtient ainsi des prairies qui, les unes dans les autres, produisent 3,570 kilog. de foin par hectare, susceptibles de nourrir dix-huit brebis pendant six mois. Mais la masse d'engrais dont on dispose ne tarde pas à améliorer ces prairies, et on les pousse au bout de neuf ou dix ans à une production presque double, surtout dans la partie que l'on peut arroser, au moins au printemps, quand cette saison est trop sèche. Si nous réservons la partie arrosée pour la dépaissance des troupeaux pendant l'été, quand les autres pâturages peuvent occasionner le mal du sang, nous aurons en moyenne neuf brebis par hectare des anciennes terres cultivées, et cinq brebis sur les anciens pâturages, ce qui nous donne

$$9 \times 105 = 945$$
$$5 \times 50 = 250$$
$$\overline{ 1,195 \text{ brebis.}}$$

Puis quand les gazons se seront suffisamment enrichis par leur durée et l'engrais dont on aura disposé, il sera temps de passer au défrichement pour profiter de cette fertilité accumulée.

Les résultats économiques de ce système seront les suivants:

CAPITAL FONCIER.

Bâtiments d'exploitation tels qu'ils ont été déjà décrits. 8,000

Bergerie pour 1,195 brebis à 6 fr. 25 c. 7,468 75

Rente de la terre pendant trois ans, pour la formation des prairies, déduction faite de la rente des anciens pâturages. 18,000 »

Dépenses diverses pour fossés de conduits, repiquage de semences et sarclage, 100 fr. par hect. . . . . . 10,500 »

43,968 75

CHEPTEL.

1,195 brebis à 15 fr. . . . 17,925) cheptel vivant. 19,875
3 mules pour charrois à 650 1,950)

Instruments et harnais pour les attelages. 1,020

20,895

FONDS DE ROULEMENT.

Directeur 800

Femme de service. 245

Un valet charretier 600

Sarclage, étrépage, irrigation de 105 hect. à 8 fr. . . . 840

Garde de 1,195 brebis. 4,780

7,265

RÉCAPITULATION.

Fonds de roulement. . . . . 7,265 fr.
Intérêt à 10 p. %. 746 50
Intérêt du cheptel vif à 15 p. %. . . 2,981 25
Intérêt du cheptel mort à 10 p. %. . 102 »
Intérêt du capital foncier à 5 p. %. 2,198 40

12,293 15

Produit de 1195 brebis à 12 fr. 37. 14,782 15
A soustraire, dépenses. 13,293 15

Produit net. 1,489 00
Ou par hectare 9 fr. 61 c.

Si l'on ne fait pas entrer en ligne de compte l'amélioration du sol, ce système est très-inférieur à celui qui est en activité dans le domaine. Il est une nouvelle preuve de l'infériorité de la culture du fourrage isolé de la culture, quand on est obligé de le faire consommer au prix de 1 fr. 05 le quintal métrique. Les cultures spéciales de fourrage doivent être faites près des lieux où leur prix s'élève au moins à 4 fr. net.

§ II. — 2ᵉ *Système*, — *Défrichement complet, jachère biennale.*

Nous supposons tous les pâturages défrichés et soumis à la culture, il ne reste alors d'autres engrais que celui produit par les bêtes de travail et les pailles. On sèmera seulement 5 hectares en avoine et 15 hectares en luzerne pour la nourriture des animaux.

Les terres recevront donc en engrais :

1° Fumier produit par 25 bêtes de travail, ci   250 kil. d'azote.
2° Fertilité apportée par la jachère sur 67,5
   hect. de terres soumises à la culture. . 1239,33
3° Paille de 950 hectol. de blé.   484,00
                                  1973,33

Le budget de ce système sera le suivant :

FONDS DE ROULEMENT.

Directeur. . . . .   1,013 fr.
Culture de 67,5 hect. de blé à 204 fr. . . . 13,770
                                   14,783

CHEPTEL.

25 bœufs pesant 600 kil. à 0 fr. 375. . . .   4,625
Instruments, mobilier, etc. 12,240
                                   16,865

CAPITAL FONCIER.

Batiments de ferme.   9,568
Défrichement de 50 hect. de pâture à 110 fr.   5,500
                                   15,068

RÉCAPITULATION.

Fonds de roulement. . . . . 14,783 fr.
Intérêt de ce fonds à 10 p. % . . . 1,473 30
Intérêt du cheptel vif à 15 p. %. . 693 75
Intérêt du cheptel mort à 10 p. %. 1,224 00
Intérêt du capital foncier à 5 p. %. 753 40
                                     ─────────
                                     18,927 45
Produit de 950 hectol. de blé. . . 20,900 00
                                     ─────────
           Produit net. . . . 1,972 55
Par hectare 12 fr. 72 c.

On reconnaît ici combien sont peu satisfaisants les résultats d'une culture complète sur des terres qui ne sont pas amenées à un état suffisant de fertilité.

§ III. — 3ᵉ *Système.* — *Jachère portée à son maximum de fertilité.*

En voyant les deux systèmes absolus que nous venons de décrire donner des résultats si inférieurs au système mixte qui est en pratique dans ce pays, nous devons reconnaître la nécessité d'allier les avantages d'abondants engrais à ceux que présente leur application à une production relativement plus riche que celle des fourrages, savoir, dans le cas qui nous occupe, celle des céréales. Dans une autre situation agricole, on pourrait aspirer à des cultures plus riches encore ; nous avons dit les raisons qui nous les interdisent ici.

Nous proposons deux solutions de ce problème : 1° Conserver les pâturages actuels et créer le supplément nécessaire de fourrages, au moyen de luzernes établies sur les terres arables ; 2° Améliorer les pâturages, les transformer en prairies fauchables, par le moyen de l'irrigation, et conserver à la culture des blés toutes ou au moins la plus grande partie des terres arables.

Pour porter la culture du blé au maximum que l'on peut se flatter d'atteindre dans le pays et avec nos variétés de blé actuelles, il faut lui consacrer un engrais dosant 61,6 kil. d'azote par hectare. La récolte moyenne du blé étant supposée de 30 hectolitres :

La paille nous fournira. . . . .   15,60 kil. d'azote.
La jachère nous donnera. . . .   18,36
                                   ─────
                                    33,96
Il nous restera à pourvoir à. .   27,64
                                   ─────
                                    61,60

1° Supposons que nous conservions les pâturages actuels, les 500 brebis nous donneront 820 kil. d'azote pour un an ; et pour six mois, avec dépaissance au dehors, seulement le quart de cette quantité ou 205 kil. ; c'est de quoi fumer $\frac{205}{27,64}$ = 7,4 hectares de blé, et par conséquent on ne pourvoira qu'à 14,8 hect. en deux ans, et il restera 90,2 hect., dont les besoins ne seront pas satisfaits.

Dans ces terres, les luzernes non arrosées produisent 15,000 kil. de foin sec, par hectare, de deux à quatre ans ; de 7,500 à 10,000 quand elles sont plus âgées ; mais comme nous ne croyons pas devoir les laisser durer plus de cinq ans, dont quatre ans en plein produit, nous porterons le produit moyen à 12,000 kil. Ce fourrage dose 1,97 d'azote pour %, et nous donne pour 12,000 kil. de foin, 256,5 kil. d'azote ; mais comme dans la consommation par les brebis la déperdition de cet élément est de 50 p. 100, il nous reste 118 kil. d'azote dans l'engrais. En appelant x le nombre d'hectares à consacrer à la culture de blé et y celui des hectares à mettre en luzerne, nous avons les deux équations suivantes :

$$x + y = 90$$
$$x \times \frac{27,64}{2} \quad y \times 118$$

D'où nous tirons :
$$x = 80,60$$
$$y = 9,40$$

On aura donc 9,40 hect. en luzerne, et l'on ensemencera en blé chaque année $\frac{80,60}{2}$ = 40,50 hectares complétement fumés, ou en totalité avec ce qui est fumé par le moyen des pâturages 47,70 hectares; on disposera de 112,800 kil. de foin de luzerne, équivalant à 192,888 kil. de foin normal et pouvant nourrir 13,622 kil. d'animal vivant ou 8 bœufs pesant 4,800 kil. et 221 brebis à l'étable toute l'année, en outre des 500 brebis avec dépaissance ou dehors durant six mois.

Les résultats de l'assolement sont les suivants :

FONDS DE ROULEMENT,

Culture de 47,70 hect. de blé à 204 fr. par hect. . . .	9,730f80
Travaux de 9,40 h. de luzerne à 55 fr. par année moy.	517,00
Garde de 721 brebis à 4 fr.	2,884,00
Nourriture supplémentaire de 500 brebis pour 6 mois.	1,250,00
Supplément de salaire du maître-valet	443,00
	14,824,80

CHEPTEL.

8 bœufs . . . . . 4,800 fr. ⎱ cheptel vivant. . . .	12,615,00
721 brebis. . . . 10,815 ⎰	
Instruments et harnais.	4,080,00
	16,695,00

CAPITAL FONCIER.

Bâtiments d'exploitation	8,000,00
Bergerie pour 721 brebis à 6 fr. 25 par tête.	4,506,25
Premier établissement de 9,40 hect. de luzerne : engrais 150 kil. d'azote par hectare, ou 1,410 kilog. que l'on obtiendra pour 3 fr. le kil. . , ...	4,230,00
	16,736,25

RÉCAPITULATION.

Fonds de roulement.	14,824,80
Intérêt dudit à 10 p. %. . . . . ,	1,482,40
Intérêt du cheptel vif à 15 p. %.	1,892,25
Intérêt du cheptel mort à 10 p. %	408,00
Intérêt du capital foncier à 5 p. %.	836,81
	19,444,26

PRODUIT.

Blé 30 hectol. par hectare, réduit à 0,81 par l'état de
fertilité du sol, ou à 24,3 hectol. par hectare pour
47,7 hect., ci 1,159 hectol. de blé à 22 fr. . . . . . 25,498 fr.
Produit de 721 brebis à 12 fr. 37. 8,918,77

34,416,77

Produit net. 14,972,51

Ou par hectare 93 fr. 57 c.

2° Passons à l'autre combinaison, à celle qui consiste à
transformer les pâturages en prairies arrosées au printemps,
donnant une bonne coupe et un regain estimés à 3,400 kil.
de fourrage par hectare. Nous aurons ainsi sur 50 hectares
de pâturage 170,000 kil. d'un foin qui dose 1,40 d'azote
pour 100 et qui équivaut ainsi à 207,400 kil. de foin normal. Le dosage total de ce foin est de 2,380 kil. d'azote qui,
consommés par les brebis nourrices, se réduisent dans l'engrais produit à la moitié ou à 1,190 kil. pouvant fumer
$\frac{1190}{27,64} = 43$ hectares de terrain à blé par an, et par conséquent
satisfaisant aux besoins de 86 hect. dans la jachère biennale.

Il nous reste à trouver l'engrais nécessaire à 19 hectares
qui complètent nos 165 hectares de terre labourables. Cet
engrais résultera de la consommation du fourrage produit
par des luzernes dont il faut chercher l'étendue au moyen
des deux équations suivantes, dans lesquelles les lettres ont
les mêmes significations que dans la combinaison précédente :

$$x + y = 19$$
$$x \times \tfrac{27,64}{2} = y \times 118$$

D'où nous tirons

$$y = 2 \text{ hectares.}$$
$$x = 17$$

Nous avons donc 2 hectares en luzerne pour fumer en
deux ans 17 hectares, ou par an 8,5 hectares semés en blé,
de même que 50 hectares de prairies arrosées serviront à
fumer 45 autres hectares de blé. Nous nourrirons avec le
fourrage des prairies 14,616 kil. de bétail et 2,900 kil. avec

de la luzerne, en totalité 17,546. Le bétail sera composé de 10 bœufs pesant 6,000 kil. et de 289 brebis pesant 11,560. Les résultats de l'exploitation seront les suivants :

FONDS DE ROULEMENT.

Cultures de 51,5 hect. en blé à 204 fr.	10,506 fr.
Travaux de 2 hectares de luzerne à 55 fr.	110 00
Garde de 289 brebis à 4 fr.	1,156 00
Supplément de traitement du maître-valet.	268 00
	12,140 00

CHEPTEL.

10 bœufs	2,250 fr.	} cheptel vif. . .	6,585 00
289 brebis.	4,335		
Instruments et mobilier.			5,400 00
			11,985 00

CAPITAL FONCIER.

Bâtiments d'exploitation.	8,000 00
Bergerie pour 289 brebis à 6 fr. 25 c.	1,806 25
Établissement de 2 hectares de luzerne avec engrais dosant 300 kil. d'azote à 3 fr.	900 00
Canaux, nivellement des pâturages et leur conversion en prairies.	6,000 00
Privation de pâturages pour un an.	865 00
	17,571 25

RÉCAPITULATION.

Fonds de roulement.	12,140 00
Intérêt dudit à 10 p. %.	1,214 00
Intérêt du cheptel vif à 15 p. %.	987 75
Intérêt du cheptel mort à 10 p. %.	540 00
Intérêt du capital foncier à 5 p. %.	878 56
	15,760 31

PRODUIT.

Blé de 51,5 hect. à 1,251,45 hectol. à 22 fr..	27,531 90
Produit de 289 brebis à 12 fr. 37 c.	3,574 93
	31,106 83
Produit net.	15,346 52

Ou par hectare 99 fr. 01 c.

V. 33

Dans les résultats ci-dessus on voit les avantages de la production des engrais et de leur emploi sur les céréales, de manière à obtenir le maximum de produit du minimum de travail.

§ 4. — 4e Système. — Assolement continu.

En excluant de nos assolements les récoltes sarclées qui exigent trop de bras, et dont la plupart ont besoin d'un printemps modérément humide, il nous reste seulement les alternances de fourrages et de céréales, et c'est à ce mode de rotation que l'expérience a conduit les habiles agriculteurs du pays, surtout dans les environs de Nîmes. Mais toutes les comparaisons des résultats qu'ils obtiennent et de ceux que nous pouvons nous promettre seront à notre désavantage. Ils ont un terrain plus meuble, moins sec au printemps, ce qui est bien constaté par les succès de leurs prairies temporaires ; ensuite ils trouvent dans les villes et dans les vignobles des environs un débouché qui leur permet de vendre leurs fourrages à haut prix, et d'acheter de l'engrais à bon marché. Voyons cependant les résultats que nous pouvons obtenir sur notre terrain.

Nous pensons que l'on ne devra faire entrer que successivement les pâturages actuels dans l'assolement, et en commençant par les meilleures parties et les moins salantes. Nous aurons donc 105 hectares à diviser en 12 soles de 8,75 hect. ; ces soles seront, savoir : 1, 2, 3, 4, 5, luzerne ; 6, 7, 8, blé ; 9, 10, sainfoin mêlé de trèfle ; 11, 12, blé. Le terrain sera ainsi réparti :

Luzerne.	43,75 hect.
Blé	43,75
Sainfoin et trèfle	17,50
	105,00

Foin normal.

La luzerne produit 12,000 kil. $\times$ 43,75 (1) $=$ 525,000 kil. de fourrage équivalent à 897,348 k.
Le sainfoin produit 6,000 kil $\times$ 17,50 $=$ 105,000 — 123.261
43,75 hect. de blé produisant 24,3 hectol. donnent 1,063 hectol. qui fournissent en paille
l'équivalent de. 47,835

1,068,444

Ce fourrage peut entretenir 75,455 kil. de chair vivante : nous aurons 8 bœufs pesant 4,800 kil., et 3 chevaux ou mulets pesant 1,350 kil., en totalité pour les bêtes de travail 6,150 kil.; il nous reste donc pour les bêtes de rente 69,305 kil. qui nous donnent 1,733 brebis de 40 kil. nourries toute l'année, et comme l'on aura à nourrir pendant 6 mois les 500 brebis des pâturages (2), il restera donc 1,483 brebis en sus des 500 à nourrir toute l'année.

L'engrais disponible sera ainsi qu'il suit :

8 bœufs de travail pesant 4,800 kil. . . . . . , . .	509,76 k.
3 chevaux de travail pesant 1,350 kil.	111,51
500 brebis au pâturage pendant 6 mois (20,000 k.)	400,00
1,483 brebis à l'étable pendant 1 an (59,320 kil.)	6568,60

Avec litière.

7589,87

L'assolement exige en engrais, savoir :

Pour un produit de 5,250 quintaux luzerne, il faut rendre à la terre :

0,79 kil. d'azote p. % de luzerne récoltée (3), ci. 4,147 kil. d'azote.
1063 hect. de blé exigent un engrais de 2,189,70

6,336,78
Excédant. 1,253,09

qui serviront à améliorer les terres les moins bonnes, et plus tard pourront devenir le pivot de cultures opulentes.

(1) C'est le produit ordinaire des luzernes non arrosées de ce pays; on les fume médiocrement. Nous ne doutons pas qu'avec plus d'engrais et plus de soin on ne parvînt à doubler peut-être ce produit.

(2) Elles ne comptent que pour 250 dans la nourriture totale de l'année.

(3) Tome IV, p. 431.

Les dépenses seront :

FONDS DE ROULEMENT.

Culture de 43,75 hect. de luzerne à 55 fr., année moy.	2,406f 25
Culture de 43,75 hect. de blé à 204 fr.	8,925 00
Culture de 17,50 hect. de sainfoin à 81 fr. 80 pour les sainfoins de 2 ans. . . . , ...	1,431 50
Garde de 1,733 brebis	6,932 00
Directeur, supplément de traitement	806 64
	20,501 39

CHEPTEL.

3 chevaux ou mulets.	1,800 fr.		
8 bœufs.	1,800	cheptel vivant. . .	29,595 00
1,708 brebis à 15 fr.	25,995		
Instruments, harnais et mobilier.			4,080 00
			33,675 00

CAPITAL FONCIER.

Bâtiments.	8,000 00
Bergerie pour 1,733 brebis	10,831 25
Établissement de 33,75 hect. de luzerne : engrais contenant 5062,50 kil. d'azote.	15,187 50
	34,018 75

RÉCAPITULATION DES DÉPENSES.

Fonds de roulement.	20,501 39
Intérêt à 10 p. %.	2,050.14
Cheptel vivant, intérêt à 15 p. %.	4,439 25
Cheptel mort, à 10 p. %.	408 00
Intérêt du capital foncier à 5 p. %	1,700 93
	29,097 71

PRODUITS.

1,063 hectolitres de blé à 22 fr.	23,386 00
Produit de 1,733 brebis à 12 fr. 37 c. . .	21,537 21
	44,923 21
Dépenses	29,097 71
Produit net	14,825 50

Ou par hectare 95 fr. 65.

§ V. — *5e Système.* — *Cultures arbustives. Vignes.*

Le produit en vin des terres, dans la situation où se trouvent celles de ce domaine, sera de 25 hectolitres par hectare pendant 50 ans.

Le prix moyen de l'esprit 3/6 étant de 55 fr. les 100 kil., et le vin donnant 12 p. 100 d'esprit en moyenne, si nous ôtons du prix de l'esprit 8 fr. pour fabrication, il nous restera 47 fr. pour prix de $\frac{100}{12} = 8$ hect. 55 de vin, qui est ainsi de 5 fr. 64 centimes.

A cause de la plus grande salure des pâturages, nous les conservons encore, ce qui nous donne d'ailleurs de l'engrais pour accroître la récolte. Les 500 brebis pendant six mois fournissent 205 kil. d'azote, d'où résultera une augmentation de 125 litres $\times$ 205 = 25,625 litres de vin (1).

Ainsi la récolte probable sera :

Pour 105 hect. à 25 hectol. 2,625 hectol.
Pour l'engrais   256,25
                            _____
                             2,881,25 à 5 fr. 64 = 17,250f 75
Si nous joignons à ce produit celui de 500 brebis
    à 11 fr. 12 (et non pas 12 fr. 37, l'engrais étant déjà compté en recette probable
    en vin), nous aurons 5,560 00
                                              _____
                                              21,810 25

Les frais de culture sont par hectare :

Labours. 186 39
Treille 9 45
Vendange. 32 00
                        _____
                         227 84

FONDS DE ROULEMENT.

Travaux de 105 hectares à 227 fr. 84. . . . . 23,923 20
Garde de 500 brebis. 2,000 00
Nourriture supplém. de 500 brebis pour 6 mois d'été 1,250 00
Directeur. 2,113 84
                                                    _____
                                                    29,287 04

(1) T. IV, p. 644.

CHEPTEL (1).

105 hectares à 160 fr., le vin étant débité de suite. .	16,800f.00
500 brebis à 15 fr.	7,500 00
	24,300 00

CAPITAL FONCIER.

Bâtiments.	8,000 00
Celliers, etc., pour le produit de 105 hect. à 627 fr.	65,835 00
Bergerie pour 500 brebis.	3,125 00
	76,960 00

RÉCAPITULATION DES FRAIS.

Fonds de roulement.	29,287f.04
Intérêt à 10 p. %.	2,928 70
Cheptel mort à 10 p. %.	1,680 00
Cheptel vivant à 15 p. %.	1,125 00
Capital foncier à 5 p. %.	3,848 00
	38,848 74
Le produit ne s'élève qu'à.	21,810 25
Perte totale.	17,638 49

Perte par hectare 109 fr. 92 c.

Pour que l'on fît seulement le pair sans rente, il faudrait que le vin se vendît 13 fr. 48 c. l'hectolitre, c'est-à-dire que le prix moyen de l'esprit fût de 112 fr. 33 c., et pour obtenir la rente actuelle de 6,167 fr. 60 c. il faudrait que le prix du vin fût de 15 fr. 62 c., et celui de l'esprit de 130 fr. 17 c. Il nous semble démontré qu'aux prix actuels, l'accroissement du vignoble à eau-de-vie est arrêté, et que s'il ne rétrograde pas rapidement, on doit l'attribuer seulement à ce que les dépenses foncières et de cheptel sont faites, et qu'on veut les utiliser autant que possible.

(1) Dans ce calcul, l'intérêt de la valeur des bêtes de travail est compris dans les frais de culture.

SECTION III. — *Discussion du système proposé.*

En récapitulant les différents systèmes que nous avons exposés, nous trouvons pour résultat le tableau suivant :

	Capital à fournir au début.		Fonds de roulement et intérêt du capital en totalité des frais.		Revenu brut.		Revenu net.	
	en totalité. fr.	par hect. fr. c.	en totalité. fr.	par hect. fr. c.	total. fr.	par hect. fr. c.	total. fr.	par hectare. fr. c.
1. Système suivi jusqu'à ce jour.	45,862	295,88	15,072	96,98	21,200	136,77	6,168	39,79
2. Conversion en pâturages.....	72,129	465,35	13,295	85,76	14,782	95,37	1,489	9,61
3. Défrichement des pâturages.	46,716	301,59	18,927	122,11	20,901	134,85	1,973	12,72
4. Jachère, blé porté au maximum, conservation des pâtur., luzerne sur les terres arables.	48,256	311,32	19,444	125,44	34,417	222,03	14,973	96 59
5. Jachère, blé porté au maximum, pâturages convertis en prairies.......	41,696	269,00	15,760	101,67	31,107	200,68	15,347	99,01
6. Assolement continu sans jachère	88,197	568,55	29,098	187,75	44,925	289,82	14,826	95,69
7. Vignes.......	130,547	842,24	58,849	250,64	21,810	140,72	—17,039(1)	—109.92

A la première vue de ces tableaux, nous écartons sans hésiter les numéros 2, 3 et 7. Il nous reste la jachère, soit sous sa forme actuelle (n° 1), soit en portant le blé à son maximum de production par des luzernes (n° 4) ou par la transformation des pâturages en prairies (n° 5); les deux derniers partis exigent seulement un capital de 40,000 à 48,000 fr. Quant à l'assolement continu sans jachère, demandant un capital de 88,000 fr., il est incontestablement le plus riche quand on peut vendre la luzerne à un prix moyen de 4 fr. les 100 kil., mais il cesse de l'être quand il faut la faire con-

(1) Le signe *moins* (—) indique qu'au lieu d'un bénéfice il y a perte.

sommer au prix de 1 fr. 80 c. Tout se réunit donc en faveur du système de la jachère portée à son maximum de produit. En adoptant ce système on se ménage toutes les chances, puisqu'on y introduit une assez forte quantité de luzerne, et que si, par des soins et des engrais, on parvenait à en accroître considérablement le produit, on pourrait passer avec la plus grande facilité au système des assolements continus.

Remarquons, au reste, que quand on augmente la production du blé sans augmenter l'engrais comme dans le n° 3, la rente baisse immédiatement; que quand on augmente l'engrais pour ne l'appliquer qu'à la production du fourrage payé seulement à 1 fr. 80 c., comme dans le n° 2, la rente baisse aussi; mais dès que la production d'engrais s'applique en quantité un peu notable à la production des céréales, la rente s'accroît dans une proportion notable et en raison directe de l'étendue de ces céréales et de l'engrais qu'elles reçoivent, comme dans le système actuel et surtout dans les n°s 4, 5 et 6.

C'est maintenant au propriétaire à déterminer s'il veut conserver le système actuel ou s'il veut faire le sacrifice, fort léger, relativement à ses résultats, qui est nécessaire pour passer au système de la jachère portée au maximum du produit qui nous paraît le plus applicable dans la situation topographique, climatérique et économique du domaine.

SECTION IV. — *Projet de règlement d'organisation.*

Le propriétaire ayant adopté pour le domaine le système des jachères biennales avec un maximum d'engrais, et conservation des pâturages actuels, nous proposons le règlement suivant, qui n'est que le développement de ce système.

1° En entrant en fonction l'administrateur procédera à la division des terres du domaine en deux soles égales de 52,50 hectares, contenant chacune une égale partie des deux natures de terrain qui le composent. Il prendra pour base de ce travail les deux soles qui existent déjà, en les rectifiant autant qu'il sera possible pour les ramener à l'égalité.

2° Chacune de ces soles devant présenter à l'avenir 10,50 hectares de luzerne, il faudra devancer ou reculer l'époque du défrichement de celles qui existent déjà, et augmenter ou diminuer la proportion de celles que l'on sèmera pour qu'en quelques années cette culture soit égalisée sur les deux soles.

3° Le domaine se trouvera alors divisé de la manière suivante :

Sole A {	blé	42 hect.	00
	luzerne	10	50
Sole B {	jachère	42	00
	luzerne	10	50
	pâturages	50	00
		155	00

La prairie existante peut être comptée en déduction des luzernes sur la sole où elle se trouve. Le vin produit par la vigne est payé à un prix trop élevé par les travaux et la rente de la terre; cette vigne devra être défrichée et entrer dans une des soles. Il sera plus avantageux de se procurer le vin par achat.

4° On sèmera chaque année 4,2 hectares de luzerne sur la terre qui aura porté le blé l'année précédente, et qui serait en jachère. La luzerne devant durer cinq ans, y compris l'année de son ensemencement, les deux sols auront successivement 12,6 hect., et 8,4 hectares couverts de cette culture.

5° De plus, on prendra sur les terres en jachère un espace de 1 hectare pour cent brebis, que l'on ensemencera en orge et avoine après l'avoir fumé, et qui servira de dépaissance de premier printemps aux brebis nourrices; après quoi il sera défriché et préparé comme le reste de la jachère pour être ensemencé en blé.

6° On établira sur le champ la plate-forme des fumiers, son puisard et sa pompe. L'enlèvement du fumier et sa mise en tas se feront chaque jour où le temps ne permettra pas les travaux extérieurs, et s'il y a continuité de beau temps, on prendra une demi-journée par semaine pour que ce nettoyage ait lieu au moins tous les huit jours.

7° On se procurera l'engrais nécessaire pour la création de luzernes nouvelles, soit par achat de tourteaux, de cuirs de rebut et d'autres matières analogues à Marseille, soit par l'achat et le transport de roseaux que l'on mettra en tas et que l'on arrosera à mesure que le besoin s'en fera sentir pour maintenir la masse dans un état d'humidité satisfaisant. On emploiera pour cette opération 20,000 kil. de roseaux par hectare de luzerne à établir.

8° Les engrais ordinaires seront répartis sur les terres à blé pendant la première année et jusqu'à ce que le produit des luzernes ait permis de compléter le bétail de rente. Alors la répartition se fera de manière à donner une quantité de fumier dosant 61 kil. d'azote par hectare de jachère; et 150 kil. d'azote par hectare de luzerne. Pour bien estimer ces doses, on fera faire l'analyse du fumier d'étable et de celui de bergerie, et en calculant la quantité de mètres cubes ou de quintaux de chacun d'eux qu'il faudra employer pour arriver à la dose assignée par les différentes cultures.

9° Le personnel de la ferme sera le suivant :

1 maître-valet travaillant,
1 femme de ménage,
5 valets de charrue,
1 jardinier,
3 bergers,
3 goujats ou petits bergers à l'année, } Ce nombre ne sera complété que quand le troupeau aura été porté à 1,500 têtes.
3 d°   pour six mois, temps de
   l'agnelage.

10° Le bétail se composera ainsi qu'il suit :

2 mules,
8 bœufs.

500 brebis paissant six mois sur le pâturage et six mois dehors,
1,000 brebis à demeure, à mesure que les luzernes produiront la nourriture nécessaire. Ce nombre devra suivre les progrès de l'accroissement des fourrages. On attribue un maître-berger, un jeune berger à l'année et un pour six mois, lors de l'agnelage, pour le nombre de 500 brebis.

11° On fera un marché avec la femme de ménage ou le maître-valet pour la nourriture des hommes, selon la coutume du pays. Quant aux bergers qui ne peuvent pas se trouver à la ferme aux heures des repas, et qui quelquefois passent une partie de l'année sur des pâturages éloignés, on fait un marché particulier avec eux pour leur nourriture. On demande en ce moment dans ce pays pour un berger chargé de nourrir ses goujats :

15 hectol. de blé.	330 fr.
13,5 de vin.	135
25 litres d'huile.	35
25 c. par jour et pour 912 jours ½ de nourriture	228
	728

Ou par jour moyen 0 fr. 80 c.

12° Le mobilier de la ferme sera complété sans retard.
Il consistera, savoir :
Pour chaque individu de la ferme :

1 lit en fer,
1 coffre,
1 chaise,
1 paillasse,
2 paires de draps et 1 couverture de laine,
1 lanterne à huile.

Pour la cuisine :

1 grande table avec 2 bancs de la même longueur,
1 chaise pour le maître-valet,
Des escabeaux pour s'asseoir autour du feu,
1 pétrin,
1 blutoir
1 huche à pain,

Des bouteilles en nombre suffisant pour tirer un tonneau de vin,
Des urnes en terre pour l'huile et pour mettre l'eau à reposer,
Des lampes,
Des casseroles en cuivre et en terre cuite,
1 poêle à frire,
1 marmite en fer,
Assiettes et verres en quantité suffisante.
Un grand et un petit chaudron,
Un grand et un petit cuvier à lessive.

Pour le train de ménagerie.

1 charrette à 2 bêtes,
1 petite charrette à 1 bête,
2 chariots à bœufs,
2 harnais de mules,
8 harnais de bœufs,
4 charrues à 4 bêtes,
12 charrues à 2 bêtes,
4 Scarificateurs,
4 herses,
1 rouleau,
8 cribles,
8 faulx,
8 bêches,
8 fourches en fer,
8 fourches en bois,
50 sacs,
6 grands draps de toile écrue,
1 romaine.

Il serait bon d'avoir aussi une romaine à plateau pour peser le bétail, et une machine à battre le blé, mue par la vapeur. Ce dernier article amènera une grande économie dans les frais de la ferme.

15° En entrant dans la ferme on se trouvera dépourvu de fourrage, le fermier sortant emportant celui qu'il a récolté; la paille seule reste. Nous aurons donc à pourvoir à la nourriture des bêtes de travail pour tout le temps qui s'étendra depuis le moment où nous les achèterons jusqu'aux premières coupes de fourrages. Cet approvisionnement doit être fait de bonne heure pour que les mauvais chemins de l'hiver ne nous rendent pas les transports impossibles au moment où le besoin se fera sentir.

14° On sèmera immédiatement avant l'hiver les orges et avoines pour pâturage des brebis nourrices. On laissera grainer chaque année le huitième de l'étendue après qu'elle aura été pâturée une fois, pour se procurer la semence.

15° On se pourvoira du blé, du vin, de l'huile que l'on doit fournir en nature pour la nourriture des hommes.

16° Les premiers travaux dont on devra s'occuper seront ceux du défoncement des terres sur lesquelles doivent être semées les luzernes au printemps suivant. Cette plante ne réussit bien que sur des labours très-profonds et une bonne fumure. On ne doit accuser de son peu de réussite dans ce territoire que le défaut de ces deux précautions. On ne laboure pas profondément, de crainte de ramener à la surface la terre trop salée; mais il est facile d'éviter cet inconvénient au moyen d'un second labour fait au fond de la raie du premier avec la charrue sans oreille (1). Le premier et le second labour doivent creuser assez pour que la terre soit remuée à 40 ou 45 centimètres de profondeur. Ce soin, et celui de donner à la terre la dose de fumier nécessaire, changeront probablement les conditions du succès et procureront des récoltes meilleures que celles que nous avons admises pour ne rien exagérer. Nos terres sont trop fortes et se tassent trop aisément pour qu'il fût possible de faire le semis de la luzerne sur le blé.

17° L'usage du pays est de ne commencer les travaux de la jachère qu'à la fin d'avril. Il est fondé sur l'avantage que procure aux troupeaux le parcours de la jachère pendant l'hiver, et sur ce que les pluies de cette saison battent cette nature de terre de manière à ce qu'elle semble ne plus se ressentir des travaux de l'automne. Quand la terre sera

(1) Tome III, p. 182.

abondamment pourvue de fourrage, la première raison ne pourra plus être déterminante, et alors nous pensons que si après les semailles il y a encore des temps secs où la terre soit assaisonnée, on devra faire un labour de 0^m,50 de profondeur, qui, ouvrant le sous-sol plus profondément que les anciens labours, exposera la tranche de terre aux pluies de l'hiver, aux gelées et la désagrégera en la dessalant. Il faut peu à peu et partout arriver à donner cette profondeur au sol actif; les cultures de la luzerne l'approfondiront encore par la suite, sans ramener la terre salée à la surface.

18° Dans tous les cas, on donnera aux terres qui n'auront pu être travaillées avant l'hiver, comme à celles qui l'auront été, les labours suivants, à partir de la fin des gelées de l'hiver : 1° premier labour à 4 bêtes ; 2° dès que celui-ci sera terminé, on donnera un second labour à 2 bêtes ; 3° un troisième labour aura lieu ensuite avec le scarificateur pour maintenir la terre meuble; 4° on répandra le fumier après la moisson et on l'enterrera par un labour à 2 bêtes ; 5° à la veille des semences on donnera un coup de scarificateur qui entre fortement en terre ; on sèmera et l'on enterrera par un coup de herse en travers. Les semailles du blé ne commencent pas avant le 15 d'octobre, époque où le décroissement de la température est marqué et où les plantes adventices ne peuvent plus pousser avec vigueur. Comme on n'a que deux mules dans la ferme, il suffira d'ensemencer un demi-hectare de terre en avoine pour faire leur approvisionnement de grain.

19° Au mois de février, quand l'époque des grands froids sera passée, on hersera fortement les blés. Cette œuvre est essentielle dans les terres sujettes à se durcir, et elle donne de l'ameublissement aux racines du blé.

20° La moisson commencera aussitôt que l'intérieur des grains de blé sera consolidé ; quand ce moment approche, on écrit aux entrepreneurs de la moisson qui amènent au jour indiqué le nombre de moissonneurs nécessaire pour expédier promptement l'ouvrage. Souvent, ces entrepreneurs par-

courent le pays à l'approche de la maturité et traitent pour
les moissons selon l'état où sont les blés. Pour ne pas être
retardé dans cette opération essentielle, il est bon de convenir d'une réduction sur le salaire pour chaque jour de
retard; car il arrive souvent que des voisins plus pressés
vous enlèvent les ouvriers au moment où vos blés exigent
une prompte moisson.

21° Jusqu'à ce que l'on se soit procuré une machine à
battre, le dépiquage du blé se fera comme par le passé, par
le foulage sous les pieds des chevaux de la camargue. Il faut
aussi s'assurer à l'avance de ces chevaux et prendre son tour
des premiers de manière que les travaux de l'aire ne soient
pas indéfiniment retardés, et que l'on puisse profiter, pour
nettoyer le blé, des vents du nord qui ne manquent guère
d'arriver en juillet. D'ailleurs, une fois le blé foulé, on peut
attendre le vent, tandis que si on laisse passer celui-ci, on
risque de tomber sur les calmes du mois d'août; l'on est
chargé très longtemps de la garde des blés sur l'aire, on ne
profite pas des temps de repos des bêtes de travail pendant
lesquels on peut utiliser les valets de la ferme pour les travaux de l'aire et pour les transports des grains.

22° Les blés étant nettoyés, il faudra en opérer immédiatement le transport dans les greniers que l'on aura loués dans
les lieux de marché, et en mettre les échantillons entre les
mains des courtiers.

23° La paille sera disposée en meule allongée, selon la
coutume du pays.

24° Les fourrages seront mis en meules allongées de la
même forme que celles de la paille; elles seront attaquées
les unes et les autres du côté du sud, à mesure de la consommation. On fera plusieurs meules séparées pour que le
feu ne puisse se communiquer de l'une à l'autre en cas d'incendie. Les pailles et le fourrage seront assurés contre le feu.

25° Dans l'état actuel des travaux, les saisons agricoles
pour les bêtes de travail sont réparties ainsi qu'il suit :

Pour quatre paires de bœufs.

Nature des travaux.	Nombre de journées à faire.	Journées disponibles.	Journées faites.	Journ. des mois.	Nombre de jours de repos.
Janvier. Travaux variés sans suite..... »		152	»	248	248
Février. Hersage du blé double........ 40		152	40	224	184
Mars. Hersage des luzernes double..... 20		200	20	248	228
Avril. 1er labour à 4 bêtes de la jachère . 504 ⎫	511	160	160	240	80
Semis de la luzerne........... 7 ⎭					
Mai. Continuation du 1er labour reste.. 331		184	184	248	64
Juin. Continuation du 1er labour reste. 167 ⎫	200	200	200	240	40
Charrois de gerbes........... 35 ⎭					
Juillet. 2e labour................ 252 ⎫	292	200	200	248	48
Charrois de gerbes........... 40 ⎭					
Août. 2e labour.................. 192		192	192	248	56
Septembre. Scarification........... 72 ⎧					
Charrois de fumier........... 80 ⎫	564	204	204	240	36
3e labour pour enterrer le fumier 252					
Labour pour le paquis 5 hectares. 60 ⎭					
Octobre. Reste des travaux précédents... 160 ⎫	232	176	176	248	72
Semailles................. 72 ⎭					
Novembre. Reste des travaux précédents. 56 ⎫	104	152	104	240	136
Labour pour luzernes......... 48 ⎭					
Décembre. Travaux divers........... »		144	»	248	248
	2,116	1,480	2,920	1,440	
Pour chaque bête......	264,7	182,5	365	180	

Les mules seront occupées toute l'année aux charrois divers, aux hersages et autres travaux qui demandent de la vitesse.

De cette façon, les bêtes de travail se reposent à peu près la moitié de l'année. Ainsi le dosage de leur nourriture devant être pour 100 kil. de poids,

Ration d'entretien . . . . 20 gr. d'azote.

La ration de travail étant de 0,084 gr. d'azote pour 100 kil. de poids vif et pour 1,000 kilogrammètres de travail, et le travail étant ici de 319,416 kilogrammètres pour une journée occupée, nous avons pour la 1/2 journée $\frac{159,723 \times 0,084}{1,000}$ d'azote, ou. 13,417

35,417

Telle devrait être la ration moyenne par 100 kil. de poids

de l'animal pendant l'année ; ce qui, réduit en foin du pays dosant 1400 gram. d'azote par 100 kil. de foin, nous donne 2,58 kil. de foin ; pour les mulets de 450 kil., la ration est ainsi de 10,71 kil. de foin, et pour les bœufs pesant 600 kil. elle est de 14,28 kil. de foin.

Mais on distribuera ces rations d'une manière inégale, selon le travail fait dans les différentes parties de l'année. On la divisera en deux saisons, la saison de travail qui s'étend inclusivement d'avril à la mi-novembre ; et la saison de repos de la mi-novembre à la fin de mars. Au reste, on en fera varier la durée selon les circonstances de l'année courante, et l'on passera de l'une à l'autre par gradation. Mais en général, on aura pour la saison de travail 1468 journées de travail sur 1832 jours écoulés. Ainsi, la ration sera pour 100 kil. du poids de l'animal.

Ration d'entretien. . . . . 20 gram. d'azote.
Ration de travail $\frac{13,417 \times 1468}{1832}$. 10,751

30,751 équivalant à 2,2 kil. de foin.

La saison de repos où l'on fait 60 journées que nous portons à 120 pour les omissions sur 1088, nous donne :

Ration d'entretien. . . . . . . 20 gram. d'azote.
Ration de travail $\frac{13,417 \times 120}{1832}$. 0,878

20,878 équivalant à 1,49 kil. de foin.

On dispose pour la nourriture des bêtes de travail :

1° de 15,000 kil de foin provenant des prairies actuelles;
2° de 12 hectol. d'avoine pour les mules ;
3° de luzerne, $\Big\}$ pour compléter la nourriture.
4° de paille,

La ration de la saison de travail, devant doser 30,751 ×4,50 = 138,33 gr. d'azote, se composera pour les mulets du poids de 450 kil. :

2,7 lit. d'avoine dosant. . . . . 21,06 gr. d'azote.
5,9 kil. de luzerne dosant 1,970 p. %. 116,23

137,29

v.   34

La ration des bœufs pesant 600 kil. devant doser 184,5 gr. d'azote, se composera de :

6 kil. de foin dosant 1,400 d'azote p. % . . . . .   84 gr. d'azote.
5,2 kil. de luzerne   102,44
                                                     —————
                                                      186,44

Et après l'épuisement de la provision de foin :

10 kil. de paille dosant 0,260 d'azote pour 100 k.   26 gr. d'azote.
8 kil. de luzerne   157,60
                                                     —————
                                                      183,60

La ration de la saison de repos étant pour les mulets de 94 grammes d'azote, on la composera ainsi qu'il suit :

5 kil. paille. . . . .   13 gr.
4,2   luzerne   82,74
                               —————
                                95,74

et pour les bœufs dont la ration doit doser 125 gr. 27 :

de 10 kil. paille. . . . . . .   26 gr.
de 5,1   luzerne   100,47
                               —————
                                126,47

Quand en été les bœufs ne travailleront pas, on pourra les mettre de temps en temps sur les parties de pâturages renfermant l'herbe la plus haute ; mais on ne persistera pas dans cet usage pendant cette saison, de crainte du sang de rate auquel les bestiaux sont sujets.

Au printemps on pourra donner de la luzerne fraîche, mais préalablement fanée, ayant passé une demi-journée au soleil, en remplacement de luzerne sèche. La nourriture fraîche convient surtout aux ruminants ; mais si on la donnait sans être fanée, ou qu'on les y laissât pâturer quelque temps, il faudrait craindre les tympanites.

26. On observera attentivement l'effet des pluies sur les

différents champs pour faire ouvrir des écoulements partout où l'eau séjournera; on visitera les fossés de décharge, et on les tiendra ouverts et en bon état.

Tel est l'ordre général que nous proposons pour l'exploitation du domaine dont l'examen nous a été confié. L'expérience fera connaître, sans doute, les erreurs et les omissions qui peuvent s'être glissées dans ce travail, mais on ne doit pas renoncer légèrement à une stricte exécution avant d'avoir tenté d'établir le système dans tous ses détails.

SEPTIÈME PARTIE.

DE L'ADMINISTRATION DE LA PROPRIÉTÉ RURALE.

Le plan d'organisation de la ferme étant adopté, l'administrateur est chargé de le mettre à exécution. Il devient responsable de toutes les déviations qu'il y apporte sans y avoir été autorisé. Sans doute, la pratique, les circonstances météoriques et économiques, les erreurs que l'organisateur aura commises dans ses appréciations, feront reconnaître en plusieurs points le besoin de modifier ce plan; mais il ne faut pas le faire légèrement, car souvent une seule pierre détachée de l'édifice peut occasionner sa chute, et d'autant plus que toutes les parties seront mieux liées, plus dépendantes les unes des autres. Le plan d'organisation est devenu une véritable convention entre le directeur et le propriétaire; celui-ci l'a adopté parce qu'il l'a trouvé conforme à ses intérêts, proportionné aux capitaux dont il pouvait disposer. Tout changement altère nécessairement les proportions, et peut ou abaisser les produits attendus, ou accroître les dépenses à faire. On crée ainsi des embarras qui ne tardent pas à exciter la défiance du propriétaire, et à rompre le bon accord qui doit régner entre lui et son régisseur. Il faut donc que chaque changement dont on reconnaîtra la nécessité soit débattu et arrêté d'un commun accord, après qu'on aura bien pesé ses conséquences sur chacun des détails et sur l'ensemble du plan. Jusqu'alors l'administrateur doit se renfermer scrupuleusement dans les termes de sa *Charte*, qui sera d'autant meilleure qu'après avoir arrêté le plan général du système elle aura réservé les détails à l'intelligence de celui qui doit l'exécuter.

Nous allons suivre maintenant l'administrateur dans ses principales fonctions.

CHAPITRE PREMIER.

Entrée en jouissance.

Si le domaine que l'on doit exploiter était soumis au régime du fermage et du métayage, le tenancier sortant conserve la jouissance des terres qu'il a ensemencées jusqu'après leur récolte. Le nouveau directeur ou le nouveau tenancier n'a donc à s'occuper que de celles qui sont libres ou déchargées de leurs produits. Cet usage est général dans toutes les terres où les grains tiennent la première place, mais il varie dans d'autres cas. Il faut être bien informé de tous ces usages locaux ou des conventions qui y dérogent, si l'on ne veut rencontrer des embarras imprévus.

Dans quelques lieux, le fermier entrant prend possession des fourrages existant sur le domaine à son arrivée. Ainsi, soit un bail expirant le 51 octobre 1851, le nouveau fermier entrera dans la ferme en novembre 1850, après les semailles de l'ancien, et il jouira des fourrages de 1850 non consommés à cette époque, ainsi que des pailles. Pour mieux assurer cette jouissance, il se chargera de faire couper les foins de 1850, car l'on sait combien un fauchage et un fanage négligés peuvent causer de perte sur cet article. Le fermier sortant consomme de ces fourrages, sans abus, jusqu'à sa sortie. D'autres fois, c'est l'ancien fermier qui prépare les foins et range les pailles, au grand détriment de son successeur. Enfin, dans d'autres pays, toutes les récoltes, y compris celle des fourrages, mais à l'exception de la paille, appartiennent au fermier sortant jusqu'à l'expiration de son bail, et le nouveau fermier doit apporter avec lui celles qu'il a récoltées sur sa ferme, ou se pourvoir de ce qui est nécessaire pour nourrir ses bestiaux pendant l'année. Méthode déplorable, en ce qu'elle occasionne des charrois considérables d'une matière encombrante. Il conviendra dans ce cas au propriétaire de joindre au capital du fond un approvisionnement de fourrage qui sera remis au fermier entrant, avec charge de le représenter à la fin du bail. Cette modification importante aux usages locaux facilite la location de la ferme, et dégage les fermiers entrants d'une dépense considérable et à-la-fois très-embarrassante dans le trouble des premiers temps d'une installation.

À l'époque où doivent se faire les récoltes pendantes appartenant au fermier sortant, on lui doit place pour lui et ses bestiaux employés à faire ces récoltes.

On ne pourrait changer l'époque assignée par les usages à la fin des baux sans le consentement général de tous les propriétaires et de tous les fermiers du pays; ils sont tous, à cet égard, dans une étroite dépendance vis-à-vis les uns des autres. Il faut donc se conformer aux usages locaux, en cherchant seulement à corriger ceux de ces usages que l'on trouve gênants. Ces mutations de fermiers sont une époque de trouble et de désordre qui se passe rarement sans des contestations de plus d'un genre et sans des pertes réelles pour le domaine, que le fermier sortant pressure tant qu'il peut. La stabilité est tout aussi nécessaire dans les exploitations rurales que dans le gouvernement des États, et il faut lui sacrifier sans hésiter tous les avantages secondaires.

SECTION I. — *État des lieux.*

« Le preneur, à l'expiration du bail, doit rendre *la chose*
« telle qu'il l'a reçue, excepté ce qui a été dégradé par
« force majeure ou par vétusté, quand il a été fait un état
« des lieux (Code civil, art. 1730); mais, s'il n'a pas été
« fait un état des lieux, il est aussi censé l'avoir reçue en
« bon état et doit la rendre telle, sauf preuve contraire »
(art. 1731).

Il est donc d'un intérêt pressant pour le preneur de faire
un état de lieux qui doit porter, : 1° sur l'état des bâtiments, des fermetures, des pavés, des toitures, des récrépissages; 2° sur l'état des terres, de leurs clôtures, de leur
bornage, de la profondeur, de la largeur et de l'état de
netteté des fossés d'écoulement, des canaux d'irrigation,
des vannes, des martellières, etc., et autres constructions
pour diriger les eaux d'irrigation; 3° sur les digues et
chaussées; 4° sur les ponts, ponceaux et chemins ruraux;
5° dans les pays avancés en industrie agricole, on désigne
aussi le degré de fertilité où se trouvent les terres, estimé en
mètres cubes de fumier, soit que ce degré de fertilité fasse
l'objet d'une estimation d'experts, soit que l'on se borne à
compter le nombre de voitures qui ont été répandues dans
la dernière année de culture, et celles qui restent encore
dans la place à fumier. Dans ces pays, cette richesse est
remboursée au fermier sortant par le nouveau fermier,
selon un taux convenu; 6° l'état des lieux doit aussi faire
mention de l'existence de certains instruments qui ont été
attachés au sol, et qui sont devenus des immeubles par
destination; tels sont des ponts à bascule, des machines à
irrigation, des machines à battre, des manéges, des rouleaux, etc., et enfin les approvisionnements de fourrages,

qui doivent être représentés en égale quantité et égale qualité à la fin du bail.

C'est sur la comparaison de cet état de lieux avec celui fait
au début du bail que se règlent les indemnités qui peuvent être dues réciproquement.

SECTION II. — Installation du local.

Le directeur ou le tenancier entrant s'occupe en même
temps de la distribution de l'intérieur de la ferme et de
l'installation du mobilier.

Dans les bâtiments de ferme nouvellement construits, tous
les agents de la culture, jusqu'aux simples valets de ferme, doivent avoir une chambre à part. Toutes les cellules doivent être
tenues dans un grand état de propreté, de même que les dor-
toirs quand il n'y a pas de chambres séparées. Au début, on
fait brûler du soufre dans chaque pièce après que toutes les
ouvertures ont été bien calfeutrées; on démonte les serrures
et on les passe au feu; on démonte aussi toutes les boiseries et
on les passe à l'eau bouillante, ainsi que les planchers; les lits
en fer sont mis en tas et couverts de bois auquel on met le feu;
les murs sont récrépis. On se débarrasse ainsi de tous les insectes qui se multiplient en si grand nombre dans les bâtiments négligés, et qui troublent le repos des travailleurs et
les mettent dans un état fébrile. Nous avons vu des valets
refuser des engagements pour une ferme qui passait pour
être infectée de ces animaux. Dans les pays où les mous-
tiques abondent, on pourvoit chaque lit d'un moustiquaire,
qui procure un sommeil paisible à celui qui l'occupe.

Chaque lit doit être accompagné d'un coffre servant de
siége, et dans lequel les domestiques renferment leurs effets;
chaque chambre doit être garnie d'un pot à eau pour se
laver et d'un vase de nuit. Chaque homme doit avoir sa
lanterne à lampe. On doit bannir l'usage de la chandelle,
qu'on laisse brûler jusqu'au bout, et qui devient la cause de
fréquents incendies.

Les écuries doivent être divisées en stalles, pour chaque animal, par des cloisons en bois. Un cabinet fermant à clef sert de logement au maître charretier; là se trouvent le coffre à avoine et un crible, des étrilles, des brosses et des éponges marquées au chiffre de chaque valet de ferme, qui en demeure responsable. Un autre cabinet contient les harnais, étiquetés du numéro de chaque bête de travail.

Les charrettes et les charrues sont déposées sous un hangar; un lieu fermé contient tous les instruments à main et les pièces de rechange.

La cuisine et la laiterie sont blanchies à la chaux et garnies d'étagères et de chevilles sur lesquelles on place les ustensiles. Le plancher doit être uni et pouvoir être balayé sans que les débris puissent s'insinuer dans les joints. La cuisine sert ordinairement de réfectoire aux gens de la ferme, et à cet effet elle est garnie d'une longue table et de bancs de bois.

Si la place à fumier est mal disposée, le directeur doit porter ses premiers soins à l'aplanir, à la préserver de l'abord des eaux, à creuser le puisard qui doit contenir le jus des engrais et l'eau destinée à les arroser, et à le pourvoir d'une pompe et de conduits en bois portatifs, propres à distribuer l'eau sur toute la surface du tas de fumier. Des latrines fermées sont pratiquées sur la place à fumier, et défense la plus expresse est faite de salir les cours et les environs des bâtiments.

Tout, en un mot, doit porter le cachet de l'ordre dans la ferme et ses environs, peu de jours après la prise de possession.

SECTION III. — *Choix des agents divers attachés à la ferme.*

Avant la prise de possession, le directeur aura cherché à se procurer le personnel qui doit le seconder. Il lui serait sans doute facile de faire un choix et de s'attacher des hommes d'élite, s'il pouvait leur offrir un salaire plus élevé que celui qu'ils reçoivent ailleurs. On peut user de ce moyen pour avoir des chefs de service distingués; mais employé d'une manière générale et pour les simples ouvriers, il ne serait pas sans inconvénient. Il provoquerait les reproches et attirerait au nouveau directeur l'inimitié des fermiers voisins qu'il mettrait dans la nécessité de l'imiter. Cette enchère pourrait porter une grave atteinte à la culture, en élevant artificiellement des prix qui ont été réglés, avec le temps, sur les nécessités réciproques des deux parties contractantes. En renonçant à attirer les ouvriers par cet appât, on n'obtiendra pas d'abord cette élite que l'on désire; mais la renommée des bons traitements que l'on ménage à tous les employés de la ferme, de la loyauté avec laquelle on les traite, de l'intérêt qu'on leur témoigne, finira par procurer et par attacher à l'exploitation les meilleurs ouvriers. Mais dans cette nécessité où l'on se trouve d'abord de ne pouvoir choisir, on doit se faire une règle invariable de ne pas admettre d'hommes de mauvaise réputation, les ivrognes, les débauchés, les tapageurs, les insubordonnés. Ceux qui ne sont pas connus dans le pays ne doivent être pris qu'à l'essai et au mois, jusqu'à ce qu'on ait pu les éprouver.

Comme tous les travaux d'une nouvelle exploitation ne s'ouvrent pas immédiatement lors de la prise de possession, on pourrait sans doute ne compléter le personnel de la ferme qu'à mesure des besoins, et faire une économie sur les salaires de la première année; mais comme l'époque ordinaire des locations est généralement fixée, on s'exposerait à n'avoir que le rebut des autres fermiers si on la laissait passer. Au reste, un administrateur actif trouve à utiliser tous ses ouvriers dans l'arrangement de la ferme, dans le charroi des matériaux et des engrais, dans la préparation de la place à fumier, dans le creusement des fossés et dans une multitude d'autres ouvrages pour lesquels il faudrait avoir recours plus tard à des bras étrangers.

SECTION IV. — *Achat du bétail*

Il y a dans chaque pays des foires indiquées pour se procurer le bétail, et elles se tiennent à plusieurs époques de l'année. On achètera d'abord les bêtes nécessaires pour les attelages qui doivent faire les charrois, et on ne complétera leur nombre qu'à l'ouverture des travaux des champs et en proportion de ces travaux. On épargnera ainsi une partie considérable des fourrages du premier hiver.

Les achats devront être faits par des hommes intelligents et connaisseurs; ils seront en outre contrôlés par un artiste vétérinaire. Si l'on monte la ferme en bœufs que l'on veuille garder, on les achètera jeunes; mais si on doit les engraisser après les semailles, il faut les acheter à l'âge où ils ont acquis leur croissance, et avec les qualités requises de souplesse dans la peau qui indiquent qu'ils prendront facilement la graisse.

En général, on court moins de risques à acheter des bêtes d'un âge fait, et qui aient été élevées dans le pays et accoutumées à son régime. On gagne peu et on perd souvent au brocantage des mulets et des chevaux. Les maquignons enlèvent le plus clair des bénéfices que l'on pourrait faire à ce commerce. Il est toujours plus sûr de garder indéfiniment les animaux qui montrent de la santé, de la force, et qui n'ont pas de vices; et quand on est parvenu à monter son écurie de bêtes bien qualifiées, il faut s'en tenir là et les conserver le plus qu'il sera possible.

Les bêtes de rente sont achetées à l'époque où celles du précédent fermier quittent le domaine. Cette époque est ordinairement celle des principales foires où on peut en faire l'acquisition.

SECTION V. — *Achat des instruments aratoires.*

Les charrettes et les chariots seront commandés avant l'entrée en jouissance, et devront arriver au domaine en même temps que la nouvelle colonie.

L'assortiment des charrues et des autres instruments aratoires sera d'abord celui auquel les laboureurs du pays sont déjà accoutumés, ou dont ils peuvent prendre l'usage sans changer leurs habitudes. On n'introduira que peu à peu les nouveaux instruments par lesquels on voudra les remplacer. On les confiera d'abord aux mains les plus habiles, et on s'en remettra à l'émulation pour les généraliser dans l'usage ordinaire.

Il faut beaucoup se défier des instruments dont le mécanisme est compliqué et qui demandent de l'adresse et de la délicatesse dans leur maniement, et de l'intelligence pour les ajuster et les mettre en œuvre. Mais les bonnes-charrues se répandent de plus en plus, d'autant mieux qu'elles se conduisent par les mêmes procédés que les mauvaises, et que les laboureurs ne tardent pas à apprécier eux-mêmes leurs qualités. Dans les pays où les ouvriers n'ont pas l'habitude des charrues sans avant-trains, on peut adapter un avant-train à une charrue perfectionnée; peu à peu on leur met dans les mains de petites charrues sans avant-train, qui les forment à la marche de ces instruments.

Tous les autres instruments aratoires, le scarificateur, l'extirpateur, n'offrent aucune difficulté à celui qui est accoutumé à mener la charrue et la herse; on peut aussi les monter avec ou sans avant-train.

On fabrique presque partout aujourd'hui de bonnes charrues. Les forges, en fondant les principales pièces, ont fait disparaître les plus grandes difficultés de leur construction, qui consistaient principalement à donner une bonne forme aux versoirs. Mais si l'on ne trouvait pas encore d'ouvriers qui sussent les exécuter, il faudrait les demander aux fabriques les plus renommées et chercher à faire imiter leur charpente par les ouvriers du pays, tout en faisant venir du dehors les pièces en fonte dont la perfection constante ne dépend pas du coup-d'œil ou de l'adresse d'un forgeron, qui peut faire une charrue excellente et manquer ensuite plusieurs autres charrues qu'il entreprendra successivement.

CHAPITRE II.

Règlement de service.

Les premiers pas que fait l'administrateur dans une ferme doivent être marqués par l'adoption d'un règlement de service dont on ne devra plus s'écarter. En le rédigeant, on aura soin qu'il ne s'éloigne pas des habitudes du pays. Rien de plus propre à décourager les bons serviteurs qu'un dérangement trop considérable dans les heures de leur lever, de leur coucher, de leur repas. Il ne faut rien innover en ce genre, mais il faut que les heures une fois fixées soient une règle invariable, si ce n'est dans les circonstances extraordinaires, comme lors des récoltes pressées, des intempéries, des sinistres, où chacun peut apprécier la nécessité d'une dérogation aux règles prescrites.

Le règlement de service doit assigner à chacun ses fonctions distinctes et les travaux supplémentaires dont il doit s'occuper après les avoir remplies. Ainsi, dans une grande exploitation, le chef des cultures doit assigner chaque soir à chaque ouvrier sa tâche du lendemain; il doit se lever le premier, présider à la distribution des fourrages, au pansement et à l'abreuvage des animaux; vérifier l'état des harnais, celui des instruments, ajuster les régulateurs des charrues relativement à la nature du labour qui doit être fait, présider à l'attelage et faire partir chacun pour sa destination. Il doit se porter successivement sur les différents points où l'on travaille, rester plus longtemps sur ceux qui

exigent plus de surveillance et d'attention, y revenir sans
être attendu, encourager les ouvriers par sa présence, surtout quand le temps est mauvais. Chaque jour il doit rendre
compte de l'étendue de l'ouvrage fait et de sa bonne ou mauvaise qualité, prendre note de l'aptitude de chaque ouvrier.
Il assiste à la rentrée des ouvriers, fait bouchonner les animaux, leur fait donner leur repas, leur fait faire la litière.
Avant le souper, il se rend au conseil chez le directeur, lui
communique ses différentes notes, savoir : le nombre d'heures
employées à chaque travail et sur chaque parcelle ; l'étendue
cultivée, les renseignements sur le moral et l'aptitude des
ouvriers, les circonstances extraordinaires qui se sont présentées. Consulté par le directeur, il donne ses avis sur les
travaux qu'il convient d'entreprendre ou de poursuivre. Il
prend l'ordre qu'il communique aux ouvriers en les congé-
diant pour aller se coucher.

Le chef du bétail de rente doit se trouver à la distribution
des fourrages, faire faire la litière, assister à la traite du lait
et le mesurer avant de le livrer à la laiterie. Il doit désigner
les pâturages où l'on doit se rendre chaque jour, aller y
voir paître les troupeaux, faire reposer les animaux malades
leur faire donner des soins. Il doit veiller aux travaux de la
laiterie. Lors de l'agnelage, il désigne les bergers qui doivent être attachés au troupeau des mères, les herbages que
ce troupeau doit fréquenter, les rations qu'il doit recevoir. Il
détermine les nuits où doit se faire le parcage et celles où le
troupeau doit rentrer à la bergerie ; lors de la tonte, il pèse
chaque toison, et constate sa qualité. Si l'on engraisse des animaux, il indique leur régime, la fréquence et les heures de
leurs repas, le genre et la quantité de nourriture qu'ils doivent recevoir. Il les pèse au début et plusieurs fois pendant
l'engraissement, pour surveiller le moment où l'accroissement
est stationnaire et n'est plus en rapport avec la nourriture
dépensée. Il prend note de l'aptitude, du degré d'intelligence, du zèle des différents bergers, vachers et gardiens. Il

assiste au conseil et communique ses notes sur l'état du troupeau, sur la consommation des fourrages et pâturages, sur les produits divers, sur les accidents survenus, sur la moralité et la capacité des gardiens. Il prend et communique l'ordre pour le lendemain.

Le chef de l'écurie, emploi que l'on donne ordinairement à un vétéran de l'agriculture, fait la distribution du fourrage; il bottèle et pèse chaque jour celui qui doit être consommé; il distribue aussi l'avoine, qui est sous sa garde; il s'emploie à la sortie, à la mise en tas des fumiers et à leur arrosement; il ajuste aux harnais les pièces de rechange, ainsi qu'aux instruments; il graisse les harnais et les voitures; il reçoit l'ordre des chefs de culture et le transmet à ses aides, s'il en a. Dans les jours où le travail des champs est interrompu, il dirige les ouvriers dans le nettoyage des écuries et des étables.

Le comptable transcrit sur son livre auxiliaire les notes de chaque chef de service; il tient le journal et le grand-livre à jour; il fournit au directeur les extraits qu'il en demande; il assiste au conseil et recueille les notes verbales, qui se perdraient si elles n'étaient pas écrites sur-le-champ. Il tient le livre d'ordres, dans lequel sont rapportés, chaque soir, tous les ordres donnés par le directeur pour le lendemain. Le comptable peut être en même temps garde-magasin, ou cette fonction peut être distincte de la ferme. Le garde-magasin enregistre exactement les entrées et les sorties des matières; il fait ranger à mesure les récoltes soit dans les greniers, soit dans les caves, soit dans les silos, soit dans des meules. Il distribue les substances alimentaires à la femme de ménage, chaque jour, ou à des époques déterminées, selon leur nature. Il tient compte des fourrages mis en consommation. Tous ces détails sont portés sur des livres auxiliaires. A la fin de l'année, il fait l'inventaire des objets restant en magasin, et le balance avec l'inventaire précédent.

La femme de ménage dirige tout ce qui concerne la nourriture et le logement des hommes ; elle a autorité sur les servantes de la ferme. Chaque matin, après la sortie des ouvriers, elle fait balayer exactement la maison et mettre tout en ordre ; elle fait préparer les repas, pétrir le pain, et veille à sa cuisson. Elle a la surveillance de la basse-cour et des porcs ; elle reçoit en temps utile les provisions du magasin, et en compte avec le garde-magasin.

Après avoir distribué les fonctions entre les divers agents de la ferme, le règlement indique les jours fériés ; il établit le service pour ces jours-là, de manière à ce qu'il reste toujours à la ferme un nombre d'hommes suffisant pour que rien ne souffre. Il fait rouler cette corvée entre les hommes de manière à ce que tous profitent à leur tour de la liberté de ces journées.

Toutes les exploitations sont loin d'offrir un développement aussi complet de personnel que nous venons d'indiquer. En France, en particulier, les fermes assez grandes, assez importantes pour exiger une administration pareille, sont rares et le deviennent de plus en plus. Alors on concentre sur un petit nombre d'agents les fonctions qui étaient distinctes. Quand, par exemple, le directeur (maître-valet) prend lui-même part aux travaux manuels, qu'il est le comptable, le garde-magasin, le chef des cultures, le chef des écuries, il serait ridicule de donner tant de solennité au règlement ; il suffit alors d'en retracer les principales dispositions. Les ordres sont donnés alors pendant le repas du soir, à la table commune, où le maître-valet mange avec les autres ouvriers de la ferme.

CHAPITRE III.

Fonctions du Directeur.

Le directeur de la ferme, quel que soit le nom qu'on lui donne (administrateur, régisseur, directeur, bailli, maître-valet), doit être investi d'une autorité absolue dans l'administration du domaine, autorité qui n'est limitée que par la charte d'organisation, de laquelle il ne doit pas s'écarter sans le consentement du propriétaire. Il ne peut être responsable qu'à condition qu'on lui laisse le choix de ses agents, et qu'il puisse les renvoyer et les remplacer quand ils cessent de lui convenir. Nous avons vu quelquefois nos régisseurs commettre des actes qui nous paraissaient injustes; nous ne les avons jamais réformés; nous nous sommes borné à leur faire sentir leurs torts en particulier, et nous leur avons ensuite laissé le soin de réparer le mal qu'ils avaient fait. Il ne faut jamais compromettre l'autorité du régisseur vis-à-vis de leurs subordonnés. Si on lui reconnaissait un caractère violent, emporté, capricieux, il vaudrait mieux le changer lui-même; mais, tant qu'on le conserve, ses ordres ne doivent pas être mis en doute, et les agents inférieurs ne doivent jamais espérer de pouvoir les faire réformer par le pouvoir suprême du propriétaire.

Un chef d'exploitation rurale ne dispose pas envers ses subordonnés de la grande ressource des peines et des récompenses. Quelle récompense donnera-t-il sans exciter l'envie? Quel genre de punition pourra-t-il infliger sans risquer de causer des désertions? Tout au plus peut-il adresser des reproches, et, pour qu'ils fassent l'effet que l'on peut désirer, sans révolter l'amour-propre des subordonnés, il faut qu'ils leur soient adressés en particulier, et avec ce ton d'autorité bienveillante qui puisse agir sur la raison et éveiller les bons sentiments. Mais, à la fin de l'année, arrive le moment de la rémunération par le réengagement des hommes dont on est satisfait et le remplacement de ceux qui se sont mal conduits. Cette espérance et cette crainte sont les seuls mobiles qui rendent efficace l'autorité du directeur, surtout dans les fermes où les ouvriers sont bien traités

Le directeur doit embrasser dans leur ensemble toutes les

opérations de la culture, les subdiviser dans leurs détails, et
avoir soin qu'elles soient toutes accomplies en leur temps. Il
dresse un tableau de ces opérations pour chaque mois, et
reporte au mois suivant celles qui n'ont pas pu être achevées.

Il visite fréquemment les terres, afin de juger de leur état
et de l'opportunité des labours et des autres travaux. Il a
soin de ne jamais les commencer avant que les terres
soient *assaisonnées*, c'est-à-dire avant que les mottes soule-
vées par la bêche s'en détachent facilement et se brisent
quand on les projette à terre. Tant qu'elles sont pâteuses et
faciles à pétrir, il ne doit point entreprendre de culture.

Il parcourra chaque jour les travaux, vérifiera les rapports
qui lui sont faits par le chef des cultures, observera la marche des instruments, veillera à ce que les labours aient la
profondeur et la largeur ordinaires, et qu'ils soient bien rec-
tilignes, de manière à ne pas laisser des prismes de terre in-
tacts entre les sillons.

Il assistera aux semailles et surveillera la manière dont le
grain est répandu. Cette opération ne sera confiée qu'aux
ouvriers les plus adroits et les plus experts dans ce genre de
travail, même quand on fait usage de semoir.

Quand il apercevra dans une terre des herbes adventives
prêtes à fleurir, il fera donner un labour, ou une scarifica-
tion, ou un fort hersage, selon la nature de ces herbes, pour
prévenir leur fructification. Il fera sarcler les cultures où se
montrent ces herbes, et qui seraient trop avancées pour supporter le hersage. Il multipliera les labours d'été dans les
terres qui se laisseront gagner au chiendent.

L'époque de la maturité des différents produits sera l'objet particulier de son attention, pour qu'il puisse en prescrire
la récolte à temps, et se pourvoir d'avance des bras qui lui
seront nécessaires.

Il visitera chaque jour les différentes parties de la ferme
pour s'assurer de leur état de propreté. Il se trouvera souvent aux écuries à l'heure de la distribution des repas et du

pansement. Il s'assurera de l'état des harnais et des instruments. Il prescrira les changements de régime des animaux, relativement à l'intensité des travaux et à la nature des approvisionnements dont il dispose.

Il se tiendra au courant des variations de prix des denrées pour opérer à propos ses ventes et ses achats. Pour cela, il se rendra de temps en temps aux marchés voisins, et entrera en relations avec les principaux courtiers et commerçants.

Outre ses conversations avec les ouvriers et les chefs de service sur le lieu des travaux, il réunira chaque soir ces derniers après la rentrée et avant le souper, pour récapituler les travaux de la journée et décider ceux du lendemain. Après le souper, il donnera les ordres en présence de toutes les personnes attachées au service du domaine, et terminera la journée par la prière publique. Cette action, si importante pour conserver aux travaux un caractère grave et religieux, met tous ceux qui la font en commun sous les yeux et sous la protection du Créateur ; elle se réfléchit sur l'esprit et le cœur de tous ceux qui y prennent part, surtout si, aux prières liturgiques, toujours froides et souvent machinales, le directeur sait ajouter des vœux qui se rapportent aux intérêts qu'il a sous les yeux ; si, implorant la protection de Dieu sur les travaux, sur les personnes, sur les malades, sur les affligés, sur les parents, les mères, les voisins, il sait réveiller dans les cœurs les sentiments de charité, de résignation, d'espérance, de support mutuel qui unissent en une véritable fraternité toute la famille qui prend part à ses prières.

CHAPITRE IV.

Distribution des travaux entre les différentes saisons de l'année.

Ce n'est pas tout que d'avoir construit la machine, il faut lui donner le mouvement ; il faut appliquer l'outil à l'ouvrage que l'on veut produire ; il faut en calculer les effets, de sorte qu'ils atteignent le but que nous voulons atteindre dans le temps dont nous pouvons disposer. Ainsi, connaître la quantité et l'espèce de travail que l'on a à accomplir dans une période de temps donné, lui appliquer la force nécessaire, et la coordonner entre tous les genres d'ouvrages que les différentes cultures présentent successivement, tels sont les soins qui doivent occuper l'administrateur dès son entrée en fonction.

Nous avons vu plus haut comment, par les résultats d'une expérience suivie, on peut obtenir, pour un lieu donné, le tableau du nombre de jours de travail qui peuvent s'y faire dans chaque mois de l'année (1). Il y a maintenant dans chaque pays un assez grand nombre de comptabilités bien tenues pour qu'on puisse se procurer facilement un semblable tableau. Le temps viendra, sans doute, où on l'aura pour tous les départements; c'est un des résultats que donneront probablement les fermes-écoles. Si on ne peut se procurer des données certaines, on formera au moins un tableau approximatif, en interrogeant les cultivateurs des environs, en leur demandant, par exemple, quelle est l'époque à laquelle ils finissent leurs labours, l'étendue des terres qu'ils cultivent, le nombre de leurs attelages, le travail qu'ils font dans un jour, etc. Ce tableau se rectifiera ensuite par les notes écrites que l'on prendra dans le cours de l'exploitation, et qui présenteront chaque année des données plus approchées de l'état moyen du climat.

L'assolement étant donné et le nombre de jours disponibles étant connu, on peut tracer un tableau du travail de chaque mois. Nous en avons donné l'exemple plus haut, dans le projet d'organisation adapté aux fermes du Midi (2). Mais cet objet est si important que nous croyons devoir en faire une nouvelle application à l'assolement quadriennal : 1. Pommes de terre; 2. blé; 3. trèfle; 4. blé. Pour simpli-

(1) Pag. 356 et suiv. de ce volume.
(2) Pag. 28.

fier, supposons une ferme de 48 hectares située au Midi, et dont les forces animales consistent en quatre chevaux. Si le domaine était moins étendu, il faudrait louer des chevaux pour les travaux de défoncement, ou s'associer avec des voisins pour cette opération. Nous faisons partir notre tableau du 1er juillet, époque où la moisson est terminée et rangée en meules ou engrangée.

Nous avons :

> 12 hectares en pommes de terre ;
> 12   d°   en blé ;
> 12   d°   en trèfle ;
> 12   d°   en blé.

Travail des attelages.

	Jours de travail.	Jours de repos.
Juillet — 25 jours de travail, soit pour 4 bêtes 100 jours.		24
Immédiatement après la moisson, nous incendions les chaumes pour détruire les grains et les tiges vivaces des plantes adventives, et nous donnons une scarification à la profondeur de 0m,05, avec un scarificateur à sept socs, tiré par 4 chevaux, et qui emploie.	24, »	
A reporter à cause des travaux non achevés dans le mois de juin précédent. . .	117,44	
	141,44	
A retrancher.	100, »	
A reporter au mois suivant.	41,44	
Août — 24 jours de travail, soit pour 4 bêtes 96 jours.		28
Continuation du travail précédent	41,44	
Labour à 2 bêtes de la sole qui a porté la pomme de terre, ci 30 jours × 2. . . .	60, »	
Hersage.	6, »	
Une seconde scarification de 0m,05 donnée à la terre qui a porté le blé	24, »	
	131,44	
A retrancher.	96, »	
Reste à reporter au mois suivant.	35,44	
A reporter.		52

	Jours de travail.	Jours de repos
Report.	52	
Septembre — 23 jours de travail, soit pour 4 bêtes 92 jours		28
Report du mois précédent . . .	35,44	
Labour des terres scarifiées deux fois, à		
0^m,30 de profondeur, avec 2 bêtes. . .	82,50	
	117,94	
A retrancher.	92, »	
Reste à reporter au mois suivant.	25,94	
Octobre — 22 jours de travail, soit pour 4 bêtes 88 jours.		36
Report du mois précédent . . .	25,94	
Second labour d'ameublissement pour les		
terres qui ont porté les pommes de terre	60, »	
Ensemencement de la sole de trèfle et de		
celle de pommes de terre au scarificateur		
à 5 socs	48, »	
Charrois d'engrais.	28, »	
	161,94	
A déduire	88, »	
A reporter au mois suivant.	73,94	
Novembre — 22 jours de travail, pour 4 bêtes 88 jours.		32
A reporter du mois précédent. .	73,94	
Journées inoccupées	14,06	14
Décembre — 25 jours de travail intérieur × 4 = 100 jours.		24

On achève les travaux des mois précédents, si le temps n'a pas permis de le faire encore. On met en activité la machine à battre, qui bat 25 hectol. par jour, et qui, ayant à battre 552 hectol., emploie 22 jours, ou. 88, »

Journées inoccupées	12, »	12
Janvier — 24 jours de travail, soit pour 4 bêtes 96 jours.		28

Vers le 15 janvier, l'époque des grandes gelées étant passée, on herse la sole qui était en blé l'année précédente, et qui, étant destinée à porter des pommes de terre, a reçu un labour que l'on a laissé en mottes sans hersage . . . . 6, »

A reporter. . . .	226	

	Jours de travail.	Jours de repos.
Report. . .		226
On transporte le fumier pour les pommes de terre et le trèfle	14, »	
	20, »	
Il reste 76 journées pendant lesquelles on achève les transports, on fait différents charrois et on donne du repos aux attelages.	76, »	
Février — 24 jours de travail × 4 = 96 jours.		16
Labour et ensemencement des pommes de terre	60, »	
Journées inoccupées.		36
Mars — 25 jours de travail × 4 = 100 jours.		24
Hersage vigoureux du blé à 2 reprises. . .	24, »	
Roulage du blé sur lequel on a répandu le trèfle	6, »	
	30, »	
Journées inoccupées.		70
Avril — 20 jours de travail × 4 = 80 jours.		40
Hersage donné aux pommes de terre. . .	6, »	
Premier sarclage à l'extirpateur à un soc et à un cheval.	7,20	
	13,20	
Journées inoccupées.	»	66,80
Mai — 23 jours de travail × 4 = 92 jours. .		32
Buttage des pommes de terre	50, »	
Transport de foins.	5, »	
	56, »	
Journées inoccupées.	»	36
Juin — 25 jours de travail × 4 = 100 jours.		20
Récolte des pommes de terre à la charrue.	60, »	
Charrois des gerbes de blé.	12, »	
Défoncement du trèfle à 0^m,30 de profondeur.	145,44	
	217,44	
A déduire.	100, »	
A reporter au mois de juillet.	117,44	566,80

Ainsi l'année nous présentant 365 jours, nous avons pour 4
bêtes. . . . . 1,460 jours de travail, et par animal, 365
Il se trouve en totalité.   567 jours de repos; par animal. . 142

Nous employons effectivement 893   par animal. 223

On a soin de mettre toujours plusieurs genres de travaux
en concurrence dans le détail de chaque mois, pour pouvoir
se porter de préférence à ceux qui sont le plus pressés ou
que le temps favorise le plus.

Outre les travaux généraux que nous avons indiqués ici,
chaque ferme a des travaux spéciaux de transports, de réparations, etc., qu'on ne doit point oublier : ici un marais à
exploiter, ailleurs un bois, là une culture accessoire qui n'entre pas dans le cadre de l'assolement, etc. Chaque année
l'expérience indique les rectifications que doit subir le tableau et le fait s'adapter de mieux en mieux aux besoins de
l'exploitation et aux nécessités du climat.

Mais les travaux d'une exploitation rurale ne consistent
pas seulement dans le travail des attelages, il faut prévoir
aussi celui de la main-d'œuvre, celui des ouvriers supplémentaires, pour s'en pourvoir à temps, et alors on trace le
tableau suivant pour l'assolement que nous avons adopté par
hypothèse.

Tableau des ouvrages à la main.

	Journées d'hommes.	Journées de femmes.
Juillet	0	0
Août.	0	0
Septembre.	0	0
Octobre	0	0
Novembre.	0	0
Décembre. Service de la machine à battre, mouvement modéré, 3 hommes de service pendant 22 jours	66	0
Janvier	0	0
Février. Ensemencement des pommes de terre; 2 femmes par charrue.	0	60
A reporter. . .	66	60

	Journées d'hommes.	Journées de femmes.
Report	66	60
Mars	0	0
Avril. Sarclage du blé à la main, 2 journées de femmes par hectare	0	48
Mai. Fauchage du trèfle	18	0
Fanage dudit	0	36
Juin. Récolte des pommes de terre. . . .	0	60
Moisson : fauchage du blé.	24	0
Liage	0	48
Mise en meules	12	0
	120	252

La longue oisiveté des ouvriers de l'agriculture dans les pays où l'on ne cultive pas la vigne, les oliviers et les autres arbres qui donnent du travail en toute saison, fait regretter que dans nos campagnes ils aient perdu l'habitude de fabriquer eux-mêmes leurs vêtements pendant la mauvaise saison. Autrefois, les femmes filaient leur laine et les hommes la tissaient; ils occupaient ainsi profitablement les mois d'hiver, pendant lesquels l'ouvrage est si rare, surtout quand le climat ne permet pas de faire, durant cette saison, de défoncements et de travaux à la bêche.

Au moyen de tableaux analogues à ceux que nous venons de présenter, le régisseur donnera une direction assurée à ses travaux, accélérera ceux qui ont éprouvé du retard, ralentira ceux qui ont de l'avance, pourvoira aux ouvrages de détail qui n'exigent pas une régularité aussi grande, soit en employant les jours de pluie ou de mauvais temps, ou les intervalles de repos que présente l'achèvement des travaux extérieurs. Un régisseur intelligent tient toujours en réserve des travaux d'appropriation, de perfectionnement, les charrois au dehors, etc., pour occuper ses ouvriers; il est ingénieux pour les tenir toujours en mouvement. Il fait faire alors à fond le pansement des chevaux; il fait enlever les fumiers, botteler le foin, égrener le maïs, etc.; mais il ne doit jamais perdre de vue que mieux vaudrait se livrer à une oisiveté complète que d'attaquer les terres avec la charrue quand leur état ne comporte pas un bon labour, en les entreprenant par impatience.

CHAPITRE V.

Conservation et distribution des engrais.

Nous avons traité dans les volumes précédents ce qui concerne la construction de la place à fumier (1), l'état où les engrais doivent être employés (2), et la manière de prévenir la déperdition du gaz pendant la fermentation (3). Nous ne reviendrons pas sur les deux premiers objets ; mais de nouvelles études nous permettent d'ajouter quelque lumière à ce que nous avons dit sur la conservation des gaz ammoniacaux, et nous ne devons pas en perdre l'occasion.

Deux moyens se présentent pour arrêter la déperdition du carbonate d'ammoniaque volatil qui s'échappe incessamment des engrais : 1° le transformer en un sel fixe, sulfate ou muriate d'ammoniaque ; 2° le faire absorber par des corps poreux qui l'emmagasinent dans leur tissu, d'où il est soutiré par les racines des plantes. Le premier moyen résout le problème plus complétement et avec moins d'embarras ; examinons cependant s'il le fait d'une manière aussi économique que le second.

Les Suisses se servent d'acide sulfurique versé dans leurs engrais liquides (Lisier) ; M. Schuttenmann a proposé d'employer le sulfate de fer pour transformer le carbonate d'ammoniaque en sulfate d'ammoniaque ; enfin on a cru pouvoir remplir le même but au moyen du sulfate de chaux (plâtre). Quels sont les résultats positifs de ces trois procédés ?

(1) Tome I, p. 590, 2ᵉ édit.
(2) Tome III, p. 426.
(3) Tome I, p. 595.

Posons d'abord les faits chimiques suivants :

100 d'ammoniaque contiennent 82,35 d'azote. Le sulfate d'ammoniaque ayant pour formule SO^3, AzH^3, HO contient 17 d'ammoniaque pour 40 d'acide sulfurique anhydre et 9 d'eau, ou pour 49 d'acide sulfurique du commerce à un équivalent d'eau ou à 66° (Baumé).

Pour saturer, à l'état de sulfate d'ammoniaque, 1 d'azote, il faut donc 2,86 d'acide sulfurique anhydre et 3,50 d'acide sulfurique concentré ordinaire.

100 de sulfate de fer cristallisé contiennent 28,7 d'acide sulfurique anhydre ; il faut donc 9,96 de sulfate de fer pour saturer 1 d'azote.

100 de sulfate de chaux contiennent 58,82 d'acide sulfurique anhydre ; il faut donc 4,86 de sulfate de chaux pour saturer 1 d'azote (1). Les prix actuels de ces substances sont :

Pour 1 kilogramme d'acide sulfurique du commerce, » fr. 15 c.
    de sulfate de fer . . . . »   8

Ainsi, pour saturer 1 kil. d'azote il faudrait :

3,50 d'acide sulfurique, coûtant . . . . . » fr. 525
9,96 de sulfate de fer, coûtant 1   7968

Supposons qu'avant son emploi pour la nourriture de plantes l'engrais eût perdu 1/3 de son azote ; au prix marchand des fumiers, 1 fr. 60 c. le kil. d'azote, nous préviendrions une perte de 0 fr. 555. Il y aurait donc

Par l'emploi de l'acide sulfurique, un bénéfice de. » fr. 0080
Par l'emploi du sulfate de fer, une perte de. . . »   2638

Ainsi, l'emploi de l'acide sulfurique présenterait un petit avantage, mais il y aurait perte par l'emploi du sulfate de fer.

(1) Il s'agit ici de sulfate de chaux pur ; le plâtre du commerce n'est qu'un composé de sulfate de chaux, d'eau, de carbonate de chaux, et d'autres matières terreuses. Avant de l'employer, il faut constater sa véritable teneur en sulfate de chaux.

Quant au sulfate de chaux, comme, pour qu'il puisse agir sur les gaz, il faut le dissoudre auparavant dans l'eau, et qu'il faut 580 litres d'eau pour dissoudre 1 kil. de ce sel, on devrait employer 675 litres d'eau pour dissoudre 1 kil. 776 de sulfate de chaux nécessaire pour saturer 100 kil. de fumier, c'est-à-dire presque 7 fois le poids du fumier en eau, ce qui rend l'opération impossible. On peut saupoudrer de plâtre les couches de fumier, dans les pays où cette substance n'est pas chère; les arrosements en dissolvent une portion et saturent quelques parties des gaz ammoniacaux; aussi ne sera-ce là qu'un palliatif au mal, et on ne le guérira pas radicalement.

Le second moyen proposé est de faire absorber les gaz par des corps poreux. Ce moyen est plus pratique, et c'est celui qui est adopté de temps immémorial, quoique très-imparfaitement, par les cultivateurs qui mêlent leurs fumiers avec des terres argileuses et en font des *compost*. C'est là encore ce qui, proposé d'abord par M. Payen sous une forme parfaite, sert de base aux préparations de la compagnie des engrais. C'est ce que nous avons décrit dans le premier volume de ce cours (p. 540), sous le nom d'engrais désinfectés.

Parmi les corps poreux dont on peut se servir, le charbon agit très-énergiquement. On sait par les expériences de Saussure que le charbon de bois sec absorbe 90 fois son volume de gaz ammoniac, mais ce physicien ne nous a pas dit ce qu'il pouvait en perdre quand il est humecté. Or l'eau absorbe 800 fois son volume de ce gaz; il est probable qu'elle en dépouillerait presque complétement le charbon. L'argile, qui a une si grande affinité pour l'eau et qu'on n'en prive jamais entièrement, absorbe aussi beaucoup d'ammoniaque, mais ne serait-ce pas en raison précisément de l'eau qu'elle contient? Aussi, dans la pratique, la dessèche-t-on jusqu'à un certain point. M. Payen conseille de ne pas dépasser la chaleur de 260°; on lui donne la faculté de s'imbiber d'une grande quantité de l'humidité chargée d'ammoniaque. Poussée plus loin, la combustion paraît solidifier les parois des pores, et ils agissent alors comme un crible recevant facilement l'eau, mais la laissant facilement évaporer. Ainsi, l'on conçoit fort bien que la combustion d'une terre argileuse mêlée de débris organiques, poussée seulement jusqu'à la carbonisation de ceux-ci, en procurant du charbon et de l'argile sèche, soit un excellent expédient pour les engrais auxquels on la mêle, jusqu'à ce que, par leur mélange, ils représentent une poudre sèche. Alors la chaleur atmosphérique n'a pas assez de puissance pour dépouiller l'engrais désinfecté d'une quantité notable de son eau et des gaz qui y sont combinés. Seulement, il faut que l'action de ces engrais soit prompte, et qu'ils agissent sur les végétaux à mesure que les pluies viennent s'emparer de l'ammoniaque qu'ils contiennent; car l'eau de pluie et l'eau de l'engrais se partagent alors les gaz dans leur proportion relative.

Si l'on employait ces corps poreux sur des fumiers qui auraient une eau excédant celle qui est nécessaire pour les saturer d'humidité, l'avidité plus grande de l'eau pour l'ammoniaque ne leur en laisserait que la portion aliquote proportionnelle à celle qu'ils contiennent.

Il sera donc très-important de placer les engrais ainsi désinfectés en contact le plus immédiat possible avec les végétaux. On cite des succès remarquables obtenus du pralinage du semis de blé au moyen du noir des raffineries, qui agit par le sang qu'il a absorbé.

Quand on emploie les matières absorbantes sur les fumiers d'étable, on les place par couches alternatives avec ces fumiers. L'eau dont on les arrose pour provoquer la fermentation et la décomposition des parties ligneuses des litières se charge bien d'une partie du gaz ammoniacal, mais elle se rend dans le puisard de la place à fumier, d'où on la renverse de nouveau sur le tas, et elle est reprise, ainsi que le gaz, par les matières absorbantes.

Cette pratique est rendue plus simple encore par l'emploi de la terre absorbante elle-même pour litière; nous avons reconnu que les fumiers étaient alors complétement inodores, et comme il n'est pas nécessaire d'exciter la fermentation, puisque l'on n'a pas besoin de faire décomposer les pailles, on obtient un engrais presque sec et qui conserve tous les principes des excrétions (1). On ne peut qu'approuver d'ailleurs tous les moyens qui peuvent mettre les fumiers à l'abri des vents et des rayons solaires, quand les dépenses n'excèdent pas l'avantage que l'on en attend. On a éprouvé de très-bons effets des toitures qui recouvrent les places à fumier.

Quand on se sert de litière ordinaire, et non de matières absorbantes, le séjour du fumier dans des écuries bien fermées peut agir sur les membranes des yeux des animaux, par ses vapeurs ammoniacales; cependant nous voyons tous les jours nos bêtes de travail ne pas en paraître affectées, quoique le curage des écuries n'ait lieu qu'à des époques indéterminées et quelquefois assez éloignées les unes des autres. Le piétinement des chevaux, l'urine qui imbibe plus complétement les litières, les préparent éminemment à la fermentation. Le fumier des bergeries n'est enlevé qu'une fois ou deux par an; le tassement de l'engrais, la terre que l'on y répand, la petite quantité d'urine proportionnellement à l'étendue des bergeries, font que la fermentation y est peu active, et qu'à peine s'aperçoit-on de l'odeur en y entrant.

On ne transportera le fumier aux champs qu'au moment de l'enterrer, et on ne l'y laissera pas déposé en petits tas. La pluie le délaye, engraisse certaines places aux dépens du reste de la surface (2). On doit l'enterrer quelque temps avant l'enfouissement pour donner le temps aux mauvaises

(1) Tome I, p. 589, 2ᵉ édit.
(2) Tome III, p. 424.

herbes de pousser, et pour pouvoir les détruire par le labour d'ensemencement.

Le fumier en couverture sur les plantes produit d'excellents effets quand un temps pluvieux fait pénétrer son extrait jusqu'aux racines ; mais il faut qu'il soit consommé. Quand le fumier est encore pailleux, les fibres de la paille, les parties encore agrégées des excréments, étant dépouillées de tout ferment par la pluie, restent inertes sur le champ, et l'on ne profite pas de toute la valeur de l'engrais. C'est, au reste, la seule manière dont on puisse fumer les prairies permanentes. La déperdition occasionnée par l'irrigation par submersion, l'eau se chargeant de l'extrait de fumier et l'entraînant dans les fossés d'écoulement, est très-considérable. C'est ce qui explique le succès des irrigations par infiltration.

Connaissant la quantité et la valeur réelle des fumiers dont il dispose, soit d'après le cubage et l'analyse, soit d'après la quantité de fourrages qu'on récolte et la nature du bétail qui le consomme, le directeur de l'exploitation doit en faire la distribution entre les différentes cultures d'après les besoins réels, si ses engrais sont suffisants, et d'après les vues indiquées plus haut (1), s'il ne dispose que d'engrais insuffisants.

N'oublions pas de rappeler que dans les terres dont l'argile, les oxydes et le terreau ne sont pas déjà saturés d'engrais, les petites fumures paraissent se perdre presque entièrement. Ce ne sont que les fumiers suffisants qui produisent un effet immédiat. Notre méthode de fournir à chaque plante la totalité de l'engrais qu'elle exige pour donner un plein produit, et de fumer chaque récolte, réitérant ainsi la distribution du fumier à chaque champ, n'augmente pas en réalité la masse des transports, et prévient cette absorption qui fait disparaître le fumier, au profit, il est vrai, de la

(1) Tome III, p. 420.

fertilité future de la terre, mais au détriment des produits présents.

CHAPITRE VI.

Surveillance de la nourriture des hommes.

La nourriture des hommes attachés à la ferme peut être la source d'une foule d'abus; faute d'ordre et d'économie, la dépense peut en être doublée sans que ceux qui la reçoivent soient satisfaits. Cette dépense se fait, pour le compte de l'administration, en régie ou par entreprise. L'un et l'autre de ces modes ont leurs inconvénients. Si le ménage est en régie, on peut avoir une ménagère peu économe, peu soigneuse ou peu fidèle. Dès que les frais du régime sont faits par la bourse du propriétaire, que les hommes de la ferme regardent comme inépuisable, leurs exigences sont sans bornes, ils ne cessent de se plaindre du régime et d'accuser de rigorisme et d'avarice l'économie de la ménagère salariée. Ce n'est pas sans une grande surveillance et une grande fermeté que le régisseur parvient à arrêter la prodigalité que ces reproches continuels tendent à introduire. Le meilleur moyen, cependant, pour faire cesser les plaintes, c'est que lui-même se mette au même régime que les gens de la ferme, et qu'il mange à leur table. En général, il est très-dangereux d'avoir plusieurs ordinaires dans une ferme, et, quand le maître y réside, sa cuisine doit être entièrement distincte de celle de ses gens.

On obvie à beaucoup de difficultés en faisant un marché à forfait avec la femme de ménage, surtout quand le maître-valet ou un des chefs de service est son mari. Les valets savent qu'elle est obligée de se renfermer dans son budget sous peine de perdre, et ne murmurent que si réellement elle veut faire des profits exagérés sur cette entreprise. Il faut cependant la surveiller sévèrement, pour que la nourriture des hommes ne souffre pas d'un amour exagéré du gain.

Les conditions de ces marchés varient beaucoup, selon les pays et le régime des ouvriers. Ainsi, dans le sud du département du Gard et la Camargue, on fournit à la femme de ménage, pour chaque homme :

	Prix.
6 hectolitres de blé.	132 fr.
6 hectolitres de vin.	48
1 décalitre d'huile.	15
pour pitance, 15 cent. par jour. . .	54,75
	249,75

par jour, 0 fr. 684

et, en outre, la jouissance des légumes du jardin.

On donne les deux tiers de ces rations pour chaque femme, et moitié pour chaque enfant employé dans la ferme. C'est une nourriture très-chère, ce qui tient à l'emploi presque exclusif du pain et de la viande, et aux exigences des ouvriers du pays, où les bras sont rares.

Dans Vaucluse, nous donnons :

4 hectolitres de blé. . . . . . . , ,	88 fr.
88 kilogrammes de haricots. . . .	24
100 kilog. de pommes de terre. .	5
19 kilogrammes de lard	23
123 litres de vin. . . . . ,	10
	150

par jour, 0 fr. 411.

Dans le Haut-Languedoc (Lauraguais), nous trouvons d'au-tres formules. Par exemple, M. Davessens donne à ses valets, pour leurs gages et leur nourriture :

4 hectolitres de blé	88 fr.
4 hectolitres de maïs.	56
Argent.	9
	153

Il leur accorde de plus le droit de cultiver pour leur compte 25 ares de fèves, et, à moitié fruits, 2 hectares de maïs ; ainsi les ouvriers reçoivent :

Pour rente des 25 ares cultivés en fèves.	15 fr.
Pour travail fait aux fèves	31
Pour rente de 1 hectolitre de maïs.	60
Travail fait à ce premier hectare.	120
11 hectol. de maïs récoltés sur le deuxième hectare.	154
	380
qui, réunis aux fournitures ci-dessus	153
font un total.	533
La nourriture de nos ouvriers du Gard nous coûte.	249,75
Leurs gages sont de.	300,00
	549,75

On voit donc que les valets du Languedoc sont traités comme ceux des bords du Rhône, quoiqu'ils reçoivent très-peu d'argent.

Le pain doit être laissé à la discrétion des hommes. Rien ne donne plus mauvaise réputation à une ferme que d'enfermer le pain. La fabrication dans la ferme a l'avantage : en premier lieu, de consommer le blé, qui, étant d'ailleurs de bonne qualité, manque de couleur, de luisant, n'a pas le coup d'œil marchand ; en second lieu, d'utiliser avantageusement les aubaines, blé contenant beaucoup de gluten et qui est peu recherché des boulangers ; enfin, de fournir du son pour les volailles et les porcs. Elle est économique toutes les fois que l'on ne pourra pas acheter 100 kilog. de pain bluté à 25 pour 100 (pain blanc) pour le prix de 102 kilog. de blé, augmenté de 4 fr. par 100 kilog.; ou 100 kil. de pain bluté à 15 pour 100 (pain bis), pour le prix de 87 kil. de blé, augmenté de 4 fr. par 100 kil. de pain pour frais de fabrication, s'il s'agit de blés tendres, et dans le cas de blés durs pour le prix de 94 kilog. de blé, augmenté de 5 fr. par 100 kilogr.

Le son est très-nutritif ; dans un temps de disette, on a vu

un village situé près de Nancy se nourrir entièrement de
pain fait avec du son acheté chez des voisins, et les habitants
ne s'en trouvèrent pas mal. Nous nourrissons très-bien nos
chiens avec du pain fait entièrement de son, et ils sont très-
robustes. Mais cette substance est difficile à digérer, à cause
de la fibre ligneuse qu'elle contient, et elle devrait être moulue
finement si on voulait la faire entrer habituellement dans le
pain. Nous ne conseillerions pas cette économie au régisseur
qui aurait à nourrir des hommes à gages; elle suffirait pour
les faire déserter.

On a recommandé à plusieurs reprises le mélange de certaines farines avec celle du blé pour faire du pain économique ; mais, avant de se prononcer à cet égard, il faut en
constater les propriétés nutritives. Mathieu de Dombasle avait
dit, quant au mélange des pommes de terre au pain, que, si on
trompe les yeux, on ne trompe pas l'estomac. Il perdait un
peu cette maxime de vue quand il essayait des mélanges qu'il
regardait comme donnant du pain d'une même valeur nutritive
sous le même volume, et qu'il se bornait à les comparer par
leurs prix de revient (1). Ces divers pains fournissent le tableau suivant :

	Dosage en azote.	Prix de revient. du kil.	Quantités nécessaires pour nourrir également.	
			kil.	valeur.
Pain de froment de boulanger.	1,249	0f30	1 »	0f30
Pain de seigle pur	0,920	0,18	1,41	0,21
Pain composé de 85 de seigle, et 15 de fécule de pomme de terre	0,780	0,19	1,66	0,31
Pain de 60 de seigle et 40 de fécule. . .	0,550	0,19	2,35	0,44
Pain de 40 de seigle, 40 d'orge, 20 de from.	1,067	0,22	1,21	0,26

Ainsi, sous le rapport de leurs qualités économiques, les
qualités nutritives restant les mêmes, ces espèces de pain se
classeraient dans l'ordre suivant : 1° pain de seigle ; 2° pain
de seigle, orge et froment ; 3° pain de froment ; 4° pain de

(1) Annales de Roville, t. VII, p. 327.

85 seigle et 15 fécule; 5° pain de 60 seigle, 40 fécule. L'introduction de la fécule, substance non azotée et qui a subi une préparation coûteuse, introduction que cherchait à défendre Mathieu de Dombasle en comparant seulement le prix de revient du kilogramme, renchérit le pain et nécessite des rations très-volumineuses. Quand on voudra conserver la santé et la force des hommes, et ne pas se payer de vaines apparences, on fera des calculs semblables à ceux du tableau précédent avant de se livrer à de nouveaux mélanges, en supposant toujours que le pain, ainsi confectionné, sera du goût du consommateur.

Le prix de marché des différentes nourritures nous a démontré plus haut que le mode d'alimentation le plus cher était celui qui introduisait beaucoup de viande et beaucoup de pain dans le régime, et que le plus économique est celui qui y faisait entrer les légumes secs. C'est en se rapprochant de ce dernier type que l'on obtiendra le régime à la fois le moins cher et le plus substantiel. Remarquons en passant que si la consommation de la viande donne l'occasion de produire des engrais, celle des légumes dispense, pour ainsi dire, de leur emploi, en raison de l'action des plantes qui les produisent sur les principes fertilisants de l'atmosphère.

CHAPITRE VII.

Surveillance de la nourriture des animaux.

Nous avons donné plus haut les formules propres à déterminer la ration des animaux herbivores; elles se vérifieront quand il s'agira de prescrire la nourriture moyenne d'un assez grand nombre d'animaux, et quand on l'aura calculée d'après leur poids et le travail auquel ils sont soumis. Mais ces formules n'étant que des résultats moyens, dans lesquels sont combinées des dispositions diverses, elles seront souvent trouvées fautives quand on les appliquera au régime d'un seul individu. Il y a tel animal qui mange beaucoup et qui digère mal ce qu'il mange; il restera maigre avec une nourriture qui serait surabondante pour un autre. D'autres animaux, dont les facultés digestives sont plus énergiques, se nourriront très-bien avec une ration qui serait insuffisante, même pour l'animal moyen ; d'autres enfin, très-délicats sur le choix des aliments, choisissent dans les fourrages les parties qui leur conviennent, écartent les autres, et font un assez grand dégât de fourrages. C'est l'observation pratique du chef de l'écurie qui lui apprend qu'il doit accorder une ration plus forte à celui-ci, que tel autre se contente d'une plus faible, enfin que tel autre doit être nourri avec un certain fourrage, qu'il consomme entièrement sans rien perdre. C'est faute de cette attention qu'on voit dans les régiments de cavalerie, où la ration est égale pour tous, des animaux de même taille, dont les uns restent étiques, à côté d'autres qui s'entretiennent en chair. Ainsi le bottelage ne peut être considéré comme formant la ration de chaque animal; il ne doit servir qu'à établir le poids total à distribuer entre tous les animaux ; mais c'est ensuite au chef de ce service à répartir le fourrage entre eux d'une manière moins égale, ce qui se pratique au moment d'ouvrir les bottes, et en en distribuant le contenu entre les individus en plus ou moins grande quantité, selon leurs dispositions.

Outre la fixation de la quotité des rations selon les saisons de travail ou de repos, le régisseur aura encore à se préoccuper de la nature des fourrages dont il peut disposer. Il réservera les nourritures les plus riches, celles qui contiennent le plus de principes alibiles et substantiels sous un moindre volume, pour les époques de travail, où la durée des repas est moindre et où on ne laisse pas aux animaux le temps de digérer longuement. Au contraire, les nourritures grossières, les pailles, les matières contenant beaucoup de ligneux, pourront être données aux époques de repos, où un grand intervalle de temps leur est laissé pour digérer ces substances, qui demandent une longue incubation, non troublée par l'action des membres. C'est ce double travail de la détermination de l'aliquote de la ration selon la saison de l'année, et de la répartition des fourrages selon leur nature et leur teneur entre les saisons, que doit faire le régisseur. Nous en avons donné un exemple plus haut.

CHAPITRE VIII.

Conservation des récoltes.

Les céréales sont exposées aux inconvénients qui résultent de l'humidité; celle-ci les fait fermenter, les altère, leur communique une mauvaise odeur, donne naissance à des végétations cryptogamiques, qui les rendent nuisibles aux consommateurs. Il est donc très-essentiel que les grains soient secs quand on les renferme dans les greniers, qu'on ne les y entasse pas trop, pour que l'air pénètre dans leur masse ; qu'on les remue fréquemment à la pelle, pour changer la position des grains et les exposer successivement à l'influence de l'air sec. Ces soins exigent des travaux pour lesquels on profite des hommes de la ferme, quand ils ne sont pas occupés au dehors.

Les grains sont en outre exposés aux attaques des rats et des souris. Pour les prévenir, on a soin de boucher au plâtre, en y introduisant des fragments de verre, toutes les issues que ces animaux peuvent se ménager sous les pavés ; mais ils descendent aussi des toits, et, pour les empêcher d'y remonter, on enduit les murs avec du plâtre fin et bien lissé, sur lequel leurs ongles n'ont pas de prise. Ils ne peuvent alors échapper aux poursuites des chats. On peut aussi les empoisonner avec de la pâte phosphorée ; mais il faut éviter alors que les chats puissent pénétrer dans le grenier.

Les charançons sont un fléau bien plus redoutable. Ils dévastent les greniers et se multiplient tellement que l'on a calculé que, dans la saison chaude, douze paires de ces insectes suffisent pour produire 75,000 individus, qui détruisen

chacun 3 grains de blé et causent une perte de 1/5 d'hectolitre. Lors de la disette de 1847, il arriva de Russie des blés
qui, sans doute, avaient été conservés plusieurs années, et
que les charançons avaient dépouillés de la plus grande
partie de leur farine et réduits presque à leur son.

Si l'on agite le blé avec la pelle, les charançons fuient et
se réfugient le long des murailles, d'où ils redescendent
quand l'opération est terminée. On n'obtient donc ainsi
qu'une suspension momentanée de leurs dégâts. Il faudrait,
pour préserver les grains, qu'après que les charançons les
ont quittés ils ne pussent plus y revenir. Ces insectes passent
l'hiver dans les greniers et reparaissent l'année suivante;
mais ils l'abandonnent ou meurent si le grenier reste vide
une année entière.

On a imaginé différents moyens pour remédier aux inconvénients qu'éprouvent les grains. Dans les pays où l'on
rentre le blé très-sec, et où la terre elle-même se dessèche
à une grande profondeur, on a creusé des fosses dans le sol
et on y a enfermé le blé. Ce sont les silos que pratiquent les
Arabes en Afrique, et, quoiqu'ils se trouvent dans les conditions que nous avons indiquées, il n'est pas rare que le
grain ne finisse par s'y altérer, par sentir le moisi, s'il n'est
promptement consommé.

On a cherché à imiter ce procédé en Europe; les silos
creusés dans la terre, essayés par M. Ternaux, ont tous
présenté de grands déchets; l'humidité de la terre se com-
muniquait au blé, malgré toutes les enveloppes dont on
l'entourait. Quand on a voulu construire des silos plus her-
métiquement fermés, comme ceux revêtus en bitume, de
M. Darcet, ou en plomb, de M. Dejean, l'humidité qui dis-
tillait de la masse du grain tombait sur les parois des silos et
humectait les grains de la circonférence, qui s'altéraient et
communiquaient leur mauvaise odeur au tas tout entier.

Nous avons réussi à bien conserver du blé pendant quatre
ans dans des silos construits en briques et sur voûte; mais

nos grains avaient subi l'énergique dessiccation de nos aires du Midi, et il paraît que la brique, en absorbant l'humidité restante, en avait préservé la masse. Dans de pareils silos bien fermés, il se produit une atmosphère de gaz acide carbonique qui ne permet pas aux charançons de travailler. Pour réussir ailleurs de la même manière, il faudrait soumettre les grains à la dessiccation dans une étuve, comme le faisait Duhamel.

M. Vallery nous semble avoir le mieux résolu le problème de la conservation des grains au moyen de son grenier mobile. Il consiste en un grand cylindre posé horizontalement et tournant sur un axe, divisé intérieurement en trois compartiments longitudinaux par des cloisons rayonnant du centre à la circonférence. Autour de ce cylindre se trouvent des ouvertures garnies de toiles métalliques. On le remplit aux trois quarts de blé, et, si on lui imprime un mouvement de rotation, les grains contenus dans chaque compartiment éprouvent un changement de place, par le déplacement du centre de gravité, ce qui produit un remuement général comparable à celui de la pelle. Les charançons sortent alors par les ouvertures, mais ne peuvent plus y rentrer, une fois tombés à terre.

On peut construire des appareils de cette nature de toutes dimensions; celui qu'a présenté l'auteur avait une capacité de 1,400 hectol. et se chargeait de 1,150 hectolit. Il coûtait 4,492 fr., ou 4 fr. par hectolitre. Il peut se placer dans un hangar fermé, dont on estime le prix à 0 fr. 60 c. par hectolitre. Or on n'obtiendrait pas un grenier convenable pour 1,000 hectol. de grains, avec la place nécessaire au pelletage, pour un prix double. Si l'on considère ensuite qu'un seul tour de cylindre équivaut au pelletage complet de tout le grenier, et qu'il est donné presque sans effort et en un moment ; si l'on considère que le retour des charançons expulsés est tout-à-fait impossible, que la ventilation des grains est parfaite, et que des blés fortement humectés s'y sont

desséchés complétement par l'effet du mouvement du cylindre, on appréciera la valeur de cette invention, qui ne paraît
pas avoir encore pénétré dans la pratique, sans doute parce
que chacun possède des greniers dont il veut profiter (1).

Les récoltes racines doivent être placées dans un lieu dont
la température soit peu élevée et peu variable. Les silos
leur conviennent parfaitement; elles y sont à l'abri de la
gelée, en les recouvrant de $0^m,60$ de terre dans le nord de
la France. On a vu (2) que, dans le grand hiver de 1789, la
gelée n'avait pas pénétré à plus de $0^m,60$ dans la terre soulevée aux environs de Viviers (Ardèche). Si l'on a des caves
à température constante, les racines s'y conservent très-
bien. Nous avons indiqué (3) le moyen que M. Poiteau conseille pour conserver les choux pommés.

Le vin s'altère : 1° quand il contient en abondance du
gluten, de l'albumine, des mucilages qui forment du ferment, et peu d'alcool ou de tannin, qui précipite toutes ces
substances; 2° parce qu'on le laisse en contact avec l'air
atmosphérique, qui facilite la fermentation acétique. On le
conserve en tenant les futailles bien remplies, en y brûlant
une mèche de soufre, qui détruit l'oxygène de l'air qui y
est enfermé; en tirant le vin au clair pour le décharger de
sa lie : en l'additionnant d'alcool, ou en y versant du tannin
qui précipite l'albumine et les mucilages. On porte le vin à
la teneur de 12 p. 100 d'alcool, ou l'on y verse du tannin
à raison de 100 grammes de tannin sec, dissous dans un litre
de vin, par hectolitre. Nous avons vu aussi placer quelques
rameaux de chêne frais dans la cuve pour obtenir le même
effet. Les vins qui contiennent naturellement beaucoup
d'alcool ou de tannin ne sont pas sujets à tourner. Quelques

(1) Voyez, pour le détail de la construction et les expériences faites
sur le grenier Vallery, le *Bulletin de la Société d'encouragement*,
1839, p. 123.

(2) Tome II, p. 61.

(3) Tome IV, p. 136.

personnes ajoutent du plâtre (sulfate de chaux) dans la cuve, dans le but d'aviver la couleur du vin.

L'huile s'oxyde par la surface des vases et devient rance au bout de quelques années; il faut tenir bien remplis les vaisseaux qui la contiennent, la soutirer de son marc quelques mois après sa fabrication. Si le vaisseau ferme bien, on pourrait aussi priver le vase de son oxygène par le moyen de la combustion d'une mèche soufrée.

Chaque produit a ensuite ses procédés de conservation, qui doivent être étudiés spécialement.

CHAPITRE IX.

Des ventes et des achats.

On voit souvent, dans le monde agricole, des fermiers qui réalisent des bénéfices plus considérables que leurs voisins, quoique leurs récoltes ne soient pas meilleures. Cela tient uniquement à ce qu'ils savent mieux vendre et mieux acheter. Cette habileté commerciale est un don du Ciel, comme tous les autres talents ; mais elle peut être développée par l'exercice, et, si l'étude de ses procédés ne peut pas la suppléer entièrement, elle peut au moins enseigner à tenir la voie du milieu et à ne pas en être la victime.

Cette faculté dépend de quatre choses : 1° la connaissance exacte des marchandises, de leurs qualités et de leurs défauts ; 2° celle des cours actuels; 3° celle des approvisionnements existants, des récoltes et des besoins probables que fait prévoir l'avenir, ou d'une certaine faculté instinctive qui supplée à cette prévision sans qu'on puisse l'expliquer; 4° d'une disposition de caractère, d'un type de physionomie qui imprime la confiance et dispose à céder à nos prétentions, et d'autres fois à une certaine attraction qui captive, comme malgré eux, ceux avec qui l'on traite, et les fait contracter des affaires avec la presque conviction qu'elles leur sont désavantageuses, comme l'oiseau saisi de terreur qui néanmoins s'approche insensiblement du serpent et finit par devenir sa proie. Nous avons vu, au contraire, des hommes très au courant de la valeur des marchandises échouer constamment dans leurs marchés, par la répulsion qu'inspirait leur manière de traiter, nonobstant leur bonne foi et leur loyauté.

Nosce te ipsum, sachez vous connaître, et, si votre astre en naissant ne vous a pas fait commerçant, si, en ayant la connaissance que ce titre requiert, vous n'en avez pas le savoir-faire, cherchez autour de vous, parmi vos agents, si ce don n'a pas été accordé à quelqu'un d'entre eux, et laissez-lui le soin de conclure les marchés. Ne soyez plus là que pour lui indiquer les limites dans lesquelles il doit se maintenir. Quand on traite de plus grandes affaires avec des hommes éclairés, toute cette petite politique est inutile. Il s'agit alors de la saine appréciation de la marchandise et du prix que l'on veut obtenir ou que l'on veut donner, en rapport plus ou moins exact avec le véritable cours.

1° *Connaissance des marchandises*. Il faut savoir se rendre compte des qualités recherchées dans le commerce, et de celles qui font repousser les marchandises, bien plus encore que de leurs qualités intrinsèques. Ainsi, pendant un temps, on n'achetait que des chevaux à tête busquée, qui sont aujourd'hui unanimement repoussés. On paie les blés durs à un prix inférieur aux blés tendres, quoique les premiers soient une nourriture plus substantielle. Parmi les blés tendres, on préfère ici ceux à couleur pâle, là ceux à couleur foncée. Les vins de Bourgogne, qui étaient jadis les plus recherchés, ont cédé aux vins de Bordeaux, qui ne les égalent ni en finesse, ni en bouquet, etc., etc. Ainsi, nous devons faire une sérieuse différence entre les qualités réelles et les qualités marchandes. Nous appliquerons les qualités réelles à nos consommations ; nous réserverons les qualités marchandes à la vente. Nous conserverons nos blés aubaines,

nos poulards; nous mettrons en vente nos seisettes, nos
touzelles. Enfin il est d'autres qualités qu'il faut apprendre à connaître; c'est, par exemple, le luisant et le mat des
blés, la manière dont ils glissent entre les doigts; la gros-
seur des grains, leur conformation, etc. Ce n'est que par la
fréquentation des marchés que l'on peut se faire une juste
idée de ces qualités marchandes, variables selon les pays et
les temps, et l'on ne saurait trop recommander au régisseur
de ne pas négliger cette partie essentielle de son administration, pour qu'il puisse assigner à ses propres produits, et à
ceux qu'il veut acquérir, le degré précis d'estime qu'ils
occupent dans l'échelle des appréciations.

2° *Approvisionnements existants, besoins probables.* Les
grands approvisionnements de produits agricoles ne sont
jamais entre les mains des marchands; ils restent dans les
greniers et les magasins des fermiers, et personne ne peut
mieux apprécier leur situation que le régisseur vivant à la
campagne et fréquentant habituellement et familièrement
ses voisins. Ont-ils conservé le blé de leur récolte fort avant
dans la saison; ne sont-ils pas recherchés par les marchands,
les meuniers, les boulangers: on peut présumer qu'il y a
une forte réserve dans le pays, qui viendra s'ajouter à la
récolte pendante. Quant à celle-ci, l'état de la végétation
fait juger ce que l'on peut s'en promettre, d'autant plus sûrement que la saison est plus avancée. L'opinion reste en
suspens à cet égard jusqu'à la fin des gelées et au renouvellement de la végétation; alors, par la manière dont les
terres sont garnies de tiges, par la vigueur du tallement, on
porte un premier jugement; les prix haussent ou baissent.
Après la floraison, le jugement se modifie ou se confirme;
mais il n'est définitif qu'au moment même de la moisson.
Immédiatement après la récolte il y a un mouvement de
baisse relative, parce que les fermiers veulent réaliser des
fonds pour payer leurs travaux et leurs fermages; mais,
passé ce moment, les prix s'établissent sur l'état de la ré-

colte et les ressources comparées aux besoins. Ils sont ainsi
stationnaires jusqu'à l'arrivée des gelées. Si l'hiver est très-
doux, on s'aperçoit des ravages des insectes; s'il est trop
rude, on craint la rareté des tiges; puis les petites gelées
successives peuvent déplanter le blé. Toutes ces alternatives
en produisent sur le cours des marchés. Chaque produit
autre que le blé a aussi l'histoire de ses chances et des mou
vements de prix qui y sont relatifs.

Si l'on opérait chaque mois la vente du douzième de sa récolte, on finirait par obtenir le prix moyen du pays; s'il y
avait une époque de l'année où le produit se vendît habituellement au prix moyen de l'année, ne vaudrait-il pas
mieux, sans courir toutes les chances, se décider à vendre
quand cette époque est arrivée? et enfin s'il y avait une autre
époque où le prix fût habituellement au-dessus du prix
moyen, n'y aurait-il pas un avantage évident à le choisir
pour opérer ses ventes? Or, cette époque existe, variable
selon les pays et selon le temps; mais, si l'on peut se procurer une longue suite de mercuriales, il est facile de l'établir.
Ainsi, pour les blés, si nous prenons les prix à quatre époques différentes de l'année, janvier, avril, juillet et octobre,
dans la longue période dont Dupré de Saint-Maur nous
transmet les mercuriales de 1596 à 1745 (1), en supposant
le prix moyen 100, nous aurons la table suivante:

	Janvier.	Avril.	Juillet.	Octobre.
De 1596 à 1605	103	108	93	96
1606 à 1615	96	96	103	104
1616 à 1625	98	98	98	106
1626 à 1635	94	98	107	98
1636 à 1645	96	100	99	104
1646 à 1655	98	102	98	102
1656 à 1665	94	98	102	107
1666 à 1675	95	100	102	102

(1) *Essai sur les monnaies*, p. 166 et s lv.

	Janvier.	Avril.	Juillet.	Octobre.
1676 à 1685	89	96	105	110
1686 à 1695	93	92	106	108
1696 à 1705	101	97	102	100
1706 à 1715	94	96	98	112
1716 à 1725	95	86	100	118
1726 à 1735	101	97	102	98
1736 à 1745	97	90	94	109
Moyenne.	96,540	97,344	100,884	105,232

Ainsi en supposant le prix moyen du blé à 20 fr., et en vendant constamment à la même époque, on aurait obtenu :

En janvier. . . . . . . 19 f. 21 c.
En avril. 19 41
En juillet 20 18
En octobre 21 05

On aurait ainsi obtenu, en vendant en octobre, 1 fr. 05 d'augmentation sur le prix moyen du blé, ou 5,25 pour 100 de bénéfice sur le prix moyen de cette denrée.

A Orange, nous avons trouvé, en 1822, que la moyenne du prix de ces différents mois, dans les dix-huit années précédentes, était :

Janvier, 104. Avril, 103. Juillet, 96. Octobre, 97.

L'ordre ici était inverse de celui trouvé pour le nord dans le siècle dernier ; les ventes faites en février nous donnèrent les résultats les plus avantageux.

Mais les temps modifient ces variations avec les lieux. Ainsi, à Paris, pour les temps modernes, nous trouvons, d'après les mercuriales de 1810 à 1839, les prix suivants :

Janvier.	Avril.	Juillet.	Octobre.	Prix moyen.
19,996	21,234	20,509	20,908	20,662
96,78	102,78	99,28	101,16	100

Ainsi, les changements d'habitudes, les nouvelles voies

de communication, les manœuvres du commerce, ont déplacé à Paris, dans ce siècle, l'époque du maximum, qui se trouve au mois d'avril au lieu d'être au mois d'octobre, comme le siècle précédent.

En considérant les variations que subissent les prix des denrées, on peut être porté à adopter un autre mode de vente : c'est celui qui consisterait à conserver les produits des années où le cours est au-dessous du prix moyen, pour les vendre dans celles où il s'élève au-dessus. Il faut d'abord pour cela s'assurer des moyens de conservation, et nous les avons indiqués plus haut; ensuite, il faut examiner les probabilités de bénéfices pour l'avenir que nous donnent les faits accomplis.

Supposons qu'il s'agisse de blé. Les variations de cette denrée vont quelquefois du simple au double. Dans une longue série de prix, nous avons trouvé que, dans le midi de la France, sur 147 ans il y avait eu 62 années où les prix avaient dépassé la moyenne; 85 où ils avaient été au-dessous. La durée de la période moyenne des hauts prix a été de 5, 87 ans; la durée de la période moyenne des bas prix, de 5 ans. Le prix moyen étant de 100, celui des années de cherté a été de 120; celui des années d'abondance, de 88; c'est-à-dire qu'à l'époque actuelle, le prix moyen étant de 19 fr., celui des années de cherté serait de 22 fr. 80 c.; celui des années d'abondance, de 16 fr 72 c.

Les moindres frais de conservation par la méthode du remuement à la pelle, ont été évalués à 2 fr. 20 c. pour 100 kilog. de blé, savoir : 1 fr. 50 c. pour manutention, 0 fr. 50 c. pour loyer du grenier (1), et 0 fr. 20 c. pour frais d'administration. Avec le grenier Vallery, les frais de conservation seront de 0 fr. 95 c. pour 100 kilog. de blé.

(1) *Mémoire sur les réserves*, par Thomas.

Les résultats moyens de l'opération, sur une récolte de 100 hectolitres par an, seront les suivants :

	Remuement à la pelle.	Grenier Vallery.
1° Prix de 500 hectol. de blé à 16 fr. 70,	8,360 fr.	8,360 fr.
2° Intérêts composés à 5 p. %, pour 4 ans.	787 70	787 70
3° Frais de conservation	2,505 »	1,080 »
	11,652 70	10,227 70
Prix de revient de l'hectolitre.	23 30	20 44
Prix moyen des années de cherté. . . .	22 80	22 80
Perte. . . .	» 50	bénéfice. 2 36

D'un côté il y a perte, et de l'autre côté le bénéfice n'est pas assez considérable pour compenser les embarras de la spéculation.

Il en serait autrement si, comme les commerçants, on pouvait attendre, pour acheter les blés, qu'ils fussent descendus à un bas prix, et attendre ensuite pour les vendre qu'ils eussent atteint un prix élevé, choisir l'un et l'autre parmi ceux que l'on retrouve dans toutes les périodes de la hausse. C'est ainsi que M. Thomas fixait le prix de 18 fr. le quintal métrique pour ses achats (13 fr. 84 c. l'hectolitre). Mais l'agriculteur reçoit toutes les années sa récolte, et il ne peut pas lui attribuer un prix minimum; et quand il vend, il doit craindre en cherchant à dépasser le prix moyen des années de cherté, de voir les cours s'affaisser, et de rester chargé de ses grains jusqu'à une nouvelle période. Pour se faire une idée de la spéculation, telle que la conseillait M. Thomas, et en se reportant aux mercuriales de Paris, de 1800 à 1859, telles qu'elles sont rapportées dans son ouvrage (1), nous trouvons que :

(1) *Mémoire sur les réserves de grains*, p. 36.

Il aurait acheté en 1800 à 13 fr. 68, ci. 13f6800
Il aurait vendu en 1801 ; ci, intérêts d'un an. . 0,6840
Conservation par le grenier Vallery, pendant
  un an. 0,7200
                             15,0840
Prix de vente en 1801, dès que le blé est monté
  à 25 fr. 84 27,1000
              Bénéfice. 12,0160   12,0160
Il n'aurait plus fait d'achats jusqu'en 1804, où
  il aurait acheté à. 13,68
Il n'aurait revendu qu'en 1811. Intérêts com-
  posés de 8 ans. 5,73
Conservation pendant 8 ans, ... 5,76
                             25,17
Vendu en décembre 1811. 26,09
              Bénéfice. . . . 0,92   0,92

S'il avait attendu jusqu'en avril 1812, il aurait vendu 44 fr. 21 c.; mais en s'écartant ainsi de la règle, il pouvait courir le risque d'une baisse.

En 1822, il aurait encore opéré à. 13f68
Il aurait vendu en 1828. Intérêts de 6 ans. . 4,27
Conservation pendant 6 ans. 4,32
                             22,27
        Il aurait vendu à. 27,36
             Bénéfice. 5,09   5,09

Aainsi, trois opérations seulement dans ce laps de temps ! ce mode est très-convenable pour la formation d'un grenier de réserve, mais ne peut constituer un commerce.

Les variations de l'avoine sont bien plus grandes et peuvent offrir de la marge à la spéculation de ceux qui la conservent ou l'achètent. Ce grain se conserve facilement sans déchet, et, dans les années où il est à bas prix, relativement au blé, il peut être avantageux d'échanger son blé contre de l'avoine, pour profiter de la hausse de ce dernier grain.

Nous croyons qu'en appliquant de semblables calculs aux autres genres de productions, on arriverait également à cette conclusion : que le propriétaire, en vendant chaque année au moment le plus convenable, peut obtenir un peu plus que le prix moyen, qu'il ne court pas ainsi les chances des avaries que peuvent subir les denrées conservées, et n'est pas obligé à faire des frais considérables en appareils de conservation.

CHAPITRE X.

De la comptabilité agricole.

Le lecteur ne s'attend pas à trouver ici un traité complet de la comptabilité. Nous le renverrons à ceux qui ont été publiés sur la comptabilité commerciale, et dont il trouvera les principes condensés dans les rudiments de M. Legros (1). Les autres auteurs spéciaux sur la comptabilité agricole n'ont pas manqué non plus de reproduire ces principes généraux ; c'est ce qu'ont fait Royer (2), M. Perrault de Jotemps (3) ; enfin, le plus récent de tous, M. Edmond de Granges (4). On trouvera chez eux toutes les instructions nécessaires pour l'organisation d'une comptabilité, et nous aurions renoncé à donner ce chapitre, si nous eussions été parfaitement d'accord avec eux sur les points qui constituent précisément la spécialité de la comptabilité agricole.

Mais dans le choix que le comptable d'un domaine fera entre toutes les méthodes qui sont décrites dans ces livres il sera sans doute déterminé par l'importance et la variété des branches diverses d'industrie qui constituent l'ensemble

(1) *Rudiments de la comptabilité communale*, par Legros.
(2) *Traité de comptabilité rurale*, par Royer, 1840.
(3) *Traité de comptabilité agricole*, par Perrault de Jotemps, 1840.
(4) *Traité de comptabilité agricole*, par de Granges de Rancy, 1849.
Voyez aussi *Annales de Roville*, t. II, p. 333 ; la *Comptabilité appliquée à l'agriculture*, du baron de Malaret. Toulouse, 1829.

de l'exploitation. Le fermier voué au système de la jachère pure, ne confiant ses fonds qu'à ses terres de blé et d'avoine, peut, à la rigueur, se contenter de la tenue des livres en parties simples. Ses dépenses d'un côté, ses recettes de l'autre, lui suffisent pour se rendre compte, en fin d'année, du résultat de ses cultures. Il en est tout autrement quand l'exploitation est plus variée, quand elle se compose de cultures diverses, d'engraissement et d'élève de bestiaux. La perte et le bénéfice peuvent venir du côté que l'on avait le moins soupçonné, et il est très-important de le connaître, pour s'arrêter dans la poursuite des fausses opérations, ou pour agrandir celles qui sont bonnes. Ce n'est que par la méthode des parties doubles, qui fait la ventilation de toutes les dépenses et de toutes les recettes, les attribuant à ce qui occasionne les unes ou produit les autres, que l'on peut trouver la sonde qui pénètre jusqu'au mal et qui le signale. En établissant en parties doubles les comptes de son domaine de Genthod, Crud acquit la certitude que son domaine lui avait donné une perte de 24 francs, au lieu d'un bénéfice, et il vérifia que la moitié des opérations qu'il faisait donnaient un résultat négatif et absorbaient le profit des autres (1). Ne voyons-nous pas sans cesse des agriculteurs persuadés que leur troupeau les met en perte, parce qu'ils négligent de porter son fumier à son crédit, et attribuer des bénéfices trop élevés à leurs céréales, parce qu'ils ne portent pas les engrais à leur débit? Très-souvent encore on est porté à donner un prix exagéré au travail des attelages, qui n'est pas diminué de la valeur du fumier, et le compte des céréales se trouve alors appauvri par la cherté du labour. Une exploitation agricole ne peut être bien connue, bien dirigée, que quand, par le résultat des comptes annuels, on a pu apprécier complétement le mérite de chacune des pratiques qui la constituent.

(1) *Économie de l'agriculture*, § 40.

D'ailleurs, le travail qu'exige une pareille comptabilité, effrayant pour ceux qui commencent à l'étudier sur des exemples compliqués, est proportionné à l'étendue et aux détails de l'entreprise. Il est très-peu considérable quand elle est petite et peu variée, il grandit avec son importance et sa variété. Un fermier dont le domaine est soumis au régime de la jachère triennale pure, ayant très-peu de bétail de rente, aurait un très-petit nombre de comptes à ouvrir. Son capital, ses soles de blé, ses soles d'avoine, ses valets, ses attelages, sa grange, son grenier, sa place à fumier, sa basse-cour et ses profits et pertes, voilà à peu près tous les comptes qui lui seraient nécessaires. La tenue d'une pareille comptabilité n'exige pas une demi-heure de travail par jour pour relever sur les livres auxiliaires les articles du journal, et sur le journal ceux du grand-livre. C'est un genre d'instruction que reçoivent maintenant les jeunes filles des négociants et des fermiers, et nous en connaissons qui sont de parfaites comptables. Si ensuite on a des soles de légumes, des racines, des fourrages artificiels, des prairies permanentes, des engraissements et des élèves de bestiaux, il faut avoir autant de nouveaux comptes; mais cette complication même d'entreprises rend plus nécessaire une bonne tenue des livres, pour que l'on puisse bien distinguer celles qui deviennent plus onéreuses qu'utiles.

Nous autres Français, accusés avec quelque raison de tant aimer le changement, nous le repoussons avec persévérance dès qu'il exige de nous quelque contention d'esprit ou quelque fatigue matérielle. Ce sont nos cultivateurs qui, entre tous ceux de l'Europe, ont résisté le plus longtemps à l'introduction d'un bon mode de comptabilité. Les habitudes commerciales de l'Angleterre l'ont introduite sans effort dans son agriculture. Thaër la transporta en Allemagne et la fit adopter dans toutes les grandes exploitations. Quant à nous, nous luttons encore contre cette innovation; beaucoup d'agriculteurs qui passent pour habiles la voient encore d'aussi

mauvais œil que l'introduction des données physiques et
chimiques dans l'évaluation de leurs produits. Un combat
acharné contre tout ce qui peut introduire la lumière, l'ordre, la rectitude dans les opérations, a été livré à la comptabilité en partie double comme à toutes les autres innovations
scientifiques. En 1815, la Société centrale d'agriculture cou-
ronnait encore la méthode par tableaux de Gabian ; on semblait la regarder comme une planche de salut pour échapper
à cette maudite partie double, qui menaçait les agriculteurs
dans leur quiétude. Cette résistance n'est pas une des moindres causes qui nous ont privés jusqu'ici de données expé-
rimentales propres à servir de base à la science. Heureusement l'influence de Mathieu de Dombasle se fit sentir dans le
monde agricole; on n'osa plus s'élever contre cette grande
autorité, et son exemple, suivi par M. Dailly, par la ferme-
modèle de Grignon, et par toutes les fermes écoles qui se
sont établies depuis cette époque, a mis fin à la polémique; la
pratique s'en étend progressivement.

Si l'on se demande en quoi consiste la différence spéciale
qui existe entre la comptabilité agricole et les autres espèces
de comptabilités, nous dirons :

1° La comptabilité agricole diffère d'abord des comptabilités où l'on n'a à tenir compte que de sommes d'argent
reçues et payées, telles que celles d'une banque ou du tré-
sor public, en ce que, comme les industries qui produisent des marchandises, le prix réel de ces marchandises,
celui qui résulte des frais, est connu au moment de leur
confection et de leur mise en magasin; mais que, le prix de
vente n'étant pas le prix réel, il faut en bonifier plus tard la
fabrication, ce qui doit se faire quelquefois après la clôture de
l'exercice. Par exemple, un fabricant de drap dépense, pour
faire un mètre de drap :

1° Achat de laine, 1 kil. de laine lavée. 5 fr. 10 c.
2° Fabrication. 5   »
                                         ――――――――
                                         10   10

Il ne peut porter, dans son inventaire de fin d'année, si le drap n'a pas été vendu, que ce prix de revient. L'année suivante (année n° 2), il vend son drap au prix de 15 fr.; le magasin se trouve bénéficier de 4 fr. 90 c. Cette même année n° 2, il fabrique du drap qui lui coûte 12 fr.; il le vend seulement 14 fr. dans le courant de l'année n° 3. Il se trouvera que, dans les comptes de chaque année, l'année n° 2 aura gagné $15-2=3$, tandis que, s'il avait reporté la vente à l'année de fabrication, son bénéfice réel aurait été de 4 fr. 90 c. On conçoit que, quoique chaque année ne donne pas ainsi son véritable résultat, elles se compensent entre elles, qu'il se forme un prix moyen de fabrication et un prix moyen de vente, et que le résultat moyen est bien l'expression du bénéfice définitif du fabricant. Pour obtenir le bénéfice réel, il faudrait qu'il suspendît la clôture des comptes d'un exercice jusqu'à ce que toutes les marchandises fabriquées dans cet exercice fussent vendues, ce qui aurait des conséquences beaucoup plus fâcheuses sur la marche de ses affaires.

Ce qui se passe pour le fabricant de drap arrive aussi au fabricant de blé; si les ventes n'ont pas lieu dans le cours de l'exercice, le blé reste au grenier avec son prix de revient, et le bénéfice ou la perte est porté l'année suivante au compte du grenier, à moins qu'on ne suspende la clôture des comptes jusqu'à la vente effectuée. Mais on voit aussi que les profits ou la perte du compte grenier, reportés chaque année au compte culture du blé, finissent par établir cette balance de frais moyens et de prix moyens, qui donne la véritable situation de la culture des céréales.

2° La difficulté serait donc facilement éludée si elle ne consistait que dans le doute qui plane sur les résultats d'un exercice particulier; mais elle est plus grave quand le prix de revient de l'objet fabriqué ne peut être établi lui-même d'une manière définitive. Or, il entre dans la production agricole de éléments qui n peuvnt re évalué immédia-

tement, Quel est le prix réel du fourrage que l'on fait consommer à de jeunes animaux que l'on ne vendra qu'après
leur croissance? Quel est le prix réel des journées d'attelage, quand le nombre de ces journées de travail n'est pas
encore connu, et quand le prix du fourrage consommé reste
encore dans l'incertitude? Quel est le prix de l'engrais
fourni aux cultures, quand il dépend lui-même de la valeur
des fourrages, des profits faits en les consommant, etc.?
Ainsi, à l'incertitude sur le prix de vente, qui lui est commun avec le fabricant, l'agriculteur joint l'incertitude sur
le prix de revient. C'est là ce qui constitue la spécialité et la
véritable difficulté de la comptabilité agricole, et nous devons examiner les moyens d'approcher le plus possible de la
réalité des faits dans la rédaction de nos comptes, sans espérer atteindre une exactitude parfaite autrement que par la
fusion des comptes de plusieurs années en un seul. Ce
compte définitif nous donnera des moyennes qui se confon-
dront d'autant plus avec la vérité que l'on aura réuni un
plus grand nombre d'années Ce caractère particulier à la
comptabilité agricole résulte de la lenteur de ses opérations,
qui ne peuvent devancer le nombre des transformations que
la matière subit sous l'action de la nature.

Nous avons donc à résoudre les problèmes suivants :
comment doit-on établir la valeur en numéraire 1° des produits récoltés destinés à la vente ; 2° de ceux destinés à la
consommation; 3° des engrais ; 4° des cultures ; 5° des
journées d'attelages ; 6° du bétail de vente ? Il est impossible, en effet, de clore un compte sans avoir réduit toutes ces
valeurs hétérogènes en une valeur homogène, la monnaie.

SECTION 1. — *Établissement de la valeur en numéraire*
des objets destinés à la vente.

Si la vente des produits suivait immédiatement les récoltes, il n'y aurait aucun embarras pour les inscrire sur les

livres de comptes, puisqu'à côté de leur quantité on porterait leur valeur en argent. Mais, comme la vente ne s'effec-
tue souvent qu'après la clôture de l'exercice, il a fallu
trouver un moyen d'y faire entrer la récolte de l'année sans
altérer la vérité des faits. Les uns ont proposé de donner à
la denrée son prix moyen conclu des dix années précédentes;
mais une telle moyenne nous induirait dans une grande erreur quand nous voudrions comparer le résultat de nos différentes récoltes. Pour s'en convaincre, nous prions le
lecteur de jeter un coup d'œil sur les comptes d'une métairie
exploitée à Orange.

Année.	Récolte obtenue sur un hectare. hectol.	Prix moyen. fr.	Valeur de la récolte. fr.	Valeur d'après le prix moyen de 10 ans. fr.	Erreurs annuelles. fr.
1810	10	27,38	273,80	298,990	25,190
1811	7	35,21	246,47	209,293	— 37,177
1812	9	37,78	340,02	269,091	— 70,929
1813	11	26,28	289,08	328,889	+ 39,809
1814	16	22,11	353,76	478,384	+ 124,624
1815	19	25,83	490,77	568,081	+ 77,311
1816	15	32,02	480,30	448,485	— 31,815
1817	12	38,85	466,20	358,788	— 107,412
1818	20	30,02	600,40	597,980	— 2,420
1819	16	23,51	376,16	478,384	+ 102,224
	135	298,99	3916,96	4036,365	+ 119,405
Moyenne.	13,5	29,899	391,696	403,636	+ 11,940

Nous avons reçu en dix ans 3,916 fr. 96 c. pour 135 hectol.
de blé, ce qui nous donne le prix moyen de 29 fr. 014 pour
l'hectolitre, tandis que la valeur moyenne de l'hectolitre, tirée
de la moyenne des prix de chaque année, est de 29 fr. 899;
cette dernière valeur moyenne appliquée aux 135 hectolitr.
récoltés aurait dû produire 4,036 fr. 365; il y a donc une
différence moyenne de 11 fr. 94 par hectare. Mais les différences annuelles sont bien plus frappantes; elles vont de 124 f.
en plus à 107 fr. en moins. Ainsi, tous nos comptes annuels

seraient entachés d'erreurs, et l'on n'aurait jamais une situation réelle si l'on adoptait un pareil moyen (1).

(1) Ces différences viennent d'une fausse évaluation de moyennes. Si
les prix croissaient et décroissaient dans un rapport exactement inverse
à la quantité des denrées produites, la moyenne résultant de la somme
des prix moyens d'un certain nombre d'années, divisée par le nombre des
années, serait certainement exacte ; mais la hausse étant dans une proportion plus forte quand les denrées produites sont en petite quantité, que
la baisse ne l'est quand les denrées sont abondantes, il en résulte que
l'on trouve toujours ainsi une moyenne trop élevée en divisant la somme
des prix moyens par le nombre des années. Pour obtenir la moyenne
exacte, il faut diviser la somme des produits de la quantité vendue chaque année multipliée par le prix de vente, par la somme des produits.
Soit V la valeur moyenne, v, v_1, v_2, v_3, v_n les prix annuels, et
q, q_1, q_2, q_3, q_n les quantités vendues ; on aura.

$$V = \frac{v \times q + v_1 \times q_1 + v_2 \times q_2 + v_3 \times q_3 ..... + v_n \times q_n}{q + q_1 + q_2 + q_3 ..... + q_n}$$

Ainsi, dans l'exemple cité, si nous divisons la somme des prix totaux
des récoltes, 3916,96, par le nombre d'hectolitres récoltés, 135, le prix
moyen obtenu sera 29 fr. 014, tandis qu'en divisant simplement la somme
des prix moyens, 298 fr. 99 c., par le nombre des années, nous avons
obtenu 29 fr. 899.

On a proposé aussi de retrancher, de la somme du prix des dix années, les deux années du plus haut prix et les deux années du plus bas,
et de diviser par 6 la somme des prix des six années restantes.

Les deux années les plus hautes.	{	38,85
		37,78
Les deux années les plus basses.	{	22,11
		23,51

Somme égale à. . . 122,25
Somme totale des prix moyens des 10 années. 298,99
Quatre années à retrancher 122,25

Reste. . . . 176,74

En divisant par 6, nous obtenons 29 fr. 45.

Dans ce cas, nous avons encore une moyenne trop haute ; dans d'autres on pourrait l'avoir trop basse.

Les statisticiens commettent souvent des erreurs de cette nature,
faute de remonter aux principes.

Une autre méthode, que nous avons toujours suivie avec avantage, c'est d'attribuer aux produits leur prix du marché au moment de la récolte, de les porter avec ce prix au débit du magasin, du grenier à blé, du cellier, etc. Le magasin joue alors le rôle de dépositaire, de commissionnaire, qui doit rendre compte, ou du spéculateur achetant pour son compte et revendant à profits et pertes. Dans le premier cas, s'il a reçu le blé à 24 fr. et qu'il le vende 30 fr., il doit rendre compte de 6 fr. à la récolte de blé; dans le second, il est lui-même en bénéfice de 6 fr., qui se portent à son compte en bénéfice à la fin de l'année. Lequel de ces deux partis faut-il adopter ?

Le choix ne serait pas douteux, ou plutôt il n'y aurait pas de difficulté si la vente du blé se faisait toujours pendant l'exercice où se fait la récolte : il serait très-naturel alors de reporter sur la culture le bénéfice ou la perte qui résulte de la hausse ou de la baisse des prix. Mais quand la vente n'a lieu qu'après l'exercice clos, si l'on portait son prix au compte nouveau de la sole des blés, on altérerait la réalité de ce compte en le faisant participer aux chances de la récolte précédente; et quand il y aurait deux ventes faites dans la même année, celle de la récolte précédente et celle de la récolte courante, cette altération deviendrait bien plus forte encore, si les deux résultats, loin de se compenser, se trouvaient tous les deux dans le sens du bénéfice ou de la perte. D'un autre côté, en attribuant au blé les prix du moment de la récolte, qui sont ordinairement les plus bas, on semble leur créer une position désavantageuse ; mais si l'on pense aux déchets qui résultent des ravages des animaux, du criblage, etc., et aux frais divers qui incombent au magasin, on trouvera qu'au bout de peu d'années, son bénéfice est très-peu considérable, et n'influera pas notablement sur les résultats du compte du blé. Il en est de même des autres récoltes; il y a beaucoup de déchet dans les fourrages, dans les racines, les liquides perdant par le coulage, par le soutirage, etc. Nous aimons donc mieux adopter la fiction qui considère le magasin ou le grenier comme un spéculateur qui court ces chances et celles des variations de prix, et par là nous ne nous éloignons pas beaucoup de l'exactitude des faits.

SECTION II. — *Établissement de la valeur des objets destinés à être consommés dans l'exploitation.*

S'il existe un marché où les objets consommés peuvent être vendus à volonté, c'est le prix que l'on en obtiendrait, diminué des frais de transport, qui doit être porté immédiatement dans le compte. Mais si ce marché n'existe pas, ou s'il est à un tel éloignement qu'on n'y parvienne qu'avec de telles difficultés qu'il faille renoncer à y vendre les récoltes, on demande à quel prix il faut le porter dans les comptes pour ne pas s'écarter de la réalité.

Le problème serait encore facilement résolu si les résultats positifs de la consommation pouvaient toujours se manifester dans l'année Nous saurons, par exemple que 2324 k. de foin ayant produit 1000 hectolitres de lait, le kilogramme de ce foin a la valeur de la 2324ᵉ partie du prix de ce lait, diminué des frais de garde, de logement, de l'intérêt de la valeur des animaux, de l'assurance de leur vie, et augmenté du prix du fumier. Mais nous trouvons de nouvelles difficultés si le lait est transformé en fromage, chargé des frais de fabrication, vendu tard, et ne manifestant sa valeur définitive qu'après la clôture des comptes. L'engraissement des animaux offre des difficultés du même genre, et le foin donné aux attelages ne peut être évalué qu'en assignant aux travaux qu'ils produisent une valeur hypothétique.

Dans des cas pareils, la seule chose raisonnable à faire, c'est d'attribuer aux denrées, dans les comptes, leur prix réel, c'est-à-dire celui qui résulte des frais de production; si nos consommateurs en retirent un prix plus élevé, ils en

profitent. Ce sont eux alors qui sont nos véritables acheteurs. Si leurs produits ne peuvent atteindre au prix réel des
substances qu'ils consomment, c'est un avertissement pour
cesser de cultiver ces substances. Il faut s'abstenir autant que
possible de toute hypothèse en fait de réduction de comptes;
l'imagination prend une trop large part à leur création, et
elle peut nous conduire à la ruine au milieu des rêves qu'elle
enfante. La marche régulière que nous indiquons est exempte
de ces inconvénients, et nous place toujours en présence d'une
inexorable vérité.

SECTION III. — *Établissement du prix des engrais.*

C'est la partie délicate de la comptabilité agricole, et sans
laquelle cependant elle reste dans une obscurité complète et
produit autant d'illusions qu'il y a de branches différentes
d'industries dans l'exploitation. C'est l'oubli de l'article engrais qui fait penser à tant de cultivateurs qu'ils sont en
perte sur leur bétail, erreur contre laquelle proteste la réalité des choses, puisque les exploitations sont d'autant plus
prospères que cette prétendue cause de perte est plus multipliée. C'est l'oubli de cet article de dépense qui leur fait estimer trop haut les résultats des cultures auxquelles on applique le fumier, et trop bas ceux des cultures qui en sont
privées. En un mot, une comptabilité privée de cet élément
important n'est propre qu'à égarer ceux qui lui accordent
quelque confiance. Comment donc expliquer cette assertion
magistrale de Royer, qui posait en principe « qu'il faut relé-
guer les faits relatifs à la valeur des engrais dans la comptabilité de prévision, c'est-à-dire dans les budgets, et les exclure absolument des livres positifs, dont ils peuvent arbi-
trairement, et sans aucun fondement, au gré du comptable,
faire varier les résultats, et même les dénaturer complètement » (1)? Nous n'avons pu nous en rendre raison que par la

(1) Royer, *Traité de comptabilité rurale,* p. 21.

situation où l'auteur s'était trouvé, dans une ferme attachée
à une poste, où la litière avait une valeur vénale égale ou
supérieure à celle des fumiers. C'est dans une situation
analogue que M. Dailly avait pu aussi négliger de porter
l'engrais en dépense à ses soles de blé, parce qu'elles formaient une paille d'une valeur équivalente.

Nous allons voir cependant que les faits agricoles nous
donneront des moyens suffisants pour évaluer la valeur du
fumier, et qu'il ne reste aucun prétexte pour l'omettre à
l'avenir.

§ 1. — *Unité dont on doit se servir dans le compte-matière des engrais.*

On s'est servi jusqu'ici d'une grande variété d'unités pour
tenir compte des engrais formés et de ceux employés dans
les fermes. Ici on a calculé par pieds ou mètres cubes;
Thaër les indiquait par voitures de 2,000 livres de Berlin
(9,400 kilog.); ailleurs les voitures varient de dimensions;
en Provence, on calcule par charrettes à trois colliers, qui
portent 26,000 kilog. de fumier. Les chariots de Mathieu
de Dombasle étaient comptés pour 500 kilog. pesant. Dans
les environs de Paris, on parle de fumerons, ou petits tas de
fumier pesant chacun 575 kil. (environ un demi-mètre cube).

S'il n'y avait entre toutes ces unités que la différence qui
résulte de celle des poids et mesures, on pourrait facilement
s'entendre, et on les réduirait toutes à une seule unité au
moyen du plus simple calcul; mais les différences sont autrement radicales et importantes. Quand nous transportons,
dans le Midi, une voiture de fumier de 26,000 kilog., et
que ce fumier n'a que 0,61 d'eau, nous portons l'équivalent
de 54,000 kilog. du fumier normal des fermes du Nord,
ayant 0,80 d'eau. Ce n'est pas tout encore. Si nous transportons du fumier de cheval, n'ayant que 0,49 d'humidité,
et du fumier de vache, qui en ait 0,81, en leur supposant

la même valeur intrinsèque à l'état sec, 100 kil. du second ne feront l'effet que de 60 kil. du premier. Comment leur attribuer le même prix dans les comptes de deux soles de blé? Devra-t-on s'attendre à ce que leurs récoltes soient également bonnes, et ne se trompera-t-on pas en portant les mêmes dépenses sur toutes les deux?

Mais il y a plus encore. 100 kilog. de fumier de cheval doseront 0,63 kil. d'azote, et 100 kilog. de fumier de vache ne doseront que 0,25 kil. d'azote. Ainsi, ce ne serait pas assez que de tenir compte de leur humidité relative pour balancer leur valeur; car 100 kilog. de fumier de vache ne produiront que l'effet de 36,5 kil. de celui de cheval.

Ainsi, soit que l'on se serve de plusieurs espèces de fumiers ayant des degrés différents d'humidité, ou des degrés différents de richesse, on est exposé à commettre des erreurs qui ne permettent plus de rendre les comptes des cultures et ceux des produits animaux comparables entre eux.

Ces mêmes comptes ne seront pas moins erronés d'une année à l'autre, d'une saison à l'autre, selon que le fumier sera plus ou moins humide, ou que le bétail aura été mieux ou moins bien nourri.

Mais, ainsi que nous l'avons fait observer souvent, comme, parmi les éléments qui composent les engrais, l'azote est le plus cher, le plus difficile à suppléer, c'est aussi lui qui constitue sa principale valeur, et qui doit être pris pour l'unité représentant celle de l'engrais. Tout compte qui aura la prétention d'être régulièrement tenu comptera donc les kilogrammes d'azote recueillis et employés, et non des quantités de fumier qui n'ont rien de comparable; car ils peuvent consister en eau, en terre, et contenir des quantités variables d'urine, de fèces, de détritus végétaux.

La difficulté paraît être de rendre cette méthode applicable pour le plus grand nombre; elle ne nous paraît pas insurmontable, et nous allons exposer deux méthodes, l'une rigoureuse, l'autre approximative, qui conduiront au but.

§ 2. — *Méthode rigoureuse d'appréciation de l'unité de compte des engrais.*

Cette méthode consiste dans l'analyse directe de l'engrais et dans l'application à cette unité de l'unité monétaire qui représente sa valeur actuelle.

On prend plusieurs portions d'une masse de fumier dans les différentes parties de cette masse; on les mêle bien ensemble et on les pulvérise. La pulvérisation sert à mélanger encore mieux les parties prises sur les différents points. Alors on pratique l'analyse, et l'on détermine la teneur de l'azote sur un ou plusieurs lots de la poudre dans son état normal d'humidité. On dessèche ensuite un lot de même poids de cette poudre. On a ainsi : 1e la quantité d'eau et la quantité de matière sèche contenues dans l'engrais à l'état normal et celui contenu dans l'engrais à l'état sec; 2⁰ la quantité d'azote contenue dans l'engrais à l'état normal et à l'état sec.

On détermine ensuite la quantité de potasse, de soude, de chaux, d'acide phosphorique, contenue dans l'engrais, par les moyens ordinaires.

Pour déterminer maintenant la valeur d'un kilogramme d'azote, partirons-nous de cette observation que, dans l'emploi des engrais lents, tels que les fumiers d'étable, l'évaporation, l'infiltration, l'absorption, font disparaître le quart environ de la force naturelle des engrais? Il en résulterait que, 100 kil. de blé dosant avec sa paille 2,62 kil. d'azote, 1 kil. d'azote devrait produire sans déperdition 38,168 kil. de blé, et qu'il n'en produira réellement que 28,626 kil. Si donc on prenait, pour la valeur de l'azote, le résultat qu'on en obtient dans cette culture, et en supposant le prix du blé de 25 fr. les 100 kil., le prix du kilogramme d'azote serait de 6 fr. 58 c., et celui de 100 kilog. de fumier de ferme, dosant 0,40 d'azote et produisant 11,45 kil. de blé, de 2 fr. 63 c. Il y aurait ensuite à déduire de ce prix la manutention et les charrois, et ce qu'il faudrait ajouter au fumier pour que chaque kilogramme d'azote fût accompagné de :

Potasse ou soude.	1,72 kil.
Acide sulfurique	0,14
Acide phosphorique. . . .	1,326
Chaux.	1,139

Mais, si nous prenions une telle base, il y aurait une vraie duperie à faire des engrais ; car, en enfouissant tout simplement du fourrage dosant 1,15 kil. pour 100, et qui coûterait 4 fr. les 100 kil., on aurait de l'azote à 3 fr. 40 c., c'est-à-dire à près de moitié meilleur marché. Le prix du fourrage nous semble donc établir un niveau dont on ne doit pas s'écarter. Ayant le dosage du foin, le prix du foin, et par conséquent celui de son azote, c'est ce prix que l'on doit appliquer à l'azote des fumiers, rendus dans la ferme.

Mais où prendre ce prix du fourrage? Sera-ce dans les villes, où son emploi pour les attelages de luxe et les frais divers dont il est chargé l'enchérissent beaucoup? Sera-ce sur les grandes lignes de communication, où les entreprises de transport peuvent le payer à un prix élevé, et où, d'ailleurs, la consommation excède la production des lieux les plus rapprochés et amène les fourrages de lieux plus éloignés? nous pensons qu'il faut le chercher dans les consommations rurales, productives et réalisables, telles que celles des animaux à l'engrais, ou celles des laiteries éloignées des villes, et qui ne peuvent vendre leur lait à ce prix de monopole que crée la consommation de luxe.

Nous savons que 17 kil. 7 de foin dosant 1,15 p. 0/0, c'est-à-dire, la quantité de foin contenant 0 kil. 203 d'azote, produisent 1 kil. de chair; le prix des animaux conduits sur le marché contient tous les frais qui ont été faits pour les obtenir ; ainsi le prix de 1 kil. de chair vivante représente réellement pour le cultivateur le prix de revient de 0 kil. 203 d'azote. Si ce prix est de 0 fr. 40 cent., celui du kil. d'azote du fourrage et par conséquent de celui de l'engrais, sera de 1 fr. 97 cent.

Nous savons qu'un litre de lait est produit par $2^k,524$ de foin normal, et qu'il faut joindre à cette dépense une valeur à peu près égale qui représente l'intérêt et l'assurance de la valeur du bétail, son logement, sa garde et autres menus frais. Ainsi la valeur du litre de lait est donc égale à $4^k,648$ de foin normal; si le litre de lait ressort au prix de 10 c., 100 kil. de foin vaudront 2 fr. 15 c., et comme ce foin dose 1,15 p. $\%$ d'azote, le kilog. d'azote vaudra 1 fr. 87 c. (1).

Ainsi 1° connaître la teneur de l'engrais en azote; 2° connaître la teneur du fourrage en azote; 5° connaître le prix d'un kil. de chair vivante d'animal propre à la boucherie, ou le prix d'un litre de lait; 4° diviser le prix d'un kil. de chair par 0,203 ou celui de 100 litres de lait par 0,0534, selon l'emploi le plus général que l'on fait du fourrage, tels sont les moyens par lesquels on parvient à déterminer le prix de l'azote de l'engrais, tel qu'on le portera sans erreur sur les comptes du Domaine.

§ 3. — *Méthode approchée pour apprécier la valeur des engrais.*

Toutes les difficultés de la méthode rigoureuse consiste dans les analyses à faire de l'engrais et du fourrage. Les moyens. d'analyse deviennent chaque jour plus· faciles, et l'habitude des manipulations chimiques plus répandue. Il faut espérer que le temps n'est pas loin où tous les régisseurs habiles sauront faire ces opérations qui donnent tant de certitude à la comptabilité et aux spéculations agricoles; mais en attendant cette époque, ceux qui voudront s'en dispenser devront avoir recours aux résultats moyens déjà donnés par les analyses que nous possédons.

La méthode que l'on suivra alors consiste à connaître la quantité des différents aliments consommés par le bétail et des litières qui leur sont fournies, à les réduire à l'état sec par le calcul, à multiplier chacun d'eux par sa teneur en

(1) Voyez tome IV, p. 365 et suiv.

azote; ensuite à savoir le poids total du fumier préparé, ce que l'on trouve en pesant un mètre cube de fumier et cubant ensuite le tas de fumier. Alors en soustrayant de ce poids celui des aliments et des litières à l'état sec, on a la quantité d'eau que contient le fumier; en divisant la somme de l'azote diminuée des déperditions faites par le bétail, par le poids des aliments secs on a la teneur en azote à l'état sec; et en la divisant par le poids du fumier, on a la teneur en azote à l'état humide. Un exemple rendra cette méthode familière. Les *Annales de Grignon* (1) nous donnent pour l'année de 1857 à 1858 les consommations des animaux et la quantité d'engrais recueilli. Voici les résultats de nos calculs appliqués à cette exploitation :

Chevaux, 5,986 *journées.*

	Fourrages fournis à l'état normal. kil.	Teneur en matière sèche.	Fourrages réduits à l'état sec. kil.	Azote. kil.
Pommes de terre.	18,216	0,23	4,189,68	62,84
Carottes	12,146	0,12	1,457,52	34,98
Fourrages verts. .	16,207	0,25	4,052,00	54,30
Fourrages secs. .	27,764	0,88	24,432,76	327,38
Paille.	61,920	0,915	56,656,80	216,72
Avoine	33,285	0,876	28,957,66	637,07
Farine.	62	0,87	53,94	1,30
Son.	88	0,862	75,86	2,10
	169,688		119,876,22	1,336,69

En retranchant des 1,334ᵏ69 d'azote
L'azote de la litière. 216,72

Il reste. . 1,119,97 pour la ration de 5,986 journées.

La ration quotidienne contient donc 187 grammes d'azote, et les chevaux doivent peser en moyenne 421 kil. Ils travaillent 231 jours par an.

Fumier obtenu par M. Bella : 128,872 kil.

(1) 9ᵉ livraison, p. 46 et suiv.

V.   38

Les chevaux ont consommé 119,876 de fourrage,
  moins 56,656 de litière, ou. . . . . 63,220 kil.
Ce poids se réduit par la digestion aux 0,544, ce
  qui donne. 34,392
Mais ils travaillent 6,32 heures par jour selon le tableau de M. Bella ; ils perdent ainsi les 0,263 de
  leurs déjections, ce qui réduit le poids des matières
  sèches aux 0,737 ou à. 25,347
A quoi il faut ajouter le poids de la litière 56,656

                Matière sèche du fumier. . . . 82,003
Les 1,337 kil. d'azote des fourrages se réduisent aux
  0,83 de leur poids par la digestion, il reste 1,100
Ils se réduisent en outre à 0,737 par le travail, ci. . . 818
L'eau contenue dans le fumier est égale au poids de
  ce fumier. 128,872
Moins le poids de la matière sèche. 82,003

                Eau. 46,869
Ou les 0,363 de la masse.

Le fumier à l'état sec dose en azote $\frac{81800}{82003} = 0,99$ p. 0/0
et à l'état humide $\frac{81800}{128872} = 0,63$.

Bœufs, 7,409 jours.

	Fourrages à l'état normal. kil.	Teneur en matière sèche.	Fourrages réduits à l'état sec. kil.	Azote. kil.
Pommes de terre.	115,052	0,23	26,461,96	396,91
Betteraves	6,068	0,122	740,30	12,58
Fourrages verts. .	94,510	0,25	23,627,50	316,60
Fourrages secs . .	59,675	0,88	55,514,00	703,69
Paille.	74,568	0,915	68,229,72	361,62
Avoine	3,500	0,876	3,066,00	67,45
Farine	2,022	0,87	1,759,14	45,74
Tourteaux de lin .	926	0,914	846,30	50,78
	356,321		177,244,92	1,955,37

                                        kil.
En retranchant de. . . . . 1,955,27 d'azote
  l'azote de la paille pour litière. 361,62

            Il reste. . . . 1,593,75 pour 7,409 journées.
La ration quotidienne moyenne est ainsi de 215,1 gram.

Le poids moyen des bœufs doit être de 482 kilogr.
Ils travaillent 228 jours par an.

M. Bella a recueilli 208,530 kil de fumier.

Les bœufs ont consommé 177,245 kil. de fourrages
à l'état sec, moins 68,230 de litière : reste pour la
consommation . . . . 109,015 kil.

Qui se réduisent aux 0,544 de leur poids par la digestion : reste dans les fumiers. 59,378

Mais ils travaillent 5,42 heures par jour, ou le 0,226
de la journée, il ne reste donc que 0,774 de la
quantité ci-dessus 45,959

A quoi il faut ajouter le poids de la litière. 68,230

Matière sèche du fumier. 114,189

Les 1,955,37 k. d'azote de l'engrais éprouvent une réduction de 0,83 par la digestion, et se réduisent à 1,623

Ils se réduisent encore aux 0,774 pendant le travail :
reste dans le fumier 1,256

L'eau du fumier est égale à 208,530 kil. — 114,189 =
94,341 kil., ou les 0,45 de la masse.

L'engrais à l'état sec dose en azote $\frac{125\,600}{114\,189}=1,01$ p. %, et
à l'état humide $\frac{125\,600}{208\,530}=0,66$.

Génisses, 16,245 journées.

	Fourrages à l'état normal. kil.	Teneur en matière sèche.	Fourrages réduits à l'état sec. kil.	Azote. kil.
Pommes de terre. . . .	21,321	0,23	4,903,83	73,54
Betteraves	79,122	0,122	9,652,88	164,10
Topinambours	910	0,208	189,28	3,04
Résidus de pommes de t.	24,250	0,27	2,481,00	48,44
Fourrages verts. . . .	949 965	0,25	65,920,00	883,33
Fourrages secs.	45,331	0,88	43,540,64	583,44
Paille.	130,944	0,915	116,541,72	419,55
Farine	319	0,87	277,53	7,90
	551,462		243,506,88	2,182,62

Si de. . . . . . . 2,182,62 on retranche l'azote de la
paille pour litière. 419,55

Il reste. . . . . 1,763,07 pour la ration de 16,245 journées.

La ration quotidienne moyenne est ainsi de 108,5 gram.
Le poids moyen des génisses doit être 243 kil.
M. Bella a recuilli 467,250 kil. de fumier.

Réduction du fourrage à l'état sec dans les excréments
aux 0,544 de son poids 132,467 k,81
Addition de 0,456 du poids de la paille, qui ne doit
pas être comprise dans la réduction. 53,141   70

Matière sèche du fumier. . . . 185,609   51

Les 1,763 kil. 62 d'azote des aliments se réduisent
dans les excréments aux 0,83 de leur poids, ci.. . 1,463   80
Plus l'azote de la litière.   419   55

1,883   35

Il faut en déduire pour 50 kil. de chair d'accroissement par tête, soit pour 45 têtes ou 2,250 kil. de
chair dosant 3,47 kil. p. °/₀ (1), ci.   78

Il reste. 1,805   35

Le fumier contient en eau 467,250 kil. — 185,609 =
281,641 d'eau, ou 0,60 de la masse.

Il dose en azote à l'état sec $\frac{180\,535}{185\,609}$ = 0,97, et à l'état
humide $\frac{1805\,35}{467\,250}$ = 0,586.

Vaches, 12,151 journées.

	Fourrages à l'état normal. kil.	Teneur en matière sèche.	Fourrages réduits à l'état sec. kil.	Azote. kil.
Pommes de terre	21,410	0,23	4,924,30	73,86
Betteraves , ...	75,779	0,122	9,245,04	157,16
Carottes . . , ...	3,250	0,12	390,00	9,36
Topinambours	910	0,208	189,28	3,02
Fourrages verts.	263,680	0,25	65,920,00	883,33
Fourrages secs.	49,478	0,88	43,540,64	583,44
Résidus de pommes de t.	9,200	0,27	2,484,00	48,44
Paille.	127,368	0,915	116,541,72	419,55
Farine	1,354	0,87	1,177,98	35,20
	552,429		244,412,96	2,213,36

(1) Boussingault, t. II, p. 627.

kil.

Si des. . . . . 2,213,36 d'azote on retranche pour la
paille de la litière. 419,55

Il reste. . . . . . 1,793,81 d'azote pour 12,151 journées.

La ration quotidienne moyenne des vaches est donc de 147,6 grammes d'azote.

Leur poids moyen doit être de 531 kil.

M. Bella a recueilli 504,244 kil. de fumier.

Réduction du fourrage sec aux 0,544 de son poids, ci. 128,966 kil.

Plus les 0,456 du poids des litières qui ne doivent
pas être réduites. 53,142

Matière sèche du fumier. . . 182,108

Les 1,793,81 d'azote des aliments se réduisent aux
0,83 de leur poids, ci 1488,86

Plus l'azote de la paille. 419,55

1908,41

Il faut en déduire encore pour 84,179 litres de lait à
0,57 d'azote pour °/₀ et l'azote de 27,135 litres
pour l'allaitement des veaux . . . . 678 »

Il reste dans les fumiers. . . . 1230,41

Le fumier contient en eau 504,244 kil.—182,108 kil.= 322,136 kil, ou 0,65 de son poids total.

Il dose en azote à l'état sec $\frac{123041}{182108}$=0,67 p. O/0 et à l'état humide $\frac{123040}{504244}$=0,24 p. O/0.

Porcs, 25,550 journées.

	Fourrages à l'état normal. kil.	Teneur en matière sèche.	Fourrages réduits à l'état sec. kil.	Azote. kil.
Pommes de terre.	41,924	0,23	9,641,83	144,63
Betteraves	10,366	0,122	1,264,65	21,50
Carottes	1,300	0,22	156,00	3,74
Fourrages verts. .	5,830	0,25	1,166,00	15,63
Paille.	26,028	0,915	24,547,62	88,37
Farine	9,001	0,87	7,290,87	189,56
Son.	30	0,862	25,86	0,72
Lait.	77	0,133	9,24	0,05
Petit-lait , ...	13,992	0,068	(Payen) 951,47	133,00
	108,545		45,053,53	597,20

kil.

Si de . . . . . . 597,20 d'azote on retranche celui
de la litière. . 88,37

Il reste . . . . . 508,83 d'azote pour 25,550 journées.

La ration moyenne quotidienne des porcs est donc de 19 gr.
Leur poids moyen est de 42 kil. ; ils parviennent au
poids de 133 kil.

On a recueilli 102,266 kil. de fumier.

Les porcs ont consommé 45,053 kil. de fourrages à
l'état sec, moins 24,547 kil. de litière, ci. . . . . 20,506 kil.
Qui se réduisent par la digestion aux 0,544 de leur
poids, ci 11,155
Auxquels il faut ajouter le poids de la litière sèche. 24,547

Matière sèche du fumier. 35,702
Les 509 kil. d'azote servant à la nourriture se réduisent aux 0,83 de leur poids par la digestion, ci. 422,47
Les animaux qui croissent fixent environ les 0,07 de
l'azote de leur nourriture, ci. 28,14

Reste. 394,33
Azote de la litière. 88,37

Azote de l'engrais 482,70

Le fumier contient une quantité d'eau égale 102,266 kil.
—35,702=66,562 kil. ou les 0,65 de la masse.

Le fumier dose en azote à l'état sec $\frac{48270}{35702}$=1,352 p. 0/0,
et à l'état humide $\frac{48270}{102266}$=0,47 p. 0/0.

Bêtes à laines, 323,980 journées.

	Fourrages à l'état normal. kil.	Teneur en matière sèche.	Fourrages réduits à l'état sec. kil.	Azote. kil.
Pommes de terre.	103,102	0,23	23,713,46	355,69
Betteraves	83,245	0,122	10,156,26	172,65
Fourrages verts .	43,245	0,25	10,811,25	144,87
Fourrages secs . .	174,614	0,88	153,660,03	2059,04
Pâture estimée . .	65,515	0,33	21,619,95	289,71
Paille.	100,788	0,915	92,221,00	488,77
Avoine	204	0,876	178,70	3,94
Son	1,615	0,862	1,392,13	38,55
	572,328		313,752,78	3553,22

Si de. . . . . 3553,22 d'azote on retranche
celui de la paille. 488,77
_____
Il reste. . . . . . 3064,45 d'azote pour 323,980 journées.

La ration moyenne quotidienne d'azote est donc de 9,46 gr. Les bêtes à laine doivent peser en moyenne 21 kil. 21.

On a recueilli. . . . . 331,144 kil. de fumier.
Plus on a parqué 1,86 hectares. Chaque
mouton fait pendant les 8 heures de nuit
0,5 kil. de fumier pareil à celui-ci ; et
comme il fume 2,66 m. c., il faut 7,000
nuits pour fumer 1,86 hect.; par conséquent le produit du parquage est de. .   3,500
_____
Total du fumier. 334,644

Les bêtes à laine ont consommé à l'état sec
313,753 kil. moins 92,221 kil. de litière, reste. .   221,532 kil.

Qui se réduisent par la digestion aux 0,544 de ce
poids, ... 120,513
Auxquels il faut ajouter le poids de la litière. . . . 92,221
_____
Matière sèche du fumier. 212,734

Les 3064,45 kil. de l'azote des fourrages se rédui-
sent par la digestion à 0,83 de ce poids, ci. . . 2543,12
Auxquels il faut ajouter l'azote de la paille. 488,77
_____
Total. 3031,89

On a obtenu 1527 k. 35   kil.   474,13 k.
de laine dosant 17 %, ci. 259,65 d'azote   à soustrai-
L'accroissement de la   re de l'a-   474,13
chair a fixé 0,07 de l'a-   zote de
zote de la nourriture. . 214,48   l'engrais.
_____
Azote du fumier. 2557,76

L'eau contenue dans le fumier est de 331,144 kil.— 212,734=118,410 ou les 0,56 du poids total.

Le fumier dose en azote à l'état sec $\frac{255776}{212734} = 1,202$, et à l'état humide $\frac{255776}{334644} = 0,76$ p. 0/0.

Volailles, 77,785 *journées.*

	Poids des aliments à l'état normal. kil.	Teneur en matière solide.	Aliments réduits à l'état sec. kil.	Azote. kil.
Pommes de terre.	720	0,23	165,60	2,48
Paille.	750	0,915	686,25	2,47
Criblures d'avoine	150	0,876	131,40	2,89
Orge	625	0,868	542,50	10,95
Petit blé	1,228	0,850	1,049,94	24,15
Millet.	112	0,868	97,44	1,95
Farine	129	0,87	112,23	2,91
Lait	134	0,133	16,08	0,09
	3,848		2,801,44	47,89

kil.

Si de. . . . . 47,89 d'azote on retranche le poids de l'azote
de la litière . . 2,47

Il reste. . . . . . 45,42 d'azote pour 77,785 journées.

La ration moyenne serait ainsi de 0,58 gram.. Or, pour une volaille du poids moyen de 0,75 kil., elle doit être de 1,68 gram. d'azote. Ainsi la volaille consomme, outre la nourriture donnée, 0,93 gram. d'azote dans la nourriture qu'elle trouve au dehors, ou les 0,553 de la nourriture totale; nous supposons d'ailleurs ce surplus d'azote perdu pour les engrais, dans les courses de la volaille.

On a recueilli 9,131 kil. de fumier.

La consommation à l'état sec a été de 2,801,44 kil.
d'aliments, moins 686,25 kil. de litière; reste. . 2,115,19 kil.

Ces aliments se réduisent par la digestion aux 0,544
de leur poids; ci. 1,150,56
Auxquels il faut ajouter le poids de la litière. . . . 686,25

Matière sèche du fumier. 1,836,81
Les 45,42 kilog. d'azote des aliments se réduisent aux
0,83 par la digestion; ci. 37,70
faut ajo ter l'azote de la litière. 2,47

40,17

Il faut retrancher : 1° pour 10,733 œufs ou 536,5 kil.
d'œufs dosant 1,99 d'azote p. 100, ou en totalité
10,68 kil., dont la moitié attribuée à la nourriture
donnée, ci. . . . . 5,34 kil. $\}$
2° Pour accroissement 7 p. % de la nourriture. 3,17 $\}$ 8,51

Reste azote. 31,66

L'eau contenue dans le fumier est égale à 9151—1857=
7294 ou les 0,79 de la masse.

Le fumier dose en azote à l'état sec $\frac{3160\times100}{183681}=$1,72 p. 0/0;
à l'état humide $\frac{3160}{9131}=$0,32.

Récapitulation.

	Poids des aliments à l'état normal.	Aliments à l'état sec.	Azote des aliments.	Poids du fumier recueilli.	Matière sèche du fumier.	Eau du fumier.	Azote du fumier.
	kil.	kil.	kil.	kil.	kil.	kil.	kil.
Chevaux...	169,688	119,876,22	1,336,69	128,872	82,003	46,869	818
Bœufs	336,321	177,244,92	1,955,37	208,550	114,189	94,341	1,256
Génisses ...	551,462	243,506,88	2,182,62	467,250	185,609	281,541	1,885
Vaches	552,429	244,412,96	2,215,36	504,244	182,108	322,136	1,230
Porcs......	108,545	45,053,53	597,20	102,266	35,702	66,562	485
Bêtes à laine	572,328	313,732,78	3,553,22	331,144	212,734	118,410	2,558
Volailles...	3,848	2,801,44	47,89	9,131	1,836	7,294	32
	2,314,621	1,146,648,73	11,886,35	1,751,437	814,181	957,253	8,260

1° Le poids du fumier recueilli est les 0,76 du poids des
aliments frais joints à la litière et les 1,53 de celui des aliments à l'état complétement sec; quand il retient 0,53 d'eau,
et en supposant même qu'il eût 0,80 d'eau comme le fumier
normal de ferme, il ne pèserait encore que 1,13 fois le poids
de l'aliment frais et des litières. On commettrait donc une
erreur capitale en doublant le poids de ces substances pour
évaluer celui des fumiers.

2° Ce fumier contient 0,53 d'eau dans l'état où il sort des
étables. Si après avoir été arrosé il en contient 0,80 comme
le fumier normal de ferme, son poids augmente et il pèse
alors 2,681,414 kil., ce qui représente 682 voitures à trois
chevaux, portant 3955 kil. de fumier chacune.

5° Il dose à l'état complétement sec 1,014 p. O/0 d'azote; dans son état d'humidité en sortant des étables 0,472 p. O/0, et au degré d'humidité normal des fumiers de ferme 0,308 p. O/0.

Ce résultat de notre examen est confirmé par l'analyse chimique que nous avons faite des fumiers de Grignon. M. Philippar nous en procurait chaque année un échantillon pris au centre du tas; et le résultat a été de lui trouver de 1,07 à 1,08 p. O/0 d'azote à l'état complétement sec. On voit donc que cette méthode ne nous éloignerait pas de la vérité.

Si l'on considère Paris, qui est à 39 kilomètres de Grignon, comme le grand marché des engrais et que l'on puisse y acheter du fumier dosant 0,30 d'azote au prix de 0 fr. 40 c. les 100 kil., il faudra y ajouter 20 cent. pour frais de transport, ce qui mettra le fumier à 0,60 et le kil. d'azote à 2 fr. Les fumerons de Grignon de 375 kil. dosant à l'état de fumier humide 1$^{kil.}$,155 d'azote, vaudraient 2 fr. 51 cent. Il était donc très-juste que M. Bella pût les compter au moins à 2 fr.

Grignon, cultivant 282 hectares de terre, n'a que 29 kil. d'azote par hectare pour un système continu : ce n'est guère que les 2/3 des engrais qui lui seraient nécessaires dans le système que l'on y suit, pour parvenir au maximum du produit avec le minimum de travail.

§ 4. — *Autre méthode plus abrégée pour apprécier la valeur des engrais.*

La méthode que nous venons d'indiquer sera trouvée encore trop difficile par le plus grand nombre des cultivateurs. Elle est basée sur la connaissance exacte des fourrages employés, et de la quantité de fumier recueilli. Certainement, l'analyse chimique est moins pénible et moins assujettissante, et tout homme de bon sens préférera se faire initier à ses

manipulations, plutôt que de se livrer à des calculs assez
minutieux, mais que les modèles que nous venons d'offrir
rendent d'une exécution plus facile. Mais il reste encore
une masse très-nombreuse de praticiens qui reculeront devant l'une et l'autre nécessité, et c'est pour eux que nous
allons exposer une méthode encore plus simple, mais aussi
moins exacte pour parvenir à déterminer le poids de l'azote
des engrais qui devra figurer dans le livre de compte.

Ce moyen n'est autre que l'application des tables que
nous avons données plus haut (pag. 455) pour apprécier
les engrais d'une ferme. Nous avons d'après les états cités
dans la section II de ce chapitre, tous les animaux étant
pourvus de litière :

	Fumier sec.	Azote.
16,5 chevaux pesant chacun 421 kil., ou en total 6,946 kil., travaillant 6,32 heures par jour et par conséquent ne produisant que les 0,737 de l'engrais consommé...	56,459 kil.	688,87
21 bœufs pesant chacun 482 kil., en totalité 10,122, kil., travaillant 5,42 heures par jour moyen, et ne produisant que les 0,774 de leur engrais............	92.446	1,127,72
45 génisses pesant chacune 243 kil., en totalité 10,935 kil............	185,895	1,858,95
34 vaches pesant chacune 331 kil., en totalité 11,254 kil............	180,064	1,226,69
70 porcs pesant chacun 42 kil., en totalité 2,940 kil..............	49,980	499,80
888 bêtes à laine pesant chacune 21,21 kil., en totalité 18,834 kil. (nous supposons ¼ brebis, ½ agneau, ou bélier, ou mouton)	310,761	2,617,93
	875,605	8,019,96

La différence sur l'azote trouvé par cette méthode et celui
trouvé par la méthode détaillée n'est que de 8269 — 8049 =
220 kil., ou de 3 centièmes seulement.

Voilà donc un moyen passablement exact, à la portée de
tout le monde et qui ne permettra à personne de prétendre

qu'il soit difficile d'évaluer l'azote de l'engrais d'une ferme, et de la considérer comme l'unité qui doit figurer dans les comptes de l'engrais. Si l'on y ajoute les moyens que nous avons indiqués, pour déterminer la valeur numéraire, on verra que les livres peuvent être immédiatement chargés en recette et dépense de l'engrais employé dans le domaine; il ne s'agit pour cela, après avoir déterminé la quantité d'azote contenue dans un tas de fumier, d'après le nombre des journées des différents animaux existant dans la ferme pendant sa confection, que d'en créditer leur compte; on cube ensuite le fumier et on divise la somme de l'azote par le nombre des mètres cubes. On passe au débit de chaque culture le nombre de kilogrammes d'azote contenus dans les mètres cubes qu'elles reçoivent, et le prix de cet azote.

§ 5. — *Clôture des comptes des cultures relativement à l'engrais.*

Quand on fume chaque récolte en lui attribuant exactement la quantité d'engrais qu'elle peut consommer dans un terrain et un climat donnés, le compte de la récolte se clôt sans reporter aucun reste d'engrais aux années suivantes; mais quand on fume avec une quantité surabondante d'engrais qui doit servir à plusieurs récoltes, il y aurait de l'inexactitude à faire supporter à la récolte pendante l'engrais qui doit profiter à celle qui doit suivre.

L'expérience en grand ne nous permet pas d'admettre que l'influence du fumier de ferme dure plus de trois ans. En effet, dans l'assolement biennal les terres se maintiennent au même niveau en faisant deux récoltes consécutives et une année de jachère; dans l'assolement biennal, on fume tous les quatre ans en prélevant également deux récoltes; mais comme la première récolte profite de tout l'engrais sur lequel elle prélève les 0,50; que la seconde récolte n'agit plus que sur les 0,70 de l'engrais restant, on portera au débit de la première récolte les 0,60 de la valeur totale de l'engrais et les 0,40 seulement au compte de la deuxième. Une plus grande exactitude reposerait sur des bases hypothétiques et trop contestables.

Si l'engrais était autre que du fumier de ferme, il faudrait avoir égard à son action plus ou moins prompte, ainsi que nous l'avons indiqué ailleurs (1).

Mais quand il s'agit d'une récolte améliorante, il y a d'autres règles à suivre. Ainsi la luzerne, le trèfle abandonnent à la terre des détritus que nous avons évalués par quintal métrique de foin sec récolté à 1,78 kil. d'azote pour la luzerne, de 1 kil. d'azote pour le trèfle, etc. Ainsi en portant au compte de la sole de luzerne ou de trèfle tout l'engrais qui lui a été fourni, on mettra à sa décharge 1 kil. 78 d'azote pour la luzerne, 1 kil. pour le trèfle. Nous donnons ici un exemple du compte d'un trèfle.

	Doit		*Avoir.*	
Culture.	10f80	6,000 kil. de foin.	240 fr.	
Graine	44,00	Porté à compte		
Engrais les 0,4 de 100 kil. d'azote		nouveau 60 kil.		
fourni au blé, ou 40 k. à 2 f. le k.	80,00	d'azote à 2 fr.		
3 fauchages.	58,00	le kil.	120	
Bénéfice pour solde.	167,20			
	360,00		360	

Si l'on ne tenait pas compte de la bonification apportée à la terre par le trèfle, ni du fumier restant de celui dont avait joui le blé précédent, le compte se balancerait par 112 fr. 80 de dépense et 240 fr. de recette; bénéfice 127 fr. 20, et le blé qui suivrait jouirait gratuitement d'un engrais valant 120 fr. C'est ainsi que les comptes de fourrages sont souvent accusés de causer de la perte ou peu de bénéfice, et que ceux des céréales profitent de cette perte.

(1) Tome III, p. 420.

Les comptes agricoles ne seront exacts que quand l'engrais y sera porté à sa valeur au débit et au crédit.

SECTION IV. — *De l'ouverture des comptes de culture.*

Quand on veut ouvrir le compte d'une sole, d'une culture ou d'un champ, et que l'on veut obtenir des résultats exacts, il faut d'abord porter au débit de ce terrain la fertilité initiale qui est portée au crédit du capital ou inventaire. Cette fertilité initiale ne peut être déterminée que par le produit des dernières récoltes. Ainsi le blé puisant en moyenne dans la terre les 0,50 du pouvoir de l'engrais, si nous avons obtenu une récolte de 1000 kil. de blé dosant 26,20 kil. d'azote, nous savons que la terre possédait avant la récolte 87,30 kil. d'azote et qu'il lui en reste 61,10 kil. ; c'est l'article qui ouvre le nouveau compte. Supposons que l'année suivante ayant donné une nouvelle dose de 26,20 kil. d'engrais, nous n'obtenions, par des circonstances atmosphériques, que 900 kil. de blé dosant 23,58 kil. de blé, ce qui indiquerait seulement 78,60 kil. d'azote en terre, il y aurait eu une perte au moins apparente de 87,50—78,60=8,70 k. que l'on porte au débit de la récolte, de même que s'il y avait une bonne récolte et qu'il y eût un gain apparent, on le porterait au crédit. Après quelques années de variations qui se balancent, le chiffre de l'aliquote qui est variable selon les climats et les saisons se rectifie, et finit par former une moyenne qui rend ces variations moins considérables.

§ 1. — *Compte d'une culture de froment.*

Pour apprécier les modifications que cette méthode apporte dans les résultats des comptes, nous présentons ici le compte des froments d'hiver, de Grignon, pour 1851, tiré de l'extrait lithographié des comptes de cet établissement, folio 19.

FROMENT D'HIVER SUR 126 ARPENTS 70 PERCHES (36,68 HECT.).

Doit.		Avoir.
(1) Fumure, 3,134 fumerons à 2 fr.	6,268f22	Récolte de 308,96
Frais de labours.	2,473,61	hectol. froment blanc
Semences	2,610,00	à 20 fr. et 747,46 hec-
Frais de moisson.	2,425,52	tolitres de froment
Main-d'œuvre	82,15	rouge . . 21,128f40
Entretien du mobilier	74,47	17,076
Frais généraux.	1,432,14	bottes de
Rente	850,14	paille. . . 3,073,68
Bénéfice.	7,985,81	

(accolade reliant les lignes Semences à Rente, avec la mention verticale 9,948,03)

	24,202,06		24,202,08

Voici maintenant comment nous établissons ce compte :
Une récolte de 1056,42 hectolitres pèse 80288 kil., et dose
2063,54 kilog. d'azote, ce qui avec l'aliquote de 0,30 suppose une fertilité de 6678,48 kil. d'azote; la fumure en a
donné 3619,77 kil.; il y avait donc en terre, au moment
du début, une fertilité équivalant à 3058,71 d'azote. Après
la récolte il restait en terre 6678 — 2063 = 4615 kil. d'azote.
D'après ces données on a :

Doit.	fr.	Avoir	fr.
Capital : fertilité ancienne 3,058,71 k. d'azote à 1 f. 73.	5,291,56	Récolte comme dessus	24,202,08
Fumiers : fumure nouvelle 3,619,77 kil. d'azote. . . .	6,261,26	A-compte nouveau 4,615 k. d'azote. . . .	7,983,95
Culture, etc. : culture et frais divers comme dessus. . . .	9,948,03		
Profits et pertes : bénéfice. .	10,685,18		

	32,186,03		32,186,03

Le bénéfice de cette culture a été bien plus considérable
qu'il ne paraissait, mais il est évident que si l'on ne tient

(1) Dans ce compte, les fumerons de 375 kil. de fumier ne sont portés
qu'à 1 fr., mais M. Bella a reconnu depuis qu'il fallait les porter à 2 fr.,
nous corrigeons le compte sous ce rapport. Le fumeron dose 1,155 kil.
d'azote. Ainsi le kilogramme d'azote a une valeur de 1 fr. 73 c.

pas compte de l'accroissement de fertilité obtenue, on la traite défavorablement, et on s'expose à juger trop favorablement la culture qui la suivra.

§ 2. — Compte des cultures perennes.

Les cultures perennes, telles que celles des arbres, ou même des prairies permanentes ou temporaires, et de plusieurs autres plantes, la garance, le houblon, etc., exigent des frais d'établissement qui ne se répètent pas annuellement. On ne peut pas les porter au compte de la première année où elles sont faites, attendu que cette année ne donne pas encore de produits, et que ceux-ci ne sont que successifs. Il faut encore imiter ici ce que l'on fait dans les établissements industriels, accumuler les dépenses faites jusqu'à ce que l'entreprise commence à donner des produits, et les considérer comme un capital qui doit s'amortir graduellement pendant la durée de la culture, de manière qu'au moment où on la remplace par une autre, les dépenses primitives se trouvent soldées.

Soit un hectare de luzerne dont l'établissement aura coûté 561 fr. et qui devra durer cinq ans ; cette somme, grossie des intérêts à 10 p. 100, deviendra celle de 729 fr. 50 cent., qui, divisée par 5, nous donne 145 fr. 86 cent. à imputer au compte de chaque année (1).

Nous avons donné un exemple semblable pour les plantations de mûriers (2).

(1) Pour trouver la somme à amortir, on fait usage de la formule suivante : A étant cette somme, s la somme dépensée, n le nombre des années de durée, r l'intérêt de 1 franc; a étant égal à $\frac{s}{n}$, nous avons :

$$A = na + r \times (ns - \frac{n(n-1)}{2}a),$$

et dans le cas cité : $a = \frac{561}{5} = 112,20$, et la formule nous donne : $A = 5 \times 112,20 + 0,10 \times /5 \times 561 - \frac{5 \times 4}{2} \times 112,20) = 729$ fr. 30 c.

(2) Tome IV, p. 721 et suiv.

§ 3. — *Compte du sol.*

Si l'on ne renonce pas à tenir compte des engrais, c'est-à-dire, si l'on veut connaître les progrès ou le déclin de la fertilité du sol, le produit véritable de chaque culture, celui des bestiaux, en un mot si l'on veut tenir une comptabilité vraiment agricole, la question ne peut être douteuse, un compte doit être ouvert à chaque sole, si les terres sont assez semblables de nature, à chaque champ si elles sont de nature différente. Nous penchons même à conseiller dès l'abord ce dernier parti, car les soles ne sont jamais tellement fixes qu'elles n'éprouvent des modifications pendant le cours de l'exploitation, soit par de nouvelles coupures que l'on juge plus favorables aux travaux, soit par des changements dans l'assolement. Mais quand les soles sont aussi fixes que dans l'assolement biennal ou l'assolement triennal avec jachère, on peut éviter cette complication, qui devient au contraire indispensable pour les assolements très-morcelés ; elle n'aurait d'autre but que de bien apprécier les qualités de terre très-hétérogènes entre elles, mais dans ce cas encore, la comptabilité par parcelle a son degré d'utilité.

Les comptes ouverts aux soles ou aux parcelles de terrain se soldent en les portant à un compte général de la culture qui a eu lieu sur la sole ou sur la parcelle ; ainsi, la sole A qui a porté du blé renvoie sa perte ou son gain à la *culture du blé*. C'est ainsi que l'on obtient facilement d'un côté les renseignements spéciaux sur les qualités de chaque partie du territoire, que l'on y suit les modifications de sa fertilité, et le succès qu'y obtiennent les différentes cultures. C'est ainsi que des pertes constantes sur un champ, toutes les fois que l'on y cultive du blé, par exemple, peuvent nous conduire à le distraire de l'assolement général, et à l'affecter à un autre genre de produit, chaque fois que la formule de l'assolement nous prescrirait de le semer en blé.

Telle est l'utilité qu'on retirera des comptes détaillés des parcelles; ensuite le compte général de chaque culture, qui est un résumé de tous les autres, nous fera juger de leurs résultats spéciaux. Négliger l'un ou l'autre de ces renseignements, c'est ignorer un des éléments principaux des succès agricoles, la connaissance des machines qu'on emploie à la production, l'appréciation de leur forme et de leurs aptitudes.

SECTION V. — *Compte des attelages.*

Le prix d'une journée d'attelage se trouvera maintenant avec facilité, pourvu que l'on ait relevé, chaque jour, le nombre d'heures de travail. On en fait une journée moyenne de dix heures, et comme on connaît tous les éléments de dépense et de recette, le prix de toutes les journées accomplies n'est autre chose que le solde du compte. Ainsi, nous pourrions l'établir ainsi pour une paire de chevaux :

CHEVAUX (2 TÊTES).

Doit.

Capital : amortissement et intérêt de leur valeur de 600 f. l'un	198 fr.
Grenier à foin : 11,000 kil. foin à 4 fr.	440 »
Grenier à foin : 12 hectolitr. avoine à 8 fr.	96 »
Paille : 9,000 kil. à 0 fr. 432 les 100 kil., d'après la valeur de l'azote	38 88
Valet de ferme, 365 heures de soins et pansements.	73 »
Ferrure et entretien des outils (abonnement).	54 »
Harnais, leur entretien (abonnement)	45 »
Vétérinaire (abonnement).	6 »
Loyer des bâtiments (capital de 700 fr. à 6 p. %).	42 »
	992 88

Avoir.

Fumier dosant 129,6 k. d'azote à 1 fr. 60.	207 36
Pour solde 262 journées de travail à 2 fr. 9978.	785 52
	992 88

Les journées reviennent à 3 fr. environ, et, pour plus de facilité, on les passera à ce prix dans le compte des cultures, ce qui donnera une très-petite perte.

On voit que la difficulté d'établir ce compte ne consistait que dans l'appréciation réelle de la valeur des engrais, et dans celle de la litière. Dès le moment que l'on consacre de la paille à faire de la litière, elle n'a plus que sa valeur intrinsèque comme fumier, et lui en donner une autre c'est condamner cette destination. Donnons, par exemple, à la paille de litière du compte ci-dessus, la valeur que l'on en trouve dans les villes, 2 à 3 fr. les 100 kil., elle vaudra 180 à 270 fr., c'est-à dire à peu près la valeur ou plus que la valeur de tout le fumier, tandis que, employée comme engrais, elle n'équivaudra pas au 6ᵉ de cette valeur. Si on regarde comme une absolue nécessité de faire litière de la paille, même dans les lieux où on pourrait la vendre ce prix, il n'y a plus rien à dire, il faut porter au compte du bétail la paille au prix qu'on en retirerait; il doit être chargé de cette dépense d'hygiène ou de propreté, comme il est chargé des frais de pansage et de vétérinaire.

C'est sous ces deux aspects que nous voulons faire considérer cet article des comptes des bêtes de travail, et l'on conçoit maintenant pourquoi M. Dailly, notre regrettable confrère à la Société centrale d'agriculture, omettait dans ses comptes l'article engrais, comme l'article litière, ayant calculé qu'ils se balançaient chez lui l'un par l'autre.

SECTION VI. — *Compte du bétail de rente.*

Le compte du bétail de rente ne présente aucune difficulté, du moment qu'on connaît le prix de tous ses produits.

SECTION VII. — *Frais généraux.*

Sous le titre de frais généraux on comprend un plus ou moins grand nombre de dépenses qui ont un caractère commun, celui de s'appliquer à toutes les branches de l'exploitation en proportion de ses produits.

Si l'exploitation que l'on dirige a peu d'importance, il y aurait de l'affectation à trop distinguer les objets qui concernent, à un degré plus ou moins grand, ses différentes parties ; on confond alors sous ce titre général les frais d'administration, ceux de l'entretien des bâtiments, les impositions et charges diverses. Seulement, s'il y a une maison de maître, son entretien ne peut être confondu avec celui des bâtiments d'exploitation, mais doit être porté en crédit au compte de propriétaire, cette jouissance devant être considérée comme une addition à la rente.

Il en est tout autrement si l'on est placé à la tête d'une grande exploitation. On s'exposerait à commettre de grandes erreurs, si l'on ne faisait pas une distinction entre tous ces articles de dépense que l'on englobe dans le compte des frais généraux ; par exemple, les impositions territoriales peuvent-elles porter sur le troupeau dont le compte est chargé de la valeur du foin récolté, dans laquelle se trouvent déjà combinées ces mêmes impositions.

Ainsi, nous solderons l'intérêt du capital général par des reports sur les différents articles qui composent l'exploitation ; celui de la valeur des bâtiments d'exploitation sera soldé aussi par les différents articles qui le concernent, savoir : habitation du gérant portée aux frais généraux ; greniers, magasins, remises et hangars aux comptes de culture ; écuries au compte des bêtes de travail ; bergeries, vacheries au compte des animaux de rente.

Les contributions directes seront portées aux comptes particuliers des soles ou parcelles, d'après leur contenance et leur valeur établie par le cadastre. Si l'on ne tient pas de comptes ouverts aux soles ou parcelles, on les portera aux cultures diverses, d'après leur étendue relative. La nourriture des hommes ou la dépense du ménage est portée à un compte général distribué ensuite entre les comptes particuliers, selon les journées d'occupation que chaque branche de travail a exigées.

Restent les frais généraux d'administration, salaire du gérant, frais de déplacement, frais de bureau, etc., et la meilleure manière de les répartir, c'est de les attribuer à chaque compte productif, soit cultures, soit bétail, proportionnellement au fonds de roulement qu'ils exigent, car ce fonds de roulement ou capital circulant indique le travail, l'occupation que chacune de ces branches donne à l'administration.

CHAPITRE XI.

Conservation du capital du fonds.

A quelque titre que le directeur soit placé à la tête de l'administration d'un domaine, il doit veiller à ce qu'il ne soit pas commis d'usurpation par les voisins. Il y est tenu, s'il est régisseur salarié, comme homme de confiance, substitut du propriétaire, et s'il est fermier ou métayer, par les propres termes de la loi française : « Le preneur d'un bien rural est tenu, sous peine de tous dépens, dommages et intérêts, d'avertir le propriétaire des usurpations qui peuvent être commises sur les fonds. Cet avertissement doit être donné dans le même délai que celui qui est réglé en cas d'assignation, suivant la distance des lieux (Code civil, art. 1768). » La loi romaine renferme cette obligation dans celle qu'elle impose au fermier de se conduire comme le ferait le père de famille (1).

L'administrateur doit donc veiller soigneusement à l'intégrité des limites et des bornages. Les voisins empiètent de plusieurs manières, ou par une prise de possession des parties incultes ou négligées, dont ils peuvent croire que l'on a oublié l'existence, ou par des avancements successifs des labours sur les parcelles qui les avoisinent quand le bornage n'est pas apparent. On usurpe aussi en exécutant de nouveaux fossés qui dépassent l'ancienne limite à l'avantage de celui qui les fait ; en plantant des haies à racines traçantes, comme celles d'épine-vinette, d'églantier, de prunellier, et la plupart des haies forestières que l'on tient taillées de son

(1) *Institutes*, lib. III, tit. XV, § 5.

côté, les poussant ainsi insensiblement dans le terrain de ses voisins. Enfin, les usurpations ont lieu par la direction offensive donnée aux ouvrages que l'on construit contre les torrents et les rivières, direction qui jette les eaux du côté opposé, contre les propriétés riveraines, et forme des alluvions et des accroissements du côté où elles sont construites.

Après les empiétements viennent les dégradations causées par les voisins, soit quand ils ouvrent indûment des chemins de service à travers nos propriétés; qu'ils y jettent l'écoulement de leurs eaux d'irrigation, ou qu'après avoir réuni une grande masse d'eau pluviale, abusant de l'article 640 du Code civil qui assujettit les fonds inférieurs à recevoir les eaux qui découlent naturellement du fonds supérieur, ils ne tiennent pas compte de la réserve apportée par le même article à cette servitude, quand il dit : que ces eaux y découleront sans que la main de l'homme y ait contribué, et que le propriétaire supérieur ne pourra rien faire qui aggrave la servitude du fonds inférieur.

Ceux qui jouissent des bienfaits de l'irrigation savent aussi combien cet avantage est sujet à être contesté, amoindri, gêné, usurpé, par les propriétaires supérieurs, qui font de nouvelles prises, agrandissent indûment celles qui existent, ferment les martellières ou écluses hors du temps, et empêchent l'eau de parvenir aux fonds inférieurs. Quelquefois aussi les propriétaires inférieurs s'emparent de l'eau en levant les martellières de celui qui jouit de l'arrosage, pour la faire arriver chez eux hors du temps et des heures qui leur sont accordées par les règlements. Quand il n'y a pas de règlement, la jouissance des eaux devient le prix de l'adresse, de la vigilance, quelquefois de la violence, et le propriétaire averti doit se mettre en devoir de prévenir de pareils conflits en obtenant de l'autorité publique que l'usage des eaux soit réglé.

Les rivières et les torrents causent naturellement des dégradations par leurs crues.

Quand il arrive quelques-uns des désordres que nous
venons de signaler, et qu'il ne peut être réparé sur-le champ
et à l'amiable, le devoir de l'administrateur est de constater
les dégâts et d'en informer immédiatement le propriétaire,
qui pourvoiera à les arrêter, soit par les moyens légaux, soit
par ceux de l'art, selon leur nature.

CHAPITRE XII.

De la vie rurale.

Ce n'est pas de l'homme des champs de Delille, tel que
chaque été le ramène dans les châteaux et les manoirs de la
province que nous voulons parler dans ce chapitre. Ce riche
oisif n'a qu'un but, celui de se préparer aux dépenses de
l'hiver par les épargnes de l'été. C'est des hommes qui ha-
bitent les champs en vue de leur culture que nous devons
nous occuper ici. Ils peuvent se trouver dans plusieurs positions différentes relativement à leur exploitation : 1° ils sont
des propriétaires de biens affermés ; 2° leurs domaines sont
cultivés par des métayers ; 3° ils dirigent eux-mêmes leur
culture ; 4° enfin, ils cultivent la terre de leurs propres mains
et par celles de leur famille. Toutes ces situations méritent
que nous les décrivions en détail.

SECTION Ire.—*Le propriétaire de biens affermés.*

La plupart des propriétaires qui afferment leurs domaines
espèrent par là se décharger de tout soin; la terre n'est
pour eux qu'un créancier auquel ils ont confié leur capital,
parce qu'ils l'ont trouvé plus solide qu'un autre; l'acte
d'achat est pour eux parfaitement semblable à une inscrip-
tion hypothécaire prise sur les biens du débiteur, et il suffit
à l'égard de ce débiteur matériel, comme envers les débi-
teurs personnels, de veiller au paiement régulier des intérêts du capital. Mais tandis que pour ce dernier ils veille-

raient attentivement sur les atteintes que peut subir sa
fortune et qui feraient courir des chances à leur créance,
ils s'endorment dans un sommeil profond sur les chances et
les détériorations que peut subir la terre ; ils s'en occupent
très-peu et ils ne séjournent guère à la campagne que dans
cette pensée d'économie domestique dont nous avons parlé.

La plupart des propriétaires ne se doutent pas des inconvénients nombreux que cette négligence fait subir à leur
fortune. Vous confiez à un débiteur une somme d'argent ;
qu'a-t-il à vous restituer? Une somme d'égale valeur. Point
de doute ici sur la nature de la restitution ; que cette somme
soit payée en or, en argent, en billets ayant cours, c'est toujours une valeur égale que l'on reçoit. Ainsi pourvu que
l'on soit assuré de percevoir les intérêts et de la restitution
finale du capital, on est dispensé de tout autre soin. Il n'en
est pas de même d'une ferme. En vous la restituant à la fin
du bail, le fermier vous rend la même surface, les mêmes
limites; mais il peut vous rendre une valeur fort différente de
celle qu'il a reçue Il peut l'avoir enrichie par une bonne culture; mais il peut aussi l'avoir appauvrie par une mauvaise,
et vous l'apprendriez trop tard par un décroissement de la
rente, lors du renouvellement du bail. La nature peut aussi
bénéficier ou dégrader votre capital, par l'action des eaux,
du mouvement des terrains, etc. Le perfectionnement de
l'ordre social, l'accroissement de la population, du commerce,
peuvent avoir accru la valeur des produits, perfectionné les
moyens de les créer, et les rendre ainsi plus abondants et
amener une concurrence de demandes qui élève la quotité
de la rente; des causes contraires peuvent également avoir
amené des effets opposés. Le capital en terre n'est donc pas
une valeur fixe comme le capital en argent, mais une valeur variable et sur laquelle il faut exercer une vigilance
constante pour qu'il s'accroisse au lieu de diminuer.

L'action éclairée du propriétaire peut accroître la valeur
de sa terre d'un grand nombre de manières. Il cherche à

conserver et augmenter sa fertilité en prescrivant aux fermiers, dans l'acte du bail, des conditions de cultures telles que la rente obtenue soit un *maximum*, et pour cela il faut que l'amortissement qui représente les pertes successives de fertilité produites par les récoltes soit soustrait de la rente, et que celui qui représente les améliorations lui soit ajouté. Soient, par exemple, des récoltes épuisantes, qui, dans le cours d'un bail de neuf ans, enlèveront à la terre une fertilité représentant 50 kilogr. d'azote par hectare, ou, au prix des engrais dans le pays, un capital de 100 fr.; il faudra que la rente qui résulterait d'une culture qui laisserait la terre dans son état primitif soit accrue de l'amortissement de 100 f. en 9 ans, ou de 18 fr. 45 c. par an. On devrait retrancher cette même somme de la rente pour une amélioration qui aurait augmenté la fertilité du fonds de la même quantité.

Mais, pour être en état de bien évaluer ces données fondamentales des conditions d'un bail, il faut non-seulement posséder des connaissances agronomiques, mais encore connaître parfaitement sa terre, avoir fait une enquête telle que nous le recommandons aux hommes chargés d'organiser les cultures, sans quoi on sera la dupe des propositions les plus onéreuses, quand elles seront accompagnées de promesses illusoires que l'on ne saura pas apprécier; ou bien on en refusera d'autres qui auraient été fort avantageuses, mais qui se seront présentées sous des apparences peu séduisantes. Ainsi, dans l'hypothèse que nous avons faite tout-à-l'heure, une terre qui avec une culture conservatrice serait estimée 50 fr. de rente vaudrait 68 fr. 45 avec une culture épuisante, et 31 fr. 55 avec une culture améliorante; ces trois termes seraient parfaitement identiques aux yeux de l'agronome éclairé. Or, quel est le propriétaire citadin qui n'acceptera pas une rente de 60 fr. seulement avec la culture épuisante de préférence à celle de 50 fr. avec la culture conservatrice, et qui ne préférera cette dernière à 45 fr. offerts avec a culture améliora e? Dans le remier cas, il perdra sur la valeur de sa terre 8 fr. 45; dans le dernier, il manquera à gagner 15 fr. 45 c. par an. C'est ordinairement dans ces limites que se présentent les chances de perte ou de gain qui se trouvent dans les conditions de baux à ferme.

Il arrive aussi le plus souvent que le fermier veut être délivré de toute entrave, et n'être soumis à aucune condition de culture et d'assolement. Dans ce cas, on doit supposer qu'avant sa sortie il cherchera à épuiser les terres et les réduira au dernier point où une récolte de blé cesse d'être profitable. C'est celle qui ne produit que les frais de culture et la semence, et qui consiste en 588 kil. de blé par hectare; cette récolte dose 15,40 kil. d'azote : elle a été produite par une fertilité représentée par $\frac{1540}{29} = 55$ kil. d'azote. En retranchant cette somme de la fertilité acquise au moment de la possession du bail, on trouvera la perte probable occasionnée par une culture aussi complétement libre, entre les mains d'un fermier qui veut user de tous ses avantages. Ainsi, en supposant que la dernière récolte perçue par l'ancien fermier fût de 1,500 kil. de blé, dosant 34 kil. d'azote, ce qui suppose une fertilité représentée par $\frac{3400}{29} = 117$ kilogr. d'azote, il y aura une perte de 64 kil. d'azote par hectare. Cette perte, à raison de 2 fr. le kilogramme d'azote, est de 128 fr., qui, diminués de 32 fr., intérêts composés de 9 ans, nous donnent 96 fr., et par année de bail 10 fr. 66 par hectare à ajouter à la rente ordinaire. Mais cette éventualité de perte peut se compenser en convenant qu'à sa sortie le fermier laissera une certaine étendue de prairies temporaires en bon état. Toutes ces stipulations exigent donc que le propriétaire connaisse bien son domaine.

L'entretien des bâtiments est une chose essentielle et qui prévient la nécessité de les reconstruire plus tard. Quelquefois de nouvelles constructions peuvent faciliter les opérations de la ferme et donner plus de valeur au domaine. Il faut que le propriétaire puisse en juger lui-même et qu'il ne se laisse pas entraîner mal-à-propos par les instances réitérées du fermier ; elles ont le caractère d'utilité nécessaire si le fermier consent à payer l'intérêt de leur dépense, et quand elles sont de nature à servir pour les mêmes usages au fermier qui le remplacera.

On peut aussi accroître la valeur du capital par des desséchements, des irrigations, des endiguements, des chemins, etc., et tous ces travaux, qui augmentent d'une manière permanente le prix de sa ferme, doivent être faits par le propriétaire et appréciés par lui avant de les entreprendre.

Ainsi, quoique le bail à ferme soit de tous les genres d'exploitation celui qui exige le moins la présence habituelle du propriétaire, il connaîtrait mal ses intérêts, il ne jugerait pas bien de la nature d'un genre de propriété qui est susceptible de s'accroître ou de diminuer de valeur, s'il ne se rendait pas familières toutes les nécessités, toutes les facilités, toutes les circonstances, qui peuvent influer en bien ou en mal sur ce capital. Si, dans ses visites réitérées faites surtout à l'époque des récoltes et des grandes cultures, il a soin de constater les produits, les frais qu'ils exigent, il sera en état de dresser le budget réel du domaine, de déterminer la valeur véritable de la rente, et quand il la discutera avec ses fermiers, ceux-ci, comprenant qu'ils ont à faire à un homme parfaitement instruit de la valeur réelle de l'objet dont il traite, ne chercheront pas à l'égarer par des illusions, à l'entraîner dans des stipulations aléatoires ou défavorables. Ces visites auront pour but de s'assurer de l'exécution des clauses du bail, et le tenancier, se voyant observé, se tiendra en garde contre les dérogations qu'il pourrait tenter d'y faire, et améliorera même sa culture dans l'espoir d'obtenir un renouvellement. C'est pour mettre le propriétaire en état de réunir tous les matériaux qui lui seront nécessaires pendant le séjour à sa terre, que nous avions rédigé cette espèce d'*agenda* que nous reproduisons ici (1).

(1) *Guide des propriétaires de biens ruraux affermés*, p. 354, 2ᵉ édit.

1° Quel est l'état actuel des bâtiments? Quelles sont les réparations actuelles ou prochaines qu'ils nécessitent?

2° Quels agrandissements leur sont nécessaires?

5° Quel est l'état des clôtures? Quelle nouvelle clôture doit-on entreprendre?

4° Quel est l'état des fossés d'irrigation et de de séchement? Quels nouveaux travaux en ce genre pourraient être utiles au domaine?

5° Quel est l'état des chemins ruraux?

6° Quelle est la récolte de chaque année?

7° Quelle quantité de mètres cubes de paille et de fourrage récolte-t-on? (Chaque mètre cube de fourrage en meule ayant pris son tassement pèse environ 60 à 65 kil.)

8° Quel nombre de mètres cubes de fumier fait-on sur la ferme (le mètre cube de fumier pèse de 7 à 800 kil.).

9° Quelle est la distribution annuelle des fumiers sur les terres, et quelle quantité d'engrais chaque terrain a-t-il reçue?

10° Quelle est la quantité de bestiaux de chaque espèce entretenue sur la ferme, et quel est leur poids?

11° Quel nombre d'ouvriers supplémentaires le fermier emploie-t-il aux époques des récoltes?

12° Quel est le nombre des valets de ferme et des servantes? Quel est le gage qu'ils reçoivent? Quel est le salaire des ouvriers à la journée?

13° A quel prix estime-t-on la nourriture des valets dans le pays? En quoi consiste cette nourriture?

14° Quel nombre de journées un ouvrier du pays emploie-t-il utilement chaque année?

15° Quel est le nombre de journées où le labourage est possible?

16° Quelles récoltes, quelles plantations réussissent particulièrement sur la ferme ou aux environs?

17° Quels sont les animaux qui servent aux travaux? Quel est leur prix?

18ᵘ Quel est le produit des animaux de rente? et quel est leur nombre sur le domaine?

Le recueil des réponses faites à ces questions est d'une utilité inappréciable. Les propriétaires qui en sont dépourvus regrettent toujours de n'avoir pu établir leurs projets et leurs opérations sur des bases exactes, et leur séjour à la campagne ne peut être mieux employé qu'à se les procurer.

SECTION II. — *Le propriétaire de biens en métayage.*

Dans le fermage, il y a deux intérêts bien distincts en présence, celui du fermier, qui est de tirer du domaine tout ce qu'il lui est possible pendant la durée du bail; et par conséquent qui cherche à lui enlever la plus forte dose de fertilité avec la moindre quantité de travaux, et celui du propriétaire, qui désire que ses terres conservent la plus grande dose de fertilité, avec le plus de netteté possible, c'est-à-dire avec les travaux les plus accomplis.

Un acte bi-latéral a déterminé d'avance comment ces deux intérêts sont limités, et il ne s'agit plus que de veiller à son interprétation sincère et à son exécution. Le métayage est une association dans laquelle les mises des associés sont de différentes natures; le propriétaire y met son terrain, le métayer son travail; le propriétaire reçoit une partie du produit brut pour loyer de son terrain, le métayer la partie restante pour prix de son travail. Or, la terre une fois livrée est une chose fixe, déterminée, à laquelle on ne peut rien changer; mais le travail est une chose variable, indéterminée, qui dépend de la bonne volonté, de l'activité, de l'intelligence du métayer. Son intérêt est de donner de ce travail une certaine quantité, telle qu'il en obtienne le plus haut prix, et cette proportion n'est pas déterminée par le chiffre du produit brut seul, mais par celui du produit brut divisé par le nombre et la qualité de ses journées de travail. Mais combien de circonstances diverses peuvent influer sur son calcul? Il peut trouver qu'une très-médiocre récolte, avec un travail médiocre, lui laisse plus de profit qu'une bonne récolte avec un travail plus parfait; il peut trouver l'entretien du bétail onéreux et ne posséder qu'un nombre de têtes insuffisant pour fumer convenablement ses terres; il peut disposer de son temps sur ses propres terres en faveur d'un travail salarié; il peut s'adonner trop exclusivement à certaines cultures dont il retire une part plus considérable que des autres; il s'adonne, par exemple, à son jardin, à ses légumes, dont il mange une partie en vert, avant de partager les graines sèches avec ses maîtres; s'il manque de bonne foi, il peut s'attribuer frauduleusement une part plus considérable que celle qui lui est attribuée dans les récoltes; enfin, s'il est enclin à la paresse, il peut estimer la jouissance de son repos plus haut que le salaire du travail, et laisser dépérir la culture. Que de raisons pour que le propriétaire exerce une surveillance continue sur sa ferme, et pour qu'il la visite souvent! Sans doute, la confiance finit par s'établir entre lui et son tenancier. La longueur des baux de cette espèce, prolongée le plus souvent par tacite reconduction, les habitudes prises de part et d'autre rendent la surveillance moins pénible après un certain temps. Mais on ne peut s'en dispenser à l'égard des nouveaux tenanciers, et jusqu'à ce que l'exploitation ait pris l'assiette que l'on désire.

Ensuite, toute dérogation aux conditions du bail doit être discutée et convenue en commun, et toute nouvelle entreprise pour améliorer le fonds peut devenir l'objet d'un traité nouveau dans lequel les deux parties cherchent à proportionner leurs mises à l'avantage qu'elles peuvent en retirer. Soit que l'on plante des arbres, soit que l'on marne, soit qu'on fasse des défoncements profonds, soit qu'on entreprenne des cultures pour lesquelles le travail entre pour une part qui ne puisse être soldée par la portion ordinaire dévolue au métayer, le consentement mutuel devient nécessaire. Quand le métayage n'est pas devenu routinier, mais que le propri taire sait lui imprimer un mouvement ascensionnel, en lui apportant souvent le secours de ses capitaux, la présence du propriétaire devient d'autant plus utile, que son intérêt s'accroît dans l'exploitation, son activité éclairée réagissant sur le métayer, qui se verra soulagé et encouragé dans ses efforts. Les résultats avantageux de ce concours mutuel ne tardent jamais à se produire.

SECTION III. — *Le propriétaire exploitant par lui-même.*

Le propriétaire peut être déterminé à exploiter lui-même son domaine, ou par l'impossibilité de trouver des tenanciers qui lui offrent des conditions satisfaisantes, ou par la conviction de sa propre capacité agricole et des succès qu'elle lui procurera, enfin par le goût de la vie champêtre et la nécessité de se créer une occupation que l'on espère bien rendre lucrative, mais dont les pertes éventuelles ne sont pas même une objection suffisante contre la satisfaction que l'on attend du mouvement que l'on dirige. Le premier de ces cas fait une nécessité de l'exploitation; le second est une spéculation qui a pour stimulant un bénéfice présumé ; le troisième est un genre de vie que l'on adopte de préférence, sauf à en payer, s'il le faut, la jouissance par des pertes plus ou moins probables.

Le propriétaire devient à-la-fois l'organisateur et l'administrateur de son exploitation, ou bien il se contente du rôle d'organisateur et ne se réserve ensuite sur le régisseur que la surveillance supérieure qui appartient toujours à son rôle. Dans les deux cas, il doit être en possession de connaissances agronomiques approfondies et de la pratique agricole nécessaire pour gouverner une telle opération. On ne voit que trop souvent des hommes entreprendre cette tâche avec une merveilleuse confiance, quoique dépourvus de véritable instruction agricole, de même qu'on en voit accepter les emplois publics sans expérience administrative. Mais, dans ce dernier cas, c'est l'État qui paie leur apprentissage, tandis que c'est la bourse de l'agriculteur novice qui solde ses erreurs et ses mécomptes.

Celui qui veut organiser la culture d'un domaine doit l'habiter longtemps d'avance pour le bien connaître et se mettre en état de faire l'enquête détaillée que nous avons prescrite plus haut. Une fois l'organisation terminée, la machine mise en mouvement, et quand elle a acquis son à-plomb manufacturier, la présence continue de l'organisateur n'est plus nécessaire. Elle est même nuisible, quand il lui prend trop souvent envie de jouer le rôle de régisseur. Il faut qu'il laisse à celui-ci sa responsabilité, et qu'il se borne à veiller à l'exécution du plan d'organisation, par des visites fréquentes, inattendues, où il se fait rendre compte de tous les détails et examine lui-même la mise en œuvre.

Mais la présence continue de celui qui se charge de l'administration est absolument indispensable. C'est donc une tâche sérieuse qu'il entreprend, et avant de s'y décider, il ne peut trop se pénétrer de sa rigueur. Vivre complétement aux champs avec sa famille, loin de la société de ses pareils en éducation, en instruction, en goûts, c'est ce qui paraît le plus antipathique au caractère français; et il ne suffit pas d'adopter cette existence pour quelques années, il faut qu'elle devienne pour ainsi dire la vocation de toute la vie, car, une fois pris dans cet engrenage, rien n'est plus difficile que de s'en retirer. On trouve rarement des continuateurs qui veuillent se charger pour leur compte de faire valoir des capitaux engagés dans l'exécution d'un plan déterminé, et alors on éprouve des pertes considérables, en abandonnant des terres améliorées à grands frais à des fermiers qui n'en apprécient pas la valeur et qui s'empressent de renverser tout l'édifice, en substituant des soles épuisantes aux soles améliorantes, et pour lesquelles les bâtiments faits pour contenir un nombreux bétail deviennent inutiles. On peut donc hésiter à l'entrée de la carrière, avant de prononcer ce vœu qui nous enchaîne dans un cloître agricole. Nous voyons fréquemment de telles vocations embrassées avec zèle, avec l'assentiment de toute une famille, se terminer tout-à-coup par l'effet du dégoût, de l'ennui, des mécomptes, de l'opposition croissante des parents, de la femme, des fils, des filles, qui tantôt agissent ouvertement pour y faire renoncer, tantôt lassent la constance du chef de famille par une persécution du détail. On serait étonné du petit nombre de propriétaires français assez aisés pour vivre de leurs revenus dans les villes, et qui aient persisté 10 ans seulement dans la régie de leurs domaines. On devrait attacher un prix à cette œuvre méritoire, et nous ne pensons pas qu'il appauvrît beaucoup ses fondateurs.

Il n'en était pas ainsi autrefois ; quand les villes ne contenaient qu'une bourgeoisie sans éducation libérale, livrée aux idées rétrécies d'un petit commerce, la noblesse, qui possédait alors la terre, n'avait pas une pensée commune avec cette classe ; leurs opinions, leurs préjugés, leurs mœurs différaient complétement. Aussi la noblesse habitait-elle ses châteaux, dans la société de la famille et des voisins, car il y avait encore des voisins. Mais aujourd'hui, les hommes qui ont reçu une éducation libérale se sont retirés dans les villes ; ils abandonnent même les petites villes pour les grandes, où se trouve plus facilement une société de leur goût, et celui qui adopte la vie rurale doit s'attendre à vivre le plus souvent dans la solitude, et il devra se suffire à lui-même. Il faut qu'un domaine soit bien considérable et que l'industrie que l'on y exerce soit bien variée pour que son administration occupe tous les loisirs d'un homme qui est convenablement secondé par des contre-maîtres ; nous n'aurons donc quelque confiance dans sa persévérance qu'autant qu'il saura occuper ses loisirs par l'étude et par des exercices du corps, la chasse, l'équitation. Cette opinion était celle d'Olivier de Serres, qui jugeait par expérience des conditions nécessaires pour passer doucement sa vie dans la solitude des champs ;

nous ne pouvons nous refuser à transcrire cette page de son ouvrage :

« A corriger la solitude de la campagne est de grande efficace la lecture des bons livres, vous tenant tous jours compaignie. Scipion l'Africain en rend ce tesmoignage, disant à ses amis (qui s'esbahissoient de sa vie privée et retirée) *n'estre jamais moins seul, que quand il étoit seul.* Si que le gentilhomme aimant les livres, ne pourra estre que bien à son aise, avec un livre au poing, se pourmenant par ses jardins, ses prairies, ses bois, tenant l'œuil sur ses gens et affaires. En mauvais temps de froideure et pluies, estant dans la maison, se pourmener sous le guide de ses livres, par la terre, par la mer, par les royaumes et les provinces plus lointaines, ayant les cartes devant ses yeux, lui montrant à l'œuil leurs situations. Dans l'histoire contempler les choses passées, les guerres, les batailles, la vie et les mœurs des rois et des princes, pour imiter les bons et fuir les mauvais. Récupérer les gouvernemens des peuples, leurs lois, leur police, leurs coustumes, tant pour entendre comme le monde se gouverne, que pour faire profit de salutaires avis qu'il en pourra tirer, les approprier à ses usages. Des bons livres il apprendra à sagement conduire sa famille, à se comporter avec ses voisins, surtout à craindre et à servir Dieu, à bien vivre, à fuir le vice, suivre la vertu, qui est le chemin du ciel, notre seure demeure. Ce lui sera beaucoup de contentement, s'il a quelque modérée connoissance des simples et herbes médicinales de la campagne ; car il ne pourra sortir de sa maison sans trouver à qui parler, contemplant leurs racines, herbes, fleurs, fruits ; leurs propriétés, avec la louange du créateur. De mesme regardant au ciel, admirera l'ouvrage du souverain, à la veue du firmament, des étoiles, planètes et figures célestes. Saura la raison des équinoxes et solstices, des éclipses, du cours du soleil et de la lune, s'il a quelques connoissances de l'astrologie (astronomie). La musique, le jeu du luth, de la harpe, de l'espinette et autres instruments servant beaucoup à ce suject. Aussi l'arithmétique, la géométrie, l'architecture, la perspective, mesme la pourctraiture, pour représenter forteresses, villes, chasteaux, païsages, dignes parties du gentilhomme, moyennant lesquelles, il desseignera places de forteresses et de maisons privées, voire par tels moyens, ordonner de ses bâtimens, de ses jardins, de la disposition de ses arbres et fera austre chose de son mesnage par art, avec heureuse issue. Les visites des amis est très-recommandable au gentilhomme, par là cultivant les amitiés, avec l'affection nécessaire à chose tant précieuse, que chèrement il conservera toujours ces belles et nobles qualités, nostre vertueux père de famille se maintiendra gaiement en son mesnage, y vivra commodément, fera bonne chère à ses amis ; et disposant à-propos ses heures, pourvoiera à ses affaires, si bien, que, mariant le profit avec le plaisir, chose aucune ne demeurera en arrière, ainsi, comme en se jouant, toutes advanceront à ses contentement et heure, Dieu bénissant son labeur et industrie. »

SECTION IV. — *Les propriétaires cultivateurs.*

Nous avons dit plus haut (page 182) à quelles conditions le petit propriétaire peut exister ; nous avons vu qu'en exploitant son terrain sous le système de la jachère, il devait posséder 5,26 hectares, et sous celui d'un assolement quadriennal avec trèfle et pommes de terre, 2 hectares de terrain d'une qualité égale à la qualité moyenne des terres de France. Nous avons vu qu'avec une telle propriété il peut élever et nourrir sa famille sans autre secours. Si sa propriété est inférieure en étendue ou en qualité à ce que nous venons d'indiquer, il faut qu'il soit assuré de trouver à employer utilement le temps qui lui reste, après avoir cultivé son terrain, soit en travail fait pour le compte d'autrui et salarié, soit sur un terrain qu'il affermera à prix d'argent ou en métayage, et de manière que le salaire de ses journées ou le produit net de sa location soit l'équivalent de ce qui lui manque pour satisfaire aux besoins de sa famille. Le père de famille ne doit admettre aucun doute à cet égard; responsable de la vie et du bien-être de sa femme et de ses enfants, il ne peut accepter la possibilité de les voir souffrir ou mendier, et si sa position n'est pas assurée, il doit penser sérieusement à se procurer une autre existence, et chercher dans la vente de sa propriété les moyens d'acquérir un cheptel qui lui permette de prendre à ferme une étendue suffisante de terrain, ou d'aller chercher, par l'émigration hors de sa province ou hors de sa patrie, des terrains plus étendus et à plus bas prix que les siens. Et qu'on ne croie pas que cette expatriation soit un acte nuisible au pays où l'on est né; au contraire, on accroît son territoire réel en transportant au loin ses mœurs et son langage. Quel que soit le gouvernement qui les régisse, les Canadiens sont encore pour nous des Français, et la race anglaise a étendu son empire sur toute la surface du globe, par l'effet de cette prévoyance qui calcule l'avenir et n'attend pas l'approche de la misère, qui plus tard vous enlace et, vous privant de toutes ressources, ne vous permet plus de chercher votre salut dans la fuite.

Rien ne semble devoir être plus heureux que l'état du petit propriétaire possesseur d'un champ dont le produit dépasse un peu ses besoins; tranquille sur le présent, pouvant par son économie et son travail préparer l'avenir de ses enfants; d'autant plus laborieux que son travail est libre, qu'il se le commande à lui-même, et que tous ses produits lui appartiendront. Il faut le voir à l'œuvre. Avec quelle ardeur il attaque le terrain, comme il y oublie les heures; comme sa culture est parfaite, en la comparant à celle des fermiers et métayers voisins! On ne peut passer auprès de ces petites fermes, si propres, si bien entretenues, pleines d'habitants forts, bien nourris, bien vêtus, dont les champs sont en si bon état de culture, sans penser qu'ils sont le siége du vrai bonheur. Ces apparences extérieures sont souvent bien trompeuses; nous qui avons vécu si longtemps au milieu d'eux, qui avons été confidents de leurs pensées, de leurs peines, de leurs projets, de leur inquiète ambition, nous pouvons soulever ce voile qui prouve une fois de plus que la nature humaine est insatiable, et qu'elle sait se créer des malheurs au milieu de tous les éléments de félicité.

Une passion dévore cet honnête cultivateur, c'est celle d'agrandir son domaine d'abord, et ensuite de le conserver intact après sa mort. Le champ du voisin est l'objet de sa convoitise, le nombre de ses enfants et la loi qui divise entre eux leur héritage est l'objet de son effroi. Il travaille avec obstination pour faire une part aux cadets et conserver l'intégrité de sa possession territoriale pour l'aîné; puis, quand il a amassé une petite somme, il se laisse entraîner au désir d'acheter un terrain voisin, et celui-ci, s'incorporant avec ses domaines, fait partie intégrante de cette propriété; arche sainte à laquelle il ne voudrait pas voir toucher.

Cette passion de la transmission héréditaire de l'intégrité du champ paternel est si vive, que nous avons vu la petite propriété applaudir seule à la loi injuste du droit d'aînesse, qui révoltait tous les cœurs généreux. Les pères y voyaient un oreiller de paresse que l'égalité du partage leur enlève, en les forçant de s'occuper du sort à venir de leurs autres enfants; et l'on sait d'ailleurs par quelles ruses, quels détours, ils cherchent à éluder les dispositions du Code civil, les tribunaux en retentissent sans cesse. *Quid leges sine moribus!* C'est là la source de la division des familles. Les enfants ne pénètrent que trop les dispositions de leurs pères; les frères se regardent comme des ennemis; une fois la portion disponible attribuée à l'aîné par le père, les cadets prennent leur parti, désertent la ferme, vont chercher du travail salarié dont ils profitent seuls. Mais avant ce moment, quelle défiance réciproque entre tous les membres de la famille, quelle guerre intestine, quelle journée pour le père obligé à lutter ouvertement ou sourdement contre tous, et quelles nuits quand sa femme a adopté un avis différent du sien! Ce spectacle se présente dans le plus grand nombre de ces manoirs champêtres, et on le trouverait dans tous, si quelquefois le chef de la famille n'avait le bon sens de le prévenir et de maintenir l'ordre et l'union au milieu des siens, en manifestant franchement l'intention de ne point faire de faveurs et de laisser à la loi toute son action. C'est là le conseil de la sagesse, et il produit souvent un effet inattendu, c'est de conserver l'intégrité de ce domaine que l'on se résignait à voir partager. En effet, l'union des volontés double le travail, accroît les produits; les économies s'accumulent, et souvent à la mort du père, le bon accord des frères profitant du pécule amassé, prélève en argent la part de la plupart d'entre eux. Mais si le chef de la famille a le bon sens de ne pas faire de distribution entre ses enfants, il faut qu'il se garde aussi de mettre une ardeur trop grande à des accroissements de territoire. C'est par cette convoitise sans limite que s'écoulent et se gaspillent les économies qui, mieux employées, auraient pu constituer la dot des filles et des cadets. Vienne le jour des enchères d'un terrain, la vanité de mettre au jour sa richesse, d'atteindre le niveau des propriétés du voisin, ou de le surpasser, établira entre eux une lutte qui portera le prix du champ à un taux sans aucune proportion avec ses produits. Cette disposition tient aussi beaucoup au défaut d'un placement sûr pour l'argent. Les caisses d'épargnes sont inconnues à nos campagnes, et quelle que soit la réparation qui a suivi en 1848 la violation de ce dépôt, la possibilité d'une telle atteinte qui pourrait ne plus être suivie de restitution a décrédité cette excellente institution, même dans les villes. L'armoire, la cachette n'offrent pas de sécurité : on achète donc du terrain à tout prix, et plutôt que de manquer une occasion, on achète pour le double, le triple du capital que l'on possède; on compte sur les bonnes années pour solder le prix d'achat;

ces bonnes années ne viennent pas, et l'usure vient atteindre et déposséder de tout, celui qui a voulu trop avoir.

Il est une autre tendance qui contribue très-souvent à la ruine de nos petits propriétaires, et contre laquelle ils ne sauraient trop se mettre en garde, c'est celle d'obtenir une onsidération, une importance qui les rehausse au-dessus de leurs voisins, en lançant leurs enfants dans des carrières qu'ils regardent comme plus distinguées que celle de l'agriculture. Qu'un de ces enfants s'attire quelques éloges de ses instituteurs, aussitôt on s'exagère son mérite, sa capacité, et tout le reste de la famille est sacrifié au désir d'en faire un ecclésiastique ou un homme de loi. C'est encore la vanité qui se glisse sous le chaume, comme elle faisait dans l'enchère du champ du voisin ; cette passion, quand elle est généreuse, consiste à s'élever au-dessus de ses égaux ; quand elle est basse et vile, elle consiste à abaisser nos supérieurs à notre niveau. Eh bien, cette passion, dans sa forme même la plus noble, est le plus souvent fatale à nos petits propriétaires. Après les dépenses considérables de l'éducation, qui mettent la gêne et le désordre dans l'économie de la famille, on a le grand honneur de voir un de ses membres pourvu d'une petite succursale, où il ne vit qu'avec peine sans l'aide de ses parents ; ou bien, on le voit cherchant à percer dans la pratique des lois, à travers la foule des concurrents, et il faut entretenir ses prétentions, son luxe, dans l'espérance d'une clientèle qui fuit toujours ; ou bien enfin, on le voit postulant dans quelque administration, languissant dans quelque emploi subalterne, peu honoré, et sollicitant toujours de nouvelles subventions de sa famille.

Puisque nous touchons ici à tous les points de l'existence de cette classe intéressante de notre nation, nous ne devons pas finir sans faire mention d'une autre cause de gêne qui les atteint trop souvent. C'est le remplacement de leurs enfants appelés au service militaire. Ici il faut distinguer. Quand il s'agit de conserver un fils absolument utile à l'exploitation, le prix du remplacement, au taux auquel il se maintient en temps ordinaire, n'est pas excessif. Le travail annuel d'un homme vaut au moins 500 fr., ce qui produit 2,500 fr. en 5 ans et 3,500 fr. en 7 ans. Ainsi on peut toujours alors, en ne comptant pour rien le bonheur de conserver son enfant, chercher à faire remplacer celui dont l'absence devrait être suppléée par un valet à gages. Mais si son travail n'est pas absolument nécessaire, si un peu plus d'activité dans ceux des parents et des enfants qui restent rend inutile le secours de bras étrangers, et surtout s'il faut emprunter le prix du remplacement, on ne saurait trop conseiller au père de famille de s'en abstenir.

Nous avons éprouvé de si bons effets de ce conseil, que nous ne pouvons trop le répéter ici. Les familles qui l'ont suivi ont conservé l'aisance qu'elles auraient perdue ; elles ont vu revenir leur fils plus vigoureux, plus instruit, plus respectueux, plus capable ; il avait perdu la sauvagerie de la campagne et pouvait traiter avec les hommes avec moins de gêne et plus de maturité. Nos soldats congédiés sont en général les meilleurs sujets de leurs villages, et c'est parmi eux que nous avons trouvé nos meilleurs contremaîtres, nos meilleurs régisseurs, tandis que leurs frères n'étaient que des ouvriers obscurs. Cinq années de service militaire, dans l'état actuel de l'organisation de l'armée, donnent aux jeunes gens une éducation bien supérieure à celle qu'ils reçoivent dans leurs foyers ; et à leur retour ils trouvent leurs parents dans une aisance que n'ont pas altérée les sacrifices d'argent et les exigences de l'usure.

FIN DU CINQUIÈME ET DERNIER VOLUME.

TABLE

DES MATIÈRES CONTENUES DANS LE TOME V.

AGRICULTURE.

	Pages
TROISIÈME PARTIE. — *Théorie des assolements.* . . .	1
PREMIÈRE DIVISION. — Histoire des assolements . . .	6
CHAPITRE I. — Pratique des assolements chez les différents peuples	6
CHAPITRE II. — Systèmes pour expliquer la théorie de l'alternance. — Antipathie supposée des plantes. .	26
CHAPITRE III. — Hypothèse de l'antipathie des plantes d'espèces différentes les unes pour les autres	39
CHAPITRE IV. — Théorie des assolements basée sur la variété des aliments des plantes	42
CHAPITRE V. — Hypothèse de MM. Macaire et Decandolle sur les déjections excrémentielles des plantes . . .	46
CHAPITRE VI. — Hypothèse de Rozier, fondant la théorie des assolements sur la forme des racines . . .	51
CHAPITRE VII. — Hypothèse qui prend pour base de la théorie des assolements l'action des racines sur le sol.	52
DEUXIÈME DIVISION. — Lois des assolements.	57
Introduction.	57
CHAPITRE I. — Lois dérivant de la nécessité d'ameublir le sol .	58
CHAPITRE II. — Lois dérivant de la nécessité de nettoyer le sol.	62
CHAPITRE III. — Lois dérivant de l'épuisement du sol. . . .	67
CHAPITRE IV. — De l'aliquote des plantes fourragères	85
CHAPITRE V. — Lois dérivant des forces disponibles pour les cultures	88
CHAPITRE VI. — Lois dérivant du produit des cultures. . . .	93

Pages

CHAPITRE VII. — Lois résultant des avances à faire pour les cultures diverses   105
CHAPITRE VIII. — Lois dépendant des moyens de réalisation des
récoltes   109
C APITRE IX. — De l'ordre dans lequel les plantes doivent se
succéder dans les assolements   115
CHAPITRE X. — Lois météorologiques des assolements . . .   122
§ 1. — Influence du climat sur le choix des
plantes cultivées.   122
§ 2. — Récoltes dérobées. — Durée de la saison végétative   126
CHAPITRE XI. — Récapitulation des lois des assolements . . .   131
CHAPITRE XII. — Examen de quelques formules d'assolement.   132

QUATRIÈM PARTIE. — *Des systèmes de culture.* .   149

PREMIÈRE DIVISION. — Forces spontanées de la nature.   157
1. — Système forestier.   157
2. — Système des pâturages.   161
DEUXIÈME DIVISION. — Travail de l'homme aidé des forces
de la nature   173
SECTION 1. — Introduction. Des modes de travail appliqués
à la terre. Petite et grande culture. . .   173
SECTION 2. — Systèmes de culture où l'homme est aidé par
les forces de la nature   185
1. — Système celtique ou alternatif, . . .   185
2. — Système des étangs.   189
3. — Système des jachères   197
4. — Système des cultures arborescentes. .   204

TROISIÈME DIVISION. — La nature suppléée par l'homme
pour faire croître les plantes et
leur fournir des aliments . .   209
1. — Système continu avec engrais extérieurs.
—Système d'emprunt. — Système hétéro-sitique (nourriture étrangère). .   209
2 — Système continu avec fabrication d'engrais   223

CONCLUSIONS DE LA QUATRIÈME PARTIE.— Du rapport des divers
systèmes de culture avec l'état social.   229

Pages

CINQUIÈME PARTIE. — *Des éléments de l'entreprise agricole.* — Introduction. . 241

PREMIÈRE DIVISION. — De la terre 243
CHAPITRE I. — De la propriété. 243
CHAPITRE II. — Grandes et petites propriétés 246
CHAPITRE III. — Entrée en jouissance des terres par le défrichement. 257
CHAPITRE IV. — Entrée en possession de la terre par l'hérédité. 266
CHAPITRE V. — Entrée en possession par achat. 270
CHAPITRE VI. — Entrée en jouissance par location. — Du fermage en général 280
   SECTION 1. — Système d'Adam Smith 281
   SECTION 2. — Système de Say. 284
   SECTION 3. — Système de Ricardo 286
   SECTION 4. — Examen du système d'Adam Smith. . . . 287
   SECTION 5. — Examen du système de Say. 292
   SECTION 6. — Examen du Système de Ricardo. 294
   SECTION 7. — Nouvelle théorie du fermage. 296
   SECTION 8. — Valeur de la rente. 300
CHAPITRE VII. — De la manière de contracter le fermage. . 303
CHAPITRE VIII. — Métayage (colon partiaire) 317

DEUXIÈME DIVISION. — Le capital 324
CHAPITRE I. — Nature du capital 324
CHAPITRE II. — Du crédit agricole. 328
CHAPITRE III. — Emplois divers du capital agricole 332
CHAPITRE IV. — Du capital fixe ou foncier 334
   SECTION 1. — Acquisition du fonds. 335
   SECTION 2. — Partie du capital de fonds employée à la mise en valeur du domaine 338
   SECTION 3. — Partie du capital de fonds consacrée à l'entretien 348
   SECTION 4. — Partie du capital de rente employée à la défense de la proprié é. 350
CHAPITRE V. — Du capital de cheptel. 355
   SECTION 1. — Cheptel vivant ; bêtes de travail. . . . 356
   SECTION 2. — Du choix de l'espèce des bêtes de travail. 363
   SECTION 3. — Cheptel vivant ; animaux de rente. . . . 369
   SECTION 4. — Du cheptel mort 376

Pages

Section 5. — Récapitulation du capital de cheptel . . . 378

Chapitre VI. — Du capital circulant ou fonds de roulement. . 379

Section 1. — Salaire de l'intelligence directrice. . . . 380

Section 2. — Nourriture des hommes 387

Section 3. — Nourriture des bêtes de travail. 398

Section 4. — Nourriture des bêtes de rente. 410

Section 5. — De l'entretien des machines 411

Section 6. — Semences et plantes. 411

Section 7. — Entretien de la fertilité de la terre . . . 412

Section 8. — Des ouvriers supplémentaires. 413

Section 9. — Partie du capital employé au paiement de la rente. 414

Section 10. — Intérêts et assurances 415

Section 11. — Résumé des frais à la charge du capital circulant 416

TROISIÈME DIVISION. — De l'intelligence directrice . . 421

Chapitre I. — De la profession d'agriculteur 421

Chapitre II. — Diversité des talents agricoles. 430

Chapitre III. — De l'éducation des régisseurs agricoles. . . 434

Chapitre IV. — Éducation des agents inférieurs de l'agriculture. 441

Chapitre V. — Des femmes dans la profession agricole . . . 444

SIXIÈME PARTIE. — De l'organisation de l'entreprise agricole. — Introduction. . . . 448

PREMIÈRE DIVISION. — Recherches des éléments de l'entreprise. 449

Chapitre I. — La terre. 449

Section 1. — Titres de possession 449

Section 2. — Surface du terrain. 450

Section 3. — Stratification du terrain 451

Section 4. — Composition minéralogique et chimique . . 451

Section 5. — Propriétés culturales du sol. 452

Section 6. — Climat 453

Section 7. — Fertilité du sol. 454

Section 8. — Débouché 457

Section 9. — Des communications. 458

Chapitre II. — Le capital 459

Chapitre III. — Les forces mécaniques 462

Chapitre IV. — Éléments nutritifs des plantes. 466

Pages

DEUXIÈME DIVISION. — Détermination du système agricole
à adopter 469

CHAPITRE I. — Détermination absolue du système. 469
 SECTION 1. — Capital suffisant, sol mauvais, débouché difficile 471
 SECTION 2. — Capital suffisant, sol mauvais, bon débouché. 473
 SECTION 3. — Capital suffisant, sol bon, bon débouché. . 475
CHAPITRE II. — Choix d'un système agricole d'après le capital
disponible. 475
 SECTION 1. — Capital pour la conversion en prairies et leur
exploitation 476
 SECTION 2. — Systèmes des jachères 479
 SECTION 3. — Assolements avec prépondérance de produits
à vendre 480
 SECTION 4. — Assolement avec prépondérance des fourrages consommés. 481
 SECTION 5. — Cultures arbustives 482
CHAPITRE III. — Délibération sur le système à choisir . . . 484
 SECTION 1. — Enquête. 485
 SECTION 2. — Recherches du système à adopter. . . . 505
  § 1. — 1er *Système.* — Conversion en pâturages 506
  § 2. — 2e *Système.* — Défrichement complet,
jachère triennale . . 508
  § 3. — 3e *Système.* — Jachère portée à son
maximum de fertilité. 509
  § 4. — 4e *Système.* — Assolement continu . . 514
  § 5. — 5e *Système.* — Cultures arbustives. —
Vignes. 517
 SECTION 3. — Discussion du système proposé. 519
 SECTION 4. — Projet de règlement d'organisation. . . . 520

SEPTIÈME PARTIE. — *De l'administration de la propriété rurale.* 531

CHAPITRE I. — Entrée en jouissance. 532
 SECTION 1. — État des lieux 534
 SECTION 2. — Installation du local 535
 SECTION 3. — Choix des agents divers attachés à la ferme. 536
 SECTION 4. — Achat du bétail. 538
 SECTION 5. — Achat des instruments aratoires 539

Pages

Chapitre II. — Règlement de service. 540
Chapitre III. — Fonctions du directeur. 543
Chapitre IV. — Distribution des travaux entre les différentes
saisons de l'année. 546
Chapitre V. — Conservation et distribution des engrais. . . 553
Chapitre VI. — Surveillance de la nourriture des hommes. . 559
Chapitre VII. — Surveillance de la nourriture des animaux. . 563
Chapitre VIII. — Conservation des récoltes 565
Chapitre IX. — Des rentes et des achats. 569
Chapitre X. — De la comptabilité agricole. 577
Section 1. — Établissement de la valeur en numéraire des
objets destinés à la vente 582
Section 2. — Établissement de la valeur des objets destinés
à être consommés dans l'exploitation. . , 586
Section 3. — Établissement du prix des engrais. . . . 587
§ 1. — Unité dont on doit se servir dans le
compte-matière des engrais . . . 588
§ 2. — Méthode rigoureuse d'appréciation de
l'unité des comptes des engrais. . 590
§ 3. — Méthode approchée pour apprécier la
valeur des engrais. 592
§ 4. — Autre méthode plus abrégée pour
apprécier la valeur des engrais . . 602
§ 5. — Clôture des comptes des cultures relativement à l'engrais. 604
Section 4. — De l'ouverture des comptes de culture. . . 606
§ 1. — Compte d'une culture de froment. . 606
§ 2. — Compte des cultures perennes. . . 608
§ 3. — Compte du sol. 609
Section 5. — Compte des attelages. 610
Section 6. — Compte du bétail de rente 611
Section 7. — Frais généraux 611
Chapitre XI. — Conservation du capital de fonds. 613
Chapitre XII. — De la vie rurale. 615
Section 1. — Le propriétaire de biens affermés. . . . 615
Section 2. — Le propriétaire de biens en métayage. . . 621
Section 3. — Le propriétaire exploitant par lui-même. . 623
Section 4. — Les propriétaires-cultivateurs 627

FIN DE LA TABLE DU TOME CINQUIÈME ET DERNIER.

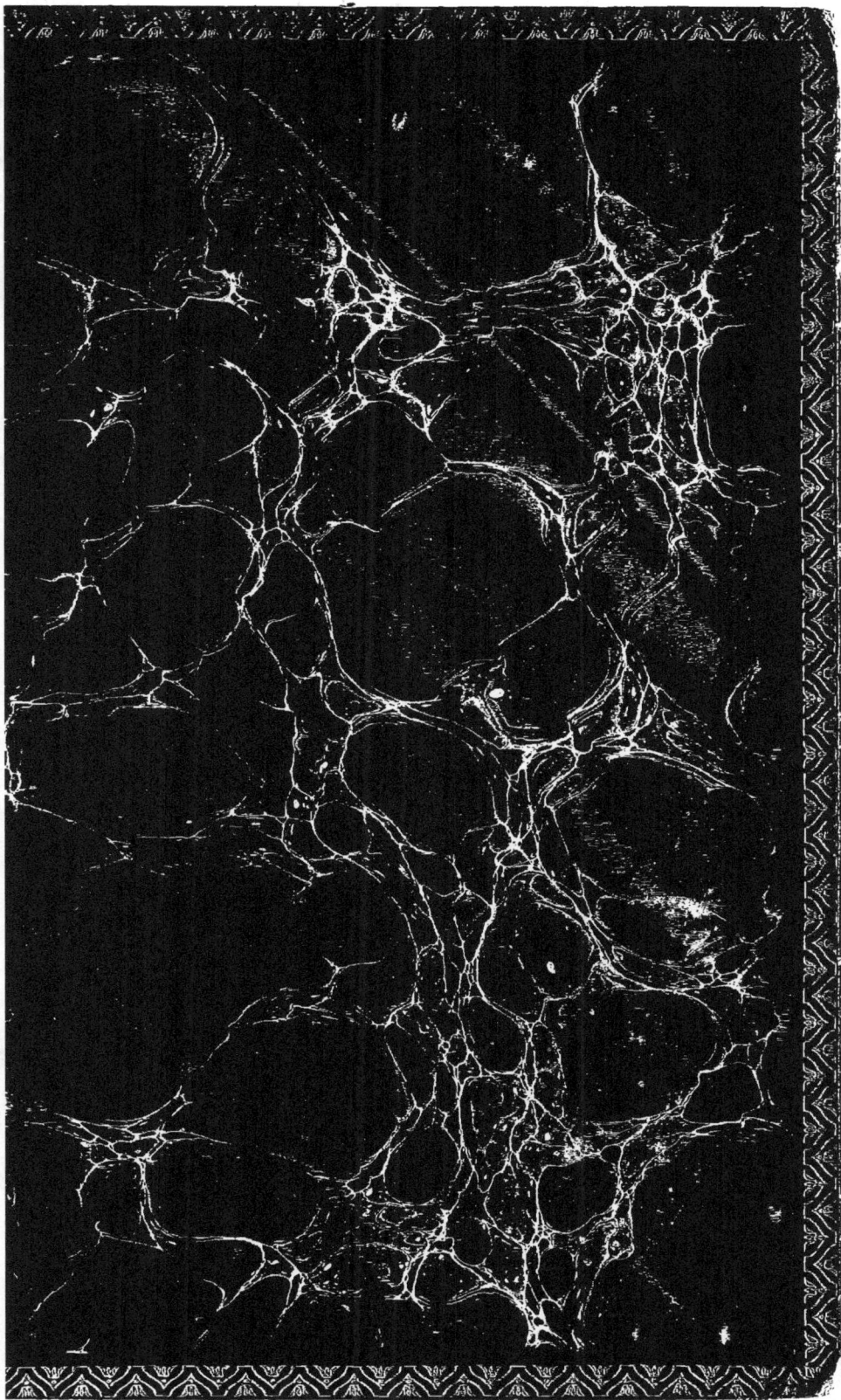

www.ingramcontent.com/pod-product-compliance
Lightning Source LLC
Chambersburg PA
CBHW060818220326
41599CB00017B/2223